1冊でマスター

大学の線形代数

ISHII TOSHIAKI
石井俊全◆著

技術評論社

はじめに

この本は，大学で「線形代数」の単位を取るための本です．「大学の微分積分」の姉妹書になります．

「線形代数」の問題を解くには，「微分積分」ほどの苦労は要しないと思います．「微分積分」のように，個々の関数の導関数・不定積分などを覚える必要はないからです．

「線形代数」の問題を解くときに一番多く用いられる手法は，掃き出し法と呼ばれるアルゴリズムです．ほぼこの一本箒で押し通すことができるといっても過言ではありません．

連立一次方程式の解，行列式，行列のランク，逆行列，核の次元，像の次元から行列の単因子まですべて掃き出し法で求まります．

しかし，逆に言えば，線形代数はそこに現れる概念を理解していないと，手法が同じなので何を計算しているのか分からず混乱してしまいます．

「微分積分」では，個々の関数の導関数・公式など覚えることが満載でした．本を書いていても，その運用を紹介するのに手いっぱいで，計算の支柱となる理論の筋道を書き込むための紙幅の余裕がありませんでした．しかし，「線形代数」では，微積のよう煩雑さはありませんから，理論の筋道を示し定理にも丁寧に証明を付けていくことができました．

結果，この本は独習で線形代数の概念やそれについての証明を理解しようとする学習者にとって最適な本になったのではないかと思っています．もちろん，大学の講義のフォローにも有効です．

証明を丁寧に書いてあるので，すべてを追いかけていくのは疲れるかもしれません．初めは概念の説明と定理の内容を読み，講義編の問題を解くだけでよいでしょう．細かい証明は少し慣れたところで読めば十分です．

この本には，演習編も付いていますから試験対策にも有効です．ただし，演習編にはあまり簡単な問題は載せてありません．定期試験には，講義編にあるような簡単な問題が出題される場合もあります．定期試験に臨む人は，本書の講義編の問題について独力で解答を書くことができるかをチェックするとよいと思います．

行列式に関する公式も，例を挙げながら解説しましたから，他書で証明を追いかけることをあきらめた人でも，本書で初めて証明に納得がいったということが大いにありうると思います．

線形空間，補空間，商空間などは，直感的なイメージを大切にして，平面や3次元の場合の例で解説しました．直感的なイメージを持っていることは，線形代数の概念を理解する上での大きな助けになるでしょう．

ジョルダン標準形については，この手の本の場合，求め方だけを示して本格的には理論を扱わない方針が取られることが多いのですが，この本では真正面からジョルダン標準形の理論に取り組みました．なぜ解法のような手順を取るとジョルダン標準形が求まるのかが理解できるでしょう．

ジョルダン標準形の理論は，基本的には広義固有空間を用いて説明しました．これを前提にした上で，単因子論によるジョルダン標準形の理論も付け加えてあります．線形代数の初歩から始める本で，両方を扱っている本は稀だと思います．

線形代数は，数学・物理学・工学・経済学の基盤となる数学的手法です．近年では，心理学・社会科学といった文系の分野でも統計学を媒介として線形代数の重要性が増しています．読者のみなさんには，本書で線形代数の神髄を掴んでいただいて，各専門分野に線形代数を応用していってもらえればと思います．

平成26年10月

石井 俊全

目次

『1冊でマスター　大学の線形代数』
石井俊全 著

第4章 連立1次方程式

第5章 線形空間

第6章 線形写像

第7章 行列の標準形(1)(正則行列を用いて)

第8章 行列の標準形(2)(直交行列、ユニタリ行列を用いて)

第9章 行列の標準形(3)(単因子を用いて)

第10章 2次形式

ホップ が付いている問題には、別冊に対応する問題があります。
「別p○○」は別冊の対応する問題を表しています。

第1章

ベクトル

1 ベクトルの定義

高校でもベクトルを習いましたが、大学の線形代数ではベクトルは少し抽象的に定義していきます。

高校の数学では、ベクトルを「向き」と「大きさ」をもった矢印として定義しました。そして、そのベクトルの始点を座標平面の原点に合わせたとき、ベクトルの終点の座標をベクトルの成分表示と呼びました。

しかし、線形代数でのベクトルは、必ずしも矢印である必要はありません。線形代数ではベクトルを成分表示から定義していきます。いくつか数字を並べて、和や実数倍を定めたものをベクトルとするのです。和や実数倍の計算の仕方は次のように、平面ベクトルや空間ベクトルの成分計算の自然な拡張になっています。

ベクトル

n 個の実数 a_1、…、a_n を並べた$\begin{pmatrix} a_1 \\ \vdots \\ a_n \end{pmatrix}$を、$n$ 次元実数ベクトルということ。n 次元実数ベクトルの集合を R^n で表す。

また、ベクトルの和、ベクトルの実数倍を次のように定める。

$$\text{和}：\begin{pmatrix} a_1 \\ \vdots \\ a_n \end{pmatrix}+\begin{pmatrix} b_1 \\ \vdots \\ b_n \end{pmatrix}=\begin{pmatrix} a_1+b_1 \\ \vdots \\ a_n+b_n \end{pmatrix} \quad \text{実数倍}：k\begin{pmatrix} a_1 \\ \vdots \\ a_n \end{pmatrix}=\begin{pmatrix} ka_1 \\ \vdots \\ ka_n \end{pmatrix}\ (k\text{ は実数})$$

高校の数学では、平面ベクトル（R^2：2 次元実数ベクトル）と空間ベクトル（R^3：3 次元実数ベクトル）を扱っていたわけです。ここでいう R とは実数全体の集合を表しています。

ベクトルを成分で表しましたが、$\begin{pmatrix} a_1 \\ \vdots \\ a_n \end{pmatrix}$を 1 つの文字 $\boldsymbol{a}$ で表すことにします。高校のときベクトルを $\vec{a}$ と表したのと同じです。

成分がすべて０のベクトル$\begin{pmatrix} 0 \\ \vdots \\ 0 \end{pmatrix}$を**ゼロベクトル**と呼び、$\mathbf{0}$で表します。

上では数字の並べ方を縦にしましたが、数字に関する演算の規則にこそベクトルの定義としての意味がありますから、数字は縦に並べて書いても横に並べて書いてもかまいません。

表記に着目して、数字を縦に書いて並べたベクトルを縦ベクトルまたは列ベクトル、横に書いて並べたベクトルを横ベクトルまたは行ベクトルといいます。

縦ベクトル
列ベクトル $\begin{pmatrix} 3 \\ 6 \\ 9 \\ 4 \end{pmatrix}$　　**横ベクトル**
行ベクトル $(3\ 7\ 8\ 2)$

ベクトルの和と実数倍について、次のような計算法則が成り立つことは、平面ベクトル、空間ベクトルでの経験から実感を持って納得できると思います。

ベクトルの計算法則

$\boldsymbol{a}$、$\boldsymbol{b}$、$\boldsymbol{c}$をn次元実数ベクトル、k、lを実数とすると、次が成り立つ。

(1)　$\boldsymbol{a}+\boldsymbol{b}=\boldsymbol{b}+\boldsymbol{a}$

(2)　$(\boldsymbol{a}+\boldsymbol{b})+\boldsymbol{c}=\boldsymbol{a}+(\boldsymbol{b}+\boldsymbol{c})$

(3)　$(k+l)\boldsymbol{a}=k\boldsymbol{a}+l\boldsymbol{a}$

(4)　$k(\boldsymbol{a}+\boldsymbol{b})=k\boldsymbol{a}+k\boldsymbol{b}$

2 ベクトルの内積

高校の数学では、$\vec{a}$と$\vec{b}$の内積$\vec{a}\cdot\vec{b}$を、矢印ベクトル$\vec{a}$と$\vec{b}$のなす角をθとして、

$$\vec{a}\cdot\vec{b}=|\vec{a}||\vec{b}|\cos\theta$$

と定義しました。

これは平面ベクトルの場合でも、空間ベクトルの場合でもそうでした。

また、この式が成分計算では成分ごとの積の和に等しいこと（例えば、$\vec{a}=\begin{pmatrix}a_1\\a_2\end{pmatrix}$、$\vec{b}=\begin{pmatrix}b_1\\b_2\end{pmatrix}$であれば、$\vec{a}\cdot\vec{b}=a_1b_1+a_2b_2$）を、余弦定理などにより示しました。

線形代数では、成分計算の定義の方が先になります。成分で定義しておけば、次元が4次以上のときベクトルのなす角のことを想像しなくても済みます。

内積と大きさ

n次元実数ベクトル$\boldsymbol{a}=\begin{pmatrix}a_1\\\vdots\\a_n\end{pmatrix}$、$\boldsymbol{b}=\begin{pmatrix}b_1\\\vdots\\b_n\end{pmatrix}$に関して、内積、大きさを次のように定める。

内積$\boldsymbol{a}\cdot\boldsymbol{b}$は、$\boldsymbol{a}\cdot\boldsymbol{b}=\begin{pmatrix}a_1\\\vdots\\a_n\end{pmatrix}\cdot\begin{pmatrix}b_1\\\vdots\\b_n\end{pmatrix}=a_1b_1+\cdots+a_nb_n$

$\boldsymbol{a}$の大きさ$|\boldsymbol{a}|$は、$|\boldsymbol{a}|=\sqrt{a_1{}^2+\cdots+a_n{}^2}$

すると、$|\boldsymbol{a}|^2=\boldsymbol{a}\cdot\boldsymbol{a}$が成り立つ。

また、$\boldsymbol{a}\neq 0$、$\boldsymbol{b}\neq 0$である$\boldsymbol{a}$、$\boldsymbol{b}$について、$\boldsymbol{a}\cdot\boldsymbol{b}=0$のとき、「$\boldsymbol{a}$と$\boldsymbol{b}$は直交する」といい、「$\boldsymbol{a}\perp\boldsymbol{b}$」と書く。

$n=2$、3のとき、$\vec{a}$の大きさ$|\vec{a}|$は、矢印ベクトルで言えば始点から終点までの長さを表していました。nが4以上の場合もこれに倣って、同じような成分計

算で表された$|\boldsymbol{a}|$を大きさというわけです。

こうして定義した内積に関して、次のような計算法則が成り立ちます。これも平面ベクトル・空間ベクトルでの経験から納得してもらえるでしょう。

内積の計算法則

n次元ベクトル$\boldsymbol{a}$、$\boldsymbol{b}$、$\boldsymbol{c}$と実数kに関して次が成り立つ。

(1)　$(k\boldsymbol{a})\cdot\boldsymbol{b}=k(\boldsymbol{a}\cdot\boldsymbol{b})=\boldsymbol{a}\cdot(k\boldsymbol{b})$

(2)　$\boldsymbol{a}\cdot(\boldsymbol{b}+\boldsymbol{c})=\boldsymbol{a}\cdot\boldsymbol{b}+\boldsymbol{a}\cdot\boldsymbol{c}$

(3)　$(\boldsymbol{a}+\boldsymbol{b})\cdot\boldsymbol{c}=\boldsymbol{a}\cdot\boldsymbol{c}+\boldsymbol{b}\cdot\boldsymbol{c}$

0でないベクトル$\boldsymbol{a}$をその大きさで割ったベクトル$\dfrac{1}{|\boldsymbol{a}|}\boldsymbol{a}$は、大きさが1になります。

$$\left|\frac{1}{|\boldsymbol{a}|}\boldsymbol{a}\right|^2=\left(\frac{1}{|\boldsymbol{a}|}\boldsymbol{a}\right)\cdot\left(\frac{1}{|\boldsymbol{a}|}\boldsymbol{a}\right)=\frac{1}{|\boldsymbol{a}|^2}(\boldsymbol{a}\cdot\boldsymbol{a})=\frac{1}{|\boldsymbol{a}|^2}|\boldsymbol{a}|^2=1$$

$$\therefore\quad\left|\frac{1}{|\boldsymbol{a}|}\boldsymbol{a}\right|=1$$

$\pm\dfrac{1}{|\boldsymbol{a}|}\boldsymbol{a}$のことを$a$を**単位化**したベクトル、あるいは**正規化**したベクトルといいます。

平面ベクトルと空間ベクトルでの内積の定義は$\vec{a}\cdot\vec{b}=|\vec{a}||\vec{b}|\cos\theta$でした。ここで、定義よりも突っ込んだ内積の図形的な意味を確認しておきましょう。

$\vec{a}=\mathrm{OA}$、$\vec{b}=\mathrm{OB}$として図を描きます。Aから直線OBに下ろした垂線の足をHとします。OBを左回りに回転してOAに重なる角をθとします。

OBに数直線を重ね合わせ、Oに数値0を割り当て目盛りを振ると、Hの目盛りは三角関数の定義から、$\mathrm{OA}\cos\theta$となります。

0°<θ<90°の場合

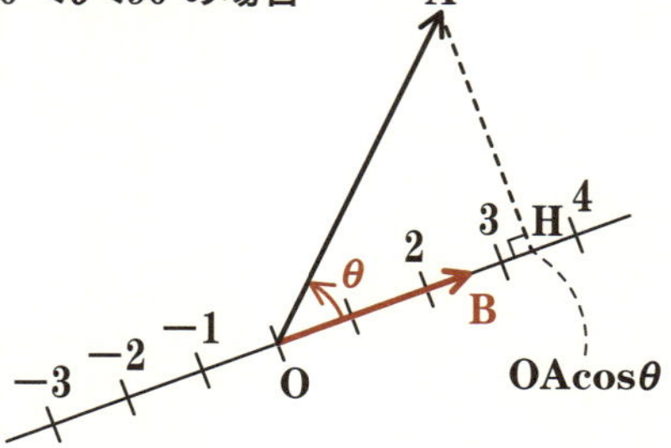

90°<θ<180°の場合

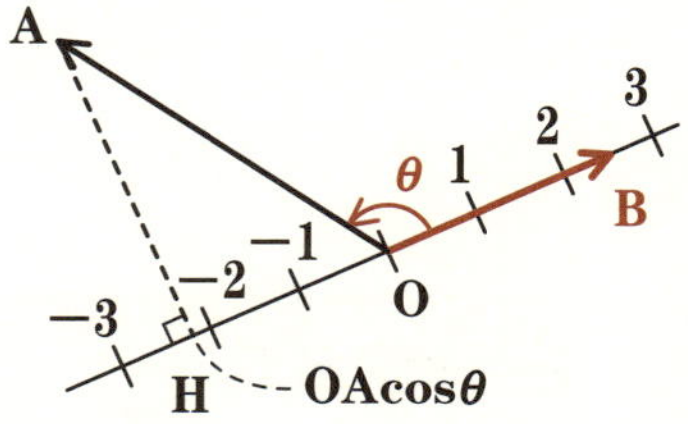

内積の式は、

$$\vec{a}\cdot\vec{b}=(|\vec{a}|\cos\theta)|\vec{b}|=(\mathrm{OA}\cos\theta)\mathrm{OB}=(\text{H の目盛り})\times\mathrm{OB}$$

と見なすことができます。

特に $\vec{b}$ が単位ベクトル $\vec{e}$ のときを考えてみましょう。$\vec{b}$ をあらためて $\vec{e}$ とおきます。

$\mathrm{OB}=|\vec{b}|=|\vec{e}|=1$ ですから、$\vec{a}\cdot\vec{e}$ は H の目盛りを表すことになります。$\vec{a}$ と単位ベクトル $\vec{e}$ との内積は、$\vec{a}$ の $\vec{e}$ 方向の成分を表しているのです。

$\vec{a}\cdot\vec{e}$ の意味

$\overrightarrow{\mathrm{OA}}=\vec{a}$、$\overrightarrow{\mathrm{OB}}=\vec{e}$、$\vec{e}$ は単位ベクトルとする。直線 OB に重ねた数直線に A から下ろした垂線の足を H とすると、

$$\vec{a}\cdot\vec{e}=(\text{H の目盛り})$$

3 ベクトル積

内積があるのなら外積があってもいいのでは、と思っている人もいることでしょう。単に「外積」と呼ばれることもある、３次元実数ベクトルについての外積、すなわち「ベクトル積」を紹介しましょう。

ベクトル積

R^3 のベクトル $\vec{a}=\begin{pmatrix} a \\ b \\ c \end{pmatrix}$、$\vec{b}=\begin{pmatrix} x \\ y \\ z \end{pmatrix}$ に関して、$\vec{a}\times\vec{b}$ を次で定める。

$$\vec{a}\times\vec{b}=\begin{pmatrix} bz-cy \\ cx-az \\ ay-bx \end{pmatrix}$$

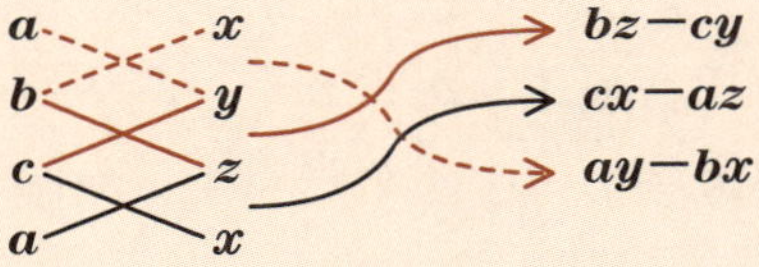

ベクトル積は３次元ベクトルの場合のみについて定義される演算です。

定義の通りですが、実際の計算は上の右上図で示したように第１成分を下に付け加え、× の形に積を取り、使ってない成分に押し込むという感じで技化しておくとよいでしょう。

ベクトル積に関して次の計算法則が成り立ちます。交換法則が成り立たないことに注意しましょう。$\vec{a}\times\vec{b}$ で $\vec{a}$ と $\vec{b}$ を入れかえると、符号が逆になります。

ベクトル積の計算法則

3次元ベクトル$\vec{a}$、$\vec{b}$、$\vec{c}$と実数kに対して次が成り立つ。

(1)　$\vec{a}\times\vec{b}=-(\vec{b}\times\vec{a})$

(2)　$k(\vec{a}\times\vec{b})=k\vec{a}\times\vec{b}=\vec{a}\times k\vec{b}$

(3)　$\vec{a}\times(\vec{b}+\vec{c})=\vec{a}\times\vec{b}+\vec{a}\times\vec{c}$

(4)　$(\vec{a}+\vec{b})\times\vec{c}=\vec{a}\times\vec{c}+\vec{b}\times\vec{c}$

2次元ベクトル、3次元ベクトルの内積は、図形的な解釈が可能でした。ベクトル積が図形的には何を表しているかを紹介しましょう。

ベクトル積の意味

(1)　$\vec{a}\times\vec{b}$は、$\vec{a}$、$\vec{b}$の両方と直交する。

(2)　$\vec{a}$と$\vec{b}$が張る平行四辺形の面積Sは、$S=|\vec{a}\times\vec{b}|$

(3)　$\vec{a}$、$\vec{b}$、$\vec{c}$が張る平行六面体の体積Vは、$V=|(\vec{a}\times\vec{b})\cdot\vec{c}|$

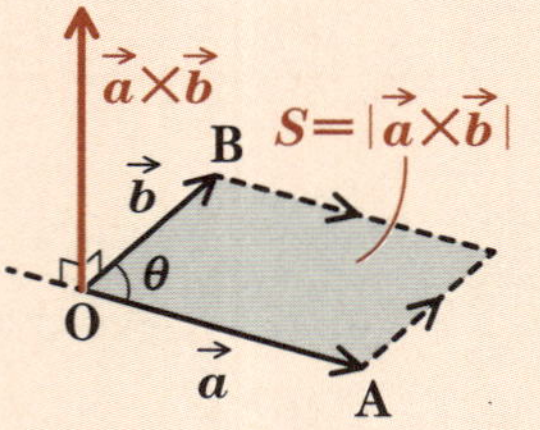

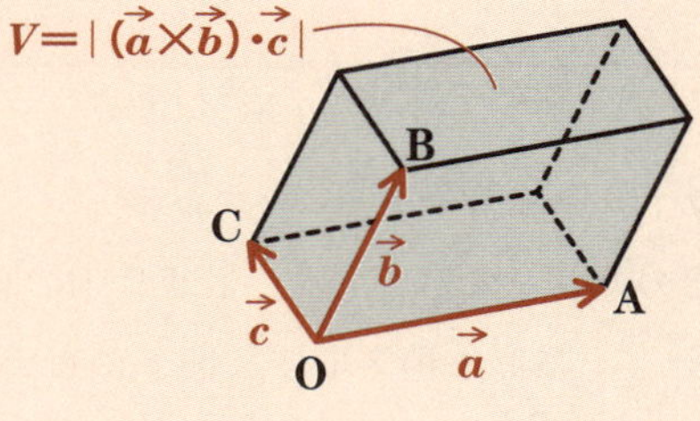

$\vec{a}=\overrightarrow{\mathrm{OA}}=\begin{pmatrix}a\\b\\c\end{pmatrix}$、$\vec{b}=\overrightarrow{\mathrm{OB}}=\begin{pmatrix}x\\y\\z\end{pmatrix}$とします。

(1)　$\vec{a}$と$\vec{a}\times\vec{b}$の内積をとります。

$$\vec{a}\cdot(\vec{a}\times\vec{b})=\begin{pmatrix}a\\b\\c\end{pmatrix}\cdot\begin{pmatrix}bz-cy\\cx-az\\ay-bx\end{pmatrix}$$
$$=a(bz-cy)+b(cx-az)+c(ay-bx)=0$$

同様に、$\vec{b}\cdot(\vec{a}\times\vec{b})=0$。よって、$\vec{a}\times\vec{b}$は$\vec{a}$、$\vec{b}$の両方と直交します。

(2)　$\vec{a}$、$\vec{b}$のなす角を θ とすると、内積の性質より、

$$|\vec{a}||\vec{b}|\cos\theta=\vec{a}\cdot\vec{b}=ax+by+cz$$

OA を底辺としたときの B の高さを h とすると、

$$S=\mathrm{OA}\times h=|\vec{a}|\underbrace{|\vec{b}|\sin\theta}_{h}$$

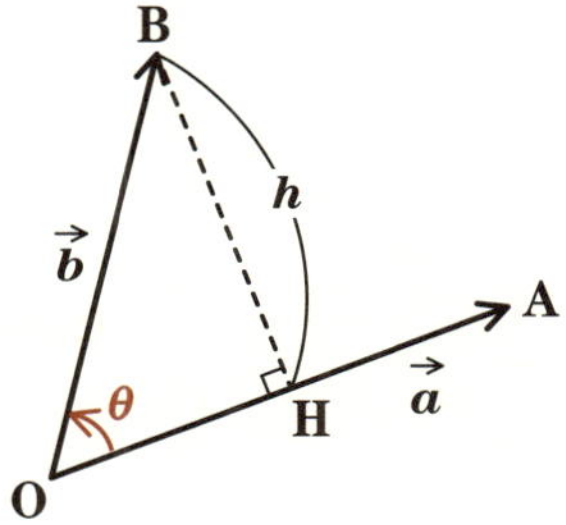

と表されるので、

$$\begin{aligned}S^2&=|\vec{a}|^2|\vec{b}|^2\sin^2\theta=|\vec{a}|^2|\vec{b}|^2(1-\cos^2\theta)\\&=|\vec{a}|^2|\vec{b}|^2-|\vec{a}|^2|\vec{b}|^2\cos^2\theta\\&=(a^2+b^2+c^2)(x^2+y^2+z^2)-(ax+by+cz)^2\\&=(bz-cy)^2+(cx-az)^2+(ay-bx)^2\\&=|\vec{a}\times\vec{b}|^2\end{aligned}$$

［展開すると確かに等しい］

より、$S=|\vec{a}\times\vec{b}|$ となります。

(3)　$\vec{a}$、$\vec{b}$が張る平面を平行六面体の底面としてみたときの C の高さを ℓ、$\vec{a}\times\vec{b}$ と $\vec{c}$ のなす角を φ とすると、

$\vec{a}\times\vec{b}$ は $\vec{a}$、$\vec{b}$が張る平行四辺形に垂直なので、

$\ell=|\mathrm{OC}\cos\varphi|=|\vec{c}||\cos\varphi|$ ですから、

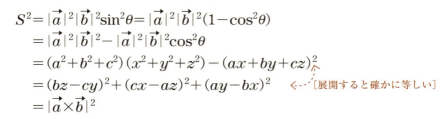

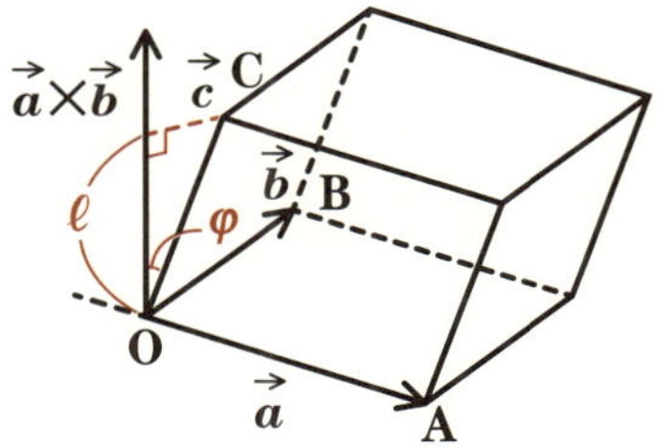

$$\begin{aligned}V=S\ell&=|\vec{a}\times\vec{b}||\vec{c}||\cos\varphi|\\&=\big||\vec{a}\times\vec{b}||\vec{c}|\cos\varphi\big|=|(\vec{a}\times\vec{b})\cdot\vec{c}|\end{aligned}$$

問題　$\vec{a}=\begin{pmatrix}2\\-1\\2\end{pmatrix}$、$\vec{b}=\begin{pmatrix}3\\-2\\1\end{pmatrix}$、$\vec{c}=\begin{pmatrix}1\\1\\2\end{pmatrix}$のとき、

(1)　$\vec{a}\times\vec{b}$、$(\vec{a}\times\vec{b})\cdot\vec{c}$ を求めよ。

(2)　$\vec{a}$、$\vec{b}$の両方と直交する単位ベクトルを求めよ。

(3)　$\overrightarrow{\mathrm{OA}}=\vec{a}$、$\overrightarrow{\mathrm{OB}}=\vec{b}$、$\overrightarrow{\mathrm{OC}}=\vec{c}$ とするとき、三角錐 O−ABC の体積を求めよ。

(1)　$\vec{a}\times\vec{b}=\begin{pmatrix}2\\-1\\2\end{pmatrix}\times\begin{pmatrix}3\\-2\\1\end{pmatrix}=\begin{pmatrix}(-1)\cdot1-2\cdot(-2)\\2\cdot3-2\cdot1\\2\cdot(-2)-(-1)\cdot3\end{pmatrix}=\begin{pmatrix}3\\4\\-1\end{pmatrix}$

$$(\vec{a}\times\vec{b})\cdot\vec{c}=\begin{pmatrix}3\\4\\-1\end{pmatrix}\cdot\begin{pmatrix}1\\1\\2\end{pmatrix}=3\cdot1+4\cdot1+(-1)\cdot2=5$$

(2)　$\vec{a}\times\vec{b}$ は $\vec{a}$ と $\vec{b}$ に垂直なので、$\vec{a}\times\vec{b}$（$=\vec{d}$）を単位化します。

$$\pm\frac{1}{|\vec{d}|}\vec{d}=\pm\frac{1}{\sqrt{3^2+4^2+(-1)^2}}\begin{pmatrix}3\\4\\-1\end{pmatrix}=\pm\frac{1}{\sqrt{26}}\begin{pmatrix}3\\4\\-1\end{pmatrix}$$

(3)　$\vec{a}$、$\vec{b}$、$\vec{c}$ が張る平行六面体の体積 V は、

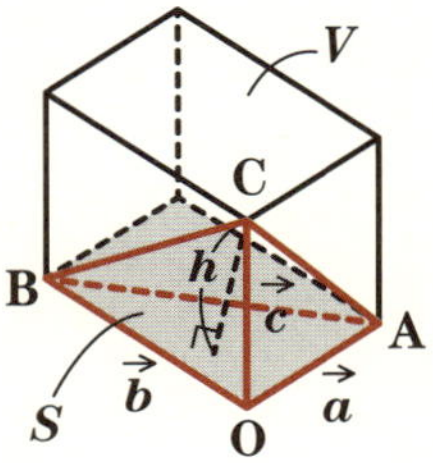

$$V=|(\vec{a}\times\vec{b})\cdot\vec{c}|=|5|=5$$

$\vec{a}$、$\vec{b}$ が張る平行四辺形の面積を S、$\vec{a}$、$\vec{b}$ が張る平行四辺形を底面として見たときの平行六面体の高さを h とすると、$V=Sh$ であり、

$$(\text{三角錐 O}-\text{ABC の体積})=\frac{1}{3}\left(\frac{1}{2}S\right)h=\frac{1}{6}V=\frac{5}{6}$$

4 直線・平面の方程式

まず、ベクトルによって平面上の直線を表す方法を確認しましょう。

直線の方程式（パラメータ表示）

平面上の点 A$(\vec{a})$を通り、$\vec{u}$ に平行な直線を ℓ とします。この ℓ 上の点を P とし、$\overrightarrow{OP}=\vec{x}$ とします。すると、$\overrightarrow{AP}=t\vec{u}$ を満たす実数 t があって、

$$\vec{x}=\vec{a}+t\vec{u}$$

$$(\overrightarrow{OP}=\overrightarrow{OA}+\overrightarrow{AP})$$

と表される。

これを直線 ℓ の**ベクトル方程式**という。

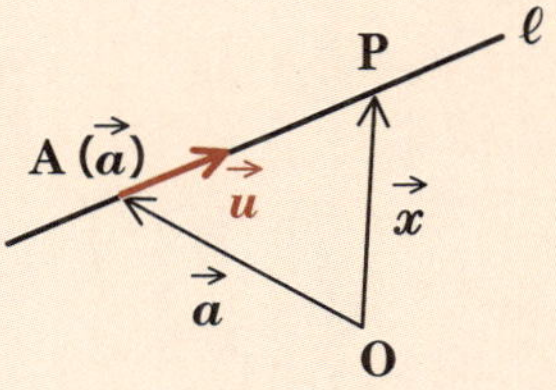

t は媒介変数、または**パラメータ**と呼ばれます。

これは平面上の直線を表していますが、空間内の直線を表す場合でも同じ要領で表すことができます。上で「平面上の」を「空間内の」と読み替えれば済みます。

問題　座標平面上の点 A$(-1, 3)$ を通り、$\vec{u}=\begin{pmatrix}2\\1\end{pmatrix}$に平行な直線 ℓ を、$ax+by+c=0$ の形で表せ。

ℓ 上の点 P について、ある実数 t があって、

$$\overrightarrow{OP}=\overrightarrow{OA}+\overrightarrow{AP}=\begin{pmatrix}-1\\3\end{pmatrix}+t\begin{pmatrix}2\\1\end{pmatrix}=\begin{pmatrix}2t-1\\t+3\end{pmatrix}$$

P の座標を (x, y) とすれば、$x=2t-1$、$y=t+3$

これから t を消去すると、$x=2(y-3)-1$　∴　$x-2y+7=0$

パラメータ t を用いない方法もあります。

上の直線 ℓ は、$\vec{u}=\begin{pmatrix}2\\1\end{pmatrix}$ に平行でしたが、これに垂直なベクトル $\vec{h}=\begin{pmatrix}1\\-2\end{pmatrix}$（成分を逆さにして、片方にマイナスをつけました。すると $\vec{u}\cdot\vec{h}=0$）を用いれば、次のように表現できます。

ℓ は $A(\vec{a})$ を通り、$\vec{h}$ に垂直ですから、この ℓ 上に P をとり、$\overrightarrow{OP}=\vec{x}$ とすると、

P が ℓ 上にある　$\Leftrightarrow$　$\overrightarrow{AP}\perp\vec{h}$　$\Leftrightarrow$　$(\vec{x}-\vec{a})\cdot\vec{h}=0$　……①

P の座標を (x, y) とすれば、$\vec{x}=\begin{pmatrix}x\\y\end{pmatrix}$、$\vec{a}=\begin{pmatrix}-1\\3\end{pmatrix}$、$\vec{h}=\begin{pmatrix}1\\-2\end{pmatrix}$ なので、①より

$$\left\{\begin{pmatrix}x\\y\end{pmatrix}-\begin{pmatrix}-1\\3\end{pmatrix}\right\}\cdot\begin{pmatrix}1\\-2\end{pmatrix}=0 \qquad \therefore \quad \begin{pmatrix}x+1\\y-3\end{pmatrix}\cdot\begin{pmatrix}1\\-2\end{pmatrix}=0$$

$$\therefore \quad (x+1)-2(y-3)=0$$

$$\therefore \quad x-2y+7=0$$

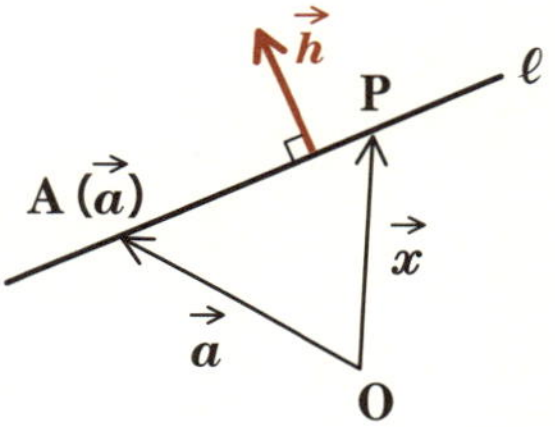

となり、同じ直線の式が得られました。

平面上の直線をベクトルで表す方法で、①のようにパラメータを用いない方法もあります。

直線の方程式（$ax+by+c=0$）

平面上の点 $A(\vec{a})$ を通り、$\vec{h}$ に垂直な直線を ℓ とする。この ℓ 上に点 P をとり、$\overrightarrow{OP}=\vec{x}$ とすると、$\vec{x}$ は

$$(\vec{x}-\vec{a})\cdot\vec{h}=0$$

を満たす。P の座標を (x, y) として成分を計算すると、$ax+by+c=0$ の形をしている。

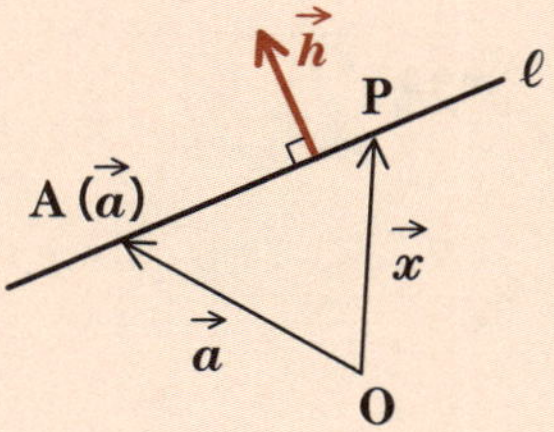

次に、問題を解きながら空間内の平面の表し方を解説していきましょう。

問題 座標空間の点 A(1, −1, 1) を通り、$\begin{pmatrix}2\\-1\\2\end{pmatrix}$、$\begin{pmatrix}3\\-2\\1\end{pmatrix}$に平行な平面を π とする。π 上の P について、$\overrightarrow{\mathrm{OP}}$ をパラメータ s、t を用いて表せ。また、P の座標を (x, y, z) とするとき、x、y、z が満たす式を求めよ。

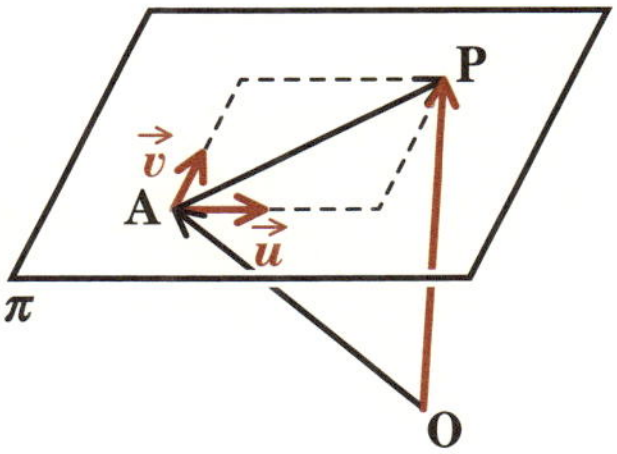

$\vec{u}=\begin{pmatrix}2\\-1\\2\end{pmatrix}$、$\vec{v}=\begin{pmatrix}3\\-2\\1\end{pmatrix}$ とおきます。

$\overrightarrow{\mathrm{AP}}$ は π に含まれるベクトルですから、ある実数 s、t を用いて、$\overrightarrow{\mathrm{AP}}=s\vec{u}+t\vec{v}$ と表すことができます。

$$\overrightarrow{\mathrm{OP}}=\overrightarrow{\mathrm{OA}}+\overrightarrow{\mathrm{AP}}$$
$$=\overrightarrow{\mathrm{OA}}+s\vec{u}+t\vec{v}=\begin{pmatrix}1\\-1\\1\end{pmatrix}+s\begin{pmatrix}2\\-1\\2\end{pmatrix}+t\begin{pmatrix}3\\-2\\1\end{pmatrix}$$

これが平面 π のベクトル方程式、パラメータ表示です。

ここから s、t を消去して x、y、z の関係式を求めてもよいのですが、π に垂直なベクトル（法線ベクトルという）を用いて、関係式を求めてみましょう。

π に垂直なベクトル $\vec{h}$ は $\vec{u}$、$\vec{v}$ のそれぞれに垂直ですから、$\vec{h}$ は $\vec{u}\times\vec{v}$ に平行です。ですから、

$\vec{h}=\vec{u}\times\vec{v}=\begin{pmatrix}2\\-1\\2\end{pmatrix}\times\begin{pmatrix}3\\-2\\1\end{pmatrix}=\begin{pmatrix}3\\4\\-1\end{pmatrix}$ とおくことができます。

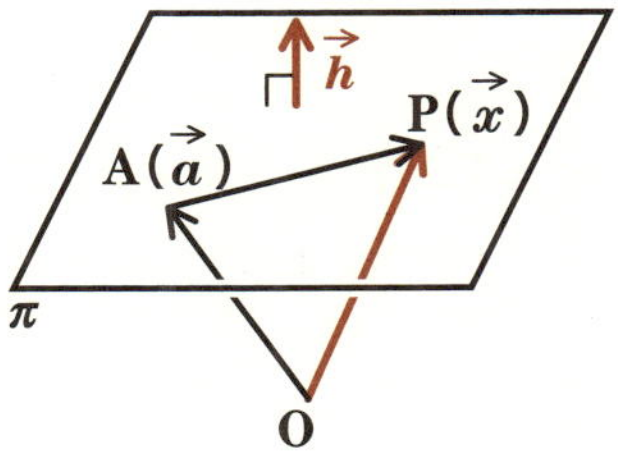

$\overrightarrow{\mathrm{OP}}=\vec{x}$、$\overrightarrow{\mathrm{OA}}=\vec{a}$ とします。すると、

P が π 上にある ⇔

$$\overrightarrow{\mathrm{AP}}\perp\vec{h} \iff (\vec{x}-\vec{a})\cdot\vec{h}=0$$

P の座標を (x, y, z) とすれば、$\vec{x}=\begin{pmatrix}x\\y\\z\end{pmatrix}$、$\vec{a}=\begin{pmatrix}1\\-1\\1\end{pmatrix}$、

$$\begin{pmatrix} x-1 \\ y+1 \\ z-1 \end{pmatrix} \cdot \begin{pmatrix} 3 \\ 4 \\ -1 \end{pmatrix} = 3(x-1)+4(y+1)-(z-1)=0$$

$$\therefore \quad 3x+4y-z+2=0$$

これが平面 π の方程式です。平面の方程式の係数 $(3, 4, -1)$ を並べると、平面の法線ベクトルになっています。

一般の形でまとめておきましょう。

平面の方程式（パラメータ表示）

空間内の点 $\mathrm{A}(\vec{a})$ を通り、$\vec{u}$、$\vec{v}$ に平行な平面を π とする。この π 上の点を P とし、$\overrightarrow{\mathrm{OP}}=\vec{x}$ とすると、$\overrightarrow{\mathrm{AP}}=s\vec{u}+t\vec{v}$ を満たす実数 s、t があって、$\vec{x}$ は、

$$\vec{x}=\vec{a}+s\vec{u}+t\vec{v} \quad (\overrightarrow{\mathrm{OP}}=\overrightarrow{\mathrm{OA}}+\overrightarrow{\mathrm{AP}})$$

と表される。

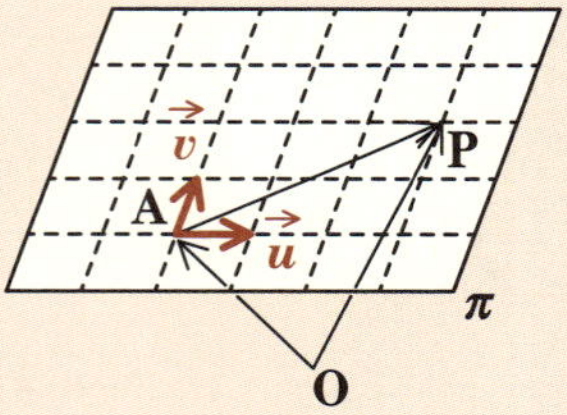

また、x、y、z を用いた平面の方程式は次のようになります。

平面の方程式（$ax+by+cz+d=0$）

空間中の点 $\mathrm{A}(\vec{a})$ を通り、$\vec{h}$ に垂直な平面を π とする。この π 上に点 P をとり、$\overrightarrow{\mathrm{OP}}=\vec{x}$ とする。$\vec{x}$ は、

$$(\vec{x}-\vec{a})\cdot\vec{h}=0 \quad (\overrightarrow{\mathrm{AP}} \perp \vec{h})$$

を満たす。P の座標を (x, y, z) として、成分を計算すると $ax+by+cz+d=0$ の形になる。

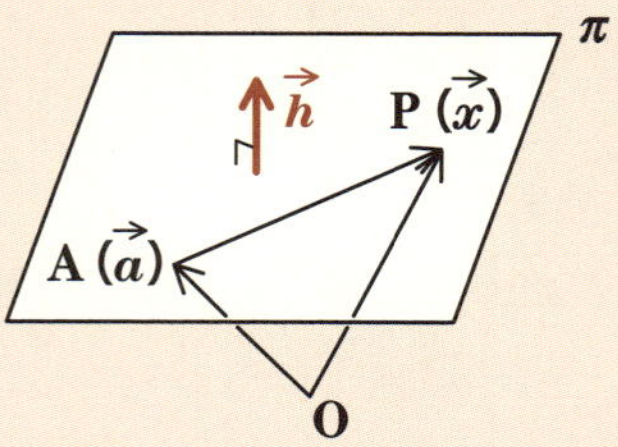

第2章

行列

1 行列の定義・和・差

線形代数では、行列と呼ばれるものを扱います。

数字を長方形の形に並べてカッコで括ったものを行列といいます。図1のようにヨコに並んだ数の並びを**行**と呼び、上から第1行、第2行、……、図2のようにタテに並んだ数の並びを**列**と呼び、左から第1列、第2列、……と数えます。図3のように $m \times n$ の長方形に並んだものを、m 行 n 列の行列、**(m, n)型行列**と言います。

n 次元列ベクトルは $(n, 1)$ 型行列、n 次元行ベクトルは $(1, n)$ 型行列と見なすことができます。

図4は、$(3, 4)$ 型行列です。第2行、第3列に書かれている数は4です。これを $(2, 3)$ 成分が4であると表現します。

図1
第1行 $\begin{pmatrix} 2 & 4 & 1 \\ 8 & 9 & 2 \\ 5 & 3 & 6 \end{pmatrix}$
第2行
第3行

図2
$\begin{pmatrix} 2 & 4 & 1 \\ 8 & 9 & 2 \\ 5 & 3 & 6 \end{pmatrix}$
第1列 第2列 第3列

図3
m 行 $\begin{pmatrix} * & * & \cdots & * \\ \vdots & \vdots & & \vdots \\ * & * & \cdots & * \\ * & * & \cdots & * \end{pmatrix}$ n 列

(m, n) 型行列

図4
第2行 $\begin{pmatrix} 3 & 1 & 8 & 1 \\ 2 & 5 & 4 & 3 \\ 6 & 9 & 2 & 3 \end{pmatrix}$ ー$(2, 3)$ 成分
第3列
$(3, 4)$ 型行列

図5
$\begin{pmatrix} 3 & 1 & 8 \\ 2 & 5 & 4 \\ 6 & 9 & 2 \end{pmatrix}$
対角成分

図6
$\begin{pmatrix} 2 & 0 & 0 \\ 0 & 5 & 0 \\ 0 & 0 & 8 \end{pmatrix}$

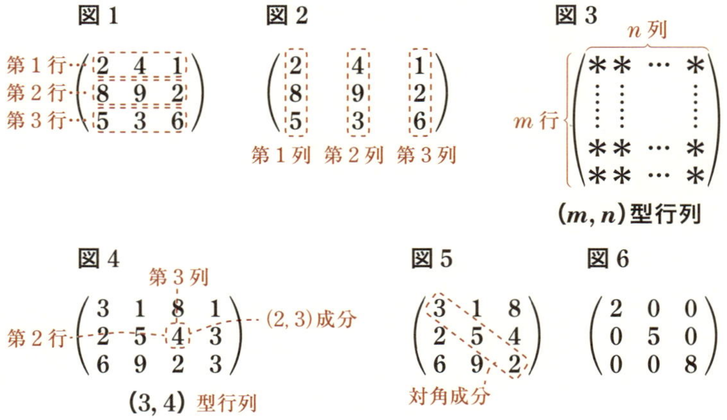

タテとヨコに並んだ数の個数が等しいとき、つまり正方形の形に並ぶとき、**正方行列**といいます。(n, n) 型の正方行列を **n 次正方行列**と呼びます。正方行列において $(1, 1)$、$(2, 2)$、$(3, 3)$、…の成分を**対角成分**といいます。図5ではアカ破線で囲まれた成分が対角成分です。対角成分以外の成分が0である行列を**対角行**

列と言います。図6は対角行列です。成分が0のところは書かないで済ます場合もあります。

ベクトルを1つの文字で置いたように、行列も1つの文字で置いて表します。A、Bなど大文字で置かれるのが通例です。

同じ型の行列に対して、和、差を計算することができます。

例えば、$A=\begin{pmatrix}-1 & 2\\ 3 & -4\end{pmatrix}$、$B=\begin{pmatrix}5 & -3\\ -2 & 1\end{pmatrix}$のとき、

$$A+B=\begin{pmatrix}-1 & 2\\ 3 & -4\end{pmatrix}+\begin{pmatrix}5 & -3\\ -2 & 1\end{pmatrix}=\begin{pmatrix}-1+5 & 2+(-3)\\ 3+(-2) & -4+1\end{pmatrix}=\begin{pmatrix}4 & -1\\ 1 & -3\end{pmatrix}$$

$$A-B=\begin{pmatrix}-1 & 2\\ 3 & -4\end{pmatrix}-\begin{pmatrix}5 & -3\\ -2 & 1\end{pmatrix}=\begin{pmatrix}-1-5 & 2-(-3)\\ 3-(-2) & -4-1\end{pmatrix}=\begin{pmatrix}-6 & 5\\ 5 & -5\end{pmatrix}$$

というように、成分ごとに和、差を取ります。また、行列の実数倍は、

$$3A=3\begin{pmatrix}-1 & 2\\ 3 & -4\end{pmatrix}=\begin{pmatrix}3\cdot(-1) & 3\cdot 2\\ 3\cdot 3 & 3\cdot(-4)\end{pmatrix}=\begin{pmatrix}-3 & 6\\ 9 & -12\end{pmatrix}$$

というように、各成分を定数倍して求めます。

行列の和、差、実数倍はベクトルと同じようにして計算するわけです。すべての成分が0の行列を**零行列**といい$\boldsymbol{O}$で表します。

この行列の演算（和、差、実数倍）について、行列を文字で表すと次のような計算法則が成り立ちます。

行列の計算法則

A、B、Cを同じ型の行列、k、lを実数とすると次が成り立つ。

(1)　$(A+B)+C=A+(B+C)$

(2)　$A+B=B+A$

(3)　$k(A+B)=kA+kB$

(4)　$(k+l)A=kA+lA$

(5)　$(kl)A=k(lA)$

これらが成り立つことは、ベクトルの計算法則から容易に想像がつくでしょう。ベクトルであっても行列であっても、和は成分どうしの和、実数倍は成分ごとの実数倍だからです。

計算練習をしてみましょう。

ホップ

問題　行列の加減・定数倍　（別 p.2）

$A=\begin{pmatrix}1 & -2\\2 & 3\end{pmatrix}$、$B=\begin{pmatrix}-2 & 1\\3 & -1\end{pmatrix}$のとき、$2A-B-(3A-2B)$を求めよ。

与式に直接代入してもかまいませんが、せっかく計算法則があるのですから、同類項をまとめてから代入しましょう。

$$
\begin{aligned}
2A-B-(3A-2B)&=2A-B-3A+2B=-A+B\\
&=-\begin{pmatrix}1 & -2\\2 & 3\end{pmatrix}+\begin{pmatrix}-2 & 1\\3 & -1\end{pmatrix}\\
&=\begin{pmatrix}-1-2 & 2+1\\-2+3 & -3-1\end{pmatrix}=\begin{pmatrix}-3 & 3\\1 & -4\end{pmatrix}
\end{aligned}
$$

2 行列の積

次に、行列どうしの積について説明します。行列の積は少々面倒です。成分ごとの積というわけにはいきません。

行列の積の基本は、次のような1行からなる行列と1列からなる行列の計算のしかたです。

$$(a\ \ b)\begin{pmatrix} x \\ y \end{pmatrix}=ax+by \qquad (a\ \ b\ \ c)\begin{pmatrix} x \\ y \\ z \end{pmatrix}=ax+by+cz$$

左側の行列を列ベクトルとして見れば、この計算はちょうど列ベクトルどうしの内積の値に等しくなります。

$$\begin{pmatrix} a \\ b \end{pmatrix}\cdot\begin{pmatrix} x \\ y \end{pmatrix}=ax+by \qquad \begin{pmatrix} a \\ b \\ c \end{pmatrix}\cdot\begin{pmatrix} x \\ y \\ z \end{pmatrix}=ax+by+cz$$

2行の行列と1列の行列の積は次のように計算します。

$$\begin{pmatrix} a & b \\ c & d \end{pmatrix}\begin{pmatrix} x \\ y \end{pmatrix}=\begin{pmatrix} ax+by \\ cx+dy \end{pmatrix} \qquad \begin{pmatrix} a & b & c \\ d & e & f \end{pmatrix}\begin{pmatrix} x \\ y \\ z \end{pmatrix}=\begin{pmatrix} ax+by+cz \\ dx+ey+fz \end{pmatrix}$$

左側の行列を行に分けて計算するところがポイントです。

エの成分は**ア**と**ウ**の積、**オ**の成分は**イ**と**ウ**の積です。

2次の正方行列どうしの積、(2, 3)型行列と(3, 2)型行列の積は次のようになります。

$$\begin{pmatrix} a & b \\ c & d \end{pmatrix}\begin{pmatrix} x & z \\ y & w \end{pmatrix}=\begin{pmatrix} ax+by & az+bw \\ cx+dy & cz+dw \end{pmatrix}$$

$$\begin{pmatrix} a & b & c \\ d & e & f \end{pmatrix}\begin{pmatrix} x & w \\ y & u \\ z & v \end{pmatrix}=\begin{pmatrix} ax+by+cz & aw+bu+cv \\ dx+ey+fz & dw+eu+fv \end{pmatrix}$$

左の行列は行に分け、右の行列は列に分けて計算します。**オ**は**ア**と**ウ**の積、**カ**は**イ**と**ウ**の積、**キ**は**ア**と**エ**の積、**ク**は**イ**と**エ**の積です。

ここまでの例で一般の行列の積の計算の要領をわかっていただけたものと思います。一般の行列の積に関してまとめると次のようになります。

行列の積

A を (l, m) 型行列、B を (m, n) 型行列とすると、AB は (l, n) 型行列であり、(i, j) 成分は A の第 i 行と B の第 j 列の積である。

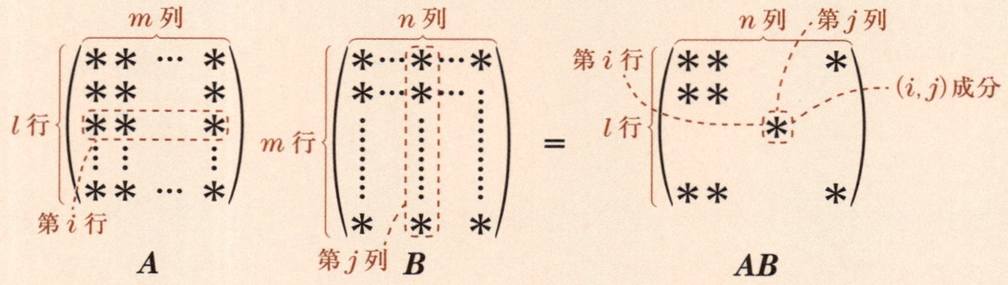

行列 A、B の積 AB が計算できるためには、A の列のサイズと B の行のサイズが一致しなければならないことに注意しましょう。

なお、この定義によると 1 列の行列と 1 行の行列の積は、

$$\begin{pmatrix} a \\ b \end{pmatrix}(x, y) = \begin{pmatrix} ax & ay \\ bx & by \end{pmatrix} \qquad \begin{pmatrix} a \\ b \end{pmatrix}(x, y, z) = \begin{pmatrix} ax & ay & az \\ bx & by & bz \end{pmatrix}$$

となります。左の行列を行で、右の行列を列に分けると 1 つずつの成分で行、列を構成することになってしまうのでこうなるわけです。盲点になっている人がいますので念のため。

こうして定義された行列の積について、次のような計算法則が成り立ちます。

行列の積の計算法則

(1)　$(AB)C = A(BC)$　（結合法則）

(2)　$(A+B)C = AC + BC$

　　$A(B+C) = AB + AC$　（分配法則）

(3)　$AO = OA = O$

行列の積の計算練習をしてみましょう。

ホップ **問題　行列の積**　(別 p.4)

$A=\begin{pmatrix}1 & -2\\ 2 & 3\end{pmatrix}$、$B=\begin{pmatrix}-2 & 1\\ 3 & -1\end{pmatrix}$のとき、$AB$、$BA$を求めよ。

$$AB=\begin{pmatrix}1 & -2\\ 2 & 3\end{pmatrix}\begin{pmatrix}-2 & 1\\ 3 & -1\end{pmatrix}$$

$$=\begin{pmatrix}1\cdot(-2)+(-2)\cdot 3 & 1\cdot 1+(-2)(-1)\\ 2\cdot(-2)+3\cdot 3 & 2\cdot 1+3\cdot(-1)\end{pmatrix}=\begin{pmatrix}-8 & 3\\ 5 & -1\end{pmatrix}$$

$$BA=\begin{pmatrix}-2 & 1\\ 3 & -1\end{pmatrix}\begin{pmatrix}1 & -2\\ 2 & 3\end{pmatrix}=\begin{pmatrix}(-2)\cdot 1+1\cdot 2 & (-2)(-2)+1\cdot 3\\ 3\cdot 1+(-1)\cdot 2 & 3\cdot(-2)+(-1)\cdot 3\end{pmatrix}=\begin{pmatrix}0 & 7\\ 1 & -9\end{pmatrix}$$

$AB\neq BA$となっています。この例からわかるように、**一般に行列の積は交換法則が成り立ちません**。正方行列でない行列の積の場合は、そもそもABが計算できても、BAが計算できるとは限りません。

問題

$A=\begin{pmatrix}2 & 0 & 0\\ 0 & -1 & 0\\ 0 & 0 & 3\end{pmatrix}$、$B=\begin{pmatrix}-1 & 0 & 0\\ 0 & 4 & 0\\ 0 & 0 & -2\end{pmatrix}$のとき、$AB$、$BA$を計算せよ。

$0\cdot 0+(-1)\cdot 4+0\cdot 0$

$$AB=\begin{pmatrix}2 & 0 & 0\\ 0 & -1 & 0\\ 0 & 0 & 3\end{pmatrix}\begin{pmatrix}-1 & 0 & 0\\ 0 & 4 & 0\\ 0 & 0 & -2\end{pmatrix}=\begin{pmatrix}-2 & 0 & 0\\ 0 & -4 & 0\\ 0 & 0 & -6\end{pmatrix}$$

$$BA=\begin{pmatrix}-1 & 0 & 0\\ 0 & 4 & 0\\ 0 & 0 & -2\end{pmatrix}\begin{pmatrix}2 & 0 & 0\\ 0 & -1 & 0\\ 0 & 0 & 3\end{pmatrix}=\begin{pmatrix}-2 & 0 & 0\\ 0 & -4 & 0\\ 0 & 0 & -6\end{pmatrix}$$

対角行列の積は対角成分の積になり、交換法則が成り立ちます。

問題

(1)　$A=\begin{pmatrix}1 & -2\\ 2 & 3\end{pmatrix}$、$E=\begin{pmatrix}1 & 0\\ 0 & 1\end{pmatrix}$のとき、$AE$、$EA$を求めよ。

(2)　$A=\begin{pmatrix}1 & -3 & -1\\ 2 & 5 & 8\\ -2 & 3 & 4\end{pmatrix}$、$E=\begin{pmatrix}1 & 0 & 0\\ 0 & 1 & 0\\ 0 & 0 & 1\end{pmatrix}$のとき、$AE$、$EA$を求めよ。

(1)　$AE=\begin{pmatrix} 1 & -2 \\ 2 & 3 \end{pmatrix}\begin{pmatrix} 1 & 0 \\ 0 & 1 \end{pmatrix}=\begin{pmatrix} 1 & -2 \\ 2 & 3 \end{pmatrix}$

$EA=\begin{pmatrix} 1 & 0 \\ 0 & 1 \end{pmatrix}\begin{pmatrix} 1 & -2 \\ 2 & 3 \end{pmatrix}=\begin{pmatrix} 1 & -2 \\ 2 & 3 \end{pmatrix}$

(2)　$AE=\begin{pmatrix} 1 & -3 & -1 \\ 2 & 5 & 8 \\ -2 & 3 & 4 \end{pmatrix}\begin{pmatrix} 1 & 0 & 0 \\ 0 & 1 & 0 \\ 0 & 0 & 1 \end{pmatrix}=\begin{pmatrix} 1 & -3 & -1 \\ 2 & 5 & 8 \\ -2 & 3 & 4 \end{pmatrix}$　$2\cdot 0+5\cdot 0+8\cdot 1$

$EA=\begin{pmatrix} 1 & 0 & 0 \\ 0 & 1 & 0 \\ 0 & 0 & 1 \end{pmatrix}\begin{pmatrix} 1 & -3 & -1 \\ 2 & 5 & 8 \\ -2 & 3 & 4 \end{pmatrix}=\begin{pmatrix} 1 & -3 & -1 \\ 2 & 5 & 8 \\ -2 & 3 & 4 \end{pmatrix}$

これからわかるように、対角成分がすべて1でそれ以外は0であるような正方行列 E は、任意の行列 A との積が、

$$AE=EA=A$$

となります。このような E を**単位行列**といいます。数の積では $a\times 1=1\times a=a$ となりますから、**単位行列**は行列の積に関して“1”のような働きをしています。

単位行列は積について任意の行列と交換可能です。

問題
$A=\begin{pmatrix} 2 & 1 & 2 \\ 0 & -1 & 2 \\ 0 & 0 & 3 \end{pmatrix}$、$B=\begin{pmatrix} -1 & -3 & -1 \\ 0 & 4 & 1 \\ 0 & 0 & -2 \end{pmatrix}$ のとき、AB を求めよ。

$$AB=\begin{pmatrix} 2 & 1 & 2 \\ 0 & -1 & 2 \\ 0 & 0 & 3 \end{pmatrix}\begin{pmatrix} -1 & -3 & -1 \\ 0 & 4 & 1 \\ 0 & 0 & -2 \end{pmatrix}$$

$$=\begin{pmatrix} 2(-1) & 2(-3)+1\cdot 4 & 2(-1)+1\cdot 1+2(-2) \\ 0 & (-1)4 & (-1)1+2(-2) \\ 0 & 0 & 3(-2) \end{pmatrix}=\begin{pmatrix} -2 & -2 & -5 \\ 0 & -4 & -5 \\ 0 & 0 & -6 \end{pmatrix}$$

A、B のように対角成分よりも下の成分が0である行列を**上三角行列**と言います。上三角行列の積は上三角行列になります。

また、対角成分よりも上の成分が0である行列を**下三角行列**といい、下三角行列の積は下三角行列になります。

3 ブロック分けによる積

行列の積の計算はブロック分けして計算することができます。

$$\begin{pmatrix} 1 & -3 & 2 \\ 4 & -2 & 5 \\ 6 & 1 & -4 \end{pmatrix}\begin{pmatrix} 2 & 1 & -3 \\ 5 & 5 & 2 \\ -3 & 4 & 6 \end{pmatrix}=\begin{pmatrix} \text{ア} & \text{ウ} \\ \text{イ} & \text{エ} \end{pmatrix}$$

A B X Z
C D Y W

という計算で、それぞれの並びを A、B、C、D、X、Y、Z、W と行列をブロックに分けると、行列の積は

$$\begin{pmatrix} A & B \\ C & D \end{pmatrix}\begin{pmatrix} X & Z \\ Y & W \end{pmatrix}=\begin{pmatrix} AX+BY & AZ+BW \\ CX+DY & CZ+DW \end{pmatrix}$$

と計算できます。確かめてみましょう。

アは、

$$(1)(2)+(-3\ \ 2)\begin{pmatrix} 5 \\ -3 \end{pmatrix}=(1\cdot 2)+((-3)\cdot 5+2\cdot(-3))=(-19)$$

A X B Y ア

(1, 1)型行列を表している

イは、

$$\begin{pmatrix} 4 \\ 6 \end{pmatrix}(2)+\begin{pmatrix} -2 & 5 \\ 1 & -4 \end{pmatrix}\begin{pmatrix} 5 \\ -3 \end{pmatrix}=\begin{pmatrix} 4\cdot 2 \\ 6\cdot 2 \end{pmatrix}+\begin{pmatrix} (-2)\cdot 5+5\cdot(-3) \\ 1\cdot 5+(-4)(-3) \end{pmatrix}=\begin{pmatrix} -17 \\ 29 \end{pmatrix}$$

C X D Y イ

ウは、

$$(1)(1\ \ -3)+(-3\ \ 2)\begin{pmatrix} 5 & 2 \\ 4 & 6 \end{pmatrix}$$

A Z B W

$$=(1\cdot 1\ \ 1\cdot(-3))+((-3)\cdot 5+2\cdot 4\ \ (-3)\cdot 2+2\cdot 6)=(-6\ \ 3)$$

ウ

(1, 2)型行列を表している

エは、

$$\underset{C}{\begin{pmatrix}4\\6\end{pmatrix}}\underset{Z}{\begin{pmatrix}1 & -3\end{pmatrix}}+\underset{D}{\begin{pmatrix}-2 & 5\\1 & -4\end{pmatrix}}\underset{W}{\begin{pmatrix}5 & 2\\4 & 6\end{pmatrix}}$$

$$=\begin{pmatrix}4\cdot1 & 4(-3)\\6\cdot1 & 6(-3)\end{pmatrix}+\begin{pmatrix}(-2)\cdot5+5\cdot4 & (-2)\cdot2+5\cdot6\\1\cdot5+(-4)4 & 1\cdot2+(-4)6\end{pmatrix}=\overset{\text{エ}}{\begin{pmatrix}14 & 14\\-5 & -40\end{pmatrix}}$$

これらを合わせて、

$$\left(\begin{array}{c|cc}\overset{A}{1} & \overset{B}{-3} & 2\\\hline 4 & -2 & 5\\6 & \underset{D}{1} & -4\\ \underset{C}{} & & \end{array}\right)\left(\begin{array}{c|cc}\overset{X}{2} & \overset{Z}{1} & -3\\\hline 5 & 5 & 2\\-3 & 4 & 6\\ \underset{Y}{} & \underset{W}{} & \end{array}\right)=\left(\begin{array}{c|cc}\overset{\text{ア}}{-19} & \overset{\text{ウ}}{-6} & 3\\\hline -17 & 14 & 14\\29 & -5 & -40\\ \underset{\text{イ}}{} & \underset{\text{エ}}{} & \end{array}\right)$$

となります。ブロック分けしないで計算したものと一致しているか各自吟味してください。

この例では3次の正方行列を(1, 1)、(1, 2)、(2, 1)、(2, 2)型の行列にブロック分けしていますが、積を取る行列は正方行列である必要はありません。分けられたブロックの行列どうしで積が計算できるようにブロック分けされていればよいのです。

例えば、次のようなブロック分けでもかまいません。

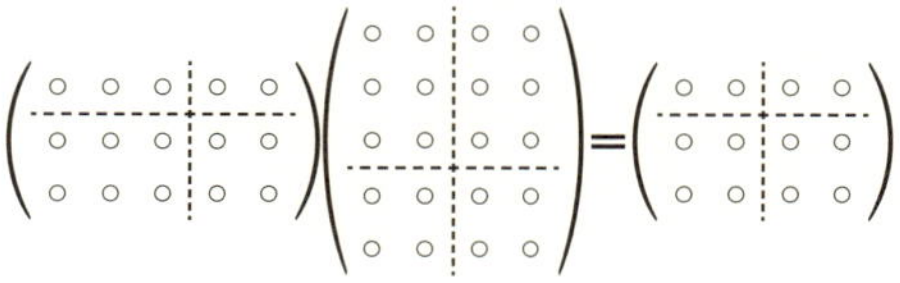

また、もっと細かくブロック分けしてもかまいません。

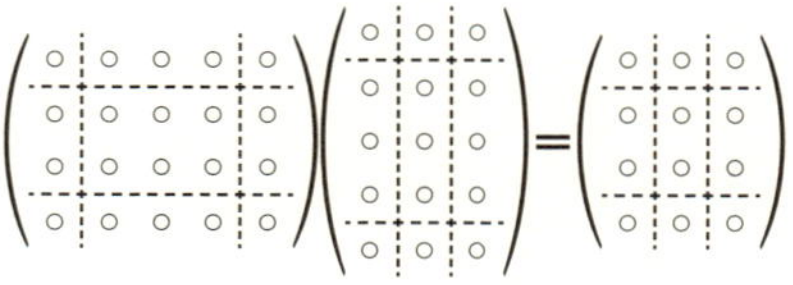

ブロック分けで特に重要なのは、列ベクトルによるブロック分けです。

例えば、$\begin{pmatrix} x & z \\ y & w \end{pmatrix}$で第 1 列$\begin{pmatrix} x \\ y \end{pmatrix}$を $\boldsymbol{p}$、第 2 列$\begin{pmatrix} z \\ w \end{pmatrix}$を $\boldsymbol{q}$ とおきます。

すると、

$$(\boldsymbol{p}, \boldsymbol{q})\begin{pmatrix} 2 & 4 \\ 3 & 5 \end{pmatrix}=\begin{pmatrix} x & z \\ y & w \end{pmatrix}\begin{pmatrix} 2 & 4 \\ 3 & 5 \end{pmatrix}=\begin{pmatrix} 2x+3z & 4x+5z \\ 2y+3w & 4y+5w \end{pmatrix}=(2\boldsymbol{p}+3\boldsymbol{q}, 4\boldsymbol{p}+5\boldsymbol{q})$$

となります。いったん成分で計算しましたが、

$$(\boldsymbol{p}, \boldsymbol{q})\begin{pmatrix} 2 & 4 \\ 3 & 5 \end{pmatrix}=(2\boldsymbol{p}+3\boldsymbol{q}, 4\boldsymbol{p}+5\boldsymbol{q})$$

であることがピンとくるようになると本が読みやすくなります。

問題 $\boldsymbol{p}$、$\boldsymbol{q}$、$\boldsymbol{r}$ を 3 次元列ベクトル、$\boldsymbol{s}$、$\boldsymbol{t}$、$\boldsymbol{u}$ を 3 次元行ベクトルとする。これらを並べて作った行列について以下の積を $\boldsymbol{p}$、$\boldsymbol{q}$、$\boldsymbol{r}$、$\boldsymbol{s}$、$\boldsymbol{t}$、$\boldsymbol{u}$ を用いて表せ。

$$(\boldsymbol{p}, \boldsymbol{q}, \boldsymbol{r})\begin{pmatrix} 1 & 3 & 2 \\ 3 & -1 & 1 \\ 2 & -2 & 2 \end{pmatrix} \qquad \begin{pmatrix} 1 & 3 & 2 \\ 3 & -1 & 1 \\ 2 & -2 & 2 \end{pmatrix}\begin{pmatrix} \boldsymbol{s} \\ \boldsymbol{t} \\ \boldsymbol{u} \end{pmatrix}$$

$$(\boldsymbol{p}, \boldsymbol{q}, \boldsymbol{r})\begin{pmatrix} 1 & 3 & 2 \\ 3 & -1 & 1 \\ 2 & -2 & 2 \end{pmatrix}=(\boldsymbol{p}+3\boldsymbol{q}+2\boldsymbol{r}, 3\boldsymbol{p}-\boldsymbol{q}-2\boldsymbol{r}, 2\boldsymbol{p}+\boldsymbol{q}+2\boldsymbol{r})$$

ピンとこない人は、$\boldsymbol{p}$、$\boldsymbol{q}$、$\boldsymbol{r}$ を成分表示して確かめましょう。

なお、$\boldsymbol{p}$、$\boldsymbol{q}$、$\boldsymbol{r}$ は、次元は 3 次元でなくとも成り立ちます。n 次元列ベクトルでも成り立ちます。

行ベクトルでも同様です。

$$\begin{pmatrix} 1 & 3 & 2 \\ 3 & -1 & 1 \\ 2 & -2 & 2 \end{pmatrix}\begin{pmatrix} \boldsymbol{s} \\ \boldsymbol{t} \\ \boldsymbol{u} \end{pmatrix}=\begin{pmatrix} \boldsymbol{s}+3\boldsymbol{t}+2\boldsymbol{u} \\ 3\boldsymbol{s}-\boldsymbol{t}+\boldsymbol{u} \\ 2\boldsymbol{s}-2\boldsymbol{t}+2\boldsymbol{u} \end{pmatrix}$$

問題 2 次正方行列 A が、$A\begin{pmatrix} 2 \\ -1 \end{pmatrix}=\begin{pmatrix} -5 \\ 6 \end{pmatrix}$、$A\begin{pmatrix} 3 \\ 1 \end{pmatrix}=\begin{pmatrix} 0 \\ 4 \end{pmatrix}$を満たすとき、$A\begin{pmatrix} 2 & 3 \\ -1 & 1 \end{pmatrix}$を計算せよ。

結論から言うと、A に右から掛ける行列が、2 次元列ベクトルを並べて作った

行列なので、積は条件式の右辺の2次元列ベクトルを並べた行列になります。

$$A\begin{pmatrix} 2 & 3 \\ -1 & 1 \end{pmatrix}=\begin{pmatrix} -5 & 0 \\ 6 & 4 \end{pmatrix} \quad \cdots\cdots①$$

ピンと来ない場合、$A=\begin{pmatrix} a & b \\ c & d \end{pmatrix}$とおいて確かめましょう。

$\begin{pmatrix} a & b \\ c & d \end{pmatrix}\begin{pmatrix} 2 \\ -1 \end{pmatrix}=\begin{pmatrix} -5 \\ 6 \end{pmatrix}$、$\begin{pmatrix} a & b \\ c & d \end{pmatrix}\begin{pmatrix} 3 \\ 1 \end{pmatrix}=\begin{pmatrix} 0 \\ 4 \end{pmatrix}$の条件から、

$\begin{pmatrix} a & b \\ c & d \end{pmatrix}\begin{pmatrix} 2 & 3 \\ -1 & 1 \end{pmatrix}$を計算することができます。

一般に、(m,n)型行列Aとn次元列ベクトル($(n,1)$型行列)$\boldsymbol{p}_1, \boldsymbol{p}_2, \cdots, \boldsymbol{p}_r$の積が、

$$A\boldsymbol{p}_1=\boldsymbol{q}_1, A\boldsymbol{p}_2=\boldsymbol{q}_2, \cdots, A\boldsymbol{p}_r=\boldsymbol{q}_r$$

と計算できるとします。このとき、$\boldsymbol{q}_i$はm次元ベクトル($(m,1)$型ベクトル)になっています。

$\boldsymbol{p}_1, \boldsymbol{p}_2, \cdots, \boldsymbol{p}_r$を並べた行列($\boldsymbol{p}_1, \boldsymbol{p}_2, \cdots, \boldsymbol{p}_r$)に左から$A$を掛けると、

$$A(\boldsymbol{p}_1, \boldsymbol{p}_2, \cdots, \boldsymbol{p}_r)=(\boldsymbol{q}_1, \boldsymbol{q}_2, \cdots, \boldsymbol{q}_r)$$

単なる文字でもアカ枠のように数字が並んでいるとイメージするとよい

となります。

4 転置行列

下図のように、行列 A について対角線（アカ破線：左上の要素から右下斜め45°の線）で成分を折り返した行列を A の**転置行列**といい、$^{t}\!A$ で表します。A の行の中身と $^{t}\!A$ の列の中身は一致します。A と転置行列 $^{t}\!A$ は行と列が入れ替わっています。

特に、B のように $(1, n)$ 型行列（行ベクトル）を転置すると $(n, 1)$ 型行列になります。逆に列ベクトルを転置すると行ベクトルになります。

$$A=\begin{pmatrix}1 & 2 & 3 & 4\\ 5 & 6 & 7 & 8\\ 9 & 10 & 11 & 12\end{pmatrix} \quad {}^{t}\!A=\begin{pmatrix}1 & 5 & 9\\ 2 & 6 & 10\\ 3 & 7 & 11\\ 4 & 8 & 12\end{pmatrix} \quad B=(2\ \ 3\ \ 5) \quad {}^{t}\!B=\begin{pmatrix}2\\ 3\\ 5\end{pmatrix}$$

これについて、次のような計算法則が成り立ちます。

転置行列の計算法則

$$^{t}(^{t}\!A)=A \qquad ^{t}(A+B)={}^{t}\!A+{}^{t}\!B$$

$$^{t}(kA)=k\,{}^{t}\!A \qquad ^{t}(AB)={}^{t}\!B\,{}^{t}\!A$$

AB の転置行列 $^{t}(AB)$ は、$^{t}\!B\,{}^{t}\!A$ というように順序が入れ替わることを説明してみましょう。

AB の (i, j) 成分は、A の第 i 行と B の第 j 列を内積のように掛け合わせたものです。この内容を転置行列の話に移し変えると次の文章になります。

$^{t}(AB)$ の (j, i) 成分は、$^{t}\!A$ の第 i 列と $^{t}\!B$ の第 j 行を内積のように掛け合わせたものになりますが、列と行を掛け合わせるためには、行に分解して考える行列 $^{t}\!B$ を左に、列に分解して考える行列 $^{t}\!A$ を右に置かなければなりません。それで、$^{t}(AB)={}^{t}\!B\,{}^{t}\!A$ となります。

5 行列の n 乗

行列の n 乗が簡単に計算できる場合について、練習してみます。

ホップ

問題 行列の n 乗 （別 p.6,8）

次の行列の n 乗を求めよ。書いていないところの成分は0です。

(1) $A=\begin{pmatrix} 0 & 1 & & \\ & 0 & 1 & \\ & & 0 & 1 \\ & & & 0 \end{pmatrix}$　　(2) $B=\begin{pmatrix} a & 1 & & \\ & a & 1 & \\ & & a & 1 \\ & & & a \end{pmatrix}$

(1) 実際に計算して、

$$A^2=AA=\begin{pmatrix} 0 & 1 & & \\ & 0 & 1 & \\ & & 0 & 1 \\ & & & 0 \end{pmatrix}\begin{pmatrix} 0 & 1 & & \\ & 0 & 1 & \\ & & 0 & 1 \\ & & & 0 \end{pmatrix}=\begin{pmatrix} 0 & 0 & 1 & \\ & 0 & 0 & 1 \\ & & 0 & 0 \\ & & & 0 \end{pmatrix}$$ A は上三角行列なので、積も上三角行列。

$$A^3=A^2A=\begin{pmatrix} 0 & 0 & 1 & \\ & 0 & 0 & 1 \\ & & 0 & 0 \\ & & & 0 \end{pmatrix}\begin{pmatrix} 0 & 1 & & \\ & 0 & 1 & \\ & & 0 & 1 \\ & & & 0 \end{pmatrix}=\begin{pmatrix} 0 & 0 & 0 & 1 \\ & 0 & 0 & 0 \\ & & 0 & 0 \\ & & & 0 \end{pmatrix}$$

$$A^4=A^3A=\begin{pmatrix} 0 & 0 & 0 & 1 \\ & 0 & 0 & 0 \\ & & 0 & 0 \\ & & & 0 \end{pmatrix}\begin{pmatrix} 0 & 1 & & \\ & 0 & 1 & \\ & & 0 & 1 \\ & & & 0 \end{pmatrix}=O$$　$n \geqq 4$ のとき、$A^n=O$

零行列：成分がすべて0

(2) $B=\begin{pmatrix} a & & & \\ & a & & \\ & & a & \\ & & & a \end{pmatrix}+\begin{pmatrix} 0 & 1 & & \\ & 0 & 1 & \\ & & 0 & 1 \\ & & & 0 \end{pmatrix}=aE+A$ であり、E と A が積について交換可能なので（$EA=AE$）、数と同じように二項定理を用いることができます。

例えば、

$$
\begin{aligned}
(aE+A)^2 &= (aE+A)(aE+A) = (aE)^2+A(aE)+(aE)A+A^2 \\
&= (aE)^2+(aE)A+(aE)A+A^2 = (aE)^2+2(aE)A+A^2 \\
&= a^2E+2aA+A^2
\end{aligned}
$$

と、E と A が交換可能なので EA と AE を同類項としてまとめることができます。

$n \geqq 3$ のとき、E を r コ、A を s コかけた項はすべて $E^rA^s = A^s$ と同類項にまとめることができ、

$$
\begin{aligned}
B^n &= (aE+A)^n = (aE)^n + {}_n\mathrm{C}_1(aE)^{n-1}A + {}_n\mathrm{C}_2(aE)^{n-2}A^2 \\
&\qquad + {}_n\mathrm{C}_3(aE)^{n-3}A^3 + {}_n\mathrm{C}_4(aE)^{n-4}A^4 + \cdots \\
&= a^nE + {}_n\mathrm{C}_1a^{n-1}A + {}_n\mathrm{C}_2a^{n-2}A^2 + {}_n\mathrm{C}_3a^{n-3}A^3 \qquad A^4 \text{ 以降は } O \\
&= \begin{pmatrix} a^n & & & \\ & a^n & & \\ & & a^n & \\ & & & a^n \end{pmatrix} + \begin{pmatrix} 0 & {}_n\mathrm{C}_1a^{n-1} & & \\ & 0 & {}_n\mathrm{C}_1a^{n-1} & \\ & & 0 & {}_n\mathrm{C}_1a^{n-1} \\ & & & 0 \end{pmatrix} \\
&\qquad + \begin{pmatrix} 0 & 0 & {}_n\mathrm{C}_2a^{n-2} & \\ & 0 & 0 & {}_n\mathrm{C}_2a^{n-2} \\ & & 0 & 0 \\ & & & 0 \end{pmatrix} + \begin{pmatrix} 0 & 0 & 0 & {}_n\mathrm{C}_3a^{n-3} \\ & 0 & 0 & 0 \\ & & 0 & 0 \\ & & & 0 \end{pmatrix} \\
&= \begin{pmatrix} a^n & na^{n-1} & {}_n\mathrm{C}_2a^{n-2} & {}_n\mathrm{C}_3a^{n-3} \\ & a^n & na^{n-1} & {}_n\mathrm{C}_2a^{n-2} \\ & & a^n & na^{n-1} \\ & & & a^n \end{pmatrix}
\end{aligned}
$$

問題の(2)の形は、あとで出てくるジョルダン標準形と呼ばれる形になっています。n 乗が計算し易い形です。一般の行列の n 乗を計算するには、ジョルダン標準形を経由して求めます。

6 行列の基本変形とランク

行列に関する計算で行列の基本変形と呼ばれるものがあります。基本変形は線形代数の幅広い問題について実用的な解法を与えてくれるすぐれものです。まずはこの計算方法を身につけましょう。

行列の行基本変形

(i) 2つの行を入れ替える。

(ii) 1つの行を c 倍する。($c \neq 0$、c は実数)

(iii) ある行に他の行の c 倍を足す。($c \neq 0$、c は実数)

具体例を挙げると、

(i) 第2行と第3行を入れ替える。 $\begin{pmatrix} 1 & 3 & 2 \\ 3 & -1 & 1 \\ 2 & -2 & 2 \end{pmatrix} \to \begin{pmatrix} 1 & 3 & 2 \\ 2 & -2 & 2 \\ 3 & -1 & 1 \end{pmatrix}$

(ii) 第2行を3倍する。 $\begin{pmatrix} 1 & 3 & 2 \\ 3 & -1 & 1 \\ 2 & -2 & 2 \end{pmatrix} \xrightarrow{\times 3} \begin{pmatrix} 1 & 3 & 2 \\ 3\times 3 & -1\times 3 & 1\times 3 \\ 2 & -2 & 2 \end{pmatrix} = \begin{pmatrix} 1 & 3 & 2 \\ 9 & -3 & 3 \\ 2 & -2 & 2 \end{pmatrix}$

(iii) 第2行に第1行の2倍を足す。 $\begin{pmatrix} 1 & 3 & 2 \\ 3 & -1 & 1 \\ 2 & -2 & 2 \end{pmatrix} \xrightarrow{\times 2} \begin{pmatrix} 1 & 3 & 2 \\ 3+1\times 2 & -1+3\times 2 & 1+2\times 2 \\ 2 & -2 & 2 \end{pmatrix}$

$$= \begin{pmatrix} 1 & 3 & 2 \\ 5 & 5 & 5 \\ 2 & -2 & 2 \end{pmatrix}$$

となります。

行基本変形は左から行列を掛けることでも計算できます。

(i) 第2行と第3行を入れ替える。 $\begin{pmatrix} 1 & 0 & 0 \\ 0 & 0 & 1 \\ 0 & 1 & 0 \end{pmatrix} \begin{pmatrix} 1 & 3 & 2 \\ 3 & -1 & 1 \\ 2 & -2 & 2 \end{pmatrix} = \begin{pmatrix} 1 & 3 & 2 \\ 2 & -2 & 2 \\ 3 & -1 & 1 \end{pmatrix}$

(ii) 第2行を3倍する。 $\begin{pmatrix} 1 & 0 & 0 \\ 0 & 3 & 0 \\ 0 & 0 & 1 \end{pmatrix} \begin{pmatrix} 1 & 3 & 2 \\ 3 & -1 & 1 \\ 2 & -2 & 2 \end{pmatrix} = \begin{pmatrix} 1 & 3 & 2 \\ 3\times 3 & -1\times 3 & 1\times 3 \\ 2 & -2 & 2 \end{pmatrix}$

$$= \begin{pmatrix} 1 & 3 & 2 \\ 9 & -3 & 3 \\ 2 & -2 & 2 \end{pmatrix}$$

(iii) 第2行に第1行の2倍を足す。

$$\begin{pmatrix} 1 & 0 & 0 \\ 2 & 1 & 0 \\ 0 & 0 & 1 \end{pmatrix} \begin{pmatrix} 1 & 3 & 2 \\ 3 & -1 & 1 \\ 2 & -2 & 2 \end{pmatrix} = \begin{pmatrix} 1 & 3 & 2 \\ 3+1\times 2 & -1+3\times 2 & 1+2\times 2 \\ 2 & -2 & 2 \end{pmatrix}$$

$$= \begin{pmatrix} 1 & 3 & 2 \\ 5 & 5 & 5 \\ 2 & -2 & 2 \end{pmatrix}$$

n 行の行列に関する行基本変形であれば、それに相当する行列の掛け算(左から掛ける)は、次のようになります。行基本変形を行う行列を行ベクトル $\bm{p}_1, \cdots, \bm{p}_n$ でブロック分けして表します。

(ア) 第 i 行と第 j 行を入れ替え

$$\underbrace{\begin{pmatrix} 1 & & & & & \\ & \ddots & & & & \\ & & 0 & \cdots & 1 & \\ & & \vdots & & \vdots & \\ & & 1 & \cdots & 0 & \\ & & & & & \ddots \\ & & & & & & 1 \end{pmatrix}}_{P_{ij}} \begin{pmatrix} \bm{p}_1 \\ \vdots \\ \bm{p}_i \\ \vdots \\ \bm{p}_j \\ \vdots \\ \bm{p}_n \end{pmatrix} = \begin{pmatrix} \bm{p}_1 \\ \vdots \\ \bm{p}_j \\ \vdots \\ \bm{p}_i \\ \vdots \\ \bm{p}_n \end{pmatrix}$$

(イ) 第 i 行を c 倍する

$$\underbrace{\begin{pmatrix} 1 & & & & \\ & \ddots & & & \\ & & c & & \\ & & & \ddots & \\ & & & & 1 \end{pmatrix}}_{Q_i(c)} \begin{pmatrix} \bm{p}_1 \\ \vdots \\ \bm{p}_i \\ \vdots \\ \bm{p}_n \end{pmatrix} = \begin{pmatrix} \bm{p}_1 \\ \vdots \\ c\bm{p}_i \\ \vdots \\ \bm{p}_n \end{pmatrix}$$

(ウ) 第 i 行を c 倍して第 j 行に足す

$$\underbrace{\begin{pmatrix} 1 & & & & & \\ & \ddots & & & & \\ & & 1 & & & \\ & & \vdots & \ddots & & \\ & & c & \cdots & 1 & \\ & & & & & \ddots \\ & & & & & & 1 \end{pmatrix}}_{R_{ij}(c)} \begin{pmatrix} \bm{p}_1 \\ \vdots \\ \bm{p}_i \\ \vdots \\ \bm{p}_j \\ \vdots \\ \bm{p}_n \end{pmatrix} = \begin{pmatrix} \bm{p}_1 \\ \vdots \\ \bm{p}_i \\ \vdots \\ c\bm{p}_i + \bm{p}_j \\ \vdots \\ \bm{p}_n \end{pmatrix}$$

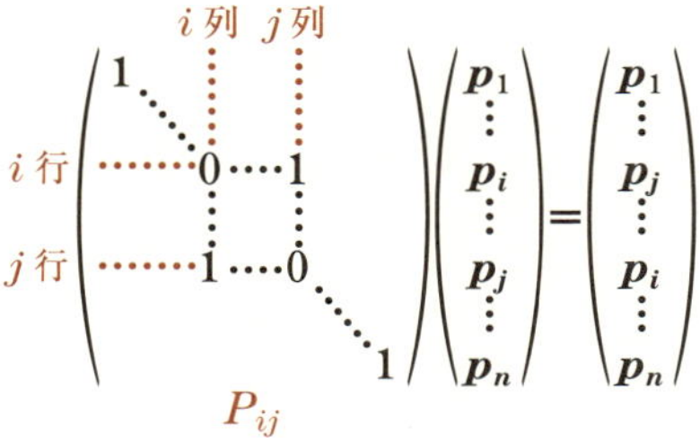

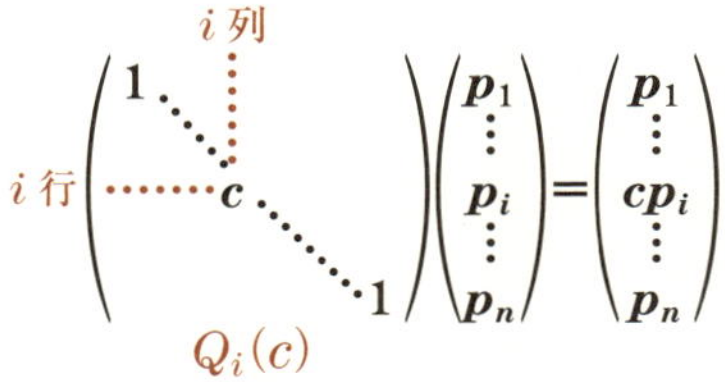

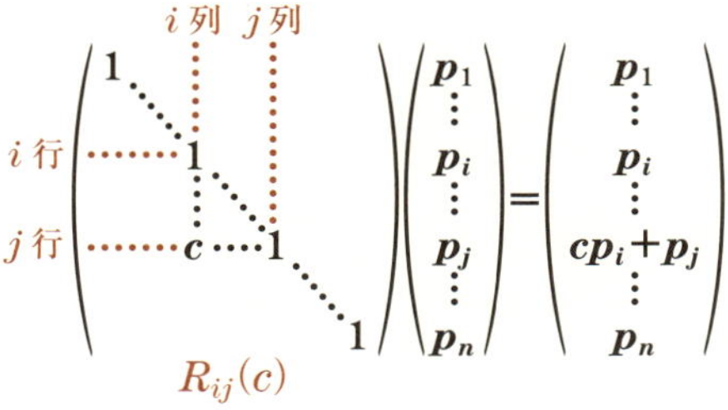

（**ア**）で左から掛ける行列 P_{ij} は、
　　対角成分　(i,i), (j,j) 成分は 0、それ以外は 1
　　対角成分以外　(i,j), (j,i) 成分は 1、それ以外は 0
（**イ**）で左から掛ける行列 $Q_i(c)$ は、
　　対角行列であり、(i,i) 成分は c、それ以外は 1
（**ウ**）で左から掛ける行列 $R_{ij}(c)$ は、
　　対角成分　すべて 1、
　　対角成分以外　(j,i) 成分は c、それ以外は 0

　上では、P_{ij}、$Q_i(c)$、$R_{ij}(c)$ を左から掛けましたが、右から掛けると行ではなく列への作用となります。すなわち、$\times P_{ij}$ は、i 列目と j 列目の入れ替え、$\times Q_i(c)$ は i 列目を c 倍、$\times R_{ij}(c)$ は j 列目の c 倍を i 列目に足すことになります。これらは第 2 章 p.31 で示した計算を考えればすぐにわかるでしょう。

　さて、この基本変形を連続して用いて、与えられた行列を次のような形に変形していくことを考えます。

$$A = \begin{pmatrix} * & * & * & * & \cdots & & * & * & * & \cdots & * \\ & & * & * & * & & & & & & \\ & & & & * & & & & & & \\ & & & & & * & & & & & \\ & & & O & & & & & * & \cdots & * \end{pmatrix} \Big\} r 行 \quad B = \begin{pmatrix} 1 & 2 & 5 & 7 & 0 & 6 \\ 0 & 0 & 4 & 0 & 2 & 9 \\ 0 & 0 & 0 & 8 & 7 & 3 \\ 0 & 0 & 0 & 0 & 0 & 0 \end{pmatrix}$$

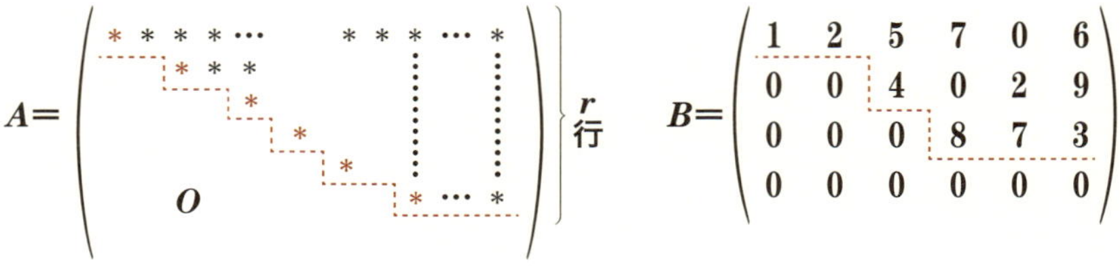

　この形をした行列は**階段行列**と呼ばれています。アカ破線より下の成分はすべて 0 です。アカい文字の成分（カドの成分）は 0 であってはいけません。
　与えられた行列 A を行基本変形で階段行列に変形したとき、階段行列の 0 でない成分を持つ行の本数を行列 A の**ランク**といい、$\mathrm{rank}A$ で表します。行列のランクは、行列を階段行列に変形して求めます。
　成分が具体的な数で与えられたとき、行列のランクは変形の仕方によらず 1 つの値に決まります。このことは証明しておかなければいけないことですが、証明はあとですることにします。

上では、すでに階段行列になっていますから、rank$A=r$、rank$B=3$です。Bは4行目の成分がすべて0になっていますが、このような行がない階段行列もあります。

行列のランクが意味するものには、「階段行列の0でない行の個数」以外にも多くのものがあります。それらをどれだけ関連付けて理解しているかは、線形代数の習熟度の指標になると言ってもよいでしょう。あとでまとめますが、今は計算方法だけを紹介します。

行基本変形をして行列のランクを求める問題を解いてみましょう。

ホップ

問題　行列のランク　（別 p.10）

次の行列のランクを求めよ。

$$A=\begin{pmatrix} 2 & 4 & 0 & 7 & 9 \\ 1 & 2 & -1 & 5 & 4 \\ -1 & -2 & -3 & 4 & -4 \\ -2 & -4 & 2 & -7 & -6 \end{pmatrix}$$

$$\begin{pmatrix} 2 & 4 & 0 & 7 & 9 \\ 1 & 2 & -1 & 5 & 4 \\ -1 & -2 & -3 & 4 & -4 \\ -2 & -4 & 2 & -7 & -6 \end{pmatrix} \xrightarrow[\text{①↔②}]{\text{ア}} \begin{pmatrix} 1 & 2 & -1 & 5 & 4 \\ 2 & 4 & 0 & 7 & 9 \\ -1 & -2 & -3 & 4 & -4 \\ -2 & -4 & 2 & -7 & -6 \end{pmatrix}$$

$$\xrightarrow[\substack{③+①\times 1 \\ ④+①\times 2}]{\substack{\text{イ} \\ ②+①\times(-2)}} \begin{pmatrix} 1 & 2 & -1 & 5 & 4 \\ 0 & 0 & 2 & -3 & 1 \\ 0 & 0 & -4 & 9 & 0 \\ 0 & 0 & 0 & 3 & 2 \end{pmatrix} \xrightarrow{\substack{\text{ウ} \\ ③+②\times 2}} \begin{pmatrix} 1 & 2 & -1 & 5 & 4 \\ 0 & 0 & 2 & -3 & 1 \\ 0 & 0 & 0 & 3 & 2 \\ 0 & 0 & 0 & 3 & 2 \end{pmatrix}$$

$$\xrightarrow{\substack{\text{エ} \\ ④+③\times(-1)}} \begin{pmatrix} 1 & 2 & -1 & 5 & 4 \\ 0 & 0 & 2 & -3 & 1 \\ 0 & 0 & 0 & 3 & 2 \\ 0 & 0 & 0 & 0 & 0 \end{pmatrix}$$

ア　(2, 1)成分の1を(1, 1)成分に持ってくるために、第1行と第2行を入れ替えます。これを①↔②と表しています。

イ　第1行の1を用いて、(1, 1)成分より下の成分を0にします。具体的には、第2行に第1行の(−2)倍を足し、次に第3行に第1行の1倍を足し、次に第4行に第1行の2倍を足します。

これを、②+①×(−2)、③+①×1、④+①×2と表します。

ウ　第2行の2を用いて(2, 3)成分より下の成分を0にします。第3行に第2行の2倍を足します。③+②×2

エ　第4行に第3行の(−1)倍を足します。④+③×(−1)

変形の結果の階段行列で、0でない成分を持つのは3行なので、rank$A=3$です。

上のランクの計算は1つの例で、他の行基本変形で階段行列を作ってもかまいません。例えば、3行目を(−1)倍してから、1行目と入れかえることから始めてもかまいませんし、いきなり（1, 1）成分の2を使って、これより下の成分を消しにかかってもかまいません。行基本変形の過程が違えば、異なる階段行列を得ることになりますが、どの場合でもランクの値は一致します。

7 逆行列

行列の和、差、積と紹介しました。商はどう考えたらよいでしょうか。ここで登場するのが逆行列です。

逆行列

正方行列 A に対して、

$$XA=AX=E$$

を満たす行列 X を逆行列といい、A^{-1} で表す。

A が逆行列 A^{-1} を持つとき、「A は**正則**である」という。

数の割り算において、例えば「÷3」という演算は、「$\times\frac{1}{3}$」という3の逆数の3分の1を掛ける演算に同値でした。逆行列は、行列の計算における“逆数”の役割を持っています。a の逆数は a と掛けて1になる数であるように、A の逆行列は A と掛けて E になる行列です。

2次の正方行列 $A=\begin{pmatrix} a & b \\ c & d \end{pmatrix}$ の逆行列を考えてみましょう。

逆行列を $X=\begin{pmatrix} x & z \\ y & w \end{pmatrix}$ とおいて、

$$AX=\begin{pmatrix} a & b \\ c & d \end{pmatrix}\begin{pmatrix} x & z \\ y & w \end{pmatrix}=\begin{pmatrix} ax+by & az+bw \\ cx+dy & cz+dw \end{pmatrix}$$

$AX=E$ であり、$E=\begin{pmatrix} 1 & 0 \\ 0 & 1 \end{pmatrix}$ に等しいので、

$$ax+by=1 \quad cx+dy=0 \quad az+bw=0 \qquad cz+dw=1$$

を満たす a、b、c、d を求めましょう。x、y の連立1次方程式と z、w の連立1

次方程式をそれぞれ解いて、$ad-bc\neq 0$ のとき、

$$x=\frac{d}{ad-bc},\ y=\frac{-c}{ad-bc},\ z=\frac{-b}{ad-bc},\ w=\frac{a}{ad-bc}$$

となります。$X=\frac{1}{ad-bc}\begin{pmatrix} d & -b \\ -c & a \end{pmatrix}$です。

$$XA=\frac{1}{ad-bc}\begin{pmatrix} d & -b \\ -c & a \end{pmatrix}\begin{pmatrix} a & b \\ c & d \end{pmatrix}=\frac{1}{ad-bc}\begin{pmatrix} ad-bc & db-bd \\ -ca+ac & ad-bc \end{pmatrix}$$

$$=\begin{pmatrix} 1 & 0 \\ 0 & 1 \end{pmatrix}=E$$

ですから、$A^{-1}=\frac{1}{ad-bc}\begin{pmatrix} d & -b \\ -c & a \end{pmatrix}$です。まとめると、

2 次正方行列の逆行列

2 次正方行列 $A=\begin{pmatrix} a & b \\ c & d \end{pmatrix}$に対して、

$ad-bc\neq 0$ のとき、A は正則で、逆行列は、$A^{-1}=\frac{1}{ad-bc}\begin{pmatrix} d & -b \\ -c & a \end{pmatrix}$

$ad-bc=0$ のとき、A は正則ではなく、逆行列は存在しない。

問題で確認しましょう。

問題 次の行列の逆行列があれば求めよ。

(1) $A=\begin{pmatrix} 2 & -5 \\ -3 & 7 \end{pmatrix}$　　(2) $A=\begin{pmatrix} 2 & -4 \\ -3 & 6 \end{pmatrix}$

(1) 公式より、$A^{-1}=\frac{1}{2\cdot 7-(-5)(-3)}\begin{pmatrix} 7 & 5 \\ 3 & 2 \end{pmatrix}=\begin{pmatrix} -7 & -5 \\ -3 & -2 \end{pmatrix}$

(2) $2\cdot 6-(-4)(-3)=0$ なので、A は逆行列を持たない。

3 次以上の正方行列に関しても、2 次のときと同じような手順で、成分によって逆行列を書き下すことができます。これについてはあとで示すことにします。

ここでは具体的な行列が与えられたとき、行基本変形を用いて逆行列を求める手法を紹介しましょう。

ホップ 問題 逆行列 (別 p.12)

$A=\begin{pmatrix}1 & 1 & -1\\2 & 3 & 0\\0 & 1 & 3\end{pmatrix}$の逆行列を求めよ。

A の右に3次単位行列を並べた行列(A, E)に行基本変形を繰り返し施すことにより A の部分を E にします。(E, X)となったとするとXが A の逆行列になります。理由は計算のすぐあとで。

$$\left(\begin{array}{ccc|ccc}1 & 1 & -1 & 1 & 0 & 0\\2 & 3 & 0 & 0 & 1 & 0\\0 & 1 & 3 & 0 & 0 & 1\end{array}\right)\xrightarrow{②+①\times(-2)}\begin{pmatrix}1 & 1 & -1 & 1 & 0 & 0\\0 & 1 & 2 & -2 & 1 & 0\\0 & 1 & 3 & 0 & 0 & 1\end{pmatrix}$$

（左の3列が A、右の3列が E）

$$\xrightarrow[③+②\times(-1)]{①+②\times(-1)}\begin{pmatrix}1 & 0 & -3 & 3 & -1 & 0\\0 & 1 & 2 & -2 & 1 & 0\\0 & 0 & 1 & 2 & -1 & 1\end{pmatrix}\xrightarrow[②+③\times(-2)]{①+③\times3}\left(\begin{array}{ccc|ccc}1 & 0 & 0 & 9 & -4 & 3\\0 & 1 & 0 & -6 & 3 & -2\\0 & 0 & 1 & 2 & -1 & 1\end{array}\right)$$

（左の3列が E、右の3列が A^{-1}）

これより、$A^{-1}=\begin{pmatrix}9 & -4 & 3\\-6 & 3 & -2\\2 & -1 & 1\end{pmatrix}$と求まります。

左の部分で E を作るとき、成分の1を用いてその列の他の成分を0にするので、この手順は**掃出し法**と呼ばれています。掃出し法は、連立方程式を解くときにも用いられます。

掃出し法で逆行列が求められることを説明しておきましょう。

(A, E)に行基本変形を施して$(E, ?)$になったとします。手順ごとの行基本変形を表す行列を S_1、S_2、…、S_r とします。(A, E)に対して初めの行基本変形を施すと、(A, E)に左から S_1 を掛けた、$S_1(A, E)=(S_1A, S_1E)$になります。結局、一連の行基本変形を施すと、

$$S_rS_{r-1}\cdots S_1(A, E)=(\underbrace{S_rS_{r-1}\cdots S_1A}_{(3,3)\text{型行列}}, S_rS_{r-1}\cdots S_1E)$$

となります。$X=S_rS_{r-1}\cdots S_1$ とおくと、(XA, X)ですが左側が E に等しいので、

X は $XA=E$ を満たします。X が A の逆行列であることを示すには、$AX=E$ であることもいわなければなりません。

ここで、行基本行列には逆行列があることを確認しておきましょう。

（ア）　第 i 行と第 j 行の入れ替えを表す行列 P_{ij} については、入れ替えを2回施すと元に戻るので、P_{ij} の逆行列はそれ自身。

（イ）　第 i 行を c 倍する $(c \neq 0)$ ことを表す行列 $Q_i(c)$ については、c 倍のあと $1/c$ 倍すれば元に戻るので、$Q_i(c)$ の逆行列は $Q_i(1/c)$。

（ウ）　第 i 行の c 倍を第 j 行に足すことを表す行列 $R_{ij}(c)$ については、c 倍を足したあと $-c$ 倍を足せば元に戻るので、$R_{ij}(c)$ の逆行列は $R_{ij}(-c)$。

行基本変形の操作を考えると上のようになりますが、

$$P_{ij}{}^2=E,\quad Q_i(c)Q_i(1/c)=Q_i(1/c)Q_i(c)=E,$$
$$R_{ij}(c)R_{ij}(-c)=R_{ij}(-c)R_{ij}(c)=E$$

を直接確かめてもかまいません。

さて、$S_rS_{r-1}\cdots S_1A=E$ の両辺に左から $S_1{}^{-1}S_2{}^{-1}\cdots S_r{}^{-1}$ を掛けます。

$$S_1{}^{-1}S_2{}^{-1}\cdots S_r{}^{-1}S_rS_{r-1}\cdots S_1A=S_1{}^{-1}S_2{}^{-1}\cdots S_r{}^{-1}E$$

右辺は $S_1{}^{-1}S_2{}^{-1}\cdots S_r{}^{-1}$ に等しく、左辺は、

$$\begin{aligned}S_1{}^{-1}\cdots S_{r-1}{}^{-1}\underbrace{S_r{}^{-1}S_r}_{E}S_{r-1}\cdots S_1A&=S_1{}^{-1}\cdots S_{r-1}{}^{-1}ES_{r-1}\cdots S_1A\\&=S_1{}^{-1}\cdots S_{r-2}{}^{-1}S_{r-1}{}^{-1}S_{r-1}S_{r-2}\cdots S_1A\\&=\cdots=A\end{aligned}$$

結合法則によりここを先に計算してよい

次にここを計算する

ですから、結局 $A=S_1{}^{-1}S_2{}^{-1}\cdots S_r{}^{-1}$ になります。

今度はこれに右から $S_rS_{r-1}\cdots S_1$ を掛けると、

$$A\,S_rS_{r-1}\cdots S_1=S_1{}^{-1}S_2{}^{-1}\cdots S_r{}^{-1}\,S_rS_{r-1}\cdots S_1$$

ここから先に計算する

左辺の $S_rS_{r-1}\cdots S_1$ を X に置き換え、右辺に結合法則をくり返し用いて計算すると、$AX=E$ になります。$XA=AX=E$ が成り立つので、X は A の逆行列です。

逆行列に関して以下のような計算法則が成り立ちます。

逆行列の計算法則

A、B を正則な n 次正方行列、k を実数とすると、

(i)　$(AB)^{-1}=B^{-1}A^{-1}$　　(ii)　$(kA)^{-1}=\dfrac{1}{k}A^{-1}$

(i)　$(AB)(B^{-1}A^{-1})=A(BB^{-1})A^{-1}=AEA^{-1}=AA^{-1}=E$

$(B^{-1}A^{-1})(AB)=B^{-1}(A^{-1}A)B=B^{-1}EB=B^{-1}B=E$

より、$(AB)^{-1}=B^{-1}A^{-1}$ です。

(ii)　$(kA)\left(\dfrac{1}{k}A^{-1}\right)=k\cdot\dfrac{1}{k}AA^{-1}=E$　　$\left(\dfrac{1}{k}A^{-1}\right)(kA)=\dfrac{1}{k}kA^{-1}A=E$

より、$(kA)^{-1}=\dfrac{1}{k}A^{-1}$

第3章

行列式

1 行列式(2 次・3 次・4 次)

前節で、2 次正方行列 $A=\begin{pmatrix} a & b \\ c & d \end{pmatrix}$ の逆行列が $A^{-1}=\dfrac{1}{ad-bc}\begin{pmatrix} d & -b \\ -c & a \end{pmatrix}$ であることを計算しました。このときの分母の式 $ad-bc$ は、A の**行列式**と呼ばれるものになっています。

まずは、2 次、3 次の場合の行列式の計算方法から紹介しましょう。そのあとで一般の場合にも通じる定義や計算法則、行列式が意味しているものについて述べることにします。

A の行列式は $|\boldsymbol{A}|$ または $\mathbf{det}\boldsymbol{A}$ と表されます。

2 次正方行列の場合

$$A=\begin{pmatrix} a & b \\ c & d \end{pmatrix} \qquad |A|=ad-bc$$

3 次正方行列の場合

$$A=\begin{pmatrix} a & p & x \\ b & q & y \\ c & r & z \end{pmatrix} \qquad |A|=aqz+brx+cpy-ary-bpz-cqx$$

図 1

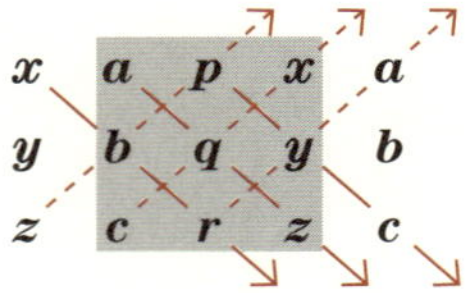

2 次・3 次の正方行列に対する行列式は上のように計算されます。

3 次の行列式の計算は図 1 のように 1 列目を右に、3 列目を左に加えて 5 列にすると、右下に向かうアカ実線(↘)がかかる成分の積については +、右上に向かうアカ破線(↗)がかかる成分の積については − になります。

実際の問題を解く上では、このように列を加えなくとも、もとの行列のままで計算できるようになっておいた方がよいでしょう。

ホップ

問題　行列式　（別 p.14,16）

次の行列式を計算せよ。

(1)　$A=\begin{pmatrix} 2 & -5 \\ -1 & 3 \end{pmatrix}$　　(2)　$A=\begin{pmatrix} 1 & 1 & -1 \\ 2 & 3 & 0 \\ 0 & 1 & 3 \end{pmatrix}$

(1)　$|A|=\begin{vmatrix} 2 & -5 \\ -1 & 3 \end{vmatrix}=2\cdot3-(-5)(-1)=1$

(2)　$|A|=\begin{vmatrix} 1 & 1 & -1 \\ 2 & 3 & 0 \\ 0 & 1 & 3 \end{vmatrix}=1\cdot3\cdot3+2\cdot1(-1)+0\cdot1\cdot0$

$$-1\cdot1\cdot0-2\cdot1\cdot3-0\cdot3(-1)=1$$

2次の場合と3次の場合を並べてみると、成分を斜めに掛ければよいのだと思うかもしれませんが、4次の正方行列の場合はそう簡単ではありません。行列式は斜めに成分を掛けていくことが定義なのではありません。1つの行、1つの列に成分を1個ずつ取ることがポイントなのです。

$\begin{pmatrix} a & p & x \\ b & q & y \\ c & r & z \end{pmatrix}$の成分の積 brx を、成分のところを塗った  で表すことにすると、2次・3次の行列式は次のように模式図で表すことができます。

■ 2次の行列式

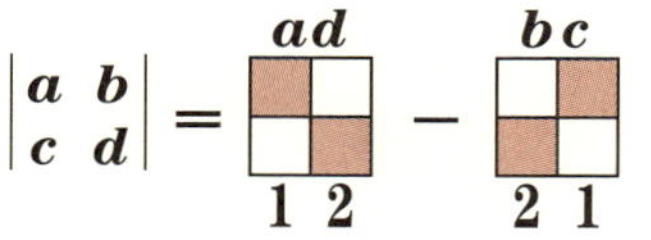

■ 3次の行列式

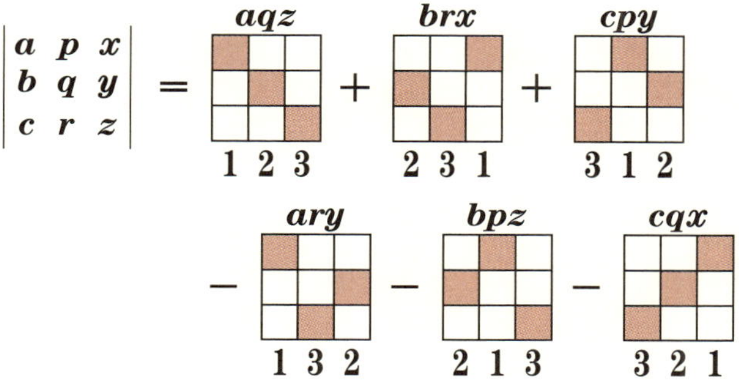

下に書いてある数字の並びは一般の行列に関する定義を知るとその意味がわかってきます。

これに倣うと、4次の行列式は次のようになります。

■ 4次の行列式

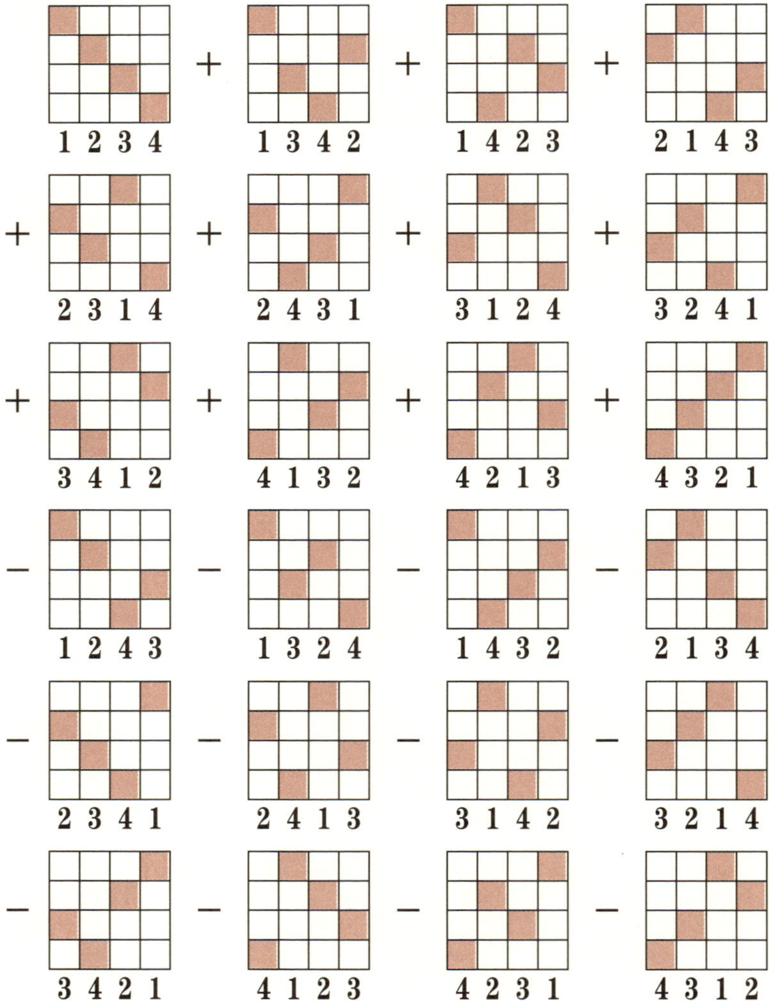

上の12個の項は符号が + に、下の12個の項は符号が − になります。

計算方法がつかめたところで、２次・３次の行列式が表すものを紹介しましょう。２次の行列式は平行四辺形の面積（符号付き）を、３次の行列式は平行六面体の体積（符号付き）を表しています。

２次

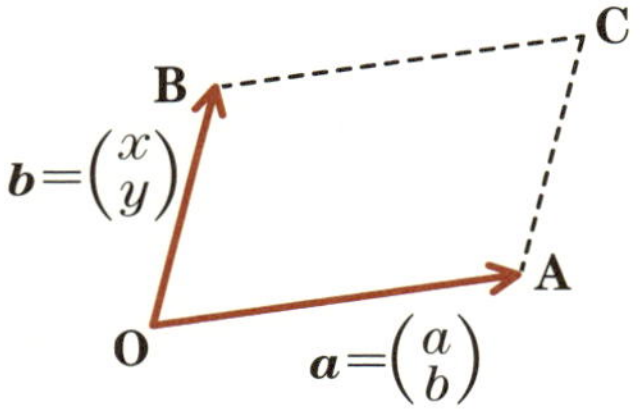

３次

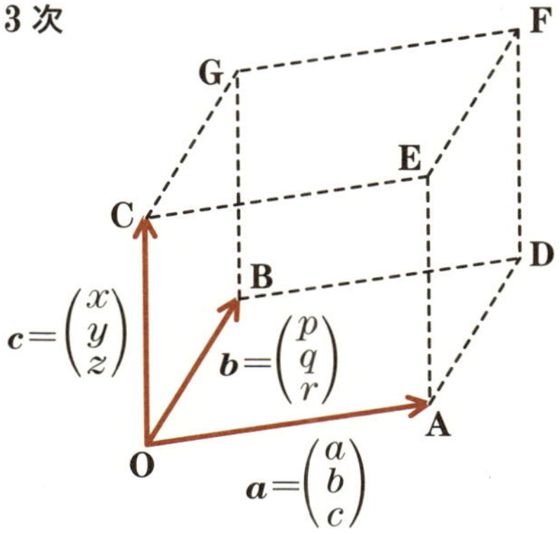

$\boldsymbol{R}^2$ のベクトル $\boldsymbol{a}$、$\boldsymbol{b}$ を $\boldsymbol{a}=\begin{pmatrix} a \\ b \end{pmatrix}$、$\boldsymbol{b}=\begin{pmatrix} x \\ y \end{pmatrix}$とすると、$\boldsymbol{a}$、$\boldsymbol{b}$ で張られる平行四辺形OACBの面積は、$\boldsymbol{a}$、$\boldsymbol{b}$ を並べた行列$(\boldsymbol{a}\ \ \boldsymbol{b})=\begin{pmatrix} a & x \\ b & y \end{pmatrix}$の行列式 $\det(\boldsymbol{a}\ \ \boldsymbol{b})=ay-bx$ の絶対値、すなわち$|ay-bx|$で表されます。

また、$\boldsymbol{R}^3$ のベクトル $\boldsymbol{a}$、$\boldsymbol{b}$、$\boldsymbol{c}$ を $\boldsymbol{a}=\begin{pmatrix} a \\ b \\ c \end{pmatrix}$、$\boldsymbol{b}=\begin{pmatrix} p \\ q \\ r \end{pmatrix}$、$\boldsymbol{c}=\begin{pmatrix} x \\ y \\ z \end{pmatrix}$とすると、$\boldsymbol{a}$、$\boldsymbol{b}$、$\boldsymbol{c}$ で張られる平行六面体 OADB－CEFG の体積は、$\boldsymbol{a}$、$\boldsymbol{b}$、$\boldsymbol{c}$ を並べた行列$(\boldsymbol{a}\ \ \boldsymbol{b}\ \ \boldsymbol{c})=\begin{pmatrix} a & p & x \\ b & q & y \\ c & r & z \end{pmatrix}$の行列式 $\det(\boldsymbol{a}\ \ \boldsymbol{b}\ \ \boldsymbol{c})$の絶対値、すなわち

$|\,aqz+brx+cpy-ary-bpz-cqx\,|$ で表されます。

それぞれ、確認しておきましょう。

[2 次の場合]

$\boldsymbol{a}$、$\boldsymbol{b}$ のなす角を θ、平行四辺形の面積を S とすると、

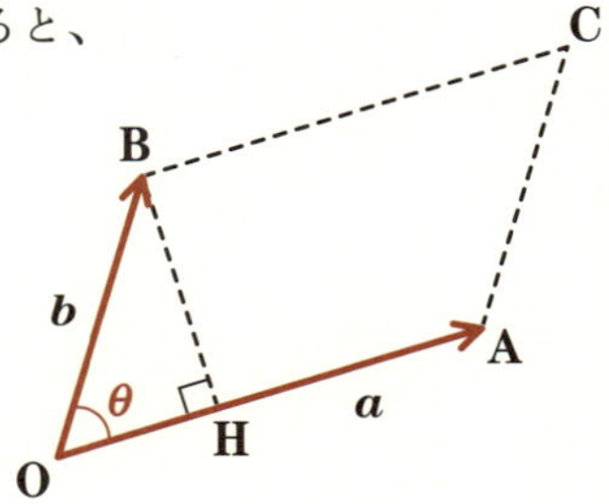

$$
\begin{aligned}
S &= |\boldsymbol{a}|\mathrm{BH} = |\boldsymbol{a}||\boldsymbol{b}|\sin\theta \\
&= |\boldsymbol{a}||\boldsymbol{b}|\sqrt{1-\cos^2\theta} \\
&= \sqrt{|\boldsymbol{a}|^2|\boldsymbol{b}|^2 - |\boldsymbol{a}|^2|\boldsymbol{b}|^2\cos^2\theta} \\
&= \sqrt{|\boldsymbol{a}|^2|\boldsymbol{b}|^2 - (\boldsymbol{a}\cdot\boldsymbol{b})^2} \\
&= \sqrt{(a^2+b^2)(x^2+y^2)-(ax+by)^2} \\
&= \sqrt{a^2y^2+b^2x^2-2aybx} = \sqrt{(ay-bx)^2} = |ay-bx|
\end{aligned}
$$

[3 次の場合]

$|(\boldsymbol{a}\times\boldsymbol{b})\cdot\boldsymbol{c}|$ が平行六面体の体積を表すのだから、$(\boldsymbol{a}\times\boldsymbol{b})\cdot\boldsymbol{c}=\det(\boldsymbol{a}\ \boldsymbol{b}\ \boldsymbol{c})$ を確認すればよい。

$$
\begin{aligned}
(\boldsymbol{a}\times\boldsymbol{b})\cdot\boldsymbol{c} &= \left\{\begin{pmatrix} a \\ b \\ c \end{pmatrix} \times \begin{pmatrix} p \\ q \\ r \end{pmatrix}\right\} \cdot \begin{pmatrix} x \\ y \\ z \end{pmatrix} = \begin{pmatrix} br-cq \\ cp-ar \\ aq-bp \end{pmatrix} \cdot \begin{pmatrix} x \\ y \\ z \end{pmatrix} \\
&= aqz+brx+cpy-ary-bpz-cqx \\
&= \det(\boldsymbol{a}\ \boldsymbol{b}\ \boldsymbol{c})
\end{aligned}
$$

2 置換

n 次正方行列の行列式の定義を述べる前に、そこで使われる記号について説明します。

行列式は置換と呼ばれる演算を用いて定義されます。

置換とは文字通り置き換えるという意味です。置換では 1〜n の数字をどう置き換えるかを考えます。例えば、

$$\begin{pmatrix} 1 & 2 & 3 & 4 & 5 \\ 3 & 4 & 5 & 1 & 2 \end{pmatrix}$$

これは 1〜5 までの数字の置き換えを表しています。上に並んだ数字をそれぞれ下に並んだ数字に置き換えるものとして読みます。

この例であれば

$$1 \to 3 \quad 2 \to 4 \quad 3 \to 5 \quad 4 \to 1 \quad 5 \to 2$$

という数字の置き換えを表しています。1 も 3 に置き換え、2 も 3 に置き換えるというように、置き換えたものが重複してはいけません。

上の行には 1、2、3、4、5 というように数字が順に並び、下の行には 1〜5 を 1 回ずつ用いて並べ替えたもの、すなわち 1〜5 の順列が書かれます。

1〜5 の順列は $5!=120$ 通りですから、1〜5 の置換は全部で 120 個あります。

2 つの置換について、積を次のように定義します。例えば、

$$\sigma=\begin{pmatrix} 1 & 2 & 3 & 4 & 5 \\ 3 & 4 & 5 & 1 & 2 \end{pmatrix} \qquad \tau=\begin{pmatrix} 1 & 2 & 3 & 4 & 5 \\ 4 & 3 & 1 & 5 & 2 \end{pmatrix}$$

という 2 つの置換 σ、τ に対して、積 $\tau\sigma$ を次のように計算します。

$$\begin{aligned} \tau\sigma &= \begin{pmatrix} 1 & 2 & 3 & 4 & 5 \\ 4 & 3 & 1 & 5 & 2 \end{pmatrix}\begin{pmatrix} 1 & 2 & 3 & 4 & 5 \\ 3 & 4 & 5 & 1 & 2 \end{pmatrix} \\ &= \begin{pmatrix} 1 & 2 & 3 & 4 & 5 \\ 1 & 5 & 2 & 4 & 3 \end{pmatrix} \end{aligned}$$

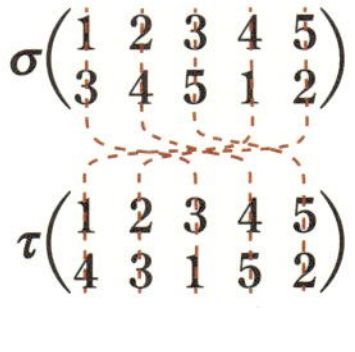

「$\tau\sigma$ は2を何に置換するか？」について次のように考えます。

σ で $2 \to 4$、τ で $4 \to 5$ ですから、$\tau\sigma$ では、これをつなげて $2 \to 4 \to 5$ となります。つまり、$\tau\sigma$ では $2 \to 5$ となり、2を5に置換することになります。$\tau\sigma$ の右から置換を考えるところに注意しましょう。

下の行も順に並んだ$\begin{pmatrix} 1 & 2 & 3 & 4 & 5 \\ 1 & 2 & 3 & 4 & 5 \end{pmatrix}$のような置換を**恒等置換**といいます。恒等置換を e で表すと、任意の置換 σ に対して $e\sigma=\sigma$、$\sigma e=\sigma$ が成り立ちます。

次に、置換に対してどれだけ数字が入れ替わっているかを表している**転倒数**と呼ばれる指標を定義します。

転倒数は置換の表現の下の行の数字の並びから計算します。上の行は使いません。転倒数を計算するには、各数字に着目し、それより左にある数字でその数字より大きい数字の個数を足しあげればよいのです。

例えば、

$$\tau=\begin{pmatrix} 1 & 2 & 3 & 4 & 5 \\ 4 & 3 & 1 & 5 & 2 \end{pmatrix}$$

であれば、3より左にある数字は4ですが、4は3より大きいので1個。1より左にある数字は3、4ですからどちらも1より大きいので2個。5より左にある数字は4、3、1ですがどれも5より小さいので0個。2より左にある数字は4、3、1、5で、このうち2より大きい数字は4、3、5の3個です。転倒数はこれらの個数を足して、$1+2+0+3=6$ となります。

各数字に関して、それより左にある数字でその数字より大きい数字の個数を左大数と呼ぶことにすると、転倒数とは左大数の総和であると言えます。

また、1〜5の場合であれば、5個の中から2個取り出す組み合わせは ${}_5C_2=10$ 通りありますが、転倒数は、これらの組について、大きい数字が左側、小さい数字が右側に来ている組の個数を表しています。左が小さく右が大きいのが正順であるとすれば、転倒している組が何個あるかを表しているのが転倒数です。

転倒数が奇数の置換を**奇置換**、偶数の置換を**偶置換**と言います。τ は転倒数が6ですから偶置換です。

問題 $\sigma=\begin{pmatrix}1&2&3&4&5\\3&5&4&1&2\end{pmatrix}$、$\tau=\begin{pmatrix}1&2&3&4&5\\5&4&2&1&3\end{pmatrix}$

(1) $\tau\sigma$ を計算せよ (2) σ、τ、$\tau\sigma$ は奇置換か、偶置換か。

(1) $\tau\sigma=\begin{pmatrix}1&2&3&4&5\\5&4&2&1&3\end{pmatrix}\begin{pmatrix}1&2&3&4&5\\3&5&4&1&2\end{pmatrix}=\begin{pmatrix}1&2&3&4&5\\2&3&1&5&4\end{pmatrix}$

(2) σ の転倒数は $0+1+3+3=7$ なので、σ は奇置換

τ の転倒数は $1+2+3+2=8$ なので、τ は偶置換

$\tau\sigma$ の転倒数は $0+2+0+1=3$ なので、$\tau\sigma$ は奇置換

置換の中でも2つの文字だけを入れ替えるものを互換といいます。i と j を置き換えるのであれば、$(i\ j)$ と簡単に表すことにします。例えば、

$$\begin{pmatrix}1&2&3&4&5\\1&5&3&4&2\end{pmatrix}=(2\ 5)$$

といった具合です。積を計算してみると、

$$(1\ 4)\underset{\sigma}{\begin{pmatrix}1&2&3&4&5\\3&5&4&1&2\end{pmatrix}}=\begin{pmatrix}1&2&3&4&5\\4&2&3&1&5\end{pmatrix}\begin{pmatrix}1&2&3&4&5\\3&5&4&1&2\end{pmatrix}$$

$$=\underset{\rho}{\begin{pmatrix}1&2&3&4&5\\3&5&1&4&2\end{pmatrix}}$$ 下の段の1と4を入れ替えればよい

$$\underset{\sigma}{\begin{pmatrix}1&2&3&4&5\\3&5&4&1&2\end{pmatrix}}\overset{(1\ 4)}{\rightarrow}\underset{\rho}{\begin{pmatrix}1&2&3&4&5\\3&5&1&4&2\end{pmatrix}}$$

となります。σ に左から $(1\ 4)$ を掛けたら ρ になったという意味で下のように矢印を用いて書いてもよいでしょう。

この計算で σ は奇置換で、ρ は偶置換になっています。一般に、互換を掛けると置換の奇偶が入れ替わるのです。これについて説明していきましょう。

$(1\ 4)$ の互換が入れ替える1と4は σ の下の行で並んでいます。隣り合った数字を入れ替えているのですから、転倒数の変化は -1 です。

少し詳しく言いましょう。3、5、2に関して、左大数に変化はありません。入れ替える1、4について変化があるだけです。4に関しては σ で右にあった1が

ρで左側に来るだけですから左大数に変化はありません。1に関してはσで左側にあった4がρでは右側に来るので左大数は -1 です。

転倒数は左大数の総和ですから、ρの転倒数はσの転倒数より1小さいことになります。

$(1\ 4)\rho$を計算するとσに戻ります。つまり、ρに$(1\ 4)$を左からかけてσになると、転倒数の変化は $+1$ です。

この例から、互換が置換の下の行の隣り合う数字を入れ替えるとき、置換の奇偶が入れ替わることがわかると思います。

実は、隣り合う数字でない互換の場合でも、互換を掛けると置換の奇偶が入れ替わるのです。

例えば、$\sigma=\begin{pmatrix}1&2&3&4&5&6\\3&5&1&4&6&2\end{pmatrix}$に左から$(5\ 6)$を掛けてみましょう。

$$(5\ 6)\underset{\sigma}{\begin{pmatrix}1&2&3&4&5&6\\3&5&1&4&6&2\end{pmatrix}}=\underset{\tau}{\begin{pmatrix}1&2&3&4&5&6\\3&6&1&4&5&2\end{pmatrix}}$$

となりますが、σからτへは、隣り合う数字の互換の積を使って、

$$\begin{pmatrix}1&2&3&4&5&6\\3&5&1&4&6&2\end{pmatrix}\overset{(4\ 6)}{\to}\begin{pmatrix}1&2&3&4&5&6\\3&5&1&6&4&2\end{pmatrix}\overset{(1\ 6)}{\to}\begin{pmatrix}1&2&3&4&5&6\\3&5&6&1&4&2\end{pmatrix}$$

$$\overset{(5\ 6)}{\to}\begin{pmatrix}1&2&3&4&5&6\\3&6&5&1&4&2\end{pmatrix}\overset{(1\ 5)}{\to}\begin{pmatrix}1&2&3&4&5&6\\3&6&1&5&4&2\end{pmatrix}\overset{(4\ 5)}{\to}\begin{pmatrix}1&2&3&4&5&6\\3&6&1&4&5&2\end{pmatrix}$$

と書くことができます。隣り合う数字の互換を5回掛けるとσからτになります。隣り合う数字の互換1回で奇偶が入れ替わるので、奇数回である5回の場合は奇偶が入れ替わります。結局$(5\ 6)$を掛けても置換の奇偶が入れ替わることがわかります。この5回というのは、5と6の間にある数字が1、4の2個なので、これから$2\times2+1=5$と計算することができます。

一般に、σに互換$(a\ b)$を左から掛けてτになるとき、σの下の行でaとbの間にある数字がk個であれば、σに隣り合う数字の互換を$2k+1$個掛けることでτになります。σに隣り合う数字の互換を奇数回掛けてτになるので、σとτの奇偶は入れ替わります。

任意の置換は互換の積で表すことができます。恒等置換から始めて、下の行の左から数字をそろえていけばよいのです。上の σ であれば、

$$\begin{pmatrix}1&2&3&4&5&6\\1&2&3&4&5&6\end{pmatrix}\overset{(1\ 3)}{\to}\begin{pmatrix}1&2&3&4&5&6\\3&2&1&4&5&6\end{pmatrix}\overset{(2\ 5)}{\to}\begin{pmatrix}1&2&3&4&5&6\\3&5&1&4&2&6\end{pmatrix}\overset{(2\ 6)}{\to}\begin{pmatrix}1&2&3&4&5&6\\3&5&1&4&6&2\end{pmatrix}$$

とすることができます。これを、$\sigma=(2\ 6)(2\ 5)(1\ 3)$ と恒等置換を省略して表します。

このようにして、$1\sim n$ の置換であれば、$n-1$ 個以下の互換の積で実現できます。

ただ、置換を互換の積で表すとき、その表し方は１通りではありません。例えば、$\begin{pmatrix}1&2&3\\3&1&2\end{pmatrix}$であれば、

$$(2\ 3)(1\ 2)=\begin{pmatrix}1&2&3\\3&1&2\end{pmatrix}\qquad(1\ 2)(1\ 3)=\begin{pmatrix}1&2&3\\3&1&2\end{pmatrix}$$

となります。それでも、用いる互換の個数の奇偶は変わらない点が面白いところです。

なぜなら、恒等置換$\begin{pmatrix}1&2&\cdots&n\\1&2&\cdots&n\end{pmatrix}$は転倒数が０で偶置換であり、$\sigma$ が奇置換であれば恒等置換に奇数個の互換をかけて作られ、σ が偶置換であれば偶数個の互換を掛けて得られるはずだからです。置換を互換の積で表すとき、用いる互換の個数の奇偶は、置換に対して１通りに決まります。

ですから、奇置換・偶置換の定義を「置換を互換の積で表したとき、用いる互換の個数が奇数個のものを奇置換、偶数個のものを偶置換という」としてもかまいません。実際、こう定義されている本も多いのです。

ただ、この定義を採用すると、互換の表し方によって奇偶が変わらないことから説明しなければならないので、本書では転倒数を用いて定義しました。

奇置換が奇数個の互換の積、偶置換が偶数個の互換の積で書けることがわかると、置換の掛け算では互換の個数が足されますから、奇数と偶数の足し算を考えて、

$$
☆\begin{cases}
\text{奇置換}\times\text{奇置換}=\text{偶置換} & \text{奇置換}\times\text{偶置換}=\text{奇置換} \\
(-1)\ \times\ (-1)\ =+1 & (-1)\ \times\ (+1)\ =-1 \\
\text{偶置換}\times\text{奇置換}=\text{奇置換} & \text{偶置換}\times\text{偶置換}=\text{偶置換} \\
(+1)\ \times\ (-1)\ =-1 & (+1)\ \times\ (+1)\ =+1
\end{cases}
$$

アカは対応するsgnの値を表している

となることがわかります。

ここで、置換に対して数を対応させる**sgn**という関数を考えます。sgnは、奇置換に対して -1 を、偶置換に関して $+1$ を返す関数です。

例えば、第3章p.55の問題の σ、τ とその積 $\tau\sigma$ に対して、

$$\mathrm{sgn}(\sigma)=\mathrm{sgn}\begin{pmatrix}1&2&3&4&5\\3&5&4&1&2\end{pmatrix}=-1、\mathrm{sgn}(\tau)=\mathrm{sgn}\begin{pmatrix}1&2&3&4&5\\5&4&2&1&3\end{pmatrix}=1$$

$$\mathrm{sgn}(\tau\sigma)=\mathrm{sgn}\begin{pmatrix}1&2&3&4&5\\2&3&1&5&4\end{pmatrix}=-1$$

です。ここで、$\mathrm{sgn}(\tau\sigma)=\mathrm{sgn}(\tau)\mathrm{sgn}(\sigma)$ が成り立っています。

一般に、任意の置換 σ と τ について、

$$\mathrm{sgn}(\tau\sigma)=\mathrm{sgn}(\tau)\mathrm{sgn}(\sigma)$$

が成り立つことが、☆からわかります。

3 行列式（一般の次元）

行列式は置換と sgn を用いて次のように定義されます。

行列式の定義

n 次正方行列 A［(i, j)成分は a_{ij}］の行列式は

$$|A| = \sum \mathrm{sgn}\begin{pmatrix} 1 & 2 & \cdots & n \\ i_1 & i_2 & \cdots & i_n \end{pmatrix} a_{i_1 1} a_{i_2 2} \cdots a_{i_n n}$$

ここで、シグマはすべての置換についての総和を取る。

すべての置換についての総和を取りますから、n 次の場合であれば、行列式には置換の個数に等しい $n!$ 個の項が出てくることになります。

2 次の場合であれば項の個数は $2!=2$ 個、3 次の場合であれば項の個数は $3!=6$ 個、4 次の場合であれば項の個数は $4!=24$ 個です。このことは、第 3 章 p.50 の図を見れば確かめることができます。

$n=4$ の場合で、p.50 の図と照らし合わせてみましょう。

$$A = \begin{pmatrix} a_{11} & a_{12} & a_{13} & a_{14} \\ a_{21} & a_{22} & a_{23} & a_{24} \\ a_{31} & a_{32} & a_{33} & a_{34} \\ a_{41} & a_{42} & a_{43} & a_{44} \end{pmatrix}$$

の行列式は、定義より

符号の部分　成分の積の部分

$$|A| = \sum \mathrm{sgn}\begin{pmatrix} 1 & 2 & 3 & 4 \\ i_1 & i_2 & i_3 & i_4 \end{pmatrix} a_{i_1 1} a_{i_2 2} a_{i_3 3} a_{i_4 4}$$

となります。$\begin{pmatrix} 1 & 2 & 3 & 4 \\ 3 & 4 & 2 & 1 \end{pmatrix}$に対応する項を確認しましょう。$\begin{pmatrix} 1 & 2 & 3 & 4 \\ 3 & 4 & 2 & 1 \end{pmatrix}$は、転倒数が $0+2+3=5$ ですから奇置換です。sgn の値は -1 になります。

ですから行列式には、$-a_{31}a_{42}a_{23}a_{14}$ という項が現れます。

p.50 の図では、下図のように対応します。

$$\underbrace{\mathrm{sgn}\begin{pmatrix}1&2&3&4\\3&4&2&1\end{pmatrix}}_{-1} a_{31}a_{42}a_{23}a_{14} \leftrightarrow -$$

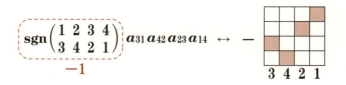

こうしてすべての1〜4の置換に対して対応する項を書き並べたものがp.50の図なのです。

行列式に関する計算法則を紹介していきましょう。

初めに3次の場合で計算法則を紹介します。そのあとで一般の場合で成り立つ理由を説明します。

- **上三角行列、下三角行列の行列式は対角成分の積**

$$\begin{vmatrix} a & x & p \\ 0 & y & q \\ 0 & 0 & r \end{vmatrix} = ayr, \quad \begin{vmatrix} a & 0 & 0 \\ b & y & 0 \\ c & z & r \end{vmatrix} = ayr$$

- **列の入れ替え、行の入れ替えは −1 倍**

$$\begin{vmatrix} a & x & p \\ b & y & q \\ c & z & r \end{vmatrix} = -\begin{vmatrix} p & x & a \\ q & y & b \\ r & z & c \end{vmatrix}, \quad \begin{vmatrix} a & b & c \\ x & y & z \\ p & q & r \end{vmatrix} = -\begin{vmatrix} x & y & z \\ a & b & c \\ p & q & r \end{vmatrix}$$

- **列の k 倍、行の k 倍は、行列式も k 倍**

$$\begin{vmatrix} ka & x & p \\ kb & y & q \\ kc & z & r \end{vmatrix} = k\begin{vmatrix} a & x & p \\ b & y & q \\ c & z & r \end{vmatrix}, \quad \begin{vmatrix} ka & kb & kc \\ x & y & z \\ p & q & r \end{vmatrix} = k\begin{vmatrix} a & b & c \\ x & y & z \\ p & q & r \end{vmatrix}$$

- **列の分配法則、行の分配法則**

$$\begin{vmatrix} a & x_1+x_2 & p \\ b & y_1+y_2 & q \\ c & z_1+z_2 & r \end{vmatrix} = \begin{vmatrix} a & x_1 & p \\ b & y_1 & q \\ c & z_1 & r \end{vmatrix} + \begin{vmatrix} a & x_2 & p \\ b & y_2 & q \\ c & z_2 & r \end{vmatrix}$$

$$\begin{vmatrix} a_1+a_2 & b_1+b_2 & c_1+c_2 \\ x & y & z \\ p & q & r \end{vmatrix} = \begin{vmatrix} a_1 & b_1 & c_1 \\ x & y & z \\ p & q & r \end{vmatrix} + \begin{vmatrix} a_2 & b_2 & c_2 \\ x & y & z \\ p & q & r \end{vmatrix}$$

- **同じ成分の列、同じ成分の行があると行列式は0**

$$\begin{vmatrix} a & x & a \\ b & y & b \\ c & z & c \end{vmatrix} = 0, \quad \begin{vmatrix} x & y & z \\ x & y & z \\ p & q & r \end{vmatrix} = 0$$

- **ある列の k 倍を別の列に足しても、ある行の k 倍を別の行に足しても行列式は不変**

$$\begin{vmatrix} a & x & p \\ b & y & q \\ c & z & r \end{vmatrix} = \begin{vmatrix} a & x+ka & p \\ b & y+kb & q \\ c & z+kc & r \end{vmatrix}, \quad \begin{vmatrix} a & b & c \\ x & y & z \\ p & q & r \end{vmatrix} = \begin{vmatrix} a+kx & b+ky & c+kz \\ x & y & z \\ p & q & r \end{vmatrix}$$

- **転置で行列式は不変**

$$\begin{vmatrix} a & x & p \\ b & y & q \\ c & z & r \end{vmatrix} = \begin{vmatrix} a & b & c \\ x & y & z \\ p & q & r \end{vmatrix}$$

上三角行列、下三角行列の行列式は対角成分の積

$$\begin{vmatrix} a_{11} & * & * & * \\ & a_{22} & * & * \\ & & \ddots & * \\ & & & a_{nn} \end{vmatrix} = a_{11}a_{22}\cdots a_{nn}, \quad \begin{vmatrix} a_{11} & & & \\ * & a_{22} & & \\ * & * & \ddots & \\ * & * & * & a_{nn} \end{vmatrix} = a_{11}a_{22}\cdots a_{nn}$$

が成り立つ。

[証明]　左の行列で説明します。0 を含まないような成分の取り方を考えます。第 1 列で(1, 1)成分を取ると、第 1 行は取れませんから、第 2 列は(2, 2)成分を取るしかなく、……。結局、各行と各列に 1 個ずつ取って項を作るとき、0 を含まないような取り方は対角線に並んだ成分を取る以外にありません。他の取り方では 0 を取ることになるので積が 0 になってしまいます。行列式の計算で、対角成分の積だけが残ります。行列式は対角成分の積です。

次からは列の操作に関する計算法則です。

n 次正方行列を n 個の n 次列ベクトル $\boldsymbol{a}_1, \boldsymbol{a}_2, \cdots, \boldsymbol{a}_n$ を並べたものとして見て、$(\boldsymbol{a}_1, \boldsymbol{a}_2, \cdots, \boldsymbol{a}_n)$、その行列式を $|\boldsymbol{a}_1, \boldsymbol{a}_2, \cdots, \boldsymbol{a}_n|$ と表します。

列の入れ替えは(−1)倍

$$|\boldsymbol{a}_1, \cdots, \boldsymbol{a}_i, \cdots, \boldsymbol{a}_j, \cdots, \boldsymbol{a}_n| = -|\boldsymbol{a}_1, \cdots, \boldsymbol{a}_j, \cdots, \boldsymbol{a}_i, \cdots, \boldsymbol{a}_n|$$

が成り立つ。

$n=5$ の場合を例にとり、理由を説明してみましょう。

5 次正方行列 A で、第 1 列と第 5 列を入れ替えて B になったとします。

下左図は A の行列式で置換 $\sigma=\begin{pmatrix}1&2&3&4&5\\3&5&4&1&2\end{pmatrix}$ に対応する項を、下右図は B の行列式で置換 $\sigma(1\ 5)=\begin{pmatrix}1&2&3&4&5\\3&5&4&1&2\end{pmatrix}\begin{pmatrix}1&2&3&4&5\\5&2&3&4&1\end{pmatrix}=\begin{pmatrix}1&2&3&4&5\\2&5&4&1&3\end{pmatrix}$ に対応する項を表しています。σ に右から $(1\ 5)$ を掛けた $\sigma(1\ 5)$ は、σ の下段の 1 列目の数(3)と 5 列目の数(2)を入れ替えたものになっています。

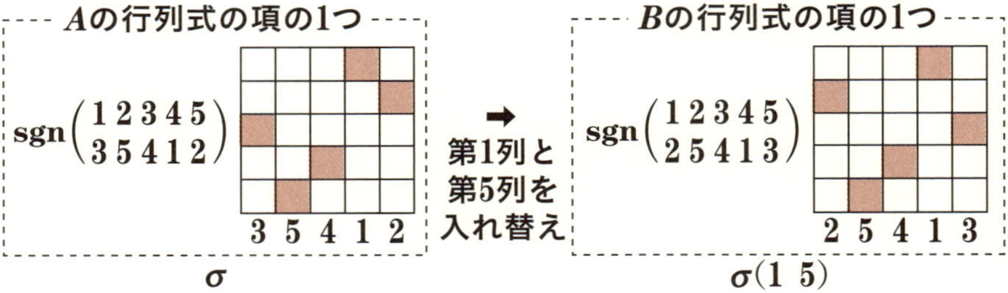

上図の 2 つの模式図（5×5 のマス目にアカを塗ったもの）は、A と B で第 1 列と第 5 列が入れ替わっていますから、これらが表す成分の積は等しくなります。

互換を掛けると置換の奇偶が入れ替わりますから、$\mathrm{sgn}\begin{pmatrix}1&2&3&4&5\\3&5&4&1&2\end{pmatrix}$ は

$\mathrm{sgn}\begin{pmatrix}1&2&3&4&5\\2&5&4&1&3\end{pmatrix}$ の (-1) 倍になります。

上の図のように、A の行列式の項に対応する B の行列式の項は (-1) 倍になっています。

5 次の置換のすべてを σ_1、σ_2、…、σ_{120} とすると、これに互換 $(1\ 5)$ を掛けた $\sigma_1(1\ 5)$、$\sigma_2(1\ 5)$、…、$\sigma_{120}(1\ 5)$ も 5 次のすべての置換を表しています。なぜなら、$\sigma_i \neq \sigma_j$ のとき、$\sigma_i(1\ 5) \neq \sigma_j(1\ 5)$ であり（対偶を取るとすぐわかる）、$\sigma_1(1\ 5)$、$\sigma_2(1\ 5)$、…、$\sigma_{120}(1\ 5)$ はすべて異なります。$\sigma_1(1\ 5)$、$\sigma_2(1\ 5)$、…、$\sigma_{120}(1\ 5)$ は、120 個あるすべての置換を表しているわけです。

A の行列式の σ_i に関する項は、B の行列式の $\sigma_i(1\ 5)$ に関する項の (-1) 倍で、σ_i がすべての置換を走るとき、$\sigma_i(1\ 5)$ もすべての置換を走りますから、行列式全体で符号が反転することになり、$|A|=-|B|$ となります。

列の c 倍は c 倍

$$|\boldsymbol{a}_1, \cdots, c\boldsymbol{a}_i, \cdots \boldsymbol{a}_n| = c|\boldsymbol{a}_1, \cdots, \boldsymbol{a}_i, \cdots, \boldsymbol{a}_n|$$

が成り立つ。

A の第 i 列を c 倍した行列を B とします。A の行列式の各項において第 i 列の数はちょうど1回出てきます。B の行列式ではどの項も、対応する A の項の c 倍になっています。行列式全体で、$|B| = c|A|$ となります。

定義式を使ってみればこうなります。

例えば、A の1列目を c 倍した行列を B とすれば、

$$\begin{aligned}|B| &= \sum \mathrm{sgn}\begin{pmatrix} 1 & 2 & \cdots & n \\ i_1 & i_2 & \cdots & i_n \end{pmatrix}(ca_{i_1 1})a_{i_2 2}\cdots a_{i_n n} \\ &= c\sum \mathrm{sgn}\begin{pmatrix} 1 & 2 & \cdots & n \\ i_1 & i_2 & \cdots & i_n \end{pmatrix}a_{i_1 1}a_{i_2 2}\cdots a_{i_n n} = c|A|\end{aligned}$$

行列式の分配法則

$$|\boldsymbol{a}_1, \cdots, \boldsymbol{b}_i + \boldsymbol{c}_i, \cdots, \boldsymbol{a}_n| = |\boldsymbol{a}_1, \cdots, \boldsymbol{b}_i, \cdots, \boldsymbol{a}_n| + |\boldsymbol{a}_1, \cdots, \boldsymbol{c}_i, \cdots \boldsymbol{a}_n|$$

が成り立つ。

$i=1$ で考えましょう。

$A = (\boldsymbol{b}_1 + \boldsymbol{c}_1, \boldsymbol{a}_2, \cdots, \boldsymbol{a}_n)$　$B = (\boldsymbol{b}_1, \boldsymbol{a}_2, \cdots, \boldsymbol{a}_n)$　$C = (\boldsymbol{c}_1, \boldsymbol{a}_2, \cdots, \boldsymbol{a}_n)$ とおくことができます。つまり、A、B、C は1列目以外はすべて等しく、B の1列目と C の1列目を足したものが A の1列目になっています。

$$\begin{aligned}|A| &= \sum \mathrm{sgn}\begin{pmatrix} 1 & 2 & \cdots & n \\ i_1 & i_2 & \cdots & i_n \end{pmatrix}(b_{i_1 1} + c_{i_1 1})a_{i_2 2}\cdots a_{i_n n} \\ &= \sum \mathrm{sgn}\begin{pmatrix} 1 & 2 & \cdots & n \\ i_1 & i_2 & \cdots & i_n \end{pmatrix}b_{i_1 1}a_{i_2 2}\cdots a_{i_n n} + \sum \mathrm{sgn}\begin{pmatrix} 1 & 2 & \cdots & n \\ i_1 & i_2 & \cdots & i_n \end{pmatrix}c_{i_1 1}a_{i_2 2}\cdots a_{i_n n} \\ &= |B| + |C|\end{aligned}$$

i が 1 以外でも同様です。

同じ成分の列があると 0

$\boldsymbol{a}_i = \boldsymbol{a}_j$ のとき、

$$|\boldsymbol{a}_1, \cdots, \overset{i}{\boldsymbol{a}_i}, \cdots, \overset{j}{\boldsymbol{a}_i}, \cdots, \boldsymbol{a}_n| = 0$$

が成り立つ。

A の第 i 列と第 j 列を入れ替えると、“列の入れ替えは(−1)倍”により行列式は −1 倍になりますが、$\boldsymbol{a}_i = \boldsymbol{a}_j$ のとき入れ替えても行列は変わりませんから、

$$|A| = -|A| \qquad \therefore \quad 2|A| = 0 \qquad \therefore \quad |A| = 0$$

第 i 列の c 倍を第 j 列に足しても変わらない

$$|\boldsymbol{a}_1, \cdots, \boldsymbol{a}_i, \cdots, \boldsymbol{a}_j + c\boldsymbol{a}_i, \cdots, \boldsymbol{a}_n| = |\boldsymbol{a}_1, \cdots, \boldsymbol{a}_i, \cdots, \boldsymbol{a}_j, \cdots, \boldsymbol{a}_n|$$

が成り立つ。

$$\begin{aligned}
|\boldsymbol{a}_1, \cdots, \boldsymbol{a}_i, \cdots, \boldsymbol{a}_j + c\boldsymbol{a}_i, \cdots, \boldsymbol{a}_n| &\overset{\text{分配法則}}{=} |\boldsymbol{a}_1, \cdots, \boldsymbol{a}_i, \cdots, \boldsymbol{a}_j, \cdots, \boldsymbol{a}_n| \\
&\quad + |\boldsymbol{a}_1, \cdots, \boldsymbol{a}_i, \cdots, c\boldsymbol{a}_i, \cdots, \boldsymbol{a}_n| \\
&= |\boldsymbol{a}_1, \cdots, \boldsymbol{a}_i, \cdots, \boldsymbol{a}_j, \cdots, \boldsymbol{a}_n| + c\underbrace{|\boldsymbol{a}_1, \cdots, \boldsymbol{a}_i, \cdots, \boldsymbol{a}_i, \cdots, \boldsymbol{a}_n|}_{\text{同じ成分の列があると 0}} \\
&= |\boldsymbol{a}_1, \cdots, \boldsymbol{a}_i, \cdots, \boldsymbol{a}_j, \cdots, \boldsymbol{a}_n|
\end{aligned}$$

ここまで列について、行列の計算法則を述べてきました。これが行についても成り立つことが、次の計算法則からわかります。

転置をとっても不変

$$|A| = |{}^tA|$$

が成り立つ。

5 次正方行列 A の場合で考えてみます。

$$\sigma=\begin{pmatrix}1&2&3&4&5\\3&4&5&1&2\end{pmatrix}\qquad\qquad \tau=\begin{pmatrix}1&2&3&4&5\\4&5&1&2&3\end{pmatrix}$$

とします。

τ は、σ の上下の行を入れ替え$\left[\begin{pmatrix}3&4&5&1&2\\1&2&3&4&5\end{pmatrix}\right]$、次に上の行が1から順に並ぶように列を入れ替えて作った置換です。作り方から、σ と τ の積 $\tau\sigma$ は恒等置換になります。

実際に $\tau\sigma$ を計算してみると、

$$\tau\sigma=\begin{pmatrix}1&2&3&4&5\\4&5&1&2&3\end{pmatrix}\begin{pmatrix}1&2&3&4&5\\3&4&5&1&2\end{pmatrix}=\begin{pmatrix}1&2&3&4&5\\1&2&3&4&5\end{pmatrix}$$

と恒等置換になります。このような τ を σ の逆置換といい、σ^{-1} で表します。

下左図は A の行列式で置換 $\sigma=\begin{pmatrix}1&2&3&4&5\\3&4&5&1&2\end{pmatrix}$ に対応する項を、下右図は ${}^tA$ の行列式で置換 $\sigma^{-1}=\begin{pmatrix}1&2&3&4&5\\4&5&1&2&3\end{pmatrix}$ に対応する項を表しています。

τ に対応する模式図（5×5のマス目にアカを塗ったもの）は、σ に対応する模式図を転置したものになっています。これは、例えば σ の$\begin{pmatrix}4\\1\end{pmatrix}$に対応する(1, 4)成分に対し、$\sigma^{-1}$ の$\begin{pmatrix}1\\4\end{pmatrix}$に対応する(4, 1)成分が転置の位置にあるからです。

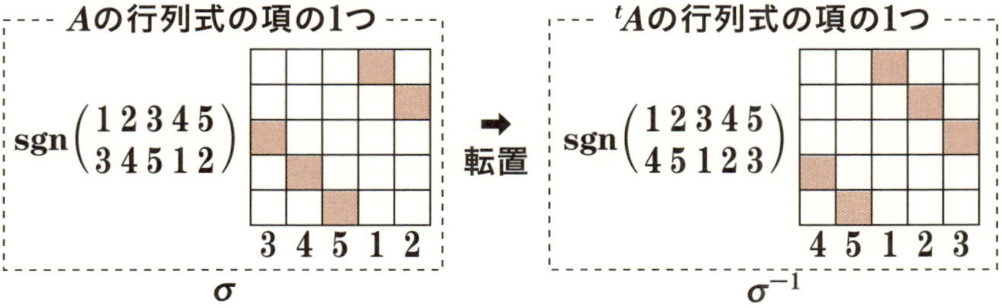

上図の2つの模式図に対応する行列式の項を考えると、${}^tA$ は A を転置した行列ですから、それぞれの模式図が表す成分の積は等しくなります。

sgn の方はどうでしょうか。

$\sigma^{-1}\sigma$ は恒等置換であり偶置換ですから、σ^{-1} と σ の置換の奇偶の組み合わせ

は奇置換 × 奇置換であるか、偶置換 × 偶置換です。いずれにしろ σ^{-1} と σ は置換の奇偶が一致し、$\mathrm{sgn}(\sigma)=\mathrm{sgn}(\sigma^{-1})$ となります。上図の A の行列式の項と、${}^tA$ の行列式の項は符号まで含めて一致します。

5 次の置換のすべてを σ_1、σ_2、…、σ_{120} として、それぞれの置換 σ_i に対して逆置換 $(\sigma_i)^{-1}$ を考えます。すると、$(\sigma_1)^{-1}$、$(\sigma_2)^{-1}$、…、$(\sigma_{120})^{-1}$ も 5 次のすべての置換を表しています。なぜなら $\sigma_i \neq \sigma_j$ のとき、$(\sigma_i)^{-1} \neq (\sigma_j)^{-1}$ であり（対偶を取るとすぐわかる）、$(\sigma_1)^{-1}$、$(\sigma_2)^{-1}$、…、$(\sigma_{120})^{-1}$ はすべて異なります。$(\sigma_1)^{-1}$、$(\sigma_2)^{-1}$、…、$(\sigma_{120})^{-1}$ は 120 個あるすべての置換を表しているわけです。

A の行列式の σ_i に関する項は、${}^tA$ の行列式の $(\sigma_i)^{-1}$ に関する項に等しく、σ_i がすべての置換を走るとき、$(\sigma_i)^{-1}$ もすべての置換を走りますから、行列式は全体で一致して、$|A|=|{}^tA|$ となります。

この計算法則から、**列について述べた計算法則が、行についても成り立つ**ことがわかります。

これらの法則を用いて、行列式を求める問題を解いてみましょう。

問題 次の行列式を求めよ。

$$\begin{vmatrix} 2 & 0 & 7 & 1 \\ -2 & 6 & -7 & -6 \\ 1 & -2 & 3 & 2 \\ -1 & 8 & 3 & -6 \end{vmatrix}$$

成分が数値で与えられている行列の行列式を求めるには、行基本変形を用いて行列を上三角行列に変形します。

例えば、次のように式変形します。

$$\begin{vmatrix} 2 & 0 & 7 & 1 \\ -2 & 6 & -7 & -6 \\ 1 & -2 & 3 & 2 \\ -1 & 8 & 3 & -6 \end{vmatrix} \overset{ア}{=} -\begin{vmatrix} 1 & -2 & 3 & 2 \\ -2 & 6 & -7 & -6 \\ 2 & 0 & 7 & 1 \\ -1 & 8 & 3 & -6 \end{vmatrix} \overset{イ}{=} -\begin{vmatrix} 1 & -2 & 3 & 2 \\ 0 & 2 & -1 & -2 \\ 0 & 4 & 1 & -3 \\ 0 & 6 & 6 & -4 \end{vmatrix}$$

$$\overset{ウ}{=} -\begin{vmatrix} 1 & -2 & 3 & 2 \\ 0 & 2 & -1 & -2 \\ 0 & 0 & 3 & 1 \\ 0 & 0 & 9 & 2 \end{vmatrix} \overset{エ}{=} -\begin{vmatrix} 1 & -2 & 3 & 2 \\ 0 & 2 & -1 & -2 \\ 0 & 0 & 3 & 1 \\ 0 & 0 & 0 & -1 \end{vmatrix} \overset{オ}{=} -1\cdot 2\cdot 3\cdot(-1)=6$$

ア　(3, 1)成分に1があるので、これを(1, 1)成分にするために第1行と第3行を入れ替える。①↔③

イ　第1行を用いて、第1列の第2行以降を0にする。
②＋①×2, ③＋①×(−2), ④＋①×1

ウ　第2行を用いて、第2列の第3行以降を0にする。
③＋②×(−2), ④＋②×(−3)

エ　第3行を用いて、(4, 3)成分を0にする。④＋③×(−3)

オ　上三角行列の行列式を計算する。

ウ、**エ**でうまい具合に整数倍を足すことで、対角成分より下の部分を消すことができましたが、場合によっては分数倍を用いなければならないこともあるでしょう。このような場合は、列の入れ替え、行の入れ替えを用いて、対角成分をなるべく小さい数にしてみましょう。

例えば、**イ**のあとの段階では、(2, 3)成分が −1 ですから、第2列と第3列を入れ替えて、対角成分に −1 を持ってきます。

また、同じ行、同じ列に共通因数がある場合は括り出しましょう。このテクニックは演習題で確認してください。

ブロック分け行列の行列式

$(m+n)$次正方行列でm次正方行列Aとn次正方行列Bにブロック分けされているとき、

$$\begin{matrix} m\{ \\ n\{ \end{matrix}\begin{vmatrix} A & * \\ \underbrace{O}_{m} & \underbrace{B}_{n} \end{vmatrix} = |A|\,|B|$$

が成り立つ。Oは(n, m)型の零行列を表す。

左辺の行列式の項を書き出すときのことを考えてみましょう。

Oの成分（0）が含まれないように$(m+n)$個の成分を取るには、1列目からm列目まではAからm個取るしかなく、すると自動的に$m+1$列目から$m+n$列目ではBからn個の成分を取るしかありません。

Aからm個取る取り方で$m!$通り、Bからn個取る取り方で$n!$通りありますから、左辺の行列式で0を含まない項は$m!\times n!$個です。

一方、右辺では、Aの行列式$|A|$で$m!$個の項が出てきて、Bの行列式$|B|$で$n!$個の項が出てきて、$|A|$と$|B|$を掛けるのですから、展開した式には$m!\times n!$個の項が出てきます。

左辺に出てくる項と右辺に出てくる項で成分の積の部分が1対1に対応していることは、作り方からわかるでしょう。項の符号まで一致しているかどうかを確かめます。

$A=(\boldsymbol{a}_1, \cdots, \boldsymbol{a}_m)$、$B=(\boldsymbol{b}_{m+1}, \cdots, \boldsymbol{b}_{m+n})$とすると、左辺の行列式は、

$$\sum \mathrm{sgn}\begin{pmatrix} 1 & 2 & \cdots & m & m+1 & m+2 & \cdots & m+n \\ i_1 & i_2 & \cdots & i_m & i_{m+1} & i_{m+2} & \cdots & i_{m+n} \end{pmatrix} a_{i_1 1}a_{i_2 2}\cdots a_{i_m m}b_{i_{m+1} m+1}\cdots b_{i_{m+n} m+n} \quad \cdots①$$

（$i_1 \cdots i_m$：1〜mの順列、$i_{m+1} \cdots i_{m+n}$：$m+1$〜$m+n$の順列）

となります。

右辺で$a_{i_1 1}a_{i_2 2}\cdots a_{i_m m}b_{i_{m+1} m+1}\cdots b_{i_{m+n} m+n}$の符号を調べてみましょう。

Aの行列式で、$\mathrm{sgn}\begin{pmatrix} 1 & 2 & \cdots & m \\ i_1 & i_2 & \cdots & i_m \end{pmatrix} a_{i_1 1}a_{i_2 2}\cdots a_{i_m m}$

Bの行列式で、$\mathrm{sgn}\begin{pmatrix} m+1 & m+2 & \cdots & m+n \\ i_{m+1} & i_{m+2} & \cdots & i_{m+n} \end{pmatrix} b_{i_{m+1} m+1}\cdots b_{i_{m+n} m+n}$

ですから、これらを掛けた$|A||B|$では、$a_{i_1 1}a_{i_2 2}\cdots a_{i_m m}b_{i_{m+1}m+1}\cdots b_{i_{m+n}m+n}$の符号は、

$$\mathrm{sgn}\begin{pmatrix}1 & 2 & \cdots & m\\ i_1 & i_2 & \cdots & i_m\end{pmatrix}\mathrm{sgn}\begin{pmatrix}m+1 & m+2 & \cdots & m+n\\ i_{m+1} & i_{m+2} & \cdots & i_{m+n}\end{pmatrix} \quad \cdots\cdots②$$

となります。

①の sgn の部分は、

$$\mathrm{sgn}\begin{pmatrix}1 & 2 & \cdots & m & m+1 & m+2 & \cdots & m+n\\ i_1 & i_2 & \cdots & i_m & i_{m+1} & i_{m+2} & \cdots & i_{m+n}\end{pmatrix}$$

$$=\mathrm{sgn}\left(\begin{pmatrix}1 & 2 & \cdots & m & m+1 & m+2 & \cdots & m+n\\ i_1 & i_2 & \cdots & i_m & m+1 & m+2 & \cdots & m+n\end{pmatrix}\right.$$

$$\left.\times\begin{pmatrix}1 & 2 & \cdots & m & m+1 & m+2 & \cdots & m+n\\ 1 & 2 & \cdots & m & i_{m+1} & i_{m+2} & \cdots & i_{m+n}\end{pmatrix}\right)$$

置換の積

$\mathrm{sgn}(\tau\sigma)=\mathrm{sgn}\,\tau\,\mathrm{sgn}\,\sigma$

$$=\mathrm{sgn}\begin{pmatrix}1 & 2 & \cdots & m & m+1 & m+2 & \cdots & m+n\\ i_1 & i_2 & \cdots & i_m & m+1 & m+2 & \cdots & m+n\end{pmatrix}$$

$$\times\mathrm{sgn}\begin{pmatrix}1 & 2 & \cdots & m & m+1 & m+2 & \cdots & m+n\\ 1 & 2 & \cdots & m & i_{m+1} & i_{m+2} & \cdots & i_{m+n}\end{pmatrix}$$

$$=\mathrm{sgn}\begin{pmatrix}1 & 2 & \cdots & m\\ i_1 & i_2 & \cdots & i_m\end{pmatrix}\mathrm{sgn}\begin{pmatrix}m+1 & m+2 & \cdots & m+n\\ i_{m+1} & i_{m+2} & \cdots & i_{m+n}\end{pmatrix}$$

転倒数が等しいので
sgn の値も等しい

と変形できて、②に等しいので左辺と右辺で対応する項の符号が一致することがわかりました。左辺と右辺が全体で等しいことが確かめられました。

成分が文字になっている行列の行列式も求めてみましょう。

問題 次の行列式を因数分解せよ。

(1) $\begin{vmatrix}1 & 1 & 1\\ a & b & c\\ a^2 & b^2 & c^2\end{vmatrix}$　　(2) $\begin{vmatrix}1 & 1 & 1 & 1\\ a & b & c & d\\ a^2 & b^2 & c^2 & d^2\\ a^3 & b^3 & c^3 & d^3\end{vmatrix}$

(1) $\begin{vmatrix} 1 & 1 & 1 \\ a & b & c \\ a^2 & b^2 & c^2 \end{vmatrix} \overset{ア}{=} \begin{vmatrix} 1 & 0 & 0 \\ a & b-a & c-a \\ a^2 & b^2-a^2 & c^2-a^2 \end{vmatrix} \overset{イ}{=} (b-a)(c-a) \begin{vmatrix} 1 & 0 & 0 \\ a & 1 & 1 \\ a^2 & b+a & c+a \end{vmatrix}$

$\overset{ウ}{=} (b-a)(c-a) \begin{vmatrix} 1 & 0 & 0 \\ a & 1 & 0 \\ a^2 & b+a & c-b \end{vmatrix} \overset{エ}{=} (b-a)(c-a)(c-b)$

ア 第2列から第1列を引く。第3列から第1列を引く。

イ 第2列から $b-a$ を括り出す。第3列から $c-a$ を括り出す。

ウ 第3列から第2列を引く。

エ 下三角行列の行列式を計算する。

(2) $\begin{vmatrix} 1 & 1 & 1 & 1 \\ a & b & c & d \\ a^2 & b^2 & c^2 & d^2 \\ a^3 & b^3 & c^3 & d^3 \end{vmatrix} \overset{ア}{=} \begin{vmatrix} 1 & 0 & 0 & 0 \\ a & b-a & c-a & d-a \\ a^2 & b^2-a^2 & c^2-a^2 & d^2-a^2 \\ a^3 & b^3-a^3 & c^3-a^3 & d^3-a^3 \end{vmatrix}$

$\overset{イ}{=} P \begin{vmatrix} 1 & 0 & 0 & 0 \\ a & 1 & 1 & 1 \\ a^2 & b+a & c+a & d+a \\ a^3 & b^2+ba+a^2 & c^2+ca+a^2 & d^2+da+a^2 \end{vmatrix}$

$\overset{ウ}{=} P \begin{vmatrix} 1 & 0 & 0 & 0 \\ a & 1 & 1 & 1 \\ a^2 & b+a & c+a & d+a \\ 0 & b^2 & c^2 & d^2 \end{vmatrix}$

$\overset{エ}{=} P \begin{vmatrix} 1 & 0 & 0 & 0 \\ a & 1 & 1 & 1 \\ 0 & b & c & d \\ 0 & b^2 & c^2 & d^2 \end{vmatrix} \overset{オ}{=} (b-a)(c-a)(d-a)(c-b)(d-b)(d-c)$

ア 第2列、第3列、第4列からそれぞれ、第1列を引く。

イ 第2列から $b-a$ を、第3列から $c-a$ を、第4列から $d-a$ を括り出す。$P=(b-a)(c-a)(d-a)$ とおく。

ウ 第4行から、第3行 $\times a$ を引く。

エ 第3行から、第2行 $\times a$ を引く。

オ 行列をブロック分けして行列式を計算する。(1)の結果を用いる。

これと同様にして、一般に次の式が成り立ちます。

定理（ファンデルモンドの行列式）

$$\begin{vmatrix} 1 & 1 & \cdots & 1 \\ x_1 & x_2 & \cdots & x_n \\ {x_1}^2 & {x_2}^2 & \cdots & {x_n}^2 \\ \vdots & \vdots & & \vdots \\ {x_1}^{n-1} & {x_2}^{n-1} & \cdots & {x_n}^{n-1} \end{vmatrix} = \begin{array}{ll} (x_2-x_1)(x_3-x_1)\cdots\cdots(x_n-x_1) & \leftarrow i=1 \\ (x_3-x_2)\cdots\cdots(x_n-x_2) & \leftarrow i=2 \\ \vdots & \\ (x_{n-1}-x_{n-2})(x_n-x_{n-2}) & \leftarrow i=n-2 \\ (x_n-x_{n-1}) & \leftarrow i=n-1 \end{array}$$

$$= \prod_{1\leqq i<j\leqq n}(x_j-x_i)$$

x_1、x_2、…、x_n の中から２個取り出して作った差の積になります。差は全部で ${}_n\mathrm{C}_2$ 個あります。$\prod_{1\leqq i<j\leqq n}$ は、$1\leqq i<j\leqq n$ を満たすすべての組(i, j)について(x_j-x_i)の積を取るという記号です。

他、行列式で成り立つ計算法則を紹介しましょう。

行列の積の行列式は、行列式の積

$$|AB|=|A|\,|B|$$

が成り立つ。

４次の場合で説明してみましょう。A、B を

$$A=\begin{pmatrix} a_{11} & a_{12} & a_{13} & a_{14} \\ a_{21} & a_{22} & a_{23} & a_{24} \\ a_{31} & a_{32} & a_{33} & a_{34} \\ a_{41} & a_{42} & a_{43} & a_{44} \end{pmatrix} \qquad B=\begin{pmatrix} \boldsymbol{b}_1 \\ \boldsymbol{b}_2 \\ \boldsymbol{b}_3 \\ \boldsymbol{b}_4 \end{pmatrix}$$

とします。B は行ベクトルに分解しました。すると

$$|AB|=\begin{vmatrix} a_{11}\boldsymbol{b}_1+a_{12}\boldsymbol{b}_2+a_{13}\boldsymbol{b}_3+a_{14}\boldsymbol{b}_4 \\ a_{21}\boldsymbol{b}_1+a_{22}\boldsymbol{b}_2+a_{23}\boldsymbol{b}_3+a_{24}\boldsymbol{b}_4 \\ a_{31}\boldsymbol{b}_1+b_{32}\boldsymbol{b}_2+a_{33}\boldsymbol{b}_3+a_{34}\boldsymbol{b}_4 \\ a_{41}\boldsymbol{b}_1+a_{42}\boldsymbol{b}_2+a_{43}\boldsymbol{b}_3+a_{44}\boldsymbol{b}_4 \end{vmatrix}$$

この行列式を、分配法則を用いて分解していきます。１行目に用いると、

$$\begin{vmatrix} a_{11}\boldsymbol{b}_1 \\ a_{21}\boldsymbol{b}_1+a_{22}\boldsymbol{b}_2+a_{23}\boldsymbol{b}_3+a_{24}\boldsymbol{b}_4 \\ a_{31}\boldsymbol{b}_1+a_{32}\boldsymbol{b}_2+a_{33}\boldsymbol{b}_3+a_{34}\boldsymbol{b}_4 \\ a_{41}\boldsymbol{b}_1+a_{42}\boldsymbol{b}_2+a_{43}\boldsymbol{b}_3+a_{44}\boldsymbol{b}_4 \end{vmatrix} + \begin{vmatrix} a_{12}\boldsymbol{b}_2 \\ a_{21}\boldsymbol{b}_1+a_{22}\boldsymbol{b}_2+a_{23}\boldsymbol{b}_3+a_{24}\boldsymbol{b}_4 \\ a_{31}\boldsymbol{b}_1+a_{32}\boldsymbol{b}_2+a_{33}\boldsymbol{b}_3+a_{34}\boldsymbol{b}_4 \\ a_{41}\boldsymbol{b}_1+a_{42}\boldsymbol{b}_2+a_{43}\boldsymbol{b}_3+a_{44}\boldsymbol{b}_4 \end{vmatrix}$$

$$+\begin{vmatrix} a_{13}\boldsymbol{b}_3 \\ a_{21}\boldsymbol{b}_1+a_{22}\boldsymbol{b}_2+a_{23}\boldsymbol{b}_3+a_{24}\boldsymbol{b}_4 \\ a_{31}\boldsymbol{b}_1+a_{32}\boldsymbol{b}_2+a_{33}\boldsymbol{b}_3+a_{34}\boldsymbol{b}_4 \\ a_{41}\boldsymbol{b}_1+a_{42}\boldsymbol{b}_2+a_{43}\boldsymbol{b}_3+a_{44}\boldsymbol{b}_4 \end{vmatrix} + \begin{vmatrix} a_{14}\boldsymbol{b}_4 \\ a_{21}\boldsymbol{b}_1+a_{22}\boldsymbol{b}_2+a_{23}\boldsymbol{b}_3+a_{24}\boldsymbol{b}_4 \\ a_{31}\boldsymbol{b}_1+a_{32}\boldsymbol{b}_2+a_{33}\boldsymbol{b}_3+a_{34}\boldsymbol{b}_4 \\ a_{41}\boldsymbol{b}_1+a_{42}\boldsymbol{b}_2+a_{43}\boldsymbol{b}_3+a_{44}\boldsymbol{b}_4 \end{vmatrix}$$

と4個の行列式に分解できます。さらに、これらの行列式に対して2行目に分配法則を用いて行列式を分解します。すると、行列式は $4\times4=16$ 個になります。次にその16個の行列式について3行目に分配法則を用いて行列式を分解します。行列式は $16\times4=64$ 個になります。次にその64個の行列式の4行目に分配法則を用いれば、$64\times4=256$ 個の行列式に分解できます。

こうして分解された行列式の1つ1つは、例えば、(ア) $\begin{vmatrix} a_{14}\boldsymbol{b}_4 \\ a_{22}\boldsymbol{b}_2 \\ a_{33}\boldsymbol{b}_3 \\ a_{43}\boldsymbol{b}_3 \end{vmatrix}$ や(イ) $\begin{vmatrix} a_{12}\boldsymbol{b}_2 \\ a_{23}\boldsymbol{b}_3 \\ a_{34}\boldsymbol{b}_4 \\ a_{41}\boldsymbol{b}_1 \end{vmatrix}$ です。行列式を計算してみると、

(ア) $$\begin{vmatrix} a_{14}\boldsymbol{b}_4 \\ a_{22}\boldsymbol{b}_2 \\ a_{33}\boldsymbol{b}_3 \\ a_{43}\boldsymbol{b}_3 \end{vmatrix} = a_{14}a_{22}a_{33}a_{43}\begin{vmatrix} \boldsymbol{b}_4 \\ \boldsymbol{b}_2 \\ \boldsymbol{b}_3 \\ \boldsymbol{b}_3 \end{vmatrix} = 0$$

成分が一致する行

$\boldsymbol{b}$ にかかっている係数 a を行列式の外に出すと、成分が一致する行を作ることができ、行列式は0になります。

(イ) $$\begin{vmatrix} a_{12}\boldsymbol{b}_2 \\ a_{23}\boldsymbol{b}_3 \\ a_{34}\boldsymbol{b}_4 \\ a_{41}\boldsymbol{b}_1 \end{vmatrix} = a_{12}a_{23}a_{34}a_{41}\begin{vmatrix} \boldsymbol{b}_2 \\ \boldsymbol{b}_3 \\ \boldsymbol{b}_4 \\ \boldsymbol{b}_1 \end{vmatrix} \cdots\cdots①$$

ここで、$\begin{vmatrix} \boldsymbol{b}_1 \\ \boldsymbol{b}_2 \\ \boldsymbol{b}_3 \\ \boldsymbol{b}_4 \end{vmatrix}$ を $\begin{vmatrix} \boldsymbol{b}_2 \\ \boldsymbol{b}_3 \\ \boldsymbol{b}_4 \\ \boldsymbol{b}_1 \end{vmatrix}$ に並べ直すことを考えます。

$$\overset{②}{\begin{vmatrix} \boldsymbol{b}_1 \\ \boldsymbol{b}_2 \\ \boldsymbol{b}_3 \\ \boldsymbol{b}_4 \end{vmatrix}} \xrightarrow{(1\ 2)} \begin{vmatrix} \boldsymbol{b}_2 \\ \boldsymbol{b}_1 \\ \boldsymbol{b}_3 \\ \boldsymbol{b}_4 \end{vmatrix} \xrightarrow{(1\ 3)} \begin{vmatrix} \boldsymbol{b}_2 \\ \boldsymbol{b}_3 \\ \boldsymbol{b}_1 \\ \boldsymbol{b}_4 \end{vmatrix} \xrightarrow{(1\ 4)} \overset{③}{\begin{vmatrix} \boldsymbol{b}_2 \\ \boldsymbol{b}_3 \\ \boldsymbol{b}_4 \\ \boldsymbol{b}_1 \end{vmatrix}}$$

となります。互換を１回施すたびに行列式は(-1)倍になりますから、互換３回では③は②の(-1)倍になります。この結果は、$(14)(13)(12)=\begin{pmatrix} 1 & 2 & 3 & 4 \\ 2 & 3 & 4 & 1 \end{pmatrix}$なので、$\mathrm{sgn}\begin{pmatrix} 1 & 2 & 3 & 4 \\ 2 & 3 & 4 & 1 \end{pmatrix}=-1$であることからわかります。

$\boldsymbol{b}$の並びを上から$\boldsymbol{b}_1$、$\boldsymbol{b}_2$、$\boldsymbol{b}_3$、$\boldsymbol{b}_4$に並べ直すには、並べ替えを表す置換のsgnを掛ければよいのです。

$$①=a_{12}a_{23}a_{34}a_{41}\mathrm{sgn}\begin{pmatrix} 1 & 2 & 3 & 4 \\ 2 & 3 & 4 & 1 \end{pmatrix}\begin{vmatrix} \boldsymbol{b}_1 \\ \boldsymbol{b}_2 \\ \boldsymbol{b}_3 \\ \boldsymbol{b}_4 \end{vmatrix}=a_{12}a_{23}a_{34}a_{41}\mathrm{sgn}\begin{pmatrix} 1 & 2 & 3 & 4 \\ 2 & 3 & 4 & 1 \end{pmatrix}|B|$$

つまり、（ア）、（イ）より、分解された行列式のうち、同じ$\boldsymbol{b}$があるものは０になり、$\boldsymbol{b}_1$、$\boldsymbol{b}_2$、$\boldsymbol{b}_3$、$\boldsymbol{b}_4$が出そろうものは、$|B|$のsgn倍に選んだaをかけたものになるのです。ですから、

$$|AB|=\sum_{\sigma}\mathrm{sgn}\begin{pmatrix} 1 & 2 & 3 & 4 \\ i_1 & i_2 & i_3 & i_4 \end{pmatrix}a_{1i_1}a_{2i_2}a_{3i_3}a_{4i_4}|B|$$

$$=\left(\sum_{\sigma}\mathrm{sgn}\begin{pmatrix} 1 & 2 & 3 & 4 \\ i_1 & i_2 & i_3 & i_4 \end{pmatrix}a_{1i_1}a_{2i_2}a_{3i_3}a_{4i_4}\right)|B|$$

行列式の定義と比べて、aの添字が左右入れ替わっている（動く数が右になっている）ので（　）の中は$|{}^tA|$になる。

$$=|{}^tA||B|=|A||B|$$

4 余因子展開

行列式を１つの行や列の成分に関する１次式としてみることを**余因子展開**と言います。

３次の場合で見てみましょう。

３次の行列式を第３列で余因子展開すると、

$$\begin{aligned}\begin{vmatrix} a & p & x \\ b & q & y \\ c & r & z \end{vmatrix} &= aqz+brx+cpy-ary-bpz-cqx \\ &= (br-cq)x-(ar-cp)y+(aq-bp)z \\ &= \begin{vmatrix} b & q \\ c & r \end{vmatrix} x - \begin{vmatrix} a & p \\ c & r \end{vmatrix} y + \begin{vmatrix} a & p \\ b & q \end{vmatrix} z\end{aligned}$$

となります。x、y、z の係数は２次の行列式としてまとまります。

この２次の行列は、例えば y の係数の２次行列であれば、y を含む行と列の成分を取り除いてできる２次の行列になっています。

余った成分で作られる行列なので、x、y、z の係数の行列式 $\begin{vmatrix} b & q \\ c & r \end{vmatrix}$、$-\begin{vmatrix} a & p \\ c & r \end{vmatrix}$、$\begin{vmatrix} a & p \\ b & q \end{vmatrix}$（符号も含めます）を**余因子**といいます。

正確には、$\begin{vmatrix} b & q \\ c & r \end{vmatrix}$ は $(1,3)$ 余因子、$-\begin{vmatrix} a & p \\ c & r \end{vmatrix}$ は $(2,3)$ 余因子というように取り除く行と列を明示して示します。

$(2,3)$ の成分を 、$(2,3)$ の余因子を 、行列式を

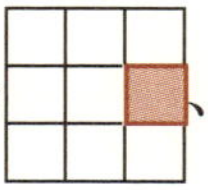

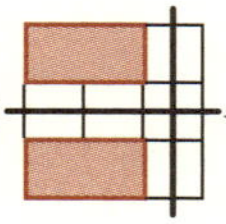

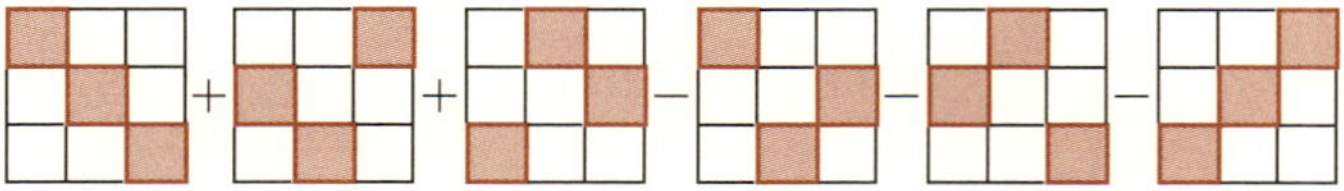

と表すことにすると、３次の正方行列の第３列での余因子展開は、模式図で

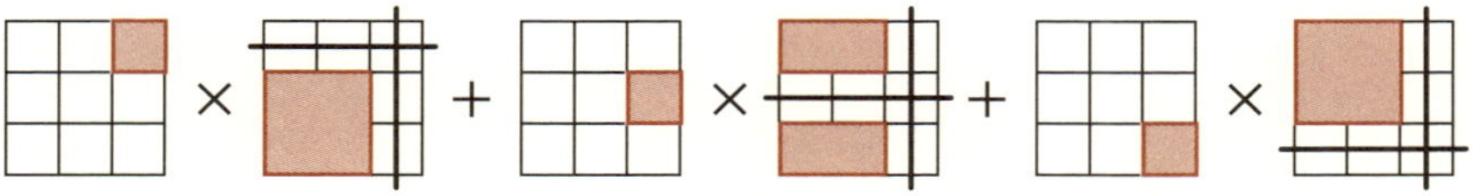

と書くことができます。

行列式は転置行列を取っても等しいですから、行についての余因子展開をすることもできます。

第２行で余因子展開すると、

$$\begin{aligned}\begin{vmatrix} a & b & c \\ p & q & r \\ x & y & z \end{vmatrix} &= aqz+pyc+xbr-ayr-pbz-xqc \\ &= -(bz-yc)p+(az-xc)q-(ay-xb)r \\ &= -\begin{vmatrix} b & c \\ y & z \end{vmatrix}p+\begin{vmatrix} a & c \\ x & z \end{vmatrix}q-\begin{vmatrix} a & b \\ x & y \end{vmatrix}r \quad \cdots\cdots ① \end{aligned}$$

これを模式図で書くと、

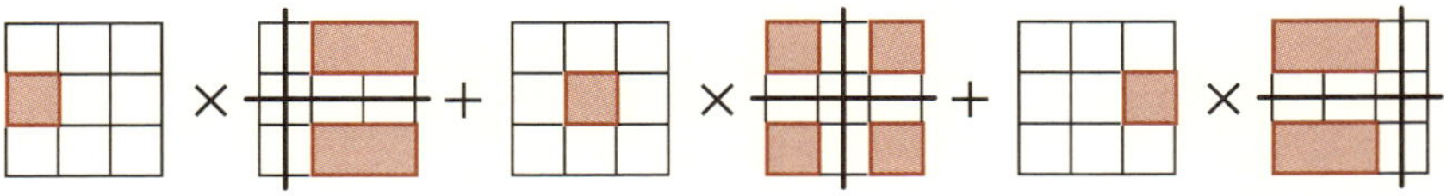

となります。

余因子についている符号は、取り除いた成分の位置によって決まります。(i, j)余因子であれば、符号は$(-1)^{i+j}$になります。つまり、$i+j$が偶数のときは正、奇数のときは負となります。

つまり、(i, j)余因子の符号の正負を図にすれば、

$i \backslash j$	1	2	3	4	
1	+	−	+	−	…
2	−	+	−	+	…
3	+	−	+	−	…
4	−	+	−	+	…
	……	……	……	……	

となります。

これがわかるとあとは次元が増えても大丈夫でしょう。

4次の行列式を第3行で余因子展開すれば、

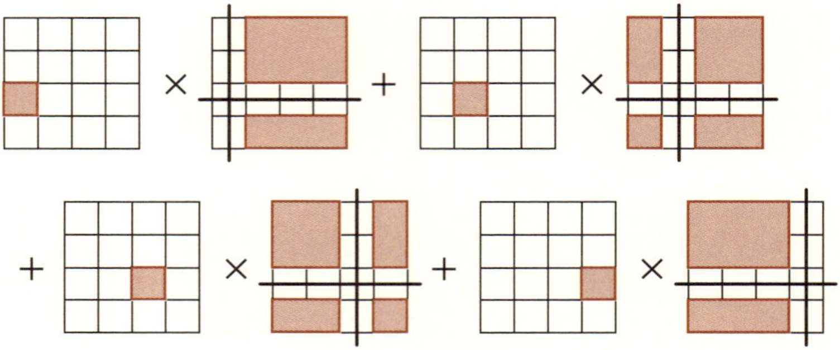

となります。

さて、余因子展開の式で、余因子以外のところを入れ替えることを考えてみます。例えば、次の②の右辺で p、q、r を x、y、z にするのです。すると、

$$\begin{vmatrix} a & b & c \\ p & q & r \\ x & y & z \end{vmatrix} = -\begin{vmatrix} b & c \\ y & z \end{vmatrix}p + \begin{vmatrix} a & c \\ x & z \end{vmatrix}q - \begin{vmatrix} a & b \\ x & y \end{vmatrix}r \qquad \cdots\cdots②$$

$$\downarrow$$

$$-\begin{vmatrix} b & c \\ y & z \end{vmatrix}x + \begin{vmatrix} a & c \\ x & z \end{vmatrix}y - \begin{vmatrix} a & b \\ x & y \end{vmatrix}z = \begin{vmatrix} a & b & c \\ x & y & z \\ x & y & z \end{vmatrix} = 0 \qquad \cdots\cdots③$$

②の右辺の p、q、r を x、y、z に置き換えると、同じ行を持つ行列になりますから、行列式は0になります。

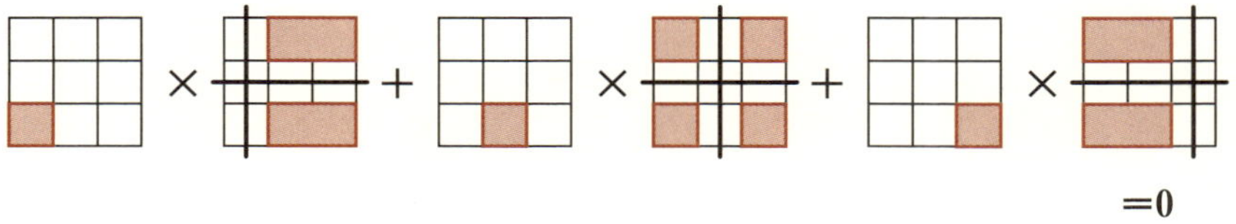

つまり、ある行の余因子展開の式で、余因子をそのままにして、行の方を他の行に入れ替えると、式は 0 になるということです。

ここで 3 次の余因子を下のように並べた 3×3 行列ともとの行列との積を取ってみます。

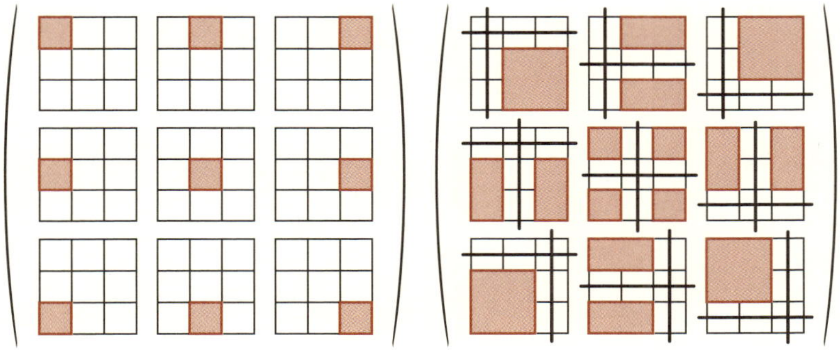

例えば、積の(2, 2)成分は、

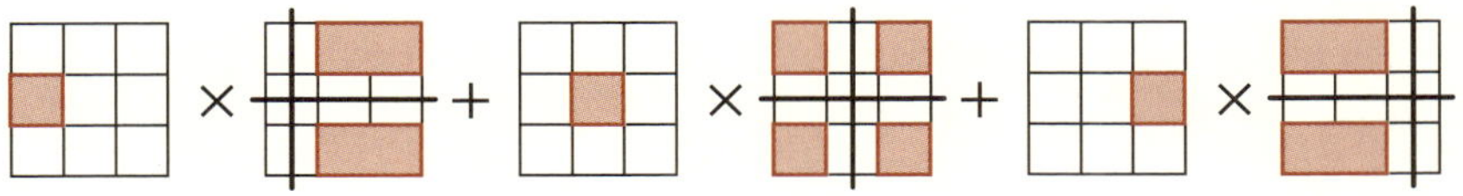

となり、もとの行列の行列式になります。積の(3, 2)成分は、

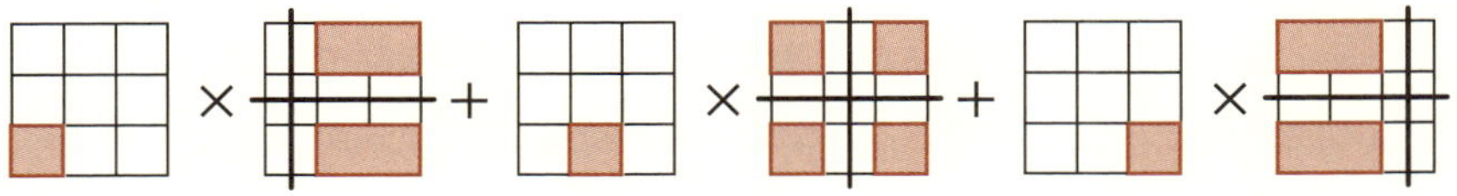

と 0 になります。つまり、積は対角成分ではもとの行列の行列式になり、対角成分以外では 0 になります。

n 次の場合でも同様のことが成り立つことが予想できると思います。

n 次の場合にまとめると、次のようになります。

n 次正方行列 A［(i,j)成分は a_{ij}］の(i,j)余因子 $\tilde{a}_{ij}$ を並べた行列

$\begin{pmatrix} \tilde{a}_{11} & \tilde{a}_{12} & \cdots & \tilde{a}_{1n} \\ \tilde{a}_{21} & \tilde{a}_{22} & \cdots & \tilde{a}_{2n} \\ \vdots & & & \vdots \\ \tilde{a}_{n1} & \tilde{a}_{n2} & \cdots & \tilde{a}_{nn} \end{pmatrix}$を作り、その転置行列を、$\tilde{A}=\begin{pmatrix} \tilde{a}_{11} & \tilde{a}_{21} & \cdots & \tilde{a}_{n1} \\ \tilde{a}_{12} & \tilde{a}_{22} & \cdots & \tilde{a}_{n2} \\ \vdots & \vdots & & \vdots \\ \tilde{a}_{1n} & \tilde{a}_{2n} & \cdots & \tilde{a}_{nn} \end{pmatrix}$

とおきます。$\tilde{A}$ は**余因子行列**と呼ばれます。

すると、

$$A\tilde{A}=\tilde{A}A=\begin{pmatrix} |A| & 0 & \cdots & 0 \\ 0 & |A| & & \\ \vdots & & \ddots & \vdots \\ 0 & \cdots & \cdots & |A| \end{pmatrix}=|A|E$$

が成り立ちます。

この式の応用をいくつか紹介していきましょう。

［逆行列を求める］

$A\tilde{A}=\tilde{A}A=|A|E$ を $|A|$ で割って、

$$A\left(\frac{1}{|A|}\tilde{A}\right)=\left(\frac{1}{|A|}\tilde{A}\right)A=E$$

となりますから、A の逆行列は、

$$A^{-1}=\frac{1}{|A|}\tilde{A} \quad \cdots\cdots☆$$

と表すことができます。

☆の式は、逆行列を元の行列の成分で明示的に表しています。成分が具体的な数で与えられたときの逆行列の計算は掃出し法の方が便利ですが、逆行列が元の行列の成分でどう表されているかを知りたいときはこの式が有効です。

また、☆の式から次が言えます。ここで行列が正則であるための条件をまとめておきましょう。

定理　正則であるための条件

n 次正方行列 A において、

(1)　$|A|\neq 0$ のとき　$\Leftrightarrow$　A は正則である

(2)　$\mathrm{rank}A=n$　$\Leftrightarrow$　A は正則である

[証明]　(1)　($\Longrightarrow$) $|A|\neq 0$ のとき、☆の式より A の逆行列が存在します。

($\Longleftarrow$) A が正則であるとき、A の逆行列が存在し、$AA^{-1}=E$

これの行列式を取って、$|AA^{-1}|=|E|$　　$\therefore$　$|A||A^{-1}|=1$

これより、$|A|\neq 0$ です。

(2)　$\Longrightarrow$を示します。

n 次正方行列 A に行基本変形を施して階段行列 B を作ったとします。$\mathrm{rank}A=n$ ということは、B は対角成分がすべて0以外の数である上三角行列です。このとき、B にさらに行基本変形を施して単位行列 E にすることができます。この一連の作業で、A に施した行基本変形を表す行列を S_1、S_2、…、S_r とします。すると、$S_rS_{r-1}\cdots S_1A=E$ となります。第2章 p.44 の議論と同様にして A には逆行列が存在します。A は正則です。

$\Longleftarrow$を示します。

A の逆行列が存在すれば、第2章 p.43 のように $S_rS_{r-1}\cdots S_1A=E$ を満たす行基本変形を表す行列 $S_1, S_2, \cdots, S_r$ が存在します。これは A に行基本変形を施して、ランク n の階段行列(n 次単位行列の E のランクは n)を作ることができることを表していますから、A のランクが n であることがわかります。

5 ケーリー・ハミルトンの定理

2次の場合に**ケーリー・ハミルトンの定理**を述べてみます。

$A=\begin{pmatrix} a & b \\ c & d \end{pmatrix}$に対して、$t$の多項式$f(t)$を

$$f(t)=|A-tE|=\left|\begin{pmatrix} a & b \\ c & d \end{pmatrix}-\begin{pmatrix} t & 0 \\ 0 & t \end{pmatrix}\right|=\left|\begin{pmatrix} a-t & b \\ c & d-t \end{pmatrix}\right|$$
$$=(a-t)(d-t)-bc=t^2-(a+d)t+(ad-bc)$$

と定めます。この式はtに数が入ることを前提とした式ですが、tに行列を入れて計算することを考えます。定数項のところは、$(ad-bc)E$であると考えて、$f(A)$を計算しましょう。一般に多項式$f(t)$に行列を代入して計算するとき、定数項があればこのようにします。

$$f(A)=A^2-(a+d)A+(ad-bc)E$$
$$=\begin{pmatrix} a & b \\ c & d \end{pmatrix}\begin{pmatrix} a & b \\ c & d \end{pmatrix}-(a+d)\begin{pmatrix} a & b \\ c & d \end{pmatrix}+(ad-bc)\begin{pmatrix} 1 & 0 \\ 0 & 1 \end{pmatrix}=\begin{pmatrix} 0 & 0 \\ 0 & 0 \end{pmatrix}=O$$

と計算結果は零行列Oになります。これがケーリー・ハミルトンの定理の2次の場合です。

ケーリー・ハミルトンの定理

n次正方行列Aに対して、$f(t)=|A-tE|$とすると、

$$f(A)=O$$

が成り立つ。

$f(t)=|A-tE|$のtにAを代入するのですから、$f(A)=|A-AE|=0$とすれば証明は終わりだとする人がいますが、これは間違いです。正しくは、行列式を書

き下した後に行列を代入しなければなりません。上のままでは計算の意味が違ってきてしまいます。しかも、右辺が数字の0になっています。これもおかしいです。正しくは、次のように証明します。

$A-tE$ の余因子行列を考えてみましょう。余因子は t の多項式になりますが、対角成分の余因子は $n-1$ 次、対角成分でないところの余因子は $n-2$ 次ですから、余因子行列の成分は最高でも t の $n-1$ 次式になります。

ですから、余因子行列 $\widetilde{A-tE}$ は、各成分の多項式の t^i の係数をまとめた行列 B_i を用いて、

$$\widetilde{A-tE}=t^{n-1}B_{n-1}+t^{n-2}B_{n-2}+\cdots+tB_1+B_0$$

と表すことができます。

C の余因子展開の式 $C\widetilde{C}=|C|E$ で C を $A-tE$ でおきかえると、

$$(A-tE)\underbrace{(t^{n-1}B_{n-1}+t^{n-2}B_{n-2}+\cdots+tB_1+B_0)}_{\widetilde{A-tE}}=|A-tE|E \quad \cdots①$$

となります。左辺を展開すると、

$$-t^nB_{n-1}+t^{n-1}(AB_{n-1}-B_{n-2})+t^{n-2}(AB_{n-2}-B_{n-3})$$
$$+\cdots+t(AB_1-B_0)+AB_0 \quad \cdots\cdots②$$

となります。また、

$$f(t)=|A-tE|=a_nt^n+a_{n-1}t^{n-1}+\cdots+a_1t+a_0 \quad \cdots\cdots③$$

とおくと、①の右辺は、

$$\underbrace{|A-tE|}_{\text{数になることに注意}}E=t^na_nE+t^{n-1}a_{n-1}E+t^{n-2}a_{n-2}E++\cdots+ta_1E+a_0E$$
$$\cdots\cdots④$$

と書くことができます。②=④ですから、t^i の係数を比べて、

$$-B_{n-1}=a_nE、AB_i-B_{i-1}=a_iE \quad (1\leqq i\leqq n-1)、AB_0=a_0E$$

これらを用いて、③の多項式の t に A を代入した $f(A)$ を計算すると、

$$
\begin{aligned}
f(A) &= a_n A^n + a_{n-1}A^{n-1} + a_{n-2}A^{n-2} + \cdots + a_1 A + a_0 E \\
&= A^n a_n E + A^{n-1} a_{n-1} E + A^{n-2} a_{n-2} E + \cdots + A a_1 E + a_0 E \\
&= -A^n B_{n-1} + A^{n-1}(AB_{n-1} - B_{n-2}) + A^{n-2}(AB_{n-2} - B_{n-3}) \\
&\qquad + \cdots + A(AB_1 - B_0) + AB_0 \\
&= -A^n B_{n-1} + A^n B_{n-1} - A^{n-1} B_{n-2} + A^{n-1} B_{n-2} \\
&\qquad + \cdots + A^2 B_1 - AB_0 + AB_0 \\
&= O
\end{aligned}
$$

$f(t) = |A - tE|$ は A の固有多項式と呼ばれ、のちのち大活躍します。

第4章

連立1次方程式

1 掃出し法

線形代数では、連立方程式は掃出し法でシステマチックに解きます。

掃出し法で連立方程式を解いてみましょう。

ホップ

問題　連立方程式（1）（別 p.28）

$$\begin{cases} 2x+\ y+3z=9 \\ x-2y+\ z=8 \\ x-\ y-2z=-3 \end{cases}$$

を解け。

式の入れ替えや、式の定数倍、ある式の定数倍をある式に足すという操作を繰り返して、x、y、z を求めます。式変形の目標は、3 本の式が、$x=$、$y=$、$z=$ と 1 か所だけ係数が 1 になるように持っていくことです。

連立方程式の条件式を上から①、②、③と表して、変形の過程を表すと次のようになります。

アの①↔②は第 1 式と第 2 式を入れ替えること、**イ**の②＋①×(−2)は第 2 式に第 1 式の(−2)倍を足すこと、**オ**の③÷16 は第 3 式を 16 で割ることを表しています。

行を入れ替えるのは係数を整数の範囲で解くためです。**ア**の段階で x の係数を 1 にそろえるために第 1 行をいきなり 2 で割ったり、**ウ**の段階で 2 行目の y の係数を 1 にそろえるために 5 で割ってもかまいませんが、分数になるので避けたまでです。

$$\begin{cases} 2x+y+3z=9 \\ x-2y+z=8 \\ x-y-2z=-3 \end{cases} \qquad \begin{pmatrix} 2 & 1 & 3 & 9 \\ 1 & -2 & 1 & 8 \\ 1 & -1 & -2 & -3 \end{pmatrix}$$

ア　①⟷②

$$\begin{cases} x-2y+z=8 \\ 2x+y+3z=9 \\ x-y-2z=-3 \end{cases} \qquad \begin{pmatrix} 1 & -2 & 1 & 8 \\ 2 & 1 & 3 & 9 \\ 1 & -1 & -2 & -3 \end{pmatrix}$$

イ　②＋①×(−2)　③＋①×(−1)

$$\begin{cases} x-2y+z=8 \\ 5y+z=-7 \\ y-3z=-11 \end{cases} \qquad \begin{pmatrix} 1 & -2 & 1 & 8 \\ 0 & 5 & 1 & -7 \\ 0 & 1 & -3 & -11 \end{pmatrix}$$

ウ　②⟷③

$$\begin{cases} x-2y+z=8 \\ y-3z=-11 \\ 5y+z=-7 \end{cases} \qquad \begin{pmatrix} 1 & -2 & 1 & 8 \\ 0 & 1 & -3 & -11 \\ 0 & 5 & 1 & -7 \end{pmatrix}$$

エ　①＋②×2　③＋②×(−5)

$$\begin{cases} x-5z=-14 \\ y-3z=-11 \\ 16z=48 \end{cases} \qquad \begin{pmatrix} 1 & 0 & -5 & -14 \\ 0 & 1 & -3 & -11 \\ 0 & 0 & 16 & 48 \end{pmatrix}$$

オ　③÷16

$$\begin{cases} x-5z=-14 \\ y-3z=-11 \\ z=3 \end{cases} \qquad \begin{pmatrix} 1 & 0 & -5 & -14 \\ 0 & 1 & -3 & -11 \\ 0 & 0 & 1 & 3 \end{pmatrix}$$

カ　①＋③×5　②＋③×3

$$\begin{cases} x=1 \\ y=-2 \\ z=3 \end{cases} \qquad \begin{pmatrix} 1 & 0 & 0 & 1 \\ 0 & 1 & 0 & -2 \\ 0 & 0 & 1 & 3 \end{pmatrix}$$

上に見るように、式の変形の様子は、x、y、z の係数と右辺の数を抜き出して作った行列の行基本変換に対応していることが分かります。

x、y、z の係数と右辺の数を抜き出して作った行列を**拡大係数行列**と呼びます。x、y、z の係数を抜き出して並べた行列を**係数行列**といいます。

$$\begin{cases} 2x+y+3z=9 \\ x-2y+z=8 \\ x-y-2z=-3 \end{cases} \qquad \underset{\text{係数行列}}{\begin{pmatrix} 2 & 1 & 3 \\ 1 & -2 & 1 \\ 1 & -1 & -2 \end{pmatrix}} \qquad \underset{\text{拡大係数行列}}{\begin{pmatrix} 2 & 1 & 3 & 9 \\ 1 & -2 & 1 & 8 \\ 1 & -1 & -2 & -3 \end{pmatrix}}$$

連立１次方程式の解法は、まずは拡大係数行列を行基本変形によって、対角成分が１になるように変形していけばよいわけです。

係数を１にした後、そこを使ってその列の他の成分を０にしていくので、掃出し法と呼ばれているわけです。

問題

$$\begin{cases} x-2y+4z=8 \\ 2x-3y+5z=12 \\ -x+3y-7z=-12 \end{cases}$$ を解け。

拡大係数行列の行基本変形を行います。

$$\begin{pmatrix} 1 & -2 & 4 & 8 \\ 2 & -3 & 5 & 12 \\ -1 & 3 & -7 & -12 \end{pmatrix} \xrightarrow[③+①\times 1]{②+①\times(-2)} \begin{pmatrix} 1 & -2 & 4 & 8 \\ 0 & 1 & -3 & -4 \\ 0 & 1 & -3 & -4 \end{pmatrix}$$

$$\xrightarrow[③+②\times(-1)]{①+②\times 2} \begin{pmatrix} 1 & 0 & -2 & 0 \\ 0 & 1 & -3 & -4 \\ 0 & 0 & 0 & 0 \end{pmatrix}$$

最後の行列を方程式に戻せば、

$$\begin{cases} x \qquad -2z=0 \\ \qquad y \ -3z=-4 \end{cases}$$

となります。ここでzを任意の実数kとして$z=k$とおきます。すると、x、yは、

$$\begin{cases} x-2k=0 \\ y-3k=-4 \end{cases} \qquad \begin{cases} x=2k \\ y=3k-4 \end{cases}$$

となります。この式を満たすx、y、zは、

$$x=2k \quad y=3k-4、z=k \quad (k \text{は任意の実数})$$

と表されます。ベクトルを用いると、

$$\begin{pmatrix} x \\ y \\ z \end{pmatrix} = k\begin{pmatrix} 2 \\ 3 \\ 1 \end{pmatrix} + \begin{pmatrix} 0 \\ -4 \\ 0 \end{pmatrix} \quad (k \text{は任意の実数})$$

と表されます。これがこの方程式の解です。解の値は1つではないのです。

解の表し方も1通りではありません。$k=l+1$と文字を置き換えれば、kがすべての実数を取るとき、lもすべての実数を取ります。

$$x=2k=2(l+1)=2l+2、y=3k-4=3(l+1)-4=3l-1、z=k=l+1$$

ですから、方程式を満たす x、y、z は、

$$x=2l+2、y=3l-1、z=l+1 \quad (l \text{は任意の実数})$$

と表すこともできます。行変形の仕方によってはこのようになる場合もあり得ます。

解の表現方法は無数にあります。それらが同値であることを示すのは未知数が多い場合など、それだけで問題になるくらい面倒なことです。

方程式を解く問題の答え合わせをするときは注意しましょう。

ホップ

問題　連立方程式（2）　（別 p.30）

$$\begin{cases} x-2y-2z-w=-1 \\ -2x+4y+5z+4w=5 \\ 3x-6y-4z+w=3 \\ 2x-4y-z+4w=7 \end{cases}$$

を解け。

$$\begin{pmatrix} 1 & -2 & -2 & -1 & -1 \\ -2 & 4 & 5 & 4 & 5 \\ 3 & -6 & -4 & 1 & 3 \\ 2 & -4 & -1 & 4 & 7 \end{pmatrix} \xrightarrow[④+①\times(-2)]{②+①\times2 \quad ③+①\times(-3)} \begin{pmatrix} 1 & -2 & -2 & -1 & -1 \\ 0 & 0 & 1 & 2 & 3 \\ 0 & 0 & 2 & 4 & 6 \\ 0 & 0 & 3 & 6 & 9 \end{pmatrix}$$

$$\xrightarrow[④+②\times(-3)]{①+②\times2 \quad ③+②\times(-2)} \begin{pmatrix} 1 & -2 & 0 & 3 & 5 \\ 0 & 0 & 1 & 2 & 3 \\ 0 & 0 & 0 & 0 & 0 \\ 0 & 0 & 0 & 0 & 0 \end{pmatrix}$$

今回は対角線に1が並びませんでした。それでも角のところが1になるような階段行列を目指して変形していけば、連立1次方程式を解くことができます。

最後の行列を方程式に直すと、

$$\begin{cases} x-2y \qquad +3w=5 \\ \qquad\qquad z+2w=3 \end{cases}$$

ここで、y、w をそれぞれ任意の実数 k、l でおくと、

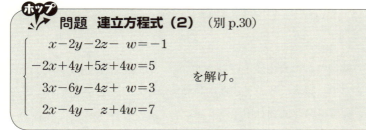

$$\begin{cases} x-2k+3l=5 \\ z+2l=3 \end{cases} \qquad \begin{cases} x=2k-3l+5 \\ z=-2l+3 \end{cases}$$

なので、方程式の解は、

$$x=2k-3l+5、y=k、z=-2l+3、w=l \quad (k、l \text{は任意の実数})$$

です。ベルトルを用いると、

$$\begin{pmatrix} x \\ y \\ z \\ w \end{pmatrix} = k\begin{pmatrix} 2 \\ 1 \\ 0 \\ 0 \end{pmatrix} + l\begin{pmatrix} -3 \\ 0 \\ -2 \\ 1 \end{pmatrix} + \begin{pmatrix} 5 \\ 0 \\ 3 \\ 0 \end{pmatrix} \quad (k、l \text{は任意の実数})$$

と表されます。

任意の実数の個数を解の**自由度**と呼びます。前の問題では自由度 1、この問題では自由度が 2 です。線形代数の正式な用語ではないようで、あまり本に書かれていませんが、実感に合う便利な用語だと思います。

ここで前の問題の第 3 式の右辺を変えた方程式を考えてみましょう。

$$\begin{cases} x-2y-2z-\ \ w=-1 \\ -2x+4y+5z+4w=5 \\ 3x-6y-4z+\ \ w=4 \\ 2x-4y-\ \ z+4w=7 \end{cases}$$

この方程式の拡大係数行列を行基本変形していくと、

$$\begin{pmatrix} 1 & -2 & -2 & -1 & -1 \\ -2 & 4 & 5 & 4 & 5 \\ 3 & -6 & -4 & 1 & 4 \\ 2 & -4 & -1 & 4 & 7 \end{pmatrix} \xrightarrow[④+①\times(-2)]{②+①\times 2 \\ ③+①\times(-3)} \begin{pmatrix} 1 & -2 & -2 & -1 & -1 \\ 0 & 0 & 1 & 2 & 3 \\ 0 & 0 & 2 & 4 & 7 \\ 0 & 0 & 3 & 6 & 9 \end{pmatrix}$$

$$\xrightarrow[④+②\times(-3)]{①+②\times 2 \\ ③+②\times(-2)} \begin{pmatrix} 1 & -2 & 0 & 3 & 5 \\ 0 & 0 & 1 & 2 & 3 \\ 0 & 0 & 0 & 0 & 1 \\ 0 & 0 & 0 & 0 & 0 \end{pmatrix}$$

となります。第 3 行を式に戻すと、左辺に未知数がありませんから、0=1 という矛盾した式になります。このようなとき、方程式に解はありません。

また、もとの方程式の第 4 式を削除した方程式

$$\begin{cases} x-2y-2z-\ \ w=-1 \\ -2x+4y+5z+4w=5 \\ 3x-6y-4z+\ \ w=3 \end{cases}$$

を考えてみましょう。いままで未知数と条件式の本数が同じものしか扱っていませんでしたが、このような方程式でもかまいません。対応する拡大係数行列の行基本変形の結果は、

$$\begin{pmatrix} 1 & -2 & 0 & 3 & 5 \\ 0 & 0 & 1 & 2 & 3 \\ 0 & 0 & 0 & 0 & 0 \end{pmatrix}$$

となりますから、もとの方程式と解は一致します。

2 連立１次方程式のまとめ

連立方程式のことを線形代数の言葉でまとめましょう。

$\boldsymbol{x}_1$、$\boldsymbol{x}_2$、…、$\boldsymbol{x}_n$ に関する n 元連立１次方程式（式は m 本）

$$\begin{cases} a_{11}x_1+a_{12}x_2+\cdots+a_{1n}x_n=b_1 \\ a_{21}x_1+a_{22}x_2+\cdots+a_{2n}x_n=b_2 \\ \qquad\cdots\cdots \\ a_{m1}x_1+a_{m2}x_2+\cdots+a_{mn}x_n=b_m \end{cases}$$

は、A、$\boldsymbol{x}$、$\boldsymbol{b}$ を

$$\boldsymbol{A}=\begin{pmatrix} a_{11} & a_{12} & \cdots & a_{1n} \\ a_{21} & a_{22} & \cdots & a_{2n} \\ \vdots & \vdots & & \vdots \\ a_{m1} & a_{m2} & \cdots & a_{mn} \end{pmatrix},\quad \boldsymbol{x}=\begin{pmatrix} x_1 \\ x_2 \\ \vdots \\ x_n \end{pmatrix},\quad \boldsymbol{b}=\begin{pmatrix} b_1 \\ b_2 \\ \vdots \\ b_m \end{pmatrix}$$

とおくと、$A\boldsymbol{x}=\boldsymbol{b}$ と簡潔に表現できます。

このとき、拡大係数行列は $[A|\boldsymbol{b}]$ です。具体的な方程式を解くには、$[A|\boldsymbol{b}]$ を行基本変形で階段行列にします。

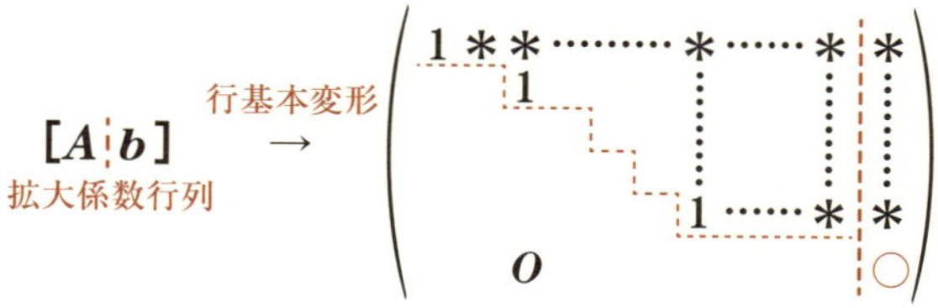

[A|b]
拡大係数行列
行基本変形
→
1 * *
1
1
*
O

タテ線より左にある部分の行列のランクは係数行列 A のランクに等しくなります。

方程式が解けるか否かは、アカまるをつけたところが０であるか否かです（p.88の例、参照）。ここが０のとき方程式は解を持ち、０でないとき解を持ちません。

ここが０でないときは、$\mathrm{rank}A<\mathrm{rank}[A|\boldsymbol{b}]$ となります。不等式で書きまし

たが、0でないときはそれを使ってそれより下の成分を掃出しますから、$\mathrm{rank}A+1=\mathrm{rank}[A|\boldsymbol{b}]$ が成り立つときということです。

また、方程式の解が1つの値に決まるかは、係数行列 A のランクと未知数の個数 n が等しいかどうかです。なぜなら、階段行列のかど（1）の個数は、係数行列 A のランクに等しく、未知数 n 個のうち、階段行列のかど（1）になっていないものだけ任意の実数として取ることができますから、解の自由度は $n-\mathrm{rank}A$ となります。$\mathrm{rank}A=n$ のとき、自由度は0になり、解の値が1つに決まるわけです。

これらの観察から、連立方程式を線形代数の言葉でまとめると次のようになります。

連立1次方程式

n 元連立1次方程式（式は m 本）が行列とベクトルによって、$A\boldsymbol{x}=\boldsymbol{b}$ と表されているとする。

(1)　$\mathrm{rank}A=\mathrm{rank}[A|\boldsymbol{b}]$ のとき

方程式は解を持つ。

(i)　$\mathrm{rank}A=n$ のとき、解は1通りに定まる。自由度は0。

(ii)　$\mathrm{rank}A<n$ のとき、解は無数にある。自由度は $n-\mathrm{rank}A$。

(2)　$\mathrm{rank}A+1=\mathrm{rank}[A|\boldsymbol{b}]$ のとき

方程式は解を持たない。

連立1次方程式 $A\boldsymbol{x}=\boldsymbol{b}$ で $\boldsymbol{b}=\boldsymbol{0}$ のときを、**同次連立1次方程式**と呼びます。$\boldsymbol{b}\neq\boldsymbol{0}$ のときは**非同次連立1次方程式**と呼ばれます。

$$\begin{cases} x-2y+4z=8 \\ 2x-3y+5z=12 \\ -x+3y-7z=-12 \end{cases}$$

非同次

$$\begin{cases} x-2y+4z=0 \\ 2x-3y+5z=0 \\ -x+3y-7z=0 \end{cases}$$

同次

同次連立1次方程式の解法は、非同次の場合で言い尽くされています。解くのは非同次連立1次方程式よりも簡単です。なにせ、右辺がいつでも0なのですから。ことさら強調するのは、この方程式の解の集合が後で述べる線形空間の例になっているからです。非同次連立1次方程式の解の集合は線形空間にはなってはいません。

同次連立1次方程式では、$\boldsymbol{b}=\boldsymbol{0}$ なのですから、つねに $\mathrm{rank}A=\mathrm{rank}[A|\boldsymbol{b}]$ が成り立ち、解が存在します。実際、$\boldsymbol{x}=\boldsymbol{0}$ はつねに解になります。これを**自明解**と言います。$\mathrm{rank}A=n$ のとき、$A\boldsymbol{x}=\boldsymbol{0}$ の解は1つですが、$\boldsymbol{x}=\boldsymbol{0}$ が解なので、これ以外に解を持ちません。$\boldsymbol{x}\neq\boldsymbol{0}$ となる解を自明でない解といいます。同次連立1次方程式のこともまとめておきましょう。

同次連立1次方程式

n 元連立1次方程式（式は m 本）が行列とベクトルによって、$A\boldsymbol{x}=0$ と表されているとする。この方程式はつねに解を持ち、

(i)　$\mathrm{rank}A=n$ のとき、自明解しか持たない。自由度は0。

(ii)　$\mathrm{rank}A<n$ のとき、解は無数にある。自明でない解を持つ。自由度は $n-\mathrm{rank}A$。

また、この同次連立1次方程式のまとめから、すぐに導くことができることとして次があります。

条件が少ない同次連立1次方程式

$n>m$ のとき、同次 n 元1次連立方程式（式は m 本）は自明でない解を持つ。

係数行列 A は (m, n) 型行列です。

$\mathrm{rank}A$ の値は行の本数 m を越えませんから、$\mathrm{rank}A<m<n$ を満たします。これより $A\boldsymbol{x}=\boldsymbol{0}$ は自明でない解を持ちます。

最後に、未知数の個数と条件式の本数が同じ場合（ともに n とする）の非同次連立1次方程式 $A\boldsymbol{x}=\boldsymbol{b}$ について述べましょう。

$\mathrm{rank}\,A=n$ のときは、逆行列 A^{-1} が存在します（第3章p.79定理）から、$A\boldsymbol{x}=\boldsymbol{b}$ に左から逆行列を掛けて、$A^{-1}(A\boldsymbol{x})=A^{-1}\boldsymbol{b}$ とします。

左辺は、$A^{-1}(A\boldsymbol{x})=(A^{-1}A)\boldsymbol{x}=E\boldsymbol{x}=\boldsymbol{x}$ となりますから、方程式の解は、$\boldsymbol{x}=A^{-1}\boldsymbol{b}$ と表されます。

一般論によれば、$\mathrm{rank}\,A=n$ のとき、解を1つ持ち（自由度0）ますから、こうして求めた解がただ1つの解です。

こうして解を表すことは理論的には重要でも、逆行列を掃出し法で求めているようでは実践的には遠回りです。逆行列を掃出し法で求め対角成分を1に合わせている暇があるなら、直接方程式を掃出し法で解いた方が早いです。

第5章

線形空間

1 線形空間の定義

高校で習った矢印ベクトルは、「向きと大きさを持ったものである」と図形的に定義されていました。矢印ベクトルは座標平面、座標空間に置くことで、成分表示することができました。矢印ベクトルでは3次元までしか定義できませんが（4次元以上は想像できないとする）、成分表示の成分の個数を増やすことでn次元実数ベクトルに拡張することができました。

さらに、n次元実数ベクトルが持つ性質を取り出して、**線形空間**と呼ばれるものを考えます。n次元実数ベクトルの定義は、ベクトルの和・実数倍の計算の仕方を明示的に表す外延的定義になっていますが、線形空間の定義はベクトルの和・実数倍が満たすべき計算法則を示す内包的定義になっています。慣れないうちはn次元実数ベクトルのことを思い浮かべながら読んでいてかまいません。

線形空間の定義

集合Vの任意の元$\boldsymbol{a}$、$\boldsymbol{b}$、実数kについて、和$\boldsymbol{a}+\boldsymbol{b}$、実数倍$k\boldsymbol{a}$が$V$の元となり、次の性質を満たすとき、$V$を$\boldsymbol{R}$上の**線形空間**または**ベクトル空間**と呼ぶ。Vの元を**ベクトル**という。

和

$(\boldsymbol{a}+\boldsymbol{b})+\boldsymbol{c}=\boldsymbol{a}+(\boldsymbol{b}+\boldsymbol{c})$　（結合法則）

$\boldsymbol{a}+\boldsymbol{b}=\boldsymbol{b}+\boldsymbol{a}$　（交換法則）

$\boldsymbol{a}+0=0+\boldsymbol{a}=\boldsymbol{a}$を満たす元$0$が存在する　（零元の存在）

$\boldsymbol{a}+\boldsymbol{x}=\boldsymbol{x}+\boldsymbol{a}=0$を満たすただ1つの元$\boldsymbol{x}$が存在する。

$\boldsymbol{x}$を$\boldsymbol{a}$の逆ベクトルという。（逆元の存在）

実数倍

$1\cdot\boldsymbol{a}=\boldsymbol{a}$　　$(k+l)\boldsymbol{a}=k\boldsymbol{a}+l\boldsymbol{a}$

$k(\boldsymbol{a}+\boldsymbol{b})=k\boldsymbol{a}+k\boldsymbol{b}$　　$(kl)\boldsymbol{a}=k(l\boldsymbol{a})$

n次元実数ベクトルの集合$\boldsymbol{R}^n$は、上の定義を満たすので$\boldsymbol{R}^n$は$\boldsymbol{R}$上の線形空間になっています。線形空間はこれだけではありません。

> **問題** 次は線形空間であるか否かを判定せよ。
> (1) 実数からなる無限数列の集合 V
> (2) 実数係数である x の n 次以下の多項式の集合 V
> (3) 実数係数である x の n 次多項式の集合 V

(1) 無限数列に関して、和、実数倍を定義しましょう。

［例］

$$\{a_n\}=\{2, 2, 1, 3, 1, 2, \cdots\cdots\}$$
$$\{b_n\}=\{1, 3, 6, 8, 1, 3, \cdots\cdots\}$$
$$\{a_n\}+\{b_n\}=\{3, 5, 7, 11, 2, 5, \cdots\cdots\}$$
←この数列の第 i 項は $\{a_n\}$ の第 i 項と $\{b_n\}$ の第 i 項の和
$$3\{a_n\}=\{6, 6, 3, 9, 3, 6, \cdots\cdots\}$$
←この数列の第 i 項は $\{a_n\}$ の第 i 項の3倍

（和、3倍）

2つの数列の和を、「第 n 項どうしを足して第 n 項とした数列」、数列の k 倍を、「第 n 項を k 倍した数列」とします。つまり、数列 $\{a_n\}$、$\{b_n\}$ に対して、和とスカラー倍を

$$\{a_n\}+\{b_n\}=\{a_n+b_n\},\ k\{a_n\}=\{ka_n\}$$

と定義します。こうして、$\{a_n\}+\{b_n\}$ も $k\{a_n\}$ も V の元になります。

$\{a_n\}$、$\{b_n\}$、$\{c_n\}$ が V の元であるとき、

$$(\{a_n\}+\{b_n\})+\{c_n\}=\{a_n\}+(\{b_n\}+\{c_n\}),\ \{a_n\}+\{b_n\}=\{b_n\}+\{a_n\}$$

となり、結合法則、交換法則が成り立ちます。

すべての項が0である数列を $\{0\}$ とすると、$\{a_n\}+\{0\}=\{0\}+\{a_n\}=\{a_n\}$ が成り立つので、零元が存在します。

また、$\{a_n\}$ に対して、それぞれの項を -1 倍した $\{-a_n\}$ を作ると、$\{a_n\}+\{-a_n\}=\{-a_n\}+\{a_n\}=\{0\}$ が成り立つので、逆元が存在します。

また、実数 k、l について、

$$1\cdot\{a_n\}=\{a_n\} \qquad (k+l)\{a_n\}=k\{a_n\}+l\{a_n\}$$
$$k(\{a_n\}+\{b_n\})=k\{a_n\}+k\{b_n\} \qquad (kl)\{a_n\}=k(l\{a_n\})$$

が成り立つので、実数からなる無限数列は線形空間です。

和を第 n 項どうしの和、スカラー倍を第 n 項の k 倍とすることで、数列は無限次元のベクトルであると捉えることができます。

(2)　V の任意の元である n 次以下の多項式 $f(x)$、$g(x)$ に対して、$f(x)+g(x)$、$kf(x)$ は n 次以下の多項式となりますから、V の元になっています。

V の任意の元 $f(x)$、$g(x)$、$h(x)$ について、

$$(f(x)+g(x))+h(x)=f(x)+(g(x)+h(x)), f(x)+g(x)=g(x)+f(x)$$

定数項だけからなる多項式 0 に関して、$f(x)+0=0+f(x)=f(x)$ ですから、零元が存在します。

また、$f(x)+(-f(x))=(-f(x))+f(x)=0$ ですから、$f(x)$ の逆元は $-f(x)$ です。

また、実数 k、l に対して、

$$1\cdot f(x)=f(x) \qquad (k+l)f(x)=kf(x)+lf(x)$$
$$k(f(x)+g(x))=kf(x)+kg(x) \qquad (kl)f(x)=k(lf(x))$$

が成り立つので、n 次以下の多項式は線形空間です。

(3)　V の元として、$f(x)=x^n$、$g(x)=-x^n$ をとると、$f(x)+g(x)=0$ となり n 次多項式ではなくなるので、V は線形空間ではありません。

2 線形独立と線形従属

ベクトルの組に関する性質を表す、線形独立、線形従属という用語について説明しましょう。

ベクトルの組 $\boldsymbol{a}_1, \boldsymbol{a}_2, \cdots, \boldsymbol{a}_r$ に対して、これらに実数を掛けて足した $c_1\boldsymbol{a}_1+c_2\boldsymbol{a}_2+\cdots+c_r\boldsymbol{a}_r$ を $\boldsymbol{a}_1, \boldsymbol{a}_2, \cdots, \boldsymbol{a}_r$ の線形結合あるいは**1次結合**といいます。これが $\mathbf{0}$(ゼロベクトル)になるときの係数 $c_1, \cdots, c_r$ の取り方によって、$\boldsymbol{a}_1, \boldsymbol{a}_2, \cdots, \boldsymbol{a}_r$ が線形独立であるか線形従属であるかが決まります。

$V=\boldsymbol{R}^2$(平面ベクトル)、$V=\boldsymbol{R}^3$(空間ベクトル)のときで、線形独立と線形従属のイメージをつかみましょう。証明ではありませんので念のため。

$V=\boldsymbol{R}^2$ のベクトルの組$(\boldsymbol{a}_1, \boldsymbol{a}_2)$(ただし $\boldsymbol{a}_1\neq\mathbf{0}$、$\boldsymbol{a}_2\neq\mathbf{0}$)について

(ア)　$\boldsymbol{a}_1 \not\parallel \boldsymbol{a}_2$ のとき、$(\boldsymbol{a}_1, \boldsymbol{a}_2)$は線形独立

$\boldsymbol{a}_1 \not\parallel \boldsymbol{a}_2$ のとき、$c_1\boldsymbol{a}_1+c_2\boldsymbol{a}_2=\mathbf{0}$ を満たす c_1、c_2 を考えます。任意の平面ベクトルは、$c_1\boldsymbol{a}_1+c_2\boldsymbol{a}_2$($c_1, c_2$ は実数)の形に表され、c_1、c_2 はただ1通りに決まります。$c_1\boldsymbol{a}_1+c_2\boldsymbol{a}_2=\mathbf{0}$ を満たす c_1、c_2 は、$c_1=0$、$c_2=0$ 以外にありません。このように1次結合が $\mathbf{0}$ になるとき、その係数がすべて0に決まる場合、$(\boldsymbol{a}_1, \boldsymbol{a}_2)$は線形独立であるといいます。

(イ)　$\boldsymbol{a}_1 \parallel \boldsymbol{a}_2$ のとき、$(\boldsymbol{a}_1, \boldsymbol{a}_2)$は線形従属

$\boldsymbol{a}_1 \parallel \boldsymbol{a}_2$ のとき、$\boldsymbol{a}_1=c\boldsymbol{a}_2$ となる実数 $c(\neq0)$があるので、$\boldsymbol{a}_1-c\boldsymbol{a}_2=\mathbf{0}$ です。係数に0でないものを使って、1次結合を $\mathbf{0}$ にできるとき、$(\boldsymbol{a}_1, \boldsymbol{a}_2)$は線形従属であるといいます。

(ア)

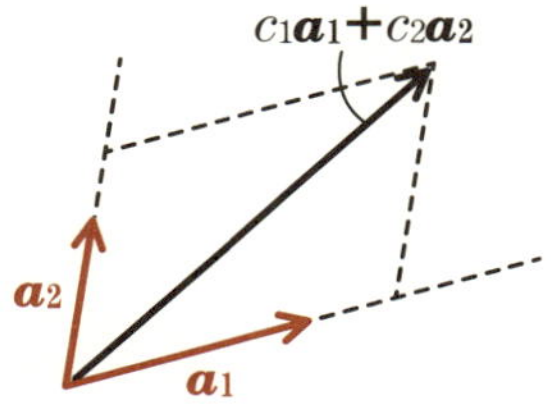

線形独立

(イ)

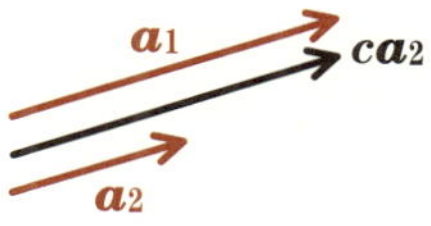

線形従属

$V=\boldsymbol{R}^3$ のベクトルの組$(\boldsymbol{a}_1, \boldsymbol{a}_2, \boldsymbol{a}_3)$（ただし、$\boldsymbol{a}_1 \neq \boldsymbol{0}$、$\boldsymbol{a}_2 \neq \boldsymbol{0}$、$\boldsymbol{a}_3 \neq \boldsymbol{0}$）について、

（ア）　$\boldsymbol{a}_1$、$\boldsymbol{a}_2$、$\boldsymbol{a}_3$ の始点をそろえたとき、始点と $\boldsymbol{a}_1$、$\boldsymbol{a}_2$、$\boldsymbol{a}_3$ の終点の4点が四面体を作るとき、$(\boldsymbol{a}_1, \boldsymbol{a}_2, \boldsymbol{a}_3)$は線形独立

空間のベクトルは $\boldsymbol{a}_1$、$\boldsymbol{a}_2$、$\boldsymbol{a}_3$ の1次結合 $c_1\boldsymbol{a}_1+c_2\boldsymbol{a}_2+c_3\boldsymbol{a}_3$ の形で表され、c_1、c_2、c_3 はただ1通りに決まります。$c_1\boldsymbol{a}_1+c_2\boldsymbol{a}_2+c_3\boldsymbol{a}_3=\boldsymbol{0}$ となるのは、$c_1=c_2=c_3=0$ 以外にありません。1次結合が $\boldsymbol{0}$ であるとき、すべての係数が0に決まるので、$(\boldsymbol{a}_1, \boldsymbol{a}_2, \boldsymbol{a}_3)$は線形独立です。

（イ）　$\boldsymbol{a}_1$、$\boldsymbol{a}_2$、$\boldsymbol{a}_3$ が1つの面に含まれるとき、$(\boldsymbol{a}_1, \boldsymbol{a}_2, \boldsymbol{a}_3)$は線形従属

$\boldsymbol{a}_3$ は $\boldsymbol{a}_1$、$\boldsymbol{a}_2$ の1次結合で表され、$\boldsymbol{a}_3=s\boldsymbol{a}_1+t\boldsymbol{a}_2$　　$\therefore$　$s\boldsymbol{a}_1+t\boldsymbol{a}_2-\boldsymbol{a}_3=\boldsymbol{0}$ となります。1次結合が $\boldsymbol{0}$ であっても、その係数に0でないものがあるので、$(\boldsymbol{a}_1, \boldsymbol{a}_2, \boldsymbol{a}_3)$は線形従属です。

（ア）

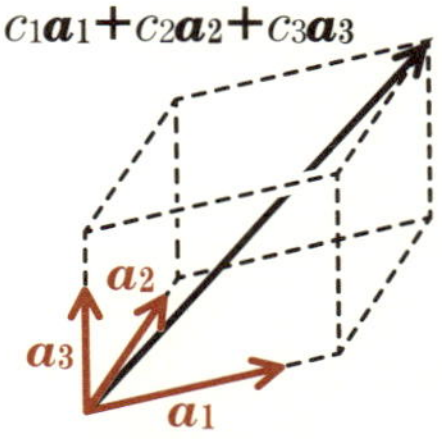

線形独立

（イ）

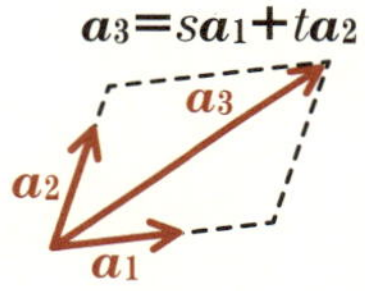

線形従属

線形独立と線形従属の具体的なイメージをつかんでもらったところで、抽象的な感覚もつけていきましょう。

線形独立と線形従属の定義

ベクトルの組 $\boldsymbol{a}_1, \boldsymbol{a}_2, \cdots, \boldsymbol{a}_r$ がある（$r \geqq 1, \boldsymbol{a}_i \neq \boldsymbol{0}$）。

$c_1\boldsymbol{a}_1 + c_2\boldsymbol{a}_2 + \cdots + c_r\boldsymbol{a}_r = \boldsymbol{0}$ を満たす $c_1, \cdots, c_r$ について、

（ア） $c_1 = c_2 = \cdots = c_r = 0$ しかないとき、$\boldsymbol{a}_1, \boldsymbol{a}_2, \cdots, \boldsymbol{a}_r$ は線形独立または１次独立であるという。

（イ） $c_1, \cdots, c_r$ のうち少なくとも１つが０でないような $c_1, \cdots, c_r$ が存在するとき、$\boldsymbol{a}_1, \boldsymbol{a}_2, \cdots, \boldsymbol{a}_r$ は線形従属または１次従属であるという。

「すべての c_i が 0（$c_1 = c_2 = \cdots = c_r = 0$）」の否定は、「少なくとも１つの c_i が０でない」ですから、線形従属とは、線形独立でないことであるといえます。逆に、線形独立とは線形従属でないことといえます。$(\boldsymbol{a}_1, \boldsymbol{a}_2, \cdots, \boldsymbol{a}_r)$ は定義より、必ず線形独立か線形従属のどちらかです。

定義からすぐに導ける重要な定理を紹介しておきます。

定理　表現の一意性

あるベクトル $\boldsymbol{p}$ が線形独立なベクトル $\boldsymbol{a}_1, \boldsymbol{a}_2, \cdots, \boldsymbol{a}_n$ の１次結合で表されるとき、その表し方は１通りである。

仮に、$\boldsymbol{p} = x_1\boldsymbol{a}_1 + x_2\boldsymbol{a}_2 + \cdots + x_n\boldsymbol{a}_n$、$\boldsymbol{p} = y_1\boldsymbol{a}_1 + y_2\boldsymbol{a}_2 + \cdots + y_n\boldsymbol{a}_n$ というように2通りの表し方があるとします。

$$x_1\boldsymbol{a}_1 + x_2\boldsymbol{a}_2 + \cdots + x_n\boldsymbol{a}_n = y_1\boldsymbol{a}_1 + y_2\boldsymbol{a}_2 + \cdots + y_n\boldsymbol{a}_n$$
$$(x_1 - y_1)\boldsymbol{a}_1 + (x_2 - y_2)\boldsymbol{a}_2 + \cdots + (x_n - y_n)\boldsymbol{a}_n = \boldsymbol{0}$$

となりますが、$\boldsymbol{a}_1, \boldsymbol{a}_2, \cdots, \boldsymbol{a}_n$ が線形独立なので、

$$x_1 - y_1 = 0, x_2 - y_2 = 0, \cdots, x_n - y_n = 0$$
$$\therefore \quad x_1 = y_1, x_2 = y_2, \cdots, x_n = y_n$$

となり矛盾します。表し方は1通りです。

定理　1個加えて従属になるとき
線形独立なベクトル $\boldsymbol{a}_1, \boldsymbol{a}_2, \cdots, \boldsymbol{a}_n$ に $\boldsymbol{a}_{n+1}$ を加えて線形従属になるとき、$\boldsymbol{a}_{n+1}$ は $\boldsymbol{a}_1, \boldsymbol{a}_2, \cdots, \boldsymbol{a}_n$ のベクトルの1次結合で表される。

$\boldsymbol{a}_1, \boldsymbol{a}_2, \cdots, \boldsymbol{a}_n, \boldsymbol{a}_{n+1}$ が線形従属なので、
$(c_1, c_2, \cdots, c_{n+1}) \neq (0, 0, \cdots, 0)$ を満たし、

$$c_1\boldsymbol{a}_1 + c_2\boldsymbol{a}_2 + \cdots + c_n\boldsymbol{a}_n + c_{n+1}\boldsymbol{a}_{n+1} = \boldsymbol{0} \quad \cdots\cdots ①$$

となる $c_1, c_2, \cdots, c_{n+1}$ が存在します。$c_{n+1}=0$ であると仮定すると、

$$c_1\boldsymbol{a}_1 + c_2\boldsymbol{a}_2 + \cdots + c_n\boldsymbol{a}_n = \boldsymbol{0}$$

を満たし、$(c_1, c_2, \cdots, c_n) \neq (0, 0, \cdots, 0)$ である $c_1, c_2, \cdots, c_n$ が存在することになるので、$\boldsymbol{a}_1, \boldsymbol{a}_2, \cdots, \boldsymbol{a}_n$ が線形独立であることに反します。
　したがって、$c_{n+1} \neq 0$ です。①より、

$$c_1\boldsymbol{a}_1 + c_2\boldsymbol{a}_2 + \cdots + c_n\boldsymbol{a}_n = -c_{n+1}\boldsymbol{a}_{n+1}$$

$$\therefore \quad \boldsymbol{a}_{n+1} = -\frac{c_1}{c_{n+1}}\boldsymbol{a}_1 - \frac{c_2}{c_{n+1}}\boldsymbol{a}_2 - \cdots - \frac{c_n}{c_{n+1}}\boldsymbol{a}_n$$

となり、題意は示されました。

　次に述べる定理を感覚的に理解するために、先に例を挙げましょう。
　ある平面を考えます。これに含まれる3本のベクトルは線形従属になります。
　この平面に含まれるベクトルは2個の線形独立なベクトル$(\boldsymbol{a}_1, \boldsymbol{a}_2)$の1次結合で表すことができます。このとき、定理で主張していることは、この平面に含まれるベクトルを勝手に3本取ると$(\boldsymbol{b}_1, \boldsymbol{b}_2, \boldsymbol{b}_3)$、これらは必ず線形従属になるということです。これは感覚的にも分かると思います。

定理　独立なベクトルは増えない

あるベクトルの組 $\boldsymbol{b}_1, \boldsymbol{b}_2, \cdots, \boldsymbol{b}_s$ のそれぞれが、線形独立なベクトル $\boldsymbol{a}_1, \boldsymbol{a}_2, \cdots, \boldsymbol{a}_r$ の1次結合によって表されている。$r<s$ のとき、$\boldsymbol{b}_1, \boldsymbol{b}_2, \cdots, \boldsymbol{b}_s$ は線形従属である。

$\boldsymbol{b}_1, \boldsymbol{b}_2, \cdots, \boldsymbol{b}_s$ が $\boldsymbol{a}_1, \boldsymbol{a}_2, \cdots, \boldsymbol{a}_r$ の1次結合で表される様子は行列を用いて、

$$(\boldsymbol{b}_1, \boldsymbol{b}_2, \cdots, \boldsymbol{b}_s)=(\boldsymbol{a}_1, \boldsymbol{a}_2, \cdots, \boldsymbol{a}_r)\begin{pmatrix} p_{11} & p_{12} & \cdots & p_{1s} \\ p_{21} & p_{22} & & p_{2s} \\ \vdots & & & \vdots \\ p_{r1} & p_{r2} & \cdots & p_{rs} \end{pmatrix} \quad \cdots\cdots①$$

と表されます。ここで、

$$x_1\boldsymbol{b}_1+x_2\boldsymbol{b}_2+\cdots+x_s\boldsymbol{b}_s=0 \quad \text{すなわち、}(\boldsymbol{b}_1, \boldsymbol{b}_2, \cdots, \boldsymbol{b}_s)\begin{pmatrix} x_1 \\ x_2 \\ \vdots \\ x_s \end{pmatrix}=0 \quad \cdots②$$

となる $x_1, x_2, \cdots, x_s$ を求めましょう。②に①を代入すると、

$$(\boldsymbol{a}_1, \boldsymbol{a}_2, \cdots, \boldsymbol{a}_r)\begin{pmatrix} p_{11} & p_{12} & \cdots & p_{1s} \\ p_{21} & p_{22} & & p_{2s} \\ \vdots & & & \vdots \\ p_{r1} & p_{r2} & \cdots & p_{rs} \end{pmatrix}\begin{pmatrix} x_1 \\ x_2 \\ \vdots \\ x_s \end{pmatrix}=0$$

となります。これは $\boldsymbol{a}_1, \boldsymbol{a}_2, \cdots, \boldsymbol{a}_r$ の1次結合を表しています。ここで、$\boldsymbol{a}_1, \boldsymbol{a}_2, \cdots, \boldsymbol{a}_r$ は1次独立なので、$\boldsymbol{a}_1, \boldsymbol{a}_2, \cdots, \boldsymbol{a}_r$ の係数はすべて0になります。つまり、

$$\begin{pmatrix} p_{11} & p_{12} & \cdots & p_{1s} \\ p_{21} & p_{22} & & p_{2s} \\ \vdots & & & \vdots \\ p_{r1} & p_{r2} & \cdots & p_{rs} \end{pmatrix}\begin{pmatrix} x_1 \\ x_2 \\ \vdots \\ x_s \end{pmatrix}=\begin{pmatrix} 0 \\ 0 \\ \vdots \\ 0 \end{pmatrix}$$

となります。未知数の個数 s より、条件式の個数 r が少ない連立1次方程式なので第4章 p.92の定理より自明でない解、すなわち $(x_1, x_2, \cdots, x_s)\neq(0, 0, \cdots, 0)$ を持ちます。$\boldsymbol{b}_1, \boldsymbol{b}_2, \cdots, \boldsymbol{b}_s$ は線形従属です。

3 不変量としてのランク

$(\boldsymbol{a}_1, \boldsymbol{a}_2, \cdots, \boldsymbol{a}_n)$が線形従属のときであっても、$(\boldsymbol{a}_1, \boldsymbol{a}_2, \cdots, \boldsymbol{a}_n)$の中から何個か取り出してベクトルの組を作ったとき、それらが独立になることは大いにありえます。例えば、0でない1個のベクトルを取り出すと、それは線形独立です。

$\boldsymbol{a}_1, \boldsymbol{a}_2, \cdots, \boldsymbol{a}_n$ から何個か選んで、独立なベクトルの組を作るとき、組に含まれるベクトルの個数の最大を独立最大数と呼ぶことにします(この本だけの用語)。独立最大数を実現するようなベクトルの組を選ぶにはどうしたらよいでしょうか。

次の定理の活用がポイントとなります。

定理　独立最大数は行基本変換で不変（列ベクトルバージョン）

列ベクトル $\boldsymbol{a}_1, \boldsymbol{a}_2, \cdots, \boldsymbol{a}_n$ を並べた行列を $A=(\boldsymbol{a}_1, \boldsymbol{a}_2, \cdots, \boldsymbol{a}_n)$とする。$A=(\boldsymbol{a}_1, \boldsymbol{a}_2, \cdots, \boldsymbol{a}_n)$に行基本変換を施して、$B=(\boldsymbol{b}_1, \boldsymbol{b}_2, \cdots, \boldsymbol{b}_n)$になったとする。このとき、$\boldsymbol{a}_1, \boldsymbol{a}_2, \cdots, \boldsymbol{a}_n$ の独立最大数と $\boldsymbol{b}_1, \boldsymbol{b}_2, \cdots, \boldsymbol{b}_n$ の独立最大数は等しい。

キーとなる事実は、列ベクトルどうしに成り立つ1次の関係が行基本変形によって不変であるということです。

例えば、$\boldsymbol{a}_1=\begin{pmatrix}1\\-2\\1\end{pmatrix}$、$\boldsymbol{a}_2=\begin{pmatrix}-1\\1\\3\end{pmatrix}$、$\boldsymbol{a}_3=\begin{pmatrix}-1\\-1\\11\end{pmatrix}$を並べて作った行列に次のように行基本変形を続けて施したとします。

$$\underset{\boldsymbol{a}_1\ \ \boldsymbol{a}_2\ \ \boldsymbol{a}_3}{\begin{pmatrix}1 & -1 & -1\\-2 & 1 & -1\\1 & 3 & 11\end{pmatrix}} \to \underset{\boldsymbol{b}_1\ \ \boldsymbol{b}_2\ \ \boldsymbol{b}_3}{\begin{pmatrix}1 & -1 & -1\\0 & -1 & -3\\0 & 4 & 12\end{pmatrix}} \to \underset{\boldsymbol{c}_1\ \ \boldsymbol{c}_2\ \ \boldsymbol{c}_3}{\begin{pmatrix}1 & 0 & 2\\0 & 1 & 3\\0 & 0 & 0\end{pmatrix}}$$

このとき最後の行列から、$\boldsymbol{c}_1$　$\boldsymbol{c}_2$　$\boldsymbol{c}_3$ の間には、$\boldsymbol{c}_3=2\boldsymbol{c}_1+3\boldsymbol{c}_2$ という関係があることが分かります。実は、面白いことに $\boldsymbol{a}_1$　$\boldsymbol{a}_2$　$\boldsymbol{a}_3$ や $\boldsymbol{b}_1$　$\boldsymbol{b}_2$　$\boldsymbol{b}_3$ でも、$\boldsymbol{a}_3=2\boldsymbol{a}_1+3\boldsymbol{a}_2$、$\boldsymbol{b}_3=2\boldsymbol{b}_1+3\boldsymbol{b}_2$ が成り立っています。このように行基本変形は、列

ベクトルの間に成り立つ1次の関係式を保存します。

この事実は、次の証明に使うだけでなく、問題を解く上でも重要になります。複数のベクトルが与えられたとき、その間に成り立つ1次の関係を見つけることが必要な場合があります。このようなときには、ベクトルを並べた行列を行基本変形により階段行列に変形し、そこから1次の関係を導けばよいのです。

［証明］　行基本変換は、3種類の行基本変換$(P_{ij}, Q_i(c), R_{ij}(c))$ $(c \neq 0)$を続けて行ったものですから、行基本変換で不変であることを示すには、3種類の行基本変換について不変であることを示せば十分です。

$A=(\boldsymbol{a}_1, \boldsymbol{a}_2, \cdots, \boldsymbol{a}_n)$に行基本変形を施して、$B=(\boldsymbol{b}_1, \boldsymbol{b}_2, \cdots, \boldsymbol{b}_n)$になったとします。例えば、$2\boldsymbol{a}_2-4\boldsymbol{a}_3+3\boldsymbol{a}_5$という1次結合について、

$$2\boldsymbol{a}_2-4\boldsymbol{a}_3+3\boldsymbol{a}_5=\boldsymbol{0} \quad \Rightarrow \quad 2\boldsymbol{b}_2-4\boldsymbol{b}_3+3\boldsymbol{b}_5=\boldsymbol{0} \quad \cdots\cdots ①$$

が成り立つことを確認してみましょう。

AからBへの変形が行の入れ替え$[P_{ij}]$であったとすると、$2\boldsymbol{b}_2-4\boldsymbol{b}_3+3\boldsymbol{b}_5$は$2\boldsymbol{a}_2-4\boldsymbol{a}_3+3\boldsymbol{a}_5$の$i$行成分と$j$行成分を入れ替えたベクトルになります。

AからBへの変形が第i行を$c(\neq 0)$倍する$[Q_i(c)]$とき、$2\boldsymbol{b}_2-4\boldsymbol{b}_3+3\boldsymbol{b}_5$は$2\boldsymbol{a}_2-4\boldsymbol{a}_3+3\boldsymbol{a}_5$の第$i$行を$c$倍したベクトルになります。

AからBへの変形が第i行の$c(\neq 0)$倍を第j行に足す$[R_{ij}(c)]$とき、$2\boldsymbol{b}_2-4\boldsymbol{b}_3+3\boldsymbol{b}_5$は$2\boldsymbol{a}_2-4\boldsymbol{a}_3+3\boldsymbol{a}_5$の第$i$行の$c$倍を第$j$行に足したベクトルになります。

3通りいずれの場合でも、$2\boldsymbol{a}_2-4\boldsymbol{a}_3+3\boldsymbol{a}_5=\boldsymbol{0}$であれば、成分がすべて0なので、$2\boldsymbol{b}_2-4\boldsymbol{b}_3+3\boldsymbol{b}_5=\boldsymbol{0}$となり、①が成り立ちます。

P_{ij}、$Q_i(c)$、$R_{ij}(c)$は可逆でしたから（実際、逆行基本変換はP_{ij}、$Q_i(1/c)$、$R_{ij}(-c)$）、①の矢印を逆向きにした命題も成り立ち、

$$2\boldsymbol{a}_2-4\boldsymbol{a}_3+3\boldsymbol{a}_5=\boldsymbol{0} \quad \Leftrightarrow \quad 2\boldsymbol{b}_2-4\boldsymbol{b}_3+3\boldsymbol{b}_5=\boldsymbol{0}$$

となります。また、①の対偶、

$$2\boldsymbol{a}_2-4\boldsymbol{a}_3+3\boldsymbol{a}_5 \neq \boldsymbol{0} \quad \Leftarrow \quad 2\boldsymbol{b}_2-4\boldsymbol{b}_3+3\boldsymbol{b}_5 \neq \boldsymbol{0}$$

も成り立ち、結局、

$$2\boldsymbol{a}_2-4\boldsymbol{a}_3+3\boldsymbol{a}_5=0 \quad \Leftrightarrow \quad 2\boldsymbol{b}_2-4\boldsymbol{b}_3+3\boldsymbol{b}_5=0$$
$$(2\boldsymbol{a}_2-4\boldsymbol{a}_3+3\boldsymbol{a}_5\neq 0 \quad \Leftrightarrow \quad 2\boldsymbol{b}_2-4\boldsymbol{b}_3+3\boldsymbol{b}_5\neq 0)$$

となります。

この例から、行基本変形を施しても1次結合が0であるか0でないかは保存されることがわかります。線形独立であるか線形従属であるかは、1次結合が0であるか0でないかを問題にするのですから、$\boldsymbol{a}_1, \boldsymbol{a}_2, \cdots, \boldsymbol{a}_n$と$\boldsymbol{b}_1, \boldsymbol{b}_2, \cdots, \boldsymbol{b}_n$でベクトルの独立最大数は変化しません。

> **定理 独立最大数 = rank （列ベクトルバージョン）**
> 列ベクトル $\boldsymbol{a}_1, \boldsymbol{a}_2, \cdots, \boldsymbol{a}_n$ を並べた行列を $A=(\boldsymbol{a}_1, \boldsymbol{a}_2, \cdots, \boldsymbol{a}_n)$ とすると、$\boldsymbol{a}_1, \boldsymbol{a}_2, \cdots, \boldsymbol{a}_n$ の独立最大数は $\mathrm{rank}\, A$ に等しい。

前の定理により、独立最大数は行基本変形で不変ですから、$\boldsymbol{a}_1, \boldsymbol{a}_2, \cdots, \boldsymbol{a}_n$ の独立最大数を求めるのであれば、A を行基本変形して得られる階段行列に並んだ列ベクトルの独立最大数を求めればよいことになります。

階段行列が下図のようになったとします。

$$\begin{array}{c}1\\2\\ \vdots \\ r\end{array}\begin{pmatrix} c_1 & * & * & \cdots & * & * & \cdots & * \\ & c_2 & * & & & & & \\ & & & \ddots & & & & \\ & & & & c_r & * & \cdots & * \\ & & & O & & & & \end{pmatrix} \quad \begin{array}{l} c_i \neq 0 \quad (1 \leq i \leq r) \\ \text{より下の成分は0} \end{array}$$

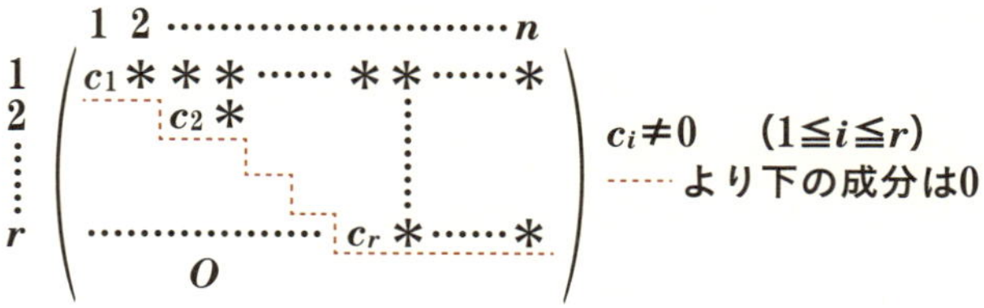

ここでこの行列から、r 個のベクトル $\begin{pmatrix} c_1 \\ 0 \\ \vdots \\ 0 \end{pmatrix}, \begin{pmatrix} * \\ c_2 \\ \vdots \\ 0 \end{pmatrix}, \cdots, \begin{pmatrix} * \\ * \\ c_r \\ 0 \end{pmatrix}$ を取ります。

$$x_1\begin{pmatrix} c_1 \\ 0 \\ \vdots \\ 0 \end{pmatrix}+x_2\begin{pmatrix} * \\ c_2 \\ \vdots \\ 0 \end{pmatrix}+\cdots+x_r\begin{pmatrix} * \\ * \\ c_r \\ 0 \end{pmatrix}=\begin{pmatrix} 0 \\ 0 \\ 0 \\ 0 \end{pmatrix} \quad \cdots\cdots ①$$

を満たす $x_1, x_2, \cdots, x_r$ を求めてみましょう。

r 行目の成分を両辺で比較すると、$x_r c_r = 0$

$c_r \neq 0$ ですから、$x_r = 0$ になります。すると①の式は、

$$x_1 \begin{pmatrix} c_1 \\ 0 \\ \vdots \\ 0 \end{pmatrix} + x_2 \begin{pmatrix} * \\ c_2 \\ \vdots \\ 0 \end{pmatrix} + \cdots + x_{r-1} \begin{pmatrix} * \\ * \\ c_{r-1} \\ 0 \end{pmatrix} = \begin{pmatrix} 0 \\ 0 \\ 0 \\ 0 \end{pmatrix}$$

今度は $r-1$ 行目の成分を両辺で比較すると、$x_{r-1} c_{r-1} = 0$

$c_{r-1} \neq 0$ ですから、$x_{r-1} = 0$ になります。

この手順を繰り返すと、x_1、x_2、…、x_r は、$x_1 = x_2 = \cdots = x_r = 0$ となります。この r 個のベクトルは線形独立です。

階段行列に並んだ列ベクトルの中から $r+1$ 個のベクトルをとって、$\boldsymbol{b}_1, \boldsymbol{b}_2, \cdots, \boldsymbol{b}_{r+1}$ とし、

$$x_1 \boldsymbol{b}_1 + x_2 \boldsymbol{b}_2 + \cdots + x_{r+1} \boldsymbol{b}_{r+1} = \boldsymbol{0}$$

となる実数の組 $(x_1, x_2, \cdots, x_{r+1})$ を求めることを考えます。

$\boldsymbol{b}_1, \boldsymbol{b}_2, \cdots, \boldsymbol{b}_{r+1}$ の成分は第 $r+1$ 成分以降は 0 ですから、この式を連立方程式とみると条件式は r 本です。未知数が $r+1$ 個に対して、条件式が r 本の同次 1 次方程式を解くことになりますから、第 4 章 p.92 の定理より $(x_1, x_2, \cdots, x_{r+1}) \neq (0, 0, \cdots, 0)$ となる解が存在します。つまり、$\boldsymbol{b}_1, \boldsymbol{b}_2, \cdots, \boldsymbol{b}_{r+1}$ は線形従属です。

階段行列に並んだ列ベクトルの独立最大数は r、つまり rank A に等しくなります。結局、$\boldsymbol{a}_1, \boldsymbol{a}_2, \cdots, \boldsymbol{a}_n$ の独立最大数は rank A に等しくなります。

［証明終わり］

この 2 つの定理から、行基本変形の仕方によらずランクは一定であるということがわかります。第 2 章 p.38 の宿題に解答を与えたことになります。

ランクとは行基本変形で移り合う行列の集合に対して 1 通りに決まる指標なのです。ですから、行列のランクを求めるには、その集合の中でもランクの計算がしやすい階段行列から導くわけです。

問題

$\boldsymbol{a}_1=\begin{pmatrix}2\\1\\-1\\-2\end{pmatrix}, \boldsymbol{a}_2=\begin{pmatrix}4\\2\\-2\\-4\end{pmatrix}, \boldsymbol{a}_3=\begin{pmatrix}0\\-1\\-3\\2\end{pmatrix}, \boldsymbol{a}_4=\begin{pmatrix}7\\5\\4\\-7\end{pmatrix}, \boldsymbol{a}_5=\begin{pmatrix}9\\4\\-4\\-6\end{pmatrix}$とするとき、独立最大数を求め、それを実現するベクトルを求めよ。

独立最大数を求めるには、$A=(\boldsymbol{a}_1, \boldsymbol{a}_2, \boldsymbol{a}_3, \boldsymbol{a}_4, \boldsymbol{a}_5)$のランクを求めます。行基本変形を施すと、次のようになります(第2章 p.39 参照)。

$$\begin{pmatrix}2&4&0&7&9\\1&2&-1&5&4\\-1&-2&-3&4&-4\\-2&-4&2&-7&-6\end{pmatrix}\longrightarrow\begin{pmatrix}1&2&-1&5&4\\0&0&2&-3&1\\0&0&0&3&2\\0&0&0&0&0\end{pmatrix}$$

これより、rank $A=3$ ですから、独立最大数は 3 です。

階段行列を列ベクトルが並んだものと見るとき、この中から独立最大数を実現するベクトルを選ぶには、角になる(アカ丸)ところを含むベクトルを選べば間違いはありません。具体的には、第1列、第3列、第4列です。$\boldsymbol{a}_1$、$\boldsymbol{a}_2$、$\boldsymbol{a}_3$、$\boldsymbol{a}_4$、$\boldsymbol{a}_5$ から3個の線形独立になるベクトルを選ぶとすれば、例えば $\boldsymbol{a}_1$、$\boldsymbol{a}_3$、$\boldsymbol{a}_4$ です。他にも、$\boldsymbol{a}_2$、$\boldsymbol{a}_3$、$\boldsymbol{a}_5$ や $\boldsymbol{a}_2$、$\boldsymbol{a}_3$、$\boldsymbol{a}_4$ でもかまいません。これらの場合でも、0でない成分が順に増えていくように並んでいるからです。

rank は列ベクトルの独立最大数になっていることを上で示しましたが、同じ行列の行ベクトルの独立最大数にもなっています。

定理　独立最大数は行基本変換で不変（行ベクトルバージョン）

行ベクトル $\boldsymbol{a}_1, \boldsymbol{a}_2, \cdots, \boldsymbol{a}_n$ を並べた行列を $A=\begin{pmatrix}\boldsymbol{a}_1\\ \boldsymbol{a}_2\\ \vdots\\ \boldsymbol{a}_n\end{pmatrix}$ とする。

A に行基本変換を施して、$B=\begin{pmatrix}\boldsymbol{b}_1\\ \boldsymbol{b}_2\\ \vdots\\ \boldsymbol{b}_n\end{pmatrix}$ になったとする。このとき、

$\boldsymbol{a}_1, \boldsymbol{a}_2, \cdots, \boldsymbol{a}_n$ の独立最大数と $\boldsymbol{b}_1, \boldsymbol{b}_2, \cdots, \boldsymbol{b}_n$ の独立最大数は等しい。

A に3種類の行基本変換(P_{ij}、$Q_i(c)$、$R_{ij}(c)$)($c\neq0$)を施しても独立最大数が変わらないことを示します。

行の入れ替え[P_{ij}]で独立最大数は変わらないことは自明です。

行の c 倍[$Q_i(c)$]と、行の c 倍を足す[$R_{ij}(c)$]について見てみます。

$\boldsymbol{a}_1, \boldsymbol{a}_2, \cdots, \boldsymbol{a}_n$ の独立最大数が r、$\boldsymbol{b}_1, \boldsymbol{b}_2, \cdots, \boldsymbol{b}_n$ の独立最大数が s であるとします。A にそれぞれ $Q_i(k)$、$R_{ij}(l)$($k\neq0, l\neq0$)を施したときの $\boldsymbol{b}_1, \boldsymbol{b}_2, \cdots, \boldsymbol{b}_n$ を $\boldsymbol{a}_1, \boldsymbol{a}_2, \cdots, \boldsymbol{a}_n$ で表してみましょう。すると、

$Q_i(k)$ のとき、$\boldsymbol{b}_1=\boldsymbol{a}_1, \cdots, \boldsymbol{b}_i=k\boldsymbol{a}_i, \cdots, \boldsymbol{b}_n=\boldsymbol{a}_n$

$R_{ij}(l)$ のとき、$\boldsymbol{b}_1=\boldsymbol{a}_1, \cdots, \boldsymbol{b}_j=\boldsymbol{a}_j+l\boldsymbol{a}_i, \cdots, \boldsymbol{b}_n=\boldsymbol{a}_n$

となります。

$\boldsymbol{a}_1, \boldsymbol{a}_2, \cdots, \boldsymbol{a}_n$ の独立最大数が r ですから、このベクトルの中から線形独立な r 個のベクトルを取り出すことができます。これが例えば $\boldsymbol{a}_1, \boldsymbol{a}_2, \cdots, \boldsymbol{a}_r$ であるとします。これに1個のベクトルを加えると、r が独立最大数であることから線形従属になり、第5章 p.102 の定理より $\boldsymbol{a}_{r+1}, \cdots, \boldsymbol{a}_n$ は、$\boldsymbol{a}_1, \boldsymbol{a}_2, \cdots, \boldsymbol{a}_r$ の1次結合で表すことができます。

つまり、$\boldsymbol{a}_1, \boldsymbol{a}_2, \cdots, \boldsymbol{a}_n$ はすべて、線形独立なベクトル $\boldsymbol{a}_1, \boldsymbol{a}_2, \cdots, \boldsymbol{a}_r$ の1次結合で表すことができます。

ということは、$R_{ij}(l)$ のとき、$\boldsymbol{a}_1, \cdots, \boldsymbol{a}_j+l\boldsymbol{a}_i, \cdots, \boldsymbol{a}_n$ のすべてのベクトルも $\boldsymbol{a}_1, \boldsymbol{a}_2, \cdots, \boldsymbol{a}_r$ の1次結合で表すことができます※。つまり、$\boldsymbol{b}_1, \boldsymbol{b}_2, \cdots, \boldsymbol{b}_n$ のすべては、$\boldsymbol{a}_1, \boldsymbol{a}_2, \cdots, \boldsymbol{a}_r$ の1次結合で表すことができます。

ここで、$\boldsymbol{b}_1, \boldsymbol{b}_2, \cdots, \boldsymbol{b}_n$ の中から $r+1$ 個のベクトルを取り出すと、第5章 p.103

の定理により、必ず線形従属になります。よって、$\boldsymbol{b}_1, \boldsymbol{b}_2, \cdots, \boldsymbol{b}_n$ の最大独立数 s は、r 以下です。これは、$Q_1(k)$のときでも同じです。

今度は、$\boldsymbol{a}_1, \boldsymbol{a}_2, \cdots, \boldsymbol{a}_n$ を $\boldsymbol{b}_1, \boldsymbol{b}_2, \cdots, \boldsymbol{b}_n$ で表してみましょう。

$Q_i(k)$のとき、$\boldsymbol{a}_1=\boldsymbol{b}_1, \cdots, \boldsymbol{a}_i=\dfrac{1}{k}\boldsymbol{b}_i, \cdots, \boldsymbol{a}_n=\boldsymbol{b}_n$

$R_{ij}(l)$のとき、$\boldsymbol{a}_1=\boldsymbol{b}_1, \boldsymbol{a}_j=\boldsymbol{b}_j-l\boldsymbol{b}_i, \cdots, \boldsymbol{a}_n=\boldsymbol{b}_n$

となります。$\boldsymbol{b}_1, \boldsymbol{b}_2, \cdots, \boldsymbol{b}_n$ のうち、最大独立数を実現するベクトルが $\boldsymbol{b}_1, \boldsymbol{b}_2, \cdots, \boldsymbol{b}_s$ であるとします。上の議論を真似て、$\boldsymbol{a}_1, \boldsymbol{a}_2, \cdots, \boldsymbol{a}_n$ の最大独立数 r は、s 以下です。

したがって、$r=s$ となり、行ベクトルの独立最大数は行基本変形で不変であることが示されました。

[※についての補足]

一般に、$\boldsymbol{b}_1, \cdots, \boldsymbol{b}_s$ が $\boldsymbol{a}_1, \cdots, \boldsymbol{a}_r$ までの１次結合で表されているとき、$\boldsymbol{b}_1, \cdots, \boldsymbol{b}_s$ の１次結合は、$\boldsymbol{a}_1, \cdots, \boldsymbol{a}_r$ の１次結合で表されます。

例えば、$\boldsymbol{b}_1=2\boldsymbol{a}_1+3\boldsymbol{a}_2, \boldsymbol{b}_2=-\boldsymbol{a}_1+2\boldsymbol{a}_2$ のとき、$\boldsymbol{b}_1$ と $\boldsymbol{b}_2$ の１次結合 $3\boldsymbol{b}_1-2\boldsymbol{b}_2$ は

$$3\boldsymbol{b}_1-2\boldsymbol{b}_2=3(2\boldsymbol{a}_1+3\boldsymbol{a}_2)-2(-\boldsymbol{a}_1+2\boldsymbol{a}_2)=8\boldsymbol{a}_1+5\boldsymbol{a}_2$$

と $\boldsymbol{a}_1, \boldsymbol{a}_2$ の１次結合で表すことができます。

定理　独立最大数 =rank　(行ベクトルバージョン)

行ベクトル $\boldsymbol{a}_1, \boldsymbol{a}_2, \cdots, \boldsymbol{a}_n$ を並べた行列を $A=\begin{pmatrix}\boldsymbol{a}_1\\ \boldsymbol{a}_2\\ \vdots\\ \boldsymbol{a}_n\end{pmatrix}$

とすると、$\boldsymbol{a}_1, \boldsymbol{a}_2, \cdots, \boldsymbol{a}_n$ の独立最大数は $\operatorname{rank} A$ に等しい。

前の定理により、独立最大数は行基本変形で不変ですから、$\boldsymbol{a}_1, \boldsymbol{a}_2, \cdots, \boldsymbol{a}_n$ の独立最大数を求めるのであれば、A を行基本変形して得られる階段行列に並んだ行ベクトルの独立最大数を求めればよいことになります。

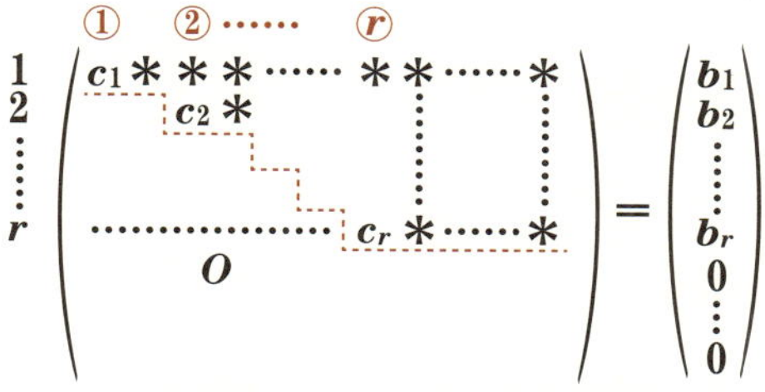

$$\begin{array}{c}1\\2\\\vdots\\r\end{array}\begin{pmatrix}c_1 * * * \cdots\cdots * * \cdots * \\ c_2 * \\ \ddots \\ c_r * \cdots * \\ O\end{pmatrix}=\begin{pmatrix}b_1\\b_2\\\vdots\\b_r\\0\\\vdots\\0\end{pmatrix}$$

$c_i \neq 0 \, (1 \leq i \leq r)$, ……より下の成分は$0$

ここで第 1 行から第 r 行までの行ベクトルを $b_1, b_2, \cdots, b_r$ とします。

$$x_1 b_1 + x_2 b_2 + \cdots + x_r b_r = 0$$

を満たす $x_1, x_2, \cdots, x_r$ を求めましょう。①の列の成分を両辺比べると、$x_1 c_1 = 0$ であり、$c_1 \neq 0$ なので $x_1 = 0$ と求まります。

左辺は、$x_2 b_2 + \cdots + x_r b_r = 0$ となります。②の列の成分を両辺で比べると、$x_2 c_2 = 0$ であり、$c_2 \neq 0$ なので $x_2 = 0$ と求まります。

このように考えて、$x_1 = x_2 = \cdots = x_r = 0$ となりますから、$b_1, b_2, \cdots, b_r$ は線形独立です。

独立最大数は rank に等しくなります。

今まで、行列のランクを求めるには、行基本変形だけを用いてきました。これは連立方程式の解や逆行列を掃出し法で求めるときには、行基本変形でなければならず、混乱を避けるためにそうしてきました。しかし、行列のランクを求めるには列基本変形を用いてもかまいません。

列ベクトルの独立最大数が行基本変形で不変であるということは、転置で考えて行ベクトルの独立最大数が列基本変形で不変であるからです。

もっと言うと、ランクの計算のときは行基本変形、列基本変形をちゃんぽんで使ってもよいということです。

4 基底

前章で、「$\boldsymbol{a}_1 \times\!\!\!\!\times \boldsymbol{a}_2$($\boldsymbol{a}_1 \neq \mathbf{0}$、$\boldsymbol{a}_2 \neq \mathbf{0}$)のとき、任意の平面ベクトルは、$c_1\boldsymbol{a}_1 + c_2\boldsymbol{a}_2$($c_1, c_2$ は実数)の形に表され、c_1、c_2 はただ1通りに決まる」という事実を指摘しました。このとき、$\boldsymbol{a}_1$、$\boldsymbol{a}_2$ は平面ベクトルの**「基底」**であるといいます。

$\boldsymbol{a}_1$、$\boldsymbol{a}_2$ が線形独立のとき、任意の平面ベクトルは、$c_1\boldsymbol{a}_1 + c_2\boldsymbol{a}_2$($c_1, c_2$ は実数)の形に表されるということを説明しましょう。

$\boldsymbol{a}_1$、$\boldsymbol{a}_2$ の始点をOとし、$\boldsymbol{a}_1$、$\boldsymbol{a}_2$ に重なるように直線を描き、それぞれ $\boldsymbol{a}_1$ 軸、$\boldsymbol{a}_2$ 軸とします。$\boldsymbol{a}_1$、$\boldsymbol{a}_2$ の大きさをそれぞれ1として目盛を振ります。

平面上に勝手な点Aを取ります。図を見ながら読んでください。

Aを通り $\boldsymbol{a}_2$ 軸と平行になるように直線を引き、$\boldsymbol{a}_1$ 軸と交わった点Cの目盛を読むと2です。Aを通り $\boldsymbol{a}_1$ 軸と平行になるように直線を引き、$\boldsymbol{a}_2$ 軸と交わった点Dの目盛を読むと1です。これから、$\overrightarrow{\mathrm{OA}}$ が

$$\overrightarrow{\mathrm{OA}} = \overrightarrow{\mathrm{OC}} + \overrightarrow{\mathrm{OD}} = 2\boldsymbol{a}_1 + \boldsymbol{a}_2$$

と表されることが分かります。このように任意の平面ベクトルは、$\boldsymbol{a}_1$、$\boldsymbol{a}_2$ の1次結合で表すことができます。

平面上の点Pに対して、$\overrightarrow{\mathrm{OP}} = s\boldsymbol{a}_1 + t\boldsymbol{a}_2$ と表されるとき、点Pと数の組(s, t)を対応させることができます。このとき、$s\boldsymbol{a}_1 + t\boldsymbol{a}_2$ の係数の(s, t)は、$\boldsymbol{a}_1$ 方向の軸と $\boldsymbol{a}_2$ 方向の軸に関する座標のような役割を果たしています。このような(s, t)を $\boldsymbol{a}_1$、$\boldsymbol{a}_2$ を基底とするときの“斜交座標”といいます。

また、$(-2, 1)$という数の組に対する点Bを求めるのであれば、$\overrightarrow{\mathrm{OB}} = -2\boldsymbol{a}_1 + \boldsymbol{a}_2$ より、図のBの位置にあることが分かります。

「基底」とは、線形空間に座標を導入するときの“ものさし”とイメージしておくとよいでしょう。

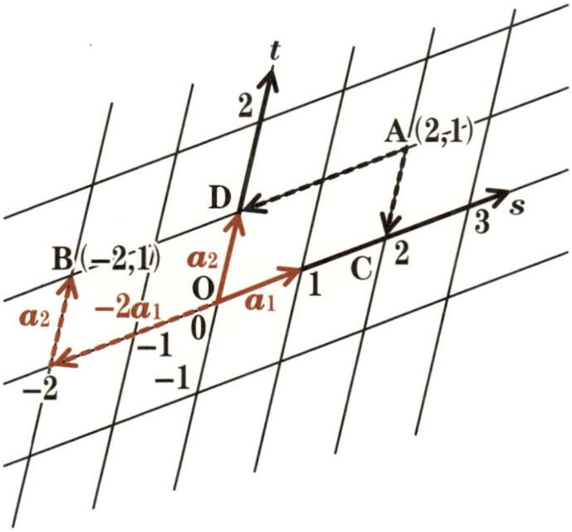

このように矢印ベクトルのときで基底のイメージをつかんでもらったところで、正式な線形空間の基底の定義を確認しておきましょう。

基底の定義

線形空間 V のベクトルの組$(\boldsymbol{a}_1, \boldsymbol{a}_2, \cdots, \boldsymbol{a}_r)$に対して、次の(ア)、(イ)を満たすとき、$(\boldsymbol{a}_1, \boldsymbol{a}_2, \cdots, \boldsymbol{a}_r)$は V の基底であるといい、

$V = < \boldsymbol{a}_1, \boldsymbol{a}_2, \cdots, \boldsymbol{a}_r >$ と表す。

(ア) ［線形独立］

$(\boldsymbol{a}_1, \boldsymbol{a}_2, \cdots, \boldsymbol{a}_r)$は線形独立である。

(イ) ［表現］

V の任意のベクトルは、$c_1\boldsymbol{a}_1 + c_2\boldsymbol{a}_2 + \cdots + c_r\boldsymbol{a}_r$ の形に表される。

$\begin{pmatrix}1\\0\end{pmatrix}$、$\begin{pmatrix}0\\1\end{pmatrix}$は $\boldsymbol{R}^2$ の基底になっています。確かめてみましょう。

(ア) ［線形独立］

$x\begin{pmatrix}1\\0\end{pmatrix}+y\begin{pmatrix}0\\1\end{pmatrix}=\begin{pmatrix}0\\0\end{pmatrix}$を満たす x、y は $x=y=0$ しかありませんから、$\begin{pmatrix}1\\0\end{pmatrix}$、$\begin{pmatrix}0\\1\end{pmatrix}$は線形独立です。

（イ）［表現］

$\boldsymbol{R}^2$ の任意の元 $\begin{pmatrix} x \\ y \end{pmatrix}$ は、$\begin{pmatrix} x \\ y \end{pmatrix} = x\begin{pmatrix} 1 \\ 0 \end{pmatrix} + y\begin{pmatrix} 0 \\ 1 \end{pmatrix}$ と表せます。

（ア）、（イ）が成り立つので、$\begin{pmatrix} 1 \\ 0 \end{pmatrix}$、$\begin{pmatrix} 0 \\ 1 \end{pmatrix}$ は $\boldsymbol{R}^2$ の基底になっています。

線形空間 $\boldsymbol{R}^n$ においても同様のことが成り立ちます。

$\boldsymbol{R}^n$ の n 個のベクトル $\boldsymbol{e}_1 = \begin{pmatrix} 1 \\ 0 \\ \vdots \\ 0 \end{pmatrix}$、$\boldsymbol{e}_2 = \begin{pmatrix} 0 \\ 1 \\ \vdots \\ 0 \end{pmatrix}$、…、$\boldsymbol{e}_n = \begin{pmatrix} 0 \\ 0 \\ \vdots \\ 1 \end{pmatrix}$ は基底になります。

これを $\boldsymbol{R}^n$ の標準基底といいます。

基底の定義の中には線形空間の任意のベクトルが１通りに表されるということは書かれていませんが、このことは定義からすぐに導くことができます。

定理　表現の一意性

V の基底を $\boldsymbol{a}_1, \boldsymbol{a}_2, \cdots, \boldsymbol{a}_r$ とすると、V のベクトルを $c_1\boldsymbol{a}_1 + c_2\boldsymbol{a}_2 + \cdots + c_r\boldsymbol{a}_r$ の形に表す表し方は１通りである。

あるベクトルが $c_1\boldsymbol{a}_1 + c_2\boldsymbol{a}_2 + \cdots + c_r\boldsymbol{a}_r$, $d_1\boldsymbol{a}_1 + d_2\boldsymbol{a}_2 + \cdots + d_r\boldsymbol{a}_r$ と２通りの表し方で表されるとします。

$$c_1\boldsymbol{a}_1 + c_2\boldsymbol{a}_2 + \cdots + c_r\boldsymbol{a}_r = d_1\boldsymbol{a}_1 + d_2\boldsymbol{a}_2 + \cdots + d_r\boldsymbol{a}_r$$
$$\therefore \quad (c_1 - d_1)\boldsymbol{a}_1 + (c_2 - d_2)\boldsymbol{a}_2 + \cdots + (c_r - d_r)\boldsymbol{a}_r = \boldsymbol{0}$$

となりますが、$\boldsymbol{a}_1, \boldsymbol{a}_2, \cdots, \boldsymbol{a}_r$ が基底であり、線形独立なので、

$$c_1 - d_1 = 0,\ c_2 - d_2 = 0,\ \cdots,\ c_r - d_r = 0$$
$$\therefore \quad c_1 = d_1,\ c_2 = d_2,\ \cdots,\ c_r = d_r$$

となり、２通りの表現があることに矛盾します。表し方は１通りです。

ベクトルの組が基底であるかどうかを判定する問題を解いてみましょう。

問題

$\boldsymbol{a}=\begin{pmatrix}1\\2\\-3\end{pmatrix}$、$\boldsymbol{b}=\begin{pmatrix}2\\5\\-3\end{pmatrix}$、$\boldsymbol{c}=\begin{pmatrix}-1\\-3\\4\end{pmatrix}$は $\boldsymbol{R}^3$ の基底であることを示せ。

$\boldsymbol{a}, \boldsymbol{b}, \boldsymbol{c}$ を並べた行列を A とします。

$$A=(\boldsymbol{a}, \boldsymbol{b}, \boldsymbol{c})=\begin{pmatrix}1&2&-1\\2&5&-3\\-3&-3&4\end{pmatrix}$$

A の逆行列が存在するか否かがポイントとなります。先にこのことを調べておきましょう。A の rank を調べます。

$$\begin{pmatrix}1&2&-1\\2&5&-3\\-3&-3&4\end{pmatrix}\longrightarrow\begin{pmatrix}1&2&-1\\0&1&-1\\0&3&1\end{pmatrix}\longrightarrow\begin{pmatrix}1&2&-1\\0&1&-1\\0&0&4\end{pmatrix}$$

より、rank $A=3$ ですから、A の逆行列 A^{-1} が存在します。

$$x\boldsymbol{a}+y\boldsymbol{b}+z\boldsymbol{c}=\boldsymbol{0}$$

満たす x、y、z を求めましょう。$A=(\boldsymbol{a}, \boldsymbol{b}, \boldsymbol{c})$、$\boldsymbol{x}=\begin{pmatrix}x\\y\\z\end{pmatrix}$とおくと、この式は、$A\boldsymbol{x}=\boldsymbol{0}$ と書くことができます。

これに左から逆行列 A^{-1} を掛けて、

$$A^{-1}(A\boldsymbol{x})=A^{-1}\boldsymbol{0} \qquad (A^{-1}A)\boldsymbol{x}=\boldsymbol{0} \qquad \boldsymbol{x}=\boldsymbol{0}$$

となり、$x\boldsymbol{a}+y\boldsymbol{b}+z\boldsymbol{c}=0$ を満たす x, y, z は、$x=y=z=0$ しかないので、$\boldsymbol{a}$、$\boldsymbol{b}$、$\boldsymbol{c}$ は線形独立です。

$\boldsymbol{d}$ を $\boldsymbol{R}^3$ の任意のベクトルとして

$$x\boldsymbol{a}+y\boldsymbol{b}+z\boldsymbol{c}=\boldsymbol{d}$$

となる x、y、z を求めます。$A\boldsymbol{x}=\boldsymbol{d}$ を解くと、$\boldsymbol{x}=A^{-1}\boldsymbol{d}$ と解が存在するので、

任意のベクトルは $\boldsymbol{a}, \boldsymbol{b}, \boldsymbol{c}$ の１次結合の形で表すことができます。

$\boldsymbol{a}, \boldsymbol{b}, \boldsymbol{c}$ は $\boldsymbol{R}^3$ の基底になっています。

この問題からわかるように、$\boldsymbol{R}^n$ の n 個のベクトル $\boldsymbol{a}_1$、$\boldsymbol{a}_2$、…、$\boldsymbol{a}_n$ があるとき、$\boldsymbol{a}_1$、$\boldsymbol{a}_2$、…、$\boldsymbol{a}_n$ を並べてできる行列 $A=(\boldsymbol{a}_1, \boldsymbol{a}_2, \cdots, \boldsymbol{a}_n)$ のランクは、$\mathrm{rank}\,A=n$ となります。

定理　行列のランクと基底

R^n のベクトル $\boldsymbol{a}_1$、$\boldsymbol{a}_2$、…、$\boldsymbol{a}_n$ について、これを並べてできる行列を $A=(\boldsymbol{a}_1, \boldsymbol{a}_2, \cdots, \boldsymbol{a}_n)$ とする。このとき、

$\mathrm{rank}\,A=n \iff \boldsymbol{a}_1$、$\boldsymbol{a}_2$、…、$\boldsymbol{a}_n$ は R^n の基底である

$\Longrightarrow$を示します。

R^n の任意の元 $\boldsymbol{v}$ について、

$$\boldsymbol{v}=x_1\boldsymbol{a}_1+x_2\boldsymbol{a}_2+\cdots+x_n\boldsymbol{a}_n$$

となる、x_1、x_2、…、x_n を求めます。$\boldsymbol{x}=\begin{pmatrix} x_1 \\ \vdots \\ x_n \end{pmatrix}$ とおくと、$\boldsymbol{v}=A\boldsymbol{x}$ となります。

$\mathrm{rank}\,A=n$ のとき、A の逆行列が存在するので、

$$A^{-1}\boldsymbol{v}=A^{-1}(A\boldsymbol{x})=(A^{-1}A)\boldsymbol{x}=E\boldsymbol{x}=\boldsymbol{x}$$

と x_1、x_2、…、x_n が求まり、$\boldsymbol{v}$ は $\boldsymbol{a}_1$、$\boldsymbol{a}_2$、…、$\boldsymbol{a}_n$ の１次結合で表せます。次に、

$$x_1\boldsymbol{a}_1+x_2\boldsymbol{a}_2+\cdots+x_n\boldsymbol{a}_n=\boldsymbol{0}$$

を満たす x_1、x_2、…、x_n を求めます。同様に、$A^{-1}\boldsymbol{0}=\boldsymbol{0}$ ですから、

$x_1=x_2=\cdots x_n=0$ となります。$\boldsymbol{a}_1$、$\boldsymbol{a}_2$、…、$\boldsymbol{a}_n$ は線形独立です。

よって、$\boldsymbol{a}_1$、$\boldsymbol{a}_2$、…、$\boldsymbol{a}_n$ は R^n の基底です。

$\Longleftarrow$を示します。

$\boldsymbol{a}_1$、$\boldsymbol{a}_2$、…、$\boldsymbol{a}_n$ が基底なので、線形独立です。$\boldsymbol{a}_1$、$\boldsymbol{a}_2$、…、$\boldsymbol{a}_n$ の独立最大数は n になりますから、$\mathrm{rank}\,A=n$ です。

定理　基底のベクトルの個数は不変

ベクトルの組 $\boldsymbol{a}_1, \boldsymbol{a}_2, \cdots, \boldsymbol{a}_r$ と $\boldsymbol{b}_1, \boldsymbol{b}_2, \cdots, \boldsymbol{b}_s$ がそれぞれ同じ線形空間の基底であるとき、$r=s$ である。

$\boldsymbol{a}_1, \boldsymbol{a}_2, \cdots, \boldsymbol{a}_r$ が基底なので、$\boldsymbol{b}_1, \boldsymbol{b}_2, \cdots, \boldsymbol{b}_s$ はすべて $\boldsymbol{a}_1, \boldsymbol{a}_2, \cdots, \boldsymbol{a}_r$ の 1 次結合で書くことができます。

$s>r$ であると仮定します。すると、$\boldsymbol{b}_1, \boldsymbol{b}_2, \cdots, \boldsymbol{b}_s$ は、第 5 章 p.103 の定理より線形従属になりますが、$\boldsymbol{b}_1, \boldsymbol{b}_2, \cdots, \boldsymbol{b}_s$ は基底なので線形独立でなければならず矛盾します。よって、背理法により $s \leqq r$ です。

$\boldsymbol{a}$ と $\boldsymbol{b}$ の役割を入れ替えると、$s \geqq r$ がいえますから、$r=s$ です。

上の定理により、線形空間の基底に含まれるベクトルの個数は、基底の取り方によらず一定の値になることがわかりました。ここで初めて、線形空間の次元を定義することができます。

次元の定義

線形空間 V の基底に含まれるベクトルの個数を**次元**といい、**dim** $\boldsymbol{V}$ で表す。

後々、多用することになる定理を紹介しておきます。

定理　独立なベクトルから基底を作る

n 次元線形空間 V の r 個のベクトル $\boldsymbol{a}_1$、$\boldsymbol{a}_2$、…、$\boldsymbol{a}_r$ が線形独立であるとする。これに $n-r$ 個のベクトルを付け加えて、基底を作ることができる。

V の基底を $\boldsymbol{b}_1$、$\boldsymbol{b}_2$、…、$\boldsymbol{b}_n$ とします。

$\boldsymbol{a}_1$、$\boldsymbol{a}_2$、…、$\boldsymbol{a}_r$ に $\boldsymbol{b}_1$ を加えても線形独立であれば $\boldsymbol{b}_1$ を加え、線形従属になるのであれば $\boldsymbol{b}_1$ を加えないものとします。$\boldsymbol{b}_1$ を加えたとしましょう。

次に、$\boldsymbol{a}_1$、$\boldsymbol{a}_2$、…、$\boldsymbol{a}_r$、$\boldsymbol{b}_1$ に $\boldsymbol{b}_2$ を加えても線形独立であれば $\boldsymbol{b}_2$ を加え、線形従属になるのであれば $\boldsymbol{b}_2$ を加えないものとします。

$\boldsymbol{b}_i (1 \leqq i \leqq n)$ に対して、このような手順を繰り返し、最終的に、

$$\boldsymbol{a}_1、\boldsymbol{a}_2、\cdots、\boldsymbol{a}_r、\boldsymbol{b}_{\square}、\cdots、\boldsymbol{b}_{\square}$$

となったとします。これらは作り方から線形独立になっています。

また、これに加えられなかった $\boldsymbol{b}_i (1 \leqq i \leqq n)$ は、加えると線形従属になるので、第5章p.102の定理より $\boldsymbol{a}_1$、$\boldsymbol{a}_2$、…、$\boldsymbol{a}_r$、$\boldsymbol{b}_{\square}$、…、$\boldsymbol{b}_{\square}$ の1次結合で表されます。加えた $\boldsymbol{b}_i (1 \leqq i \leqq n)$ は、$\boldsymbol{b}_{\square}, \cdots, \boldsymbol{b}_{\square}$ のどれかなので、もちろん $\boldsymbol{a}_1$、$\boldsymbol{a}_2$、…、$\boldsymbol{a}_r$、$\boldsymbol{b}_{\square}$、…、$\boldsymbol{b}_{\square}$ の1次結合で表されます。V の任意の元は、$\boldsymbol{b}_1$、$\boldsymbol{b}_2$、…、$\boldsymbol{b}_n$ の1次結合で表されるので、第5章p.110の［※についての補足］により、$\boldsymbol{a}_1$、$\boldsymbol{a}_2$、…、$\boldsymbol{a}_r$、$\boldsymbol{b}_{\square}$、…、$\boldsymbol{b}_{\square}$ の1次結合で表されることになります。
$\boldsymbol{a}_1$、$\boldsymbol{a}_2$、…、$\boldsymbol{a}_r$、$\boldsymbol{b}_{\square}$、…、$\boldsymbol{b}_{\square}$ は線形独立であり、任意のベクトルを1次結合で表すことができますから V の基底です。

V の基底に含まれるベクトルの個数は n 個ですから、$\boldsymbol{a}_1, \cdots, \boldsymbol{a}_r$ に加えた個数は、$n-r$ 個です。

5 基底の取替え

1つの線形空間に対して、基底の取り方は無数にあると言いました。2つの基底について、1次結合の係数の関係を調べてみましょう。

例えば、$\boldsymbol{R}^2$ の基底として、$\boldsymbol{a}_1=\begin{pmatrix}1\\1\end{pmatrix}$、$\boldsymbol{a}_2=\begin{pmatrix}2\\3\end{pmatrix}$を取ります。$\boldsymbol{x}=\begin{pmatrix}5\\7\end{pmatrix}$であれば、

$$\begin{pmatrix}5\\7\end{pmatrix}=1\begin{pmatrix}1\\1\end{pmatrix}+2\begin{pmatrix}2\\3\end{pmatrix}$$

$$\boldsymbol{x}=\boldsymbol{a}_1+2\boldsymbol{a}_2$$

と表されます。ここで、基底を $\boldsymbol{b}_1=\begin{pmatrix}1\\2\end{pmatrix}$, $\boldsymbol{b}_2=\begin{pmatrix}2\\1\end{pmatrix}$に取り替えることを考えます。$\boldsymbol{x}$ は、

$$\begin{pmatrix}5\\7\end{pmatrix}=3\begin{pmatrix}1\\2\end{pmatrix}+1\begin{pmatrix}2\\1\end{pmatrix}$$

$$\boldsymbol{x}=3\boldsymbol{b}_1+1\boldsymbol{b}_2$$

と表されます。このように $\boldsymbol{R}^2$ の同じ元 $\boldsymbol{x}$ であっても、基底が異なれば、基底にかかる係数も異なってきます。

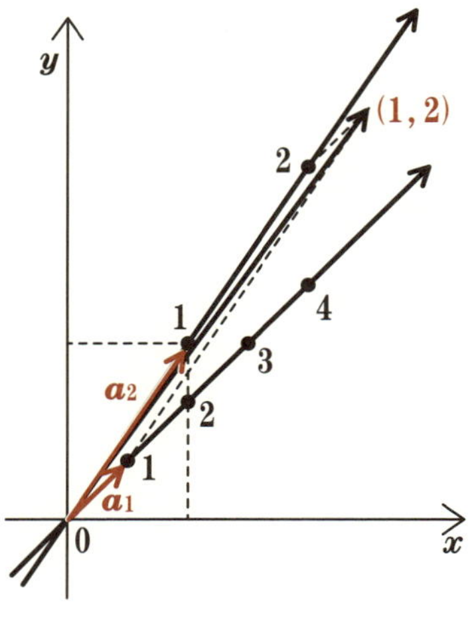

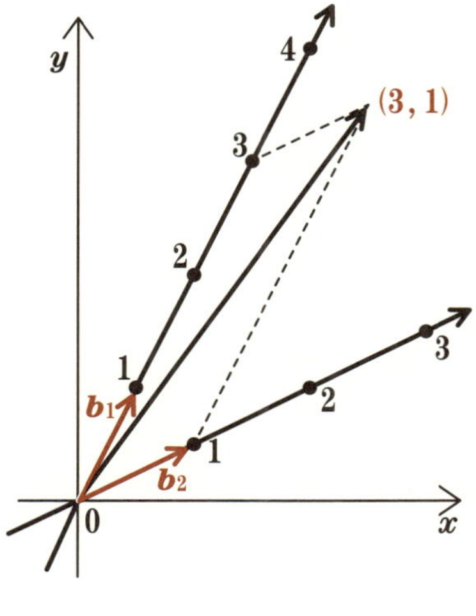

このとき、$\boldsymbol{a}_1$、$\boldsymbol{a}_2$ を旧基底、その係数1、2を旧座標、$\boldsymbol{b}_1$、$\boldsymbol{b}_2$ を新基底、その係数3と1を新座標と呼びます(この本だけの用語です)。旧座標と新座標の関係を述べましょう。

$\boldsymbol{b}_1$、$\boldsymbol{b}_2$ を、$\boldsymbol{a}_1$ と $\boldsymbol{a}_2$ の1次結合で表すと、

$$\begin{pmatrix}1\\2\end{pmatrix}=-\begin{pmatrix}1\\1\end{pmatrix}+\begin{pmatrix}2\\3\end{pmatrix} \qquad \begin{pmatrix}2\\1\end{pmatrix}=4\begin{pmatrix}1\\1\end{pmatrix}-\begin{pmatrix}2\\3\end{pmatrix}$$

$$\boldsymbol{b}_1=-\boldsymbol{a}_1+\boldsymbol{a}_2 \qquad \boldsymbol{b}_2=4\boldsymbol{a}_1-\boldsymbol{a}_2$$

ここで、$P=\begin{pmatrix}-1 & 4\\1 & -1\end{pmatrix}$ とおくと、これらの式は、

$$(\boldsymbol{b}_1, \boldsymbol{b}_2)=(-\boldsymbol{a}_1+\boldsymbol{a}_2, 4\boldsymbol{a}_1-\boldsymbol{a}_2)=(\boldsymbol{a}_1, \boldsymbol{a}_2)\begin{pmatrix}-1 & 4\\1 & -1\end{pmatrix}=(\boldsymbol{a}_1, \boldsymbol{a}_2)P$$

$$\therefore \qquad \underset{\text{新基底}}{(\boldsymbol{b}_1, \boldsymbol{b}_2)}=\underset{\text{旧基底}}{(\boldsymbol{a}_1, \boldsymbol{a}_2)}P$$

とまとまります。P を基底 $\boldsymbol{a}_1, \boldsymbol{a}_2$ から $\boldsymbol{b}_1, \boldsymbol{b}_2$ への**取替え行列**といいます。

説明のために、$\boldsymbol{b}_1, \boldsymbol{b}_2$ を $\boldsymbol{a}_1, \boldsymbol{a}_2$ の1次結合で表してから取替え行列を求めましたが、問題を解く上では、上の式に左から $(\boldsymbol{a}_1, \boldsymbol{a}_2)^{-1}$ を掛けることで取替え行列を求めるのが早いです。

$$\begin{aligned}P&=(\boldsymbol{a}_1, \boldsymbol{a}_2)^{-1}(\boldsymbol{b}_1, \boldsymbol{b}_2)\\&=\begin{pmatrix}1 & 2\\1 & 3\end{pmatrix}^{-1}\begin{pmatrix}1 & 2\\2 & 1\end{pmatrix}=\begin{pmatrix}3 & -2\\-1 & 1\end{pmatrix}\begin{pmatrix}1 & 2\\2 & 1\end{pmatrix}=\begin{pmatrix}-1 & 4\\1 & -1\end{pmatrix}\end{aligned}$$

と求めることができます。

旧座標で (x_1, x_2) と表されるベクトルが、新座標で (y_1, y_2) と表されるとき、(x_1, x_2) と (y_1, y_2) の関係を取替え行列 P を用いて表してみましょう。

$$y_1\boldsymbol{b}_1+y_2\boldsymbol{b}_2=(\boldsymbol{b}_1, \boldsymbol{b}_2)\begin{pmatrix}y_1\\y_2\end{pmatrix}=(\boldsymbol{a}_1, \boldsymbol{a}_2)P\begin{pmatrix}y_1\\y_2\end{pmatrix}$$

これが、$x_1\boldsymbol{a}_1+x_2\boldsymbol{a}_2=(\boldsymbol{a}_1, \boldsymbol{a}_2)\begin{pmatrix}x_1\\x_2\end{pmatrix}$ に等しく、$\boldsymbol{a}_1$、$\boldsymbol{a}_2$ は基底ですから、表現の一意性より、

$$P\begin{pmatrix} y_1 \\ y_2 \end{pmatrix} = \begin{pmatrix} x_1 \\ x_2 \end{pmatrix}$$

新座標　旧座標

となります。上では、旧座標$\begin{pmatrix} 1 \\ 2 \end{pmatrix}$に対応する新座標$\begin{pmatrix} 3 \\ 1 \end{pmatrix}$について、

$\begin{pmatrix} -1 & 4 \\ 1 & -1 \end{pmatrix}\begin{pmatrix} 3 \\ 1 \end{pmatrix} = \begin{pmatrix} 1 \\ 2 \end{pmatrix}$が成り立っています。

取替え行列

線形空間 V の基底 $\boldsymbol{a}_1, \boldsymbol{a}_2, \cdots, \boldsymbol{a}_n$ と基底 $\boldsymbol{b}_1, \boldsymbol{b}_2, \cdots, \boldsymbol{b}_n$ の間に、

$$(\boldsymbol{b}_1, \boldsymbol{b}_2, \cdots, \boldsymbol{b}_n) = (\boldsymbol{a}_1, \boldsymbol{a}_2, \cdots, \boldsymbol{a}_n)P$$

という関係があるとき、P を基底 $\boldsymbol{a}_1, \boldsymbol{a}_2, \cdots, \boldsymbol{a}_n$ から $\boldsymbol{b}_1, \boldsymbol{b}_2, \cdots, \boldsymbol{b}_n$ への取替え行列という。

$$x_1\boldsymbol{a}_1 + x_2\boldsymbol{a}_2 + \cdots + x_n\boldsymbol{a}_n = y_1\boldsymbol{b}_1 + y_2\boldsymbol{b}_2 + \cdots + y_n\boldsymbol{b}_n$$

のとき、

$$P\begin{pmatrix} y_1 \\ y_2 \\ \vdots \\ y_n \end{pmatrix} = \begin{pmatrix} x_1 \\ x_2 \\ \vdots \\ x_n \end{pmatrix} \qquad \begin{pmatrix} y_1 \\ y_2 \\ \vdots \\ y_n \end{pmatrix} = P^{-1}\begin{pmatrix} x_1 \\ x_2 \\ \vdots \\ x_n \end{pmatrix}$$

が成り立つ。

R^3 の場合に基底の取替えをしてみましょう。

ホップ

問題　基底の取替え　（別 p.34）

R^3 の基底 $\boldsymbol{a}_1 = \begin{pmatrix} 1 \\ -1 \\ 1 \end{pmatrix}$、$\boldsymbol{a}_2 = \begin{pmatrix} -2 \\ 3 \\ -5 \end{pmatrix}$、$\boldsymbol{a}_3 = \begin{pmatrix} 1 \\ -1 \\ 2 \end{pmatrix}$を、基底 $\boldsymbol{b}_1 = \begin{pmatrix} 4 \\ 4 \\ -3 \end{pmatrix}$、

$\boldsymbol{b}_2 = \begin{pmatrix} 2 \\ 1 \\ -1 \end{pmatrix}$、$\boldsymbol{b}_3 = \begin{pmatrix} 1 \\ 2 \\ -1 \end{pmatrix}$に取り替えるときの取替え行列 P を求めよ。

新基底を旧基底で表した式は$(\boldsymbol{b}_1, \boldsymbol{b}_2, \boldsymbol{b}_3) = (\boldsymbol{a}_1, \boldsymbol{a}_2, \boldsymbol{a}_3)P$ となります。

$$A=(\boldsymbol{a}_1, \boldsymbol{a}_2, \boldsymbol{a}_3)、B=(\boldsymbol{b}_1, \boldsymbol{b}_2, \boldsymbol{b}_3) とすると、B=AP \qquad \therefore \quad P=A^{-1}B$$

であるからといって、A の逆行列 A^{-1} を求めてから、B に掛けるのでは 2 度手間です。

基底を並べて作る 3×6 行列 $(\boldsymbol{a}_1, \boldsymbol{a}_2, \boldsymbol{a}_3, \boldsymbol{b}_1, \boldsymbol{b}_2, \boldsymbol{b}_3)$ の左部分を行基本変形を用いて単位行列にすればよいのです。(A, B) の左側を行基本変形で単位行列にするということは、左から A^{-1} を掛けることと同じで、

$$A^{-1}(A, B)=(A^{-1}A, A^{-1}B)=(E, A^{-1}B)$$

となるからです。

$$\begin{pmatrix} 1 & -2 & 1 & 4 & 2 & 1 \\ -1 & 3 & -1 & 4 & 1 & 2 \\ 1 & -5 & 2 & -3 & -1 & -1 \end{pmatrix} \xrightarrow{\times 1,\ \times(-1)} \begin{pmatrix} 1 & -2 & 1 & 4 & 2 & 1 \\ 0 & 1 & 0 & 8 & 3 & 3 \\ 0 & -3 & 1 & -7 & -3 & -2 \end{pmatrix} \xrightarrow{\times 2,\ \times 3}$$

$$\begin{pmatrix} 1 & 0 & 1 & 20 & 8 & 7 \\ 0 & 1 & 0 & 8 & 3 & 3 \\ 0 & 0 & 1 & 17 & 6 & 7 \end{pmatrix} \xrightarrow{\times(-1)} \begin{pmatrix} 1 & 0 & 0 & 3 & 2 & 0 \\ 0 & 1 & 0 & 8 & 3 & 3 \\ 0 & 0 & 1 & 17 & 6 & 7 \end{pmatrix}$$

$P=\begin{pmatrix} 3 & 2 & 0 \\ 8 & 3 & 3 \\ 17 & 6 & 7 \end{pmatrix}$ となります。

この問題で、$\boldsymbol{a}_1$、$\boldsymbol{a}_2$、$\boldsymbol{a}_3$ は基底なので $\mathrm{rank}\,A=3$ であり、$|A|\neq 0$ です。B も同様に $|B|\neq 0$ です。これらを用いると、$|P|=|A^{-1}B|=|A^{-1}|\,|B|\neq 0$ となりますから、第 3 章 p.79 の定理(1)より、P は正則です。基底の取替え行列は常に正則になります。

取替え行列について、次の定理が成り立ちます。

定理　基底と取替え行列

$\boldsymbol{a}_1$、$\boldsymbol{a}_2$、…、$\boldsymbol{a}_n$ を線形空間 V の基底とする。n 個のベクトル $\boldsymbol{b}_1$、$\boldsymbol{b}_2$、…、$\boldsymbol{b}_n$ が、$\boldsymbol{a}_1$、$\boldsymbol{a}_2$、…、$\boldsymbol{a}_n$ と n 次正方行列 P によって、

$$(\boldsymbol{b}_1, \boldsymbol{b}_2, \cdots, \boldsymbol{b}_n)=(\boldsymbol{a}_1, \boldsymbol{a}_2, \cdots, \boldsymbol{a}_n)P$$

と表されているものとする。このとき、

$$P が正則 \iff \boldsymbol{b}_1、\boldsymbol{b}_2、\cdots、\boldsymbol{b}_n が V の基底$$

$A=(\boldsymbol{a}_1, \boldsymbol{a}_2, \cdots, \boldsymbol{a}_n)$, $B=(\boldsymbol{b}_1, \boldsymbol{b}_2, \cdots, \boldsymbol{b}_n)$とおくと、条件式は$B=AP$と表せます。

⟹から証明します。

$\boldsymbol{a}_1$、$\boldsymbol{a}_2$、…、$\boldsymbol{a}_n$が基底なので、Vの任意の元$\boldsymbol{v}$は、

$$\boldsymbol{v}=x_1\boldsymbol{a}_1+x_2\boldsymbol{a}_2+\cdots+x_n\boldsymbol{a}_n$$

と表されます。$\boldsymbol{x}=\begin{pmatrix} x_1 \\ \vdots \\ x_n \end{pmatrix}$, $\boldsymbol{y}=P^{-1}\boldsymbol{x}=\begin{pmatrix} y_1 \\ \vdots \\ y_n \end{pmatrix}$とおくと、

$$\boldsymbol{v}=x_1\boldsymbol{a}_1+x_2\boldsymbol{a}_2+\cdots+x_n\boldsymbol{a}_n=(\boldsymbol{a}_1, \boldsymbol{a}_2, \cdots, \boldsymbol{a}_n)\begin{pmatrix} x_1 \\ \vdots \\ x_n \end{pmatrix}=A\boldsymbol{x}$$

$$=(AP)(P^{-1}\boldsymbol{x})=B\boldsymbol{y}=(\boldsymbol{b}_1, \boldsymbol{b}_2, \cdots, \boldsymbol{b}_n)\begin{pmatrix} y_1 \\ \vdots \\ y_n \end{pmatrix}=y_1\boldsymbol{b}_1+y_2\boldsymbol{b}_2+\cdots+y_n\boldsymbol{b}_n$$

となり、Vの任意の元は$\boldsymbol{b}_1$、$\boldsymbol{b}_2$、…、$\boldsymbol{b}_n$の1次結合の形で表せます。

また、$y_1\boldsymbol{b}_1+y_2\boldsymbol{b}_2+\cdots+y_n\boldsymbol{b}_n=0$のとき、$x_1\boldsymbol{a}_1+x_2\boldsymbol{a}_2+\cdots+x_n\boldsymbol{a}_n=\boldsymbol{0}$であり、$\boldsymbol{a}_1$、$\boldsymbol{a}_2$、…、$\boldsymbol{a}_n$は線形独立であることから、$x_1=x_2=\cdots=x_n=0$となります。

$\boldsymbol{y}=P^{-1}\boldsymbol{x}$から、$y_1=y_2=\cdots=y_n=0$となるので、$\boldsymbol{b}_1$、$\boldsymbol{b}_2$、…、$\boldsymbol{b}_n$は線形独立です。

よって、$\boldsymbol{b}_1$、$\boldsymbol{b}_2$、…、$\boldsymbol{b}_n$はVの基底です。

⟸を証明します。

A、Bが正方行列とは限りませんから、行列式を用いるp.122の議論は使えないことに注意しましょう。

$\boldsymbol{b}_1$、$\boldsymbol{b}_2$、…、$\boldsymbol{b}_n$が基底なので、これを用いて、$\boldsymbol{a}_1$、$\boldsymbol{a}_2$、…、$\boldsymbol{a}_n$を表すことができます。これは、n次正方行列Qを用いて、$A=BQ$と表せます。

$$A=BQ=(AP)Q=A(PQ)$$

となりますが、$\boldsymbol{a}_1$、$\boldsymbol{a}_2$、…、$\boldsymbol{a}_n$が基底なので、表現の一意性より、$A=AX$となる行列は$X=E$となる場合しかなく、$PQ=E$となります。

行列式をとって、$|P||Q|=1$ですから、$|P|\neq 0$であり、p.79の定理の(1)より、Pは正則です。

6 部分空間

線形空間 V の部分集合でも線形空間の特徴を持っているものがあります。例えば、3 次元ベクトル空間 $\boldsymbol{R}^3$ の点を原点を始点とする矢印ベクトルの終点と同一視するとき、原点を通る平面は線形空間の定義を満たします。原点を通る平面は $\boldsymbol{R}^3$ の**線形部分空間**であるといいます。これについて解説していきましょう。

線形部分空間の定義

線形空間 V の部分集合 W について、

（ア）　W の任意の元 $\boldsymbol{a}, \boldsymbol{b}$ に対して、$\boldsymbol{a}+\boldsymbol{b} \in W$

（イ）　W の任意の元 $\boldsymbol{a}$、任意の実数 k に対して、$k\boldsymbol{a} \in W$

が成り立つとき、W を V の線形部分空間という。

以下、本書では線形空間しか扱わないので、部分空間といえば線形部分空間のことを指すものとします。

定義はさらっと書いてありますが、W の任意の元 a、b に対して、$a+b$ が V に含まれるのは当たり前ですから、特に W に含まれるということに意味があります。k 倍についても同様です。部分空間 W は、ベクトルの和と定数倍について“閉じている”線形空間 V の部分集合であると表現することもできます。

3 次元ベクトル空間 $\boldsymbol{R}^3$ で例を挙げてみましょう。

原点 O を始点として、座標空間中の点を終点とするベクトルを考えることで、座標空間の点は 3 次元ベクトル空間 $\boldsymbol{R}^3$ と同一視することができます。

定義に沿って、座標空間($\boldsymbol{R}^3$)中の原点 O を通る平面(π とする)が部分空間であることを実感してみましょう。

原点 O を始点として、平面 π 上の点 P、Q を終点とするベクトルを $\overrightarrow{OP}$、$\overrightarrow{OQ}$ とします。すると、$\overrightarrow{OX}=\overrightarrow{OP}+\overrightarrow{OQ}$、$\overrightarrow{OY}=k\overrightarrow{OP}$ を満たす点 X、Y は π 上にあります。定義を満たしますから、原点 O を始点として、平面 π 上の点を終点とするベクトル全体は、3 次元ベクトル空間 $\boldsymbol{R}^3$ の部分空間になります。

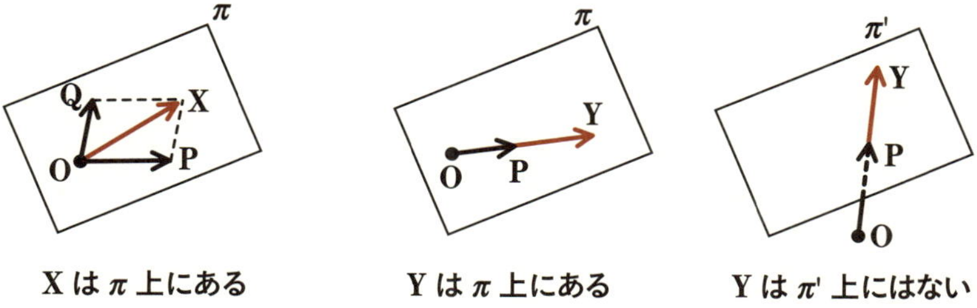

なお、原点を通らない平面 π' の場合は、上と同じように考えたとき、部分空間にはなりません。上のように定義した X、Y が平面上に含まれるとは限らないからです。

同じように考えて、座標空間($\boldsymbol{R}^3$)中において原点を通る直線に関しても、原点を始点、直線上に終点を取ったベクトル全体は部分空間となります。原点を通らない直線で同じことを考えても3次元ベクトル空間 $\boldsymbol{R}^3$ の部分空間にはなりません。

問題 3次元ベクトル空間 $\boldsymbol{R}^3$ の次の部分集合 W は $\boldsymbol{R}^3$ の部分空間であるか。

(1) $W=\left\{\begin{pmatrix}x\\y\\z\end{pmatrix}\middle| x-2y+3z=0\right\}$ (2) $W=\left\{\begin{pmatrix}x\\y\\z\end{pmatrix}\middle| x-2y+3z=1\right\}$

(3) $W=\left\{\begin{pmatrix}x\\y\\z\end{pmatrix}\middle| x-2y+3z=0 \quad \text{かつ} \quad -2x+y+z=0\right\}$

(4) $W=\left\{\begin{pmatrix}x\\y\\z\end{pmatrix}\middle| xyz=1\right\}$

(1) W の任意の元を $\boldsymbol{x}=\begin{pmatrix}x_1\\y_1\\z_1\end{pmatrix}$、$\boldsymbol{y}=\begin{pmatrix}x_2\\y_2\\z_2\end{pmatrix}$ とすると、

$$x_1-2y_1+3z_1=0\cdots\cdots①\ ,\ x_2-2y_2+3z_2=0\cdots\cdots②$$

が成り立ちます。①+②、①×c を計算すると

$$(x_1+x_2)-2(y_1+y_2)+3(z_1+z_2)=0$$

$$cx_1-2(cy_1)+3(cz_1)=0$$

これより、$\boldsymbol{x}+\boldsymbol{y}=\begin{pmatrix}x_1+x_2\\y_1+y_2\\z_1+z_2\end{pmatrix}\in W,\ c\boldsymbol{x}=\begin{pmatrix}cx_1\\cy_1\\cz_1\end{pmatrix}\in W$ なので、W は部分空間です。

(2)　W の任意の元を $\boldsymbol{x}=\begin{pmatrix}x_1\\y_1\\z_1\end{pmatrix}$ とすると、$x_1-2y_1+3z_1=1$

が成り立ちます。これを $c(\neq 1)$ 倍すると、$cx_1-2(cy_1)+3(cz_1)=c\neq 1$

これより、$c\boldsymbol{x}=\begin{pmatrix}cx_1\\cy_1\\cz_1\end{pmatrix}\notin W$ なので、W は部分空間ではありません。

(3)　W の任意の元を $\boldsymbol{x}=\begin{pmatrix}x_1\\y_1\\z_1\end{pmatrix}$、$\boldsymbol{y}=\begin{pmatrix}x_2\\y_2\\z_2\end{pmatrix}$ とすると、

$$x_1-2y_1+3z_1=0 \quad \cdots\cdots ① \quad かつ \quad -2x_1+y_1+z_1=0 \quad \cdots\cdots ②$$
$$x_2-2y_2+3z_2=0 \quad \cdots\cdots ③ \quad かつ \quad -2x_2+y_2+z_2=0 \quad \cdots\cdots ④$$

が成り立ちます。①+③、②+④、①×c、②×c を計算すると、

$$(x_1+x_2)-2(y_1+y_2)+3(z_1+z_2)=0$$
$$かつ \quad -2(x_1+x_2)+(y_1+y_2)+(z_1+z_2)=0$$
$$cx_1-2(cy_1)+3(cz_1)=0 \quad かつ \quad -2(cx_1)+(cy_1)+(cz_1)=0$$

これより、$\boldsymbol{x}+\boldsymbol{y}=\begin{pmatrix}x_1+x_2\\y_1+y_2\\z_1+z_2\end{pmatrix}\in W$、$c\boldsymbol{x}=\begin{pmatrix}cx_1\\cy_1\\cz_1\end{pmatrix}\in W$ なので、W は部分空間です。

(4)　$\begin{pmatrix}1\\1\\1\end{pmatrix}\in W$ ですが、これの $c(\neq 1)$ 倍 $c\begin{pmatrix}1\\1\\1\end{pmatrix}=\begin{pmatrix}c\\c\\c\end{pmatrix}$ は、

$c\cdot c\cdot c=c^3\neq 1$ なので、$c\begin{pmatrix}1\\1\\1\end{pmatrix}\notin W$。よって、$W$ は部分空間ではありません。

上の問題の(1)～(4)を見てもわかるように、$\boldsymbol{R}^3$ の線形部分空間はいくつかの「x, y, z の 1 次式 $=0$」で書かれたものだけです。つまり、同次型連立方程式の解のときだけです。これが線形部分空間の 2 つある表し方のうちの 1 つなのです。まとめておきましょう。

解空間

A を(m, n)型行列とする。n 元連立1次方程式 $A\boldsymbol{x}=\boldsymbol{0}$ の解を要素とする集合、

$$W=\{\boldsymbol{x}\in\boldsymbol{R}^n \mid A\boldsymbol{x}=\boldsymbol{0}\}$$

は、$\boldsymbol{R}^n$ の線形部分空間になり、解空間と呼ばれる。

線形部分空間になることを確認しておきましょう。

W に含まれる任意の $\boldsymbol{x}$、$\boldsymbol{y}$ について、$A\boldsymbol{x}=0$、$A\boldsymbol{y}=0$

$$A(\boldsymbol{x}+\boldsymbol{y})=A\boldsymbol{x}+A\boldsymbol{y}=0+0=0,\ A(c\boldsymbol{x})=c(A\boldsymbol{x})=c\cdot 0=0$$

$\boldsymbol{x}+\boldsymbol{y}$、$c\boldsymbol{x}$ は W に含まれます。よって、W は線形部分空間です。

空間中の原点を通る平面は線形部分空間でした。

xyz 空間中で原点を通る平面 π は $ax+by+cz=0$ の形で表されました。

一方、π に含まれるベクトル $\boldsymbol{x}$ は、この平面に含まれる独立な2本のベクトル $\boldsymbol{a}$、$\boldsymbol{b}$ を用いて、$\boldsymbol{x}=s\boldsymbol{a}+t\boldsymbol{b}$($s, t$ は実数)と表されました。

xy 平面において、原点を中心とする半径1の円を表すとき、方程式 $x^2+y^2=1$ で表すことを陰関数表示、$(\cos t, \sin t)$　$(0\leqq t<2\pi)$で表すことをパラメータ表示といいました。

いわば、$ax+by+cz=0$ は陰関数表示、$\boldsymbol{x}=s\boldsymbol{a}+t\boldsymbol{b}$ はパラメータ表示です。

解空間とは、線形部分空間の陰関数表示になっています。線形部分空間のパラメータ表示について紹介しましょう。

定理　張られる空間

線形空間 V のベクトル $\boldsymbol{a}_1, \boldsymbol{a}_2, \cdots, \boldsymbol{a}_n$ に対して、$\boldsymbol{a}_1, \boldsymbol{a}_2, \cdots, \boldsymbol{a}_n$ の1次結合を要素とする集合

$$W=\{x_1\boldsymbol{a}_1+x_2\boldsymbol{a}_2+\cdots+x_n\boldsymbol{a}_n \mid x_i\in\boldsymbol{R}_i\}$$

は V の部分空間となる。W は $\boldsymbol{a}_1, \boldsymbol{a}_2, \cdots, \boldsymbol{a}_n$ によって張られる空間あるいは生成される空間という。

次元は、$A=(\boldsymbol{a}_1, \boldsymbol{a}_2, \cdots, \boldsymbol{a}_n)$のランク $\mathrm{rank}\,A$ に等しい。

証明に入る前に2つの注意を。n は V の次元ではありません。また、W の元は $x_1\boldsymbol{a}_1+x_2\boldsymbol{a}_2+\cdots+x_n\boldsymbol{a}_n$ の形で表されますが、$\boldsymbol{a}_1, \boldsymbol{a}_2, \cdots, \boldsymbol{a}_n$ は W の基底とは限らないことに注意しましょう。$\boldsymbol{a}_1, \boldsymbol{a}_2, \cdots, \boldsymbol{a}_n$ が線形独立であるとは限らないからです。

部分空間になることを確かめておきましょう。

W の任意の元 $\boldsymbol{x}$、$\boldsymbol{y}$ が、

$$\boldsymbol{x}=x_1\boldsymbol{a}_1+x_2\boldsymbol{a}_2+\cdots+x_n\boldsymbol{a}_n,\ \boldsymbol{y}=y_1\boldsymbol{a}_1+y_2\boldsymbol{a}_2+\cdots+y_n\boldsymbol{a}_n$$

と表されるとき、任意の実数 k に関して、

$$\boldsymbol{x}+\boldsymbol{y}=(x_1+y_1)\boldsymbol{a}_1+(x_2+y_2)\boldsymbol{a}_2+\cdots+(x_n+y_n)\boldsymbol{a}_n\in W$$
$$k\boldsymbol{x}=(kx_1)\boldsymbol{a}_1+(kx_2)\boldsymbol{a}_2+\cdots+(kx_n)\boldsymbol{a}_n\in W$$

となりますから、たしかに W は V の部分空間です。

$\boldsymbol{a}_1, \boldsymbol{a}_2, \cdots, \boldsymbol{a}_n$ の独立最大数を実現するベクトルが $\boldsymbol{a}_1, \boldsymbol{a}_2, \cdots, \boldsymbol{a}_r$ であるとします。このとき、$\boldsymbol{a}_{r+1}, \cdots, \boldsymbol{a}_n$ は、$\boldsymbol{a}_1, \boldsymbol{a}_2, \cdots, \boldsymbol{a}_r$ の1次結合で表すことができます。すると、$x_1\boldsymbol{a}_1+x_2\boldsymbol{a}_2+\cdots+x_n\boldsymbol{a}_n$ も $\boldsymbol{a}_1, \boldsymbol{a}_2, \cdots, \boldsymbol{a}_r$ の1次結合で表すことができます(理由は、第5章 p.110 の［※についての補足］参照)。

$\boldsymbol{a}_1, \boldsymbol{a}_2, \cdots, \boldsymbol{a}_r$ は線形独立であり、W の任意の元を1次結合で表すことができますから、W の基底です。W の次元は r であり、第5章 p.106 の定理より r は $\mathrm{rank}\,A$ に等しくなります。

これを用いると、解空間の次元に関しては、次の定理が成り立ちます。

定理　解空間の次元

n 元連立方程式 $A\boldsymbol{x}=\boldsymbol{0}$ の解空間の次元は、$n-\mathrm{rank}\,A$ である。

ここでは、1次方程式を解いた経験を生かして、ざっくりと証明しておきます。

A を(m, n)型行列とします。$A\boldsymbol{x}=\boldsymbol{0}$ を掃き出し法で変形して、下のようなカド(¦__)がすべて1であるような階段行列に変形できたとします。カドの1の個数は行列のランクに等しく、$\mathrm{rank}\,A$ 個になります。

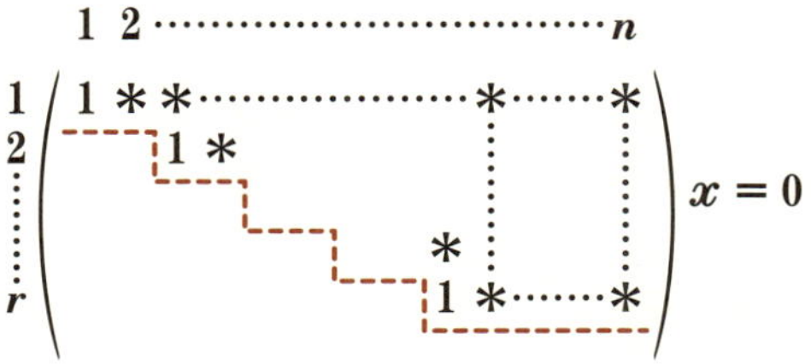

解を表すには、カドの 1 がない列に対応する文字を自由に動けるパラメータとおき、カドの 1 がある文字を表せばよいのでした(第 4 章の p.86、p.87 などで実感してください)。パラメータの個数は $n-\mathrm{rank}\,A$ です。

第 4 章の p.86、p.87、演習編の p.30、p.31 の連立 1 次方程式の解のベクトル表示を見ると分かるように、パラメータがかかっているベクトルは線形独立になっています。

なぜなら、パラメータ（第 4 章の p.88 の k とする）が掛かっているベクトルは、パラメータ k とおいた変数（この場合は y）に対応する成分（この場合は第 2 成分）が 1 になっていて、他のパラメータが掛かっているベクトルはすべてこの成分（第 2 成分）が 0 になるからです。

パラメータが掛かっているベクトルは線形独立なので、これらのベクトルで張られる解空間の次元はパラメータの個数に等しく、解空間の次元は $n-\mathrm{rank}\,A$ になります。

正確には、第 6 章で証明しましょう。

次元と基底を求める問題を解いてみましょう。

問題

$\boldsymbol{a}=\begin{pmatrix}1\\0\\1\\2\end{pmatrix}$、$\boldsymbol{b}=\begin{pmatrix}2\\1\\3\\3\end{pmatrix}$、$\boldsymbol{c}=\begin{pmatrix}-1\\3\\2\\-5\end{pmatrix}$、$\boldsymbol{d}=\begin{pmatrix}2\\-1\\1\\5\end{pmatrix}$で張られる空間の次元と基底を求めよ。

$(\boldsymbol{a},\boldsymbol{b},\boldsymbol{c},\boldsymbol{d})$のランクを調べます。

$$\begin{pmatrix}1&2&-1&2\\0&1&3&-1\\1&3&2&1\\2&3&-5&5\end{pmatrix}\begin{matrix}\\ \times(-1)\\ \\ \times(-2)\end{matrix}\longrightarrow\begin{pmatrix}1&2&-1&2\\0&1&3&-1\\0&1&3&-1\\0&-1&-3&1\end{pmatrix}\begin{matrix}\times(-2)\\ \\ \times(-1)\\ \times1\end{matrix}$$

$$\longrightarrow\begin{pmatrix}1&0&-7&4\\0&1&3&-1\\0&0&0&0\\0&0&0&0\end{pmatrix}$$

第 5 章 p.104 の定理の証明からわかるように、行基本変形をしても、列ベクトルの 1 次結合の関係は変わりません。最後の式から、$\boldsymbol{a}$、$\boldsymbol{b}$ が線形独立であり、$\boldsymbol{c}$、$\boldsymbol{d}$ は $\boldsymbol{a}$、$\boldsymbol{b}$ によって、$\boldsymbol{c}=-7\boldsymbol{a}+3\boldsymbol{b}$、$\boldsymbol{d}=4\boldsymbol{a}-\boldsymbol{b}$ と表されることがわかります。

この空間の基底を $\boldsymbol{a}$、$\boldsymbol{b}$ と取ることができ、次元は 2 です。

ところで、部分空間の表現には「解空間(いわば陰関数表示)」と「張られた空間(パラメータ表示)」の 2 つの表現がありました。どちらか一方が与えられた場合、もう一方の形での表現ができるようにしておきたいものです。

「解空間(いわば陰関数表示)」→「張られた空間(パラメータ表示)」への書き換えは、連立方程式を解くことで実現できます。それでは逆向きの書き換えはどうすればよいでしょうか。

第 1 章 p.19 の問題では、空間内の平面について、$s\boldsymbol{a}+t\boldsymbol{b}$($s, t$ は実数)というパラメータ表示から $ax+by+cz+d=0$ の型の式を求めました。これは、「張られた空間(パラメータ表示)」の表現から「解空間(いわば陰関数表示)」を求めた、と総括することができます。p.19 では、ベクトル積を用いて平面の法線方向を求めましたが、一般の次元の場合ではベクトル積はありませんから、p.19 の解答のようには「解空間(陰関数表示)」を求めることができません。一般の場合には次のようにします。

問題

$\boldsymbol{R}^4$ の部分空間 W が、$\boldsymbol{a}=\begin{pmatrix}1\\1\\-1\\-2\end{pmatrix}$、$\boldsymbol{b}=\begin{pmatrix}-1\\-2\\1\\1\end{pmatrix}$を用いて、

$$W=\{s\boldsymbol{a}+t\boldsymbol{b}\,|\,s,t\text{ は実数}\}$$

と表されている。これを

$$W=\left\{\begin{pmatrix}x\\y\\z\\w\end{pmatrix}\middle|\,ax+by+cz+dw=0,\ ex+fy+gz+hw=0\right\}$$

の形で表せ。

$s\boldsymbol{a}+t\boldsymbol{b}$ の形から W の基底は $\boldsymbol{a}$、$\boldsymbol{b}$ ですが、基底の取り方を変えて、もとの方程式がわかりやすいように変形していきます。

変形には列基本変形を用います。列基本変形で独立最大数は不変ですから、$(\boldsymbol{a},\boldsymbol{b})$に列基本変形を施しても W の基底になっています。

具体的には、$(\boldsymbol{a},\boldsymbol{b})$に対して列基本変形を施し、右下から 1 が対角線方向(45 度方向)に並ぶようにします。

$$\begin{pmatrix}1&-1\\1&-2\\-1&1\\-2&1\end{pmatrix}\longrightarrow\begin{pmatrix}-1&-1\\-3&-2\\1&1\\0&1\end{pmatrix}\longrightarrow\begin{pmatrix}-1&0\\-3&1\\1&0\\0&1\end{pmatrix}$$

×2　　　×(−1)

W の元は

$$\begin{pmatrix}x\\y\\z\\w\end{pmatrix}=s\begin{pmatrix}-1\\-3\\1\\0\end{pmatrix}+t\begin{pmatrix}0\\1\\0\\1\end{pmatrix}=\begin{pmatrix}-s\\-3s+t\\s\\t\end{pmatrix}\quad(s,t\text{ は任意})$$

となります。これから s、t を消去すると、W の表現は、

$$W=\left\{\begin{pmatrix}x\\y\\z\\w\end{pmatrix}\middle|\,x+z=0,\ y+3z-w=0\right\}$$

となります。x、y を z、w で表すつもりで式を求めるとよいでしょう。
実際に、W の方程式を解くと、$z=s$、$w=t$(s, t は任意)として、

$$\begin{pmatrix} x \\ y \\ z \\ w \end{pmatrix} = \begin{pmatrix} -z \\ -3z+w \\ z \\ w \end{pmatrix} = \begin{pmatrix} -s \\ -3s+t \\ s \\ t \end{pmatrix} = s\begin{pmatrix} -1 \\ -3 \\ 1 \\ 0 \end{pmatrix} + t\begin{pmatrix} 0 \\ 1 \\ 0 \\ 1 \end{pmatrix} \quad (s, t \text{ は任意})$$

となります。上ではこれの逆の操作をしていたわけです。

ここで「次元がもとの線形空間に等しい線形空間は、もとの線形空間に一致する」という定理を紹介しておきましょう。

定理　次元が同じ線形部分空間

有限次元の線形空間 V、V' において、$V' \subset V$、$\dim V' = \dim V$ のとき、$V = V'$ である。

V' の基底を $\boldsymbol{a}_1, \boldsymbol{a}_2, \cdots, \boldsymbol{a}_r$ とします。$V' \subset V$ かつ $V' \neq V$ であれば、$\boldsymbol{b} \notin V'$ かつ $\boldsymbol{b} \in V$ である $\boldsymbol{b}$ が存在します。

部分空間の定義により、V' の元 $\boldsymbol{a}_1, \boldsymbol{a}_2, \cdots, \boldsymbol{a}_r$ の1次結合は V' の元になります。もしも $\boldsymbol{b}$ が、$\boldsymbol{a}_1, \boldsymbol{a}_2, \cdots, \boldsymbol{a}_r$ の1次結合で表されるとすると、$\boldsymbol{b}$ は V' の元であることになり矛盾します。$\boldsymbol{b}$ は $\boldsymbol{a}_1, \boldsymbol{a}_2, \cdots, \boldsymbol{a}_r$ の1次結合で表すことができません。

$\boldsymbol{a}_1, \boldsymbol{a}_2, \cdots, \boldsymbol{a}_r$ は線形独立ですが、V の元で表せないものがありますから、V の基底ではありません。しかし、この定理より、$\boldsymbol{a}_1, \boldsymbol{a}_2, \cdots, \boldsymbol{a}_r$ にベクトルを加えることで、V の基底にすることができます。

加えたベクトルの個数を s 個とすると、$\dim V = r+s$ です。
$\dim V' = r < \dim V = r+s$ なので、$\dim V' = \dim V$ に矛盾します。

よって、$V = V'$ になります。

第5章p.97の問題で数列は線形空間であることを示しました。数列の線形部分空間の例を示しましょう。

問題

$a_{n+2}-5a_{n+1}+6a_n=0$　$(n=1, 2, \cdots)$を満たす数列$\{a_n\}$全体の集合Wは、実数の無限数列の集合V(これは線形空間、第５章p.97)の線形部分空間であることを示し、その次元と基底を求めよ。

$\{x_n\}$、$\{y_n\}$がWに含まれているものとします。つまり、

$$x_{n+2}-5x_{n+1}+6x_n=0\cdots①、y_{n+2}-5y_{n+1}+6y_n=0\cdots②\quad (n=1, 2, \cdots)$$

が成り立っています。

$\{x_n+y_n\}$は、①+②より、

$$(x_{n+2}+y_{n+2})-5(x_{n+1}+y_{n+1})+6(x_n+y_n)=0\quad (n=1, 2, \cdots)$$

を満たしますから、Wに含まれます。

$\{kx_n\}$(kは実数)は、①×kより、

$$(kx_{n+2})-5(kx_{n+1})+6(kx_n)=0\quad (n=1, 2, \cdots)$$

を満たしますから、Wに含まれます。

WはVの線形部分空間です。

$$b_1=1,\ b_2=0, b_{n+2}-5b_{n+1}+6b_n=0\quad (n=1, 2, \cdots)$$
$$c_1=0,\ c_2=1, c_{n+2}-5c_{n+1}+6c_n=0\quad (n=1, 2, \cdots)$$

により定まる数列$\{b_n\}$、$\{c_n\}$がWの基底になることを示します。

Wに含まれる数列$\{a_n\}$は、a_1、a_2の値を定めると、漸化式を用いて、第３項以降の値がすべて決まります。ですから、Wに含まれる数列$\{x_n\}$、$\{y_n\}$が$x_1=y_1$、$x_2=y_2$を満たすと、$\{x_n\}=\{y_n\}$となります。

Wに含まれる数列$\{a_n\}$は与えられた３項間漸化式を満たしますから、a_1とa_2が具体的に与えられると、数列のすべての項が決定されます。そこで、Wの元で、$a_1=k$、$a_2=l$となる数列$\{a_n\}$を考えます。

これに対し、$\{kb_n+lc_n\}$という数列を考えます。これは、$\{kb_n+lc_n\}=k\{b_n\}+l\{c_n\}$と表され、$W$に含まれる数列の１次結合ですから、$W$の元になります。また、

$$kb_1+lc_1=k\cdot 1+l\cdot 0=k \qquad kb_2+lc_2=k\cdot 0+l\cdot 1=l$$

となります。$\{a_n\}$と$\{kb_n+lc_n\}$は$n=1$、$n=2$で等しく、同じ漸化式を満たすので、$\{a_n\}=\{kb_n+lc_n\}=k\{b_n\}+l\{c_n\}$となります。

Wに含まれる任意の数列$\{a_n\}$は、$\{b_n\}$、$\{c_n\}$の1次結合で表されます。

次に、Vの零元は、すべての項が0である数列$\{0\}$ですから、$k\{b_n\}+l\{c_n\}=\{0\}$を満たすk、lを求めます。k、lは、

$$k\underset{\substack{\shortparallel\\1}}{b_1}+l\underset{\substack{\shortparallel\\0}}{c_1}=0 \quad \therefore \quad k=0 \qquad k\underset{\substack{\shortparallel\\0}}{b_2}+l\underset{\substack{\shortparallel\\1}}{c_2}=0 \quad \therefore \quad l=0$$

より、$k=0$、$l=0$となる場合しかありません。したがって、$\{b_n\}$、$\{c_n\}$は線形独立です。$\{b_n\}$、$\{c_n\}$はWの基底になります。Wの次元は2です。

なお、Wの基底の取り方は、$d_n=2^{n-1}$、$e_n=3^{n-1}$として、$\{d_n\}$、$\{e_n\}$でもかまいません。確かめてみましょう。

$$d_{n+2}-5d_{n+1}+6d_n=2^{n+1}-5\cdot 2^n+6\cdot 2^{n-1}=(2^2-5\cdot 2+6)2^{n-1}=0$$
$$e_{n+2}-5e_{n+1}+6e_n=3^{n+1}-5\cdot 3^n+6\cdot 3^{n-1}=(3^2-5\cdot 3+6)3^{n-1}=0$$

なので、$\{d_n\}$、$\{e_n\}$はWの元です。

Wに含まれる任意の元$\{g_n\}$が、

$$g_1=A、g_2=B、g_{n+2}-5g_{n+1}+6g_n=0$$

で定められるとします。

$\{d_n\}$、$\{e_n\}$の1次結合を$s\{d_n\}+t\{e_n\}=\{sd_n+te_n\}$とします。

$\{sd_n+te_n\}=\{g_n\}$となる条件は、初項と第2項が等しくなることです。

$\{sd_n+te_n\}$、$\{g_n\}$はいずれもWの元で同じ漸化式を満たしますから、初項と第2項が等しければ、数列として一致するのです。

初項と第2項が等しい条件より、

$$s+t=A \qquad 2s+3t=B$$

これを解いて、s、tをA、Bで表すことができますから、Wの任意の元$\{g_n\}$を

$\{d_n\}$、$\{e_n\}$ の1次結合の形で表すことができます。

また、$\{sd_n+te_n\}=\{0\}$ を満たす s、t は、$s=0$、$t=0$ のときだけです。したがって、$\{d_n\}$、$\{e_n\}$ は線形独立です。よって、$\{d_n\}, \{e_n\}$ は、W の基底になります。

これを3項間漸化式の解き方に応用することもできます。つまり、
「$a_1=3$、$a_2=7$、$a_{n+2}-5a_{n+1}+6a_n=0(n=1, 2, \cdots\cdots)$ の一般項を求めよ。」
という問題であれば、$\lambda^2-5\lambda+6=0$ を解いて、$\lambda=2$、3。漸化式を満たす等比数列を、$\{2^{n-1}\}$、$\{3^{n-1}\}$ と求め、これの1次結合 $\{s\cdot 2^{n-1}+t\cdot 3^{n-1}\}$ を作ります。これが初期条件(初項どうし、第2項どうしが等しい)を満たすので、

$$s+t=3 \qquad 2s+3t=7$$

として s、t を求めます。$s=2$、$t=1$ なので、$a_n=2\cdot 2^{n-1}+1\cdot 3^{n-1}$ と求まります。

7 交空間・和空間

W_1、W_2 が線形空間 V の部分空間であるとき、それらを組み合わせて新しく部分空間を作ることができます。

例えば、空間内にある原点を通る 2 つの平面 π_1 と π_2 を考えましょう。

$\pi_1 \cap \pi_2$ は平面 π_1、π_2 の交線になりますが、原点を含む直線ですから部分空間になります。

また、空間内にある原点を通る 2 つの直線 l_1 と l_2 を考えましょう。l_1 に含まれるベクトルと l_2 に含まれるベクトルを足してできるベクトル全体を l_1+l_2 で表します。すると、l_1+l_2 に含まれるベクトルは、l_1 と l_2 を含む平面のベクトルになりますから、l_1+l_2 は部分空間になります。

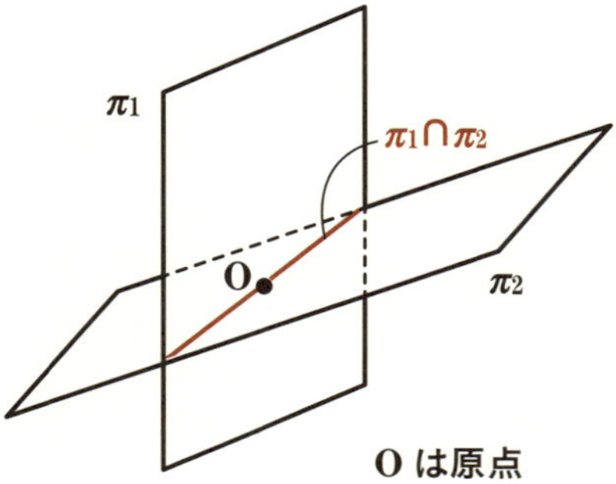

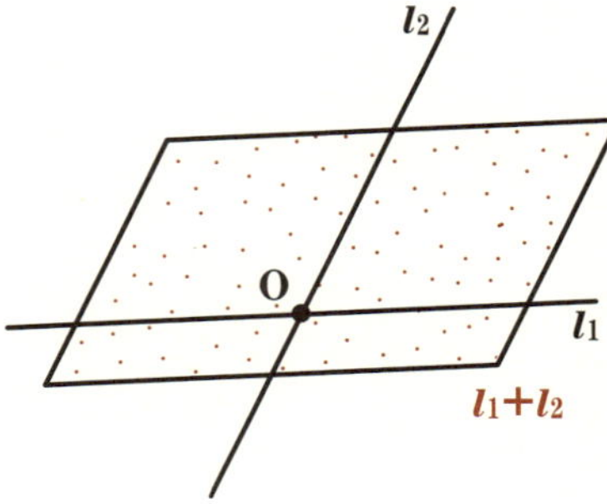

交空間、和空間

W_1、W_2 が線形空間 V の部分空間であるとき、

$$W_1 \cap W_2 = \{\boldsymbol{x} \mid \boldsymbol{x} \in W_1 \text{ かつ } \boldsymbol{x} \in W_2\}$$

$$W_1 + W_2 = \{\boldsymbol{x}_1 + \boldsymbol{x}_2 \mid \boldsymbol{x}_1 \in W_1, \boldsymbol{x}_2 \in W_2\}$$

と定めると、これらは V の部分空間となる。$W_1 \cap W_2$ を**交空間**、$W_1 + W_2$ を**和空間**という。

$W_1 \cap W_2$、$W_1 + W_2$ が線形空間となることを確かめましょう。

[$W_1 \cap W_2$]

$$\boldsymbol{x}、\boldsymbol{y} \in W_1 \cap W_2 \quad \Leftrightarrow \quad \boldsymbol{x}、\boldsymbol{y} \in W_1 \quad \text{かつ} \quad \boldsymbol{x}、\boldsymbol{y} \in W_2$$

なので、

$$\boldsymbol{x}+\boldsymbol{y} \in W_1 \quad \text{かつ} \quad \boldsymbol{x}+\boldsymbol{y} \in W_2 \text{ であり、} \boldsymbol{x}+\boldsymbol{y} \in W_1 \cap W_2$$
$$k\boldsymbol{x} \in W_1 \quad \text{かつ} \quad k\boldsymbol{x} \in W_2 \text{ であり、} k\boldsymbol{x} \in W_1 \cap W_2$$

よって、$W_1 \cap W_2$ は部分空間です。

[$W_1 + W_2$]

$$\boldsymbol{x}、\boldsymbol{y} \in W_1 + W_2$$
$$\Leftrightarrow \quad \boldsymbol{x} = \boldsymbol{x}_1 + \boldsymbol{x}_2、\boldsymbol{y} = \boldsymbol{y}_1 + \boldsymbol{y}_2 \quad (\boldsymbol{x}_1、\boldsymbol{y}_1 \in W_1、\boldsymbol{x}_2、\boldsymbol{y}_2 \in W_2)$$

なので、

$$\boldsymbol{x}+\boldsymbol{y} = (\boldsymbol{x}_1+\boldsymbol{y}_1)+(\boldsymbol{x}_2+\boldsymbol{y}_2) \quad (\boldsymbol{x}_1+\boldsymbol{y}_1 \in W_1、\boldsymbol{x}_2+\boldsymbol{y}_2 \in W_2)$$
$$k\boldsymbol{x} = k\boldsymbol{x}_1 + k\boldsymbol{x}_2 \quad (k\boldsymbol{x}_1 \in W_1、k\boldsymbol{x}_2 \in W_2)$$

よって、$W_1 + W_2$ は部分空間です。

なお、$\boldsymbol{x} \in W_1 \cap W_2$ となる $\boldsymbol{x}$ は、$\boldsymbol{x} = \boldsymbol{x} + \boldsymbol{0}(\boldsymbol{x} \in W_1, \boldsymbol{0} \in W_2)$ と表せますから、$(W_1 \cap W_2) \subset (W_1 + W_2)$ という関係があります。

ベクトルで張られる空間どうしの交空間と和空間の次元を求める問題を解いてみましょう。

ホップ
問題　交空間と和空間　(別 p.36)

$$\boldsymbol{a}_1 = \begin{pmatrix} 1 \\ -1 \\ 2 \\ 1 \end{pmatrix}、\boldsymbol{a}_2 = \begin{pmatrix} 3 \\ -2 \\ 3 \\ 0 \end{pmatrix}、\boldsymbol{a}_3 = \begin{pmatrix} 3 \\ -1 \\ 0 \\ -3 \end{pmatrix}、\boldsymbol{b}_1 = \begin{pmatrix} 1 \\ 1 \\ 1 \\ 0 \end{pmatrix}、\boldsymbol{b}_2 = \begin{pmatrix} 1 \\ 0 \\ 1 \\ 2 \end{pmatrix}、\boldsymbol{b}_3 = \begin{pmatrix} 4 \\ 0 \\ 3 \\ 1 \end{pmatrix}$$

とする。$\boldsymbol{a}_1$、$\boldsymbol{a}_2$、$\boldsymbol{a}_3$ で張られる空間を W_a とし、$\boldsymbol{b}_1$、$\boldsymbol{b}_2$、$\boldsymbol{b}_3$ で張られる空間を W_b とする。$W_a \cap W_b$、$W_a + W_b$ の次元と基底を求めよ。

W_a+W_b を先に調べます。

$(\boldsymbol{a}_1, \boldsymbol{a}_2, \boldsymbol{a}_3, \boldsymbol{b}_1, \boldsymbol{b}_2, \boldsymbol{b}_3)$ の独立最大数を行基本変形で求めましょう。

$$\begin{pmatrix} 1 & 3 & 3 & 1 & 1 & 4 \\ -1 & -2 & -1 & 1 & 0 & 0 \\ 2 & 3 & 0 & 1 & 1 & 3 \\ 1 & 0 & -3 & 0 & 2 & 1 \end{pmatrix} \begin{matrix} \times 1 \\ \times(-2) \\ \times(-1) \end{matrix} \longrightarrow \begin{pmatrix} 1 & 3 & 3 & 1 & 1 & 4 \\ 0 & 1 & 2 & 2 & 1 & 4 \\ 0 & -3 & -6 & -1 & -1 & -5 \\ 0 & -3 & -6 & -1 & 1 & -3 \end{pmatrix} \begin{matrix} \times(-3) \\ \times 3 \\ \times 3 \end{matrix}$$

$$\longrightarrow \begin{pmatrix} 1 & 0 & -3 & -5 & -2 & -8 \\ 0 & 1 & 2 & 2 & 1 & 4 \\ 0 & 0 & 0 & 5 & 2 & 7 \\ 0 & 0 & 0 & 5 & 4 & 9 \end{pmatrix} \times(-1) \longrightarrow \begin{pmatrix} 1 & 0 & -3 & -5 & -2 & -8 \\ 0 & 1 & 2 & 2 & 1 & 4 \\ 0 & 0 & 0 & 5 & 2 & 7 \\ 0 & 0 & 0 & 0 & 2 & 2 \end{pmatrix}$$

これから、$\dim(W_a+W_b)=4$ で、W_a+W_b の基底として、$\boldsymbol{a}_1$、$\boldsymbol{a}_2$、$\boldsymbol{b}_1$、$\boldsymbol{b}_2$ を取ればよいことがわかります。左から揃えたので $\dim W_a=2$ で、$\boldsymbol{a}_1$、$\boldsymbol{a}_2$ を W_a の基底として取れることもわかります。

この基底 $\boldsymbol{a}_1$、$\boldsymbol{a}_2$、$\boldsymbol{b}_1$、$\boldsymbol{b}_2$ で、$\boldsymbol{a}_3$、$\boldsymbol{b}_3$ を表しましょう。$\boldsymbol{b}_3$ を表すには $\boldsymbol{b}_3=s\boldsymbol{b}_2+t\boldsymbol{b}_1+u\boldsymbol{a}_2+v\boldsymbol{a}_1$ とおき、4 行目から順に成分を見ていくと s、t、u、v の順に求まります。

$$\boldsymbol{a}_3=-3\boldsymbol{a}_1+2\boldsymbol{a}_2,\ \boldsymbol{b}_3=\boldsymbol{b}_2+\boldsymbol{b}_1+\boldsymbol{a}_2-\boldsymbol{a}_1$$

これから、$\boldsymbol{a}_2-\boldsymbol{a}_1=-\boldsymbol{b}_1-\boldsymbol{b}_2+\boldsymbol{b}_3\neq 0$ なので、これは $W_a\cap W_b$ の元です。

この元があるので、$W_a\cap W_b$ の次元は 1 次以上です。もともと $W_a\cap W_b\subset W_a$ ですが、$W_a\cap W_b$ の次元が 2 次であると仮定すると、W_a の次元も 2 次なので、第 5 章 p.132 の定理より $W_a=W_a\cap W_b$、さらに、$W_a\subset W_b$ であることになります。ところが $\boldsymbol{a}_1$ は $\boldsymbol{b}_1$、$\boldsymbol{b}_2$、$\boldsymbol{b}_3$ の 1 次結合で表すことができません(計算必要)から、$\boldsymbol{a}_1\notin W_b$ となり矛盾します。

よって、$W_a\cap W_b$ の次元は 1 で、$\boldsymbol{a}_2-\boldsymbol{a}_1=-\boldsymbol{b}_1-\boldsymbol{b}_2+\boldsymbol{b}_3$ が基底になります。

$W_a\cap W_b$ の次元を求めるところではずいぶんとてこずりました。次の公式を用いると $W_a\cap W_b$ の次元を確定することができるので、すんなり解くことができます。交空間、和空間の次元については、次の公式が成り立っています。

交空間、和空間の次元

W_1、W_2 を線形空間 V の部分空間とする。

$$\dim W_1 + \dim W_2 = \dim(W_1 \cap W_2) + \dim(W_1 + W_2)$$

が成り立つ。

上の例では、$\dim W_a = 2$、$\dim W_b = 3$、$\dim(W_a \cap W_b) = 1$、$\dim(W_a + W_b) = 4$ なので

$$\dim W_a + \dim W_b = \dim(W_a \cap W_b) + \dim(W_a + W_b)$$

が成り立っています。

［証明］ $W_1 \cap W_2$ の基底を $\boldsymbol{a}_1$、…、$\boldsymbol{a}_s$ とします。$\dim(W_1 \cap W_2) = s$

$W_1 \cap W_2 \subset W_1$ ですから、第5章p.117の下の定理により $\boldsymbol{a}_1$、…、$\boldsymbol{a}_s$ にベクトルを加えて W_1 の基底を作ることができます。加えたベクトルを $\boldsymbol{b}_1$、…、$\boldsymbol{b}_t$ であるとします。

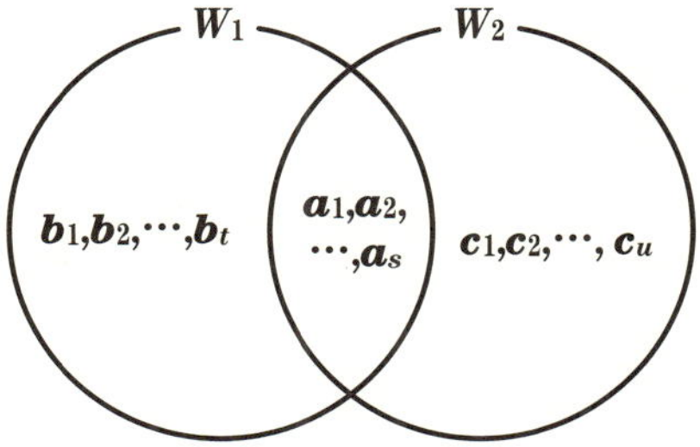

また、$\boldsymbol{a}_1$、…、$\boldsymbol{a}_s$ に $\boldsymbol{c}_1$、…、$\boldsymbol{c}_u$ を加えて W_2 の基底になるとします。

$$\dim W_1 = s + t、\dim W_2 = s + u、\dim W_1 + \dim W_2 = 2s + t + u \cdots\cdots①$$

このとき、$\boldsymbol{a}_1$、…、$\boldsymbol{a}_s$、$\boldsymbol{b}_1$、…、$\boldsymbol{b}_t$、$\boldsymbol{c}_1$、…、$\boldsymbol{c}_u$ が $W_1 + W_2$ の基底であることを示します。

［$W_1 + W_2$ の元が $\boldsymbol{a}_1$、…、$\boldsymbol{a}_s$、$\boldsymbol{b}_1$、…、$\boldsymbol{b}_t$、$\boldsymbol{c}_1$、…、$\boldsymbol{c}_u$ の1次結合で表されること］

$W_1 + W_2$ に含まれる任意の $\boldsymbol{x}$ は、$\boldsymbol{x}_1 \in W_1$、$\boldsymbol{x}_2 \in W_2$ となる $\boldsymbol{x}_1$、$\boldsymbol{x}_2$ によって、$\boldsymbol{x} = \boldsymbol{x}_1 + \boldsymbol{x}_2$ と表されます。$\boldsymbol{x}_1$ は W_1 の元なので、$\boldsymbol{a}_1$、…、$\boldsymbol{a}_s$、$\boldsymbol{b}_1$、…、$\boldsymbol{b}_t$ の1次結合で表され、$\boldsymbol{x}_2$ は W_2 の元なので、$\boldsymbol{a}_1$、…、$\boldsymbol{a}_s$、$\boldsymbol{c}_1$、…、$\boldsymbol{c}_u$ の1次結合で表されます。よって、$\boldsymbol{x} = \boldsymbol{x}_1 + \boldsymbol{x}_2$ は $\boldsymbol{a}_1$、…、$\boldsymbol{a}_s$、$\boldsymbol{b}_1$、…、$\boldsymbol{b}_t$、$\boldsymbol{c}_1$、…、$\boldsymbol{c}_u$ の1次結合で表されます。

[$\boldsymbol{a}_1$、…、$\boldsymbol{a}_s$、$\boldsymbol{b}_1$、…、$\boldsymbol{b}_t$、$\boldsymbol{c}_1$、…、$\boldsymbol{c}_u$ が線形独立であること]

$$x_1\boldsymbol{a}_1+\cdots+x_s\boldsymbol{a}_s+y_1\boldsymbol{b}_1+\cdots+y_t\boldsymbol{b}_t+z_1\boldsymbol{c}_1+\cdots+z_u\boldsymbol{c}_u=0$$

を満たす x_1、…、x_s、y_1、…、y_t、z_1、…z_u を求めます。

$$x_1\boldsymbol{a}_1+\cdots+x_s\boldsymbol{a}_s+y_1\boldsymbol{b}_1+\cdots+y_t\boldsymbol{b}_t=-(z_1\boldsymbol{c}_1+\cdots+z_u\boldsymbol{c}_u) \quad \cdots\cdots②$$

左辺は W_1 の元、右辺は W_2 の元ですから、この式が表す元は $W_1\cap W_2$ の元です。したがって、$\boldsymbol{a}_1$、…、$\boldsymbol{a}_s$ の１次結合で表すことができます。

$$w_1\boldsymbol{a}_1+\cdots+w_s\boldsymbol{a}_s=-(z_1\boldsymbol{c}_1+\cdots+z_u\boldsymbol{c}_u)$$
$$w_1\boldsymbol{a}_1+\cdots+w_s\boldsymbol{a}_s+z_1\boldsymbol{c}_1+\cdots+z_u\boldsymbol{c}_u=0$$

となります。

$\boldsymbol{a}_1$、…、$\boldsymbol{a}_s$、$\boldsymbol{c}_1$、…、$\boldsymbol{c}_u$ は W_2 の基底ですから、表現の一意性より、$z_1=\cdots=z_u=0$、$w_1=\cdots=w_s=0$ です。②で右辺が０になるので、$x_1=\cdots=x_s=y_1=\cdots=y_t=0$ となります。$\boldsymbol{a}_1$、…、$\boldsymbol{a}_s$、$\boldsymbol{b}_1$、…、$\boldsymbol{b}_t$、$\boldsymbol{c}_1$、…、$\boldsymbol{c}_u$ が線形独立であることが示されました。

よって、$\boldsymbol{a}_1$、…、$\boldsymbol{a}_s$、$\boldsymbol{b}_1$、…、$\boldsymbol{b}_t$、$\boldsymbol{c}_1$、…、$\boldsymbol{c}_u$ は W_1+W_2 の基底です。

$\dim(W_1+W_2)=s+t+u$ となるので、

$$\dim(W_1\cap W_2)+\dim(W_1+W_2)=s+s+t+u=2s+t+u \cdots\cdots③$$

①、③より、$\dim W_1+\dim W_2=\dim(W_1\cap W_2)+\dim(W_1+W_2)$

8 直和

W_1+W_2 は部分集合の足し算ですが、W_1 と W_2 の共通部分 $W_1\cap W_2$ があるため真の足し算にはなっていません。いわば、W_1、W_2 という 2 本のテープを張り合わせてつなげるとき、$W_1\cap W_2$ がのり代の部分です。のり代なしでつなげるときが次に定義される**直和**と呼ばれる部分空間の足し算になります。

直和のイメージ

例えば、空間($\boldsymbol{R}^3$)内で原点を通る平面 π と原点を通る直線 l(ただし、π に含まれない)の和空間 $\pi+l$ は直和であり、和空間は $\boldsymbol{R}^3$ になります (p.142 左図)。$\pi\cap l=\{\mathbf{0}\}$ で“のり代”がありません。

直和である $\boldsymbol{R}^3$ に含まれるベクトルは、π のベクトルと l のベクトルの和で一意的に表されます。

一方、空間($\boldsymbol{R}^3$)内で原点を通る異なる 2 平面 π_1、π_2 の場合、和空間 $\pi_1+\pi_2$ は直和ではありません(下右図)。$\pi_1\cap\pi_2$ は直線になり、要素は $\mathbf{0}$ だけではありません。$\boldsymbol{R}^3$ に含まれるベクトルを、π_1 のベクトルと π_2 のベクトルの和で表すとき、表し方は無数にあります。

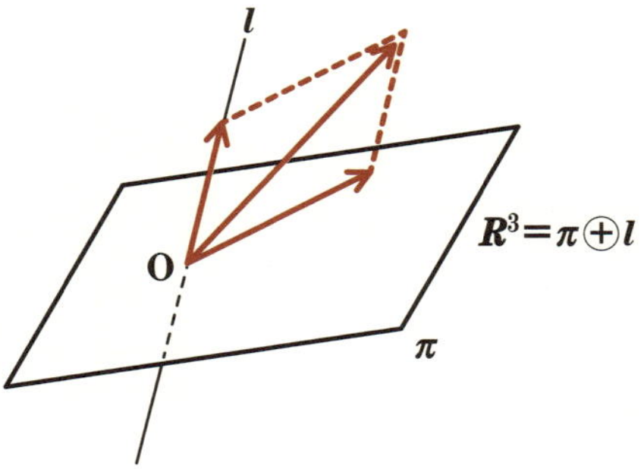

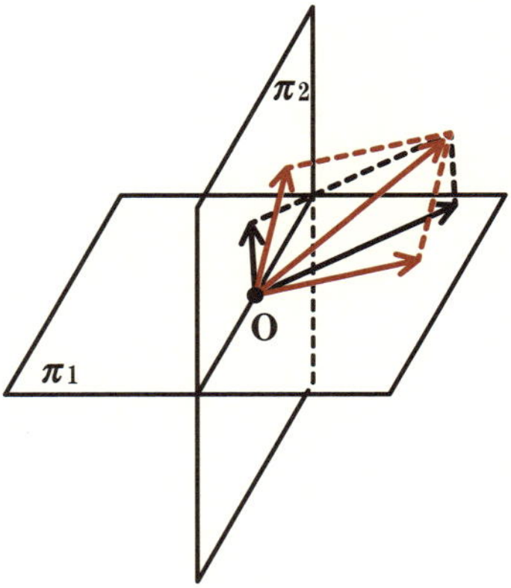

直和（2 個の部分空間）

線形空間 V の部分空間 W_1、W_2 が

$$W_1 \cap W_2 = \{0\}$$

を満たすとき、W_1+W_2 を直和といい、$W_1 \oplus W_2$ で表す。また、V の部分空間 U が $U=W_1 \oplus W_2$ と表されるとき、$W_1 \oplus W_2$ を U の直和分解という。

これについて、次の定理が成り立ちます。

定理　直和（2 つの部分空間）

線形空間 V の部分空間 W_1、W_2、U に関して、$U=W_1+W_2$ が成り立っているとき、次の 3 つは同値である。

(1)　$U=W_1 \oplus W_2$

(2)　$\dim U=\dim W_1+\dim W_2$

(3)　U の任意の元 $\boldsymbol{x}$ について、$\boldsymbol{x}_1 \in W_1$、$\boldsymbol{x}_2 \in W_2$ となる $\boldsymbol{x}_1$、$\boldsymbol{x}_2$ を用いて、$\boldsymbol{x}=\boldsymbol{x}_1+\boldsymbol{x}_2$ と表す表し方はただ 1 通りである。

この 3 つが同値ですから、(3)を直和の定義にする場合もあります。

(1)、(2)、(3)の条件が同値であることを証明しておきましょう。

［証明］ ［(1) $\Leftrightarrow$ (2)］

$$U=W_1\oplus W_2 \quad \Leftrightarrow \quad W_1\cap W_2=\{\mathbf{0}\} \quad \Leftrightarrow \quad \dim(W_1\cap W_2)=0$$

ですから、

$$\dim U=\dim(W_1+W_2)=\dim W_1+\dim W_2-\dim(W_1\cap W_2)$$

p.139 次元公式

を用いると、

$$\dim(W_1\cap W_2)=0 \quad \Leftrightarrow \quad \dim U=\dim W_1+\dim W_2$$

(1)と(2)は同値な条件です。

［(1) $\Leftrightarrow$ (3)］

($\Longrightarrow$)から示します。

$W_1\cap W_2=\{\mathbf{0}\}$のとき、もしも$U$の元$\boldsymbol{x}$が、

$$\boldsymbol{x}=\boldsymbol{x}_1+\boldsymbol{x}_2,\ \boldsymbol{x}=\boldsymbol{y}_1+\boldsymbol{y}_2 \quad (\boldsymbol{x}_1, \boldsymbol{y}_1\in W_1,\ \boldsymbol{x}_2, \boldsymbol{y}_2\in W_2)$$

と2通りに表されたとすると、

$$\boldsymbol{x}_1+\boldsymbol{x}_2=\boldsymbol{y}_1+\boldsymbol{y}_2 \qquad \therefore \quad \boldsymbol{x}_1-\boldsymbol{y}_1=\boldsymbol{y}_2-\boldsymbol{x}_2$$

となりますが、左辺はW_1の元、右辺はW_2の元なので、この式は$W_1\cap W_2$の元であり、$\mathbf{0}$です。

つまり、$\boldsymbol{x}_1=\boldsymbol{y}_1$、$\boldsymbol{x}_2=\boldsymbol{y}_2$となり矛盾します。$\boldsymbol{x}$の表し方は1通りです。

($\Longleftarrow$)を示します。

$U=W_1+W_2$の元$\boldsymbol{x}$を$\boldsymbol{x}=\boldsymbol{x}_1+\boldsymbol{x}_2$ $(\boldsymbol{x}_1\in W_1, \boldsymbol{x}_2\in W_2)$と表す表し方が1通りであるとします。もしも$\boldsymbol{x}\in W_1\cap W_2$、$\boldsymbol{x}\neq\mathbf{0}$となる$\boldsymbol{x}$が存在すると、$\boldsymbol{x}=\boldsymbol{x}+\mathbf{0}$、$\boldsymbol{x}=\mathbf{0}+\boldsymbol{x}$と2通りの表し方があることになり矛盾します。つまり、$W_1\cap W_2=\{\mathbf{0}\}$であり、$U=W_1\oplus W_2$です。

Vの部分空間W_1、W_2、W_3があって、W_iと「他の2つの和空間」との交空間が$\{\mathbf{0}\}$のとき($W_1\cap(W_2+W_3)=\{\mathbf{0}\}$、$W_2\cap(W_1+W_3)=\{\mathbf{0}\}$、$W_3\cap(W_1+W_2)=\{\mathbf{0}\}$)、3つの部分空間の直和$W_1\oplus W_2\oplus W_3$が考えられます。

部分空間の個数を3個以上にした場合も2個の場合と同様の性質が成り立ちます。

例えば、空間内の3本の直線l、m、n(ただし、方向ベクトルが線形独立)に関する和空間$l+m+n$は直和で、$\boldsymbol{R}^3$に等しくなります。$\boldsymbol{R}^3$の任意のベクトルは、l、m、nのベクトルの和で一意的に表されます。

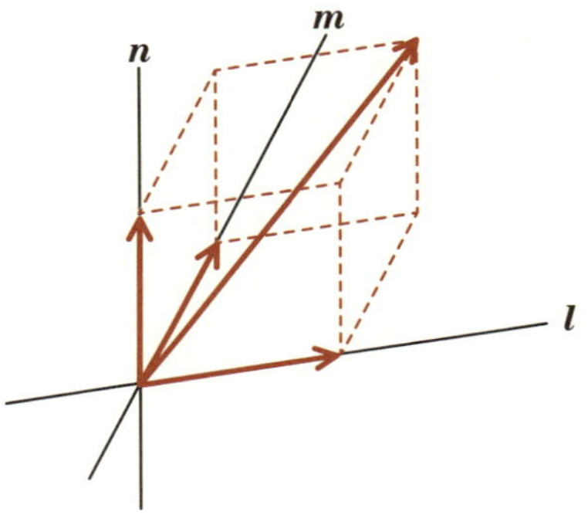

$\boldsymbol{R}^3 = \boldsymbol{l} \oplus \boldsymbol{m} \oplus \boldsymbol{n}$

直和($\boldsymbol{n}$個の部分空間)

線形空間Vの部分空間$W_i(i=1, 2, \cdots, n)$が

$$W_i \cap (W_1 + \cdots + W_{i-1} + W_{i+1} + \cdots + W_n) = \{0\} \quad \cdots\cdots①$$

(W_1からW_nのうち、W_iを抜いて和をとる)

を満たすとき、$W_1+W_2+\cdots+W_n$を直和といい、$W_1 \oplus W_2 \oplus \cdots \oplus W_n$で表す。また、$V$の部分空間$U$が$U=W_1 \oplus W_2 \oplus \cdots \oplus W_n$と表されるとき、$W_1 \oplus W_2 \oplus \cdots \oplus W_n$を$U$の**直和分解**という。

これについて、次が成り立ちます。

定理　直和（n 個の部分空間）

線形空間 V の部分空間 $W_i(i=1, 2, \cdots, n)$、U に関して、

$U=W_1+W_2+\cdots+W_n$ が成り立っているとき、

次の3つは同値である。

(1)　$U=W_1 \oplus W_2 \oplus \cdots \oplus W_n$

(2)　$\dim U=\dim W_1+\dim W_2+\cdots+\dim W_n$

(3)　U の任意の元 $\boldsymbol{x}$ について、$\boldsymbol{x}_i \in W_i$ となる $\boldsymbol{x}_i$ を用いて、

$\boldsymbol{x}=\boldsymbol{x}_1+\boldsymbol{x}_2+\cdots+\boldsymbol{x}_n$ と表す表し方はただ1通りである。

証明には帰納法を用います。$n=2$ のときは、前の定理により O.K. です。あとは、$n=k$ のときの成立を仮定し、$n=k+1$ のときの成立を示すのに、$U=(W_1 \oplus W_2 \oplus \cdots \oplus W_k)+W_{k+1}$ として前の定理を用いることで、証明することができます。

9 商空間

一般に、集合 S があり、S の 2 つの元 A、B に対して、ある条件を満たすとき、「$A \sim B$」と表すものとします。この「$\sim$」という関係が次の 3 つを満たすとき、「$\sim$」は**同値関係**と呼ばれます。

（i） $A \sim A$（反射律）

（ii） $A \sim B$ ならば、$B \sim A$（対称律）

（iii） $A \sim B$、$B \sim C$ ならば、$A \sim C$（推移律）

例えば、S として地球に住む人間の集合を考えます。A さんと B さんの国籍が同じであるとき、「$A \sim B$」と表すことにします。すると、「$\sim$」は、反射律、対称律、推移律のすべてを満たしますから、「$\sim$」は同値関係です。

集合の 2 つの元に同値関係を考えることができるとき、集合は「$\sim$」が成り立つ元どうしを集めてグループに分けることができます。「$\sim$（国籍が同じ）」の例であれば、国籍が同じ人どうしを集めてグループにすることができます。このように同値関係が成り立つ元どうしを集めたグループ（部分集合）を**同値類**といいます。集合に同値関係が入っているとき、集合を同値類に分類できるのです。

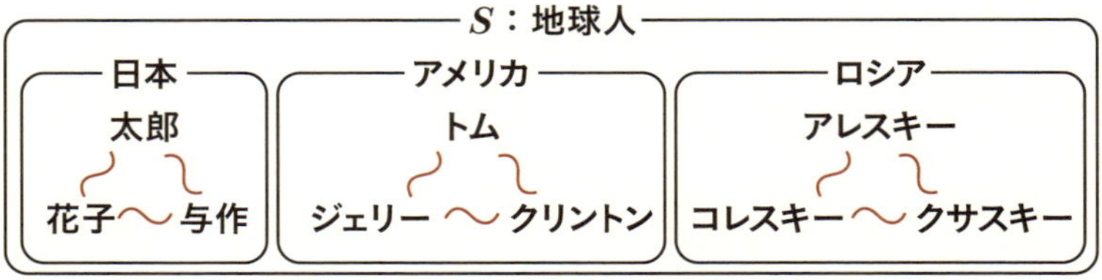

数学的な例を挙げましょう。

Z を整数の集合とします。また、整数 a、b に対して $a-b$ が m の倍数のとき、「$a \equiv b$」と表すことにします。

$$a \equiv b \iff a-b \text{ が } m \text{ の倍数である}$$

すると、「≡」は集合Zの同値関係になります。

［確かめ］

（ｉ）（反射律）　$a-a$は0なのでmの倍数であり、$a\equiv a$

（ii）（対称律）　$a\equiv b \iff a-b$がmの倍数

　このとき、$b-a=-(a-b)$もmの倍数ですから、$b\equiv a$

（iii）（推移律）　$a\equiv b$、$b\equiv c \iff a-b$、$b-c$がmの倍数

　このとき、$a-c=(a-b)+(b-c)$がmの倍数なので、$a\equiv c$

$a-b$がmの倍数であることは、aをmで割った余りとbをmで割った余りが等しいことと同じです。ですから、整数の集合Zは同値関係「≡」によって、mで割った余りが等しい数どうしを集めた同値類に分かれます。この同値類は、mで割った余りによる同値類なので、剰余類と呼ばれます。

同値類から1つの元を選んで代表とするとき、その元のことを**代表元**といいます。mで割った余りは0、1、…、$m-1$ですから、これらを代表元に取ることができます。

同値類を代表元にバーをつけて、$\overline{0}$、$\overline{1}$、…、$\overline{m-1}$と表します。$\overline{1}$はmで割って1余る整数の集合です。整数はmで割った余りによって分類されますから、

$$\boldsymbol{Z}=\overline{0}\cup\overline{1}\cup\cdots\cup\overline{m-1}$$

となります。

整数の集合$\boldsymbol{Z}$に対して、mの倍数の集合を$m\boldsymbol{Z}$で表します。すると、

$$a\equiv b \quad \iff \quad a-b\in m\boldsymbol{Z}$$

となっています。Zに対して、$a-b\in m\boldsymbol{Z}$によって定まる同値関係による同値類の集合を$\boldsymbol{Z}/m\boldsymbol{Z}$で表します。

$$\boldsymbol{Z}/m\boldsymbol{Z}=\{\overline{0}, \overline{1}, \cdots, \overline{m-1}\}$$

となります。また、mで割ってi余る集合を

$$i+m\boldsymbol{Z}=\{i+x \mid x\in m\boldsymbol{Z}\}$$

と表すことにします。$\bar{i}=i+m\boldsymbol{Z}$ です。すると剰余類は、

$$Z/m\boldsymbol{Z}=\{0+m\boldsymbol{Z}, 1+m\boldsymbol{Z}, \cdots, m-1+m\boldsymbol{Z}\}$$

とも表されます。

集合を線形空間として、整数の場合と同じようにして同値類を作りましょう。そうしてできた同値類の集合を**商空間**といいます。空間と呼ぶのは、同値類の集合がまた線形空間になっているからです。

定理　商空間

Vを線形空間、WをVの部分空間とする。

Vの2つの元$\boldsymbol{x}$、$\boldsymbol{y}$に対して、関係「〜」を

$$\boldsymbol{x}\sim\boldsymbol{y} \iff \boldsymbol{x}-\boldsymbol{y}\in W$$

と定める。すると、「〜」はVの同値関係になり、Vの「〜」による同値類の集合V/Wは線形空間になる。

「〜」が同値関係であることから確かめていきましょう。

（i）（反射律）　$\boldsymbol{x}-\boldsymbol{x}=0\in W$なので、$\boldsymbol{x}\sim\boldsymbol{x}$

（ii）（対称律）　$\boldsymbol{x}\sim\boldsymbol{y} \iff \boldsymbol{x}-\boldsymbol{y}\in W$

このとき、$\boldsymbol{y}-\boldsymbol{x}=-(\boldsymbol{x}-\boldsymbol{y})\in W$ですから、$\boldsymbol{y}\sim\boldsymbol{x}$

（iii）（推移律）　$\boldsymbol{x}\sim\boldsymbol{y}, \boldsymbol{y}\sim\boldsymbol{z} \iff \boldsymbol{x}-\boldsymbol{y}, \boldsymbol{y}-\boldsymbol{z}\in W$

このとき、$\boldsymbol{x}-\boldsymbol{z}=(\boldsymbol{x}-\boldsymbol{y})+(\boldsymbol{y}-\boldsymbol{z})\in W$なので、$\boldsymbol{x}\sim\boldsymbol{z}$

ここで、Vの固定した元$\boldsymbol{a}$に対して、

$$\boldsymbol{a}+W=\{\boldsymbol{a}+\boldsymbol{w} \mid \boldsymbol{w}\in W\}$$

と集合を定めます。これが「〜」による同値類になっていることを確かめてみましょう。

(ア) [1つの集合に含まれる2元に「〜」の関係があること]

$\boldsymbol{a}_1$、$\boldsymbol{a}_2 \in \boldsymbol{a}+W$ であれば、$\boldsymbol{a}_1=\boldsymbol{a}+\boldsymbol{w}_1(\boldsymbol{w}_1 \in W)$、$\boldsymbol{a}_2=\boldsymbol{a}+\boldsymbol{w}_2(\boldsymbol{w}_2 \in W)$ と表せるので、

$$\boldsymbol{a}_1-\boldsymbol{a}_2=(\boldsymbol{a}+\boldsymbol{w}_1)-(\boldsymbol{a}+\boldsymbol{w}_2)=\boldsymbol{w}_1-\boldsymbol{w}_2 \in W$$

より、$\boldsymbol{a}_1 \sim \boldsymbol{a}_2$ となります。

(イ) [2元に「〜」の関係があれば、同じ集合に含まれていること]

また、$\boldsymbol{a}_1 \sim \boldsymbol{a}_2$ つまり、$\boldsymbol{a}_1-\boldsymbol{a}_2 \in W$ であれば、W のある元 $\boldsymbol{w}$ があって、$\boldsymbol{a}_1-\boldsymbol{a}_2=\boldsymbol{w}$ となることより、$\boldsymbol{a}_1=\boldsymbol{a}_2+\boldsymbol{w}$ ですから、 $\boldsymbol{a}_1 \in \boldsymbol{a}_2+W$ です。

$\boldsymbol{a}_2=\boldsymbol{a}_2+\boldsymbol{0}$ ですから、$\boldsymbol{a}_2 \in \boldsymbol{a}_2+W$。$\boldsymbol{a}_1$ と $\boldsymbol{a}_2$ は同じ集合 $\boldsymbol{a}_2+W$ に含まれます。

(ア)、(イ)より $\boldsymbol{a}+W$ は同値類です。

$\boldsymbol{a}$ は、$\boldsymbol{a}+0 \in \boldsymbol{a}+W$ ですから、$\boldsymbol{a}$ は同値類 $\boldsymbol{a}+W$ に含まれる元であることを確認しておきます。後で用います。

次に、同値類を元にもつ集合

$$V/W=\{\boldsymbol{x}+W \mid \boldsymbol{x} \in V\}$$

を考えます。V/W の元は、x を具体的にした $\boldsymbol{a}_1+W, \boldsymbol{a}_2+W, \cdots,$ です。

この集合の元、すなわち同値類に対して、和「+」とスカラー倍「c 倍」を

$$(\boldsymbol{a}+W)+(\boldsymbol{b}+W)=(\boldsymbol{a}+\boldsymbol{b})+W、c(\boldsymbol{a}+W)=c\boldsymbol{a}+W$$

と定めます。すると、和に関して結合法則、交換法則が成り立ち、$\boldsymbol{0}+W$ が零ベクトルです。$\boldsymbol{x}+W$ に対する逆ベクトルは $(-\boldsymbol{x})+W$ になります。和とスカラー倍について分配法則が成り立ちますから、V/W では線形空間になります。

これだけだと、W の手前の記号で計算をしているだけで、V とどこが違うのかと思ってしまいます。V/W では、差が W に含まれる2つの元 $\boldsymbol{a}_1, \boldsymbol{a}_2(\boldsymbol{a}_1-\boldsymbol{a}_2 \in$

W)から作られる a_1+W と a_2+W を同一視しているところが V と違うところです。

$V/W=\{\boldsymbol{x}+W \mid \boldsymbol{x}\in V\}$ と書きましたが、W の任意の元 $\boldsymbol{w}$ に対して、

$$\boldsymbol{a}+W=\boldsymbol{a}+\boldsymbol{w}+W \qquad \cdots\cdots①$$

が成り立ちますから、V の異なる2つの元 $\boldsymbol{a}_1$、$\boldsymbol{a}_2$ に対して、$\boldsymbol{a}_1+W=\boldsymbol{a}_2+W$ と等しくなることがあります。

$\boldsymbol{x}$ がすべての V の元を動くとき、$\boldsymbol{x}+W$ には重複があるわけです。

［①が成り立つことの確かめ］

$\boldsymbol{a}+\boldsymbol{w}_1\in\boldsymbol{a}+W$ とすると、$\boldsymbol{a}+\boldsymbol{w}_1=\boldsymbol{a}+\boldsymbol{w}+(\boldsymbol{w}_1-\boldsymbol{w})\in\boldsymbol{a}+\boldsymbol{w}+W$ より、

$\boldsymbol{a}+W\subset\boldsymbol{a}+\boldsymbol{w}+W$

また、$\boldsymbol{a}+\boldsymbol{w}+\boldsymbol{w}_2\in\boldsymbol{a}+\boldsymbol{w}+W$ とすると、

$\boldsymbol{a}+\boldsymbol{w}+\boldsymbol{w}_2=\boldsymbol{a}+(\boldsymbol{w}+\boldsymbol{w}_2)\in\boldsymbol{a}+W$ より、$\boldsymbol{a}+\boldsymbol{w}+W\subset\boldsymbol{a}+W$

よって、$\boldsymbol{a}+W=\boldsymbol{a}+\boldsymbol{w}+W$

3次元空間の場合で例を見てみましょう。

$V=\boldsymbol{R}^3$ として、W として原点を通る直線 l を考えます。この直線の方向ベクトルを $\boldsymbol{a}$ とします。V/W は、$\boldsymbol{x}-\boldsymbol{y}$ が $W(=l)$ に含まれる（$\boldsymbol{a}$ に平行である）ときに $\boldsymbol{x}$ と $\boldsymbol{y}$ を同一視してできる線形空間です（下左図）。l_1、l_2 が $\boldsymbol{a}$ に平行であるとし、$\boldsymbol{x}_1$、$\boldsymbol{y}_1$ が l_1 上に、$\boldsymbol{x}_2$、$\boldsymbol{y}_2$ が l_2 上にあれば、ベクトル $\boldsymbol{x}_1-\boldsymbol{y}_1$、$\boldsymbol{x}_2-\boldsymbol{y}_2$ は $\boldsymbol{a}$ に平行で l に含まれます。$\boldsymbol{x}_1$ と $\boldsymbol{y}_1$、$\boldsymbol{x}_2$ と $\boldsymbol{y}_2$ は V/W の元として同一視できます。

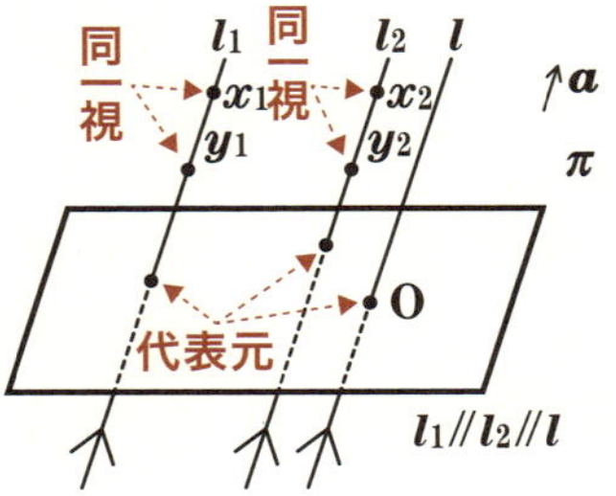

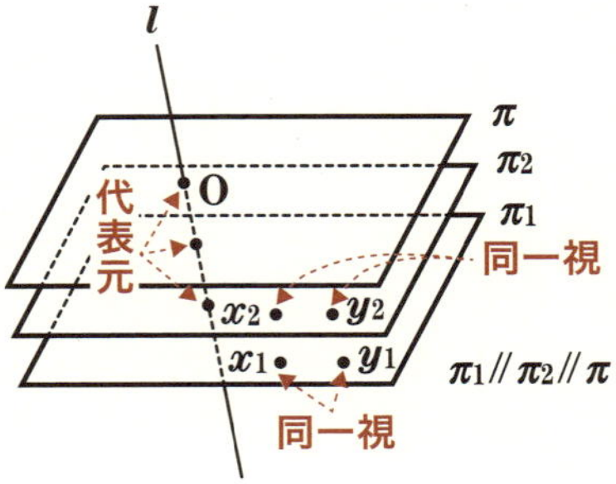

代表元として平面 π（l と平行でない平面）の点を取ることができます。つまり、

π 上の点を V/W の元であると考えることができます。すると、平面 π が線形空間であることから、V/W が線形空間であることが実感できるでしょう。代表元の取り方は他にもありますが、ある程度整頓した取り方をしないと理解の助けになりません。なお、平面 π は l と平行でなければどんな取り方でもかまいません。

今度は、W として原点を通る平面 π を取ってみましょう。V/W は $\boldsymbol{x}-\boldsymbol{y}$ が π に含まれるときに $\boldsymbol{x}$ と $\boldsymbol{y}$ を同一視してできる線形空間です(上右図)。π_1、π_2 が π に平行であるとし、$\boldsymbol{x}_1$、$\boldsymbol{y}_1$ が π_1 上にあり、x_2 と y_2 が π_2 上にあれば、x_1-y、x_2-y_2 は $\pi(=W)$ に含まれます。x_1 と y_1、x_2 と y_2 は V/W の元として同一視されます。直線 l を平面 π に含まれない原点を通る直線とすると、l 上の点を代表元として取ることができます。

例で確かめてみましょう。

問題　線形空間 $\boldsymbol{V}$、$\boldsymbol{W}$ をそれぞれ以下のようにした場合、$\boldsymbol{V}/\boldsymbol{W}$ の基底と次元を求めよ。

(1)　$V=\boldsymbol{R}^3$、$W=<\begin{pmatrix}2\\1\\-1\end{pmatrix}>$　(2)　$V=\boldsymbol{R}^4$、$W=<\begin{pmatrix}1\\-1\\2\\3\end{pmatrix},\begin{pmatrix}2\\1\\1\\2\end{pmatrix}>$

$<\boldsymbol{a}_1, \cdots, \boldsymbol{a}_n>$：$\boldsymbol{a}_1, \cdots, \boldsymbol{a}_n$ が基底となる線形空間

(1)　$\boldsymbol{a}=\begin{pmatrix}2\\1\\-1\end{pmatrix}$ にベクトルを加えて V の基底になるようにします。

標準基底 $\boldsymbol{e}_1=\begin{pmatrix}1\\0\\0\end{pmatrix}$、$\boldsymbol{e}_2=\begin{pmatrix}0\\1\\0\end{pmatrix}$ を取れば、$\boldsymbol{a}$、$\boldsymbol{e}_1$、$\boldsymbol{e}_2$ は V の基底になります。

$$\boldsymbol{e}_1+W=\{\boldsymbol{e}_1+\boldsymbol{w} \mid \boldsymbol{w}\in W\}、\boldsymbol{e}_2+W=\{\boldsymbol{e}_2+\boldsymbol{w} \mid \boldsymbol{w}\in W\}$$

と定めると、これが V/W の基底になることを示します。

V/W の任意の元は、V のある元 x を用いて $x+W$ と表すことができます。

$\boldsymbol{x}=\begin{pmatrix}x_1\\x_2\\x_3\end{pmatrix}$ とおくと $\boldsymbol{x}+W$ は、

$$\begin{pmatrix}x_1\\x_2\\x_3\end{pmatrix}+W=\left(\begin{pmatrix}x_1\\x_2\\x_3\end{pmatrix}+x_3\begin{pmatrix}2\\1\\-1\end{pmatrix}\right)+W=\begin{pmatrix}x_1+2x_3\\x_2+x_3\\0\end{pmatrix}+W$$

p.150 ①

第3成分が0になるようにWの元を加えて調製した

$$=(x_1+2x_3)\begin{pmatrix}1\\0\\0\end{pmatrix}+(x_2+x_3)\begin{pmatrix}0\\1\\0\end{pmatrix}+W$$

$$=(x_1+2x_3)\boldsymbol{e}_1+(x_2+x_3)\boldsymbol{e}_2+W$$

$$=((x_1+2x_3)\boldsymbol{e}_1+W)+((x_2+x_3)\boldsymbol{e}_2+W)$$ （同値類の和の定義）

$$=(x_1+2x_3)(\boldsymbol{e}_1+W)+(x_2+x_3)(\boldsymbol{e}_2+W)$$ （同値類の定数倍の定義）

と、V/Wの任意の元は$\boldsymbol{e}_1+W$、$\boldsymbol{e}_2+W$の1次結合で表されます。また、

$$x(\boldsymbol{e}_1+W)+y(\boldsymbol{e}_2+W)=\boldsymbol{0}+W$$

$$x\boldsymbol{e}_1+y\boldsymbol{e}_2+W=W$$

を満たすx、yを求めましょう。これより、$x\boldsymbol{e}_1+y\boldsymbol{e}_2\in W$となり、

$$x\boldsymbol{e}_1+y\boldsymbol{e}_2=z\boldsymbol{a} \qquad \therefore \qquad x\boldsymbol{e}_1+y\boldsymbol{e}_2-z\boldsymbol{a}=0$$

$\boldsymbol{a}$、$\boldsymbol{e}_1$、$\boldsymbol{e}_2$はVの基底なので、$x=0$、$y=0(z=0)$ですから、$\boldsymbol{e}_1+W$、$\boldsymbol{e}_2+W$は線形独立です。

したがって、$\boldsymbol{e}_1+W$、$\boldsymbol{e}_2+W$はV/Wの基底です。$\dim(V/W)=2$

(2)　$\boldsymbol{a}=\begin{pmatrix}1\\-1\\2\\3\end{pmatrix}$、$\boldsymbol{b}=\begin{pmatrix}2\\1\\1\\2\end{pmatrix}$にベクトルを加えて$V$の基底を作ります。標準基底

$\boldsymbol{e}_1=\begin{pmatrix}1\\0\\0\\0\end{pmatrix}$、$\boldsymbol{e}_2=\begin{pmatrix}0\\1\\0\\0\end{pmatrix}$を取ると、$\boldsymbol{a}$、$\boldsymbol{b}$、$\boldsymbol{e}_1$、$\boldsymbol{e}_2$は$V$の基底になります。

試験のときは、この事実を示してから進めましょう。

この事実を用いると、次の定理のようにも証明できます。

$$\boldsymbol{e}_1+W=\{\boldsymbol{e}_1+\boldsymbol{w}\mid\boldsymbol{w}\in W\}、\boldsymbol{e}_2+W=\{\boldsymbol{e}_2+\boldsymbol{w}\mid\boldsymbol{w}\in W\}$$

と定めると、これがV/Wの基底になることを示します。

V/Wの任意の元は、Vのある元$\boldsymbol{x}$を用いて、$\boldsymbol{x}+W$と表せます。$\boldsymbol{x}=\begin{pmatrix}x_1\\x_2\\x_3\\x_4\end{pmatrix}$と

おくと$\boldsymbol{x}+W$は、任意の実数x、yについて、

$$\begin{pmatrix} x_1 \\ x_2 \\ x_3 \\ x_4 \end{pmatrix} + W = \begin{pmatrix} x_1 \\ x_2 \\ x_3 \\ x_4 \end{pmatrix} + x\begin{pmatrix} 1 \\ -1 \\ 2 \\ 3 \end{pmatrix} + y\begin{pmatrix} 2 \\ 1 \\ 1 \\ 2 \end{pmatrix} + W$$

p.150 ①

となります。ここで、右辺の第3成分、第4成分が0になるように x、y を決めましょう。

$\begin{pmatrix} x_3 \\ x_4 \end{pmatrix} + \begin{pmatrix} 2 & 1 \\ 3 & 2 \end{pmatrix}\begin{pmatrix} x \\ y \end{pmatrix} = \begin{pmatrix} 0 \\ 0 \end{pmatrix}$ を解いて、$x = -2x_3 + x_4$、$y = 3x_3 - 2x_4$

$\begin{pmatrix} x \\ y \end{pmatrix} = \begin{pmatrix} -2 & -1 \\ -3 & -2 \end{pmatrix}^{-1}\begin{pmatrix} x_3 \\ x_4 \end{pmatrix}$

よって、

$$\begin{aligned}
\begin{pmatrix} x_1 \\ x_2 \\ x_3 \\ x_4 \end{pmatrix} + W &= \begin{pmatrix} x_1 \\ x_2 \\ x_3 \\ x_4 \end{pmatrix} + (-2x_3 + x_4)\begin{pmatrix} 1 \\ -1 \\ 2 \\ 3 \end{pmatrix} + (3x_3 - 2x_4)\begin{pmatrix} 2 \\ 1 \\ 1 \\ 2 \end{pmatrix} + W \\
&= \begin{pmatrix} x_1 - 2x_3 + x_4 + 6x_3 - 4x_4 \\ x_2 + 2x_3 - x_4 + 3x_3 - 2x_4 \\ 0 \\ 0 \end{pmatrix} + W = \begin{pmatrix} x_1 + 4x_3 - 3x_4 \\ x_2 + 5x_3 - 3x_4 \\ 0 \\ 0 \end{pmatrix} + W \\
&= (x_1 + 4x_3 - 3x_4)(\boldsymbol{e}_1 + W) + (x_2 + 5x_3 - 3x_4)(\boldsymbol{e}_2 + W)
\end{aligned}$$

となり、V/W の任意の元は $\boldsymbol{e}_1 + W$、$\boldsymbol{e}_2 + W$ の1次結合で表されます。

また、

$$x(\boldsymbol{e}_1 + W) + y(\boldsymbol{e}_2 + W) = \mathbf{0} + W$$
$$x\boldsymbol{e}_1 + y\boldsymbol{e}_2 + W = W$$

を満たす x、y を求めましょう。これより、$x\boldsymbol{e}_1 + y\boldsymbol{e}_2 \in W$ となるので、実数 z、w があって、

$$x\boldsymbol{e}_1 + y\boldsymbol{e}_2 = z\boldsymbol{a} + w\boldsymbol{b} \qquad \therefore \quad x\boldsymbol{e}_1 + y\boldsymbol{e}_2 - z\boldsymbol{a} - w\boldsymbol{b} = \mathbf{0}$$

$\boldsymbol{a}$、$\boldsymbol{b}$、$\boldsymbol{e}_1$、$\boldsymbol{e}_2$ は V の基底なので、$x=0$、$y=0$($z=0$、$w=0$)ですから、$\boldsymbol{e}_1 + W$、$\boldsymbol{e}_2 + W$ は1次独立です。

したがって、$\boldsymbol{e}_1 + W$、$\boldsymbol{e}_2 + W$ は V/W の基底です。$\dim(V/W) = 2$

これから予想できるように次が成り立ちます。この定理の証明をなぞって上の

問題を解答することもできます。(2) の解答のように、第3成分、第4成分を0にするための計算をしなくてもよいことになります。それでも、$\boldsymbol{a}$、$\boldsymbol{b}$、$\boldsymbol{e}_1$、$\boldsymbol{e}_2$ が V の基底となることは具体的に示しておかなければなりません。

定理　商空間の次元

V を線形空間、W を V の部分空間とすると、

$$\dim(V/W)=\dim V-\dim W$$

［証明］ W の基底を $\boldsymbol{e}_1$、…、$\boldsymbol{e}_s$ とします。これにベクトル $\boldsymbol{e}_{s+1}$、…、$\boldsymbol{e}_{s+t}$ を加えて V の基底を作ります(第5章 p.117 の定理)。このとき、

$$\boldsymbol{e}_{s+1}+W、\cdots、\boldsymbol{e}_{s+t}+W$$

が V/W の基底になることを示します。

V/W の任意の元 $\boldsymbol{x}+W$ を取ります。$\boldsymbol{x}$ は V の元であり、$\boldsymbol{e}_1$、…、$\boldsymbol{e}_s$、$\boldsymbol{e}_{s+1}$、…、$\boldsymbol{e}_{s+t}$ は V の基底なので、

$$\boldsymbol{x}=x_1\boldsymbol{e}_1+x_2\boldsymbol{e}_2+\cdots+x_s\boldsymbol{e}_s+x_{s+1}\boldsymbol{e}_{s+1}+\cdots+x_{s+t}\boldsymbol{e}_{s+t}$$

となる x_1、…、x_{s+t} を取ることができます。

$$\begin{aligned}\boldsymbol{x}+W&=\underbrace{x_1\boldsymbol{e}_1+x_2\boldsymbol{e}_2+\cdots+x_s\boldsymbol{e}_s}_{W\text{ の元}}+x_{s+1}\boldsymbol{e}_{s+1}+\cdots+x_{s+t}\boldsymbol{e}_{s+t}+W\\&=x_{s+1}\boldsymbol{e}_{s+1}+\cdots+x_{s+t}\boldsymbol{e}_{s+t}+W\\&=x_{s+1}(\boldsymbol{e}_{s+1}+W)+\cdots+x_{s+t}(\boldsymbol{e}_{s+t}+W)\end{aligned}$$

← p.150 の①

任意の V/W の元は $\boldsymbol{e}_{s+1}+W$、…、$\boldsymbol{e}_{s+t}+W$ の1次結合で表されます。
また、

$$\begin{aligned}&x_{s+1}(\boldsymbol{e}_{s+1}+W)+\cdots+x_{s+t}(\boldsymbol{e}_{s+t}+W)=\boldsymbol{0}+W\\ \Leftrightarrow\quad&x_{s+1}\boldsymbol{e}_{s+1}+\cdots+x_{s+t}\boldsymbol{e}_{s+t}+W=W\\ \Leftrightarrow\quad&x_{s+1}\boldsymbol{e}_{s+1}+\cdots+x_{s+t}\boldsymbol{e}_{s+t}\in W\\ \Leftrightarrow\quad&x_{s+1}\boldsymbol{e}_{s+1}+\cdots+x_{s+t}\boldsymbol{e}_{s+t}=x_1\boldsymbol{e}_1+\cdots+x_s\boldsymbol{e}_s\\ \Leftrightarrow\quad&-x_1\boldsymbol{e}_1-\cdots-x_s\boldsymbol{e}_s+x_{s+1}\boldsymbol{e}_{s+1}+\cdots+x_{s+t}\boldsymbol{e}_{s+t}=\boldsymbol{0}\end{aligned}$$

となりますが、$\boldsymbol{e}_1$、…、$\boldsymbol{e}_s$、$\boldsymbol{e}_{s+1}$、…、$\boldsymbol{e}_{s+t}$ は V の基底なので、$x_{s+1}=0$、…、$x_{s+t}=0$ です。

よって、$\boldsymbol{e}_{s+1}+W$、…、$\boldsymbol{e}_{s+t}+W$ は $V／W$ の基底になります。$\dim(V／W)=t$、$\dim V=s+t$、$\dim W=s$ なので、$\dim(V／W)=\dim V-\dim W$ が成り立ちます。

10 シュミットの直交化法

ここから5章の最後までは空間の性質を内積の計算で捉える話になります。

$\boldsymbol{R}^n$ の標準基底 $\boldsymbol{e}_1, \boldsymbol{e}_2, \cdots, \boldsymbol{e}_n$ は、

$$|\boldsymbol{e}_i|=1 \qquad \boldsymbol{e}_i \cdot \boldsymbol{e}_j=0 \quad (i \neq j) \quad \cdots\cdots ①$$

$e_i=\begin{pmatrix} 0 \\ \vdots \\ 1 \\ \vdots \\ 0 \end{pmatrix} < i$

というように、すべてのベクトルの大きさが1で、互いに直交しています。

このような性質を持つ基底を、**正規直交基底**といいます。

正規直交基底は、標準基底以外にも無数にあります。例えば、平面ベクトル($\boldsymbol{R}^2$)では、$\boldsymbol{a}=\frac{1}{5}\begin{pmatrix} 4 \\ 3 \end{pmatrix}$、$\boldsymbol{b}=\frac{1}{5}\begin{pmatrix} -3 \\ 4 \end{pmatrix}$ が正規直交基底です。

$$|\boldsymbol{a}|=\sqrt{\left(\frac{4}{5}\right)^2+\left(\frac{3}{5}\right)^2}=1$$

$$|\boldsymbol{b}|=\sqrt{\left(\frac{-3}{5}\right)^2+\left(\frac{4}{5}\right)^2}=1$$

$$\boldsymbol{a} \cdot \boldsymbol{b}=\frac{4}{5} \cdot \frac{-3}{5}+\frac{3}{5} \cdot \frac{4}{5}=0$$

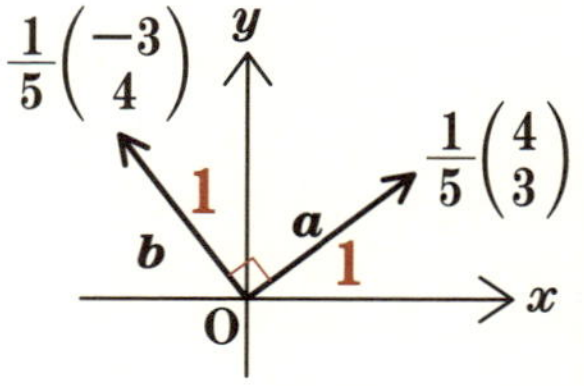

$\boldsymbol{R}^3$ の基底 $\boldsymbol{e}_1$、$\boldsymbol{e}_2$、$\boldsymbol{e}_3$ が①を満たすとき、これらの1次結合で表されたベクトルどうしの内積は、

$$(a_1\boldsymbol{e}_1+a_2\boldsymbol{e}_2+a_3\boldsymbol{e}_3) \cdot (b_1\boldsymbol{e}_1+b_2\boldsymbol{e}_2+b_3\boldsymbol{e}_3)=a_1b_1+a_2b_2+a_3b_3$$

［展開すると、異なる $\boldsymbol{e}_i, \boldsymbol{e}_j$ の内積は0であり、$\boldsymbol{e}_i$ どうしの内積は1なので］

となり、標準基底での成分計算のように計算することができます。線形空間で内積を考えるとき、正規直交基底はよい性質を持った基底であるといえます。この節ではベクトルの組が与えられたとき、そこから正規直交基底を作る方法を紹介しましょう。具体例で解説していきます。

問題

$\boldsymbol{a}_1=\begin{pmatrix}2\\1\end{pmatrix}$、$\boldsymbol{a}_2=\begin{pmatrix}-1\\7\end{pmatrix}$から、$\boldsymbol{R}^2$ の正規直交基底を作れ。

まず、$\boldsymbol{a}_1$ を正規化して、

$$\boldsymbol{e}_1=\frac{1}{|\boldsymbol{a}_1|}\boldsymbol{a}_1=\frac{1}{\sqrt{2^2+1^2}}\begin{pmatrix}2\\1\end{pmatrix}=\frac{1}{\sqrt{5}}\begin{pmatrix}2\\1\end{pmatrix}$$

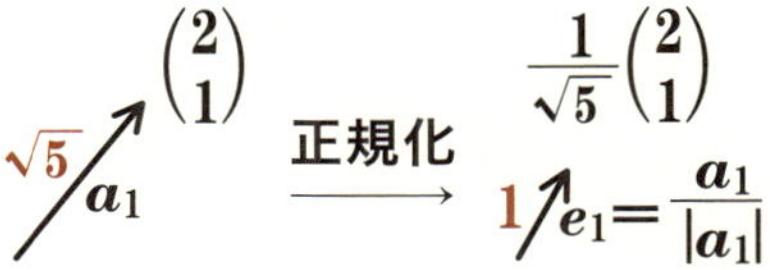

次に、

$$\boldsymbol{b}_2=\boldsymbol{a}_2-(\boldsymbol{a}_2\cdot\boldsymbol{e}_1)\boldsymbol{e}_1=\begin{pmatrix}-1\\7\end{pmatrix}-\left\{\begin{pmatrix}-1\\7\end{pmatrix}\cdot\frac{1}{\sqrt{5}}\begin{pmatrix}2\\1\end{pmatrix}\right\}\frac{1}{\sqrt{5}}\begin{pmatrix}2\\1\end{pmatrix}$$

$$=\begin{pmatrix}-1\\7\end{pmatrix}-\frac{(-1)\cdot2+7\cdot1}{5}\begin{pmatrix}2\\1\end{pmatrix}=\begin{pmatrix}-1\\7\end{pmatrix}-\begin{pmatrix}2\\1\end{pmatrix}=\begin{pmatrix}-3\\6\end{pmatrix}$$

とベクトルを作ります。こうして作ったベクトルは $\boldsymbol{e}_1$ と直交しています。実際、

$$\boldsymbol{b}_2\cdot\boldsymbol{e}_1=\{\boldsymbol{a}_2-(\boldsymbol{a}_2\cdot\boldsymbol{e}_1)\boldsymbol{e}_1\}\cdot\boldsymbol{e}_1=\boldsymbol{a}_2\cdot\boldsymbol{e}_1-(\boldsymbol{a}_2\cdot\boldsymbol{e}_1)\underbrace{(\boldsymbol{e}_1\cdot\boldsymbol{e}_1)}_{=1}=0$$

となるからです。そこで、$\boldsymbol{b}_2$ を正規化して、

$$\boldsymbol{e}_2=\frac{1}{|\boldsymbol{b}_2|}\boldsymbol{b}_2=\frac{1}{\sqrt{3^2+6^2}}\begin{pmatrix}-3\\6\end{pmatrix}=\frac{1}{3\sqrt{5}}\begin{pmatrix}-3\\6\end{pmatrix}=\frac{1}{\sqrt{5}}\begin{pmatrix}-1\\2\end{pmatrix}$$

$\boldsymbol{e}_1$、$\boldsymbol{e}_2$ はそれぞれ大きさが 1 で、直交していますから、$\boldsymbol{R}^2$ の正規直交基底になります。

$\boldsymbol{b}_2$ はちょっと複雑な式ですが、$\boldsymbol{a}_2$ から $\boldsymbol{e}_1$ 方向の成分を取り除いた式であると見れば、思い出しやすいでしょう。図で示せば右図のようになります。

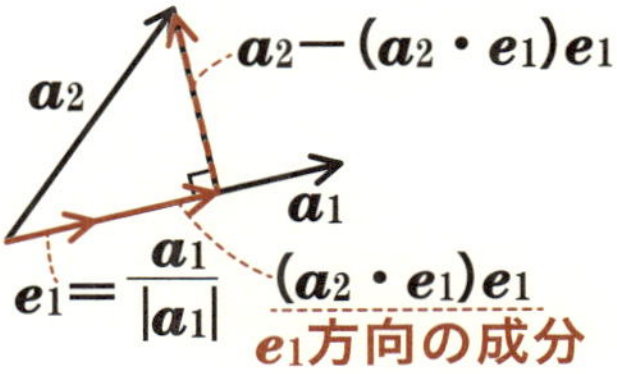

次に、3 本のベクトルから、$\boldsymbol{R}^3$ の正規直交基底を作ってみましょう。

ホップ 問題 シュミットの直交化法 （別 p.42）

$\boldsymbol{a}_1=\begin{pmatrix}1\\1\\-2\end{pmatrix}$、$\boldsymbol{a}_2=\begin{pmatrix}2\\2\\11\end{pmatrix}$、$\boldsymbol{a}_3=\begin{pmatrix}7\\1\\1\end{pmatrix}$から、$\boldsymbol{R}^3$ の正規直交基底を作れ。

$\boldsymbol{a}_1$ を正規化して、$\boldsymbol{e}_1=\dfrac{1}{|\boldsymbol{a}_1|}\boldsymbol{a}_1=\dfrac{1}{\sqrt{1^2+1^2+2^2}}\begin{pmatrix}1\\1\\-2\end{pmatrix}=\dfrac{1}{\sqrt{6}}\begin{pmatrix}1\\1\\-2\end{pmatrix}$

次に、

$$\boldsymbol{b}_2=\boldsymbol{a}_2-(\boldsymbol{a}_2\cdot\boldsymbol{e}_1)\boldsymbol{e}_1=\begin{pmatrix}2\\2\\11\end{pmatrix}-\left\{\begin{pmatrix}2\\2\\11\end{pmatrix}\cdot\frac{1}{\sqrt{6}}\begin{pmatrix}1\\1\\-2\end{pmatrix}\right\}\frac{1}{\sqrt{6}}\begin{pmatrix}1\\1\\-2\end{pmatrix}$$

$$=\begin{pmatrix}2\\2\\11\end{pmatrix}-\frac{2\cdot1+2\cdot1+11\cdot(-2)}{6}\begin{pmatrix}1\\1\\-2\end{pmatrix}=\begin{pmatrix}2\\2\\11\end{pmatrix}+3\begin{pmatrix}1\\1\\-2\end{pmatrix}=\begin{pmatrix}5\\5\\5\end{pmatrix}$$

これを正規化して、

$$\boldsymbol{e}_2=\frac{1}{|\boldsymbol{b}_2|}\boldsymbol{b}_2=\frac{1}{\sqrt{5^2+5^2+5^2}}\begin{pmatrix}5\\5\\5\end{pmatrix}=\frac{1}{5\sqrt{3}}\begin{pmatrix}5\\5\\5\end{pmatrix}=\frac{1}{\sqrt{3}}\begin{pmatrix}1\\1\\1\end{pmatrix}$$

ここまでは、$\boldsymbol{R}^2$ のときと同じです。ここまでで、$\boldsymbol{e}_1$、$\boldsymbol{e}_2$ の大きさはそれぞれ 1 になっていて、$\boldsymbol{e}_1$ と $\boldsymbol{e}_2$ は直交します。なお、$\boldsymbol{e}_2$ を求めるのに真面目に計算しましたが、$\boldsymbol{b}_2$ に平行な$\begin{pmatrix}1\\1\\1\end{pmatrix}$を正規化した方が計算が早いです。

次に、

$$\boldsymbol{b}_3=\boldsymbol{a}_3-(\boldsymbol{a}_3\cdot\boldsymbol{e}_1)\boldsymbol{e}_1-(\boldsymbol{a}_3\cdot\boldsymbol{e}_2)\boldsymbol{e}_2$$

$$=\begin{pmatrix}7\\1\\1\end{pmatrix}-\left\{\begin{pmatrix}7\\1\\1\end{pmatrix}\cdot\frac{1}{\sqrt{6}}\begin{pmatrix}1\\1\\-2\end{pmatrix}\right\}\frac{1}{\sqrt{6}}\begin{pmatrix}1\\1\\-2\end{pmatrix}-\left\{\begin{pmatrix}7\\1\\1\end{pmatrix}\cdot\frac{1}{\sqrt{3}}\begin{pmatrix}1\\1\\1\end{pmatrix}\right\}\frac{1}{\sqrt{3}}\begin{pmatrix}1\\1\\1\end{pmatrix}$$

$$=\begin{pmatrix}7\\1\\1\end{pmatrix}-\frac{7\cdot1+1\cdot1+1\cdot(-2)}{6}\begin{pmatrix}1\\1\\-2\end{pmatrix}-\frac{7\cdot1+1\cdot1+1\cdot1}{3}\begin{pmatrix}1\\1\\1\end{pmatrix}$$

$$=\begin{pmatrix}7\\1\\1\end{pmatrix}-\begin{pmatrix}1\\1\\-2\end{pmatrix}-3\begin{pmatrix}1\\1\\1\end{pmatrix}=\begin{pmatrix}3\\-3\\0\end{pmatrix}$$

とします。すると、これがうまい具合に $\boldsymbol{e}_1$、$\boldsymbol{e}_2$ と直交しているのです。確かめてみましょう。

$$
\begin{aligned}
\boldsymbol{b}_3 \cdot \boldsymbol{e}_1 &= \{\boldsymbol{a}_3 - (\boldsymbol{a}_3 \cdot \boldsymbol{e}_1)\boldsymbol{e}_1 - (\boldsymbol{a}_3 \cdot \boldsymbol{e}_2)\boldsymbol{e}_2\} \cdot \boldsymbol{e}_1 \\
&= (\boldsymbol{a}_3 \cdot \boldsymbol{e}_1) - (\boldsymbol{a}_3 \cdot \boldsymbol{e}_1)\underbrace{(\boldsymbol{e}_1 \cdot \boldsymbol{e}_1)}_{=1} - (\boldsymbol{a}_3 \cdot \boldsymbol{e}_2)\underbrace{(\boldsymbol{e}_2 \cdot \boldsymbol{e}_1)}_{=0} \\
&= (\boldsymbol{a}_3 \cdot \boldsymbol{e}_1) - (\boldsymbol{a}_3 \cdot \boldsymbol{e}_1) = 0 \\
\boldsymbol{b}_3 \cdot \boldsymbol{e}_2 &= \{\boldsymbol{a}_3 - (\boldsymbol{a}_3 \cdot \boldsymbol{e}_1)\boldsymbol{e}_1 - (\boldsymbol{a}_3 \cdot \boldsymbol{e}_2)\boldsymbol{e}_2\} \cdot \boldsymbol{e}_2 \\
&= (\boldsymbol{a}_3 \cdot \boldsymbol{e}_2) - (\boldsymbol{a}_3 \cdot \boldsymbol{e}_1)\underbrace{(\boldsymbol{e}_1 \cdot \boldsymbol{e}_2)}_{=0} - (\boldsymbol{a}_3 \cdot \boldsymbol{e}_2)\underbrace{(\boldsymbol{e}_2 \cdot \boldsymbol{e}_2)}_{=1} \\
&= (\boldsymbol{a}_3 \cdot \boldsymbol{e}_2) - (\boldsymbol{a}_3 \cdot \boldsymbol{e}_2) = 0
\end{aligned}
$$

ですから、$\boldsymbol{b}_3$ に平行な $\begin{pmatrix} 1 \\ -1 \\ 0 \end{pmatrix}$ を正規化して、

$$
\boldsymbol{e}_3 = \frac{1}{\sqrt{1^2+1^2+0^2}}\begin{pmatrix} 1 \\ -1 \\ 0 \end{pmatrix} = \frac{1}{\sqrt{2}}\begin{pmatrix} 1 \\ -1 \\ 0 \end{pmatrix}
$$

とすれば、$\boldsymbol{e}_1$、$\boldsymbol{e}_2$、$\boldsymbol{e}_3$ は互いに直交し、それぞれの大きさが１のベクトルになりますから、正規直交基底になります。

$\boldsymbol{b}_3$ は、$\boldsymbol{a}_3$ から $\boldsymbol{e}_1$ 方向の成分と $\boldsymbol{e}_2$ 方向の成分を取り除いた式になっています。ベクトルの本数が増えても同じように、そのときまでに作った $\boldsymbol{e}_i$ の成分を取り除いたものを考えるのです。図で示せば下のようになります。

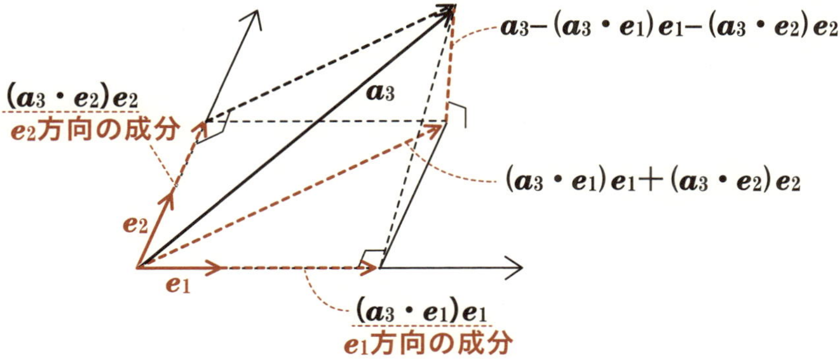

このようにして、適当なベクトルの組から正規直交基底を作る方法を**シュミットの直交化法**といいます。

シュミットの直交化法

線形独立な n 個のベクトル $\boldsymbol{a}_1, \boldsymbol{a}_2, \cdots, \boldsymbol{a}_n$ から、

$$\boldsymbol{b}_1 = \boldsymbol{a}_1, \quad \boldsymbol{e}_1 = \frac{1}{|\boldsymbol{b}_1|}\boldsymbol{b}_1$$

$$\boldsymbol{b}_2 = \boldsymbol{a}_2 - (\boldsymbol{a}_2 \cdot \boldsymbol{e}_1)\boldsymbol{e}_1, \quad \boldsymbol{e}_2 = \frac{1}{|\boldsymbol{b}_2|}\boldsymbol{b}_2$$

$$\boldsymbol{b}_3 = \boldsymbol{a}_3 - (\boldsymbol{a}_3 \cdot \boldsymbol{e}_1)\boldsymbol{e}_1 - (\boldsymbol{a}_3 \cdot \boldsymbol{e}_2)\boldsymbol{e}_2, \quad \boldsymbol{e}_3 = \frac{1}{|\boldsymbol{b}_3|}\boldsymbol{b}_3$$

$$\cdots\cdots$$

$$\boldsymbol{b}_n = \boldsymbol{a}_n - (\boldsymbol{a}_n \cdot \boldsymbol{e}_1)\boldsymbol{e}_1 - (\boldsymbol{a}_n \cdot \boldsymbol{e}_2)\boldsymbol{e}_2 - \cdots\cdots - (\boldsymbol{a}_n \cdot \boldsymbol{e}_{n-1})\boldsymbol{e}_{n-1},$$

$$\boldsymbol{e}_n = \frac{1}{|\boldsymbol{b}_n|}\boldsymbol{b}_n$$

として作った $\boldsymbol{e}_1, \boldsymbol{e}_2, \cdots, \boldsymbol{e}_n$ は正規直交基底になる。

［証明］ $\boldsymbol{a}_1, \boldsymbol{a}_2, \cdots, \boldsymbol{a}_n$ が線形独立であるとき、$\boldsymbol{b}_i \neq \boldsymbol{0}$ $(1 \leqq i \leqq n)$ であることを確かめましょう。

すべての i について、$\boldsymbol{b}_i, \boldsymbol{e}_i$ は、$\boldsymbol{a}_1, \boldsymbol{a}_2, \cdots, \boldsymbol{a}_i$ の１次結合で表されます(正確には帰納法で証明)。

$\boldsymbol{b}_i = \boldsymbol{0}$ であるとすると、

$$\boldsymbol{a}_i - (\boldsymbol{a}_i \cdot \boldsymbol{e}_1)\boldsymbol{e}_1 - (\boldsymbol{a}_i \cdot \boldsymbol{e}_2)\boldsymbol{e}_2 - \cdots\cdots - (\boldsymbol{a}_i \cdot \boldsymbol{e}_{i-1})\boldsymbol{e}_{i-1} = \boldsymbol{0}$$

となりますが、左辺は $\boldsymbol{a}_1, \boldsymbol{a}_2, \cdots, \boldsymbol{a}_i$ の１次結合であり、$\boldsymbol{a}_i$ の係数は１ですから、$\boldsymbol{a}_1, \boldsymbol{a}_2, \cdots, \boldsymbol{a}_i$ は線形従属になり、$\boldsymbol{a}_1, \boldsymbol{a}_2, \cdots, \boldsymbol{a}_n$ が線形独立であることに矛盾します。

一般に線形空間は基底を取ることができます。これを $\boldsymbol{a}_1, \cdots, \boldsymbol{a}_n$ としましょう。この線形空間に内積が定義されていると、シュミットの直交化法を用いて、基底 $\boldsymbol{a}_1, \cdots, \boldsymbol{a}_n$ を正規直交基底に整えることができます。一般に内積が定義された線形空間では、正規直交基底を取ることができるといえます。

11 直交補空間

下左図のように、$\boldsymbol{R}^3$ は原点を通る平面 π と原点を通る直線 l（ただし、l は π に含まれない）の直和になっています。このとき、平面 π を固定したとしても、直線 l の取り方は無数にあります。l は π に含まれないものであれば、どのような方向に取っても、$\boldsymbol{R}^3$ は π と l の直和になります。

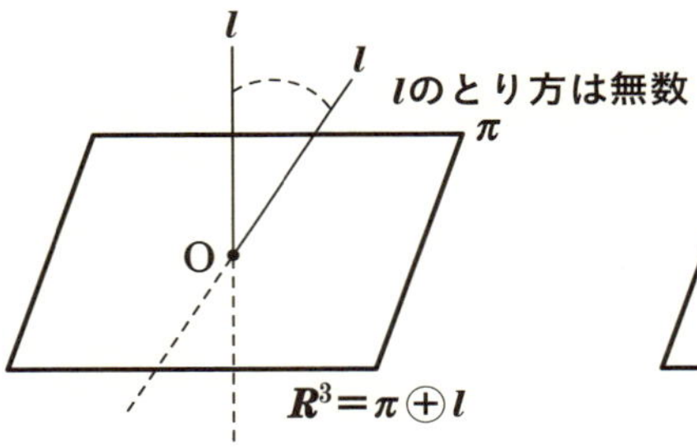

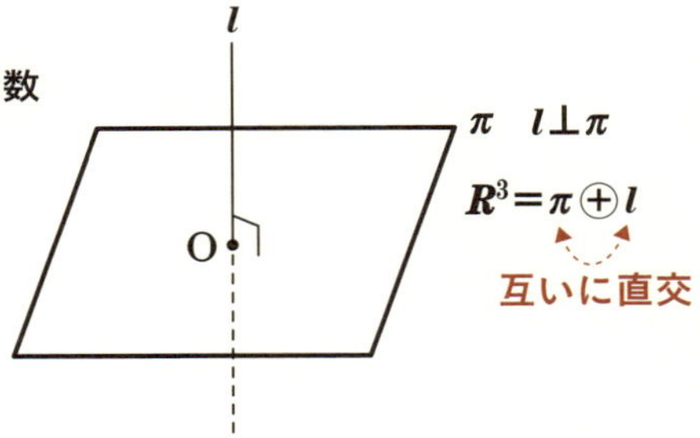

特に、l が π に垂直になるとき、l に含まれるベクトルと、π に含まれるベクトルは直交します。l は π のすべての直線と直交するベクトル全体になっています。このようなとき、l は π の**直交補空間**であるといいます。

また、l のすべてのベクトルに対して直交するベクトル全体は π に含まれますから、π は l の直交補空間であるといえます。π と l は、$\boldsymbol{R}^3$ に関して互いに直交補空間になっています。

π が固定されているとき、垂直な方向が定まるので、π の直交補空間となるような直線 l は１つしかありません。

直交補空間

内積が定義された線形空間 V の部分空間 W に対して、$W^{\perp}$ を

$$W^{\perp}=\{\boldsymbol{x}\,|\,W \text{の任意の元}\ \boldsymbol{y}\ \text{について、}\boldsymbol{x}\cdot\boldsymbol{y}=0\}$$

と定める。$W^{\perp}$ を V における W の直交補空間という。

この定義から、W が与えられると直交補空間 $W^{\perp}$ は1通りに定まることがわかります。

ホップ

問題 直交補空間 (別 p.46)

$\boldsymbol{R}^3$ において、$\boldsymbol{a}_1=\begin{pmatrix}2\\-3\\1\end{pmatrix}$、$\boldsymbol{a}_2=\begin{pmatrix}3\\-2\\3\end{pmatrix}$ で張られる空間 W の直交補空間 $W^{\perp}$ を求めよ。また、$(W^{\perp})^{\perp}$ を求めよ。

まずは定義にしたがって解いてみましょう。

$\boldsymbol{R}^3$ の元 $\boldsymbol{x}$ と W の任意の元 $y_1\boldsymbol{a}_1+y_2\boldsymbol{a}_2$ の内積をとると、

$$\boldsymbol{x}\cdot(y_1\boldsymbol{a}_1+y_2\boldsymbol{a}_2)=y_1(\boldsymbol{x}\cdot\boldsymbol{a}_1)+y_2(\boldsymbol{x}\cdot\boldsymbol{a}_2)$$

なので、任意の実数 y_1、y_2 に対して、これが0である条件は、

$$\boldsymbol{x}\cdot\boldsymbol{a}_1=0,\quad \boldsymbol{x}\cdot\boldsymbol{a}_2=0$$

よって、$\boldsymbol{x}$ は、$\boldsymbol{a}_1$、$\boldsymbol{a}_2$ と直交するベクトルなので、ベクトル積

$$\boldsymbol{a}_1\times\boldsymbol{a}_2=\begin{pmatrix}2\\-3\\1\end{pmatrix}\times\begin{pmatrix}3\\-2\\3\end{pmatrix}=\begin{pmatrix}(-3)\cdot3-1\cdot(-2)\\1\cdot3-2\cdot3\\2\cdot(-2)-(-3)\cdot3\end{pmatrix}=\begin{pmatrix}-7\\-3\\5\end{pmatrix}$$

と $\boldsymbol{x}$ は平行であり、

$$W^{\perp}=\left\{k\begin{pmatrix}-7\\-3\\5\end{pmatrix}\middle|\,k\ \text{は実数}\right\}\quad \left(\text{以下、}\boldsymbol{c}=\begin{pmatrix}-7\\-3\\5\end{pmatrix}\text{とおく}\right)$$

と表されます。これは $\boldsymbol{R}^3$ のときしか使えない解法です。$\boldsymbol{R}^4$ 以上の場合は演習問題を見てください。

$\boldsymbol{R}^3$ の元 $\boldsymbol{x}$ と $W^{\perp}$ の任意の元 $k\boldsymbol{c}$ との内積を取ると、$\boldsymbol{x}\cdot(k\boldsymbol{c})=k(\boldsymbol{x}\cdot\boldsymbol{c})$ ですから、これがすべての k について 0 である条件は $\boldsymbol{x}\cdot\boldsymbol{c}=0$ です。

$$(W^{\perp})^{\perp}=\{\boldsymbol{x}\in\boldsymbol{R}^3 \mid \boldsymbol{x}\cdot\boldsymbol{c}=0\}$$

$\boldsymbol{x}=\begin{pmatrix}x_1\\x_2\\x_3\end{pmatrix}$ とおくと、$\boldsymbol{x}\cdot\boldsymbol{c}=0$ は、$-7x_1-3x_2+5x_3=0$

これを解いて、$\begin{pmatrix}x_1\\x_2\\x_3\end{pmatrix}=s\begin{pmatrix}3\\-7\\0\end{pmatrix}+t\begin{pmatrix}5\\0\\7\end{pmatrix}$

$\begin{pmatrix}x_1\\x_2\\x_3\end{pmatrix}=\begin{pmatrix}-\frac{3}{7}x_2+\frac{5}{7}x_3\\x_2\\x_3\end{pmatrix}$
$x_2=-7s$、$x_3=-7t$ とおく

よって、

$$(W^{\perp})^{\perp}=\left\{ s\begin{pmatrix}3\\-7\\0\end{pmatrix}+t\begin{pmatrix}5\\0\\7\end{pmatrix} \middle| s, t \text{ は実数}\right\}$$

ここで、$\boldsymbol{b}_1=\begin{pmatrix}3\\-7\\0\end{pmatrix}$、$\boldsymbol{b}_2=\begin{pmatrix}5\\0\\7\end{pmatrix}$ とおくと、$(\boldsymbol{b}_1, \boldsymbol{b}_2)=(\boldsymbol{a}_1, \boldsymbol{a}_2)\begin{pmatrix}3 & -2\\-1 & 3\end{pmatrix}$

となり、$\begin{vmatrix}3 & -2\\-1 & 3\end{vmatrix}\neq 0$ より、$\begin{pmatrix}3 & -2\\-1 & 3\end{pmatrix}$ が正則なので、第 5 章 p.123 の定理を用いて、$\boldsymbol{b}_1$、$\boldsymbol{b}_2$ も W の基底となり、$\boldsymbol{a}_1$、$\boldsymbol{a}_2$ が張る空間 W と $\boldsymbol{b}_1$、$\boldsymbol{b}_2$ が張る空間 $(W^{\perp})^{\perp}$ は一致します。

$(W^{\perp})^{\perp}=W$ は一般的にいえることです。

直交補空間の一般的な性質を証明しておきましょう。

定理　直交補空間

内積が定義された線形空間 V の部分空間 W があると、

(1)　$V=W\oplus W^{\perp}$

(2)　$(W^{\perp})^{\perp}=W$

［証明］

(1)基底を定めてから証明していきましょう。

W の正規直交基底を $\boldsymbol{e}_1, \cdots, \boldsymbol{e}_r$ とします。これに $\boldsymbol{a}_1, \cdots, \boldsymbol{a}_s$ を加えて、V の基底を作ります。$\boldsymbol{e}_1, \cdots, \boldsymbol{e}_r, \boldsymbol{a}_1, \cdots, \boldsymbol{a}_s$ をシュミットの直交化法で
正規直交基底 $\boldsymbol{e}_1, \cdots, \boldsymbol{e}_r, \boldsymbol{e}_{r+1}, \cdots, \boldsymbol{e}_{r+s}$ に整えます。

W の元 $\boldsymbol{y}=y_1\boldsymbol{e}_1+y_2\boldsymbol{e}_2+\cdots+y_r\boldsymbol{e}_r$ と

V の元 $\boldsymbol{x}=x_1\boldsymbol{e}_1+x_2\boldsymbol{e}_2+\cdots+x_{r+s}\boldsymbol{e}_{r+s}$ の内積 $\boldsymbol{x}\cdot\boldsymbol{y}$ は、

$$x_1y_1+x_2y_2+\cdots+x_ry_r$$

ですから、

任意の W の元 $\boldsymbol{y}$ について、$\boldsymbol{x}\cdot\boldsymbol{y}=0$

$\Leftrightarrow$ 任意の $y_1, \cdots, y_r$ について、$x_1y_1+x_2y_2+\cdots+x_ry_r=0$

$\Leftrightarrow$ $x_1=0, x_2=0, \cdots, x_r=0$

これより、

$$W^{\perp}=\{x_{r+1}\boldsymbol{e}_{r+1}+\cdots+x_{r+s}\boldsymbol{e}_{r+s} \mid x_i\in\boldsymbol{R} \quad (r+1\leqq i\leqq r+s)\}$$

となります。V の任意の元 $\boldsymbol{z}$ は

$$\boldsymbol{z}=\underbrace{z_1\boldsymbol{e}_1+\cdots+z_r\boldsymbol{e}_r}_{W}+\underbrace{z_{r+1}\boldsymbol{e}_{r+1}+\cdots+z_{r+s}\boldsymbol{e}_{r+s}}_{W^{\perp}}$$

と、W の元と $W^{\perp}$ の元の和で表されるので、$V\subset W+W^{\perp}$ です。$V\supset W$、$V\supset W^{\perp}$ なので $V\supset W+W^{\perp}$ であり、結局 $V=W+W^{\perp}$ です。
$\dim V=r+s$、$\dim W=r$、$\dim W^{\perp}=s$ ですから、
$\dim V=\dim W+\dim W^{\perp}$ が成り立ち、$V=W\oplus W^{\perp}$ となります。

(2)　$W^{\perp}$ の任意の元 $\boldsymbol{y}=y_{r+1}\boldsymbol{e}_{r+1}+\cdots+y_{r+s}\boldsymbol{e}_{r+s}$ と

V の元 $\boldsymbol{x}=x_1\boldsymbol{e}_1+x_2\boldsymbol{e}_2+\cdots+x_{r+s}\boldsymbol{e}_{r+s}$ の内積 $\boldsymbol{x}\cdot\boldsymbol{y}$ は、

$$x_{r+1}y_{r+1}+x_{r+2}y_{r+2}+\cdots+x_{r+s}y_{r+s}$$

ですから、任意の $\boldsymbol{y}$ に関して $\boldsymbol{x}\cdot\boldsymbol{y}=0$ となる条件は、

$$x_{r+1}=0, x_{r+2}=0, \cdots, x_{r+s}=0$$

となり、

$$(W^{\perp})^{\perp}=\{x_1\boldsymbol{e}_1+\cdots+x_r\boldsymbol{e}_r \mid x_i\in\boldsymbol{R}\quad(1\leqq i\leqq r)\}$$

$(W^{\perp})^{\perp}=W$ になります。

第6章

線形写像

1 線形写像

1次関数 $y=ax+b$(a, b は実数の定数)は、実数 x を決めるとそれに対応する実数 y が定まります。

一般に、集合 $\boldsymbol{X}$ と集合 $\boldsymbol{Y}$ があるとき、集合 $\boldsymbol{X}$ の要素の1つに対して、集合 $\boldsymbol{Y}$ の要素を1つ対応させる決まりを、$\boldsymbol{X}$ から $\boldsymbol{Y}$ への**写像**といいます。

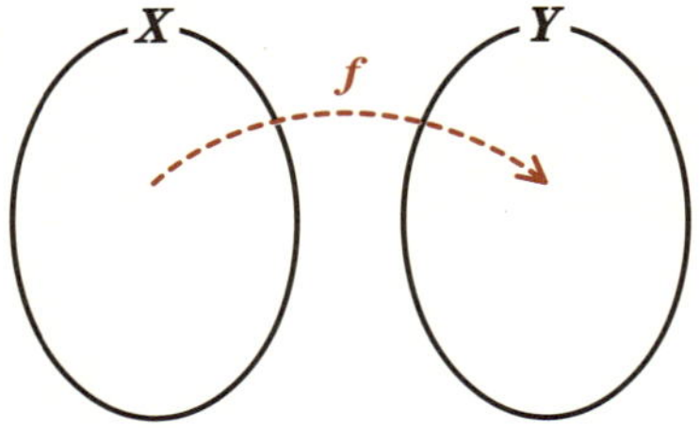

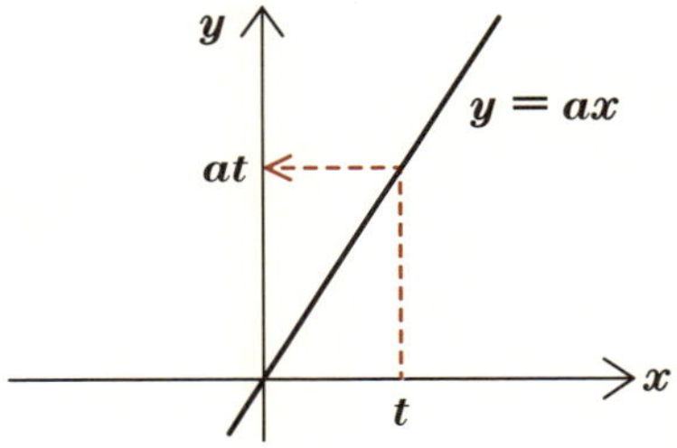

x と y が比例することを表す1次関数 $y=ax$ は、x を決めるとそれに対応する y が ax と決まりますから、$\boldsymbol{R}$(実数の集合)から $\boldsymbol{R}$ への写像になっています。

$f(x)=ax$ とおくと、$f(x)$ は実数 s、t、k に対して、

$$f(s+t)=f(s)+f(t) \qquad f(ks)=kf(s)$$
$$[a(s+t)=as+at \qquad a(ks)=k(as)]$$

を満たします。

線形空間から線形空間への写像で、この比例式が持つような性質を持つ写像を**線形写像**といいます。線形写像とは定数倍写像の一般化なのです。

線形写像の定義

線形空間 $\boldsymbol{V}$ から線形空間 $\boldsymbol{W}$ への写像 f で、$\boldsymbol{V}$ の任意のベクトル $\boldsymbol{x}$、$\boldsymbol{y}$、任意の実数 k について、

$$f(\boldsymbol{x}+\boldsymbol{y})=f(\boldsymbol{x})+f(\boldsymbol{y})$$
$$f(k\boldsymbol{x})=kf(\boldsymbol{x})$$

が成り立つとき、f を V から W への線形写像という。とくに f が V から V への写像のとき、**線形変換**あるいは **1 次変換**という。

定義にしたがって、与えられた写像が線形写像であるか否かを判定してみましょう。

問題 次の R^3 から R^2 への写像 $\boldsymbol{f}$ は線形写像であるか否か判定せよ。

(1) $f:\begin{pmatrix}x\\y\\z\end{pmatrix}\longmapsto\begin{pmatrix}2x-y\\x+y-z\end{pmatrix}$　　(2) $f:\begin{pmatrix}x\\y\\z\end{pmatrix}\longmapsto\begin{pmatrix}x+y\\z^2\end{pmatrix}$

(1) $\begin{pmatrix}2&-1&0\\1&1&-1\end{pmatrix}\begin{pmatrix}x\\y\\z\end{pmatrix}=\begin{pmatrix}2x-y\\x+y-z\end{pmatrix}$ですから、$A=\begin{pmatrix}2&-1&0\\1&1&-1\end{pmatrix}$、$\boldsymbol{x}=\begin{pmatrix}x\\y\\z\end{pmatrix}$とおくと、

$f(\boldsymbol{x})=A\boldsymbol{x}$ となります。行列の計算法則により、

$$f(\boldsymbol{x}+\boldsymbol{y})=A(\boldsymbol{x}+\boldsymbol{y})=A\boldsymbol{x}+A\boldsymbol{y}\qquad f(\boldsymbol{x})+f(\boldsymbol{y})=A\boldsymbol{x}+A\boldsymbol{y}$$

よって、$f(\boldsymbol{x}+\boldsymbol{y})=f(\boldsymbol{x})+f(\boldsymbol{y})$が成り立ちます。また、

$$f(k\boldsymbol{x})=A(k\boldsymbol{x})=kA\boldsymbol{x}\text{、}kf(\boldsymbol{x})=kA\boldsymbol{x}$$

より、$f(k\boldsymbol{x})=kf(\boldsymbol{x})$が成り立つので、$f$ は線形写像です。

(2) $x=\begin{pmatrix}0\\0\\1\end{pmatrix}$のとき、$f(2x)$と $2f(x)$を比べてみます。$f\left(2\begin{pmatrix}0\\0\\1\end{pmatrix}\right)=f\left(\begin{pmatrix}0\\0\\2\end{pmatrix}\right)=\begin{pmatrix}0\\4\end{pmatrix}$、$2f\left(\begin{pmatrix}0\\0\\1\end{pmatrix}\right)=2\begin{pmatrix}0\\1\end{pmatrix}=\begin{pmatrix}0\\2\end{pmatrix}$であり、$f\left(2\begin{pmatrix}0\\0\\1\end{pmatrix}\right)\neq 2f\left(\begin{pmatrix}0\\0\\1\end{pmatrix}\right)$

$f(k\boldsymbol{x})=kf(\boldsymbol{x})$を満たさない例が存在するので、$f$ は線形写像ではありません。

2 線形写像の表現行列

$\boldsymbol{R}^2$ から $\boldsymbol{R}^3$ への線形写像fについて調べてみます。

$\boldsymbol{R}^2$ の基底として、$\boldsymbol{a}_1$、$\boldsymbol{a}_2$ を取り、$\boldsymbol{R}^3$ の基底として、$\boldsymbol{b}_1$、$\boldsymbol{b}_2$、$\boldsymbol{b}_3$ を取ります。例えば、$\boldsymbol{a}_1$、$\boldsymbol{a}_2$ のfによる移り先が、$\boldsymbol{b}_1$、$\boldsymbol{b}_2$、$\boldsymbol{b}_3$ によって、

$$f(\boldsymbol{a}_1)=3\boldsymbol{b}_1-\boldsymbol{b}_2+2\boldsymbol{b}_3$$
$$f(\boldsymbol{a}_2)=-\boldsymbol{b}_1+2\boldsymbol{b}_2+\boldsymbol{b}_3$$

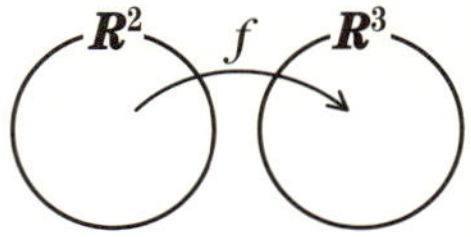

と表されているものとします。この式を行列によって表すと、

$$(f(\boldsymbol{a}_1),f(\boldsymbol{a}_2))=(\boldsymbol{b}_1,\boldsymbol{b}_2,\boldsymbol{b}_3)\begin{pmatrix}3 & -1\\ -1 & 2\\ 2 & 1\end{pmatrix} \quad \cdots\cdots ①$$

となります。右辺の 3×2 行列を、$\boldsymbol{R}^2$(基底 $\boldsymbol{a}_1$、$\boldsymbol{a}_2$)から $\boldsymbol{R}^3$(基底 $\boldsymbol{b}_1$、$\boldsymbol{b}_2$、$\boldsymbol{b}_3$)への**線形写像fの表現行列**といいます。

①では、基底のベクトルの移り先しか決めていませんが、$\boldsymbol{R}^2$ のすべてのベクトルの移り先を決めたことになっています。$\boldsymbol{R}^2$ の任意のベクトルは $\boldsymbol{a}_1$、$\boldsymbol{a}_2$ の一次結合で表されますから、それを $x\boldsymbol{a}_1+y\boldsymbol{a}_2$ とすれば、

$$f(x\boldsymbol{a}_1+y\boldsymbol{a}_2)=f(x\boldsymbol{a}_1)+f(y\boldsymbol{a}_2)=xf(\boldsymbol{a}_1)+yf(\boldsymbol{a}_2)$$

となり、$x\boldsymbol{a}_1+y\boldsymbol{a}_2$ の移り先は決まります。

表現行列は、線形空間の基底に依存して定まるもので、基底の取り方を変えれば、同じ線形変換であっても表現行列は異なるものになります。

①は一般の基底についての表現行列ですが、基底を標準基底にとった場合の表現行列の読み方にも慣れておきましょう。

$\boldsymbol{R}^2$ の基底として、$\boldsymbol{e}_1=\begin{pmatrix}1\\0\end{pmatrix}$、$\boldsymbol{e}_2=\begin{pmatrix}0\\1\end{pmatrix}$を取り、$\boldsymbol{R}^3$ の基底として、$\boldsymbol{g}_1=\begin{pmatrix}1\\0\\0\end{pmatrix}$、$\boldsymbol{g}_2=\begin{pmatrix}0\\1\\0\end{pmatrix}$、$\boldsymbol{g}_3=\begin{pmatrix}0\\0\\1\end{pmatrix}$を取ります。このとき、例えば、

$$f(\boldsymbol{e}_1)=\begin{pmatrix}2\\-1\\1\end{pmatrix}=2\boldsymbol{g}_1-\boldsymbol{g}_2+\boldsymbol{g}_3、f(\boldsymbol{e}_2)=\begin{pmatrix}-1\\3\\2\end{pmatrix}=-\boldsymbol{g}_1+3\boldsymbol{g}_2+2\boldsymbol{g}_3$$

であるとすると、

$$(f(\boldsymbol{e}_1),f(\boldsymbol{e}_2))=(2\boldsymbol{g}_1-\boldsymbol{g}_2+\boldsymbol{g}_3,\ -\boldsymbol{g}_1+3\boldsymbol{g}_2+2\boldsymbol{g}_3)=(\boldsymbol{g}_1,\boldsymbol{g}_2,\boldsymbol{g}_3)\begin{pmatrix}2&-1\\-1&3\\1&2\end{pmatrix}$$

となり、表現行列は$(f(\boldsymbol{e}_1),f(\boldsymbol{e}_2))$に等しくなります。つまり、表現行列は$\boldsymbol{e}_1$、$\boldsymbol{e}_2$の$f$による移り先の列ベクトルを並べて作られる行列になります。このことが成り立つのは、$(\boldsymbol{g}_1,\boldsymbol{g}_2,\boldsymbol{g}_3)$が単位行列であるからです。

また、前の問題の(1)

$$f:\begin{pmatrix}x\\y\\z\end{pmatrix}\longmapsto\begin{pmatrix}2x-y\\x+y-z\end{pmatrix}\quad\cdots\cdots②$$

は、$\boldsymbol{R}^3$から$\boldsymbol{R}^2$への線形写像になっていましたが、$\boldsymbol{R}^3$の基底として$\boldsymbol{g}_1$、$\boldsymbol{g}_2$、$\boldsymbol{g}_3$を、$\boldsymbol{R}^2$の基底として$\boldsymbol{e}_1$、$\boldsymbol{e}_2$を取ると、

$$f(\boldsymbol{g}_1)=f\left(\begin{pmatrix}1\\0\\0\end{pmatrix}\right)=\begin{pmatrix}2\\1\end{pmatrix}=2\boldsymbol{e}_1+\boldsymbol{e}_2、f(\boldsymbol{g}_2)=f\left(\begin{pmatrix}0\\1\\0\end{pmatrix}\right)=\begin{pmatrix}-1\\1\end{pmatrix}=-\boldsymbol{e}_1+\boldsymbol{e}_2$$

$$f(\boldsymbol{g}_3)=f\left(\begin{pmatrix}0\\0\\1\end{pmatrix}\right)=\begin{pmatrix}0\\-1\end{pmatrix}=-\boldsymbol{e}_2$$

これらを用いて、

$$(f(\boldsymbol{g}_1),f(\boldsymbol{g}_2),f(\boldsymbol{g}_3))=(2\boldsymbol{e}_1+\boldsymbol{e}_2,\ -\boldsymbol{e}_1+\boldsymbol{e}_2,\ -\boldsymbol{e}_2)=(\boldsymbol{e}_1,\boldsymbol{e}_2)\begin{pmatrix}2&-1&0\\1&1&-1\end{pmatrix}$$

となります。表現行列は②の式のxの係数、yの係数、zの係数を取り出して並べた行列になります。

本来、表現行列は基底の取り方を決めなければ定まらないものですが、「②の表現行列を求めよ」とだけ書かれた問題が出題されることがあります。基底について断りがない場合は、$\boldsymbol{e}_1$、$\boldsymbol{e}_2$、$\boldsymbol{g}_1$、$\boldsymbol{g}_2$、$\boldsymbol{g}_3$のような標準基底を取るものとして考えましょう。

ホップ 問題　表現行列　(別 p.50)

$$f:\begin{pmatrix}x\\y\end{pmatrix}\longmapsto\begin{pmatrix}-x+2y\\3x-y\\2x+y\end{pmatrix}$$

で表される $\boldsymbol{R}^2$ から $\boldsymbol{R}^3$ への線形写像 f がある。$\boldsymbol{R}^2$ の基底 $\boldsymbol{a}_1$、$\boldsymbol{a}_2$、$\boldsymbol{R}^3$ の基底 $\boldsymbol{b}_1$、$\boldsymbol{b}_2$、$\boldsymbol{b}_3$ を、次のように取るとき、f の表現行列を求めよ。

(1) $\boldsymbol{a}_1=\begin{pmatrix}1\\0\end{pmatrix}$、$\boldsymbol{a}_2=\begin{pmatrix}0\\1\end{pmatrix}$、$\boldsymbol{b}_1=\begin{pmatrix}1\\0\\0\end{pmatrix}$、$\boldsymbol{b}_2=\begin{pmatrix}0\\1\\0\end{pmatrix}$、$\boldsymbol{b}_3=\begin{pmatrix}0\\0\\1\end{pmatrix}$

(2) $\boldsymbol{a}_1=\begin{pmatrix}2\\1\end{pmatrix}$、$\boldsymbol{a}_2=\begin{pmatrix}1\\-2\end{pmatrix}$、$\boldsymbol{b}_1=\begin{pmatrix}1\\-1\\1\end{pmatrix}$、$\boldsymbol{b}_2=\begin{pmatrix}-2\\3\\-5\end{pmatrix}$、$\boldsymbol{b}_3=\begin{pmatrix}1\\-1\\2\end{pmatrix}$

(1) ［解 1］ $f\left(\begin{pmatrix}1\\0\end{pmatrix}\right)=\begin{pmatrix}-1\\3\\2\end{pmatrix}$、$f\left(\begin{pmatrix}0\\1\end{pmatrix}\right)=\begin{pmatrix}2\\-1\\1\end{pmatrix}$となるので、表現行列はこれらを並べて $\begin{pmatrix}-1&2\\3&-1\\2&1\end{pmatrix}$

［解 2］ 定義式の x、y の係数を取り出して、$\begin{pmatrix}-1&2\\3&-1\\2&1\end{pmatrix}$

［次の(2)のようにしても同じ結果になることを確かめられたし］

(2) $f(\boldsymbol{a}_1)=f\left(\begin{pmatrix}2\\1\end{pmatrix}\right)=\begin{pmatrix}0\\5\\5\end{pmatrix}$、$f(\boldsymbol{a}_2)=f\left(\begin{pmatrix}1\\-2\end{pmatrix}\right)=\begin{pmatrix}-5\\5\\0\end{pmatrix}$

表現行列を A とすると、

$$(f(\boldsymbol{a}_1),f(\boldsymbol{a}_2))=(\boldsymbol{b}_1,\boldsymbol{b}_2,\boldsymbol{b}_3)A \qquad \therefore \begin{pmatrix}0&-5\\5&5\\5&0\end{pmatrix}=\begin{pmatrix}1&-2&1\\-1&3&-1\\1&-5&2\end{pmatrix}A$$

$$\therefore \quad A=\begin{pmatrix}1&-2&1\\-1&3&-1\\1&-5&2\end{pmatrix}^{-1}\begin{pmatrix}0&-5\\5&5\\5&0\end{pmatrix}=\begin{pmatrix}1&-1&-1\\1&1&0\\2&3&1\end{pmatrix}\begin{pmatrix}0&-5\\5&5\\5&0\end{pmatrix}$$

$$=\begin{pmatrix}-10&-10\\5&0\\20&5\end{pmatrix}$$

■行列の積と合成写像

$\boldsymbol{R}^m$ から $\boldsymbol{R}^n$ への線形写像を f、$\boldsymbol{R}^n$ から $\boldsymbol{R}^l$ への線形写像を g とします。ここで、$\boldsymbol{R}^m$ の元に対して f、g を続けて行う合成写像 $g\circ f$ を

$$
\begin{array}{rcl}
g\circ f: \boldsymbol{R}^m & \longmapsto & \boldsymbol{R}^l \\
\boldsymbol{x} & \longmapsto & g(f(\boldsymbol{x}))
\end{array}
$$

で定めます。

f、g の標準基底での表現行列を A、B とすると、$f(\boldsymbol{x})$ は $f(\boldsymbol{x})=A\boldsymbol{x}$ と表され、$g\circ f$ の標準基底での表現行列は、

$$(g\circ f)(\boldsymbol{x})=g(f(\boldsymbol{x}))=g(A\boldsymbol{x})=B(A\boldsymbol{x})=(BA)\boldsymbol{x}$$

（$\boldsymbol{x}$ を $(m, 1)$ 型行列として見て、行列の積の結合法則を用いる）

より、BA となります。行列の積は、線形写像の合成の表現行列になるようにうまく定めてあるわけです。行列の積はなぜ和や差と同じように成分どうしを掛けないのか。これにはこういうわけがあったのです。

3 回転変換、対称変換の行列

$\boldsymbol{R}^2$ の線形変換について、表現行列を求めてみましょう。標準基底 $\boldsymbol{e}_1$、$\boldsymbol{e}_2$ で考えるものとします。

■ [回転変換]

$\boldsymbol{R}^2$ 上の点を、原点 O を中心に反時計まわりに θ 回転した点に移す変換 f が、線形変換であると仮定して表現行列を求め、その表現行列から割り出した点 A(x, y)の移り先 B が、A を原点 O を中心として反時計回りに θ 回転した点に一致することを確かめます。

$\boldsymbol{e}_1$、$\boldsymbol{e}_2$ に対応する点$(1, 0)$と$(0, 1)$を f で移しましょう。$(1, 0)$と$(0, 1)$をそれぞれ原点を中心に θ 回転した点は$(\cos\theta, \sin\theta)$、$(-\sin\theta, \cos\theta)$となりますから、

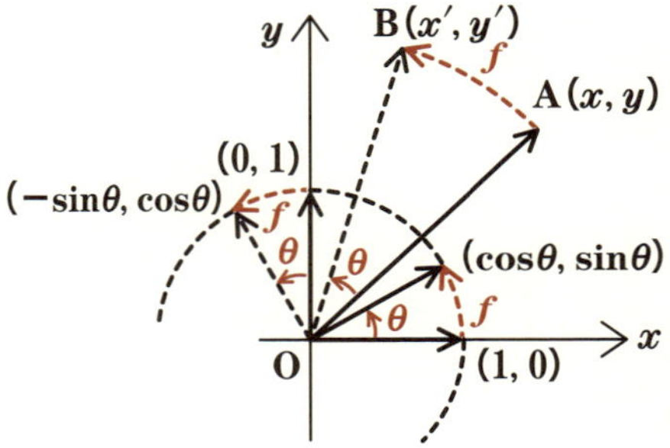

$$f(\boldsymbol{e}_1)=\begin{pmatrix}\cos\theta\\ \sin\theta\end{pmatrix}、$$

$$f(\boldsymbol{e}_2)=\begin{pmatrix}-\sin\theta\\ \cos\theta\end{pmatrix}$$

これらを並べて f の表現行列は、$\begin{pmatrix}\cos\theta & -\sin\theta\\ \sin\theta & \cos\theta\end{pmatrix}$となります。

A(x, y)がこの行列が表す線形変換によって B(x', y')に移るとき、

$$\begin{pmatrix}x'\\ y'\end{pmatrix}=\begin{pmatrix}\cos\theta & -\sin\theta\\ \sin\theta & \cos\theta\end{pmatrix}\begin{pmatrix}x\\ y\end{pmatrix}=\begin{pmatrix}x\cos\theta-y\sin\theta\\ x\sin\theta+y\cos\theta\end{pmatrix}$$

x 軸の正の部分の半直線を反時計回りに α 回転して OA に重なるとき、($x\neq 0$ とする)

$\tan\alpha=\dfrac{y}{x}$です。

$$\frac{y'}{x'}=\frac{x\sin\theta+y\cos\theta}{x\cos\theta-y\sin\theta}=\frac{\dfrac{\sin\theta}{\cos\theta}+\dfrac{y}{x}}{1-\dfrac{\sin\theta}{\cos\theta}\cdot\dfrac{y}{x}}=\frac{\tan\theta+\tan\alpha}{1-\tan\theta\tan\alpha}=\tan(\theta+\alpha)$$

［分数の分母が0になるときのことは省略します］

OBの向きはOAを反時計回りにθ回転した向きと等しくなります。また、

$$\begin{aligned}x'^2+y'^2&=(x\cos\theta-y\sin\theta)^2+(x\sin\theta+y\cos\theta)^2\\&=(\cos^2\theta+\sin^2\theta)x^2+(\sin^2\theta+\cos^2\theta)y^2=x^2+y^2\end{aligned}$$

となるので、OB＝OAです。

結局、BはAを原点を中心に反時計回りにθ回転した点です。Bの座標は(x', y')であり、Aの座標(x, y)の1次式で表せますから、fは線形変換であることがわかります。

■［対称変換］

直線$l: y=(\tan\theta)x$に関する対称変換gが線形変換であると仮定して表現行列を求め、その表現行列から割り出した点A(x, y)の移り先Bが、Aを直線lに関して対称に移動した点に一致することを確かめます。

なお、$l: y=(\tan\theta)x$は、x軸の正方向の半直線をθ回転移動して重なる直線を表しています。

点$(1, 0)$と$(\cos 2\theta, \sin 2\theta)$を$g$で移しましょう。すると、2点は$l$に関して対称な点ですから、互いに移りあいます。$(1, 0)$と$(\cos 2\theta, \sin 2\theta)$はそれぞれ$(\cos 2\theta, \sin 2\theta)$、$(1, 0)$に移ります。

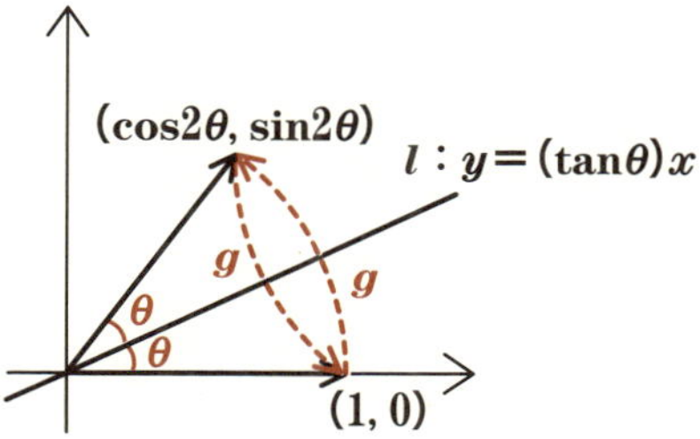

求める表現行列を$S(\theta)$とすると、

$$S(\theta)\begin{pmatrix}1\\0\end{pmatrix}=\begin{pmatrix}\cos 2\theta\\ \sin 2\theta\end{pmatrix}、S(\theta)\begin{pmatrix}\cos 2\theta\\ \sin 2\theta\end{pmatrix}=\begin{pmatrix}1\\0\end{pmatrix}$$

ですから、まとめて、$S(\theta)\begin{pmatrix}1 & \cos 2\theta\\ 0 & \sin 2\theta\end{pmatrix}=\begin{pmatrix}\cos 2\theta & 1\\ \sin 2\theta & 0\end{pmatrix}$

$$S(\theta)=\begin{pmatrix}\cos 2\theta & 1\\ \sin 2\theta & 0\end{pmatrix}\begin{pmatrix}1 & \cos 2\theta\\ 0 & \sin 2\theta\end{pmatrix}^{-1}=\begin{pmatrix}\cos 2\theta & 1\\ \sin 2\theta & 0\end{pmatrix}\frac{1}{\sin 2\theta}\begin{pmatrix}\sin 2\theta & -\cos 2\theta\\ 0 & 1\end{pmatrix}$$

$$=\frac{1}{\sin 2\theta}\begin{pmatrix}\sin 2\theta\cos 2\theta & -\cos^2 2\theta+1\\ \sin^2 2\theta & -\sin 2\theta\cos 2\theta\end{pmatrix}=\begin{pmatrix}\cos 2\theta & \sin 2\theta\\ \sin 2\theta & -\cos 2\theta\end{pmatrix}$$

A(x, y)が g によって B(x', y')に移るとき、

$$\begin{pmatrix}x'\\ y'\end{pmatrix}=\begin{pmatrix}\cos 2\theta & \sin 2\theta\\ \sin 2\theta & -\cos 2\theta\end{pmatrix}\begin{pmatrix}x\\ y\end{pmatrix}=\begin{pmatrix}x\cos 2\theta+y\sin 2\theta\\ x\sin 2\theta-y\cos 2\theta\end{pmatrix}$$

です。

直線 l の方向ベクトル $\vec{d}$ と $\overrightarrow{\mathrm{AB}}=\begin{pmatrix}x' & -x\\ y' & -y\end{pmatrix}$の内積を取ると、

$$\overrightarrow{\mathrm{AB}}\cdot\vec{d}=\begin{pmatrix}x'-x\\ y'-y\end{pmatrix}\cdot\begin{pmatrix}\cos\theta\\ \sin\theta\end{pmatrix}=\begin{pmatrix}x\cos 2\theta+y\sin 2\theta-x\\ x\sin 2\theta-y\cos 2\theta-y\end{pmatrix}\cdot\begin{pmatrix}\cos\theta\\ \sin\theta\end{pmatrix}$$

$$=\{(\cos 2\theta-1)\cos\theta+\sin 2\theta\sin\theta\}x$$

$$+\{\sin 2\theta\cos\theta-(\cos 2\theta+1)\sin\theta\}y$$

$$=(-2\sin^2\theta\cos\theta+2\cos\theta\sin^2\theta)x+(2\cos^2\theta\sin\theta-2\cos^2\theta\sin\theta)y$$

$$=0$$

より、AB$\perp l$ です。また、

$$x'^2+y'^2=(x\cos 2\theta+y\sin 2\theta)^2+(x\sin 2\theta-y\cos 2\theta)^2$$

$$=(\cos^2 2\theta+\sin^2 2\theta)x^2+(\sin^2 2\theta+\cos^2 2\theta)y^2=x^2+y^2$$

となるので、OB＝OA です。

よって、B は A を直線 l に関して対称移動させた点です。B の座標(x', y')は、A の座標(x, y)の 1 次式で表せますから、g は線形変換です。

回転変換・対称変換の表現行列

点を原点に関して θ 回転移動した点に移す線形変換の表現行列は、

$$\begin{pmatrix}\cos\theta & -\sin\theta \\ \sin\theta & \cos\theta\end{pmatrix}$$

点を直線 $l(y=(\tan\theta)x)$ に関して対称移動させた点に移す線形変換の表現行列は、

$$\begin{pmatrix}\cos 2\theta & \sin 2\theta \\ \sin 2\theta & -\cos 2\theta\end{pmatrix}$$

練習問題で確認してみましょう。

問題　座標平面上の点 A(4, 6)を、原点を中心に 60° 回転した点 B と直線 $y=2x$ について対称移動した点 C の座標を求めよ。

$\overrightarrow{OA}=\begin{pmatrix}4\\6\end{pmatrix}$ に 60° 回転移動を表す行列を掛けて、

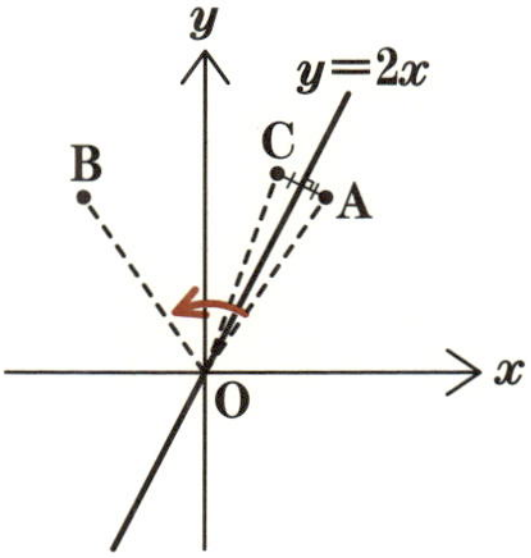

$$\overrightarrow{OB}=\begin{pmatrix}\cos 60^\circ & -\sin 60^\circ \\ \sin 60^\circ & \cos 60^\circ\end{pmatrix}\begin{pmatrix}4\\6\end{pmatrix}=\begin{pmatrix}\frac{1}{2} & \frac{-\sqrt{3}}{2} \\ \frac{\sqrt{3}}{2} & \frac{1}{2}\end{pmatrix}\begin{pmatrix}4\\6\end{pmatrix}=\begin{pmatrix}2-3\sqrt{3}\\3+2\sqrt{3}\end{pmatrix}$$

B の座標は、B$(2-3\sqrt{3}, 3+2\sqrt{3})$です。

$y=2x$ と $y=\tan\theta x$ を比べて、$\tan\theta=2$。このとき、

$$\cos 2\theta=\frac{1-\tan^2\theta}{1+\tan^2\theta}=\frac{1-2^2}{1+2^2}=\frac{-3}{5},\ \sin 2\theta=\frac{2\tan\theta}{1+\tan^2\theta}=\frac{2\cdot 2}{1+2^2}=\frac{4}{5}$$

ですから、

$$\overrightarrow{OC}=\begin{pmatrix}\cos 2\theta & \sin 2\theta \\ \sin 2\theta & -\cos 2\theta\end{pmatrix}\begin{pmatrix}4\\6\end{pmatrix}=\begin{pmatrix}\frac{-3}{5} & \frac{4}{5} \\ \frac{4}{5} & \frac{3}{5}\end{pmatrix}\begin{pmatrix}4\\6\end{pmatrix}=\begin{pmatrix}\frac{12}{5}\\\frac{34}{5}\end{pmatrix}$$

C の座標は C$\left(\frac{12}{5}, \frac{34}{5}\right)$です。

4 基底の取替えと表現行列

同じ線形写像であっても、基底の取りかたによって表現行列は変わります。基底を取り替えたとき、表現行列はどう変わるかを追いかけてみましょう。

$\boldsymbol{R}^2$ から $\boldsymbol{R}^3$ への線形写像 f について調べてみます。

$\boldsymbol{R}^2$ の基底を $\boldsymbol{a}_1$、$\boldsymbol{a}_2$、$\boldsymbol{R}^3$ の基底を $\boldsymbol{b}_1$、$\boldsymbol{b}_2$、$\boldsymbol{b}_3$ に取ったときの f の表現行列が A であるとします。

$$(f(\boldsymbol{a}_1), f(\boldsymbol{a}_2)) = (\boldsymbol{b}_1, \boldsymbol{b}_2, \boldsymbol{b}_3)A \quad \cdots\cdots ①$$

ここで $\boldsymbol{R}^2$ の基底を $\boldsymbol{a}_1$、$\boldsymbol{a}_2$ から $\boldsymbol{a}'_1$、$\boldsymbol{a}'_2$ に取り替えたとし、取替え行列を P とします。

$$(\boldsymbol{a}'_1, \boldsymbol{a}'_2) = (\boldsymbol{a}_1, \boldsymbol{a}_2)P$$

この式から、$\boldsymbol{a}'_1$、$\boldsymbol{a}'_2$ の f による移り先は、

$$(f(\boldsymbol{a}'_1), f(\boldsymbol{a}'_2)) = (f(\boldsymbol{a}_1), f(\boldsymbol{a}_2))P \quad \cdots\cdots ②$$

f の作用は P に書かれた定数を飛び越えて作用する

となります。確かめてみます。例えば、P が $\begin{pmatrix} 3 & 1 \\ -2 & 2 \end{pmatrix}$ であると、

$$(\boldsymbol{a}'_1, \boldsymbol{a}'_2) = (\boldsymbol{a}_1, \boldsymbol{a}_2)P = (\boldsymbol{a}_1, \boldsymbol{a}_2)\begin{pmatrix} 3 & 1 \\ -2 & 2 \end{pmatrix} = (3\boldsymbol{a}_1 - 2\boldsymbol{a}_2, \boldsymbol{a}_1 + 2\boldsymbol{a}_2)$$

$$f(\boldsymbol{a}'_1) = f(3\boldsymbol{a}_1 - 2\boldsymbol{a}_2) = 3f(\boldsymbol{a}_1) - 2f(\boldsymbol{a}_2)、$$
$$f(\boldsymbol{a}'_2) = f(\boldsymbol{a}_1 + 2\boldsymbol{a}_2) = f(\boldsymbol{a}_1) + 2f(\boldsymbol{a}_2)$$

ですから、

$$\begin{aligned}(f(\boldsymbol{a}'_1), f(\boldsymbol{a}'_2)) &= (3f(\boldsymbol{a}_1) - 2f(\boldsymbol{a}_2), f(\boldsymbol{a}_1) + 2f(\boldsymbol{a}_2)) \\ &= (f(\boldsymbol{a}_1), f(\boldsymbol{a}_2))\begin{pmatrix} 3 & 1 \\ -2 & 2 \end{pmatrix}\end{aligned}$$

となり、確かに②が成り立ちます。

$\boldsymbol{R}^3$ の基底を $\boldsymbol{b}_1$、$\boldsymbol{b}_2$、$\boldsymbol{b}_3$ から $\boldsymbol{b}'_1$、$\boldsymbol{b}'_2$、$\boldsymbol{b}'_3$ に取り替えたとし、取替え行列を Q とします。$(\boldsymbol{b}'_1, \boldsymbol{b}'_2, \boldsymbol{b}'_3)=(\boldsymbol{b}_1, \boldsymbol{b}_2, \boldsymbol{b}_3)Q$ より、

$$(\boldsymbol{b}'_1, \boldsymbol{b}'_2, \boldsymbol{b}'_3)Q^{-1}=(\boldsymbol{b}_1, \boldsymbol{b}_2, \boldsymbol{b}_3) \quad \cdots\cdots ③$$

②、①、③を順に使っていくと、

$$\begin{aligned}(f(\boldsymbol{a}'_1), f(\boldsymbol{a}'_2)) &\overset{②}{=} (f(\boldsymbol{a}_1), f(\boldsymbol{a}_2))P \overset{①}{=} (\boldsymbol{b}_1, \boldsymbol{b}_2, \boldsymbol{b}_3)AP \\ &\underset{③}{=} (\boldsymbol{b}'_1, \boldsymbol{b}'_2, \boldsymbol{b}'_3)Q^{-1}AP\end{aligned}$$

この式から、$\boldsymbol{R}^2$ の基底を $\boldsymbol{a}'_1$、$\boldsymbol{a}'_2$、$\boldsymbol{R}^3$ の基底を $\boldsymbol{b}'_1$、$\boldsymbol{b}'_2$、$\boldsymbol{b}'_3$ に取ったときの f の表現行列は $Q^{-1}AP$ です。

上の式変形では、$(f(\boldsymbol{a}'_1), f(\boldsymbol{a}'_2))$ から始めましたが、$(\boldsymbol{b}'_1, \boldsymbol{b}'_2, \boldsymbol{b}'_3)$ に、Q^{-1}、A、P を順に右から掛けることを解釈していくと、次の図の下に書かれた模式図になります。

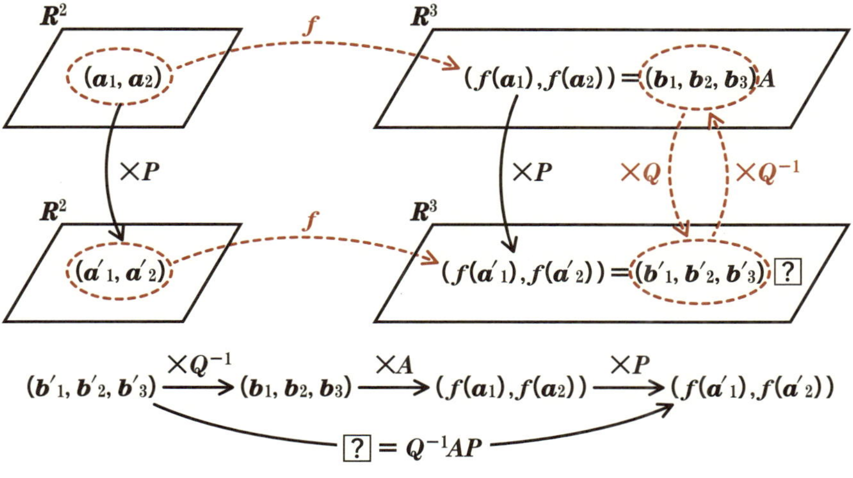

$\boldsymbol{R}^2$ から $\boldsymbol{R}^3$ への線形写像の例で示しましたが、次元が一般の場合でも同じ要領で $Q^{-1}AP$ が導かれます。

基底の取替えによる表現行列で重要なのは、標準基底から一般の基底に基底を取り替えたときに現れる $\boldsymbol{R}^n$ から $\boldsymbol{R}^n$ への線形変換の表現行列です。標準基底を取ったときの $\boldsymbol{R}^n$ から $\boldsymbol{R}^n$ への線形変換 f の表現行列を A とします。

$$(f(\boldsymbol{e}_1), f(\boldsymbol{e}_2), \cdots, f(\boldsymbol{e}_n)) = (\boldsymbol{e}_1, \boldsymbol{e}_2, \cdots, \boldsymbol{e}_n)A \quad \cdots\cdots④$$

ここで$(\boldsymbol{e}_1, \boldsymbol{e}_2, \cdots, \boldsymbol{e}_n)$は単位行列ですから、$(f(\boldsymbol{e}_1), f(\boldsymbol{e}_2), \cdots, f(\boldsymbol{e}_n)) = A$です。つまり、$A$は$\boldsymbol{e}_1$、$\boldsymbol{e}_2$、…、$\boldsymbol{e}_n$の$f$による移り先の列ベクトルを並べた行列です。

$\boldsymbol{R}^n$の基底を、標準基底$\boldsymbol{e}_1$、$\boldsymbol{e}_2$、…、$\boldsymbol{e}_n$から一般の基底$\boldsymbol{p}_1$、$\boldsymbol{p}_2$、…、$\boldsymbol{p}_n$に取り換えたとします。取替え行列をPとします。

$$(\boldsymbol{p}_1, \boldsymbol{p}_2, \cdots, \boldsymbol{p}_n) = (\boldsymbol{e}_1, \boldsymbol{e}_2, \cdots, \boldsymbol{e}_n)P \quad \cdots\cdots⑤$$

$$\therefore \quad (\boldsymbol{p}_1, \boldsymbol{p}_2, \cdots, \boldsymbol{p}_n)P^{-1} = (\boldsymbol{e}_1, \boldsymbol{e}_2, \cdots, \boldsymbol{e}_n) \quad \cdots\cdots⑥$$

ここで$(\boldsymbol{e}_1, \boldsymbol{e}_2, \cdots, \boldsymbol{e}_n)$は単位行列ですから、$(\boldsymbol{p}_1, \boldsymbol{p}_2, \cdots, \boldsymbol{p}_n) = P$です。つまり、$P$は新しい基底を並べた行列になります。

標準基底$\boldsymbol{e}_1$、$\boldsymbol{e}_2$、…、$\boldsymbol{e}_n$で表現行列Aを持つ線形変換fの基底を$\boldsymbol{p}_1$、$\boldsymbol{p}_2$、…、$\boldsymbol{p}_n$に取り替えたときの表現行列は、

⑤にfを作用させた

$$(f(\boldsymbol{p}_1), f(\boldsymbol{p}_2), \cdots, f(\boldsymbol{p}_n)) = (f(\boldsymbol{e}_1), f(\boldsymbol{e}_2), \cdots, f(\boldsymbol{e}_n))P$$

$$= (\boldsymbol{e}_1, \boldsymbol{e}_2, \cdots, \boldsymbol{e}_n)AP = (\boldsymbol{p}_1, \boldsymbol{p}_2, \cdots, \boldsymbol{p}_n)P^{-1}AP$$

④　⑥

より、$P^{-1}AP$になります。

$(\boldsymbol{p}_1, \boldsymbol{p}_2, \cdots, \boldsymbol{p}_n)$に$P^{-1}$、$A$、$P$を右から順に掛けていくことを解釈してみましょう。次の図の下の模式図を見ながら読んでください。P^{-1}を掛けて標準基底に戻し、Aを掛けて標準基底での移り先を求めます。これは標準基底での移り先ですから、Pを掛けて$(\boldsymbol{p}_1, \boldsymbol{p}_2, \cdots, \boldsymbol{p}_n)$での移り先を求めています。

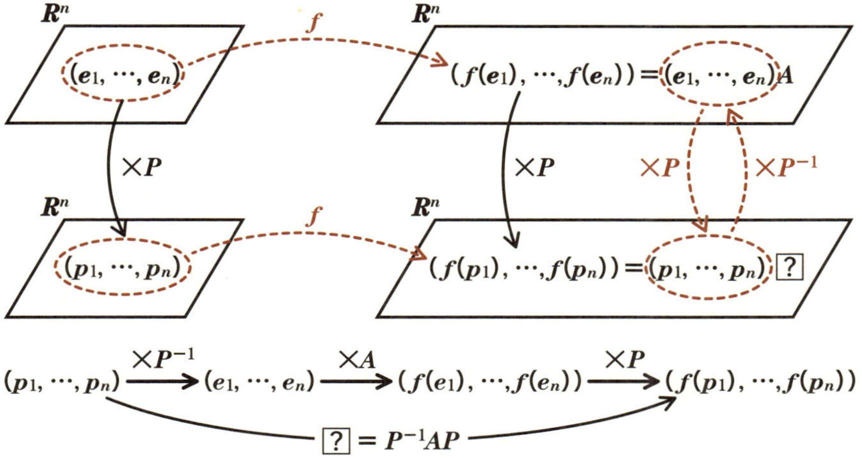

ホップ

問題　基底の取替えと表現行列　（別 p.52）

$\boldsymbol{R}^3$ の基底として $\boldsymbol{a}_1=\begin{pmatrix}1\\-1\\1\end{pmatrix}$、$\boldsymbol{a}_2=\begin{pmatrix}-2\\3\\-5\end{pmatrix}$、$\boldsymbol{a}_3=\begin{pmatrix}1\\-1\\2\end{pmatrix}$を、$\boldsymbol{R}^2$ の基底として $\boldsymbol{b}_1=\begin{pmatrix}1\\3\end{pmatrix}$、$\boldsymbol{b}_2=\begin{pmatrix}2\\5\end{pmatrix}$を取るとき、$\boldsymbol{R}^3$ から $\boldsymbol{R}^2$ への線形写像 f の表現行列が $\begin{pmatrix}2&-1&0\\1&1&-1\end{pmatrix}$であるとする。

$\boldsymbol{R}^3$ の基底を $\boldsymbol{a}'_1=\begin{pmatrix}4\\4\\-3\end{pmatrix}$、$\boldsymbol{a}'_2=\begin{pmatrix}2\\1\\-1\end{pmatrix}$、$\boldsymbol{a}'_3=\begin{pmatrix}1\\2\\-1\end{pmatrix}$に、$\boldsymbol{R}^2$ の基底を $\boldsymbol{b}'_1=\begin{pmatrix}1\\1\end{pmatrix}$、$\boldsymbol{b}'_2=\begin{pmatrix}2\\3\end{pmatrix}$に取り替えたときの線形写像 f の表現行列を求めよ。

$$(f(\boldsymbol{a}_1), f(\boldsymbol{a}_2), f(\boldsymbol{a}_3)) = (\boldsymbol{b}_1, \boldsymbol{b}_2)\begin{pmatrix}2&-1&0\\1&1&-1\end{pmatrix}$$

$\boldsymbol{R}^3$、$\boldsymbol{R}^2$ の取替え行列をそれぞれ P、Q とすると、

$$(\boldsymbol{a}'_1, \boldsymbol{a}'_2, \boldsymbol{a}'_3) = (\boldsymbol{a}_1, \boldsymbol{a}_2, \boldsymbol{a}_3)P \qquad (\boldsymbol{b}'_1, \boldsymbol{b}'_2) = (\boldsymbol{b}_1, \boldsymbol{b}_2)Q$$

第5章 p.122 より、$P=\begin{pmatrix}3&2&0\\8&3&3\\17&6&7\end{pmatrix}$、$Q=\begin{pmatrix}-3&-4\\2&3\end{pmatrix}$

$$(f(\boldsymbol{a}'_1), f(\boldsymbol{a}'_2), f(\boldsymbol{a}'_3)) = (f(\boldsymbol{a}_1), f(\boldsymbol{a}_2), f(\boldsymbol{a}_3))P = (\boldsymbol{b}_1, \boldsymbol{b}_2)\begin{pmatrix} 2 & -1 & 0 \\ 1 & 1 & -1 \end{pmatrix}P$$

$$= (\boldsymbol{b}'_1, \boldsymbol{b}'_2)Q^{-1}\begin{pmatrix} 2 & -1 & 0 \\ 1 & 1 & -1 \end{pmatrix}P$$

となるので、表現行列は

$$\begin{pmatrix} a & b \\ c & d \end{pmatrix}^{-1} = \frac{1}{ad-bc}\begin{pmatrix} d & -b \\ -c & a \end{pmatrix}$$

$$Q^{-1}\begin{pmatrix} 2 & -1 & 0 \\ 1 & 1 & -1 \end{pmatrix}P = \begin{pmatrix} -3 & -4 \\ 2 & 3 \end{pmatrix}^{-1}\begin{pmatrix} 2 & -1 & 0 \\ 1 & 1 & -1 \end{pmatrix}\begin{pmatrix} 3 & 2 & 0 \\ 8 & 3 & 3 \\ 17 & 6 & 7 \end{pmatrix}$$

$$= \begin{pmatrix} -3 & -4 \\ 2 & 3 \end{pmatrix}\begin{pmatrix} 2 & -1 & 0 \\ 1 & 1 & -1 \end{pmatrix}\begin{pmatrix} 3 & 2 & 0 \\ 8 & 3 & 3 \\ 17 & 6 & 7 \end{pmatrix}$$

$$= \begin{pmatrix} -10 & -1 & 4 \\ 7 & 1 & -3 \end{pmatrix}\begin{pmatrix} 3 & 2 & 0 \\ 8 & 3 & 3 \\ 17 & 6 & 7 \end{pmatrix}$$

$$= \begin{pmatrix} 30 & 1 & 25 \\ -22 & -1 & -18 \end{pmatrix}$$

問題

$\boldsymbol{R}^2$ の基底を標準基底に取ったときの線形変換 f の表現行列を $A = \begin{pmatrix} 4 & 2 \\ 1 & 3 \end{pmatrix}$ とする。

$\boldsymbol{R}^2$ の基底を $\boldsymbol{a}_1 = \begin{pmatrix} 1 \\ -1 \end{pmatrix}$、$\boldsymbol{a}_2 = \begin{pmatrix} 2 \\ 1 \end{pmatrix}$ に取り替えるときの線形変換 f の表現行列を求めよ。

上で述べた一般論を復習しながら解いてみましょう。

$$(f(\boldsymbol{e}_1), f(\boldsymbol{e}_2)) = (\boldsymbol{e}_1, \boldsymbol{e}_2)A = \begin{pmatrix} 1 & 0 \\ 0 & 1 \end{pmatrix}\begin{pmatrix} 4 & 2 \\ 1 & 3 \end{pmatrix} = \begin{pmatrix} 4 & 2 \\ 1 & 3 \end{pmatrix}$$

表現行列は $\boldsymbol{e}_1, \boldsymbol{e}_2$ の移り先を並べた行列

$\boldsymbol{R}^2$ の取替え行列 P は、

$$(\boldsymbol{a}_1, \boldsymbol{a}_2) = (\boldsymbol{e}_1, \boldsymbol{e}_2)P \qquad \begin{pmatrix} 1 & 2 \\ -1 & 1 \end{pmatrix} = \begin{pmatrix} 1 & 0 \\ 0 & 1 \end{pmatrix}P \text{ より、} P = \begin{pmatrix} 1 & 2 \\ -1 & 1 \end{pmatrix}$$

取り替え行列は $\boldsymbol{a}_1, \boldsymbol{a}_2$ を並べた行列

また、$(\boldsymbol{a}_1, \boldsymbol{a}_2)P^{-1} = (\boldsymbol{e}_1, \boldsymbol{e}_2)$

$$(f(\boldsymbol{a}_1), f(\boldsymbol{a}_2)) = (f(\boldsymbol{e}_1), f(\boldsymbol{e}_2))P = (\boldsymbol{e}_1, \boldsymbol{e}_2)AP = (\boldsymbol{a}_1, \boldsymbol{a}_2)P^{-1}AP$$

$\boldsymbol{a}_1$、$\boldsymbol{a}_2$ を基底としたときの線形変換 f の表現行列は、

$$P^{-1}AP=\begin{pmatrix} 1 & 2 \\ -1 & 1 \end{pmatrix}^{-1}\begin{pmatrix} 4 & 2 \\ 1 & 3 \end{pmatrix}\begin{pmatrix} 1 & 2 \\ -1 & 1 \end{pmatrix}=\frac{1}{3}\begin{pmatrix} 1 & -2 \\ 1 & 1 \end{pmatrix}\begin{pmatrix} 2 & 10 \\ -2 & 5 \end{pmatrix}=\begin{pmatrix} 2 & 0 \\ 0 & 5 \end{pmatrix}$$

以下、表現行列というとき、特にことわりがない場合には、基底として標準基底を取っているものとします。

5 像空間、核空間

$\boldsymbol{R}^n$ から $\boldsymbol{R}^m$ への線形写像 f があるとき、$\boldsymbol{R}^n$ のすべての元の移り先が $\boldsymbol{R}^m$ の元すべてに移るとは限りません。すなわち、$\boldsymbol{R}^m$ の元には f の移り先にならないものが存在する場合があります。ここらへんの事情を調べてみましょう。

像空間、核空間

線形空間 V から線形空間 W への線形写像 f について、

$$\mathrm{Im}f=\{f(\boldsymbol{x})\,|\,\boldsymbol{x}\in V\}$$

を f の**像空間**、

$$\mathrm{Ker}f=\{\boldsymbol{x}\in V\,|\,f(\boldsymbol{x})=0\}$$

を f の**核空間**という。

$\mathrm{Im}f$ は W の部分空間、$\mathrm{Ker}f$ は V の部分空間になる。

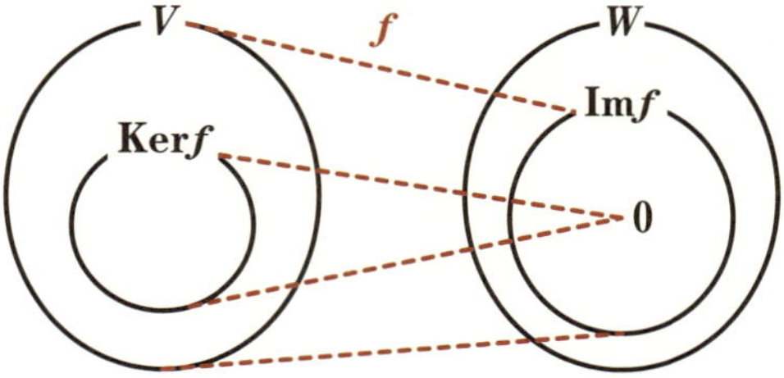

[Imf は W の部分空間]

$\mathrm{Im}f$ の任意の 2 つの元は、$\boldsymbol{x}$、$\boldsymbol{y}\in V$ があって、$f(\boldsymbol{x})$、$f(\boldsymbol{y})$ と表され、

$$f(\boldsymbol{x})+f(\boldsymbol{y})=f(\boldsymbol{x}+\boldsymbol{y})\underset{\substack{\uparrow\\ \boldsymbol{x}+\boldsymbol{y}\in V\text{より}}}{\in}\mathrm{Im}f\text{、}\quad kf(\boldsymbol{x})=f(k\boldsymbol{x})\underset{\substack{\uparrow\\ k\boldsymbol{x}\in V\text{より}}}{\in}\mathrm{Im}f$$

よって、$\mathrm{Im}f$ は W の部分空間です。

[Ker$f$ は V の部分空間]

Ker$f$ の任意の元 $\boldsymbol{x}$、$\boldsymbol{y}$ について、$f(\boldsymbol{x})=\boldsymbol{0}$、$f(\boldsymbol{y})=\boldsymbol{0}$

$$f(\boldsymbol{x}+\boldsymbol{y})=f(\boldsymbol{x})+f(\boldsymbol{y})=0+0=0 \qquad f(k\boldsymbol{x})=kf(\boldsymbol{x})=k0=0$$

よって、$\boldsymbol{x}+\boldsymbol{y}\in\mathrm{Ker}f$、$k\boldsymbol{x}\in\mathrm{Ker}f$ ですから、Ker$f$ は V の部分空間です。

これから先は問題を解きながら解説しましょう。

ホップ 問題 核と像 (別 p.54)

$A=\begin{pmatrix}1&3&2\\2&10&2\\-2&-8&-3\end{pmatrix}$とする。$\boldsymbol{R}^3$ の元 $\boldsymbol{x}$ に対し、$\boldsymbol{R}^3$ の元 $A\boldsymbol{x}$ を対応させる線形写像を f とするとき、Imf、Ker$f$ の次元と基底を求めよ。

$$\mathrm{Im}f=\{f(\boldsymbol{x})\,|\,\boldsymbol{x}\in\boldsymbol{R}^3\}=\{A\boldsymbol{x}\,|\,\boldsymbol{x}\in\boldsymbol{R}^3\}$$

$\boldsymbol{x}=\begin{pmatrix}x\\y\\z\end{pmatrix}$とすれば、$A\boldsymbol{x}=\begin{pmatrix}1&3&2\\2&10&2\\-2&-8&-3\end{pmatrix}\begin{pmatrix}x\\y\\z\end{pmatrix}=x\begin{pmatrix}1\\2\\-2\end{pmatrix}+y\begin{pmatrix}3\\10\\-8\end{pmatrix}+z\begin{pmatrix}2\\2\\-3\end{pmatrix}$

となりますから、Imf は、$\begin{pmatrix}1\\2\\-2\end{pmatrix}$、$\begin{pmatrix}3\\10\\-8\end{pmatrix}$、$\begin{pmatrix}2\\2\\-3\end{pmatrix}$で張られた空間になります。

A のランクを求める計算をすると、

$$\begin{pmatrix}1&3&2\\2&10&2\\-2&-8&-3\end{pmatrix}\begin{matrix}\times(-2)\\ \times 2\end{matrix}\longrightarrow\begin{pmatrix}1&3&2\\0&4&-2\\0&-2&1\end{pmatrix}\times\frac{1}{2}\longrightarrow\begin{pmatrix}1&3&2\\0&4&-2\\0&0&0\end{pmatrix}$$

rank $A=2$ であり、Imf の次元は 2 になります(第5章 p.127 の定理)。

また、張られる空間の基底を$\begin{pmatrix}1\\2\\-2\end{pmatrix}$、$\begin{pmatrix}3\\10\\-8\end{pmatrix}$に取ることができます。基底の取り方は、$\begin{pmatrix}1\\2\\-2\end{pmatrix}$、$\begin{pmatrix}2\\2\\-3\end{pmatrix}$でもかまいません。

Ker$f$ を求めるときにも、rank を求めるときの計算を用いることができます。

$$\mathrm{Ker}f = \{\boldsymbol{x} \in \boldsymbol{R}^3 \mid f(\boldsymbol{x}) = 0\} = \{\boldsymbol{x} \in \boldsymbol{R}^3 \mid A\boldsymbol{x} = 0\}$$

ですから、連立1次方程式は rank の計算の最後から、

$$x+3y+2z=0、4y-2z=0 \qquad \therefore \quad z=2y、x=-7y$$

よって、$x=-7k$、$y=k$、$z=2k$ （k は任意の実数）

$A\boldsymbol{x}=0$ の解は、$\begin{pmatrix} x \\ y \\ z \end{pmatrix} = k\begin{pmatrix} -7 \\ 1 \\ 2 \end{pmatrix}$（$k$ は任意の実数）ですから、Ker$f$ の次元は 1、基底は$\begin{pmatrix} -7 \\ 1 \\ 2 \end{pmatrix}$です。

このとき、

$$\underset{2}{\dim(\mathrm{Im}f)} + \underset{1}{\dim(\mathrm{Ker}f)} = \underset{3}{\dim(\boldsymbol{R}^3)}$$

が成り立っています。これは一般に成り立つことで、像空間と核空間の次元を足すと、線形写像を施すもとの線形空間の次元に等しくなります。

次元公式

線形空間 V から線形空間 W への線形写像を f とすると、

$$\dim(\mathrm{Im}f) + \dim(\mathrm{Ker}f) = \dim V$$

イメージ図を描くと右のようになります。

V は Ker$f$ とそれ以外のところからできていて、f により Ker$f$ の部分は 0 に移ってつぶれてしまいますが、それ以外のところは残って Imf になるという感じです。

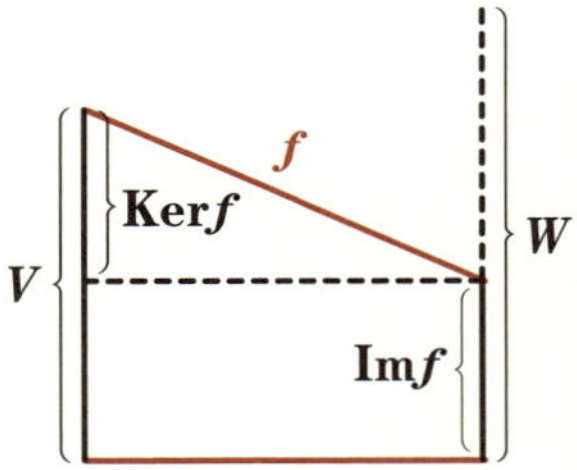

［証明］

Ker$f$ の基底を $\boldsymbol{a}_1$、$\boldsymbol{a}_2$、…、$\boldsymbol{a}_s$ とします。これにベクトルを加えて V の基底を作ります。加えたベクトルを $\boldsymbol{b}_1$、$\boldsymbol{b}_2$、…、$\boldsymbol{b}_r$ としましょう。

基底$\boldsymbol{a}_1$、…、$\boldsymbol{a}_s$、$\boldsymbol{b}_1$、…、$\boldsymbol{b}_r$によって、Vの任意の元$\boldsymbol{v}$は、

$$\boldsymbol{v}=x_1\boldsymbol{a}_1+\cdots+x_s\boldsymbol{a}_s+y_1\boldsymbol{b}_1+\cdots+y_r\boldsymbol{b}_r$$

と表されます。これをfで移すと、

$$\begin{aligned}f(\boldsymbol{v})&=f(x_1\boldsymbol{a}_1+\cdots+x_s\boldsymbol{a}_s+y_1\boldsymbol{b}_1+\cdots+y_r\boldsymbol{b}_r)\\&=x_1f(\boldsymbol{a}_1)+\cdots+x_sf(\boldsymbol{a}_s)+y_1f(\boldsymbol{b}_1)+\cdots+y_rf(\boldsymbol{b}_r)\end{aligned}$$

［$\boldsymbol{a}_i$はKer$f$の元なので、$f(\boldsymbol{a}_i)=\boldsymbol{0}$］

$$=y_1f(\boldsymbol{b}_1)+\cdots+y_rf(\boldsymbol{b}_r)$$

よって、$\mathrm{Im}f=\{f(\boldsymbol{v})\,|\,\boldsymbol{v}\in V\}$は、$f(\boldsymbol{b}_1)$、$f(\boldsymbol{b}_2)$、…、$f(\boldsymbol{b}_r)$で張られる空間になります。

実は、$f(\boldsymbol{b}_1)$、$f(\boldsymbol{b}_2)$、…、$f(\boldsymbol{b}_r)$が線形独立になっています。これを証明しましょう。

$y_1f(\boldsymbol{b}_1)+\cdots+y_rf(\boldsymbol{b}_r)=\boldsymbol{0}$とすると、$f(y_1\boldsymbol{b}_1+\cdots+y_r\boldsymbol{b}_r)=\boldsymbol{0}$ですから、

$y_1\boldsymbol{b}_1+\cdots+y_r\boldsymbol{b}_r$はKer$f$の元となるので、$y_1\boldsymbol{b}_1+\cdots+y_r\boldsymbol{b}_r$は$\boldsymbol{a}_1$、……、$\boldsymbol{a}_s$の1次結合で表すことができます。

$$y_1\boldsymbol{b}_1+\cdots+y_r\boldsymbol{b}_r=x_1\boldsymbol{a}_1+\cdots+x_s\boldsymbol{a}_s$$

と表されたとします。これを変形して、

$$-x_1\boldsymbol{a}_1-\cdots-x_s\boldsymbol{a}_s+y_1\boldsymbol{b}_1+\cdots+y_r\boldsymbol{b}_r=\boldsymbol{0}$$

となりますが、$\boldsymbol{a}_1$、…、$\boldsymbol{a}_s$、$\boldsymbol{b}_1$、…、$\boldsymbol{b}_r$がVの基底で線形独立ですから、この式を満たす係数は$x_1=\cdots=x_s=y_1=\cdots=y_r=0$しかありません。よって、$f(\boldsymbol{b}_1)$、$f(\boldsymbol{b}_2)$、…、$f(\boldsymbol{b}_r)$は線形独立です。

Imfは、r個の線形独立なベクトルによって張られる空間なので、
$\dim(\mathrm{Im}f)=r$です。

基底の個数から、$\dim(\mathrm{Ker}f)=s$, $\dim V=s+r$であり、

$$\dim(\mathrm{Im}f)+\dim(\mathrm{Ker}f)=\dim V$$

が成り立ちます。

前の問題で、標準基底に関する表現行列のとき、行列のランクとImfが一致する仕組みを観察しました。ランクとImfの次元が一致することは、標準基底でない一般の基底の表現行列に関しても成り立っています。次の定理の証明は、$\boldsymbol{R}^n$ 以外の一般の線形空間 V、W を想定した証明です。

定理　表現行列のランクと像の次元

線形写像 f の表現行列を A とするとき、$\dim(\mathrm{Im}f) = \mathrm{rank}\,A$ である。

f を V から W への線形写像とします。V の基底を $\boldsymbol{p}_1$、…、$\boldsymbol{p}_m$、W の基底を $\boldsymbol{q}_1$、…、$\boldsymbol{q}_n$ とします。A が、この基底に関する f の表現行列であるとすると、

$$(f(\boldsymbol{p}_1), \cdots, f(\boldsymbol{p}_m)) = (\boldsymbol{q}_1, \cdots, \boldsymbol{q}_n)\underbrace{A}_{(n,\,m)\text{型行列}}$$

が成り立ちます。V の任意の元 $\boldsymbol{x}$ は、$x_1\boldsymbol{p}_1 + \cdots + x_m\boldsymbol{p}_m$ と表されます。

$$f(\boldsymbol{x}) = f(x_1\boldsymbol{p}_1 + \cdots + x_m\boldsymbol{p}_m) = x_1 f(\boldsymbol{p}_1) + \cdots + x_m f(\boldsymbol{p}_m)$$

$$= (f(\boldsymbol{p}_1), \cdots, f(\boldsymbol{p}_m))\begin{pmatrix} x_1 \\ \vdots \\ x_m \end{pmatrix} = (\boldsymbol{q}_1, \cdots, \boldsymbol{q}_n)\boxed{A\begin{pmatrix} x_1 \\ \vdots \\ x_m \end{pmatrix}}$$

となります。ここで、A を n 次列ベクトルが m 個並んだものとして見て、$A = (\boldsymbol{a}_1, \cdots, \boldsymbol{a}_m)$ とします。すると、アカ枠の部分は、

$$A\begin{pmatrix} x_1 \\ \vdots \\ x_m \end{pmatrix} = (\boldsymbol{a}_1, \cdots, \boldsymbol{a}_m)\begin{pmatrix} x_1 \\ \vdots \\ x_m \end{pmatrix} = \underbrace{\boxed{x_1\boldsymbol{a}_1 + \cdots + x_m\boldsymbol{a}_m}}_{n\text{ 次列ベクトル}}$$

と計算できます。

A のランクを r とすると、$\boldsymbol{a}_1$、…、$\boldsymbol{a}_m$ から、r 本の線形独立なベクトルを取り出すことができます。これを例えば、$\boldsymbol{a}_1$、…、$\boldsymbol{a}_r$ とします。第5章p.128の定理により、$x_1\boldsymbol{a}_1 + \cdots + x_m\boldsymbol{a}_m$ は、$\boldsymbol{a}_1$、…、$\boldsymbol{a}_r$ の1次結合で、$y_1\boldsymbol{a}_1 + \cdots + y_r\boldsymbol{a}_r$ と表すことができます。

つまり、V の任意の元 $\boldsymbol{x}$ に対応する W の元 $f(\boldsymbol{x})$ は、

$$f(\boldsymbol{x})=(\boldsymbol{q}_1, \cdots, \boldsymbol{q}_n)(\boldsymbol{a}_1, \cdots, \boldsymbol{a}_r)\begin{pmatrix} y_1 \\ \vdots \\ y_r \end{pmatrix} \quad \cdots\cdots①$$

［ここで、$B=(\boldsymbol{q}_1, \cdots, \boldsymbol{q}_n)$とおくと］

$$=B(\boldsymbol{a}_1, \cdots, \boldsymbol{a}_r)\begin{pmatrix} y_1 \\ \vdots \\ y_r \end{pmatrix}=(\underbrace{B\boldsymbol{a}_1}_{q_1, \cdots, q_n \text{の1次結合}}, \cdots, B\boldsymbol{a}_r)\begin{pmatrix} y_1 \\ \vdots \\ y_r \end{pmatrix}=\underbrace{y_1B\boldsymbol{a}_1}_{Ba_1 \text{の定数倍}}+\cdots+y_rB\boldsymbol{a}_r$$

と、Wの元$f(\boldsymbol{x})$は$B\boldsymbol{a}_1$、…$B\boldsymbol{a}_r$の1次結合で表すことができます。

ここで、$B\boldsymbol{a}_1$、…、$B\boldsymbol{a}_r$が線形独立であることを示しましょう。

$y_1B\boldsymbol{a}_1+\cdots+y_rB\boldsymbol{a}_r=\boldsymbol{0}$……②であるとします。

①のアカ枠を、$(\boldsymbol{a}_1, \cdots, \boldsymbol{a}_r)\begin{pmatrix} y_1 \\ \vdots \\ y_r \end{pmatrix}=\begin{pmatrix} z_1 \\ \vdots \\ z_n \end{pmatrix}$とおきます。

すると、②は、$z_1\boldsymbol{q}_1+\cdots+z_n\boldsymbol{q}_n=\boldsymbol{0}$となり、$\boldsymbol{q}_1$、…、$\boldsymbol{q}_n$は$W$の基底ですから、$z_1=\cdots=z_n=0$です。

$(\boldsymbol{a}_1, \cdots, \boldsymbol{a}_r)\begin{pmatrix} y_1 \\ \vdots \\ y_r \end{pmatrix}=\begin{pmatrix} 0 \\ \vdots \\ 0 \end{pmatrix}$となりますが、$\boldsymbol{a}_1, \cdots, \boldsymbol{a}_r$は線形独立なので、

$y_1=\cdots=y_r=0$となります。

$B\boldsymbol{a}_1$、…、$B\boldsymbol{a}_r$が$\mathrm{Im}f$の基底であることが示されました。

$\mathrm{Im}f$の次元は行列Aのランクrに等しくなります。

次元公式を用いて、宿題であった解空間の次元を求める定理を証明しましょう。

定理　解空間の次元

n元連立方程式$Ax=\boldsymbol{0}$の解空間の次元は、$n-\mathrm{rank}\,A$である。

Aを(m, n)型行列とし、fを$\boldsymbol{R}^m$の元xに対して、$\boldsymbol{R}^n$の元Axを対応させる線形写像であるとします。

$\mathrm{Ker}f=\{x\in\boldsymbol{R}^n \mid Ax=0\}$ ですから、$\mathrm{Ker}f$は解空間を表しています。

Aは、標準基底を取ったときのfの表現行列ですから、

dim(Im f) = rank A です。

次元公式で dim(Im f) + dim(Ker f) = dim V において、$V=R^n$ のときなので、

$$\text{rank } A + \dim(\text{Ker} f) = n \quad \therefore \quad \dim(\text{Ker} f) = n - \text{rank } A$$

ここで行列のランクの言い換えがほぼ出そろったので、これをまとめておきましょう。

その前に**小行列式**という言葉について説明しておきます。

例えば、下左図のような行列から、赤丸の成分を取り出して作った行列の行列式を2次小行列式または2次**首座行列式**といいます。取り出す成分は図のように、取り出す行を2個、取り出す列を2個決めて、それらに関わる成分を取り出すわけです。行の取り出し方で $_4C_2$ 通り、列の取り出し方で $_5C_2$ 通りですから、4×5 の行列では全部で $_4C_2 \times _5C_2$ 個の2次小行列式が考えられます。

下右図は、3次小行列式の一例です。

$$\begin{pmatrix} 9 & 10 & 11 & 12 & 13 \\ 8 & 1 & 2 & 3 & 14 \\ 7 & 6 & 5 & 4 & 15 \\ 20 & 19 & 18 & 17 & 16 \end{pmatrix} \longrightarrow \begin{vmatrix} 1 & 14 \\ 19 & 16 \end{vmatrix} \qquad \begin{pmatrix} 9 & 10 & 9 & 8 & 7 \\ 8 & 1 & 2 & 3 & 6 \\ 7 & 6 & 5 & 4 & 5 \\ 2 & 1 & 2 & 3 & 4 \end{pmatrix} \longrightarrow \begin{vmatrix} 9 & 9 & 8 \\ 7 & 5 & 4 \\ 2 & 2 & 3 \end{vmatrix}$$

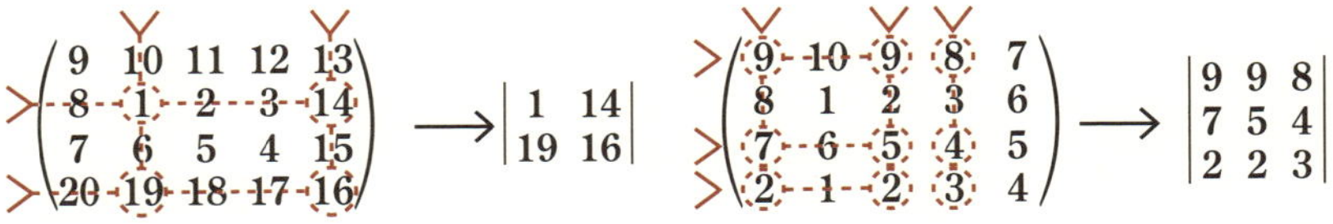

定理　ランクの言い換え

次はすべて同値である。
(1) 行列 A のランクが r である。
(2) A を列ベクトルが並んだ行列としてみるとき、これらの列ベクトルの独立最大数は r である。
(3) A を行ベクトルが並んだ行列としてみるとき、これらの行ベクトルの独立最大数は r である。
(4) A が線形写像 f の表現行列であるとすると、Im f の次元は r である。
(5) A の r 次小行列式の中には 0 でないものがあり、$r+1$ 次小行列式はすべて 0 である。

初めて出てきた(5)について確認しておきましょう。

(1)と(5)が同値であることを認めて、例えば、$A=\begin{pmatrix}1&2&3\\3&6&9\\2&4&6\end{pmatrix}$のランクを(5)を用いて求めてみましょう。

1次小行列式とは成分のことで、1、2、3、……ですから、0でないものがあります。

2次小行列式たちは、$\begin{vmatrix}1&2\\3&6\end{vmatrix}$、$\begin{vmatrix}1&3\\3&9\end{vmatrix}$、$\begin{vmatrix}2&3\\6&9\end{vmatrix}$、$\begin{vmatrix}1&2\\2&4\end{vmatrix}$、$\begin{vmatrix}1&3\\2&6\end{vmatrix}$、$\begin{vmatrix}2&3\\4&6\end{vmatrix}$

$\begin{vmatrix}3&6\\2&4\end{vmatrix}$、$\begin{vmatrix}3&9\\2&6\end{vmatrix}$、$\begin{vmatrix}6&9\\4&6\end{vmatrix}$の9個ですが、どれも0です。

したがって、Aのランクは1となります。

ちなみに、この場合の3次小行列式とは、Aの行列式のことであり、$|A|=0$になります。

(5)について、周辺の状況まで含めて説明を補足すると、次のようになります。すなわち、

> 行列式が与えられると、ある数rがあって、
> $s \leqq r$のとき、s次小行列式たちの中には0でないものがある
> $s \geqq r+1$のとき、s次小行列式たちはすべて0である

となるのです。

「s次小行列式たちの中には0でないものがある」という性質をS、「s次小行列式たちはすべて0である」という性質をTとすると、上のAについては、下左表のようにまとまります。赤枠の状況を表すと下中表のようになります。あるところより左がすべてSで、右がすべてTとなるのです。

Aの場合

s	1	2	3
	S	T	T

赤枠の場合

s	$1 \cdots r$	$r+1 \cdots n$
	$S \cdots S$	$T \cdots T$

起こりえない

s	1	2	3	4	5
	S	T	S	T	T

上右表のようになることはありません。なぜなら、ある数tがあって、t次小行列式たちがすべて0であるとすると、$t+1$次小行列式を余因子展開したとき

に出てくる余因子行列は t 次小行列式ですからすべて 0 になり、$t+1$ 次小行列式たちもすべて 0 になるからです。t 次で T の性質を持てば、$t+1$ 次で T の性質を持つことになり、この議論を繰り返して、結局 t 次以上で T の性質を持つことになるのです。

(1)と(5)が同値であることを証明してみましょう。

行基本変形、列基本変形を施しても(5)の性質が保たれることを示します。

行列 A に行基本変形を1回施して行列 B になったとします。A の s 次小行列式を $|C_1|$、$|C_2|$、…、$|C_m|$ とし、B の s 次小行列式を $|D_1|$、$|D_2|$、…、$|D_m|$ とします。C_i と D_i は、A と B の同じ位置にある成分を取り出して作った小行列です。このとき、

$|C_1|$、$|C_2|$、…、$|C_m|$ はすべて 0 である

$\Longleftrightarrow$ $|D_1|$、$|D_2|$、…、$|D_m|$ はすべて 0 である

となることを、行基本変形の3つのパターンに関して示しましょう。

$\Longrightarrow$ の場合を示します。

（ア） A の行の入れ替え

D_i が入れ替えた行を含まない場合は、D_i は C_i と一致し、$|D_i|=|C_i|=0$ です。D_i が入れ替えた行を2行とも含む場合は、D_i は C_i の行を入れ替えたものなので、$|D_i|=-|C_i|=0$ です。

D_i が入れ替えた行を1行だけ含む場合は、C_1、C_2、…、C_m の中に、成分が一致する小行列(C_j とする)があれば $|D_i|=|C_j|=0$。そうでない場合でも何回か行を入れ替えると D_i となる行列(C_j とする)があるので、$|D_i|=\pm|C_j|=0$ です。

（イ） A のある行を c 倍

D_i が c 倍した行を含まない場合は、D_i は C_i と一致し、$|D_i|=|C_i|=0$ です。D_i が c 倍した行を含む場合は、D_i は C_i のある行を c 倍したものなので、$|D_i|=c|C_i|=0$ です。

（ウ） A の第 k 行の c 倍を第 l 行に足す

D_i が第 l 行を含まない場合は、D_i は C_i と一致し、$|D_i|=|C_i|=0$ です。

D_i が第 l 行も第 k 行も含む場合は、D_i は C_i のある行の c 倍を他の行に足した行列ですから、$|D_i|=|C_i|=0$ です。

D_i が第 l 行を含み、第 k 行を含まない場合はややこしいですから、次の図を見ながら読んでください。D_i は C_i の図の行ベクトル $\boldsymbol{b}$ で表される行(A の第 l 行

からなる行)に、行ベクトル$\boldsymbol{a}$で表される行(Aの第k行からなる行)のc倍を足した行列です。

ここで、C_iの$\boldsymbol{b}$を$\boldsymbol{a}$に入れ替えた行列Fを作ります。Fは、C_1、C_2、…、C_mのどれかの行列(C_jとする)に一致するか、またはどれかの行列(C_jとする)の行を入れ替えた行列になっています。

よって、$|D_i|=|C_i|+c|F|=|C_i|\pm c|C_j|=0$となります。

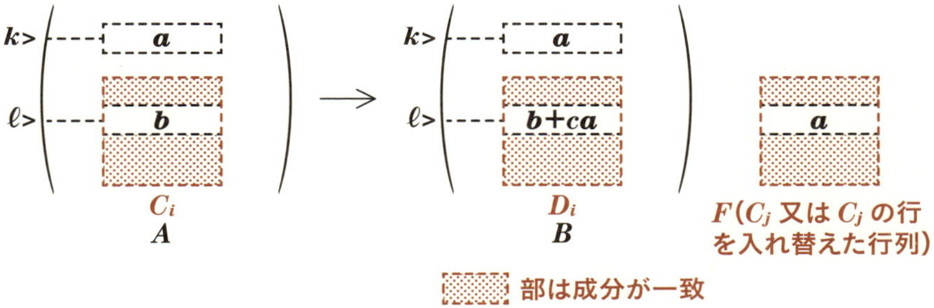

次に⟸を示します。

行基本変形は可逆ですから、Bに行基本変形を施してAになったと考えて、⟹のときと同じように⟸が成り立つことがいえます。

よって、Aに行基本変形を1回施してBになるとき、

Aのs次小行列式がすべて0である

⟺Bのs次小行列式がすべて0である

が成り立ちます。⟸の対偶を取ると、「Aのs次小行列式の中に0でないものがある ⟹ Bのs次小行列式の中に0でないものがある」となりますから、⟹の対偶と合わせて、

Aのs次小行列式の中に0でないものがある

⟺ Bのs次小行列式の中に0でないものがある

となります。

行列に1回の行基本変形を施しても、

「s次小行列式がすべて0である *or*

s次小行列式の中に0でないものがある」

という行列の性質は保たれることになります。

行基本変形は3つのパターンの行基本変形を繰り返したものであること、列基本変形は行基本変形と対等であることを考慮すると、行基本変形、列基本変形でこの性質は保たれることになります。

行列のランクも行基本変形、列基本変形で不変ですから、(1)と(5)が同値であることを確かめるには、Aに行基本変形、列基本変形を施した行列に関して同値であることを示せばよいのです。

Aに行基本変形を施して階段行列を作り列基本変形によって階段行列の列を入れ替えて、対角成分に0でない成分を並べます。すると、下図のような行列Bに変形することができます。Bの対角成分には、s個の0でない成分$\boldsymbol{c}_1, \boldsymbol{c}_2, \cdots, \boldsymbol{c}_s$が並んでいるものとします。$B$について(1)と(5)が同値であることを示します。

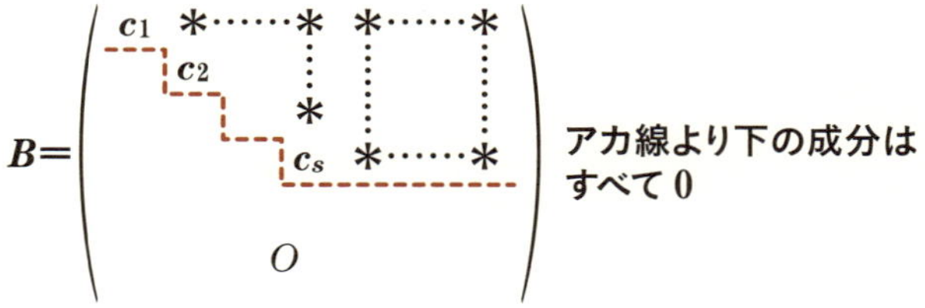

(1)⟹(5)を示します。Bのランクがrのとき、$s=r$です。このとき、左上から順に成分を取って作ったr次以下の小行列式は、この小行列が上三角行列ですから、行列式は対角成分c_iの積になります。$c_i \neq 0$ですから、行列式は0以外になります。r次小行列式には0でないものがあります。

一方、$r+1$次の小行列式を作るときは、すべての成分が0である行を少なくとも1つ選ばなければなりません。よって、$r+1$次の小行列式はすべて0です。

よって、(1)⟹(5)がいえました。

(5)⟹(1)を示します。

Bのr次小行列式の中に0でないものがあり、$r+1$次小行列式はすべて0です。

$s<r$であると仮定すると、左上から順に成分を取ったr次の小行列式は0になるので矛盾します。また、$s>r$であると仮定すると、左上から順に成分を取った$r+1$次の小行列式は0にならないので矛盾します。したがって、$s=r$です。

このときBのランクはrとなるので、(5)⟹(1)が示せました。

したがって、(1)と(5)は同値です。

6 単射、全射、全単射

単射、全射、全単射という用語は一般の写像について定義されるものですが、線形写像についてまとめておきましょう。

まず、一般の写像(線形写像とは限らない)について、単射、全射、全単射という用語を確認しましょう。

単射、全射の具体例を挙げてみましょう。

fを集合Vから集合V'への写像とします。

$V=\{1, 2, 3, 4\}$、$V'=\{5, 6, 7, 8, 9\}$であり、fは図１のようにVの元をV'の元に写像しているものとします。Vの異なる２つの元の移り先はV'の異なる２つの元になっています。これは、V'の元から見れば、V'の１つの元に移すようなVの元は１つしかないという状態です。このような写像を**単射**といいます。

また、$V=\{1, 2, 3, 4, 5\}$、$V'=\{6, 7, 8, 9\}$で、fは図２のようにVの元をV'の元に写像しているものとします。V'の元でVの元の移り先になっていない元はありません。V'の元はすべてVのどれかの元の移り先になっています。このような写像を**全射**といいます。

図１

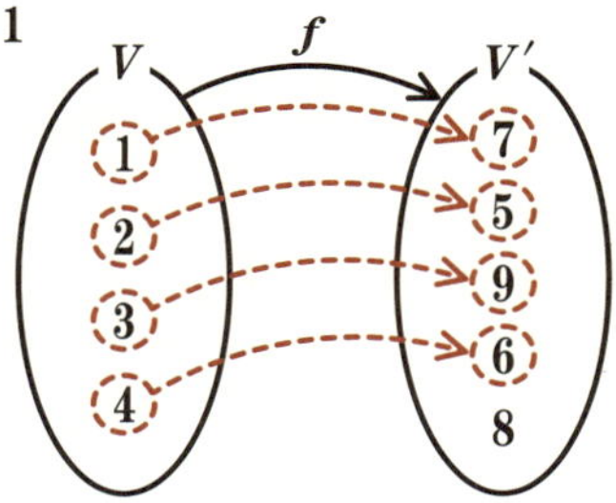

図２

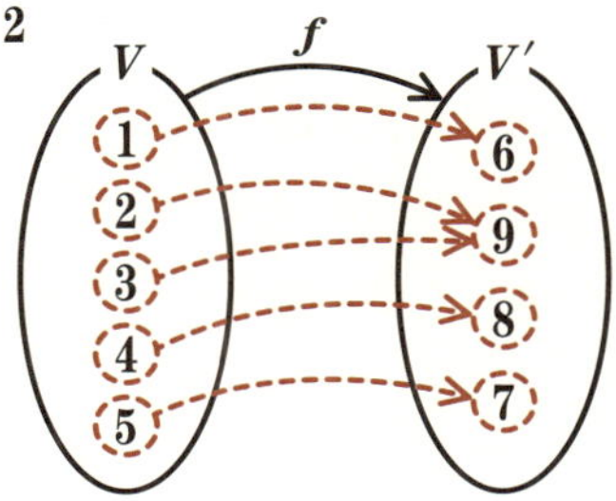

図１の写像は８に移すようなVの元がありませんから、全射ではありません。また、図２の写像は９に移すVの元が２つありますから単射ではありません。

全単射とは、全射かつ単射である写像のことです。図を描くと次のようになります。

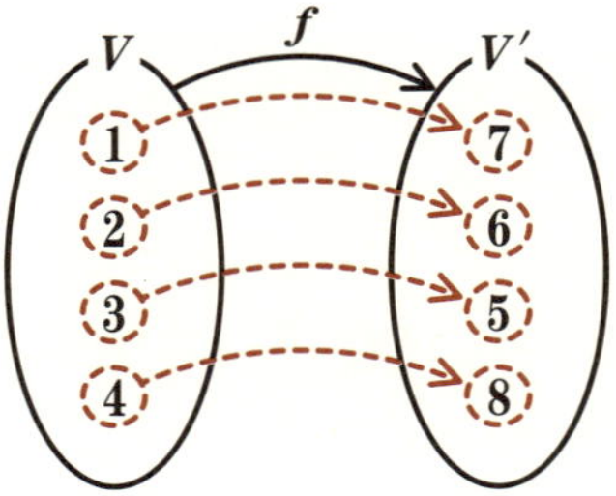

V から V' への写像 f が全単射であるとき、f は V の元と V' の元の間に1対1の対応をつけます。

定義　単射・全射

集合 V から集合 V' への写像 f がある。

(1)　V の任意の異なる2つの元 $\boldsymbol{x}_1$、$\boldsymbol{x}_2(\boldsymbol{x}_1 \neq \boldsymbol{x}_2)$ に対して、$f(\boldsymbol{x}_1) \neq f(\boldsymbol{x}_2)$ となるとき、f は単射であるという。

(2)　V' の任意の元 $\boldsymbol{y}$ に対して、$f(\boldsymbol{x})=\boldsymbol{y}$ となる V の元 $\boldsymbol{x}$ が存在するとき、f は全射であるという。

(3)　f が全射かつ単射であるとき、f は全単射であるという。

単射（injection）のことを1対1の写像（one−to−one mapping）、全射（surjection）のことを上への写像（onto mapping）と呼ぶこともあります。他の本でも勉強する人は気を付けてください。

f が線形写像であるとき、単射、全射であることの条件は、次のように次元の条件で言い換えられます。

定理　線形写像の全射・単射

f を V から V' の線形写像であるとする。

(1)　f が単射である　$\Leftrightarrow$　$\dim(\mathrm{Ker}\,f)=0$

$\Leftrightarrow$　$\dim(\mathrm{Im}f)=\dim V$

(2)　f が全射である　$\Leftrightarrow$　$\dim(\mathrm{Im}f)=\dim V'$

(3)　f が全単射である　$\Leftrightarrow$　$\dim(\mathrm{Im}f)=\dim V=\dim V'$

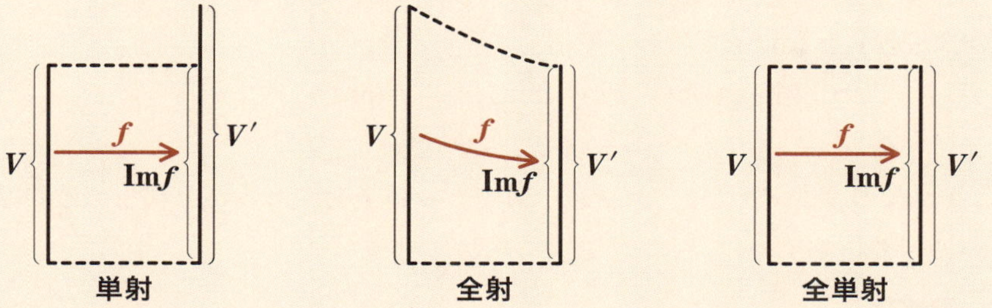

(1)　は「f が潰れなければ単射」と感覚的に捉えおくとよい。

潰れると毛先がくっ付いてしまう。

同じ元に移る。

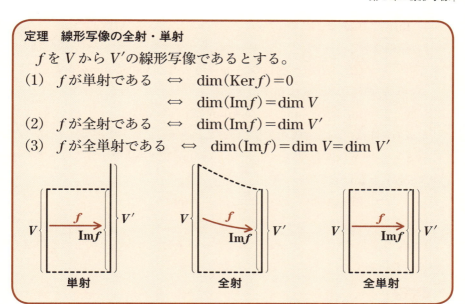

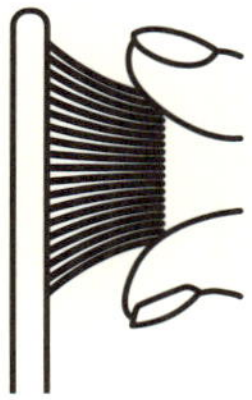

［証明］(1)　f が単射である

$\Leftrightarrow$　$\boldsymbol{x}_1\neq\boldsymbol{x}_2$ であれば、$f(\boldsymbol{x}_1)\neq f(\boldsymbol{x}_2)$

$\Leftrightarrow$　$f(\boldsymbol{x}_1)=f(\boldsymbol{x}_2)$ であれば、$\boldsymbol{x}_1=\boldsymbol{x}_2$　［対偶を取った］

$\Leftrightarrow$　$f(\boldsymbol{x}_1)-f(\boldsymbol{x}_2)=\boldsymbol{0}$　($f(\boldsymbol{x}_1-\boldsymbol{x}_2)=\boldsymbol{0}$) であれば、$\boldsymbol{x}_1-\boldsymbol{x}_2=\boldsymbol{0}$

［ここで、$\boldsymbol{x}_1-\boldsymbol{x}_2$ は V のすべての元を取ることができます。$\boldsymbol{x}=\boldsymbol{x}_1-\boldsymbol{x}_2$ とおくと］

$\Leftrightarrow$　$f(\boldsymbol{x})=0$ であれば、$\boldsymbol{x}=0$

$\Leftrightarrow$　$\mathrm{Ker}\,f=\{0\}$　$\Leftrightarrow$　$\dim(\mathrm{Ker}\,f)=0$

$\dim(\mathrm{Ker}f)=0$ のとき、次元公式より、

$$\dim(\mathrm{Im}f)=\dim V-\dim(\mathrm{Ker}f)=\dim V$$

ですから、結局

f が単射である　$\Leftrightarrow$　$\dim(\mathrm{Ker}f)=0$　$\Leftrightarrow$　$\dim(\mathrm{Im}f)=\dim V$

(2)　$\mathrm{Im}f=\{f(\boldsymbol{x})\,|\,\boldsymbol{x}\in V\}$ですから、

fは全射である

$\iff$　V'の任意の元$\boldsymbol{y}$に関して、$f(\boldsymbol{x})=\boldsymbol{y}$となる$V$の元$\boldsymbol{x}$が存在する。

$\iff$　V'の任意の元$\boldsymbol{y}$は$\mathrm{Im}f$の元である。

$\iff$　$V'=\mathrm{Im}f$　$\Longrightarrow$　$\dim(\mathrm{Im}f)=\dim V'$

最後の矢印は$\Longleftarrow$向きも成り立っていることを示しましょう。

もともと、$\mathrm{Im}f\subset V'$であり、$\dim(\mathrm{Im}f)=\dim V'$であれば、第5章p.132の定理より、$V'=\mathrm{Im}f$ですから、結局

$$f\text{は全射である}\quad\iff\quad\dim(\mathrm{Im}f)=\dim V'$$

fが線形写像であるとき、fが単射であるか全射であるかを判断する問題を解いてみましょう。

ホップ **問題　単射・全射**　(別 p.56)

線形写像fの表現行列が次のように表されるとき、fが単射であるか全射であるかを判断せよ。

(1)　$A=\begin{pmatrix}2&3\\1&2\\-1&1\end{pmatrix}$　　(2)　$B=\begin{pmatrix}2&1&3\\-1&3&4\end{pmatrix}$

(3)　$C=\begin{pmatrix}1&3\\2&4\end{pmatrix}$　　(4)　$D=\begin{pmatrix}2&1&3\\4&2&6\end{pmatrix}$

それぞれの行列のランクを求めておきましょう。$\mathrm{rank}\,A=2$、$\mathrm{rank}\,B=2$、$\mathrm{rank}\,C=2$、$\mathrm{rank}\,D=1$

これらが、$f:V\to V'$の表現行列であるとします。

fの定義域の次元($\dim V=$(行列のヨコ))、

移す空間の次元($\dim V'=$(行列のタテ))、

像の次元($\dim(\mathrm{Im}f)=$(行列のランク))

をまとめ、単射、全射を判断すると、次の表のようになります。

	dim$V$	dimV'	dim(Imf)	単	全	
A	2	3	2	○	×	← $\dim V=\dim(\mathrm{Im}f)$, $\dim V'\neq\dim(\mathrm{Im}f)$
B	3	2	2	×	○	← $\dim V\neq\dim(\mathrm{Im}f)$, $\dim V'=\dim(\mathrm{Im}f)$
C	2	2	2	○	○	← $\dim V=\dim V'=\dim(\mathrm{Im}f)$
D	3	2	1	×	×	← $\dim V\neq\dim(\mathrm{Im}f)$, $\dim V'\neq\dim(\mathrm{Im}f)$
	ヨコ	タテ	ランク			

線形空間が同型であることは、同型写像によって定義されます。

定義　線形空間の同型

線形空間 V、W において、全単射である V から W への線形写像 f が存在するとき、V と W は同型であるといい、$V\cong W$ と表す。このとき、f を同型写像という。

2つの線形空間が同型である条件は次元の条件で言い換えられます。

定理　線形空間の同型

線形空間 V、W について、次が成り立つ。

$$V\cong W \iff \dim V=\dim W$$

［証明］（⟹）　V から W への線形写像 f が全単射であるとする。このとき、

$$\dim V \underset{\text{単射}}{=} \dim(\mathrm{Im}f) \underset{\text{全射}}{=} \dim W$$

（⟸）　$\dim V=\dim W=s$、V の基底を $\boldsymbol{e}_1$、…、$\boldsymbol{e}_s$、W の基底を $\boldsymbol{e}'_1$、…、$\boldsymbol{e}'_s$ とします。

V から W への写像 f を、$f(\boldsymbol{e}_i)=\boldsymbol{e}'_i$ を満たすように

$$f: V \longmapsto W$$
$$x_1\boldsymbol{e}_1+\cdots+x_s\boldsymbol{e}_s \longmapsto x_1\boldsymbol{e}'_1+\cdots+x_s\boldsymbol{e}'_s$$

と定めます。

すると、Vの任意の元$\boldsymbol{x}=x_1\boldsymbol{e}_1+\cdots+x_s\boldsymbol{e}_s$, $\boldsymbol{y}=y_1\boldsymbol{e}_1+\cdots+y_s\boldsymbol{e}_s$と任意の実数$k$に対して、$f(\boldsymbol{x}+\boldsymbol{y})=f(\boldsymbol{x})+f(\boldsymbol{y})$, $f(k\boldsymbol{x})=kf(\boldsymbol{x})$が成り立っているので、$f$は線形写像になります。
各自で

$f(\boldsymbol{x})=\boldsymbol{0}$となる$\boldsymbol{x}=x_1\boldsymbol{e}_1+\cdots+x_s\boldsymbol{e}_s$を求めると、

$f(x_1\boldsymbol{e}_1+\cdots+x_s\boldsymbol{e}_s)=x_1\boldsymbol{e}'_1+\cdots+x_s\boldsymbol{e}'_s$が$\boldsymbol{0}$であることより、

$x_1=\cdots=x_s=0$であり、$\boldsymbol{x}=0\boldsymbol{e}_1+\cdots+0\boldsymbol{e}_s=\boldsymbol{0}$となります。

$\mathrm{Ker}f=\{\boldsymbol{0}\}$ですから、$f$は単射です。

また、Wの任意の元$\boldsymbol{x}'=x_1\boldsymbol{e}'_1+\cdots+x_s\boldsymbol{e}'_s$に対しては、$V$の元を$\boldsymbol{x}=x_1\boldsymbol{e}_1+\cdots+x_s\boldsymbol{e}_s$と選ぶと$f(\boldsymbol{x})=\boldsymbol{x}'$なので、$f$は全射です。

fは全単射なので、同型写像であり、$V\cong W$になります。

比較的まじめに証明してしまいましたが（　はさぼった）、要はV、Wの対応する元を成分表示すればどちらも$(x_1, \cdots, x_s)$になり、和や実数倍を求めるには同じ規則で成分計算することになるのだから同型であるということです。

第7章

行列の標準形(1)(正則行列を用いて)

1 標準化の目的と効用

線形代数のクライマックスとでもいうべき、「対角化」「ジョルダン標準形」の話をします。具体的な計算を紹介する前に、「対角化」「ジョルダン標準形」の数学的な意味でのモチベーションと効用について述べておきます。

これまでの章では、線形写像$f: R^m \to R^n$で、$m \neq n$の場合も考えていたため、正方行列でない行列も扱っていましたが、7章以降では正方行列のみを扱います。この章以降の"行列"は、正方行列のことを指していると思って読み進めてください。

2つのn次実正方行列AとBに対して、正則行列Pがあって、$B=P^{-1}AP$という関係があるとき、AとBは**相似**あるいは**同値**であるといい、「$A \sim B$」と表します。

ある基底に関しての線形変換fの表現行列をAとしたとき、基底の取替え行列をPとすれば、新しい基底での線形変換fの表現行列は$P^{-1}AP$になりますから、AとBが相似であるということは、AとBは同じ線形変換の表現行列になりうるということです。

n次実正方行列の集合を$M(n, R)$とすると、相似「$\sim$」は集合$M(n, R)$の同値関係になっています。
(☞第5章 p.146)

［確かめ］

(i)［反射律］ $A=E^{-1}AE$なので、$A \sim A$

(ii)［対称律］ $A \sim B \iff B=P^{-1}AP$ となるPがある。

このとき、$(P^{-1})^{-1}BP^{-1}=P(P^{-1}AP)P^{-1}=A$より、$B \sim A$

(iii)［推移律］ $A \sim B$、$B \sim C$

$\iff B=P^{-1}AP$、$C=Q^{-1}BQ$ となるP, Qがある。

このとき、$(PQ)^{-1}A(PQ)=Q^{-1}(P^{-1}AP)Q=Q^{-1}BQ=C$より、$A \sim C$

ですから、$M(n, R)$は相似「$\sim$」という同値関係によって、同値類に分類されます。すなわち、$B=P^{-1}AP$ という変形で移りあう行列どうしを集めて部分集合にするわけです。

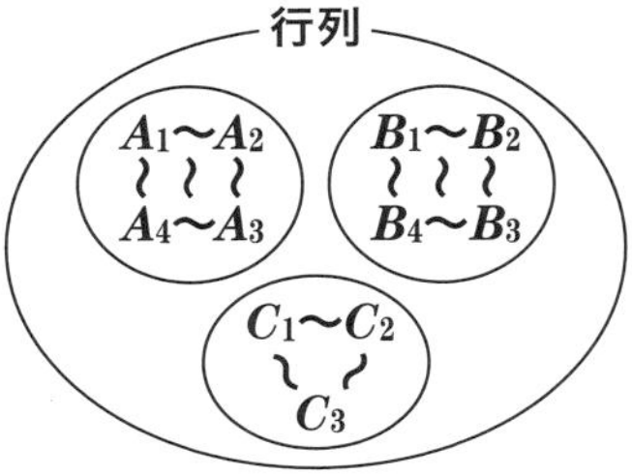

これから紹介する「行列の対角化・ジョルダン標準形」の理論は、この同値類について、その同値類に属する行列の特徴をよく表している代表の行列を選ぶための理論です。

行列 A に対して、正則行列 P を選び、$P^{-1}AP$ が対角行列となるようにすることを行列の**対角化**といいます。同値類の代表元として対角行列を選ぼうというのです。

対角行列は変換の様子が捉えやすいので代表元として好都合です。

例えば、$A=\begin{pmatrix}4&2\\1&3\end{pmatrix}$として考えてみます。$A$ を標準基底 $\boldsymbol{e}_1$、$\boldsymbol{e}_2$ における f の表現行列であるとします。A は $P=\begin{pmatrix}1&2\\-1&1\end{pmatrix}$によって、$P^{-1}AP=\begin{pmatrix}2&0\\0&5\end{pmatrix}$と対角化されます(第6章 p.182)。これは基底を $\boldsymbol{e}_1$、$\boldsymbol{e}_2$ から $\boldsymbol{p}_1=\begin{pmatrix}1\\-1\end{pmatrix}$、$\boldsymbol{p}_2=\begin{pmatrix}2\\1\end{pmatrix}$に取り替えたときの f の表現行列になっています。

$\bigl(f(\boldsymbol{p}_1), f(\boldsymbol{p}_2)\bigr)=(\boldsymbol{p}_1, \boldsymbol{p}_2)\begin{pmatrix}2&0\\0&5\end{pmatrix}=(2\boldsymbol{p}_1, 5\boldsymbol{p}_2)$となりますから、$\boldsymbol{R}^2$ の元 $s\boldsymbol{p}_1+t\boldsymbol{p}_2$ に対しては、

$$f(s\boldsymbol{p}_1+t\boldsymbol{p}_2)=2s\boldsymbol{p}_1+5t\boldsymbol{p}_2$$

となります。対角成分の2、5は、$\boldsymbol{p}_1$ の成分、$\boldsymbol{p}_2$ の成分をそれぞれ2倍、5倍するということです。一方、標準基底では、

$$f(x\boldsymbol{e}_1+y\boldsymbol{e}_2)=(4x+2y)\boldsymbol{e}_1+(x+3y)\boldsymbol{e}_2$$

と複雑になります。表現行列を対角化しておく方が、変換を簡単に把握することが実感できるでしょう。

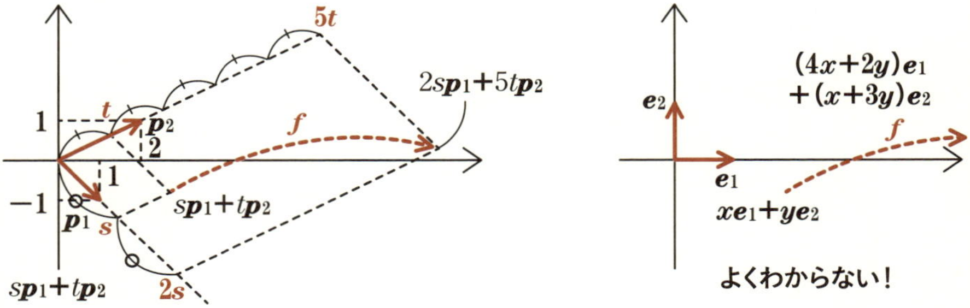

Aのままよりfの働きを捉えやすくなるところが対角化の効用です。以上、対角化の効用を線形変換に関して述べてみました。

ところで、線形代数には幅広い応用があります。なぜなら、現象に対して変量を設定し、その変量に線形の関係(比例式で表される１次の関係)があると仮定することで、現象が説明できる場合が多いからです。その線形関係は行列によって表されます。基底を取り替えて行列を対角化することで、線形関係にある諸量の関係を簡潔に捉えることができるようになります。これが行列の対角化における最大の効用です。

「対角化の効用は行列のn乗計算ができるようになることである」と説明する場合がよくあります。行列Aを対角化しておくと、A^nの成分をnが入った式で書き表すことができます(→演習編 p.66, p.67)。確かにこれも数学的な立場に立った効用の１つです。ただ、これのみを対角化の効用として強調するのは対角化を過小評価しているといわざるを得ません。

2 対角化

それでは、具体例を通して行列の対角化の手順を紹介しましょう。

ホップ
問題　行列の対角化　（別 p.58）

$A=\begin{pmatrix}4&2\\1&3\end{pmatrix}$を対角化せよ。

一般論にもつながるように解説していきましょう。

A に対して、

$$A\boldsymbol{p}=\lambda\boldsymbol{p} \quad \cdots\cdots①$$

を満たすような $\mathbf{0}$ でないベクトル $\boldsymbol{p}$ と実数 λ を求めます。

$A\boldsymbol{p}=\lambda E\boldsymbol{p}$　　（λ 倍を、1次変換 λE と考えて）

$A\boldsymbol{p}-\lambda E\boldsymbol{p}=0$　　（左辺に移項）

$(A-\lambda E)\boldsymbol{p}=0$　　（行列の積の分配法則）

この式は行列とベクトルの積ですから連立1次方程式と見ることができます。この方程式が $\boldsymbol{p}\neq 0$ を満たす解を持つ条件は、$A-\lambda E$ が逆行列を持たない（正則でない）こと、つまり $|A-\lambda E|=0$ であることです。

$A-\lambda E$ は具体的に、

$$A-\lambda E=\begin{pmatrix}4&2\\1&3\end{pmatrix}-\lambda\begin{pmatrix}1&0\\0&1\end{pmatrix}=\begin{pmatrix}4&2\\1&3\end{pmatrix}-\begin{pmatrix}\lambda&0\\0&\lambda\end{pmatrix}=\begin{pmatrix}4-\lambda&2\\1&3-\lambda\end{pmatrix} \quad \cdots②$$

ですから、

$$\begin{aligned}|A-\lambda E|&=\begin{vmatrix}4-\lambda&2\\1&3-\lambda\end{vmatrix}\\&=(4-\lambda)(3-\lambda)-2=\lambda^2-7\lambda+10=(\lambda-2)(\lambda-5)\end{aligned}$$

となり、$A-\lambda E$ が正則でない条件は、

$$|A-\lambda E|=0 \qquad \therefore \quad (\lambda-2)(\lambda-5)=0 \qquad \therefore \quad \lambda=2、5$$

であり、①が $\boldsymbol{p}\neq\boldsymbol{0}$ となるような解を持つ λ が求まります。

ここからは、$\lambda=2$ の場合と $\lambda=5$ の場合でそれぞれ $\boldsymbol{p}$ を求めましょう。$\boldsymbol{p}=\begin{pmatrix}x\\y\end{pmatrix}$ とおきます。

$\lambda=2$ のとき、$(A-\lambda E)\boldsymbol{p}=\boldsymbol{0}$ は、

$$(A-2E)\boldsymbol{p}=\boldsymbol{0}\quad\cdots\cdots③$$

となります。②より、

$$\begin{pmatrix}4-2 & 2\\1 & 3-2\end{pmatrix}\begin{pmatrix}x\\y\end{pmatrix}=\begin{pmatrix}0\\0\end{pmatrix}\qquad\therefore\quad\begin{pmatrix}2 & 2\\1 & 1\end{pmatrix}\begin{pmatrix}x\\y\end{pmatrix}=\begin{pmatrix}0\\0\end{pmatrix}$$

この連立一次方程式の解は、$x=k$、$y=-k$（k は任意の実数）となりますから、③を満たす $\boldsymbol{p}$ は、

$$\boldsymbol{p}=\begin{pmatrix}k\\-k\end{pmatrix}=k\begin{pmatrix}1\\-1\end{pmatrix}$$

となります。そこで、$\boldsymbol{p}_1=\begin{pmatrix}1\\-1\end{pmatrix}$ とおきます。

$\lambda=5$ のとき、$(A-\lambda E)\boldsymbol{p}=\boldsymbol{0}$ は、

$$(A-5E)\boldsymbol{p}=\boldsymbol{0}\quad\cdots\cdots④$$

となります。②より、

$$\begin{pmatrix}4-5 & 2\\1 & 3-5\end{pmatrix}\begin{pmatrix}x\\y\end{pmatrix}=\begin{pmatrix}0\\0\end{pmatrix}\qquad\therefore\quad\begin{pmatrix}-1 & 2\\1 & -2\end{pmatrix}\begin{pmatrix}x\\y\end{pmatrix}=\begin{pmatrix}0\\0\end{pmatrix}$$

この連立一次方程式の解は、$x=2k$、$y=k$（k は任意の実数）となりますから、④を満たす $\boldsymbol{p}$ は、

$$\boldsymbol{p}=\begin{pmatrix}2k\\k\end{pmatrix}=k\begin{pmatrix}2\\1\end{pmatrix}$$

となります。そこで、$\boldsymbol{p}_2=\begin{pmatrix}2\\1\end{pmatrix}$ とおきます。

$\boldsymbol{p}_1$、$\boldsymbol{p}_2$ は、それぞれ $\lambda=2$、5 のときの①の解ですから、

$$A\boldsymbol{p}_1=2\boldsymbol{p}_1、A\boldsymbol{p}_2=5\boldsymbol{p}_2$$

が成り立ちます。ここで、$P=(\boldsymbol{p}_1, \boldsymbol{p}_2)$とおくと、

$$AP=A(\boldsymbol{p}_1, \boldsymbol{p}_2)=(2\boldsymbol{p}_1, 5\boldsymbol{p}_2)=(\boldsymbol{p}_1, \boldsymbol{p}_2)\begin{pmatrix}2&0\\0&5\end{pmatrix}=P\begin{pmatrix}2&0\\0&5\end{pmatrix}$$

両辺に左からP^{-1}を掛けると、

$$P^{-1}AP=P^{-1}P\begin{pmatrix}2&0\\0&5\end{pmatrix} \qquad P^{-1}AP=\begin{pmatrix}2&0\\0&5\end{pmatrix}$$

と対角化することができました。実際に成分計算してみると、

$P=\begin{pmatrix}1&2\\-1&1\end{pmatrix}$、$P^{-1}=\frac{1}{3}\begin{pmatrix}1&-2\\1&1\end{pmatrix}$ですから、　　$\begin{pmatrix}a&b\\c&d\end{pmatrix}^{-1}=\frac{1}{ad-bc}\begin{pmatrix}d&-b\\-c&a\end{pmatrix}$

$$P^{-1}AP=\frac{1}{3}\begin{pmatrix}1&-2\\1&1\end{pmatrix}\begin{pmatrix}4&2\\1&3\end{pmatrix}\begin{pmatrix}1&2\\-1&1\end{pmatrix}=\frac{1}{3}\begin{pmatrix}1&-2\\1&1\end{pmatrix}\begin{pmatrix}2&10\\-2&5\end{pmatrix}=\begin{pmatrix}2&0\\0&5\end{pmatrix}$$

と確かにあっています。

対角化の手順をまとめる前に、用語を紹介しましょう。

固有値・固有ベクトルの定義

行列Aに対して、

$$A\boldsymbol{p}=\lambda\boldsymbol{p}$$

を満たす数λとベクトル$\boldsymbol{p}(\neq\boldsymbol{0})$があるとき、$\lambda$を固有値、$\boldsymbol{p}$を固有ベクトルという。

上の問題の例では、固有値は2と5でした。上の問題に見るように対角化した行列の対角成分には固有値が並びます。

$\boldsymbol{p}$が固有ベクトルであるとき、これの実数倍$k\boldsymbol{p}$も固有ベクトルになります。$A\boldsymbol{p}=\lambda\boldsymbol{p}$のとき、$A(k\boldsymbol{p})=kA\boldsymbol{p}=k\lambda\boldsymbol{p}=\lambda(k\boldsymbol{p})$となるからです。

ですから固有ベクトルは、定数倍の違いは無視して考えます。

固有ベクトルは、固有値ごとに定まり、上の問題では固有値2に属する固有ベクトルは$\begin{pmatrix}1\\-1\end{pmatrix}$、固有値5に属する固有ベクトルは$\begin{pmatrix}2\\1\end{pmatrix}$です。

固有値、固有ベクトルを求めるには、

$$A\boldsymbol{p}=\lambda\boldsymbol{p} \qquad A\boldsymbol{p}=\lambda E\boldsymbol{p} \qquad (A-\lambda E)\boldsymbol{p}=0$$

と変形し、この連立1次方程式が$\boldsymbol{p}=\boldsymbol{0}$以外の解を持つときのことを考えました。$\boldsymbol{0}$以外の解を持つ条件は、$A-\lambda E$が正則でない、つまり$|A-\lambda E|=0$を満たすことです。つまり、固有値$\lambda$は、$|A-tE|=0$という$t$の方程式を満たします。

行列Aに対して、$f(t)=|A-tE|$を**固有多項式**、$f(t)=0$を**固有方程式**といいます。

上の問題では、固有方程式は$t^2-7t+10=0$です。固有値2、5は固有方程式の解になっています。

固有値は固有方程式を解くことによって求めることができます。固有方程式について次が成り立ちます。

定理　固有方程式

2つの相似な行列の固有方程式は一致する。

［証明］　$B=P^{-1}AP$であるとすると、　　$|AB|=|A||B|$

$$|B-tE|=|P^{-1}AP-P^{-1}(tE)P|=|P^{-1}(A-tE)P|$$
$$=|P^{-1}||A-tE||P|=|P^{-1}P||A-tE|=|E||A-tE|=|A-tE|$$

ということは、2つの相似な行列の固有値は一致します。

これらの用語を用いて対角化の手順をまとめると次のようになります。

対角化の手順

① 固有多項式$f(t)=|A-tE|$を求める。
② 固有方程式$f(t)=0$を解いて固有値を求める。
③ 固有値に属する固有ベクトルを求める。
④ 固有ベクトルを並べた行列をPとする。
⑤ $P^{-1}AP$は対角成分が固有値の対角行列になる。

３次の正方行列であってもこの手順で行列を対角化することができます。手順を確かめながら３次の正方行列の例を解いてみましょう。

ホップ

問題　行列の対角化　（別 p.58）

$A=\begin{pmatrix} 4 & -1 & -3 \\ 10 & -2 & -10 \\ 1 & -1 & 0 \end{pmatrix}$を対角化せよ。

固有多項式は、

$\begin{vmatrix} a & p & x \\ b & q & y \\ c & r & z \end{vmatrix}=aqz+brx+cpy-ary-bpz-cqx$

$$f(t)=|A-tE|=\begin{vmatrix} 4-t & -1 & -3 \\ 10 & -2-t & -10 \\ 1 & -1 & -t \end{vmatrix}$$

$$=t(4-t)(t+2)+30+10-10(4-t)-10t-3(t+2)$$

$$=(t+2)(-t^2+4t-3)=-(t+2)(t-1)(t-3)$$

ですから、固有方程式$f(t)=0$ より、固有値は $t=-2$、1、3

各固有値に属する固有ベクトルを求めましょう。

固有値 -2 に属する固有ベクトルを $\boldsymbol{p}_1=\begin{pmatrix} x \\ y \\ z \end{pmatrix}$とおくと、

$$A\boldsymbol{p}_1=-2\boldsymbol{p}_1 \qquad (A+2E)\boldsymbol{p}_1=\boldsymbol{0} \qquad \begin{pmatrix} 6 & -1 & -3 \\ 10 & 0 & -10 \\ 1 & -1 & 2 \end{pmatrix}\begin{pmatrix} x \\ y \\ z \end{pmatrix}=\begin{pmatrix} 0 \\ 0 \\ 0 \end{pmatrix}$$

$$\begin{pmatrix} 6 & -1 & -3 \\ 10 & 0 & -10 \\ 1 & -1 & 2 \end{pmatrix} \to \begin{pmatrix} 1 & -1 & 2 \\ 6 & -1 & -3 \\ 10 & 0 & -10 \end{pmatrix} \longrightarrow \begin{pmatrix} 1 & -1 & 2 \\ 0 & 5 & -15 \\ 0 & 10 & -30 \end{pmatrix} \longrightarrow \begin{pmatrix} 1 & -1 & 2 \\ 0 & 1 & -3 \\ 0 & 10 & -30 \end{pmatrix}$$

$\longrightarrow \begin{pmatrix} 1 & 0 & -1 \\ 0 & 1 & -3 \\ 0 & 0 & 0 \end{pmatrix}$　よって、$\begin{pmatrix} 1 & 0 & -1 \\ 0 & 1 & -3 \\ 0 & 0 & 0 \end{pmatrix}\begin{pmatrix} x \\ y \\ z \end{pmatrix}=\begin{pmatrix} 0 \\ 0 \\ 0 \end{pmatrix}$を解いて

$\begin{pmatrix} x \\ y \\ z \end{pmatrix}=k\begin{pmatrix} 1 \\ 3 \\ 1 \end{pmatrix}$（$k$ は任意の実数）より、$\boldsymbol{p}_1=\begin{pmatrix} x \\ y \\ z \end{pmatrix}=\begin{pmatrix} 1 \\ 3 \\ 1 \end{pmatrix}$とします。

固有値 1 に属する固有ベクトルを $\boldsymbol{p}_2=\begin{pmatrix} x \\ y \\ z \end{pmatrix}$とおくと、

$$A\boldsymbol{p}_2=\boldsymbol{p}_2 \qquad (A-E)\boldsymbol{p}_2=\boldsymbol{0} \qquad \begin{pmatrix}3&-1&-3\\10&-3&-10\\1&-1&-1\end{pmatrix}\begin{pmatrix}x\\y\\z\end{pmatrix}=\begin{pmatrix}0\\0\\0\end{pmatrix}$$

$$\begin{pmatrix}3&-1&-3\\10&-3&-10\\1&-1&-1\end{pmatrix}\to\begin{pmatrix}1&-1&-1\\3&-1&-3\\10&-3&-10\end{pmatrix}\to\begin{pmatrix}1&-1&-1\\0&2&0\\0&7&0\end{pmatrix}\to\begin{pmatrix}1&-1&-1\\0&1&0\\0&7&0\end{pmatrix}$$

$$\to\begin{pmatrix}1&0&-1\\0&1&0\\0&0&0\end{pmatrix}$$ よって、$\begin{pmatrix}1&0&-1\\0&1&0\\0&0&0\end{pmatrix}\begin{pmatrix}x\\y\\z\end{pmatrix}=\begin{pmatrix}0\\0\\0\end{pmatrix}$を解いて

$\begin{pmatrix}x\\y\\z\end{pmatrix}=k\begin{pmatrix}1\\0\\1\end{pmatrix}$($k$ は任意の実数)より、$\boldsymbol{p}_2=\begin{pmatrix}x\\y\\z\end{pmatrix}=\begin{pmatrix}1\\0\\1\end{pmatrix}$とします。

固有値 3 に属する固有ベクトルを $\boldsymbol{p}_3=\begin{pmatrix}x\\y\\z\end{pmatrix}$とおくと、

$$A\boldsymbol{p}_3=3\boldsymbol{p}_3 \quad (A-3E)\boldsymbol{p}_3=\boldsymbol{0} \qquad \begin{pmatrix}1&-1&-3\\10&-5&-10\\1&-1&-3\end{pmatrix}\begin{pmatrix}x\\y\\z\end{pmatrix}=\begin{pmatrix}0\\0\\0\end{pmatrix}$$

$$\begin{pmatrix}1&-1&-3\\10&-5&-10\\1&-1&-3\end{pmatrix}\to\begin{pmatrix}1&-1&-3\\0&5&20\\0&0&0\end{pmatrix}\to\begin{pmatrix}1&-1&-3\\0&1&4\\0&0&0\end{pmatrix}\to\begin{pmatrix}1&0&1\\0&1&4\\0&0&0\end{pmatrix}$$

$\begin{pmatrix}x\\y\\z\end{pmatrix}=k\begin{pmatrix}-1\\-4\\1\end{pmatrix}$($k$ は任意の実数)より、$\boldsymbol{p}_3=\begin{pmatrix}x\\y\\z\end{pmatrix}=\begin{pmatrix}1\\4\\-1\end{pmatrix}$とします。

$\boldsymbol{p}_1$、$\boldsymbol{p}_2$、$\boldsymbol{p}_3$ について、

$$A\boldsymbol{p}_1=-2\boldsymbol{p}_1、A\boldsymbol{p}_2=\boldsymbol{p}_2、A\boldsymbol{p}_3=3\boldsymbol{p}_3$$

が成り立ちます。これを合わせて表現して、$P=(\boldsymbol{p}_1, \boldsymbol{p}_2, \boldsymbol{p}_3)$とおくと、

$$AP=A(\boldsymbol{p}_1, \boldsymbol{p}_2, \boldsymbol{p}_3)=(-2\boldsymbol{p}_1, \boldsymbol{p}_2, 3\boldsymbol{p}_3)=(\boldsymbol{p}_1, \boldsymbol{p}_2, \boldsymbol{p}_3)\begin{pmatrix}-2&0&0\\0&1&0\\0&0&3\end{pmatrix}$$

$$=P\begin{pmatrix}-2&0&0\\0&1&0\\0&0&3\end{pmatrix}$$

そこで、P^{-1} を左から掛けると、

$$P^{-1}AP=\begin{pmatrix}-2&0&0\\0&1&0\\0&0&3\end{pmatrix}$$

と対角化できました。

$P=(\boldsymbol{p}_1,\boldsymbol{p}_2,\boldsymbol{p}_3)=\begin{pmatrix}1&1&1\\3&0&4\\1&1&-1\end{pmatrix}$として計算してみると、

$$P^{-1}AP=\begin{pmatrix}1&1&1\\3&0&4\\1&1&-1\end{pmatrix}^{-1}\begin{pmatrix}4&-1&-3\\10&-2&-10\\1&-1&0\end{pmatrix}\begin{pmatrix}1&1&1\\3&0&4\\1&1&-1\end{pmatrix}$$

$$=\frac{1}{6}\begin{pmatrix}-4&2&4\\7&-2&-1\\3&0&-3\end{pmatrix}\begin{pmatrix}-2&1&3\\-6&0&12\\-2&1&-3\end{pmatrix}=\begin{pmatrix}-2&0&0\\0&1&0\\0&0&3\end{pmatrix}$$

となります。

問題

$A=\begin{pmatrix}-1&-6&0\\0&2&0\\-3&-6&2\end{pmatrix}$を対角化せよ。

固有多項式、固有値を求めます。

$$f(t)=|A-tE|=\begin{vmatrix}-1-t&-6&0\\0&2-t&0\\-3&-6&2-t\end{vmatrix}=-(t+1)(t-2)^2$$

ですから、固有方程式$f(t)=0$より、固有値は$t=-1$、2(重解)

固有値 -1 に属する固有ベクトルを$\boldsymbol{p}_1=\begin{pmatrix}x\\y\\z\end{pmatrix}$とおくと、

$$A\boldsymbol{p}_1=-\boldsymbol{p}_1 \qquad (A+E)\boldsymbol{p}_1=\boldsymbol{0} \qquad \begin{pmatrix}0&-6&0\\0&3&0\\-3&-6&3\end{pmatrix}\begin{pmatrix}x\\y\\z\end{pmatrix}=\begin{pmatrix}0\\0\\0\end{pmatrix}$$

$x=k$、$y=0$、$z=k$(kは任意の実数)ですから、$\boldsymbol{p}_1=\begin{pmatrix}x\\y\\z\end{pmatrix}=\begin{pmatrix}1\\0\\1\end{pmatrix}$とします。

固有値２に属する固有ベクトルを$\boldsymbol{p}=\begin{pmatrix}x\\y\\z\end{pmatrix}$とすると、

$$A\boldsymbol{p}=2\boldsymbol{p} \qquad (A-2E)\boldsymbol{p}=\boldsymbol{0} \qquad \begin{pmatrix}-3&-6&0\\0&0&0\\-3&-6&0\end{pmatrix}\begin{pmatrix}x\\y\\z\end{pmatrix}=\begin{pmatrix}0\\0\\0\end{pmatrix}$$

$\boldsymbol{p}=s\begin{pmatrix}2\\-1\\0\end{pmatrix}+t\begin{pmatrix}0\\0\\1\end{pmatrix}$と解空間の次元は2次になります。この解空間から線形独立なベクトルを2つ取って、$\boldsymbol{p}_2=\begin{pmatrix}2\\-1\\0\end{pmatrix}$、$\boldsymbol{p}_3=\begin{pmatrix}0\\0\\1\end{pmatrix}$とします。

$\boldsymbol{p}_1$、$\boldsymbol{p}_2$、$\boldsymbol{p}_3$について、

$$A\boldsymbol{p}_1=-\boldsymbol{p}_1、A\boldsymbol{p}_2=2\boldsymbol{p}_2、A\boldsymbol{p}_3=2\boldsymbol{p}_3$$

が成り立ちます。これを用いると、

$$A(\boldsymbol{p}_1,\boldsymbol{p}_2,\boldsymbol{p}_3)=(-\boldsymbol{p}_1,2\boldsymbol{p}_2,2\boldsymbol{p}_3)=(\boldsymbol{p}_1,\boldsymbol{p}_2,\boldsymbol{p}_3)\begin{pmatrix}-1&0&0\\0&2&0\\0&0&2\end{pmatrix}$$

$P=(\boldsymbol{p}_1,\boldsymbol{p}_2,\boldsymbol{p}_3)$とおくと、

$$AP=P\begin{pmatrix}-1&0&0\\0&2&0\\0&0&2\end{pmatrix}\qquad P^{-1}AP=\begin{pmatrix}-1&0&0\\0&2&0\\0&0&2\end{pmatrix}$$

と対角化できます。実際に計算してみると、

$$P^{-1}AP=\begin{pmatrix}1&2&0\\0&-1&0\\1&0&1\end{pmatrix}^{-1}\begin{pmatrix}-1&-6&0\\0&2&0\\-3&-6&2\end{pmatrix}\begin{pmatrix}1&2&0\\0&-1&0\\1&0&1\end{pmatrix}$$
$$=\begin{pmatrix}1&2&0\\0&-1&0\\-1&-2&1\end{pmatrix}\begin{pmatrix}-1&4&0\\0&-2&0\\-1&0&2\end{pmatrix}=\begin{pmatrix}-1&0&0\\0&2&0\\0&0&2\end{pmatrix}$$

このように固有方程式が重解を持つときは、固有ベクトルを重複度の数だけ用意しなければなりません。Pを正則にするために線形独立になるように取るところがポイントです。

対角化の意味を線形空間の立場からも解説しておきましょう。

定理　固有空間

(1)　n 次正方行列 A の固有値 α に対して、

$$V(\alpha)=\{\boldsymbol{x}\in\boldsymbol{R}^n \mid A\boldsymbol{x}=\alpha\boldsymbol{x}\}$$

を**固有空間**という。$A-\alpha E$ が表す $\boldsymbol{R}^n$ の線形変換を f とすれば、$V(\alpha)=\mathrm{Ker}f$ である。

(2)　異なる固有値 α、β に関して、$V(\alpha)\cap V(\beta)=\{\boldsymbol{0}\}$

(1)　$A\boldsymbol{x}=\alpha\boldsymbol{x}\iff A\boldsymbol{x}=\alpha E\boldsymbol{x}\iff(A-\alpha E)\boldsymbol{x}=\boldsymbol{0}$

ですから、$V(\alpha)=\mathrm{Ker}f$ です。$V(\alpha)$ は線形変換 f の核ですから、$\boldsymbol{R}^n$ の部分空間になります。

(2)　$\boldsymbol{x}\in V(\alpha)\cap V(\beta)$、$\boldsymbol{x}\neq\boldsymbol{0}$ となる $\boldsymbol{x}$ が存在したとすると、

$$\alpha\boldsymbol{x}=A\boldsymbol{x}=\beta\boldsymbol{x}\qquad\therefore\quad(\alpha-\beta)\boldsymbol{x}=\boldsymbol{0}\qquad\therefore\quad\boldsymbol{x}=\boldsymbol{0}$$

となり矛盾します。$V(\alpha)\cap V(\beta)=\{\boldsymbol{0}\}$ です。

第7章 p.209 の問題では、$V(-2)=<\boldsymbol{p}_1>=<\begin{pmatrix}1\\3\\1\end{pmatrix}>$、$V(1)=<\boldsymbol{p}_2>=<\begin{pmatrix}1\\0\\1\end{pmatrix}>$、$V(3)=<\boldsymbol{p}_3>=<\begin{pmatrix}1\\4\\-1\end{pmatrix}>$ となっています。$<\boldsymbol{p}>$ は、$\boldsymbol{p}$ を基底とする空間を表します。$\boldsymbol{p}_1$、$\boldsymbol{p}_2$、$\boldsymbol{p}_3$ を並べた行列 P が正則であったということは、$\boldsymbol{p}_1$、$\boldsymbol{p}_2$、$\boldsymbol{p}_3$ は線形独立です。$V(-2)\cap V(1)=\{0\}$、$V(-2)\cap V(3)=\{0\}$、$V(1)\cap V(3)=\{0\}$ ですから、

$$\boldsymbol{R}^3=V(-2)\oplus V(1)\oplus V(3)$$

と $\boldsymbol{R}^3$ は固有空間の直和になります。

また、第7章 p.211 の問題では、

$$V(-1)=<\boldsymbol{p}_1>=<\begin{pmatrix}1\\0\\1\end{pmatrix}>、V(2)=<\boldsymbol{p}_2,\boldsymbol{p}_3>=<\begin{pmatrix}2\\-1\\0\end{pmatrix},\begin{pmatrix}0\\0\\1\end{pmatrix}>$$

となっています。$\boldsymbol{p}_1$、$\boldsymbol{p}_2$、$\boldsymbol{p}_3$ を並べた行列 P が正則であったということは、$\boldsymbol{p}_1$、$\boldsymbol{p}_2$、$\boldsymbol{p}_3$ は線形独立で、$V(-1)\cap V(2)=\{0\}$ ですから、

$$\boldsymbol{R}^3 = V(-1) \oplus V(2)$$

どちらの問題の場合でも、$\boldsymbol{R}^3$ は固有空間で直和分解されています。

実は、一般に n 次正方行列がつねに対角化できるとは限らないのですが、対角化可能であるとして以下を考えてみましょう。

A を対角化するときの計算は下のようになりますが、これは次頁のように解釈することができます。

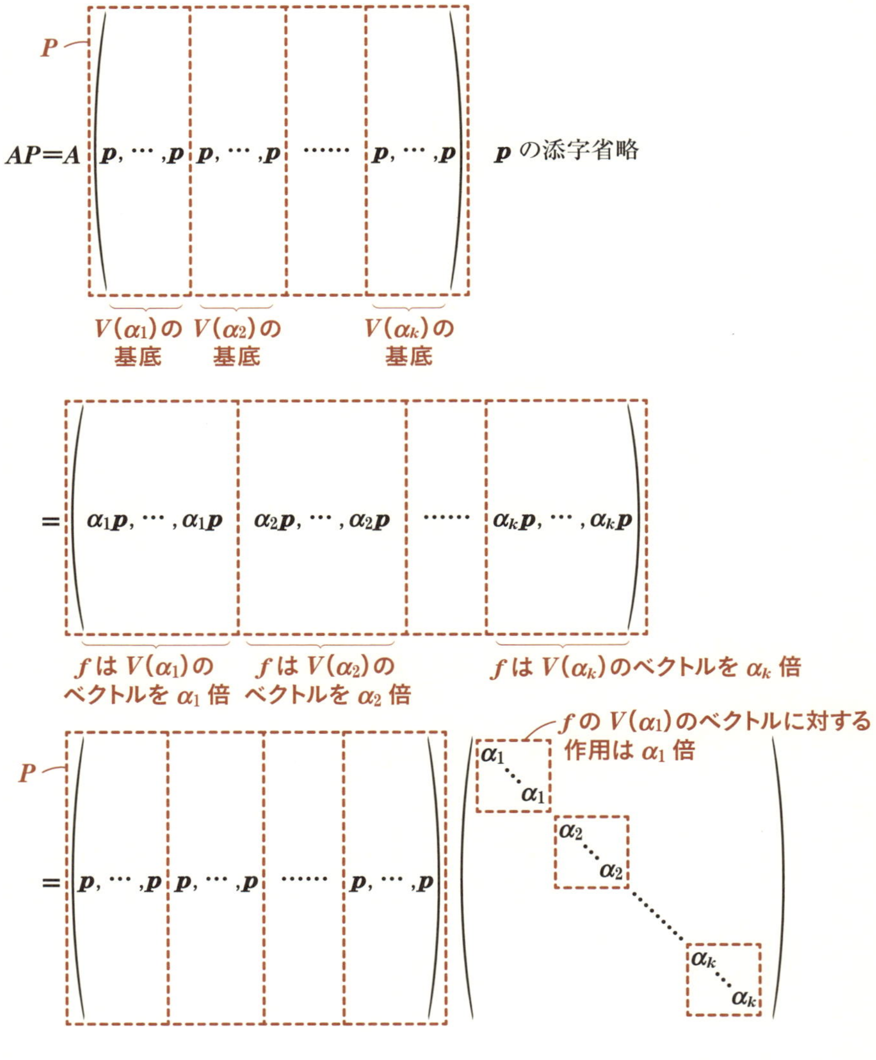

A の固有値を α_1、α_2、…、α_k とし、それに対する固有空間を $V(\alpha_1)$、$V(\alpha_2)$、…、$V(\alpha_k)$ とします。(2)より、どの2つを取っても共通集合(交空間)が $\{\mathbf{0}\}$ ですから、$V(\alpha_1)$、$V(\alpha_2)$、…、$V(\alpha_k)$ の和空間は、直和になります。

$$V(\alpha_1)+V(\alpha_2)+\cdots+V(\alpha_k)=V(\alpha_1)\oplus V(\alpha_2)\oplus\cdots\oplus V(\alpha_k)$$

正方行列 P には、$V(\alpha_i)\,(1\leqq i\leqq k)$ の基底となるベクトルが全部で n 個並んでいますから、$\dim\Bigl(V(\alpha_1)\oplus\cdots\oplus V(\alpha_k)\Bigr)=n$ です。
$V(\alpha_1)\oplus\cdots\oplus V(\alpha_k)\subset \boldsymbol{R}^n$ ですから、

$$\boldsymbol{R}^n=V(\alpha_1)\oplus V(\alpha_2)\oplus\cdots\oplus V(\alpha_k)$$

となります（第5章 p.132 の下の定理）。このように $\boldsymbol{R}^n$ の固有空間による直和分解が、対角化の背景になっています。

ここまで、固有値、固有ベクトルを正方行列 A に対して定義しましたが、線形変換 f に対しても同様に固有値、固有ベクトルを定義することができます。

定義　線形変換の固有多項式、固有値

f を線形空間 V の線形変換とする。A を f の表現行列とするとき、A の固有多項式・固有値を、f の固有多項式・固有値という。

表現行列は基底を取り換えると変わってしまいますから、上の定義では f の固有多項式、固有値が1つに定まらない気がしますが、次のように大丈夫です。

行列 P を用いて基底を取り換えると、f の表現行列は A から $P^{-1}AP$ に代わりますが、第7章 p.208 の定理によって、A の固有多項式と $P^{-1}AP$ の固有多項式は一致しますから、f の固有多項式・固有値は1つに定まることになります。

f の固有値 λ に対しては、$f(\boldsymbol{p})=\lambda\boldsymbol{p}\,(\boldsymbol{p}\neq\mathbf{0})$ を満たす V の元 $\boldsymbol{p}$ が存在します。これを f の**固有ベクトル**といいます。f の固有ベクトルの存在は証明しなければならないことです。あとで証明します。

$V=\boldsymbol{R}^n$ として、f を n 次正方行列 A によって定められる $\boldsymbol{R}^n$ の線形変換($\boldsymbol{x}$ に

対して $A\boldsymbol{x}$ を対応させる）とすれば、固有値・固有ベクトルとは、$f(\boldsymbol{x})=A\boldsymbol{x}=\lambda\boldsymbol{x}$ $(\boldsymbol{x}\neq\boldsymbol{0})$ を満たす λ、$\boldsymbol{x}$ を求めることですから、線形変換 f の固有値・固有ベクトルと行列 A の固有値・固有ベクトルは一致します。

これとは異なる状況で線形変換 f の固有ベクトルを求めてみましょう。

問題

$$\boldsymbol{a}_1=\begin{pmatrix}1\\2\\0\end{pmatrix}, \boldsymbol{a}_2=\begin{pmatrix}0\\2\\-1\end{pmatrix}, A=\begin{pmatrix}4&-1&-3\\10&-2&-10\\1&-1&0\end{pmatrix}$$ とする。

$\boldsymbol{a}_1$、$\boldsymbol{a}_2$ が張る $\boldsymbol{R}^3$ の部分空間を $V=\langle\boldsymbol{a}_1, \boldsymbol{a}_2\rangle$ とし、V の元 $\boldsymbol{x}$ に対して $\boldsymbol{R}^3$ の $A\boldsymbol{x}$ を対応させる V の写像を f とする。f が V の線形変換になっていることを示し、この f の固有値、固有ベクトルを求めよ。

もともと $\boldsymbol{R}^3$ の元 $\boldsymbol{x}$ に対して、$A\boldsymbol{x}$ を対応させる写像は、$\boldsymbol{R}^3$ の線形変換なので、$\boldsymbol{R}^3$ において $f(\boldsymbol{x}+\boldsymbol{y})=f(\boldsymbol{x})+f(\boldsymbol{y}), f(k\boldsymbol{x})=k(f(\boldsymbol{x}))$ は満たします。

ですから、f が V の元を V の元に移すことを示しましょう。

$$f(\boldsymbol{a}_1)=A\boldsymbol{a}_1=\begin{pmatrix}4&-1&-3\\10&-2&-10\\1&-1&0\end{pmatrix}\begin{pmatrix}1\\2\\0\end{pmatrix}=\begin{pmatrix}2\\6\\-1\end{pmatrix}=2\boldsymbol{a}_1+\boldsymbol{a}_2\in V$$

$$f(\boldsymbol{a}_2)=A\boldsymbol{a}_2=\begin{pmatrix}4&-1&-3\\10&-2&-10\\1&-1&0\end{pmatrix}\begin{pmatrix}0\\2\\-1\end{pmatrix}=\begin{pmatrix}1\\6\\-2\end{pmatrix}=\boldsymbol{a}_1+2\boldsymbol{a}_2\in V$$

ですから、f は V の線形変換です。

$$(f(\boldsymbol{a}_1), f(\boldsymbol{a}_2))=(2\boldsymbol{a}_1+\boldsymbol{a}_2, \boldsymbol{a}_1+2\boldsymbol{a}_2)=(\boldsymbol{a}_1, \boldsymbol{a}_2)\begin{pmatrix}2&1\\1&2\end{pmatrix}$$

よって、f の表現行列は $B=\begin{pmatrix}2&1\\1&2\end{pmatrix}$ となります。

B は、$P=\begin{pmatrix}1&1\\-1&1\end{pmatrix}$ によって、$P^{-1}BP=\begin{pmatrix}1&0\\0&3\end{pmatrix}$ と対角化できます。

↑計算は各自で

左から P、右から P^{-1} を掛けて、$B=P\begin{pmatrix}1&0\\0&3\end{pmatrix}P^{-1}$ となります。

$(f(\boldsymbol{a}_1), f(\boldsymbol{a}_2))=(\boldsymbol{a}_1, \boldsymbol{a}_2)B=(\boldsymbol{a}_1, \boldsymbol{a}_2)P\begin{pmatrix}1&0\\0&3\end{pmatrix}P^{-1}$ に右から P を掛け、

$$(f(\boldsymbol{a}_1), f(\boldsymbol{a}_2))P=(\boldsymbol{a}_1, \boldsymbol{a}_2)P\begin{pmatrix}1&0\\0&3\end{pmatrix}$$

ここで、$(\boldsymbol{a}_1, \boldsymbol{a}_2)P=(\boldsymbol{b}_1, \boldsymbol{b}_2)$ ……①とおくと、

$$(f(\boldsymbol{b}_1), f(\boldsymbol{b}_2))=(f(\boldsymbol{a}_1), f(\boldsymbol{a}_2))P=(\boldsymbol{a}_1, \boldsymbol{a}_2)P\begin{pmatrix}1&0\\0&3\end{pmatrix}=(\boldsymbol{b}_1, \boldsymbol{b}_2)\begin{pmatrix}1&0\\0&3\end{pmatrix}$$

↑第6章 p.178 の②が成り立つのと同じ

これより、$f(\boldsymbol{b}_1)=\boldsymbol{b}_1, f(\boldsymbol{b}_2)=3\boldsymbol{b}_2$ となりますから、固有値1に属する固有ベクトルは $\boldsymbol{b}_1$、固有値3に属する固有ベクトルは $\boldsymbol{b}_2$ となります。

①より、$(\boldsymbol{b}_1, \boldsymbol{b}_2)=(\boldsymbol{a}_1, \boldsymbol{a}_2)P=\begin{pmatrix}1&0\\2&2\\0&-1\end{pmatrix}\begin{pmatrix}1&1\\-1&1\end{pmatrix}=\begin{pmatrix}1&1\\0&4\\1&-1\end{pmatrix}$

ですから、$\boldsymbol{b}_1=\begin{pmatrix}1\\0\\1\end{pmatrix}, \boldsymbol{b}_2=\begin{pmatrix}1\\4\\-1\end{pmatrix}$ と求まります。

このように線形変換 f の固有値に対して、固有ベクトルを求めることができます。上の例の場合、線形変換 f の固有ベクトルは $\boldsymbol{R}^3$ の元で、表現行列 B を $\boldsymbol{R}^2$ の線形変換として見た場合の固有ベクトルは $\boldsymbol{R}^2$ の元ですから、線形変換 f の固有ベクトルと表現行列の固有ベクトルは一致しません。

なお、この問題の行列 A は、p.209 の問題の A と同じ行列です。前の問題では、$\boldsymbol{R}^3$ 全体に対して $A\boldsymbol{x}$ を考えましたが、この問題では V の元 $\boldsymbol{x}$ に制限して $A\boldsymbol{x}$ を考えています。

基底の取り換え $(\boldsymbol{b}_1, \boldsymbol{b}_2)=(\boldsymbol{a}_1, \boldsymbol{a}_2)P$ で P が正則ですから、$\boldsymbol{b}_1, \boldsymbol{b}_2$ も V の基底であり、$V=\langle \boldsymbol{b}_1, \boldsymbol{b}_2 \rangle=V(1)\oplus V(3)$ となっています。

定理　線形変換と表現行列の固有値

n 次元線形空間 V における線形変換 f の表現行列が A であるとき、

$f(\boldsymbol{p})=\alpha\boldsymbol{p}\ (\boldsymbol{p}\neq\boldsymbol{0})$ となる V の元 $\boldsymbol{p}$ が存在する

$\iff$　α は A の固有値である

(⟹)

α に対する f の固有ベクトルを $\boldsymbol{p}_1$ とすると、$f(\boldsymbol{p}_1)=\alpha\boldsymbol{p}_1$ です。

V の $\boldsymbol{p}_1$ を含む基底 $\boldsymbol{p}_1$、$\boldsymbol{p}_2$、…、$\boldsymbol{p}_n$ に関して、f の表現行列 B は、

$$(f(\boldsymbol{p}_1),f(\boldsymbol{p}_2),\cdots,f(\boldsymbol{p}_n))=(\boldsymbol{p}_1,\boldsymbol{p}_2,\cdots,\boldsymbol{p}_n)\underbrace{\left(\begin{array}{c|c}\alpha & * \cdots * \\ \hline 0 & \\ \vdots & C \\ 0 & \end{array}\right)}_{B}$$

となります。B の固有多項式は、

$$|B-tE|=\left|\begin{array}{c|c}\alpha-t & * \cdots * \\ \hline 0 & \\ \vdots & C-tE \\ 0 & \end{array}\right|=(\alpha-t)|C-tE|$$

となるので、表現行列 B は固有値 α を持ちます。基底を取り替えても表現行列の固有値は変わりませんから、表現行列 A も固有値 α を持ちます。

(⟸)

直前の問題を抽象化すれば証明になります。$\boldsymbol{p}_1,\boldsymbol{p}_2,\cdots\boldsymbol{p}_n$ を V の基底とします。A が表現行列なので、

$$(f(\boldsymbol{p}_1),f(\boldsymbol{p}_2),\cdots,f(\boldsymbol{p}_n))=(\boldsymbol{p}_1,\boldsymbol{p}_2,\cdots,\boldsymbol{p}_n)A \quad \cdots\cdots①$$

となります。

α に対して、$A\boldsymbol{q}_1=\alpha\boldsymbol{q}_1$ となる $\boldsymbol{R}^n$ の元 $\boldsymbol{q}_1$ が存在します。

$\boldsymbol{q}_1$ を含む $\boldsymbol{R}^n$ の基底 $\boldsymbol{q}_1$、$\boldsymbol{q}_2$、…、$\boldsymbol{q}_n$ を取ります。すると、

$$A(\boldsymbol{q}_1,\boldsymbol{q}_2,\cdots,\boldsymbol{q}_n)=(\boldsymbol{q}_1,\boldsymbol{q}_2,\cdots,\boldsymbol{q}_n)\underbrace{\left(\begin{array}{c|c}\alpha & * \cdots * \\ \hline 0 & \\ \vdots & * \\ 0 & \end{array}\right)}_{D}$$

となります。$Q=(\boldsymbol{q}_1,\boldsymbol{q}_2,\cdots,\boldsymbol{q}_n)$、右の行列を D とおくと、

$A=QDQ^{-1}$ となります。これを用いると、①は、

$$(f(\boldsymbol{p}_1),f(\boldsymbol{p}_2),\cdots,f(\boldsymbol{p}_n))=(\boldsymbol{p}_1,\boldsymbol{p}_2,\cdots,\boldsymbol{p}_n)QDQ^{-1}$$

$$\therefore \quad (f(\boldsymbol{p}_1),f(\boldsymbol{p}_2),\cdots,f(\boldsymbol{p}_n))Q=(\boldsymbol{p}_1,\boldsymbol{p}_2,\cdots,\boldsymbol{p}_n)QD \quad \cdots\cdots②$$

そこで、Q を用いて V の基底を

$$(\boldsymbol{r}_1, \boldsymbol{r}_2, \cdots, \boldsymbol{r}_n) = (\boldsymbol{p}_1, \boldsymbol{p}_2, \cdots, \boldsymbol{p}_n)Q \quad \cdots\cdots③$$

と取り替えて、f の表現行列を求めます。

③に f を作用させる

$$(f(\boldsymbol{r}_1), f(\boldsymbol{r}_2), \cdots, f(\boldsymbol{r}_n)) = (f(\boldsymbol{p}_1), f(\boldsymbol{p}_2), \cdots, f(\boldsymbol{p}_n))Q$$
$$\underset{②}{=} (\boldsymbol{p}_1, \boldsymbol{p}_2, \cdots, \boldsymbol{p}_n)QD \underset{③}{=} (\boldsymbol{r}_1, \boldsymbol{r}_2, \cdots, \boldsymbol{r}_n)D$$

D の(1, 1)成分が α ですから、$f(\boldsymbol{r}_1) = \alpha\boldsymbol{r}_1$ となります。

最後に、固有値についての簡単な定理を紹介しておきましょう。

定理　（A の多項式で表される行列の固有値）

$f(t)$ を t の多項式とする。α を A の固有値、$\boldsymbol{p}$ を α に属する固有ベクトルとするとき、$f(\alpha)$ は $f(A)$ の固有値、$\boldsymbol{p}$ は $f(\alpha)$ に属する $f(A)$ の固有ベクトルになる。

$$A\boldsymbol{p} = \alpha\boldsymbol{p} \quad \Rightarrow \quad f(A)\boldsymbol{p} = f(\alpha)\boldsymbol{p}$$

［証明］　$A\boldsymbol{p} = \alpha\boldsymbol{p}$, $A^2\boldsymbol{p} = A(A\boldsymbol{p}) = A(\alpha\boldsymbol{p}) = \alpha(A\boldsymbol{p}) = \alpha(\alpha\boldsymbol{p}) = \alpha^2\boldsymbol{p}$

$A^3\boldsymbol{p} = A(A^2\boldsymbol{p}) = A(\alpha^2\boldsymbol{p}) = \alpha^2(A\boldsymbol{p}) = \alpha^2(\alpha\boldsymbol{p}) = \alpha^3\boldsymbol{p}$

……、

となるので、$A^k\boldsymbol{p} = \alpha^k\boldsymbol{p}$

$f(t) = a_nt^n + a_{n-1}t^{n-1} + \cdots + a_1t + a_0$ とすると、

$$\begin{aligned} f(A)\boldsymbol{p} &= (a_nA^n + a_{n-1}A^{n-1} + \cdots + a_1A + a_0E)\boldsymbol{p} \\ &= a_nA^n\boldsymbol{p} + a_{n-1}A^{n-1}\boldsymbol{p} + \cdots + a_1A\boldsymbol{p} + a_0E\boldsymbol{p} \\ &= a_n\alpha^n\boldsymbol{p} + a_{n-1}\alpha^{n-1}\boldsymbol{p} + \cdots + a_1\alpha\boldsymbol{p} + a_0\boldsymbol{p} \\ &= (a_n\alpha^n + a_{n-1}\alpha^{n-1} + \cdots + a_1\alpha + a_0)\boldsymbol{p} = f(\alpha)\boldsymbol{p} \end{aligned}$$

実は、「A の固有値が α_1、…、α_s のとき、$f(A)$ の固有値は $f(\alpha_1)$、…、$f(\alpha_s)$ である」ことが成り立ちます。このことは第 7 章の標準形の理論まで進むとわかります。

3 ジョルダン標準形の例 (1)

いつでも正方行列が対角化可能であるとは限りません。対角化不可能な行列を特徴付けるにはどうしたらよいでしょうか。

対角化不可能な行列は、**ジョルダン標準形**と呼ばれる行列にして特徴を捉えます。ジョルダン標準形は、ジョルダン細胞行列を対角線に並べた行列です。

ジョルダン細胞行列は、次の図のように対角成分に同じ数が並び、対角成分の上の成分が1である行列です。対角成分に並んだ数を α、サイズを n とするとき、$J(\alpha, n)$と表します。特に $J(\alpha, 1)$は1次行列(α)です。

$$\begin{pmatrix} 3 & 1 \\ & 3 \end{pmatrix} \quad \begin{pmatrix} 5 & 1 & \\ & 5 & 1 \\ & & 5 \end{pmatrix} \quad \begin{pmatrix} x & 1 & & \\ & x & 1 & \\ & & x & 1 \\ & & & x \end{pmatrix} \quad (6)$$

$J(3,2)$　$J(5,3)$　$J(x,4)$　$J(6,1)$

書かれていない成分は0

ジョルダン行列は、ジョルダン細胞行列を対角線に並べて、それ以外の部分では成分が0であるような行列のことです。0は書いてありません。

$$\begin{pmatrix} 3 & 1 & & & \\ & 3 & & & \\ & & 5 & 1 & \\ & & & 5 & 1 \\ & & & & 5 \end{pmatrix}$$

$J(3,2) \oplus J(5,3)$

$$\begin{pmatrix} 2 & & \\ & 2 & \\ & & 3 \end{pmatrix}$$

$J(2,1) \oplus J(2,1) \oplus J(3,1)$

$$\begin{pmatrix} 2 & 1 & & & & \\ & 2 & & & & \\ & & 7 & & & \\ & & & 3 & & \\ & & & & 6 & 1 \\ & & & & & 6 \end{pmatrix}$$

$J(2,2) \oplus J(7,1) \oplus J(3,1) \oplus J(6,2)$

図に書き込んであるように、ジョルダン標準形は対角線に並べたジョルダン細胞の記号 $J(\alpha, k)$を $\oplus$ で連ねて表します。

「A をジョルダン標準形にせよ」という問題は、A に対して適当な正則行列 P を取り、$P^{-1}AP$ をジョルダン標準行列にせよという意味です。

対角行列は、サイズが1のジョルダン細胞行列 $J(\alpha, 1)$を並べたものとみなすことができますから、対角行列はジョルダン標準形の特別な場合です。

すべての複素行列（成分が複素数である行列）はジョルダン標準形に直すこと

ができます。ジョルダン細胞行列の並べ方を無視すると、直し方は１通りです。ジョルダン細胞行列の対角成分には複素数が並びます。

また、実行列では、固有方程式の解が実数である行列、つまり固有値がすべて実数である行列は実行列の範囲でジョルダン標準形に直すことができます。対角行列はジョルダン標準形の特別な形であり、行列が対角化できるためには、行列がある条件を満たさなければなりません。これはあとで述べることにしましょう。

一般論もありますが、まずは具体的な行列をジョルダン標準形に直して感覚をつかんでいきましょう。いくつか例を見た後で、一般論について述べます。

初めに固有値が１つしかない場合、つまり固有多項式が$(\alpha-t)^n$となる場合について、正則行列を用いてジョルダン標準形に直す問題を解いてみましょう。

ホップ 問題　ジョルダン標準形　（別 p.60）

$A=\begin{pmatrix}1 & 4\\ -1 & 5\end{pmatrix}$をジョルダン標準形に直せ。

固有多項式、固有値を求めます。

$$f(t)=|A-tE|=\begin{vmatrix}1-t & 4\\ -1 & 5-t\end{vmatrix}=(t-1)(t-5)+4=t^2-6t+9=(t-3)^2$$

ですから、固有方程式$f(t)=0$より、固有値は$t=3$(重解)です。

固有値３に属する固有ベクトルを$\boldsymbol{p}_1=\begin{pmatrix}x\\ y\end{pmatrix}$とすると、

$$A\boldsymbol{p}_1=3\boldsymbol{p}_1 \qquad \therefore \quad (A-3E)\boldsymbol{p}_1=0$$

$\therefore \quad \begin{pmatrix}-2 & 4\\ -1 & 2\end{pmatrix}\begin{pmatrix}x\\ y\end{pmatrix}=\begin{pmatrix}0\\ 0\end{pmatrix}$　$-2x+4y=0$、$-x+2y=0$ より、$\begin{pmatrix}x\\ y\end{pmatrix}=\begin{pmatrix}2\\ 1\end{pmatrix}$とします。

と、ここまでは対角化と同じような手順です。

p.205 の対角化の問題では、もう一方の固有値に対して固有ベクトルを求めて、基底の取替え行列Pを求めました。また、p.211 の対角化の問題では、重解の固有値に属する固有ベクトルが２個あり、Pを作ることができました。しかし、この問題の場合は固有ベクトルが１つしか求まりませんから、うまくいきません。そこで、

$(A-3E)\boldsymbol{p}_2=\boldsymbol{p}_1$ を満たす $\boldsymbol{p}_2$ を探します。$\boldsymbol{p}_2=\begin{pmatrix} x \\ y \end{pmatrix}$ とすると、

$$(A-3E)\boldsymbol{p}_2=\boldsymbol{p}_1 \quad \begin{pmatrix} -2 & 4 \\ -1 & 2 \end{pmatrix}\begin{pmatrix} x \\ y \end{pmatrix}=\begin{pmatrix} 2 \\ 1 \end{pmatrix} \quad -2x+4y=2、-x+2y=1$$

これを解くと、$\begin{pmatrix} x \\ y \end{pmatrix}=\begin{pmatrix} 2k-1 \\ k \end{pmatrix}$（$k$ は任意の実数）となります。$k=0$ のとき、

$\boldsymbol{p}_2=\begin{pmatrix} x \\ y \end{pmatrix}=\begin{pmatrix} -1 \\ 0 \end{pmatrix}$ とします。

$$\begin{cases} (A-3E)\boldsymbol{p}_1=0 \\ A\boldsymbol{p}_1=3\boldsymbol{p}_1 \end{cases} \qquad \begin{cases} (A-3E)\boldsymbol{p}_2=\boldsymbol{p}_1 \\ A\boldsymbol{p}_2=\boldsymbol{p}_1+3\boldsymbol{p}_2 \end{cases}$$

これを合わせて表します。$P=(\boldsymbol{p}_1, \boldsymbol{p}_2)$ とおくと、

$$AP=A(\boldsymbol{p}_1, \boldsymbol{p}_2)=(3\boldsymbol{p}_1, \boldsymbol{p}_1+3\boldsymbol{p}_2)=(\boldsymbol{p}_1, \boldsymbol{p}_2)\begin{pmatrix} 3 & 1 \\ 0 & 3 \end{pmatrix}=P\begin{pmatrix} 3 & 1 \\ 0 & 3 \end{pmatrix}$$

これに左から P^{-1} を掛けて、

$$P^{-1}AP=\begin{pmatrix} 3 & 1 \\ 0 & 3 \end{pmatrix}$$

確かめてみると、$P=(\boldsymbol{p}_1, \boldsymbol{p}_2)=\begin{pmatrix} 2 & -1 \\ 1 & 0 \end{pmatrix}$ ですから、

$$P^{-1}AP=\begin{pmatrix} 0 & 1 \\ -1 & 2 \end{pmatrix}\begin{pmatrix} 1 & 4 \\ -1 & 5 \end{pmatrix}\begin{pmatrix} 2 & -1 \\ 1 & 0 \end{pmatrix}=\begin{pmatrix} -1 & 5 \\ -3 & 6 \end{pmatrix}\begin{pmatrix} 2 & -1 \\ 1 & 0 \end{pmatrix}=\begin{pmatrix} 3 & 1 \\ 0 & 3 \end{pmatrix}$$

固有ベクトルが足りない場合は、$(A-\alpha E)$ を掛けて固有ベクトルになるようなベクトルを探すところがポイントです。

問題

$A=\begin{pmatrix} 0 & 2 & 1 \\ 1 & 0 & -1 \\ -6 & 8 & 6 \end{pmatrix}$ をジョルダン標準形に直せ。

固有多項式、固有値を求めます。

$$f(t)=|A-tE|=\begin{vmatrix} -t & 2 & 1 \\ 1 & -t & -1 \\ -6 & 8 & 6-t \end{vmatrix}$$

$$=t^2(6-t)+1\cdot 1\cdot 8+6\cdot 2\cdot 1-8t-2(6-t)-6t$$
$$=-t^3+6t^2-12t+8=-(t-2)^3$$

ですから、固有多項式 $f(t)=0$ より、固有値は $t=2$（3 重解）。

固有値 2 に属する固有ベクトルを $\boldsymbol{p}_1=\begin{pmatrix} x \\ y \\ z \end{pmatrix}$ とすると、

$$(A-2E)\boldsymbol{p}_1=\boldsymbol{0} \qquad \begin{pmatrix} -2 & 2 & 1 \\ 1 & -2 & -1 \\ -6 & 8 & 4 \end{pmatrix}\begin{pmatrix} x \\ y \\ z \end{pmatrix}=\begin{pmatrix} 0 \\ 0 \\ 0 \end{pmatrix}$$

$$\begin{pmatrix} -2 & 2 & 1 \\ 1 & -2 & -1 \\ -6 & 8 & 4 \end{pmatrix} \longrightarrow \begin{pmatrix} 1 & -2 & -1 \\ -2 & 2 & 1 \\ -6 & 8 & 4 \end{pmatrix} \longrightarrow \begin{pmatrix} 1 & -2 & -1 \\ 0 & -2 & -1 \\ 0 & -4 & -2 \end{pmatrix} \longrightarrow \begin{pmatrix} 1 & 0 & 0 \\ 0 & -2 & -1 \\ 0 & 0 & 0 \end{pmatrix}$$

$\begin{pmatrix} x \\ y \\ z \end{pmatrix}=k\begin{pmatrix} 0 \\ 1 \\ -2 \end{pmatrix}$（$k$ は任意の実数）より、$\boldsymbol{p}_1=\begin{pmatrix} x \\ y \\ z \end{pmatrix}=\begin{pmatrix} 0 \\ 1 \\ -2 \end{pmatrix}$ とします。

固有ベクトルはこれ以外にありませんから、次に、$(A-2E)\boldsymbol{p}_2=\boldsymbol{p}_1$ を満たす $\boldsymbol{p}_2$ を探します。$\boldsymbol{p}_2=\begin{pmatrix} x \\ y \\ z \end{pmatrix}$ とおいて、

$$(A-2E)\boldsymbol{p}_2=\boldsymbol{p}_1 \qquad \begin{pmatrix} -2 & 2 & 1 \\ 1 & -2 & -1 \\ -6 & 8 & 4 \end{pmatrix}\begin{pmatrix} x \\ y \\ z \end{pmatrix}=\begin{pmatrix} 0 \\ 1 \\ -2 \end{pmatrix}$$

$$\begin{pmatrix} -2 & 2 & 1 & 0 \\ 1 & -2 & -1 & 1 \\ -6 & 8 & 4 & -2 \end{pmatrix} \longrightarrow \begin{pmatrix} 1 & -2 & -1 & 1 \\ -2 & 2 & 1 & 0 \\ -6 & 8 & 4 & -2 \end{pmatrix} \longrightarrow \begin{pmatrix} 1 & -2 & -1 & 1 \\ 0 & -2 & -1 & 2 \\ 0 & -4 & -2 & 4 \end{pmatrix}$$

$$\longrightarrow \begin{pmatrix} 1 & 0 & 0 & -1 \\ 0 & -2 & -1 & 2 \\ 0 & 0 & 0 & 0 \end{pmatrix}$$

$\begin{pmatrix} x \\ y \\ z \end{pmatrix}=\begin{pmatrix} -1 \\ 0 \\ -2 \end{pmatrix}+k\begin{pmatrix} 0 \\ 1 \\ -2 \end{pmatrix}$（$k$ は任意の実数）となるので、

$k=0$ として、$\boldsymbol{p}_2=\begin{pmatrix} x \\ y \\ z \end{pmatrix}=\begin{pmatrix} -1 \\ 0 \\ -2 \end{pmatrix}$ とします。

次に $(A-2E)\boldsymbol{p}_3=\boldsymbol{p}_2$ を満たす $\boldsymbol{p}_3$ を探します。$\boldsymbol{p}_3=\begin{pmatrix} x \\ y \\ z \end{pmatrix}$ とおいて、

$$(A-2E)\boldsymbol{p}_3=\boldsymbol{p}_2 \qquad \begin{pmatrix} -2 & 2 & 1 \\ 1 & -2 & -1 \\ -6 & 8 & 4 \end{pmatrix}\begin{pmatrix} x \\ y \\ z \end{pmatrix}=\begin{pmatrix} -1 \\ 0 \\ -2 \end{pmatrix}$$

$$\begin{pmatrix} -2 & 2 & 1 & -1 \\ 1 & -2 & -1 & 0 \\ -6 & 8 & 4 & -2 \end{pmatrix} \longrightarrow \begin{pmatrix} 1 & -2 & -1 & 0 \\ -2 & 2 & 1 & -1 \\ -6 & 8 & 4 & -2 \end{pmatrix} \longrightarrow \begin{pmatrix} 1 & -2 & -1 & 0 \\ 0 & -2 & -1 & -1 \\ 0 & -4 & -2 & -2 \end{pmatrix}$$

$$\longrightarrow \begin{pmatrix} 1 & 0 & 0 & 1 \\ 0 & -2 & -1 & -1 \\ 0 & 0 & 0 & 0 \end{pmatrix} \quad \begin{pmatrix} x \\ y \\ z \end{pmatrix} = \begin{pmatrix} 1 \\ 0 \\ 1 \end{pmatrix} + k \begin{pmatrix} 0 \\ 1 \\ -2 \end{pmatrix}$$ （k は任意の実数）となるので、

$k=0$ として、$\boldsymbol{p}_3 = \begin{pmatrix} x \\ y \\ z \end{pmatrix} = \begin{pmatrix} 1 \\ 0 \\ 1 \end{pmatrix}$ とします。

$\boldsymbol{p}_1$、$\boldsymbol{p}_2$、$\boldsymbol{p}_3$ について、

$$\begin{cases} (A-2E)\boldsymbol{p}_1 = 0、 \\ A\boldsymbol{p}_1 = 2\boldsymbol{p}_1、 \end{cases} \begin{cases} (A-2E)\boldsymbol{p}_2 = \boldsymbol{p}_1、 \\ A\boldsymbol{p}_2 = \boldsymbol{p}_1 + 2\boldsymbol{p}_2、 \end{cases} \begin{cases} (A-2E)\boldsymbol{p}_3 = \boldsymbol{p}_2 \\ A\boldsymbol{p}_3 = \boldsymbol{p}_2 + 2\boldsymbol{p}_3 \end{cases}$$

これを合わせて、$P=(\boldsymbol{p}_1, \boldsymbol{p}_2, \boldsymbol{p}_3)$ とおくと、

$$\begin{aligned} AP &= A(\boldsymbol{p}_1, \boldsymbol{p}_2, \boldsymbol{p}_3) \\ &= (2\boldsymbol{p}_1, \boldsymbol{p}_1 + 2\boldsymbol{p}_2, \boldsymbol{p}_2 + 2\boldsymbol{p}_3) = (\boldsymbol{p}_1, \boldsymbol{p}_2, \boldsymbol{p}_3) \begin{pmatrix} 2 & 1 & 0 \\ 0 & 2 & 1 \\ 0 & 0 & 2 \end{pmatrix} = P \begin{pmatrix} 2 & 1 & 0 \\ 0 & 2 & 1 \\ 0 & 0 & 2 \end{pmatrix} \end{aligned}$$

これに左から P^{-1} を掛けて、

$$P^{-1}AP = \begin{pmatrix} 2 & 1 & 0 \\ 0 & 2 & 1 \\ 0 & 0 & 2 \end{pmatrix}$$

とジョルダン標準形になります。実際に計算してみると、

$P=(\boldsymbol{p}_1, \boldsymbol{p}_2, \boldsymbol{p}_3) = \begin{pmatrix} 0 & -1 & 1 \\ 1 & 0 & 0 \\ -2 & -2 & 1 \end{pmatrix}$ ですから、

$$\begin{aligned} P^{-1}AP &= \begin{pmatrix} 0 & 1 & 0 \\ 1 & -2 & -1 \\ 2 & -2 & -1 \end{pmatrix} \begin{pmatrix} 0 & 2 & 1 \\ 1 & 0 & -1 \\ -6 & 8 & 6 \end{pmatrix} \begin{pmatrix} 0 & -1 & 1 \\ 1 & 0 & 0 \\ -2 & -2 & 1 \end{pmatrix} \\ &= \begin{pmatrix} 1 & 0 & -1 \\ 4 & -6 & -3 \\ 4 & -4 & -2 \end{pmatrix} \begin{pmatrix} 0 & -1 & 1 \\ 1 & 0 & 0 \\ -2 & -2 & 1 \end{pmatrix} = \begin{pmatrix} 2 & 1 & 0 \\ 0 & 2 & 1 \\ 0 & 0 & 2 \end{pmatrix} \end{aligned}$$

固有ベクトルが1つしかなくても、対角化ではないので気にせず、

$(A-\bigcirc E)\boldsymbol{p}_{\square}=\boldsymbol{p}_{\triangle}$を満たすベクトルを探していけばよいのです。

問題
$A=\begin{pmatrix}2&0&0\\-2&4&1\\4&-4&0\end{pmatrix}$をジョルダン標準形に直せ。

$$f(t)=|A-tE|=\begin{vmatrix}2-t&0&0\\-2&4-t&1\\4&-4&-t\end{vmatrix}=-t(t-2)(t-4)+4(2-t)$$
$$=(2-t)(t^2-4t+4)=-(t-2)^3$$

ですから、$f(t)=0$より、固有値は$t=2$(3重解)。

固有値2に属する固有ベクトルを求めると、$\boldsymbol{p}=\begin{pmatrix}x\\y\\z\end{pmatrix}$とおいて、

$$(A-2E)\boldsymbol{p}=\boldsymbol{0}\qquad\begin{pmatrix}0&0&0\\-2&2&1\\4&-4&-2\end{pmatrix}\begin{pmatrix}x\\y\\z\end{pmatrix}=\boldsymbol{0}$$

$-2x+2y+z=0$で、$x=s$、$y=t$とすると、解は、$\begin{pmatrix}x\\y\\z\end{pmatrix}=s\begin{pmatrix}1\\0\\2\end{pmatrix}+t\begin{pmatrix}0\\1\\-2\end{pmatrix}$……①

であり、解空間(固有値2の固有空間)の次元は2次になります。

そこで、$(A-2E)^2\boldsymbol{p}_3=\boldsymbol{0}$を満たす$\boldsymbol{p}_3$を考えます。

$$(A-2E)^2=\begin{pmatrix}0&0&0\\-2&2&1\\4&-4&-2\end{pmatrix}\begin{pmatrix}0&0&0\\-2&2&1\\4&-4&-2\end{pmatrix}=\boldsymbol{O}$$

ですから、$\boldsymbol{p}_3$は任意に選べます。①に含まれないようなベクトルに決めます。①の解では、$x=1$、$y=1$としたとき、$z=0$になりますから、これを外して$z=1$とし、$\boldsymbol{p}_3=\begin{pmatrix}1\\1\\1\end{pmatrix}$に定めます。このとき、

$$\boldsymbol{p}_2=(A-2E)\boldsymbol{p}_3=\begin{pmatrix}0&0&0\\-2&2&1\\4&-4&-2\end{pmatrix}\begin{pmatrix}1\\1\\1\end{pmatrix}=\begin{pmatrix}0\\1\\-2\end{pmatrix}$$

となります。①の解空間で、$\boldsymbol{p}_2$と線形独立なベクトルを選び$\boldsymbol{p}_1=\begin{pmatrix}1\\0\\2\end{pmatrix}$とします。

$\boldsymbol{p}_1$、$\boldsymbol{p}_2$、$\boldsymbol{p}_3$に関して、

$$(A-2E)\boldsymbol{p}_1=\mathbf{0} \qquad (A-2E)\boldsymbol{p}_2=\mathbf{0} \qquad (A-2E)\boldsymbol{p}_3=\boldsymbol{p}_2$$

$$A\boldsymbol{p}_1=2\boldsymbol{p}_1 \qquad A\boldsymbol{p}_2=2\boldsymbol{p}_2 \qquad A\boldsymbol{p}_3=\boldsymbol{p}_2+2\boldsymbol{p}_3$$

$P=(\boldsymbol{p}_1, \boldsymbol{p}_2, \boldsymbol{p}_3)$ とおいてこれらをあわせると、

$$\begin{aligned} AP&=A(\boldsymbol{p}_1, \boldsymbol{p}_2, \boldsymbol{p}_3) \\ &=(2\boldsymbol{p}_1, 2\boldsymbol{p}_2, \boldsymbol{p}_2+2\boldsymbol{p}_3)=(\boldsymbol{p}_1, \boldsymbol{p}_2, \boldsymbol{p}_3)\begin{pmatrix}2&0&0\\0&2&1\\0&0&2\end{pmatrix}=P\begin{pmatrix}2&0&0\\0&2&1\\0&0&2\end{pmatrix}\end{aligned}$$

これに左から P^{-1} を掛けて、$P^{-1}AP=\begin{pmatrix}2&0&0\\0&2&1\\0&0&2\end{pmatrix}$ とジョルダン標準形になります。

実際計算してみると、$P=(\boldsymbol{p}_1, \boldsymbol{p}_2, \boldsymbol{p}_3)=\begin{pmatrix}1&0&1\\0&1&1\\2&-2&1\end{pmatrix}$ ですから、

$$\begin{aligned} P^{-1}AP&=\begin{pmatrix}3&-2&-1\\2&-1&-1\\-2&2&1\end{pmatrix}\begin{pmatrix}2&0&0\\-2&4&1\\4&-4&0\end{pmatrix}\begin{pmatrix}1&0&1\\0&1&1\\2&-2&1\end{pmatrix} \\ &=\begin{pmatrix}6&-4&-2\\2&0&-1\\-4&4&2\end{pmatrix}\begin{pmatrix}1&0&1\\0&1&1\\2&-2&1\end{pmatrix}=\begin{pmatrix}2&0&0\\0&2&1\\0&0&2\end{pmatrix}\end{aligned}$$

このように固有空間の次元が 1 次でない場合は、$(A-2E)^2\boldsymbol{p}=\mathbf{0}$ を満たし固有空間に含まれない $\boldsymbol{p}$ を考えます。

$\boldsymbol{p}$ をどのように取っても、$\boldsymbol{q}=(A-2E)\boldsymbol{p}$ で定められる $\boldsymbol{q}$ は

$$(A-2E)\boldsymbol{q}=(A-2E)\{(A-2E)\boldsymbol{p}\}=\underbrace{(A-2E)^2}_{O}\boldsymbol{p}=\mathbf{0}$$

となり、$\boldsymbol{q}$ は $(A-2E)\boldsymbol{x}=\mathbf{0}$ の解空間すなわち①に含まれます。

ホップ

問題　ジョルダン標準形　（別 p.62）

$A=\begin{pmatrix}-2&6&-2&2\\-2&5&-1&1\\1&-1&3&-1\\-1&2&0&2\end{pmatrix}$ をジョルダン標準形に直せ。

固有方程式、固有値を求めます。

$$|A-tE|=\begin{vmatrix}-2-t & 6 & -2 & 2\\ -2 & 5-t & -1 & 1\\ 1 & -1 & 3-t & -1\\ -1 & 2 & 0 & 2-t\end{vmatrix}=\begin{vmatrix}0 & -t+4 & -t^2+t+4 & -t\\ 0 & 3-t & 5-2t & -1\\ 1 & -1 & 3-t & -1\\ 0 & 1 & 3-t & 1-t\end{vmatrix}$$

$$=\begin{vmatrix}0 & 0 & -2(t-2)^2 & -(t-2)^2\\ 0 & 0 & -(t-2)^2 & -(t-2)^2\\ 1 & 0 & 6-2t & -t\\ 0 & 1 & 3-t & 1-t\end{vmatrix}=\begin{vmatrix}1 & 0 & 6-2t & -t\\ 0 & 1 & 3-t & 1-t\\ 0 & 0 & -2(t-2)^2 & -(t-2)^2\\ 0 & 0 & -(t-2)^2 & -(t-2)^2\end{vmatrix}$$

ブロックに分けて行列式を計算して、

$$=(2-t)^4$$

より、固有値は、$t=2$（4重解）。

P に並べるベクトルを求めるために、$(A-2E)\boldsymbol{p}=\boldsymbol{q}$ の形の方程式をくり返し解かなければならないので、$\boldsymbol{q}$ の成分を文字でおいておきます。

$\boldsymbol{p}=\begin{pmatrix}x\\y\\z\\w\end{pmatrix}$, $\boldsymbol{q}=\begin{pmatrix}a\\b\\c\\d\end{pmatrix}$ とおいて、$(A-2E)\boldsymbol{p}=\boldsymbol{q}$ を解きます。掃き出し法で、

$$\begin{pmatrix}-4 & 6 & -2 & 2 & a\\ -2 & 3 & -1 & 1 & b\\ 1 & -1 & 1 & -1 & c\\ -1 & 2 & 0 & 0 & d\end{pmatrix}\to\begin{pmatrix}0 & 2 & 2 & -2 & a+4c\\ 0 & 1 & 1 & -1 & b+2c\\ 1 & -1 & 1 & -1 & c\\ 0 & 1 & 1 & -1 & c+d\end{pmatrix}$$

$$\to\begin{pmatrix}0 & 0 & 0 & 0 & a-2b\\ 0 & 1 & 1 & -1 & b+2c\\ 1 & 0 & 2 & -2 & b+3c\\ 0 & 0 & 0 & 0 & -b-c+d\end{pmatrix}$$

方程式が解ける条件は

$$a-2b=0,\ -b-c+d=0\cdots①$$

で、解は、

$$\boldsymbol{p}=\begin{pmatrix}x\\y\\z\\w\end{pmatrix}=s\begin{pmatrix}-2\\-1\\1\\0\end{pmatrix}+t\begin{pmatrix}2\\1\\0\\1\end{pmatrix}+\begin{pmatrix}b+3c\\b+2c\\0\\0\end{pmatrix}\quad (s、t \text{ は任意})$$

$(A-2E)\boldsymbol{p}=0$ を解くには、$a=b=c=d=0$ と代入します。このとき、①を満たします。

$s=1, t=0$ のとき、$\boldsymbol{p}_1=\begin{pmatrix}-2\\-1\\1\\0\end{pmatrix}$, $s=0, t=1$ のとき、$\boldsymbol{p}_3=\begin{pmatrix}2\\1\\0\\1\end{pmatrix}$ と求まります。これは、固有ベクトルで、$(A-2E)\boldsymbol{p}_1=\mathbf{0}$, $(A-2E)\boldsymbol{p}_3=\mathbf{0}$ となります。

$(A-2E)\boldsymbol{p}=\boldsymbol{p}_1$ を解くには、$a=-2, b=-1, c=1, d=0$ と代入します。

このとき、①を満たします。$s=0, t=0$ のとき、$\boldsymbol{p}_2=\begin{pmatrix}2\\1\\0\\0\end{pmatrix}$ となり、$(A-2E)\boldsymbol{p}_2=\boldsymbol{p}_1$

$(A-2E)\boldsymbol{p}=\boldsymbol{p}_3$ を解くには、$a=2, b=1, c=0, d=1$ を代入します。

このとき、①を満たします。$s=0, t=0$ のとき、$\boldsymbol{p}_4=\begin{pmatrix}1\\1\\0\\0\end{pmatrix}$ となり、$(A-2E)\boldsymbol{p}_4=\boldsymbol{p}_3$

$\boldsymbol{p}_1, \boldsymbol{p}_2, \boldsymbol{p}_3, \boldsymbol{p}_4$ について、

$(A-2E)\boldsymbol{p}_1=0$, $(A-2E)\boldsymbol{p}_2=\boldsymbol{p}_1$, $(A-2E)\boldsymbol{p}_3=0$, $(A-2E)\boldsymbol{p}_4=\boldsymbol{p}_3$ より、

$$A\boldsymbol{p}_1=2\boldsymbol{p}_1, A\boldsymbol{p}_2=A\boldsymbol{p}_1+2\boldsymbol{p}_2, A\boldsymbol{p}_3=2\boldsymbol{p}_3, A\boldsymbol{p}_4=\boldsymbol{p}_3+2\boldsymbol{p}_4$$

$P=(\boldsymbol{p}_1, \boldsymbol{p}_2, \boldsymbol{p}_3, \boldsymbol{p}_4)$ とおいてこれらをあわせると、

$$\begin{aligned}AP&=A(\boldsymbol{p}_1, \boldsymbol{p}_2, \boldsymbol{p}_3, \boldsymbol{p}_4)=(2\boldsymbol{p}_1, \boldsymbol{p}_1+2\boldsymbol{p}_2, 2\boldsymbol{p}_3, \boldsymbol{p}_3+2\boldsymbol{p}_4)\\&=(\boldsymbol{p}_1, \boldsymbol{p}_2, \boldsymbol{p}_3, \boldsymbol{p}_4)\begin{pmatrix}2&1&0&0\\0&2&0&0\\0&0&2&1\\0&0&0&2\end{pmatrix}=P\begin{pmatrix}2&1&0&0\\0&2&0&0\\0&0&2&1\\0&0&0&2\end{pmatrix}\end{aligned}$$

よって、$P^{-1}AP=\begin{pmatrix}2&1&0&0\\0&2&0&0\\0&0&2&1\\0&0&0&2\end{pmatrix}$

4 ジョルダン標準形の理論

ここで固有多項式が$(\alpha-t)^n$となるn次正方行列Aについてジョルダン標準形の求め方の一般論についてまとめましょう。

n次正方行列Aの固有多項式が$(\alpha-t)^n$なので、ケーリー・ハミルトンの定理により、$(\alpha E-A)^n=\boldsymbol{O}$すなわち$(A-\alpha E)^n=\boldsymbol{O}$が成り立ちます。ここで、$(A-\alpha E)^x=\boldsymbol{O}$となる最小の$x$を考えましょう。これを$m$とします。$m$は$n$以下で、$(A-\alpha E)^m=\boldsymbol{O}$となります。

一般に、$\boldsymbol{R}^n$の元$\boldsymbol{x}$に、$\boldsymbol{R}^n$の変換gをk回作用させた元$\underbrace{g(g(\cdots(g}_{k\text{コ}}(\boldsymbol{x}))$を対応させる変換を$g^k$と表します。$g$が線形変換なので、線形変換の合成写像である$g^k$も線形変換になります（第6章p.173参照）。

$A-\alpha E$が引き起こす$\boldsymbol{R}^n$から$\boldsymbol{R}^n$への線形変換をfとすると、f^kの表現行列は$(A-\alpha E)^k$となります。

$(A-\alpha E)^m=\mathbf{0}$であることから、$f^m$は$\boldsymbol{R}^n$のすべてのベクトルを$\mathbf{0}$に移すので、$\boldsymbol{R}^n=\mathrm{Ker}(f^m)$です。ここで、$\mathrm{Ker}\,f$、$\mathrm{Ker}(f^2)$、…、$\mathrm{Ker}(f^m)$という部分空間の列を考えます。

これらには真の包含関係が成り立っています。

定理　核の列の包含関係

n次正方行列Aの固有多項式が$(\alpha-t)^n$で、$(A-\alpha E)^x=O$となる最小のxをmとする。このとき、真の包含関係

$$\mathrm{Ker}\,f\subsetneq\mathrm{Ker}(f^2)\subsetneq\cdots\subsetneq\mathrm{Ker}(f^m)=R^n$$

が成り立つ。

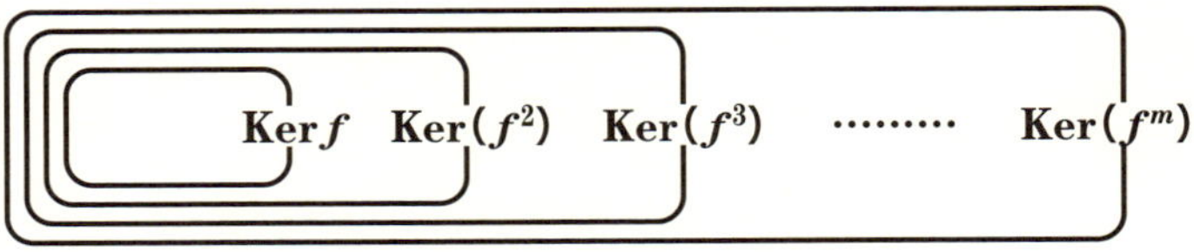

［証明］

Ker(f^j)の任意の元$\boldsymbol{x}$について、$f^{j+1}(\boldsymbol{x})=f(f^j(\boldsymbol{x}))=f(0)=0$なので、$\boldsymbol{x}\in$Ker($f^{j+1}$)となりますから、Ker($f^j$)$\subset$Ker($f^{j+1}$)……①です。

$j\leqq m$となるjについて、Ker(f^{j-1})$\neq$Ker(f^j)であることを証明するには背理法を用います。Ker(f^{j-1})$=$Ker(f^j)を仮定すると、Ker(f^{j-1})から先(右)の部分空間が全部等しくなって(隙間がなくなって)、Ker(f^{j-1})$=R^n$となり、mの最小性に矛盾するという論法です。

$j\leqq m$となるjについて、Ker(f^{j-1})$=$Ker(f^j)であると仮定します。すると、Ker(f^{j+1})の任意の元$\boldsymbol{x}$について、$f^{j+1}(\boldsymbol{x})=f^j(f(\boldsymbol{x}))$が$\boldsymbol{0}$に等しくなりますから、$f(\boldsymbol{x})\in$Ker($f^j$)です。

仮定より、$f(\boldsymbol{x})\in$Ker(f^{j-1})ですから、$f^j(\boldsymbol{x})=f^{j-1}(f(\boldsymbol{x}))=\boldsymbol{0}$となり、$x\in$Ker($f^j$)ですから、Ker($f^j$)$\supset$Ker($f^{j+1}$)が導け、①と合わせて、Ker($f^j$)$=$Ker($f^{j+1}$)です。

これを繰り返して、Ker(f^{j-1})$=$Ker(f^m)となりますが、Ker(f^{j-1})$=R^n$ですから、f^{j-1}がR^nのすべての元を0に移すことになり、mの最小性に矛盾します。

したがって、Ker(f^{j-1})$\neq$Ker(f^j)($j\leqq m$)です。

定理　独立なベクトルの降下

n次正方行列Aの固有多項式が$(\alpha-t)^n$であるとする。$(A-\alpha E)^x=\boldsymbol{O}$となる最小の$x$を$m$とする。

$A-\alpha E$が引き起こす$\boldsymbol{R}^n$から$\boldsymbol{R}^n$への線形変換をfとする。Ker(f^{k-1})($3\leqq k\leqq m$)の基底に、$\boldsymbol{p}_1$、$\boldsymbol{p}_2$、…、$\boldsymbol{p}_r$を加えたベクトルの組が、Ker(f^k)の基底になるとき、$f(\boldsymbol{p}_1)$、$f(\boldsymbol{p}_2)$、…、$f(\boldsymbol{p}_r)$は、

(i)　Ker(f^{k-1})に含まれ、Ker(f^{k-2})に含まれない。

(ii)　線形独立である。

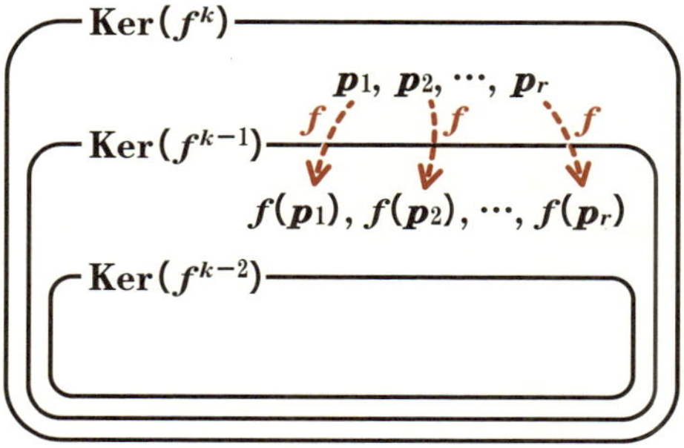

[証明]

（ｉ） $\boldsymbol{p}_i \in \mathrm{Ker}(f^k)$なので、$f^{k-1}(f(\boldsymbol{p}_i))=f^k(\boldsymbol{p}_i)=0$　よって、$f(\boldsymbol{p}_i)\in\mathrm{Ker}(f^{k-1})$

$\boldsymbol{p}_i \notin \mathrm{Ker}(f^{k-1})$なので、$f^{k-2}(f(\boldsymbol{p}_i))=f^{k-1}(\boldsymbol{p}_i)\neq 0$

よって、$f(\boldsymbol{p}_i)\notin\mathrm{Ker}(f^{k-2})$

（ii）
$$x_1 f(\boldsymbol{p}_1)+x_2 f(\boldsymbol{p}_2)+\cdots+x_r f(\boldsymbol{p}_r)=0$$

を満たすx_1、…、x_rを求めましょう。

$$f(x_1\boldsymbol{p}_1+x_2\boldsymbol{p}_2+\cdots+x_r\boldsymbol{p}_r)=0$$

ですから、$x_1\boldsymbol{p}_1+x_2\boldsymbol{p}_2+\cdots+x_r\boldsymbol{p}_r$は$\mathrm{Ker}(f)$に含まれます。

$\mathrm{Ker}(f)\subset\mathrm{Ker}(f^{k-1})$より、これは$\mathrm{Ker}(f^{k-1})$の基底$\boldsymbol{q}_1$、…、$\boldsymbol{q}_s$の１次結合で書くことができ、

$$x_1\boldsymbol{p}_1+x_2\boldsymbol{p}_2+\cdots+x_r\boldsymbol{p}_r=y_1\boldsymbol{q}_1+\cdots+y_s\boldsymbol{q}_s$$
$$x_1\boldsymbol{p}_1+x_2\boldsymbol{p}_2+\cdots+x_r\boldsymbol{p}_r-y_1\boldsymbol{q}_1-\cdots-y_s\boldsymbol{q}_s=0$$

ここで、$\boldsymbol{p}_1$、$\boldsymbol{p}_2$、…、$\boldsymbol{p}_r$、$\boldsymbol{q}_1$、…、$\boldsymbol{q}_s$は$\mathrm{Ker}(f^k)$の基底なので、
$x_1=x_2=\cdots=x_r=y_1=\cdots=y_s=0$となります。

$f(\boldsymbol{p}_1)$、$f(\boldsymbol{p}_2)$、…、$f(\boldsymbol{p}_r)$は線形独立です。

この定理を用いて、Aをジョルダン標準形に変換する正則行列Pの求め方の一般論を説明しましょう。

n次正方行列Aの固有多項式が$(\alpha-t)^n$であるとし、mを$(A-\alpha E)^x=\boldsymbol{O}$とな

る最小の x とします。

$\mathrm{Ker}(f^{m-1})$の基底にいくつかベクトルを加えて$\mathrm{Ker}(f^{m})(=R^{n})$の基底になるようにします。このベクトルの存在は第5章p.117の定理と第7章p.229の定理により保証されます。このとき、加えたベクトルが r 個で $\boldsymbol{p}_1$、$\boldsymbol{p}_2$、…、$\boldsymbol{p}_r$ であるとします。すると、前定理により $f(\boldsymbol{p}_1)$、$f(\boldsymbol{p}_2)$、…、$f(\boldsymbol{p}_r)$ は独立になります。ここまでを図示すると図1のようになります。

図 1

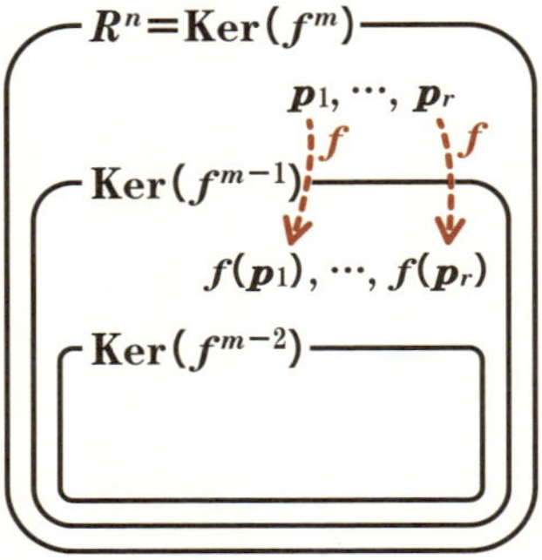

図 2

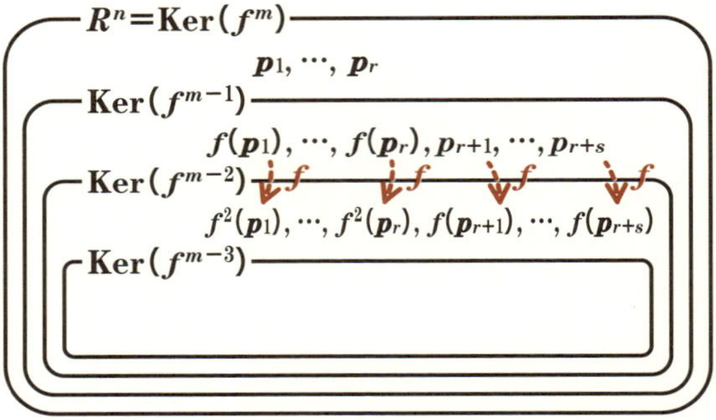

次に、$\mathrm{Ker}(f^{m-2})$の基底に、$f(\boldsymbol{p}_1)$、$f(\boldsymbol{p}_2)$、…、$f(\boldsymbol{p}_r)$ といくつかの基底を加えて$\mathrm{Ker}(f^{m-1})$の基底になるようにします。加えたベクトルが s 個で、$\boldsymbol{p}_{r+1}$、$\boldsymbol{p}_{r+2}$、…、$\boldsymbol{p}_{r+s}$ であるとします。$\boldsymbol{p}_{r+1}$、$\boldsymbol{p}_{r+2}$、…、$\boldsymbol{p}_{r+s}$ は、$\mathrm{Ker}(f^{m-2})$に含まれず、$\mathrm{Ker}(f^{m-1})$に含まれるベクトルです。

すると、ふたたび前定理を用いることにより、$f(\boldsymbol{p}_1)$、$f(\boldsymbol{p}_2)$、…、$f(\boldsymbol{p}_r)$、$\boldsymbol{p}_{r+1}$、$\boldsymbol{p}_{r+2}$、…、$\boldsymbol{p}_{r+s}$ にそれぞれ f を作用させた、

$$f^2(\boldsymbol{p}_1)、f^2(\boldsymbol{p}_2)、\cdots、f^2(\boldsymbol{p}_r)、f(\boldsymbol{p}_{r+1})、f(\boldsymbol{p}_{r+2})、\cdots、f(\boldsymbol{p}_{r+s}) \quad \cdots①$$

は、$\mathrm{Ker}(f^{m-2})$に含まれ、$\mathrm{Ker}(f^{m-3})$に含まれず、線形独立になります。

ここまでを図示すると図2のようになります。

次に、$\mathrm{Ker}(f^{m-3})$の基底と①を加えたものに、さらにベクトルを付け加えて、$\mathrm{Ker}(f^{m-2})$の基底となるようにします。これに f を作用させます。

このような操作を繰り返していくと、図3のように、$\mathrm{Ker}f$、$\mathrm{Ker}(f^2)$、…、$\mathrm{Ker}(f^m)$の基底が得られます。$\mathrm{Ker}(f^m)$の次元が n ですから、$\boldsymbol{p}_1$、…、$\boldsymbol{p}_r$、

$f(\boldsymbol{p}_1)$、…、$f(\boldsymbol{p}_r)$、$\boldsymbol{p}_{r+1}$、…、$\boldsymbol{p}_{r+s}$、…、$f^{m-1}(\boldsymbol{p}_1)$、…、$f^{m-1}(\boldsymbol{p}_r)$、$f^{m-2}(\boldsymbol{p}_{r+1})$、…、$\boldsymbol{p}_*$、…、$\boldsymbol{p}_*$のすべてのベクトルの個数は全部で n 個です。

図 3

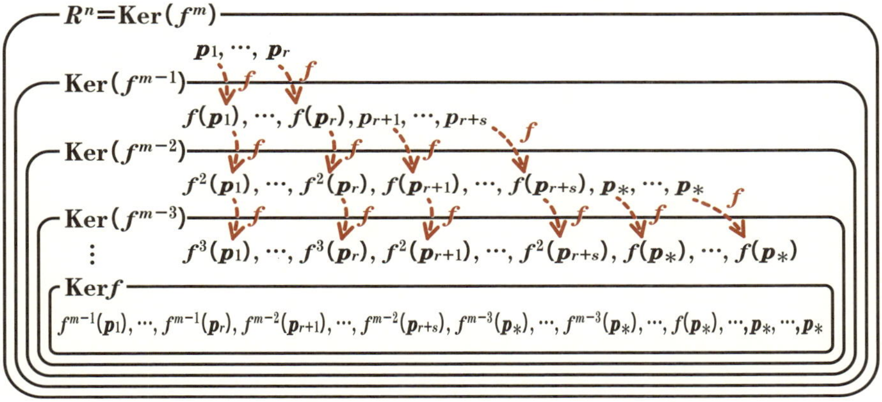

これらを表の形にそろえて描くと、図 4 のようになります。

図 4

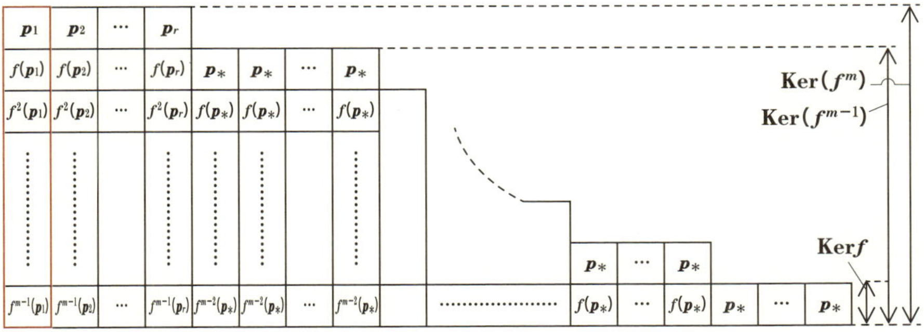

図 4 のアカ枠で囲まれた部分のベクトルを下から $\boldsymbol{q}_1$、$\boldsymbol{q}_2$、…、$\boldsymbol{q}_m$ とおきます。

$$\boldsymbol{q}_1=f^{m-1}(\boldsymbol{p}_1)、\boldsymbol{q}_2=f^{m-2}(\boldsymbol{p}_1)、\cdots、\boldsymbol{q}_{m-1}=f(\boldsymbol{p}_1)、\boldsymbol{q}_m=\boldsymbol{p}_1$$

$\boldsymbol{q}_1=f^{m-1}(\boldsymbol{p}_1)\in \mathrm{Ker}f$ より、$f(\boldsymbol{q}_1)=0$。また、$f(\boldsymbol{q}_i)$ $(i\geqq 2)$ を計算すると、

$$
\begin{aligned}
& f(\boldsymbol{q}_1)=0、f(\boldsymbol{q}_2)=\boldsymbol{q}_1、f(\boldsymbol{q}_3)=\boldsymbol{q}_2、\cdots、f(\boldsymbol{q}_m)=\boldsymbol{q}_{m-1} \\
\Leftrightarrow\ & (A-\alpha E)\boldsymbol{q}_1=0、(A-\alpha E)\boldsymbol{q}_2=\boldsymbol{q}_1、(A-\alpha E)\boldsymbol{q}_3=\boldsymbol{q}_2、 \\
& \qquad\qquad\qquad\qquad \cdots、(A-\alpha E)\boldsymbol{q}_m=\boldsymbol{q}_{m-1} \\
\Leftrightarrow\ & A\boldsymbol{q}_1=\alpha\boldsymbol{q}_1、A\boldsymbol{q}_2=\alpha\boldsymbol{q}_2+\boldsymbol{q}_1、A\boldsymbol{q}_3=\alpha\boldsymbol{q}_3+\boldsymbol{q}_2、 \\
& \qquad\qquad\qquad\qquad \cdots、A\boldsymbol{q}_m=\alpha\boldsymbol{q}_m+\boldsymbol{q}_{m-1} \\
\Leftrightarrow\ & A(\boldsymbol{q}_1, \boldsymbol{q}_2, \cdots, \boldsymbol{q}_m)=(\alpha\boldsymbol{q}_1, \alpha\boldsymbol{q}_2+\boldsymbol{q}_1, \alpha\boldsymbol{q}_3+\boldsymbol{q}_2, \cdots, \alpha\boldsymbol{q}_m+\boldsymbol{q}_{m-1}) \\
\Leftrightarrow\ & A(\boldsymbol{q}_1, \boldsymbol{q}_2, \cdots, \boldsymbol{q}_m)=(\boldsymbol{q}_1, \boldsymbol{q}_2, \cdots, \boldsymbol{q}_m)\begin{pmatrix} \alpha & 1 & & \\ & \alpha & 1 \ddots & \\ & & \alpha \ddots & 1 \\ & & & \alpha \end{pmatrix}
\end{aligned}
$$

となります。

図4のような表をジョルダン・ダイヤグラムと呼びましょう。ジョルダン・ダイヤグラムの縦に並んだベクトルをビルディング（例えば図4の赤枠）と呼べば、ビル一棟がちょうど1つのジョルダン細胞行列に対応しているわけです。

図4に並べられたベクトルを、ビルディングごとに、ビルディングの中では下にあるベクトルから取って並べた行列をPとします。図4のベクトルは$\boldsymbol{R}^n$の基底ですから線形独立で、Pは正則になります。ビルディングごとにベクトルがまとまっていれば、ビルディングの並び方はどの順序で並べてもかまいません。

$P^{-1}AP$は、固有値αのジョルダン細胞行列を並べた行列になります。

例えば、左下のジョルダン・ダイヤグラムに対して、右のようなジョルダン標準形が対応します。ジョルダン標準形を決定するには、ジョルダン・ダイヤグラムを求めればよいのです。

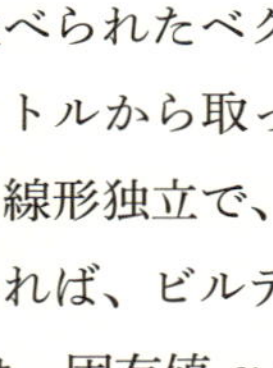

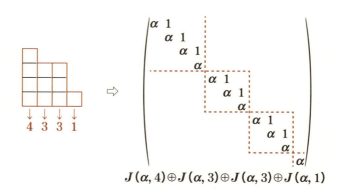

⇨

$$
\left(\begin{array}{cccc|ccc|ccc|c}
\alpha & 1 & & & & & & & & & \\
& \alpha & 1 & & & & & & & & \\
& & \alpha & 1 & & & & & & & \\
& & & \alpha & & & & & & & \\
\hline
& & & & \alpha & 1 & & & & & \\
& & & & & \alpha & 1 & & & & \\
& & & & & & \alpha & & & & \\
\hline
& & & & & & & \alpha & 1 & & \\
& & & & & & & & \alpha & 1 & \\
& & & & & & & & & \alpha & \\
\hline
& & & & & & & & & & \alpha
\end{array}\right)
$$

$\boldsymbol{J}(\alpha, 4)\oplus\boldsymbol{J}(\alpha, 3)\oplus\boldsymbol{J}(\alpha, 3)\oplus\boldsymbol{J}(\alpha, 1)$

ここで今まで解いた問題で振り返って、ビルディングの様子を観察してみましょう。

ア（p.221の問題）　イ（p.222の問題）　ウ（p.225の問題）　エ（p.226の問題）

$\boldsymbol{J}(3,2)$　$\boldsymbol{J}(2,3)$　$\boldsymbol{J}(2,2)\oplus\boldsymbol{J}(2,1)$　$\boldsymbol{J}(2,2)\oplus\boldsymbol{J}(2,2)$

ア、イでは、Ker$f$の次元が1でしたから、ビルディングは1棟しかありません。そこで、下から順にベクトルを求めていったわけです。

ウでは、Ker$f$の次元が1ではありません。2でした。もともと3次元ですから、Ker$f$の基底を2個取っても、上に登ることができるのは1個しかありません。そこで、一般論の証明のようにビルの最上階まで登り、そこから降下したわけです。

今までのジョルダン標準形の求め方をまとめると、

ジョルダン標準形の求め方（正則行列 $\boldsymbol{P}$ で変換）

［固有多項式が$(\alpha-t)^n$（αは実数）となるn次正方行列Aの場合］

$A-\alpha E$が表す線形変換をfとする。

(1)　$\mathrm{Im}(f^x)=O$となる最小のxを求める。これをmとする。

(2)　$\boldsymbol{R}^n(=\mathrm{Ker}(f^m))$に含まれ、$\mathrm{Ker}(f^{m-1})$に含まれないベクトルで独立なものを最大個とる。これを$\boldsymbol{p}_1$、…、$\boldsymbol{p}_r$とする。

(3)　$\mathrm{Ker}(f^{m-1})$に含まれ、$\mathrm{Ker}(f^{m-2})$に含まれないベクトルで、$f(\boldsymbol{p}_1)$、…、$f(\boldsymbol{p}_r)$に付け足しても線形独立になるように最大個とる。これを$\boldsymbol{p}_{r+1}$、…、$\boldsymbol{p}_{r+s}$とする。

(4)　$\mathrm{Ker}(f^{m-2})$に含まれ、$\mathrm{Ker}(f^{m-3})$に含まれないベクトルで、$f^2(\boldsymbol{p}_1)$、…、$f^2(\boldsymbol{p}_r)$、$f(\boldsymbol{p}_{r+1})$、…、$f(\boldsymbol{p}_{r+s})$に付け足して線形独立になるように最大個とる。

(5)　これを繰り返して、n個の独立したベクトルをとる。これら

$f^{m-1}(\boldsymbol{p}_1)$、$f^{m-2}(\boldsymbol{p}_1)$、…、$f(\boldsymbol{p}_1)$、$\boldsymbol{p}_1$、

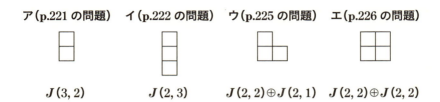

$$f^{m-1}(\boldsymbol{p}_2)、f^{m-2}(\boldsymbol{p}_2)、\cdots、f(\boldsymbol{p}_2)、\boldsymbol{p}_2、$$

……

$$f^{m-2}(\boldsymbol{p}_{r+1})、f^{m-3}(\boldsymbol{p}_{r+1})、\cdots、f(\boldsymbol{p}_{r+1})、\boldsymbol{p}_{r+1}$$

……

を並べた行列を P とすると、$P^{-1}AP$ はジョルダン標準形になる。

具体的な成分が与えられたときにジョルダン標準形を求める問題は、試験で出されるとしたら、3次か4次の場合まででしょう。それ以上は計算が煩雑で問題には適しませんが、次のような問題形式であれば、理解を試す問題として出題することができます。

問題 A は11次正方行列で、固有値は2のみを持つものとする。
$A-2E$ で表現される線形変換を f として、

$\dim(\mathrm{Ker} f)=4$、$\dim(\mathrm{Ker}(f^2))=7$、$\dim(\mathrm{Ker}(f^3))=9$、

$\dim(\mathrm{Ker}(f^4))=11$

を満たすとき、A のジョルダン標準形を求めよ。

Kerの次数だけ、ブロックを積み上げてジョルダン・ダイヤグラムを描きましょう。

$\dim(\mathrm{Ker}(f^4))-\dim(\mathrm{Ker}(f^3))=11-9=2$ --->

$\dim(\mathrm{Ker}(f^3))-\dim(\mathrm{Ker}(f^2))=9-7\ \ =2$ --->

$\dim(\mathrm{Ker}(f^2))-\dim(\mathrm{Ker} f)\ \ =7-4\ \ =3$ --->

$\dim(\mathrm{Ker} f)\ \ =4\ \ =4$ --->

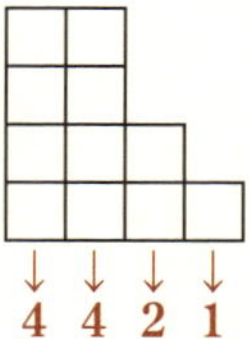

左のビルから階数を読んで、ジョルダン標準形は、

$$J(2,4)\oplus J(2,4)\oplus J(2,2)\oplus J(2,1)$$

問題 A は 8 次正方行列で、固有値は 3 のみを持つ。
$\mathrm{rank}(A-3E)=5$、$\mathrm{rank}(A-3E)^2=2$、$\mathrm{rank}(A-3E)^3=1$
のとき、A のジョルダン標準形を求めよ。

$A-3E$ が表す 1 次変換を f とすると、定理より問題の条件は、

$$\dim(\mathrm{Im} f)=5、\dim(\mathrm{Im}(f^2))=2、\dim(\mathrm{Im}(f^3))=1$$

次元定理 $[\dim(\mathrm{Ker}\, f^{\square})+\dim(\mathrm{Im} f^{\square})=\dim V]$ より、

$\dim(\mathrm{Ker} f)=8-5=3$、$\dim(\mathrm{Ker}(f^2))=8-2=6$、
$\dim(\mathrm{Ker}(f^3))=8-1=7$

$\dim(\mathrm{Ker}(f^3))\leqq\dim(\mathrm{Ker}(f^4))$ですが、もしも $\dim(\mathrm{Ker}(f^3))=\dim(\mathrm{Ker}(f^4))=7$ であると仮定すると、第 7 章 p.229〜p.230 の証明の議論を用いて $\mathrm{Ker}(f^5)=\mathrm{Ker}(f^6)=\mathrm{Ker}(f^7)=\mathrm{Ker}(f^8)$ となるので、$\dim(\mathrm{Ker}(f^8))=7\neq 8$ となり、$f^8(\boldsymbol{a})=0$、$\boldsymbol{a}\neq 0$となるaが存在し、$(A-3E)^8=O$ であることと矛盾します。$\dim(\mathrm{Ker}(f^3))<\dim(\mathrm{Ker}(f^4))=8$ です。

ジョルダン・ダイヤグラムを描いて、

$\dim(\mathrm{Ker}(f^4))-\dim(\mathrm{Ker}(f^3))=8-7=1$ ---->
$\dim(\mathrm{Ker}(f^3))-\dim(\mathrm{Ker}(f^2))=7-6=1$ ---->
$\dim(\mathrm{Ker}(f^2))-\dim(\mathrm{Ker} f)\quad=6-3=3$ ---->
$\dim(\mathrm{Ker} f)\quad=3\quad=3$ ---->

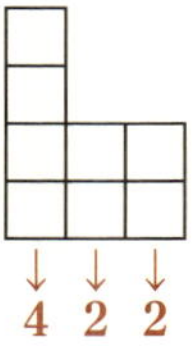

A のジョルダン標準形は、$J(3,4)\oplus J(3,2)\oplus J(3,2)$

5 ジョルダン標準形の例（2）

ここまでは、A の固有値が n 重解 α で、固有多項式が $(\alpha-t)^n$ となる場合を扱いました。次からは、A の固有値が複数あり、固有多項式が

$(\alpha_1-t)^{n_1}(\alpha_2-t)^{n_2}\cdots(\alpha_r-t)^{n_r}$（$\alpha_i$ は実数）となる場合を考えましょう。

行列の成分が具体的な値で与えられた場合の問題を解きましょう。

問題
$A=\begin{pmatrix}1&2&0\\1&0&1\\0&0&2\end{pmatrix}$をジョルダン標準形に直せ。

固有多項式、固有値を求めます。

$$f(t)=|A-tE|=\begin{vmatrix}1-t&2&0\\1&-t&1\\0&0&2-t\end{vmatrix}=-t(1-t)(2-t)-2(2-t)$$

$$=(t^2-t-2)(2-t)=-(t+1)(t-2)^2$$

であり、固有方程式 $f(t)=0$ より、固有値は $t=-1$、2（重解）

固有値 -1 に属する固有ベクトルを $\boldsymbol{p}_1=\begin{pmatrix}x\\y\\z\end{pmatrix}$ とおくと、

$(A+E)\boldsymbol{p}_1=0$ $\quad\begin{pmatrix}2&2&0\\1&1&1\\0&0&3\end{pmatrix}\begin{pmatrix}x\\y\\z\end{pmatrix}=\begin{pmatrix}0\\0\\0\end{pmatrix}$ より、$\boldsymbol{p}_1=\begin{pmatrix}x\\y\\z\end{pmatrix}=\begin{pmatrix}1\\-1\\0\end{pmatrix}$

固有値 2 に属する固有ベクトルを $\boldsymbol{p}_2=\begin{pmatrix}x\\y\\z\end{pmatrix}$ とすると、

$(A-2E)\boldsymbol{p}_2=0$ $\quad\begin{pmatrix}-1&2&0\\1&-2&1\\0&0&0\end{pmatrix}\begin{pmatrix}x\\y\\z\end{pmatrix}=\begin{pmatrix}0\\0\\0\end{pmatrix}$ $\quad\begin{pmatrix}0&0&1\\1&-2&1\\0&0&0\end{pmatrix}\begin{pmatrix}x\\y\\z\end{pmatrix}=\begin{pmatrix}0\\0\\0\end{pmatrix}$

より、$\begin{pmatrix}x\\y\\z\end{pmatrix}=k\begin{pmatrix}2\\1\\0\end{pmatrix}$（$k$ は任意の実数）となるので、$k=1$ として、$\boldsymbol{p}_2=\begin{pmatrix}x\\y\\z\end{pmatrix}=\begin{pmatrix}2\\1\\0\end{pmatrix}$

とします。

$x=2$ は重解だったので、$(A-2E)\boldsymbol{p}_3=\boldsymbol{p}_2$ を満たすベクトルを求めます。

$\boldsymbol{p}_3=\begin{pmatrix} x \\ y \\ z \end{pmatrix}$とすると、

$$(A-2E)\boldsymbol{p}_3=\boldsymbol{p}_2 \qquad \begin{pmatrix} -1 & 2 & 0 \\ 1 & -2 & 1 \\ 0 & 0 & 0 \end{pmatrix}\begin{pmatrix} x \\ y \\ z \end{pmatrix}=\begin{pmatrix} 2 \\ 1 \\ 0 \end{pmatrix} \qquad \begin{pmatrix} 0 & 0 & 1 \\ 1 & -2 & 1 \\ 0 & 0 & 0 \end{pmatrix}\begin{pmatrix} x \\ y \\ z \end{pmatrix}=\begin{pmatrix} 3 \\ 1 \\ 0 \end{pmatrix}$$

より、$\begin{pmatrix} x \\ y \\ z \end{pmatrix}=\begin{pmatrix} -2 \\ 0 \\ 3 \end{pmatrix}+k\begin{pmatrix} 2 \\ 1 \\ 0 \end{pmatrix}$（$k$ は任意の実数）となるので、$k=1$ として、

$$\boldsymbol{p}_3=\begin{pmatrix} x \\ y \\ z \end{pmatrix}=\begin{pmatrix} 0 \\ 1 \\ 3 \end{pmatrix}$$

$\boldsymbol{p}_1$、$\boldsymbol{p}_2$、$\boldsymbol{p}_3$ に関して、

$$\begin{cases} (A+E)\boldsymbol{p}_1=\boldsymbol{0} \\ A\boldsymbol{p}_1=-\boldsymbol{p}_1 \end{cases} \qquad \begin{cases} (A-2E)\boldsymbol{p}_2=\boldsymbol{0} \\ A\boldsymbol{p}_2=2\boldsymbol{p}_2 \end{cases} \qquad \begin{cases} (A-2E)\boldsymbol{p}_3=\boldsymbol{p}_2 \\ A\boldsymbol{p}_3=\boldsymbol{p}_2+2\boldsymbol{p}_3 \end{cases}$$

$P=(\boldsymbol{p}_1, \boldsymbol{p}_2, \boldsymbol{p}_3)$ とおいてこれらをあわせると、

$$\begin{aligned} AP&=A(\boldsymbol{p}_1, \boldsymbol{p}_2, \boldsymbol{p}_3) \\ &=(-\boldsymbol{p}_1, 2\boldsymbol{p}_2, \boldsymbol{p}_2+2\boldsymbol{p}_3)=(\boldsymbol{p}_1, \boldsymbol{p}_2, \boldsymbol{p}_3)\begin{pmatrix} -1 & 0 & 0 \\ 0 & 2 & 1 \\ 0 & 0 & 2 \end{pmatrix}=P\begin{pmatrix} -1 & 0 & 0 \\ 0 & 2 & 1 \\ 0 & 0 & 2 \end{pmatrix} \end{aligned}$$

これに左から P^{-1} を掛けて、$P^{-1}AP=\begin{pmatrix} -1 & 0 & 0 \\ 0 & 2 & 1 \\ 0 & 0 & 2 \end{pmatrix}$

実際に確かめてみましょう。$P=(\boldsymbol{p}_1, \boldsymbol{p}_2, \boldsymbol{p}_3)=\begin{pmatrix} 1 & 2 & 0 \\ -1 & 1 & 1 \\ 0 & 0 & 3 \end{pmatrix}$とおくと、

$$\begin{aligned} P^{-1}AP&=\begin{pmatrix} 1 & 2 & 0 \\ -1 & 1 & 1 \\ 0 & 0 & 3 \end{pmatrix}^{-1}\begin{pmatrix} 1 & 2 & 0 \\ 1 & 0 & 1 \\ 0 & 0 & 2 \end{pmatrix}\begin{pmatrix} 1 & 2 & 0 \\ -1 & 1 & 1 \\ 0 & 0 & 3 \end{pmatrix} \\ &=\frac{1}{9}\begin{pmatrix} 3 & -6 & 2 \\ 3 & 3 & -1 \\ 0 & 0 & 3 \end{pmatrix}\begin{pmatrix} -1 & 4 & 2 \\ 1 & 2 & 3 \\ 0 & 0 & 6 \end{pmatrix}=\begin{pmatrix} -1 & 0 & 0 \\ 0 & 2 & 1 \\ 0 & 0 & 2 \end{pmatrix} \end{aligned}$$

すべての固有値が実数であるような行列のジョルダン標準形の求め方は次のようになります。

ジョルダン標準形の求め方

[n 次正方行列 A の固有多項式が $(\alpha_1-t)^{n_1}(\alpha_2-t)^{n_2}\cdots(\alpha_r-t)^{n_r}$ (α_i は実数)となる場合]

(1)　$A-\alpha_i E$ に対応する 1 次変換を f_i として、$\mathrm{Ker}f_i^{\,x}=\mathrm{Ker}f_i^{\,x+1}$ となる最小の x を求める。これを m_i とする。

(2)　$\mathrm{Ker}f_i^{\,m_i}$ の基底を、固有多項式が $(\alpha_i-t)^{n_i}$ となるときの要領で求める。これを $\boldsymbol{p}_{i1}$、$\boldsymbol{p}_{i2}$、…とする。

(3)　$\boldsymbol{p}_{11}$、$\boldsymbol{p}_{12}$、…、$\boldsymbol{p}_{21}$、$\boldsymbol{p}_{22}$、…、$\boldsymbol{p}_{r1}$、$\boldsymbol{p}_{r2}$、…と並べた行列を P とすると、$P^{-1}AP$ はジョルダン標準形になる。

p.229 の定理から類推すると、$\mathrm{Ker}f_i^{\,x}$ は x が増えるにしたがって大きくなります。$\boldsymbol{R}^n$ は有限ですからどこかで頭打ちになります。それが m_i です。固有値が 1 つしかない場合、頭打ちになるのは空間いっぱいいっぱいの $\boldsymbol{R}^n$ でしたが、固有値が 2 個以上の場合は、$\boldsymbol{R}^n$ まで大きくはなりません。

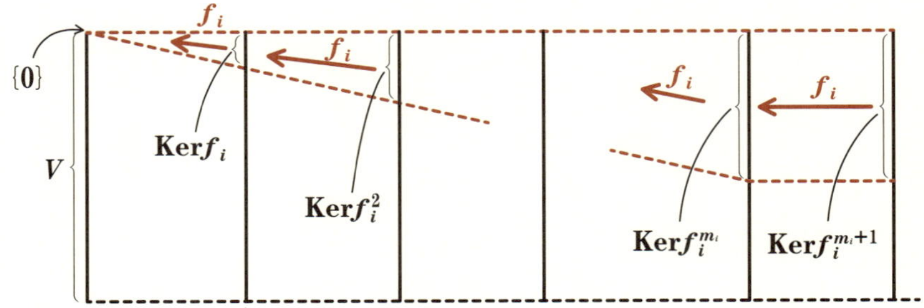

この定理を用いて、2 つ以上の固有値を持つ場合のジョルダン標準形を求めてみましょう。解き方だけを示します。なぜ次のようにして解けるかは次の定理を読むとわかります。

問題 A の固有値は2、3だけである。$A-2E$ が表す1次変換を f、$A-3E$ が表す1次変換を g とする。

$\dim(\mathrm{Ker}\,f)=4$、$\dim(\mathrm{Ker}\,f^2)=7$、$\dim(\mathrm{Ker}\,f^3)=8$、$\dim(\mathrm{Ker}\,f^4)=8$

$\dim(\mathrm{Ker}\,g)=3$、$\dim(\mathrm{Ker}\,g^2)=5$、$\dim(\mathrm{Ker}\,g^3)=5$

のとき、A の固有多項式とジョルダン標準形を求めよ。

$\dim(\mathrm{Ker}\,f^3)=\dim(\mathrm{Ker}\,f^4)=8$、$\dim(\mathrm{Ker}\,g^2)=\dim(\mathrm{Ker}\,g^3)=5$ なので、A の固有多項式は $(2-t)^8(3-t)^5$ です。

ジョルダン標準形を求めるには、各固有値ごとにKerの次元を見てジョルダン・ダイヤグラムを描き、ジョルダン細胞の構成をしていきます。

$\mathbf{dim(Ker(}f^3\mathbf{))-dim((Ker(}f^2\mathbf{))=8-7=1}$ ---->

$\mathbf{dim(Ker(}f^2\mathbf{))-dim(Ker}\,f\mathbf{)=7-4=3}$ ---->

$\mathbf{dim(Ker}\,f\mathbf{)=4}$ ---->

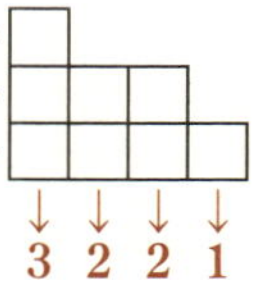

$\mathbf{dim(Ker(}g^2\mathbf{))-dim(Ker}\,g\mathbf{)=5-3=2}$ ---->

$\mathbf{dim(Ker}\,g\mathbf{)=3}$ ---->

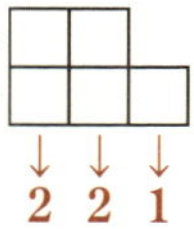

これから、A のジョルダン標準形は、

$J(2,3)\oplus J(2,2)\oplus J(2,2)\oplus J(2,1)\oplus J(3,2)\oplus J(3,2)\oplus J(3,1)$

なぜこの求め方でジョルダン標準形が求められるのか説明してみましょう。次の定理がポイントです。

定理　一般固有空間による直和分解

n 次正方行列 A の固有多項式が $(\alpha_1-t)^{n_1}(\alpha_2-t)^{n_2}\cdots(\alpha_r-t)^{n_r}$（$\alpha_i$ は実数）のとき、$A-\alpha_i E$ に対応する $\boldsymbol{R}^n$ の線形変換を f_i として、$\mathrm{Ker}\, f_i^{\,x}=\mathrm{Ker}\, f_i^{\,x+1}$ となる最小の整数 x を m_i とする。

$W(\alpha_i)=\mathrm{Ker}\, f_i^{\,m_i}$ とおくと、$\boldsymbol{R}^n$ は、

$$\boldsymbol{R}^n=W(\alpha_1)\oplus W(\alpha_2)\oplus\cdots\oplus W(\alpha_r)$$

と直和で表される。$W(\alpha_i)$ を**一般固有空間**という。

いくつかのステップを踏んで証明します。

[ア　$W(\alpha_i)$ は、A の不変部分空間]

部分空間 U の任意の $\boldsymbol{x}$ を A で移した $A\boldsymbol{x}$ が U に含まれるとき、U は A の不変部分空間であるといいます。

$\boldsymbol{x}\in\mathrm{Ker}\, f_i^{\,m_i}=W(\alpha_i)$ に対して、

$$f_i^{\,m_i}(f_i(\boldsymbol{x}))=f_i(f_i^{\,m_i}(\boldsymbol{x}))=f_i(\boldsymbol{0})=\boldsymbol{0} \qquad \therefore\ f_i(\boldsymbol{x})\in\mathrm{Ker}\, f_i^{\,m_i}$$

つまり、$f_i(\boldsymbol{x})=(A-\alpha_i E)\boldsymbol{x}\in\mathrm{Ker}\, f_i^{\,m_i}$ 　 $\therefore$ 　$A\boldsymbol{x}=f_i(\boldsymbol{x})+\alpha_i\boldsymbol{x}\in\mathrm{Ker}\, f_i^{\,m_i}$

$W(\alpha_i)$ の元は A で移しても $W(\alpha_i)$ に含まれます。

[イ　固有値が α_i となる固有ベクトルは $W(\alpha_i)$ に含まれる]

$A\boldsymbol{x}=\alpha_i\boldsymbol{x}$ とすると、$(A-\alpha_i E)\boldsymbol{x}=0$ 　$\therefore$ 　$(A-\alpha_i E)^{m_i}\boldsymbol{x}=0$ 　$\boldsymbol{x}\in\mathrm{Ker}\, f_i^{\,m_i}$

[ウ　$W(\alpha_i)$ に含まれる A の固有ベクトルの固有値は α_i のみ]

$W(\alpha_i)=\mathrm{Ker}\, f_i^{\,m_i}$ に含まれる $\boldsymbol{x}$ が、α_i と異なる固有値 $\alpha_j\,(j\neq i)$ を持つ固有ベクトルであるとすると、$A\boldsymbol{x}=\alpha_j\boldsymbol{x}\,(\boldsymbol{x}\neq 0)$

$$f_i^{\,m_i}(\boldsymbol{x})=(A-\alpha_i E)^{m_i}\boldsymbol{x}=(\alpha_j-\alpha_i)^{m_i}\boldsymbol{x}\neq 0$$

第 7 章 p.219 の定理

となり矛盾します。背理法によって証明されました。

[エ　$W(\alpha_i)\cap W(\alpha_j)=\{0\}$]

$\boldsymbol{x}\in W(\alpha_i)\cap W(\alpha_j)$、$\boldsymbol{x}\neq 0$ とすると、$(A-\alpha_i E)^p\boldsymbol{x}\neq 0$、$(A-\alpha_i E)^{p+1}\boldsymbol{x}=0$ となる p を、0 から m_i-1 までの整数の中で取ることができます。

$\boldsymbol{u}=(A-\alpha_i E)^p \boldsymbol{x}$ とすると、$\boldsymbol{u}\neq 0$ であり、$(A-\alpha_i E)\boldsymbol{u}=0$ より、$A\boldsymbol{u}=\alpha_i \boldsymbol{u}$

第7章 p.219 の定理を用いて、$(A-\alpha_j E)^{m_j}\boldsymbol{u}=(\alpha_i-\alpha_j)^{m_j}\boldsymbol{u}\neq 0$

一方、

$$(A-\alpha_j E)^{m_j}\boldsymbol{u}=(A-\alpha_j E)^{m_j}(A-\alpha_i E)^p\boldsymbol{x}=(A-\alpha_i E)^p(A-\alpha_j E)^{m_j}\boldsymbol{x}=0$$

となり矛盾します。背理法によって証明されました。

[オ　$\boldsymbol{R}^n=W(\alpha_1)\oplus W(\alpha_2)\oplus\cdots\oplus W(\alpha_r)$]

$V=W(\alpha_1)+W(\alpha_2)+\cdots+W(\alpha_r)$ とおきます。

これはエの $W(\alpha_i)\cap W(\alpha_j)=\{0\}$ より直和、

$$V=W(\alpha_1)\oplus W(\alpha_2)\oplus\cdots\oplus W(\alpha_r)$$

になります。$V\subsetneqq \boldsymbol{R}^n$ であるとしましょう。$W(\alpha_1)$、$W(\alpha_2)$、…、$W(\alpha_r)$ の基底に線形独立なベクトル $\boldsymbol{p}_1$、…、$\boldsymbol{p}_s$ を加えて $\boldsymbol{R}^n$ の基底を作り、それらを並べた行列を P とします。

ここで、AP を考えてみましょう。

アの「$W(\alpha_i)$ が A の不変部分空間である」ことから、$W(\alpha_i)$ の任意の元 $\boldsymbol{x}$ に対する $A\boldsymbol{x}$ は $W(\alpha_i)$ に含まれ、$W(\alpha_i)$ の基底のみの1次結合で表すことができ、他の $\boldsymbol{R}^n$ の他の基底ベクトルを必要としません。したがって、$\dim(W(\alpha_i))=k_i$

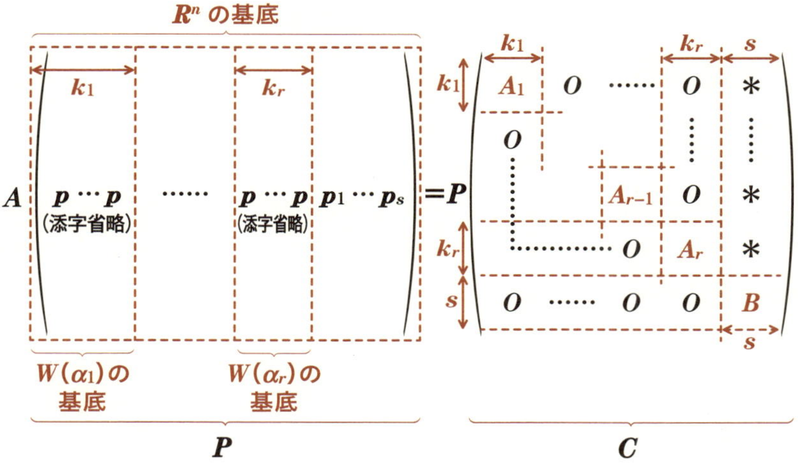

とすれば、図のCのように対角線ブロック以外のブロックではOになります（最後のブロック列以外は）。

Cの中のブロック行列Bが何を表しているのかを説明しておきましょう。

$\boldsymbol{p}_1$、…、$\boldsymbol{p}_s$で張られる部分空間を、$U=\langle \boldsymbol{p}_1, \cdots, \boldsymbol{p}_s \rangle$とします。

$\boldsymbol{R}^n$の元$\boldsymbol{x}$を$\boldsymbol{R}^n$の基底で表し、Uの基底の部分だけを取り出したベクトルを$\boldsymbol{x}'$とします。写像hを、$\boldsymbol{R}^n$の元$\boldsymbol{x}$に対してUの元$\boldsymbol{x}'$を対応させる写像とします。

$$h : \boldsymbol{R}^n \quad \to \quad U$$

$$\boldsymbol{x} \quad \mapsto \quad \boldsymbol{x}'$$

$$\boldsymbol{x} = \underbrace{x_* \boldsymbol{p}_* + \cdots\cdots + x_* \boldsymbol{p}_*}_{W(\alpha_1),\cdots,W(\alpha_r)\text{の基底で表される部分}} + \underbrace{x_1 \boldsymbol{p}_1 + \cdots + x_s \boldsymbol{p}_s}_{U\text{の基底で表される部分}} \qquad \boldsymbol{x}' = x_1 \boldsymbol{p}_1 + \cdots + x_s \boldsymbol{p}_s$$

すると、写像hは、$h(\boldsymbol{x}+\boldsymbol{y})=h(\boldsymbol{x})+h(\boldsymbol{y})$、$h(k\boldsymbol{x})=kh(\boldsymbol{x})$を満たしますから、線形写像になります。

$\boldsymbol{R}^n$の元$\boldsymbol{x}$に対して$A\boldsymbol{x}$を対応させる線形変換をgとします。

ここで合成写像hgを考えます。これは、$\boldsymbol{R}^n$からUへの線形写像ですが、定義域をUに制限すれば（Uの元だけに関して線形写像を考える）、hgをUの線形変換と考えることができます。これをhg_Uとしましょう。

hg_Uは、Uの元$\boldsymbol{x}$に対して$A\boldsymbol{x}$を計算して、$\boldsymbol{p}_1$、…、$\boldsymbol{p}_s$の成分を取り出すのですから、hg_Uの$\boldsymbol{p}_1$、…、$\boldsymbol{p}_s$に関する表現行列はBになります。

ウより「$W(\alpha_i)$に含まれるAの固有ベクトルの固有値はα_iのみ」です。A_iは、$W(\alpha_i)$の元$\boldsymbol{x}$に対して$A\boldsymbol{x}$を対応させる線形変換の表現行列ですから、第7章p.217の定理により、A_iの固有値はα_iのみです。A_iの固有多項式は$|A_i-tE|=(\alpha_i-t)^{k_i}$になります。

よって、この$C(=P^{-1}AP)$の固有多項式は、第3章p.68（ブロック分け行列の行列式）の定理より

$$|A_1-tE|\cdots|A_r-tE||B-tE|=(\alpha_1-t)^{k_1}\cdots(\alpha_r-t)^{k_r}|B-tE|$$

と書けます。一方、$P^{-1}AP(=C)$は、第7章p.208の定理より、これはAの固有多項式、

$$|A-tE|=(\alpha_1-t)^{n_1}(\alpha_2-t)^{n_2}\cdots(\alpha_r-t)^{n_r}$$

に等しくなります。

$n_i>k_i$ であると仮定すると、$|B-tE|$ は (α_i-t) を因数として持ち、B が固有値 α_i を持つことになります。

B は hg_U の表現行列ですから、第７章 p.217 の定理により、固有値 α_i に属する hg_U の固有ベクトル $\boldsymbol{q}$ が U の中にあり、$hg_U(\boldsymbol{q})=\alpha_i\boldsymbol{q}$ となります。これを用いて、$A\boldsymbol{q}=g(\boldsymbol{q})=hg(\boldsymbol{q})=hg_U(\boldsymbol{q})=\alpha_i\boldsymbol{q}$ なので、$\boldsymbol{q}$ は線形変換 g の固有値 α_i に属する固有ベクトルでもあります。しかし、これは**イ**の「固有値が α_i となる固有ベクトルは $W(\alpha_i)$ に含まれる」ことに矛盾します。

結局、$n_i=k_i$、$s=0$ であり、$V=\boldsymbol{R}^n$ となります。

固有値が実数である行列の対角化とジョルダン標準形についてまとめておきましょう。

固有値が実数である任意の行列 A は、定理により、正則行列 P を用いて、$P^{-1}AP$ をジョルダン標準形にすることができます。

この中で、特定の条件を満たす行列だけが、対角化することができます。固有値が実数となる行列が対角化できるための条件をまとめておきましょう。

対角行列はジョルダン標準形の特別な場合です。ジョルダン細胞のサイズがすべて１である場合に対角行列となります。

ジョルダン・ダイヤグラムで言えば、ジョルダン細胞のサイズは“ビル”の高さ、ジョルダン細胞の個数は“ビル”の棟数です。

対角行列のジョルダン・ダイヤグラムは、平屋建て、すべて１階になっているということです。

これを前述の２つの定理に即して言い換えれば、行列が対角化できるための条件となります。

定理　対角化可能の条件

n 次正方行列 A の固有多項式が $(\alpha_1-t)^{n_1}(\alpha_2-t)^{n_2}\cdots(\alpha_r-t)^{n_r}$ (α_i は実数)のとき、A が正則行列 P によって、対角化できるための条件は、次の(1)～(4)のいずれかが成り立つことである。
固有値 α_i に対して、$V(\alpha_i)$ を固有空間、$W(\alpha_i)$ を一般固有空間、$A-\alpha_i E$ が表す $\boldsymbol{R}^n$ の線形変換を f_i とする。

(1)　$\mathrm{Ker}\, f_i=\mathrm{Ker}\, f_i^2$　$(i=1, \cdots, r)$

(2)　$W(\alpha_i)=V(\alpha_i)$　$(i=1, \cdots, r)$

(3)　$n_i=\dim(\mathrm{Ker}\, f_i)$　$(i=1, \cdots, r)$

(4)　$\boldsymbol{R}^n=\mathrm{Ker}\, f_1 \oplus \mathrm{Ker}\, f_2 \oplus \cdots \oplus \mathrm{Ker}\, f_r$

第8章

行列の標準形(2)(直交行列、ユニタリ行列を用いて)

1 対称行列の対角化

前の節で、実行列 A の固有多項式の解がすべて実数解であるとき、実正則行列 P を用いて、$P^{-1}AP$ をジョルダン標準形にできることがわかりました。

ジョルダン標準形にすることができる行列の中で、第7章 p.246 の条件を満たす行列は対角化することができます。

集合の図を書くと右図のようになります。この節では、対角化可能な行列の中でも、正則行列 P にある条件を付けても対角化することができる行列について論じていきます。

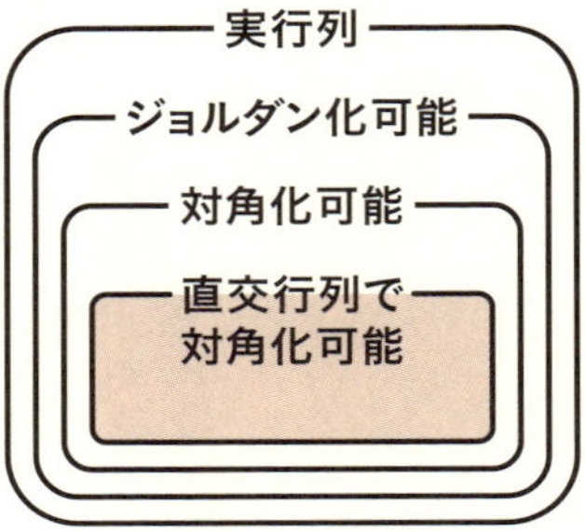

定理　対称行列、直交行列

A が $A={}^tA$ を満たすとき、${}^tPP=E$ となるような P を用いて、$P^{-1}AP$ と対角化することができる。$A={}^tA$ を満たす行列 A を対称行列、${}^tPP=E$ を満たす行列 P を**直交行列**という。

証明は、ずいぶんあとでします。

P について説明しておきましょう。

P が列ベクトルを並べた表現で $P=(\boldsymbol{e}_1, \boldsymbol{e}_2, \cdots, \boldsymbol{e}_n)$ と表されているものとします。すると、

$$\underset{{}^tP}{\begin{pmatrix} {}^t\boldsymbol{e}_1 \\ {}^t\boldsymbol{e}_2 \\ \vdots \\ {}^t\boldsymbol{e}_r \end{pmatrix}}\underset{P}{\begin{pmatrix} \boldsymbol{e}_1 & \boldsymbol{e}_2 & \cdots\cdots & \boldsymbol{e}_n \end{pmatrix}}=\begin{pmatrix} \boldsymbol{e}_1\cdot\boldsymbol{e}_1 & \boldsymbol{e}_1\cdot\boldsymbol{e}_2 & \cdots\cdots & \boldsymbol{e}_1\cdot\boldsymbol{e}_n \\ \boldsymbol{e}_2\cdot\boldsymbol{e}_1 & \boldsymbol{e}_2\cdot\boldsymbol{e}_2 & \cdots\cdots & \boldsymbol{e}_2\cdot\boldsymbol{e}_n \\ \vdots & \vdots & & \vdots \\ \boldsymbol{e}_n\cdot\boldsymbol{e}_1 & \boldsymbol{e}_n\cdot\boldsymbol{e}_2 & \cdots\cdots & \boldsymbol{e}_n\cdot\boldsymbol{e}_n \end{pmatrix}$$

ですから、右辺がEに等しいということは、$\boldsymbol{e}_i$について

$$\boldsymbol{e}_i\cdot\boldsymbol{e}_i=1 \qquad \boldsymbol{e}_i\cdot\boldsymbol{e}_j=0 \quad (i\neq j)$$

が成り立っています。つまり、$(\boldsymbol{e}_1, \boldsymbol{e}_2, \cdots, \boldsymbol{e}_n)$が正規直交基底になっているということです。直交行列Pは正規直交基底を並べた行列なのです。

線形変換fの表現行列がAであるとき、Aに対して$P^{-1}AP$は、基底を取替え行列Pで取り替えたときの線形変換fの表現行列でしたから、Aが直交行列Pで対角化できるということは、対称行列Aで表現される線形変換fは正規直交基底をうまく取ると、対角行列で表現できるということです。対称行列は、非常に見通しのよい行列であるといえます。

さっそく問題を解いてみましょう。

ホップ

問題　対称行列の対角化　（別 p.68）

$A=\begin{pmatrix} 2 & \sqrt{2} \\ \sqrt{2} & 3 \end{pmatrix}$を直交行列$P$で対角化せよ。

Aは、$A={}^tA$が成り立ちますから対称行列です。

固有多項式、固有値を求めます。

$$|A-tE|=\begin{vmatrix} 2-t & \sqrt{2} \\ \sqrt{2} & 3-t \end{vmatrix}=(2-t)(3-t)-2=t^2-5t+4=(t-1)(t-4)$$

固有値は$t=1$、4です。

固有値1に対する固有ベクトルを$\boldsymbol{p}=\begin{pmatrix} x \\ y \end{pmatrix}$とすると、

$$(A-E)\boldsymbol{p}=\boldsymbol{0} \qquad \begin{pmatrix} 1 & \sqrt{2} \\ \sqrt{2} & 2 \end{pmatrix}\begin{pmatrix} x \\ y \end{pmatrix}=\begin{pmatrix} 0 \\ 0 \end{pmatrix}$$ より、$x+\sqrt{2}y=0$で、$\boldsymbol{p}=k\begin{pmatrix} \sqrt{2} \\ -1 \end{pmatrix}$

固有値4に対する固有ベクトルを $\boldsymbol{p}=\begin{pmatrix}x\\y\end{pmatrix}$ とすると、

$(A-4E)\boldsymbol{p}=0$ $\quad \begin{pmatrix}-2 & \sqrt{2}\\ \sqrt{2} & -1\end{pmatrix}\begin{pmatrix}x\\y\end{pmatrix}=\begin{pmatrix}0\\0\end{pmatrix}$ より、$\sqrt{2}x-y=0$ で、$\boldsymbol{p}=k\begin{pmatrix}1\\ \sqrt{2}\end{pmatrix}$

$\begin{pmatrix}\sqrt{2}\\-1\end{pmatrix}$ と $\begin{pmatrix}1\\ \sqrt{2}\end{pmatrix}$ は直交しています。これらを正規化したベクトルを、

$\boldsymbol{p}_1=\dfrac{1}{\sqrt{3}}\begin{pmatrix}\sqrt{2}\\-1\end{pmatrix}$、$\boldsymbol{p}_2=\dfrac{1}{\sqrt{3}}\begin{pmatrix}1\\ \sqrt{2}\end{pmatrix}$ とおきます。すると、$A(\boldsymbol{p}_1, \boldsymbol{p}_2)=(\boldsymbol{p}_1, \boldsymbol{p}_2)\begin{pmatrix}1 & 0\\0 & 4\end{pmatrix}$

ここで、$P=(\boldsymbol{p}_1, \boldsymbol{p}_2)$ とおくと、P は正規直交基底を並べた行列ですから、直交行列になります。$AP=P\begin{pmatrix}1 & 0\\0 & 4\end{pmatrix}$ より、$P^{-1}AP=\begin{pmatrix}1 & 0\\0 & 4\end{pmatrix}$

問題
$A=\begin{pmatrix}1 & 2 & -2\\2 & 1 & -2\\-2 & -2 & 1\end{pmatrix}$ を直交行列 P で対角化せよ。

A は、$A={}^tA$ が成り立ちますから対称行列です。
固有多項式、固有値を求めます。

$$|A-tE|=\begin{vmatrix}1-t & 2 & -2\\2 & 1-t & -2\\-2 & -2 & 1-t\end{vmatrix}$$
$$=(1-t)^3+8+8-4(1-t)-4(1-t)-4(1-t)$$
$$=-t^3+3t^2+9t+5=-(t+1)^2(t-5)$$

固有値は、$t=5$、-1(重解)です。

固有値5に属する固有ベクトルを $\boldsymbol{p}=\begin{pmatrix}x\\y\\z\end{pmatrix}$ とすると、

$(A-5E)\boldsymbol{p}=0$ $\quad \therefore\ \begin{pmatrix}-4 & 2 & -2\\2 & -4 & -2\\-2 & -2 & -4\end{pmatrix}\begin{pmatrix}x\\y\\z\end{pmatrix}=\begin{pmatrix}0\\0\\0\end{pmatrix}$ より、

$$\begin{pmatrix}-4 & 2 & -2\\2 & -4 & -2\\-2 & -2 & -4\end{pmatrix}\to\begin{pmatrix}2 & -4 & -2\\-4 & 2 & -2\\-2 & -2 & -4\end{pmatrix}\to\begin{pmatrix}1 & -2 & -1\\-4 & 2 & -2\\-2 & -2 & -4\end{pmatrix}$$

$$\to \begin{pmatrix} 1 & -2 & -1 \\ 0 & -6 & -6 \\ 0 & -6 & -6 \end{pmatrix} \to \begin{pmatrix} 1 & -2 & -1 \\ 0 & 1 & 1 \\ 0 & 1 & 1 \end{pmatrix} \to \begin{pmatrix} 1 & 0 & 1 \\ 0 & 1 & 1 \\ 0 & 0 & 0 \end{pmatrix}$$

なので、$x=-z$、$y=-z$ で、 $\boldsymbol{p}=k\begin{pmatrix} 1 \\ 1 \\ -1 \end{pmatrix}$

これを正規化して、$\boldsymbol{p}_1=\dfrac{1}{\sqrt{3}}\begin{pmatrix} 1 \\ 1 \\ -1 \end{pmatrix}$

固有値 -1 に属する固有ベクトルを $\boldsymbol{p}=\begin{pmatrix} x \\ y \\ z \end{pmatrix}$ とすると、

$(A+E)\boldsymbol{p}=\boldsymbol{0}$ $\quad\therefore\quad \begin{pmatrix} 2 & 2 & -2 \\ 2 & 2 & -2 \\ -2 & -2 & 2 \end{pmatrix}\begin{pmatrix} x \\ y \\ z \end{pmatrix}=\begin{pmatrix} 0 \\ 0 \\ 0 \end{pmatrix}$ より、$x+y-z=0$ なので、

$\boldsymbol{p}=s\begin{pmatrix} 1 \\ 0 \\ 1 \end{pmatrix}+t\begin{pmatrix} 0 \\ 1 \\ 1 \end{pmatrix}$（$s$、$t$ は実数）

ここで $\begin{pmatrix} 1 \\ 0 \\ 1 \end{pmatrix}$、$\begin{pmatrix} 0 \\ 1 \\ 1 \end{pmatrix}$、はそれぞれ $\boldsymbol{p}_1$ と直交しています。この2つは直交していませんから、シュミットの直交化法を用いて整えます。

$\begin{pmatrix} 1 \\ 0 \\ 1 \end{pmatrix}$ を正規化して、$\boldsymbol{p}_2=\dfrac{1}{\sqrt{2}}\begin{pmatrix} 1 \\ 0 \\ 1 \end{pmatrix}$

これを用いて、$\begin{pmatrix} 0 \\ 1 \\ 1 \end{pmatrix}-\left\{\begin{pmatrix} 0 \\ 1 \\ 1 \end{pmatrix}\cdot\dfrac{1}{\sqrt{2}}\begin{pmatrix} 1 \\ 0 \\ 1 \end{pmatrix}\right\}\dfrac{1}{\sqrt{2}}\begin{pmatrix} 1 \\ 0 \\ 1 \end{pmatrix}=\dfrac{1}{2}\begin{pmatrix} -1 \\ 2 \\ 1 \end{pmatrix}$

これを正規化して、$\boldsymbol{p}_3=\dfrac{1}{\sqrt{6}}\begin{pmatrix} -1 \\ 2 \\ 1 \end{pmatrix}$

$\boldsymbol{p}_1$、$\boldsymbol{p}_2$、$\boldsymbol{p}_3$ は固有ベクトルなので

$$A(\boldsymbol{p}_1, \boldsymbol{p}_2, \boldsymbol{p}_3)=(\boldsymbol{p}_1, \boldsymbol{p}_2, \boldsymbol{p}_3)\begin{pmatrix} 5 & 0 & 0 \\ 0 & -1 & 0 \\ 0 & 0 & -1 \end{pmatrix}$$

$\boldsymbol{p}_1$、$\boldsymbol{p}_2$、$\boldsymbol{p}_3$ は $\boldsymbol{R}^3$ の正規直交基底になるので、$P=(\boldsymbol{p}_1, \boldsymbol{p}_2, \boldsymbol{p}_3)$ とすると、P は直交行列になります。

$$AP=P\begin{pmatrix} 5 & 0 & 0 \\ 0 & -1 & 0 \\ 0 & 0 & -1 \end{pmatrix} \text{より、} P^{-1}AP=\begin{pmatrix} 5 & 0 & 0 \\ 0 & -1 & 0 \\ 0 & 0 & -1 \end{pmatrix}$$

2 正規行列の対角化の例

「実数の対称行列が直交行列で対角化できる」という事柄を複素行列(成分が複素数の行列)の場合に移し替えてみましょう。

複素数の集合を $\boldsymbol{C}$ と表します。複素数を n 個並べたものを **n 次元複素ベクトル**といい、n 次元複素ベクトルの集合を $\boldsymbol{C}^n$ で表します。

和、定数倍の計算規則は $\boldsymbol{R}^n$ のときと同じです。ただし、$\boldsymbol{C}^n$ の定数倍の定数には、複素数を用います。

$(m,\ n)$型の複素行列は、$\boldsymbol{C}^n$ から $\boldsymbol{C}^m$ への線形写像を誘導します。

複素行列になっても、単位行列、零行列は、実行列(成分が実数である行列)のときと変わりません。n 次単位行列 E は、対角成分に1が n 個並んだ行列、零行列はすべての成分が0である行列です。

第7章の4節、5節の話で実数を複素数に換えることを考えてみます。すると、n 次方程式の解は複素数の範囲に解を持つことから、任意の複素行列 B は、正則行列 P を用いて、$P^{-1}BP$ とジョルダン標準形にできることがわかります。

ジョルダン標準形にすることができる行列の中で、第7章 p.246 の条件を満たす行列は対角化することができます。ここまでは実行列の場合と同じです。

複素行列の場合、実行列の対称行列、直交行列に相当する行列はどう特徴づけたらよいでしょうか。

複素行列 A に対して、A^* を $A^*={}^t(\overline{A})$ (各成分の共役複素数をとって転置した行列)と定めます。これを A の**随伴行列**といいます。*について次の計算法則が成り立ちます。

公式　*について次の計算法則

（i）$(A^*)^*=A$　（ii）$(A+B)^*=A^*+B^*$

（iii）$(AB)^*=B^*A^*$　（iv）$(ABC)^*=C^*B^*A^*$

［証明］（i）$(A^*)^*={}^t(\overline{{}^t\overline{A}})={}^t({}^t(\overline{\overline{A}}))={}^t({}^t((\overline{\overline{A}})))={}^t({}^t(A))=A$

（ii）$(A+B)^*={}^t(\overline{A+B})={}^t(\overline{A}+\overline{B})={}^t(\overline{A})+{}^t(\overline{B})=A^*+B^*$

（iii）$(AB)^*={}^t(\overline{AB})={}^t(\overline{A}\,\overline{B})={}^t(\overline{B})\,{}^t(\overline{A})=B^*A^*$

（iv）$(ABC)^*=((AB)C)^*=C^*(AB)^*=C^*B^*A^*$

定理　正規行列、ユニタリ行列

Aが$A^*A=AA^*$を満たすとき、$U^*U=E$となるようなUを用いて、U^*AUと対角化することができる。

$A^*A=AA^*$を満たす行列Aを**正規行列**、$U^*U=E$を満たす行列Uを**ユニタリ行列**という。

ユニタリ行列Uの意味を説明してみましょう。

その前に、エルミート積について説明しておかなければなりません。

複素数成分のベクトルに関して、エルミート積と呼ばれるベクトルどうしの演算があります。これは内積とほとんど同じだと思ってください。片方のベクトルで複素共役を取ることだけがちがいます。

複素成分のn次元ベクトル、$\boldsymbol{a}=\begin{pmatrix}a_1\\a_2\\\vdots\\a_n\end{pmatrix}$、$\boldsymbol{b}=\begin{pmatrix}b_1\\b_2\\\vdots\\b_n\end{pmatrix}$に関して、

$$(\boldsymbol{a}\,|\,\boldsymbol{b})=a_1\overline{b}_1+a_2\overline{b}_2+\cdots+a_n\overline{b}_n$$

エルミート積の記法はいろいろとあります。

を**エルミート積**といいます。実数の場合はエルミート積と内積が一致します。エルミート積のことを単に内積と呼ぶことも多くあります。実ベクトルの内積と似たような計算法則が成り立ちます。

エルミート積の計算法則

複素ベクトル $\boldsymbol{a}$、$\boldsymbol{b}$、$\boldsymbol{c}$ と複素数 k、複素行列 A に関して、次が成り立つ。

（ア）　$(\boldsymbol{a}|\boldsymbol{b})=\overline{(\boldsymbol{b}|\boldsymbol{a})}$

（イ）　$(\boldsymbol{a}+\boldsymbol{b}|\boldsymbol{c})=(\boldsymbol{a}|\boldsymbol{c})+(\boldsymbol{b}|\boldsymbol{c})$　　$(\boldsymbol{a}|\boldsymbol{b}+\boldsymbol{c})=(\boldsymbol{a}|\boldsymbol{b})+(\boldsymbol{a}|\boldsymbol{c})$

（ウ）　$(k\boldsymbol{a}|\boldsymbol{b})=k(\boldsymbol{a}|\boldsymbol{b})$　　$(\boldsymbol{a}|k\boldsymbol{b})=\overline{k}(\boldsymbol{a}|\boldsymbol{b})$

（エ）　$(\boldsymbol{a}|\boldsymbol{a})$は実数である。$(\boldsymbol{a}|\boldsymbol{a})\geqq 0$ で等号成立は $\boldsymbol{a}=\boldsymbol{0}$ のとき。

（オ）　$(\boldsymbol{a}|\boldsymbol{b})=\boldsymbol{b}^*\boldsymbol{a}$　（右辺は行列としての計算）

（カ）　$(A\boldsymbol{a}|\boldsymbol{b})=(\boldsymbol{a}|A^*\boldsymbol{b})$

（ア）〜（エ）は，通常の内積と同様なので証明は省略します。

（オ）　$\boldsymbol{a}=\begin{pmatrix}a_1\\a_2\\\vdots\\a_n\end{pmatrix}, \boldsymbol{b}=\begin{pmatrix}b_1\\b_2\\\vdots\\b_n\end{pmatrix}$とすると、$(\boldsymbol{a}|\boldsymbol{b})=a_1\overline{b_1}+a_2\overline{b_2}+\cdots+a_n\overline{b_n}$

$$\boldsymbol{b}^*\boldsymbol{a}=\begin{pmatrix}b_1\\b_2\\\vdots\\b_n\end{pmatrix}^*\begin{pmatrix}a_1\\a_2\\\vdots\\a_n\end{pmatrix}=(\overline{b_1}, \overline{b_2}, \cdots, \overline{b_n})\begin{pmatrix}a_1\\a_2\\\vdots\\a_n\end{pmatrix}=a_1\overline{b_1}+a_2\overline{b_2}+\cdots+a_n\overline{b_n}$$

よって，$(\boldsymbol{a}|\boldsymbol{b})=\boldsymbol{b}^*\boldsymbol{a}$

（カ）　$(A\boldsymbol{a}|\boldsymbol{b})\overset{\text{（オ）}}{=}\underbrace{\boldsymbol{b}^*A\boldsymbol{a}\overset{\text{p.253（i）}}{=}\boldsymbol{b}^*(A^*)^*\boldsymbol{a}\overset{\text{p.253（iii）}}{=}(A^*\boldsymbol{b})^*\boldsymbol{a}}_{\text{行列としての計算}}\overset{\text{（オ）}}{=}(\boldsymbol{a}|A^*\boldsymbol{b})$

複素ベクトル $\boldsymbol{a}$ の大きさ$|\boldsymbol{a}|$を、$|\boldsymbol{a}|=\sqrt{(\boldsymbol{a}|\boldsymbol{a})}$で定めます。（エ）よりルートの中は非負の実数です。

ユニタリ行列を特徴付けてみましょう。

ユニタリ行列 U を列ベクトルで、$U=(\boldsymbol{u}_1, \boldsymbol{u}_2, \cdots, \boldsymbol{u}_n)$とおくと、

$$\underset{U^*}{\begin{pmatrix}\boldsymbol{u}_1{}^*\\\boldsymbol{u}_2{}^*\\\vdots\\\boldsymbol{u}_n{}^*\end{pmatrix}}\underset{U}{\begin{pmatrix}\boldsymbol{u}_1 & \boldsymbol{u}_2 & \cdots\cdots & \boldsymbol{u}_n\end{pmatrix}}=\underset{E}{\begin{pmatrix}(\boldsymbol{u}_1|\boldsymbol{u}_1) & (\boldsymbol{u}_2|\boldsymbol{u}_1) & \cdots\cdots & (\boldsymbol{u}_n|\boldsymbol{u}_1)\\(\boldsymbol{u}_1|\boldsymbol{u}_2) & (\boldsymbol{u}_2|\boldsymbol{u}_2) & \cdots\cdots & (\boldsymbol{u}_n|\boldsymbol{u}_2)\\\vdots & \vdots & & \vdots\\(\boldsymbol{u}_1|\boldsymbol{u}_n) & (\boldsymbol{u}_2|\boldsymbol{u}_n) & \cdots\cdots & (\boldsymbol{u}_n|\boldsymbol{u}_n)\end{pmatrix}}$$

となりますから、

$$(\boldsymbol{u}_i|\boldsymbol{u}_i)=1、(\boldsymbol{u}_i|\boldsymbol{u}_j)=0 \quad (i\neq j)$$

です。$\boldsymbol{u}_1$、$\boldsymbol{u}_2$、…、$\boldsymbol{u}_n$ は、直交、大きさをエルミート積で捉えたときの、正規直交基底になります。

U が実行列のとき、$U^*={}^t(\overline{U})={}^tU$ ですから、ユニタリ行列の条件 $U^*U=E$ は、${}^tUU=E$ となります。U が実行列かつユニタリ行列のとき、U は直交行列になります。実ユニタリ行列とは直交行列のことです。実数のとき、エルミート積は内積になり、上の議論は第 8 章 p.248〜p.249 と同じになります。

ホップ 問題　正規行列の対角化　（別 p.70）

$A=\begin{pmatrix} 1+i & i & 1 \\ -i & 1+i & i \\ 1 & -i & 1+i \end{pmatrix}$をユニタリ行列で対角化せよ。

$$AA^*=\begin{pmatrix} 1+i & i & 1 \\ -i & 1+i & i \\ 1 & -i & 1+i \end{pmatrix}\begin{pmatrix} 1-i & i & 1 \\ -i & 1-i & i \\ 1 & -i & 1-i \end{pmatrix}=\begin{pmatrix} 4 & i & 1 \\ -i & 4 & i \\ 1 & -i & 4 \end{pmatrix}$$

$$A^*A=\begin{pmatrix} 1-i & i & 1 \\ -i & 1-i & i \\ 1 & -i & 1-i \end{pmatrix}\begin{pmatrix} 1+i & i & 1 \\ -i & 1+i & i \\ 1 & -i & 1+i \end{pmatrix}=\begin{pmatrix} 4 & i & 1 \\ -i & 4 & i \\ 1 & -i & 4 \end{pmatrix}$$

$AA^*=A^*A$ となるので、A は正規行列です。

固有多項式、固有値を求めましょう。

$$|A-tE|=\begin{vmatrix} 1+i-t & i & 1 \\ -i & 1+i-t & i \\ 1 & -i & 1+i-t \end{vmatrix}=\begin{vmatrix} x & i & 1 \\ -i & x & i \\ 1 & -i & x \end{vmatrix}$$

［$x=1+i-t$ とおく］

$$=x^3+(-i)^2 1+i^2\cdot 1-(-i)ix-(-i)ix-x$$
$$=x^3-3x-2=(x-2)(x+1)^2=(-1+i-t)(2+i-t)^2$$

固有値は、$t=-1+i$、$2+i$（重解）です。

固有値 $-1+i$ に属する固有ベクトルを $\boldsymbol{p}=\begin{pmatrix} x \\ y \\ z \end{pmatrix}$とすると、

$$(A-(-1+i)E)\boldsymbol{p}=\boldsymbol{0} \qquad \therefore \begin{pmatrix} 2 & i & 1 \\ -i & 2 & i \\ 1 & -i & 2 \end{pmatrix}\begin{pmatrix} x \\ y \\ z \end{pmatrix}=\begin{pmatrix} 0 \\ 0 \\ 0 \end{pmatrix}$$ より、

$$\begin{pmatrix} 2 & i & 1 \\ -i & 2 & i \\ 1 & -i & 2 \end{pmatrix} \to \begin{pmatrix} 0 & 3i & -3 \\ 0 & 3 & 3i \\ 1 & -i & 2 \end{pmatrix} \to \begin{pmatrix} 0 & 3i & -3 \\ 0 & 1 & i \\ 1 & -i & 2 \end{pmatrix} \to \begin{pmatrix} 0 & 0 & 0 \\ 0 & 1 & i \\ 1 & 0 & 1 \end{pmatrix}$$

$y+zi=0$、$x+z=0$ で、$z=k$ とおいて、$\begin{pmatrix} x \\ y \\ z \end{pmatrix}=k\begin{pmatrix} -1 \\ -i \\ 1 \end{pmatrix}$（$k$ は任意の複素数）

よって、固有値 $-1+i$ に属する固有ベクトルは $\boldsymbol{a}=\begin{pmatrix} -1 \\ -i \\ 1 \end{pmatrix}$ です。

固有値 $2+i$ に属する固有ベクトルを $\boldsymbol{p}=\begin{pmatrix} x \\ y \\ z \end{pmatrix}$ とすると、

$$(A-(2+i)E)\boldsymbol{p}=\boldsymbol{0} \qquad \therefore \begin{pmatrix} -1 & i & 1 \\ -i & -1 & i \\ 1 & -i & -1 \end{pmatrix}\begin{pmatrix} x \\ y \\ z \end{pmatrix}=\begin{pmatrix} 0 \\ 0 \\ 0 \end{pmatrix}$$ より、

$$\begin{pmatrix} -1 & i & 1 \\ -i & -1 & i \\ 1 & -i & -1 \end{pmatrix} \to \begin{pmatrix} -1 & i & 1 \\ 0 & 0 & 0 \\ 0 & 0 & 0 \end{pmatrix}$$ $-x+iy+z=0$ で、$y=k$、$z=l$

とおくと、$\begin{pmatrix} x \\ y \\ z \end{pmatrix}=k\begin{pmatrix} i \\ 1 \\ 0 \end{pmatrix}+l\begin{pmatrix} 1 \\ 0 \\ 1 \end{pmatrix}$ （k、l は任意の複素数）

これを満たすベクトルとして、$\boldsymbol{b}=\begin{pmatrix} i \\ 1 \\ 0 \end{pmatrix}$、$\boldsymbol{c}=\begin{pmatrix} 1 \\ 0 \\ 1 \end{pmatrix}$ を取ります。あとの定理（p.262）でわかるように、異なる固有値に属する固有ベクトルは直交しますから、$\boldsymbol{a}$ と $\boldsymbol{b}$、$\boldsymbol{a}$ と $\boldsymbol{c}$ は直交することが保証されています。

たしかめ

$$(\boldsymbol{a}|\boldsymbol{b})=\left(\begin{pmatrix} -1 \\ -i \\ 1 \end{pmatrix}\middle|\begin{pmatrix} i \\ 1 \\ 0 \end{pmatrix}\right)=(-1)(-i)+(-i)\cdot 1+1\cdot 0=0$$

$$(\boldsymbol{a}|\boldsymbol{c})=\left(\begin{pmatrix} -1 \\ -i \\ 1 \end{pmatrix}\middle|\begin{pmatrix} 1 \\ 0 \\ 1 \end{pmatrix}\right)=(-1)\cdot 1+(-i)\cdot 0+1\cdot 1=0$$

$\boldsymbol{b}$、$\boldsymbol{c}$ はまだ直交していませんから、シュミットの直交化法で、直交させます。

$$|\boldsymbol{b}|^2=(\boldsymbol{b}|\boldsymbol{b})=\left(\begin{pmatrix}i\\1\\0\end{pmatrix}\middle|\begin{pmatrix}i\\1\\0\end{pmatrix}\right)=i(-i)+1^2=2 \quad |\boldsymbol{b}|=\sqrt{2}$$

$$\boldsymbol{c}-\left(\boldsymbol{c}\middle|\frac{\boldsymbol{b}}{|\boldsymbol{b}|}\right)\frac{\boldsymbol{b}}{|\boldsymbol{b}|}=\begin{pmatrix}1\\0\\1\end{pmatrix}-\left(\begin{pmatrix}1\\0\\1\end{pmatrix}\middle|\frac{1}{\sqrt{2}}\begin{pmatrix}i\\1\\0\end{pmatrix}\right)\frac{1}{\sqrt{2}}\begin{pmatrix}i\\1\\0\end{pmatrix}$$

$$=\begin{pmatrix}1\\0\\1\end{pmatrix}-\frac{(-i)}{2}\begin{pmatrix}i\\1\\0\end{pmatrix}=\frac{1}{2}\begin{pmatrix}1\\i\\2\end{pmatrix}$$

$\frac{1}{\sqrt{2}}(1\cdot(-i)+0\cdot1+1\cdot0)$

固有値 $2+i$ に属する固有ベクトルとして、直交する 2 つのベクトル $\begin{pmatrix}i\\1\\0\end{pmatrix}$、$\begin{pmatrix}1\\i\\2\end{pmatrix}$を取ることができました。また、この 2 つは、$\begin{pmatrix}1\\i\\-1\end{pmatrix}$とそれぞれ直交しています。$\begin{pmatrix}-1\\-i\\1\end{pmatrix}$、$\begin{pmatrix}i\\1\\0\end{pmatrix}$、$\begin{pmatrix}1\\i\\2\end{pmatrix}$は互いに直交するベクトルです。

これらを正規化して、$\boldsymbol{u}_1=\frac{1}{\sqrt{3}}\begin{pmatrix}-1\\-i\\1\end{pmatrix}$、$\boldsymbol{u}_2=\frac{1}{\sqrt{2}}\begin{pmatrix}i\\1\\0\end{pmatrix}$、$\boldsymbol{u}_3=\frac{1}{\sqrt{6}}\begin{pmatrix}1\\i\\2\end{pmatrix}$とします。

$$A(\boldsymbol{u}_1,\boldsymbol{u}_2,\boldsymbol{u}_3)=(\boldsymbol{u}_1,\boldsymbol{u}_2,\boldsymbol{u}_3)\begin{pmatrix}-1+i&0&0\\0&2+i&0\\0&0&2+i\end{pmatrix}$$

$\boldsymbol{u}_1$、$\boldsymbol{u}_2$、$\boldsymbol{u}_3$ は互いに直交し、大きさが 1 のベクトルですから、$U=(\boldsymbol{u}_1,\boldsymbol{u}_2,\boldsymbol{u}_3)$ とおくと U はユニタリ行列になり、

$$AU=U\begin{pmatrix}-1+i&0&0\\0&2+i&0\\0&0&2+i\end{pmatrix} \quad \therefore \quad U^{-1}AU=\begin{pmatrix}-1+i&0&0\\0&2+i&0\\0&0&2+i\end{pmatrix}$$

となります。

3 正規行列の対角化の理論

最初に、複素行列の範囲で考えて、正規行列がユニタリ行列で対角化されることを証明していきましょう。この節の最後では、実行列の範囲で考えて、対称行列が直交行列によって対角化されることを証明します。

まず、次の定理から。

ユニタリ行列による上三角化

任意の正方行列 A はユニタリ行列 U を用いて、$U^{-1}AU$ が上三角行列になるようにすることができる。

帰納法で証明していきましょう。

行列が1次の場合はO.K. です。

$n-1$ 次正方行列のときは成り立つと仮定します。

n 次正方行列を A として、A の固有多項式が $(\alpha_1-t)(\alpha_2-t)\cdots(\alpha_n-t)$ であるとします。α_1、α_2、…、α_n の中には重複するものがあってもかまいません。

固有値 α_1 に属する固有ベクトルを $\boldsymbol{u}_1$ とします。$\boldsymbol{u}_1$ は正規化して取りましょう。

この $\boldsymbol{u}_1$ を含むように $\boldsymbol{C}^n$ の正規直交基底 $\boldsymbol{u}_1$、$\boldsymbol{u}_2$、…、$\boldsymbol{u}_n$ を取ります。このような基底を取れることは、シュミットの直交化法により保証されています。$\boldsymbol{u}_1$ を含む基底に属するベクトルが互いに直交していない場合は、シュミットの直交化法で各ベクトルが互いに直交するようにすることができます。そのあと、正規化すればよいのです。

$$A(\boldsymbol{u}_1, \boldsymbol{u}_2, \cdots, \boldsymbol{u}_n)=(\boldsymbol{u}_1, \boldsymbol{u}_2, \cdots, \boldsymbol{u}_n)\left(\begin{array}{c|ccc} \alpha_1 & * & * & * \\ \hline 0 & & & \\ \vdots & & B & \\ 0 & & & \end{array}\right)$$

となり、$U=(\boldsymbol{u}_1, \boldsymbol{u}_2, \cdots, \boldsymbol{u}_n)$とおけば、$U$はユニタリ行列であり、

$$AU=U\begin{pmatrix} \alpha_1 & * & * & * \\ 0 & & & \\ \vdots & & B & \\ 0 & & & \end{pmatrix} \qquad \therefore \quad U^{-1}AU=\begin{pmatrix} \alpha_1 & * & * & * \\ 0 & & & \\ \vdots & & B & \\ 0 & & & \end{pmatrix}$$

ここで両辺の固有多項式を求めると、

$$\begin{aligned}(\text{左辺})&=|U^{-1}AU-tE|=|U^{-1}(A-tE)U|=|U^{-1}|\,|(A-tE)|\,|U|\\ &=|A-tE|=(\alpha_1-t)(\alpha_2-t)\cdots(\alpha_n-t)\end{aligned}$$

右辺の行列式は、ブロックごとの行列式の積になるので、

$$(\text{右辺})=(\alpha_1-t)|B-tE|$$

よって、(左辺)＝(右辺)より、$|B-tE|=(\alpha_2-t)\cdots(\alpha_n-t)$

Bの固有値はα_2、…、α_nです。

Bは$n-1$次正方行列なので、帰納法の仮定により、$n-1$次ユニタリ行列Vがあり、

$$V^{-1}BV=\begin{pmatrix} \alpha_2 & * & * \\ & \ddots & * \\ & & \alpha_n \end{pmatrix}$$

と上三角化することができます。

これをブロックに用いて、行列 $W=\begin{pmatrix} 1 & 0 & \cdots & 0 \\ 0 & & & \\ \vdots & & V & \\ 0 & & & \end{pmatrix}$を作ります。

これの逆行列は、$W^{-1}=\begin{pmatrix} 1 & 0 & \cdots & 0 \\ 0 & & & \\ \vdots & & V^{-1} & \\ 0 & & & \end{pmatrix}$となります。

$$(UW)^{-1}A(UW)=W^{-1}U^{-1}AUW=W^{-1}(U^{-1}AU)W$$

$$=\begin{pmatrix} 1 & 0 & \cdots & 0 \\ 0 & & & \\ \vdots & & V^{-1} & \\ 0 & & & \end{pmatrix}\begin{pmatrix} \alpha_1 & * & & * \\ 0 & & & \\ \vdots & & B & \\ 0 & & & \end{pmatrix}\begin{pmatrix} 1 & 0 & \cdots & 0 \\ 0 & & & \\ \vdots & & V & \\ 0 & & & \end{pmatrix}$$

$$=\left(\begin{array}{c|ccc}\alpha_1 & * & * & * \\ \hline 0 & & & \\ \vdots & & V^{-1}B & \\ 0 & & & \end{array}\right)\left(\begin{array}{c|ccc}1 & 0 & \cdots & 0 \\ \hline 0 & & & \\ \vdots & & V & \\ 0 & & & \end{array}\right)$$

$$=\left(\begin{array}{c|ccc}\alpha_1 & * & * & * \\ \hline 0 & & & \\ \vdots & & V^{-1}BV & \\ 0 & & & \end{array}\right)=\left(\begin{array}{c|ccc}\alpha_1 & * & * & * \\ \hline 0 & \alpha_2 & * & * \\ \vdots & & \ddots & * \\ 0 & & & \alpha_n \end{array}\right)$$

と上三角化できます。$V^*V=E$ ですから、

$$W^*W=\left(\begin{array}{c|c}1 & \\ \hline & V^*\end{array}\right)\left(\begin{array}{c|c}1 & \\ \hline & V\end{array}\right)=\left(\begin{array}{c|c}1 & \\ \hline & V^*V\end{array}\right)=E$$

これを用いて、$(UW)^*UW=W^*U^*UW=W^*W=E$

ですから、UW はユニタリ行列です。

n 次正方行列 A をユニタリ行列 UW で上三角化できました。

帰納法により題意が証明できました。

正規行列のユニタリ行列による対角化

A が正規行列　$\Leftrightarrow$　A はユニタリ行列 U で対角化できる。

$\Leftarrow$を示します。

対角行列を D で表すことにします。

$U^{-1}AU=D$ であるとすると、$A=UDU^{-1}$

U がユニタリ行列のとき、$U^*U=E$ より、$U^{-1}=U^*$

$A^*=(UDU^{-1})^*=(U^{-1})^*D^*U^*=(U^*)^*D^*U^{-1}=UD^*U^{-1}$　…①

$AA^*=UDU^{-1}UD^*U^{-1}=UDD^*U^{-1}$

$A^*A=UD^*U^{-1}UDU^{-1}=UD^*DU^{-1}$

ここで D は対角行列なので、$DD^*=D^*D$ ですから、

$AA^*=A^*A$ となり、A は正規行列になります。

⇒を示します。

まず、A をユニタリ行列により、上三角化します。

$$U^{-1}AU=\begin{pmatrix} a_{11} & a_{12} & \cdots & a_{1n} \\ & a_{22} & & \vdots \\ & & \ddots & \\ & & & a_{nn} \end{pmatrix} \quad \therefore \quad A=U\begin{pmatrix} a_{11} & a_{12} & \cdots & a_{1n} \\ & a_{22} & & \vdots \\ & & \ddots & \\ & & & a_{nn} \end{pmatrix}U^{-1}$$

随伴行列を取ると、①と同様にして、$A^*=U\begin{pmatrix} \overline{a}_{11} & & & \\ \overline{a}_{12} & \overline{a}_{22} & & \\ \vdots & & \ddots & \\ \overline{a}_{1n} & \cdots & & \overline{a}_{nn} \end{pmatrix}U^{-1}$

$$AA^*=U\begin{pmatrix} a_{11} & a_{12} & \cdots & a_{1n} \\ & a_{22} & & \vdots \\ & & \ddots & \\ & & & a_{nn} \end{pmatrix}U^{-1}U\begin{pmatrix} \overline{a}_{11} & & & \\ \overline{a}_{12} & \overline{a}_{22} & & \\ \vdots & & \ddots & \\ \overline{a}_{1n} & \cdots & & \overline{a}_{nn} \end{pmatrix}U^{-1}$$

$$A^*A=U\begin{pmatrix} \overline{a}_{11} & & & \\ \overline{a}_{12} & \overline{a}_{22} & & \\ \vdots & & \ddots & \\ \overline{a}_{1n} & \cdots & & \overline{a}_{nn} \end{pmatrix}U^{-1}U\begin{pmatrix} a_{11} & a_{12} & \cdots & a_{1n} \\ & a_{22} & & \vdots \\ & & \ddots & \\ & & & a_{nn} \end{pmatrix}U^{-1}$$

ですから、$AA^*=A^*A$ のとき、

$$\begin{pmatrix} a_{11} & a_{12} & \cdots & a_{1n} \\ & a_{22} & & \vdots \\ & & \ddots & \\ & & & a_{nn} \end{pmatrix}\begin{pmatrix} \overline{a}_{11} & & & \\ \overline{a}_{12} & \overline{a}_{22} & & \\ \vdots & & \ddots & \\ \overline{a}_{1n} & \cdots & & \overline{a}_{nn} \end{pmatrix}$$

$$=\begin{pmatrix} \overline{a}_{11} & & & \\ \overline{a}_{12} & \overline{a}_{22} & & \\ \vdots & & \ddots & \\ \overline{a}_{1n} & \cdots & & \overline{a}_{nn} \end{pmatrix}\begin{pmatrix} a_{11} & a_{12} & \cdots & a_{1n} \\ & a_{22} & & \vdots \\ & & \ddots & \\ & & & a_{nn} \end{pmatrix}$$

が成り立ちます。両辺で$(1, 1)$成分を比べると、

$$|a_{11}|^2+|a_{12}|^2+\cdots+|a_{1n}|^2=|a_{11}|^2$$

となるので、$a_{12}=a_{13}=\cdots=a_{1n}=0$ となります。

次に$(2, 2)$成分を比べることで、$a_{23}=a_{24}=\cdots=a_{2n}=0$ になります。

このようにして、上三角行列が実は対角行列であることがわかります。

実行列の方も証明したいのですが、少し準備します。

まず、正規行列の一般的な性質から。

正規行列と固有値

A が正規行列のとき、

(1)　任意の $\boldsymbol{x}$ について、$(A\boldsymbol{x}|A\boldsymbol{x})=(A^*\boldsymbol{x}|A^*\boldsymbol{x})$

(2)　A の固有値を α、固有ベクトルを $\boldsymbol{p}$ とすると、$\overline{\alpha}$ は A^* の固有値で、それに属する固有ベクトルは $\boldsymbol{p}$ である。

(3)　A の異なる固有値 α、β に属する固有ベクトルをそれぞれ $\boldsymbol{p}$、$\boldsymbol{q}$ とすると、$\boldsymbol{p}$、$\boldsymbol{q}$ は直交する。

(1)　$(A\boldsymbol{x}|A\boldsymbol{x})\overset{\text{p.254(カ)}}{=}(A^*A\boldsymbol{x}|\boldsymbol{x})=(AA^*\boldsymbol{x}|\boldsymbol{x})\overset{\text{p.254(カ)}}{=}(A^*\boldsymbol{x}|A^*\boldsymbol{x})$

(2)　$(A-\alpha E)(A-\alpha E)^*=(A-\alpha E)(A^*-\overline{\alpha}E)$

$=AA^*-\alpha A^*-\overline{\alpha}A+|\alpha|^2E=A^*A-\alpha A^*-\overline{\alpha}A+|\alpha|^2E$

$=(A^*-\overline{\alpha}E)(A-\alpha E)=(A-\alpha E)^*(A-\alpha E)$

より、$A-\alpha E$ は正規行列です。

$A\boldsymbol{p}=\alpha\boldsymbol{p}$ より、$(A-\alpha E)\boldsymbol{p}=\boldsymbol{0}$ ですが、

$$((A^*-\overline{\alpha}E)\boldsymbol{p}|(A^*-\overline{\alpha}E)\boldsymbol{p})=((A-\alpha E)^*\boldsymbol{p}|(A-\alpha E)^*\boldsymbol{p})$$
$$\underset{(1)}{=}((A-\alpha E)\boldsymbol{p}|(A-\alpha E)\boldsymbol{p})=0$$

ですから、$(A^*-\overline{\alpha}E)\boldsymbol{p}=\boldsymbol{0}$　　$\therefore$　$A^*\boldsymbol{p}=\overline{\alpha}\boldsymbol{p}$

(3)　$\alpha(\boldsymbol{p}|\boldsymbol{q})=(\alpha\boldsymbol{p}|\boldsymbol{q})=(A\boldsymbol{p}|\boldsymbol{q})=(\boldsymbol{p}|A^*\boldsymbol{q})\overset{(2)}{=}(\boldsymbol{p}|\overline{\beta}\boldsymbol{q})=\beta(\boldsymbol{p}|\boldsymbol{q})$

$\therefore$　$(\alpha-\beta)(\boldsymbol{p}|\boldsymbol{q})=0$　　$\alpha-\beta\neq0$ より、$(\boldsymbol{p}|\boldsymbol{q})=0$

ここでエルミート行列と呼ばれる、複素行列の対称行列に相当するものについて調べておきましょう。

複素行列 A が、$A=A^*$ を満たすとき、A を**エルミート行列**と呼びます。A がエルミート行列のとき、$AA^*=AA=A^*A$ ですから、エルミート行列は正規行列です。

エルミート行列の固有値

A がエルミート行列のとき、A の固有値は実数である。
特に、実行列 B が対称行列のとき、B の固有値は実数である。

A の固有値を α、それに属する固有ベクトルを $\boldsymbol{p}$ とすると、

$$\begin{aligned}\alpha(\boldsymbol{p}|\boldsymbol{p})&=(\alpha\boldsymbol{p}|\boldsymbol{p})=(A\boldsymbol{p}|\boldsymbol{p})=(\boldsymbol{p}|A^*\boldsymbol{p})\\&=(\boldsymbol{p}|A\boldsymbol{p})=(\boldsymbol{p}|\alpha\boldsymbol{p})=\overline{\alpha}(\boldsymbol{p}|\boldsymbol{p})\end{aligned}$$

で、$(\boldsymbol{p},\boldsymbol{p})\neq 0$ ですから、$\alpha=\overline{\alpha}$ であり、α は実数です。

実行列 B が、$B={}^tB$ であれば、$B^*={}^t\overline{B}={}^tB=B$ になり、エルミート行列になります。B の固有値は実数です。

対称行列の直交行列による対角化

実行列 A が対称行列 $\Leftrightarrow$ A は直交行列 P によって対角化できる。

$\Rightarrow$を示します。

A の固有値は実数になります。定理の証明で、固有値が実数なので、固有ベクトルも実ベクトルになり、$\boldsymbol{R}^n$ の正規直交基底を取ることができます。したがって、A を対角化するときのユニタリ行列 U を実行列で取ることができます。U が実行列のとき、$U^*U=E$ より、${}^tUU=E$ なので、U は直交行列です。A は直交行列 U で対角化することができます。

$\Leftarrow$を示します。

対角行列を D とすると、$P^{-1}AP=D$　　$\therefore$　$A=PDP^{-1}$

${}^tA={}^t(PDP^{-1})={}^t(P^{-1}){}^tD{}^tP=PDP^{-1}=A$

P が直交行列のとき
${}^tPP=E$ より
$P^{-1}={}^tP$、${}^t(P^{-1})=P$

この章の最初で紹介した定理をようやく証明することができました。

4 実正規行列の標準化

ところで、実行列と複素行列で対角化の条件がちょっとアンバランスになっていることに気づきましたか。

実行列 A において、

A が対称行列 $\iff$ A が直交行列 P で対角化可能

複素行列 A において、

A が正規行列 $\iff$ A がユニタリ行列 U で対角化可能

でしたが、対称行列と正規行列の関係は、

A が対称行列 $\Rightarrow$ A が正規行列

［A が実行列で、$A={}^tA$ ならば、$AA^*=A{}^tA={}^tAA=A^*A$］

となっていますが、⇐は成り立ちません。

実正規行列で対称行列でないものはどう標準化されるのでしょうか。具体例で見てみましょう。

問題 $A=\begin{pmatrix} 2 & 1 & -1 \\ -1 & 2 & 1 \\ 1 & -1 & 2 \end{pmatrix}$を直交行列で標準化せよ。

固有多項式、固有値を求めます。　　${}^tAA=A{}^tA$ を満たすので A は正規行列

$$|A-tE|=\begin{vmatrix} 2-t & 1 & -1 \\ -1 & 2-t & 1 \\ 1 & -1 & 2-t \end{vmatrix}=(2-t)^3-1+1+3(2-t)$$

$$=(2-t)\{(2-t)^2+3\}=(2-t)(2+\sqrt{3}\,i-t)(2-\sqrt{3}\,i-t)$$

であり、固有値は、$t=2$、$2\pm\sqrt{3}\,i$

固有値 $2+\sqrt{3}\,i$ に属する固有ベクトルを $\boldsymbol{p}=\begin{pmatrix} x \\ y \\ z \end{pmatrix}$とすると、

$(A-(2+\sqrt{3}\,i)E)\boldsymbol{p}=\boldsymbol{0}$ は、$\begin{pmatrix} -\sqrt{3}\,i & 1 & -1 \\ -1 & -\sqrt{3}\,i & 1 \\ 1 & -1 & -\sqrt{3}\,i \end{pmatrix}\begin{pmatrix} x \\ y \\ z \end{pmatrix}=\begin{pmatrix} 0 \\ 0 \\ 0 \end{pmatrix}$ より、

$-\sqrt{3}\,ix+y-z=0$、$-x-\sqrt{3}\,iy+z=0$。

固有値 $2+\sqrt{3}\,i$ に属する固有ベクトルは、$\boldsymbol{a}=\begin{pmatrix} -1+\sqrt{3}\,i \\ -1-\sqrt{3}\,i \\ 2 \end{pmatrix}$

同様に、固有値 $2-\sqrt{3}\,i$ に属する固有ベクトルは、$\boldsymbol{b}=\begin{pmatrix} -1-\sqrt{3}\,i \\ -1+\sqrt{3}\,i \\ 2 \end{pmatrix}$

このままでは、複素数が出てきてしまいますから、これらのベクトルを実部と虚部に分けて考えます。

$\boldsymbol{a}=\begin{pmatrix} -1 \\ -1 \\ 2 \end{pmatrix}+i\begin{pmatrix} \sqrt{3} \\ -\sqrt{3} \\ 0 \end{pmatrix}$、$\boldsymbol{b}=\begin{pmatrix} -1 \\ -1 \\ 2 \end{pmatrix}-i\begin{pmatrix} \sqrt{3} \\ -\sqrt{3} \\ 0 \end{pmatrix}$ となるので、

$\boldsymbol{a}$ の実部を $\boldsymbol{q}=\begin{pmatrix} -1 \\ -1 \\ 2 \end{pmatrix}$、$\boldsymbol{a}$ の虚部を $\boldsymbol{r}=\begin{pmatrix} \sqrt{3} \\ -\sqrt{3} \\ 0 \end{pmatrix}$ とおくと、

$\boldsymbol{q}=\dfrac{\boldsymbol{a}+\boldsymbol{b}}{2}$、$\boldsymbol{r}=\dfrac{\boldsymbol{a}-\boldsymbol{b}}{2i}$ と表せます。これらにそれぞれ A を掛けると、

$$A\boldsymbol{q}=A\left(\frac{\boldsymbol{a}+\boldsymbol{b}}{2}\right)=\frac{(2+\sqrt{3}\,i)\boldsymbol{a}+(2-\sqrt{3}\,i)\boldsymbol{b}}{2}$$

$$=2\left(\frac{\boldsymbol{a}+\boldsymbol{b}}{2}\right)-\sqrt{3}\left(\frac{\boldsymbol{a}-\boldsymbol{b}}{2i}\right)=2\boldsymbol{q}-\sqrt{3}\,\boldsymbol{r}$$

$$A\boldsymbol{r}=A\left(\frac{\boldsymbol{a}-\boldsymbol{b}}{2i}\right)=\frac{(2+\sqrt{3}\,i)\boldsymbol{a}-(2-\sqrt{3}\,i)\boldsymbol{b}}{2i}$$

$$=\sqrt{3}\left(\frac{\boldsymbol{a}+\boldsymbol{b}}{2}\right)+2\left(\frac{\boldsymbol{a}-\boldsymbol{b}}{2i}\right)=\sqrt{3}\,\boldsymbol{q}+2\boldsymbol{r}$$

となります。

固有値 2 に属する固有ベクトルを $\boldsymbol{p}=\begin{pmatrix} x \\ y \\ z \end{pmatrix}$ とすると、

$(A-2E)\boldsymbol{p}=0 \quad \begin{pmatrix} 0 & 1 & -1 \\ -1 & 0 & 1 \\ 1 & -1 & 0 \end{pmatrix}\begin{pmatrix} x \\ y \\ z \end{pmatrix}=\begin{pmatrix} 0 \\ 0 \\ 0 \end{pmatrix}$より、$y-z=0$、$-x+z=0$

固有値2に属する固有ベクトルは、$\boldsymbol{c}=\begin{pmatrix} 1 \\ 1 \\ 1 \end{pmatrix}$です。

$\boldsymbol{q}$、$\boldsymbol{r}$、$\boldsymbol{c}$を正規化すると、$\boldsymbol{u}_1=\dfrac{1}{\sqrt{6}}\begin{pmatrix} -1 \\ -1 \\ 2 \end{pmatrix}$、$\boldsymbol{u}_2=\dfrac{1}{\sqrt{6}}\begin{pmatrix} \sqrt{3} \\ -\sqrt{3} \\ 0 \end{pmatrix}$、$\boldsymbol{u}_3=\dfrac{1}{\sqrt{3}}\begin{pmatrix} 1 \\ 1 \\ 1 \end{pmatrix}$

また、$U=(\boldsymbol{u}_1, \boldsymbol{u}_2, \boldsymbol{u}_3)$とおくと、

$$A(\boldsymbol{u}_1, \boldsymbol{u}_2, \boldsymbol{u}_3)=(\boldsymbol{u}_1, \boldsymbol{u}_2, \boldsymbol{u}_3)\begin{pmatrix} 2 & \sqrt{3} & \\ -\sqrt{3} & 2 & \\ & & 2 \end{pmatrix}\text{より、}U^{-1}AU=\begin{pmatrix} 2 & \sqrt{3} & \\ -\sqrt{3} & 2 & \\ & & 2 \end{pmatrix}$$

対称行列でない実正規行列は、この形を持って標準化といいます。

まあ、言ってみれば準対角化です。

対称行列でない実正規行列の標準化について一般論をたどってみましょう。

対称行列でない実正規行列は、固有値に虚数が出てきます。ただし、実行列の固有方程式は実係数ですから、虚数$\alpha=a+bi$を解に持てば、その共役複素数$\overline{\alpha}$も固有方程式の解になります。

対称行列でない実正規行列Aの固有多項式が、

$$(\alpha_1+\beta_1 i-t)(\alpha_1-\beta_1 i-t)\cdots\cdots(\alpha_r+\beta_r i-t)(\alpha_r-\beta_r i-t)$$
$$\times(\gamma_1-t)\cdots(\gamma_s-t) \qquad (\alpha_i, \beta_i, \gamma_i\text{は実数})$$

と因数分解できたとします。Aは正規行列なのでユニタリ行列で対角化できます。

このユニタリ行列は正規化した固有ベクトルを並べた行列です。

虚数の固有値について考えてみましょう。

固有値$\alpha+\beta i$に対する固有ベクトルを$\boldsymbol{u}$とすると、$\alpha-\beta i$に対する固有ベクトルは$\overline{\boldsymbol{u}}$になります。これは、$A\boldsymbol{u}=(\alpha+\beta i)\boldsymbol{u}$の共役を取ると、$A\overline{\boldsymbol{u}}=(\alpha-\beta i)\overline{\boldsymbol{u}}$（$A$は実行列に注意）となるからです。

ここで、$\boldsymbol{p}=\dfrac{\boldsymbol{u}+\overline{\boldsymbol{u}}}{\sqrt{2}}$、$\boldsymbol{q}=\dfrac{\boldsymbol{u}-\overline{\boldsymbol{u}}}{\sqrt{2}\,i}$とおきます。$\boldsymbol{p}$も$\boldsymbol{q}$も実ベクトルです。

ここで、$\boldsymbol{u}$と$\overline{\boldsymbol{u}}$はユニタリ行列を作る列ベクトルですから、

$(\boldsymbol{u}|\overline{\boldsymbol{u}})=0$、$(\boldsymbol{u}|\boldsymbol{u})=1$、$(\overline{\boldsymbol{u}}|\overline{\boldsymbol{u}})=1$となります。

$$(\boldsymbol{p}|\boldsymbol{q})=\left(\frac{\boldsymbol{u}+\overline{\boldsymbol{u}}}{\sqrt{2}}\middle|\frac{\boldsymbol{u}-\overline{\boldsymbol{u}}}{\sqrt{2}\,i}\right)=\frac{-1}{2i}\{(\boldsymbol{u}|\boldsymbol{u})+(\overline{\boldsymbol{u}}|\boldsymbol{u})-(\boldsymbol{u}|\overline{\boldsymbol{u}})-(\overline{\boldsymbol{u}}|\overline{\boldsymbol{u}})\}=0$$

$2i$ ← $\dfrac{1}{\sqrt{2}}\times\overline{\left(\dfrac{1}{\sqrt{2}\,i}\right)}$

ですから、$\boldsymbol{p}$ と $\boldsymbol{q}$ は直交します。また、

$$(\boldsymbol{p}|\boldsymbol{p})=\left(\frac{\boldsymbol{u}+\overline{\boldsymbol{u}}}{\sqrt{2}}\middle|\frac{\boldsymbol{u}+\overline{\boldsymbol{u}}}{\sqrt{2}}\right)=\frac{1}{2}\{(\boldsymbol{u}|\boldsymbol{u})+(\overline{\boldsymbol{u}}|\boldsymbol{u})+(\boldsymbol{u}|\overline{\boldsymbol{u}})+(\overline{\boldsymbol{u}}|\overline{\boldsymbol{u}})\}=1$$

$$(\boldsymbol{q}|\boldsymbol{q})=\left(\frac{\boldsymbol{u}-\overline{\boldsymbol{u}}}{\sqrt{2}\,i}\middle|\frac{\boldsymbol{u}-\overline{\boldsymbol{u}}}{\sqrt{2}\,i}\right)=\frac{1}{2}\{(\boldsymbol{u}|\boldsymbol{u})-(\overline{\boldsymbol{u}}|\boldsymbol{u})-(\boldsymbol{u}|\overline{\boldsymbol{u}})+(\overline{\boldsymbol{u}}|\overline{\boldsymbol{u}})\}=1$$

ですから、$\boldsymbol{p}$ と $\boldsymbol{q}$ の大きさは 1 です。

$$A\boldsymbol{p}=A\left(\frac{\boldsymbol{u}+\overline{\boldsymbol{u}}}{\sqrt{2}}\right)=\left(\frac{(\alpha+\beta i)\boldsymbol{u}+(\alpha-\beta i)\overline{\boldsymbol{u}}}{\sqrt{2}}\right)=\alpha\left(\frac{\boldsymbol{u}+\overline{\boldsymbol{u}}}{\sqrt{2}}\right)-\beta\left(\frac{\boldsymbol{u}-\overline{\boldsymbol{u}}}{\sqrt{2}\,i}\right)$$
$$=\alpha\boldsymbol{p}-\beta\boldsymbol{q}$$

$$A\boldsymbol{q}=A\left(\frac{\boldsymbol{u}-\overline{\boldsymbol{u}}}{\sqrt{2}\,i}\right)=\left(\frac{(\alpha+\beta i)\boldsymbol{u}-(\alpha-\beta i)\overline{\boldsymbol{u}}}{\sqrt{2}\,i}\right)=\beta\left(\frac{\boldsymbol{u}+\overline{\boldsymbol{u}}}{\sqrt{2}}\right)+\alpha\left(\frac{\boldsymbol{u}-\overline{\boldsymbol{u}}}{\sqrt{2}\,i}\right)$$
$$=\beta\boldsymbol{p}+\alpha\boldsymbol{q}$$

よって、

$$A(\boldsymbol{p},\boldsymbol{q})=(\boldsymbol{p},\boldsymbol{q})\begin{pmatrix}\alpha & \beta\\ -\beta & \alpha\end{pmatrix}$$

が成り立ちます。

A を対角化するユニタリ行列 U の列ベクトル $\boldsymbol{u}$、$\overline{\boldsymbol{u}}$ を、$\boldsymbol{p}$、$\boldsymbol{q}$ に置き換えます。すべての虚数に対する固有ベクトルに対してこの置き換えをします。すると、ユニタリ行列は、実直交行列 P になります。A はこれを用いて、

$$P^{-1}AP = \begin{pmatrix} \alpha_1 & \beta_1 & & & & & & & & \\ -\beta_1 & \alpha_1 & & & & & & & & \\ & & \alpha_2 & \beta_2 & & & & & & \\ & & -\beta_2 & \alpha_2 & & & & & & \\ & & & & \ddots & & & & & \\ & & & & & \alpha_r & \beta_r & & & \\ & & & & & -\beta_r & \alpha_r & & & \\ & & & & & & & \gamma_1 & & \\ & & & & & & & & \ddots & \\ & & & & & & & & & \gamma_s \end{pmatrix}$$

と“準”対角化できます。

標準化がいろいろと出てきたので整理しておきましょう。

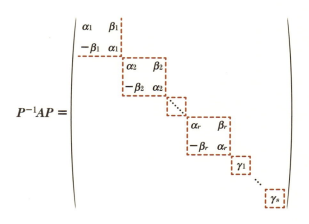

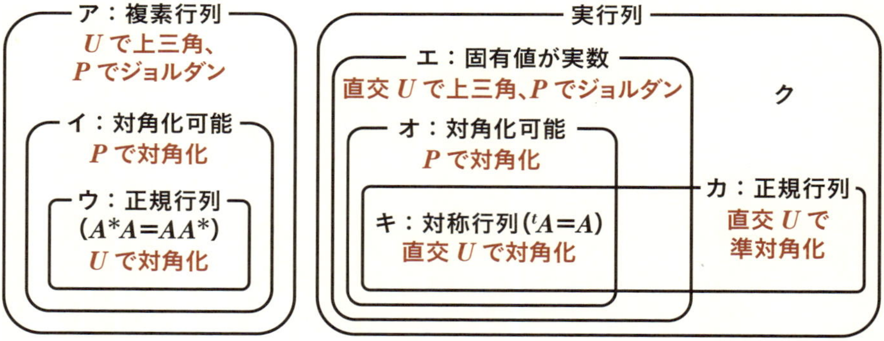

P は正則行列、U は複素行列でユニタリ行列、実行列では直交行列(実ユニタリ行列)を表す。

まずは、複素行列から。

任意の複素行列 A(図の**ア**)は、ユニタリ行列 U で上三角化することができます。このユニタリ行列という条件を取り除き、用いる行列の範囲を広げれば、もう少し標準化の格好を整えることができます。それがジョルダン標準形です。任

意の複素行列 A（図の**ア**）は正則行列 P でジョルダン標準形にすることができます。

アの中でも、第 7 章 p.246 の条件を満たすとき（図の**イ**）、正則行列 P によって対角化することができます。なかでも正規行列（図の**ウ**）は、ユニタリ行列 U によって、対角化することができます。

実行列は、これより少し複雑です。

実行列 A のすべての固有値が実数のとき（図の**エ**）、直交行列 U で上三角化することができます。直交行列以外の行列まで用いてよいことにすれば、ジョルダン標準形にまで整えることができます。実行列 A のすべての固有値が実数のとき（図の**エ**）、正則行列 P でジョルダン標準形にすることができます。

エの中でも、第 7 章 p.246 の条件を満たすとき（図の**オ**）、正則行列 P によって対角化することができます。

実正規行列（図の**カ**）は、直交行列によって、“準” 対角化することができます。実正規行列の中でも、固有値がすべて実数のとき（図の**キ**、すなわち**オ**と**カ**の交わり）、行列は対称行列であり、直交行列により対角化することができます。

実行列の場合、**ク**は標準化が困難なところです。このまとめを見て気づくように、実行列の場合、固有値が虚数になると標準化がしづらいのです。実行列の固有方程式は実数係数ですが、解が実数の範囲に収まらないところが、実行列を扱いづらいものにしています。

5 直交行列・ユニタリ行列の特徴

直交行列、ユニタリ行列の性質についてまとめておきましょう。

$\boldsymbol{R}^2$ の線形変換のうちで、原点を中心に θ 回転する変換を表す行列 $R(\theta)$ や直線 $y=(\tan\theta)x$ における対称変換を表す行列 $S(\theta)$ は直交行列です。

実際、

$$R(\theta)=\begin{pmatrix}\cos\theta & -\sin\theta \\ \sin\theta & \cos\theta\end{pmatrix}、S(\theta)=\begin{pmatrix}\cos 2\theta & \sin 2\theta \\ \sin 2\theta & -\cos 2\theta\end{pmatrix}$$

に対して、${}^tR(\theta)R(\theta)=E$、${}^tS(\theta)S(\theta)=E$ が成り立ちます。

回転変換、対称変換は、ベクトルの大きさを変えない変換です。

では、逆にベクトルの大きさを変えない $\boldsymbol{R}^2$ の線形変換は何でしょうか。それは、回転変換と対称変換です。これ以外にはありません。このことはあとで一般論として証明します。初めに2次の直交行列を決定してみましょう。

定理　2次の直交行列

2次の直交行列は、$R(\theta)$ または $S(\theta)$ で表される。

P を直交行列として、$P=(\boldsymbol{p}_1, \boldsymbol{p}_2)$ とおけば、$\boldsymbol{p}_1$、$\boldsymbol{p}_2$ は正規直交基底になっています。$|\boldsymbol{p}_1|=1$ ですから、$\boldsymbol{p}_1=\begin{pmatrix}\cos\theta \\ \sin\theta\end{pmatrix}$ とおくことができます。$\boldsymbol{p}_2$ はこれと直交して大きさが1のベクトルですから、$\begin{pmatrix}-\sin\theta \\ \cos\theta\end{pmatrix}$ または $\begin{pmatrix}\sin\theta \\ -\cos\theta\end{pmatrix}$ のいずれかです。

つまり、$P=(\boldsymbol{p}_1, \boldsymbol{p}_2)$ は

$$R(\theta)=\begin{pmatrix}\cos\theta & -\sin\theta \\ \sin\theta & \cos\theta\end{pmatrix} \text{または} S\left(\frac{\theta}{2}\right)=\begin{pmatrix}\cos\theta & \sin\theta \\ \sin\theta & -\cos\theta\end{pmatrix} \text{になります。}$$

2次の直交行列が表す線形変換は、回転変換と対称変換で、これらはベクトルの大きさを変えない変換でした。直交行列の表す線形変換がベクトルの大きさを

不変にすることは一般の次元でもいえることなのです。

直交行列 P はそれが表す1次変換がベクトルの大きさ（実数の内積で定義）を変えない変換、ユニタリ行列 U は、それが表す1次変換がベクトルの大きさ（エルミート積で定義）を変えない変換であると特徴付けることができます（次の定理の(3)）。

他にも、直交行列、ユニタリ行列の特徴を紹介しましょう。

直交行列、ユニタリ行列

(1)　直交行列 P、ユニタリ行列 U は正規行列である

(2)　直交行列 P、ユニタリ行列 U の固有値を α とすると、

$$|\alpha|=1$$

(3)　n 次実正方行列 A が直交行列である

$\Leftrightarrow$　$\boldsymbol{R}^n$ の任意の元 $\boldsymbol{x}$ について、$|A\boldsymbol{x}|=|\boldsymbol{x}|$

（実数の内積による大きさ）

n 次複素正方行列 B がユニタリ行列である

$\Leftrightarrow$　$\boldsymbol{C}^n$ の任意の元 $\boldsymbol{x}$ について、$|B\boldsymbol{x}|=|\boldsymbol{x}|$

（エルミート積による大きさ）

証明はユニタリ行列の場合でします。

(1)　$U^*U=E$ より、$U^*=U^{-1}$ なので、$UU^*=UU^{-1}=E$。

$U^*U=UU^*$ なので、U は正規行列である。

(2)　U の固有値を α、それに属する固有ベクトルを $\boldsymbol{p}$ とすると、

$$\begin{aligned}(\boldsymbol{p}|\boldsymbol{p})&=(E\boldsymbol{p}|\boldsymbol{p})=(U^*U\boldsymbol{p}|\boldsymbol{p})=(U\boldsymbol{p}|U\boldsymbol{p})=(\alpha\boldsymbol{p}|\alpha\boldsymbol{p})\\&=\alpha\overline{\alpha}(\boldsymbol{p}|\boldsymbol{p})=|\alpha|^2(\boldsymbol{p}|\boldsymbol{p})\end{aligned}$$

ここで、$(\boldsymbol{p}|\boldsymbol{p})\neq 0$ なので、$|\alpha|^2=1$ です。

(3)$\Longrightarrow$を示します。

$B^*B=E$ であれば、

$$|B\boldsymbol{x}|^2=(B\boldsymbol{x}|B\boldsymbol{x})=(B^*B\boldsymbol{x}|\boldsymbol{x})=(E\boldsymbol{x}|\boldsymbol{x})=(\boldsymbol{x}|\boldsymbol{x})=|\boldsymbol{x}|^2$$

より、$|B\boldsymbol{x}|=|\boldsymbol{x}|$

⟸を示します。

任意の $\boldsymbol{x}$、$\boldsymbol{y}$ について、

$$
\begin{aligned}
& |B(\boldsymbol{x}+\boldsymbol{y})|^2=|\boldsymbol{x}+\boldsymbol{y}|^2 \\
\Leftrightarrow\ & (B(\boldsymbol{x}+\boldsymbol{y})|B(\boldsymbol{x}+\boldsymbol{y}))=(\boldsymbol{x}+\boldsymbol{y}|\boldsymbol{x}+\boldsymbol{y}) \\
\Leftrightarrow\ & (B\boldsymbol{x}+B\boldsymbol{y}|B\boldsymbol{x}+B\boldsymbol{y})=(\boldsymbol{x}+\boldsymbol{y}|\boldsymbol{x}+\boldsymbol{y}) \\
\Leftrightarrow\ & (B\boldsymbol{x}|B\boldsymbol{x})+(B\boldsymbol{x}|B\boldsymbol{y})+(B\boldsymbol{y}|B\boldsymbol{x})+(B\boldsymbol{y}|B\boldsymbol{y}) \\
& \quad =(\boldsymbol{x}|\boldsymbol{x})+(\boldsymbol{x}|\boldsymbol{y})+(\boldsymbol{y}|\boldsymbol{x})+(\boldsymbol{y}|\boldsymbol{y}) \\
\Leftrightarrow\ & (B^*B\boldsymbol{x}|\boldsymbol{y})+\overline{(B^*B\boldsymbol{x}|\boldsymbol{y})}=(\boldsymbol{x}|\boldsymbol{y})+\overline{(\boldsymbol{x}|\boldsymbol{y})} \\
\Leftrightarrow\ & (B\boldsymbol{x}|B\boldsymbol{y})+\overline{(B\boldsymbol{x}|B\boldsymbol{y})}=(\boldsymbol{x}|\boldsymbol{y})+\overline{(\boldsymbol{x}|\boldsymbol{y})}
\end{aligned}
$$

←-- $(B\boldsymbol{x}|B\boldsymbol{x})=(\boldsymbol{x}|\boldsymbol{x})$、$(B\boldsymbol{y}|B\boldsymbol{y})=(\boldsymbol{y}|\boldsymbol{y})$ を用いている

$\Leftrightarrow$ $(B^*B\boldsymbol{x}|\boldsymbol{y})$の実部 $=(\boldsymbol{x}|\boldsymbol{y})$の実部

ここで、$\boldsymbol{y}$ として$\begin{pmatrix}1\\0\\\vdots\\0\end{pmatrix}$、$\begin{pmatrix}0\\1\\\vdots\\0\end{pmatrix}$、…、$\begin{pmatrix}0\\0\\\vdots\\1\end{pmatrix}$、$\begin{pmatrix}i\\0\\\vdots\\0\end{pmatrix}$、$\begin{pmatrix}0\\i\\\vdots\\0\end{pmatrix}$、…、$\begin{pmatrix}0\\0\\\vdots\\i\end{pmatrix}$を取ると、

$B^*B\boldsymbol{x}$ と $\boldsymbol{x}$ の各成分の実部、虚部が等しいことがわかります。つまり、$B^*B\boldsymbol{x}=\boldsymbol{x}$ です。

次に、$\boldsymbol{x}$ として、$\begin{pmatrix}1\\0\\\vdots\\0\end{pmatrix}$、$\begin{pmatrix}0\\1\\\vdots\\0\end{pmatrix}$、…、$\begin{pmatrix}0\\0\\\vdots\\1\end{pmatrix}$を取ると、$B^*B=E$ であることがわかります。

第9章

行列の標準形（3）（単因子を用いて）

1 最小多項式

n 次正方行列 A の固有多項式は $f(t)=|A-tE|$ でした。ケーリー・ハミルトンの定理によれば、$f(A)=\boldsymbol{O}$ が成り立ちました。固有多項式は t の n 次式でしたが、n より小さい次数の多項式 $\varphi(t)$ でも、$\varphi(A)=\boldsymbol{O}$ を満たすものが存在する場合があります。このような多項式のうち、最高次の係数が1で、次数が最小のものを**最小多項式**と言います。

次数が n より小さいものがない場合は、固有多項式 $(-1)^n f(t)$（最高次の係数を1にするために $(-1)^n$ を掛けている）が最小多項式となります。

定理　最小多項式

最小多項式 $\varphi(t)$ は、固有多項式 $f(t)$ を割り切る。

$f(t)$ が $\varphi(t)$ で割り切れないと仮定します。$f(t)$ を $\varphi(t)$ で割って、商が $q(t)$、余りが $r(t)$ になったとします。すると、

$$f(t)=q(t)\varphi(t)+r(t)$$

が成り立ちます。t に A を代入すると、$f(A)=q(A)\varphi(A)+r(A)$

ここで、$f(A)=\boldsymbol{O}$、$\varphi(A)=\boldsymbol{O}$ ですから、$\boldsymbol{O}=q(A)\boldsymbol{O}+r(A)$ より、$r(A)=\boldsymbol{O}$ となります。

定数倍して $r(t)$ の最高次の係数を1にそろえた多項式を $r'(t)$ とすれば、やはり $r'(A)=\boldsymbol{O}$ です。

$r(t)$ は $\varphi(t)$ で割った余りですから、$r'(t)$ の次数は $\varphi(t)$ の次数より低くなり、$\varphi(t)$ が最小多項式であることに矛盾します。

よって、$f(t)$ は $\varphi(t)$ で割り切れます。

この証明では、固有多項式の性質として $f(A)=\boldsymbol{O}$ となる条件しか用いていません。ですから、$g(A)=\boldsymbol{O}$ となる多項式 $g(t)$ であっても、上と同様に考えて、$g(t)$

は $\varphi(t)$ で割り切れます。

この定理によって、最小多項式は固有多項式に現れる因数を掛け合わせて作られることが分かります。

固有多項式が $(\alpha-t)^3$ であれば、最小多項式は $(t-\alpha)^3$ や $(t-\alpha)^2$ や $(t-\alpha)$ である可能性があります。

固有多項式が $(\alpha-t)^2(\beta-t)$ であれば、最小多項式は $(\alpha-t)^2(t-\beta)$ や $(t-\alpha)(t-\beta)$ である可能性があります。$(\alpha-t)^2(\beta-t)$ は $(t-\alpha)$ と $(t-\beta)$ の 2 つの因数が組み合わさっています。いくら割り切れるからと言って、最小多項式が $(t-\alpha)$ や $(t-\beta)$ になることはありません。片方の因数がまるまる落ちてしまうことはないです。このことはこの節を最後まで読めば分かるようになります。

以上をもとに、実際にいくつか最小多項式を求めてみましょう。

問題
$A=\begin{pmatrix} 2 & 0 & 0 \\ -2 & 4 & 1 \\ 4 & -4 & 0 \end{pmatrix}$ の最小多項式 $\varphi(t)$ を求めよ。

固有多項式から因数を間引いた式を実際に計算して確かめることで最小多項式を求めてみます。

A の固有多項式は、第 7 章 p.224 の計算より、$f(t)=|A-tE|=(2-t)^3$ です。

$(t-2)^2$ が最小多項式になるか試してみます。

$$(A-2E)^2=\begin{pmatrix} 0 & 0 & 0 \\ -2 & 2 & 1 \\ 4 & -4 & -2 \end{pmatrix}\begin{pmatrix} 0 & 0 & 0 \\ -2 & 2 & 1 \\ 4 & -4 & -2 \end{pmatrix}=\boldsymbol{O}$$

です。次に $(t-2)$ が最小多項式になるかを試してみます。

$$A-2E=\begin{pmatrix} 0 & 0 & 0 \\ -2 & 2 & 1 \\ 4 & -4 & -2 \end{pmatrix}\neq\boldsymbol{O}$$

なので、A の最小多項式は $\varphi(t)=(t-2)^2$ です。

問題
$A=\begin{pmatrix} 1 & 2 & 0 \\ 1 & 0 & 1 \\ 0 & 0 & 2 \end{pmatrix}$ の最小多項式 $\varphi(t)$ を求めよ。

A の固有多項式は、第 7 章 p.238 の計算より、$f(t)=|A-tE|=-(t+1)(t-2)^2$

$(t+1)(t-2)$ が最小多項式になるか試してみます。

$$(A+E)(A-2E)=\begin{pmatrix}2&2&0\\1&1&1\\0&0&3\end{pmatrix}\begin{pmatrix}-1&2&0\\1&-2&1\\0&0&0\end{pmatrix}=\begin{pmatrix}0&0&2\\0&0&1\\0&0&0\end{pmatrix}\neq \boldsymbol{O}$$

なので、$(t+1)(t-2)$ は最小多項式ではありません。

A の最小多項式は固有多項式と実質一致して、$\varphi(t)=(t+1)(t-2)^2$

問題
$A=\begin{pmatrix}-1&-6&0\\0&2&0\\-3&-6&2\end{pmatrix}$ の最小多項式 $\varphi(t)$ を求めよ。

A の固有多項式は、第 7 章 p.211 の計算より、$f(t)=|A-tE|=-(t+1)(t-2)^2$

$(t+1)(t-2)$ が最小多項式になるか試してみます。

$$(A+E)(A-2E)=\begin{pmatrix}0&-6&0\\0&3&0\\-3&-6&3\end{pmatrix}\begin{pmatrix}-3&-6&0\\0&0&0\\-3&-6&0\end{pmatrix}=\boldsymbol{O}$$

となるので、A の最小多項式は、$\varphi(t)=(t+1)(t-2)$ です。

具体的な行列について最小多項式を求める問題が試験で出される場合は、3 次、4 次までの行列が与えられる場合がほとんどでしょうから、上のように固有多項式の因数を間引いてできる多項式を 1 つ 1 つ最小多項式であるか吟味する方法が現実的解法です。

これから最小多項式の一般論を紹介しましょう。

正方行列 A と B が相似であるとき、すなわち正則な行列 P があって、$B=P^{-1}AP$ となるとき、A の固有多項式と B の固有多項式は一致しました。実は相似な 2 つの行列は最小多項式も一致します。

定理　相似な行列の最小多項式

正方行列 A、B が相似であるとき、A の最小多項式 $\varphi_A(t)$ と B の最小多項式 $\varphi_B(t)$ は一致する。

正則な行列 P があって、$B=P^{-1}AP$ が成り立っているものとします。

このとき、一般に多項式 $f(t)$ があると、

$$f(B)=P^{-1}f(A)P$$

が成り立ちます。これは、B のべき乗に関して、

$$\begin{aligned}B^r&=(P^{-1}AP)^r=(P^{-1}AP)(P^{-1}AP)(P^{-1}AP)\cdots(P^{-1}AP)\\&=P^{-1}A\underbrace{PP^{-1}}_{E}A\underbrace{PP^{-1}}_{E}AP\cdots P^{-1}AP=P^{-1}A^rP\end{aligned}$$

が成り立ち、$f(t)=a_nx^n+a_{n-1}x^{n-1}+\cdots+a_1x+a_0$ に関して、

$$\begin{aligned}f(B)&=a_nB^n+a_{n-1}B^{n-1}+\cdots+a_1B+a_0E\\&=a_nP^{-1}A^nP+a_{n-1}P^{-1}A^{n-1}P+\cdots+a_1P^{-1}AP+a_0P^{-1}EP\\&=P^{-1}(a_nA^n+a_{n-1}A^{n-1}+\cdots+a_1A+a_0E)P=P^{-1}f(A)P\end{aligned}$$

となるからです。よって、

$$\varphi_A(B)=\varphi_A(P^{-1}AP)=P^{-1}\varphi_A(A)P=\boldsymbol{O}$$

となります。前定理により、$\varphi_A(t)$ は B を代入して $\boldsymbol{O}$ になるので、B の最小多項式 $\varphi_B(t)$ で割り切れます。

また、$A=PBP^{-1}$ と表されますから、

$$\varphi_B(A)=\varphi_B(PBP^{-1})=P\varphi_B(B)P^{-1}=\boldsymbol{O}$$

であり、$\varphi_B(t)$ は $\varphi_A(t)$ で割り切れます。

$\varphi_A(t)$ と $\varphi_B(t)$ は互いに割り切れ、最高次の係数がともに1ですから、$\varphi_A(t)=\varphi_B(t)$ です。

相似な2つの行列について最小多項式が一致するので、最小多項式の仕組みを調べるには、相似な行列の同値類の中からジョルダン標準形を取り出して調べればよいことになります。

ジョルダン標準形の最小多項式について調べてみましょう。まずは、ジョルダン細胞行列から。

問題 $A=J(3,4)$のとき、Aの最小多項式$\varphi(t)$を求めよ。

$$A-tE=\begin{pmatrix}3-t & 1 & 0 & 0\\ 0 & 3-t & 1 & 0\\ 0 & 0 & 3-t & 1\\ 0 & 0 & 0 & 3-t\end{pmatrix}$$

と上三角行列になるので、固有多項式は$f(t)=|A-tE|=(3-t)^4$

$(t-3)^3$が最小多項式になるか試してみましょう。$A-3E$のべき乗を順に計算してみると

$$(A-3E)^2=\begin{pmatrix}0&1&0&0\\0&0&1&0\\0&0&0&1\\0&0&0&0\end{pmatrix}\begin{pmatrix}0&1&0&0\\0&0&1&0\\0&0&0&1\\0&0&0&0\end{pmatrix}=\begin{pmatrix}0&0&1&0\\0&0&0&1\\0&0&0&0\\0&0&0&0\end{pmatrix}$$

$$(A-3E)^3=(A-3E)^2(A-3E)$$

$$=\begin{pmatrix}0&0&1&0\\0&0&0&1\\0&0&0&0\\0&0&0&0\end{pmatrix}\begin{pmatrix}0&1&0&0\\0&0&1&0\\0&0&0&1\\0&0&0&0\end{pmatrix}=\begin{pmatrix}0&0&0&1\\0&0&0&0\\0&0&0&0\\0&0&0&0\end{pmatrix}$$

となります。斜めに並んだ1が$(A-3E)$を掛けるごとに1つ上にずれて、1の個数が減っていきます。$(A-3E)^3\neq\boldsymbol{O}$ですから、$(t-3)^3$は最小多項式ではありません。

Aの最小多項式は固有多項式と実質一致して、$\varphi(t)=(t-3)^4$です。

問題 $A=J(5,4)\oplus J(2,3)\oplus J(3,2)$のとき、$A$の最小多項式$\varphi(t)$を求めよ。

$$A=J(5,4)\oplus J(2,3)\oplus J(3,2)$$

$$=\begin{pmatrix} 5 & 1 & & & & & & & \\ & 5 & 1 & & & & & & \\ & & 5 & 1 & & & & & \\ & & & 5 & & & & & \\ & & & & 2 & 1 & & & \\ & & & & & 2 & 1 & & \\ & & & & & & 2 & & \\ & & & & & & & 3 & 1 \\ & & & & & & & & 3 \end{pmatrix}$$

ジョルダン細胞行列 $J(5,4)$、$J(2,3)$、$J(3,2)$ の固有多項式はそれぞれ、$(5-t)^4$、$(2-t)^3$、$(3-t)^2$ です。

A は $J(5,4)$、$J(2,3)$、$J(3,2)$ のブロックから作られている行列ですから、A の固有多項式は $(5-t)^4(2-t)^3(3-t)^2$ です。

結論から言うと、最小多項式は固有多項式と実質一致し、

$\varphi(t)=(t-5)^4(t-2)^3(t-3)^2$ となります。

固有多項式から $(t-5)$ を1個間引いた $(t-5)^3(t-2)^3(t-3)^2$ が最小多項式にならないことを示しましょう。

まず、左上の4×4のブロックについて考えましょう。

$A-5E$、$A-2E$、$A-3E$ の左上の4×4のブロックは、それぞれ、

$$\underset{A-5E\text{について}}{\begin{pmatrix} 0 & 1 & 0 & 0 \\ 0 & 0 & 1 & 0 \\ 0 & 0 & 0 & 1 \\ 0 & 0 & 0 & 0 \end{pmatrix}}、\underset{A-2E\text{について}}{\begin{pmatrix} 3 & 1 & 0 & 0 \\ 0 & 3 & 1 & 0 \\ 0 & 0 & 3 & 1 \\ 0 & 0 & 0 & 3 \end{pmatrix}}、\underset{A-3E\text{について}}{\begin{pmatrix} 2 & 1 & 0 & 0 \\ 0 & 2 & 1 & 0 \\ 0 & 0 & 2 & 1 \\ 0 & 0 & 0 & 2 \end{pmatrix}}$$

となります。よって、$(A-5E)^3$ の左上の4×4のブロックは

$$\begin{pmatrix} 0 & 0 & 0 & 1 \\ 0 & 0 & 0 & 0 \\ 0 & 0 & 0 & 0 \\ 0 & 0 & 0 & 0 \end{pmatrix}$$

$(A-2E)^3$ の対角成分は、3の3乗で 3^3、$(A-3E)^2$ の対角成分は、2の2乗で 2^2、$(A-2E)^3(A-3E)^2$ の対角成分はこれらを掛けた $3^3\cdot 2^2$ になります。すると、$(A-5E)^3(A-2E)^3(A-3E)^2$ の左上の4×4のブロックは、$a=3^3\cdot 2^2$ とおくと、$(A-5E)^3$ のブロックと $(A-2E)^3(A-3E)^2$ のブロックをかけて

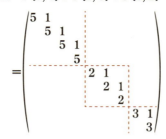

$$\begin{pmatrix} 0 & 0 & 0 & 1 \\ 0 & 0 & 0 & 0 \\ 0 & 0 & 0 & 0 \\ 0 & 0 & 0 & 0 \end{pmatrix}\begin{pmatrix} a & * & * & * \\ 0 & a & * & * \\ 0 & 0 & a & * \\ 0 & 0 & 0 & a \end{pmatrix}$$

となり、右上の成分は $a=3^3\cdot 2^2$ になります。よって、

$(A-5E)^3(A-2E)^3(A-3E)^2$ の左上のブロックは零行列ではありません。結局、$(A-5E)^3(A-2E)^3(A-3E)^2 \neq \boldsymbol{O}$ です。

同様に $(t-2)$ や $(t-3)$ を間引いて作った多項式は最小多項式にはなりません。よって、A の最小多項式は固有多項式に一致して、$\varphi(t)=(t-5)^3(t-2)^3(t-3)^2$ となります。

ちなみに最小多項式に A を代入した $(A-5E)^4(A-2E)^3(A-3E)^2$ を実際に計算すると、$(A-2E)^3(A-3E)^2$ の左上のブロックは零行列ではありませんが、$(A-5E)^4$ の左上のブロックは $(A-5E)^3$ で残っていた右上の 1 が消え、零行列となり、$(A-5E)^4(A-2E)^3(A-3E)^2$ の左上のブロックも零行列になります。他のブロックについても同じように零行列であることがわかり、

$(A-5E)^4(A-2E)^3(A-3E)^2=\boldsymbol{O}$ が確かめられます。

1 つの固有値に関して複数のジョルダン細胞行列がある場合は、最小多項式はどうなるでしょうか。

問題 $A=J(2,3)\oplus J(2,4)\oplus J(2,4)\oplus J(3,2)\oplus J(3,3)$ のとき、A の最小多項式 $\varphi(t)$ を求めよ。

$$A = J(2,3) \oplus J(2,4) \oplus J(2,4) \oplus J(3,2) \oplus J(3,3)$$

$$= \left(\begin{array}{cccccccccccccccc}
2 & 1 \\
 & 2 & 1 \\
 & & 2 \\
 & & & 2 & 1 \\
 & & & & 2 & 1 \\
 & & & & & 2 & 1 \\
 & & & & & & 2 \\
 & & & & & & & 2 & 1 \\
 & & & & & & & & 2 & 1 \\
 & & & & & & & & & 2 & 1 \\
 & & & & & & & & & & 2 \\
 & & & & & & & & & & & 3 & 1 \\
 & & & & & & & & & & & & 3 \\
 & & & & & & & & & & & & & 3 & 1 \\
 & & & & & & & & & & & & & & 3 & 1 \\
 & & & & & & & & & & & & & & & 3
\end{array}\right)$$

第1ブロック
第2ブロック
第3ブロック
第4ブロック
第5ブロック

固有値2に関する重複度は、ジョルダン細胞のサイズを足して、$3+4+4=11$ です。固有値3に関する重複度は、$2+3=5$ です。

A の固有多項式は $(2-t)^{11}(3-t)^5$ です。

結論から言うと、最小多項式は $(t-2)^4(t-3)^3$ になります。

$t-2$ のベキ数4は、固有値2のジョルダン細胞行列のサイズの最大値、$t-3$ のベキ数3は、固有値3のジョルダン細胞行列の最大値です。

$(A-2E)^4(A-3E)^3$ を計算するときのことを考えてみましょう。

固有値2のジョルダン細胞行列のサイズの最大値が4なので、$(A-2E)^4$ の第1ブロックから第3ブロック（固有値2に関するブロック）はどれも零行列になります。同様に、$(A-3E)^3$ の第4ブロック、第5ブロック（固有値3に関するブロック）はどれも零行列になります。これらを掛け合わせるので、すべてのブロックが零行列になり、$(A-2E)^4(A-3E)^3=\boldsymbol{O}$ になります。

$(t-2)^4(t-3)^3$ から $(t-2)$ を間引いた $(t-2)^3(t-3)^3$ が最小多項式でないことは、前問のようにして $(A-2E)^3(A-3E)^3$ を計算すると第2ブロック、第3ブロックの右上の成分が0でないことから、$(A-2E)^3(A-3E)^3 \neq \boldsymbol{O}$ となり、確認できます。

結局、ジョルダン標準形の最小多項式について次のようにまとまります。

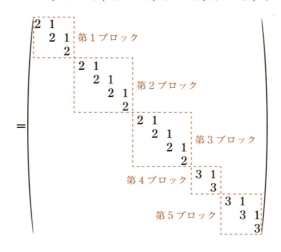

定理　ジョルダン標準形と最小多項式

正方行列 A が異なる固有値 α_1、α_2、…、α_r を持つとする。A のジョルダン標準形において、α_i に関するジョルダン細胞行列のサイズの最大値を n_i とすると、A の最小多項式 $\varphi(t)$ は、

$$\varphi(t)=(t-\alpha_1)^{n_1}(t-\alpha_2)^{n_2}\cdots(t-\alpha_r)^{n_r}$$

第 7 章 p.246 の定理によって n_i は、$W(\alpha_i)$ の次元、あるいは $\mathrm{Ker}(A-\alpha_i E)^x=\mathrm{Ker}(A-\alpha_i E)^{x+1}$ となる最小の x の値、などとも言いかえられます。

2 単因子

この節では、成分が多項式である行列について論じていきます。

成分が数である行列に関しては、行列の基本変形を施しました。成分が多項式である行列（変数 t を用いるので $t-$行列という）に関しても、基本変形を施すことを考えます。

$t-$行列の基本変形は次の３つです。

$t-$ 行列の行（列）基本変形

(i)　２つの行(列)を入れ替える。

(ii)　１つの行(列)を $c(\neq 0)$倍する。

(iii)　ある行(列)に、他の行(列)の $c(t)$倍を足す。

成分が数のときの基本変形と比べて異なるのは(iii)です。$t-$行列では、ある行、他の行の何倍かを加えるときに、多項式倍を許すのです。なお、(ii)の c 倍に関しては、数しか許されないことは、成分が数のときの基本変形と同じです。

$t-$行列 $A(t)$を基本変形を連続して施して $B(t)$に変形することができるとき、$A(t)$と $B(t)$は対等であるといい、$A(t) \sim B(t)$と表します。$t-$行列の基本変形でも、基本変形は可逆ですから、数の行列の「相似」と同じようにして、$t-$ 行列における対等「～」という関係は同値関係になります。

成分が数のときの基本変形では、階段行列を目標に変形を進めました。$t-$行列では、**スミス標準形**と呼ばれる次のような行列を目標とします。

定義　スミス標準形

$$\begin{pmatrix} e_1(t) & & & & & & \\ & e_2(t) & & & & & \\ & & \ddots & & & & \\ & & & e_r(t) & & & \\ & & & & 0 & & \\ & & & & & \ddots & \\ & & & & & & 0 \end{pmatrix}$$

$e_i(t)$の最高次の係数は1である$(i=1, \cdots, r)$。

$e_{i+1}(t)$は$e_i(t)$で割り切れる$(i=1, \cdots, r-1)$。

$e_i(t)$を単因子という。

一般に任意のtー行列は基本変形によってスミス標準形に変形することができ、tー行列が具体的に与えられるとスミス標準形は1通りに決まります(あとで証明します)。しばらくは、このことを仮定して話を進めましょう。

一般論では、初めのtー行列としてどんなtの多項式の成分を持つ行列をおいても構いませんが、これから論じるのは、数成分の行列Aに対して$A-tE$とおいた行列のみです。$A-tE$をスミス標準形に直す場合には、右下に0が並ぶことはなく、

$$\begin{pmatrix} e_1(t) & & & \\ & e_2(t) & & \\ & & \ddots & \\ & & & e_r(t) \end{pmatrix}$$

となります。簡単に説明してみましょう。

tー行列に基本変形を施すと、行列式は、(i)の変形では-1倍、(ii)の変形では定数倍、(iii)の変形では不変になります。つまり、tー行列の基本変形は、行列式を定数倍の違いを無視して不変にするのです。

$A-tE$の行列式は固有多項式であり、$A-tE$と対等な行列の行列式は固有多項式の定数倍になります。$A-tE$の固有多項式は多項式として0ではありませんから、$A-tE$と対等であるスミス標準形の対角成分に0はありません。

tー行列の基本変形を練習してみましょう。

ホップ 問題 スミス標準形と単因子 （別 p.74）

$A=\begin{pmatrix} 2 & 0 & 0 \\ -2 & 4 & 1 \\ 4 & -4 & 0 \end{pmatrix}$のとき、$A-tE$をスミス標準形に直せ。

$A-tE$を基本変形していくと、

$$\begin{pmatrix} 2-t & 0 & 0 \\ -2 & 4-t & 1 \\ 4 & -4 & -t \end{pmatrix} \to \begin{pmatrix} -2 & 4-t & 1 \\ 2-t & 0 & 0 \\ 4 & -4 & -t \end{pmatrix} \to \begin{pmatrix} 1 & 4-t & -2 \\ 0 & 0 & 2-t \\ -t & -4 & 4 \end{pmatrix}$$

$$\to \begin{pmatrix} 1 & 4-t & -2 \\ 0 & 0 & 2-t \\ 0 & -(t-2)^2 & 2(2-t) \end{pmatrix} \to \begin{pmatrix} 1 & 0 & 0 \\ 0 & 0 & 2-t \\ 0 & -(t-2)^2 & 2(2-t) \end{pmatrix}$$

$$\to \begin{pmatrix} 1 & 0 & 0 \\ 0 & 2-t & 0 \\ 0 & 2(2-t) & -(t-2)^2 \end{pmatrix} \to \begin{pmatrix} 1 & 0 & 0 \\ 0 & 2-t & 0 \\ 0 & 0 & -(t-2)^2 \end{pmatrix}$$

$$\to \begin{pmatrix} 1 & 0 & 0 \\ 0 & t-2 & 0 \\ 0 & 0 & (t-2)^2 \end{pmatrix}$$

行列を基本変形で階段行列に変形すると行列のランクや独立な列ベクトルがわかりました。スミス標準形からは何がわかるのでしょうか。

実は、$A-tE$と対等なスミス標準形から、Aのジョルダン標準形や最小多項式が分かります。1つの単因子がジョルダン細胞行列に対応しているのです。単因子$t-2$にはジョルダン細胞$J(2,1)$が、単因子$(t-2)^2$にはジョルダン細胞$J(2,2)$が対応しています。

Aのジョルダン標準形は、$J(2,1)\oplus J(2,2)$になります（第7章 p.226 で計算済み）。また、最小多項式は1番次数が大きい単因子$(t-2)^2$になります。

2つの固有値がある場合には、単因子を固有値ごとに分けて考えます。

もしも7次の正方行列Aで、$A-tE$のスミス標準形の単因子（これから単に単因子という）が

$$1, 1, 1, 1, 1, (t-3)(t-4)^2, (t-3)^2(t-4)^2$$

であればどうでしょうか。

単因子$(t-3)(t-4)^2$のように、2種類の1次式に関する積の場合は、$(t-3)$と$(t-4)^2$に分けて考えます。$(t-3)^2(t-4)^2$は、$(t-3)^2$と$(t-4)^2$に分けます。$(t-3)$、$(t-3)^2$に対応するジョルダン細胞行列は$J(3, 1)$、$J(3, 2)$であり、$(t-4)^2$、$(t-4)^2$にジョルダン細胞行列は$J(4, 2)$と$J(4, 2)$になります。

結局、Aのジョルダン標準形は

$$J(3, 1) \oplus J(3, 2) \oplus J(4, 2) \oplus J(4, 2)$$

になります。$(t-3)(t-4)^2$から分けてできた$(t-3)$や$(t-4)^2$を単純単因子といいます。単純単因子の1つがジョルダン細胞行列と対応しています。

なぜ単因子からジョルダン標準形が求められるのか説明してみましょう。まず、次の定理が言えます。

定理

AとBが相似なとき、$A-tE$と$B-tE$は対等である。

正則な行列Pを用いて、$B=P^{-1}AP$であるとします。

正則な行列Pは、行基本変形を表す行列P_{ij}、$Q_i(c)$、$R_{ij}(c)$の積で表すことができます。具体的には、P^{-1}を行基本変形でEに変形するときのことを考えれば求めることができます。

その一連の行基本変形を表す行列を順にS_1、S_2、…、S_r(S_iはP_{ij}、$Q_i(c)$、$R_{ij}(c)$のうちのどれか)とすれば、$S_r S_{r-1} \cdots S_2 S_1 P^{-1}=E$となりますから、これに$P$を右から掛けて、$P=S_r S_{r-1} \cdots S_2 S_1$です。

また、これより$P^{-1}=(S_r S_{r-1} \cdots S_2 S_1)^{-1}=S_1{}^{-1} S_2{}^{-1} \cdots S_{r-1}{}^{-1} S_r{}^{-1}$

ここで、$P^{-1}(A-tE)P=P^{-1}AP-t(P^{-1}EP)=B-tE$が成り立っていますが、$P$、$P^{-1}$を基本変形の行列で表せば、

$$S_1{}^{-1}S_2{}^{-1}\cdots S_{r-1}{}^{-1}S_r{}^{-1}(A-tE)S_rS_{r-1}\cdots S_2S_1=B-tE$$

となります。P_{ij}、$Q_i(c)$、$R_{ij}(c)$はどれもt−行列の基本変形を表していると見ることもできますから、この式は$A-tE$をt−行列の基本変形によって$B-tE$に変形できることを表しています。

正方行列Aのジョルダン標準形をJとします。正則行列Pを用いて、$J=P^{-1}AP$と表せるので、$A-tE$と$J-tE$は対等、すなわちt−行列の基本変形で移り合います。$A-tE$も$J-tE$もt−行列基本変形によって同じスミス標準形に変形できますから、$A-tE$の単因子と$J-tE$の単因子は一致します。

t−行列が与えられたとき、単因子は１通りに決まりますから、$J-tE$の単因子からジョルダン標準形Jの形が分かれば、Aのジョルダン標準形も分かることになります。

ジョルダン標準形の単因子を調べてみましょう。まずは、ジョルダン細胞行列から。

問題 $A=J(3,4)$のとき、$A-tE$の単因子を求めよ。

$A-tE$を基本変形していくと、

列の入れ替え３回

$$\begin{pmatrix}3-t & 1 & 0 & 0\\ 0 & 3-t & 1 & 0\\ 0 & 0 & 3-t & 1\\ 0 & 0 & 0 & 3-t\end{pmatrix}\to\begin{pmatrix}1 & 0 & 0 & 3-t\\ 3-t & 1 & 0 & 0\\ 0 & 3-t & 1 & 0\\ 0 & 0 & 3-t & 0\end{pmatrix}$$

$$\to\begin{pmatrix}1 & 0 & 0 & 3-t\\ 0 & 1 & 0 & -(3-t)^2\\ 0 & 3-t & 1 & 0\\ 0 & 0 & 3-t & 0\end{pmatrix}\to\begin{pmatrix}1 & 0 & 0 & 3-t\\ 0 & 1 & 0 & -(3-t)^2\\ 0 & 0 & 1 & (3-t)^3\\ 0 & 0 & 3-t & 0\end{pmatrix}$$

$$\to\begin{pmatrix}1 & 0 & 0 & 3-t\\ 0 & 1 & 0 & -(3-t)^2\\ 0 & 0 & 1 & (3-t)^3\\ 0 & 0 & 0 & -(3-t)^4\end{pmatrix}\to\begin{pmatrix}1 & 0 & 0 & 0\\ 0 & 1 & 0 & 0\\ 0 & 0 & 1 & 0\\ 0 & 0 & 0 & (t-3)^4\end{pmatrix}$$

これからジョルダン細胞行列 $J(\alpha, n)$ に対応する単因子が $(t-\alpha)^n$ であることが分かります。

複数のジョルダン細胞行列が並んだ行列の単因子を求めるには、次の定理が有効です。

定理　t－行列の基本変形

多項式 $f(t)$ と $g(t)$ が互いに素であるとき、

$$\begin{pmatrix} f(t) & 0 \\ 0 & g(t) \end{pmatrix} \sim \begin{pmatrix} 1 & 0 \\ 0 & f(t)g(t) \end{pmatrix}$$

スミス標準形を作るには、$e_i(t)$ が $e_{i-1}(t)$ で割り切れるれるように、より高次の因子を右下に集めなければなりません。このとき、上の定理が役に立つのです。

「$f(t)$、$g(t)$ が互いに素である」の定義は、$f(t)$、$g(t)$ を因数分解したとき共通因数がないことです。$(t-2)^2$ と $(t-3)(t-4)$ は、共通因数をもちませんから、互いに素です。$(t-2)(t-3)$ と $(t-2)(t-4)$ は、共通因数 $t-2$ を持ちますから、互いに素ではありません。

ここで整数の単元で学んだ１次不定方程式を思い出してください。

自然数 a、b が互いに素であるとき、$ax+by=1$ には整数解が存在しました。これと同様に、多項式 $f(t)$、$g(t)$ が互いに素であるとき、

$$f(t)v(t)+g(t)u(t)=1$$

を満たす $v(t)$、$u(t)$ が存在します。具体的に $f(t)$、$g(t)$ が与えられたときに、式を満たす $v(t)$、$u(t)$ を求めるには、整数のときと同じように互徐法を用います。整数と多項式のアナロジーを感じる興味深い話題ですが割愛します。

この式を用いて、次のように基本変形できます。

$$\begin{pmatrix} f(t) & 0 \\ 0 & g(t) \end{pmatrix} \xrightarrow{\times v(t)} \begin{pmatrix} f(t) & f(t)v(t) \\ 0 & g(t) \end{pmatrix} \xrightarrow{\times u(t)} \begin{pmatrix} f(t) & f(t)v(t)+g(t)u(t) \\ 0 & g(t) \end{pmatrix}$$

$$=\begin{pmatrix} f(t) & 1 \\ 0 & g(t) \end{pmatrix} \to \begin{pmatrix} 1 & f(t) \\ g(t) & 0 \end{pmatrix} \to \begin{pmatrix} 1 & 0 \\ 0 & -f(t)g(t) \end{pmatrix} \to \begin{pmatrix} 1 & 0 \\ 0 & f(t)g(t) \end{pmatrix}$$

これを用いると、$\alpha \neq \beta$のとき、次のような基本変形をすることができます。

$$\begin{pmatrix} (t-\alpha)^r & 0 \\ 0 & (t-\beta)^s \end{pmatrix} \sim \begin{pmatrix} 1 & 0 \\ 0 & (t-\alpha)^r(t-\beta)^s \end{pmatrix}$$

実際のジョルダン標準形から作った行列に応用してみます。

問題　$J=J(2,2)\oplus J(2,3)\oplus J(3,3)\oplus J(3,4)$のスミス標準形を求めよ。

$J-tE$を基本変形していくと、

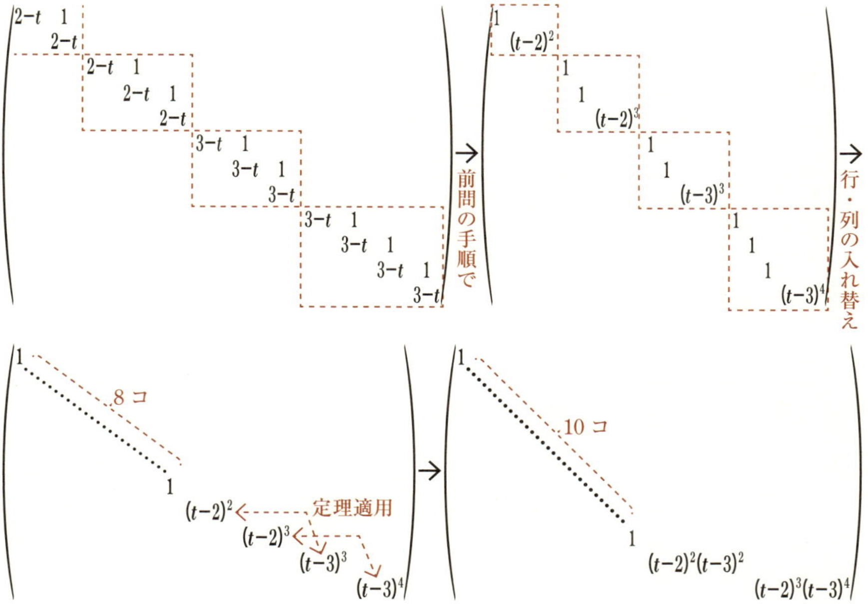

となります。

途中、前定理の適用の仕方には細心の注意が必要です。

共通因数がないからといって、下のように、「$(t-2)^2$と$(t-3)^4$」、「$(t-2)^3$と$(t-3)^3$」と組み合わせて定理を適用すると、$(t-2)^2(t-3)^4$が$(t-2)^3(t-3)^3$で割り切れず、スミス標準形になりません。

$$
\begin{pmatrix}
\ddots & & & & \\
& (t-2)^2 & & & \\
& & (t-2)^3 & & \\
& & & (t-3)^3 & \\
& & & & (t-3)^4
\end{pmatrix}
\to
\begin{pmatrix}
\ddots & & & & & \\
& 1 & & & & \\
& & 1 & & & \\
& & & \ddots & & \\
& & & & (t-2)^3(t-3)^3 & \\
& & & & & (t-2)^2(t-3)^4
\end{pmatrix}
$$

定理適用　定理適用

スミス標準形ではない。

この例から、ジョルダン標準形 J において、固有値が複数ある場合でも、右下の単因子は、次数が最大となるジョルダン細胞行列に対応する固有多項式の積、すなわち A の最小多項式になることがわかります。相似な 2 つの行列で最小多項式は一致しますから、ジョルダン標準形として J を持つ A について、$A-tE$ のスミス標準形における右下の単因子が最小多項式であることが分かります。

ここまで、スミス標準形の存在と一意性を仮定して話を進めてきました。最後に存在と一意性について証明しておきましょう。

ただ、存在については、$A-tE$ の形の $t-$ 行列を考える限り明らかです。J を A のジョルダン標準形とすれば、$A-tE$ から $J-tE$ に基本変形をして、さらに、$J-tE$ を基本変形してスミス標準形にすればよいからです。

一意性については、次の定理が有効です。

定理　k 次小行列式の最大公約数の一致

$A(t)$ と $B(t)$ が対等な $t-$ 行列であるとき、$A(t)$ の k 次小行列式たちの最大公約数と $B(t)$ の k 次小行列式たちの最大公約数は一致する。

多項式の倍数・約数では、定数倍の違いは無視することに注意しておきましょう。$(t-1)(t-2)$ と $(t-2)(t-3)$ の最大公約数は $(t-2)$ でも $2(t-2)$ でも構いません。ですから、最大公約数が等しいということは定数倍を無視して考えています。

基本変形で k 次小行列式の最大公約数が不変であることを示します。

$C(t)$ に基本変形を 1 回施して $D(t)$ になったとします。

$C(t)$ の k 次小行列式の最大公約数を $d_k(t)$、$D(t)$ の k 次小行列式の最大公約数

を $d'_k(t)$ としましょう。

(i)　$C(t)$ の行（列）を入れ替えて $D(t)$ になるとき、$C(t)$ の k 次小行列式たちと $D(t)$ の k 次小行列式たちは、符号が変わるものがあるだけで一致します。最大公約数は変わらず、$d_k(t)=d'_k(t)$ です。

(ii)　$C(t)$ のある行（列）を定数倍して $D(t)$ になるとき、$C(t)$ の k 次小行列式たちと $D(t)$ の k 次小行列式たちは、定数倍の違いがあるものもありますが一致します。最大公約数は不変で、$d_k(t)=d'_k(t)$ です。

(iii)　$C(t)$ に1行目の $c(t)$ 倍を2行目に足して $D(t)$ になるときを考えます。$C(t)$ と $D(t)$ の同じ成分から作られる k 次小行列式 $F(t)$ と $G(t)$ を比べてみましょう。

$F(t)$、$G(t)$ が $C(t)$、$D(t)$ の2行目を含まない場合は、当然 $|F(t)|=|G(t)|$ です。2行目を含む場合は、次の（**ア**）、（**イ**）に分かれます。

図で $\boldsymbol{a}$、$\boldsymbol{b}$ は t の多項式成分の k 次行ベクトルを表しています。

（**ア**）　k 次小行列式が1行目、2行目を含む場合、$D(t)$ の k 次小行列 $\mathrm{G}(t)$ は、$C(t)$ の k 次小行列 $F(t)$ の1行目を $c(t)$ 倍して2行目に足したものですから、行列式の性質より $|F(t)|=|G(t)|$ になります。

（**イ**）　k 次小行列式が2行目を含んで1行目を含まない場合を考えてみましょう。

図のように $F(t)$ と $G(t)$ が異なるのは上の行だけです。それ以外は $K(t)$ で一致しています。図の $H(t)$ のように1行目が $\boldsymbol{a}$ で、それより下が $K(t)$ となる k 次正方行列を考えます。

ア

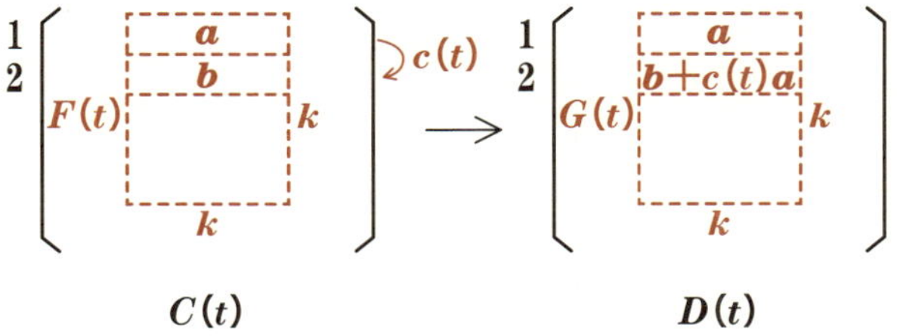

イ

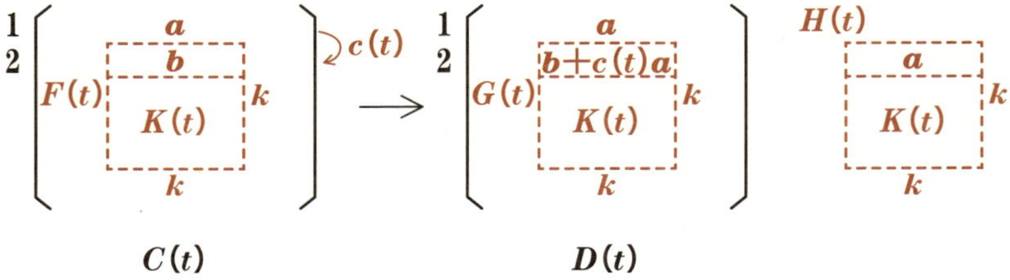

すると、$G(t)$の上の行が$\boldsymbol{b}+c(t)\boldsymbol{a}$となっていますから、行列式の分配法則を用いて、$|G(t)|=|F(t)|+c(t)|H(t)|$となります。

$|F(t)|$、$|H(t)|$は$d_k(t)$の倍数ですから、$|G(t)|$は$d_k(t)$の倍数になります。結局、$D(t)$のk次小行列式はすべて$d_k(t)$の倍数になります。すなわち、$D(t)$のk次小行列式は$d_k(t)$を約数に持ちます。$D(t)$のk次小行列式の最大公約数が$d'_k(t)$ですから、$d_k(t)$は$d'_k(t)$より小さく、$d_k(t) \leqq d'_k(t)$です。

基本変形は可逆なので、$D(t)$と$C(t)$の役割を入れ替えると、$C(t)$のk次小行列式はすべて$d'_k(t)$の倍数になることになり、$d'_k(t) \leqq d_k(t)$です。

よって、$d_k(t)=d'_k(t)$。

(i)、(ii)、(iii)のいずれの場合でも$d_k(t)=d'_k(t)$なので、対等なt−行列$A(t)$と$B(t)$でk次小行列式の最大公約数が一致することが確かめられました。

定理　スミス標準形の一意性

t−行列のスミス標準形は1通りに決まる。

下図のように2通りのスミス標準形に変形できたとしましょう。

$$
\begin{pmatrix}
e_1(t) & & & & & & \\
& e_2(t) & & & & & \\
& & \ddots & & & & \\
& & & e_r(t) & & & \\
& & & & 0 & & \\
& & & & & \ddots & \\
& & & & & & 0
\end{pmatrix}
\quad
\begin{pmatrix}
e'_1(t) & & & & & & \\
& e'_2(t) & & & & & \\
& & \ddots & & & & \\
& & & e'_s(t) & & & \\
& & & & 0 & & \\
& & & & & \ddots & \\
& & & & & & 0
\end{pmatrix}
$$

スミス標準形について、k次小行列式たちの最大公約数を求めます。

$e_1(t)$、$e_2(t)$、…、$e_n(t)$のうちからk個選んで積をとるとき、$e_1(t)$、$e_2(t)$、…、$e_n(t)$は倍数関係を持って並んでいますから、左上からk個取ったときの積$e_1(t)e_2(t)\cdots e_k(t)$が$k$次小行列式たちの最大公約数になります。

前の定理により、2つのスミス標準形のk次小行列式たちの最大公約数は一致します。

$k=1$のときを考えて、$e_1(t)=e'_1(t)$

$k=2$ のときを考えて、$e_1(t)e_2(t)=e'_1(t)e'_2(t)$ より、$e_2(t)=e'_2(t)$

$k=3$ のときを考えて、

$e_1(t)e_2(t)e_3(t)=e'_1(t)e'_2(t)\,e'_3(t)$ より、$e_3(t)=e'_3(t)$

……

このようにして、2 つのスミス標準形が一致することが示されます。

スミス標準形の一意性が示されると、異なる単因子を持つ行列は異なるジョルダン標準形を持つことが導け、$A-tE$ をスミス標準形にして単因子を求めることから、ジョルダン標準形を決定してよいことが正当化されます。

第10章

2次形式

1 2次形式の標準形

対称行列は直交行列で対角化できるといういい性質を持っていました。対称行列が活躍する応用例を紹介しましょう。

$$2x_1{}^2+2\sqrt{2}\,x_1x_2+3x_2{}^2$$

のように、x_1、x_2 の2次式（1次以下の項はない）を**2次形式**といいます。この式で、変数の置き換えをして、$ay_1{}^2+by_2{}^2$ のように y_1y_2 の項がない形（2次形式の標準形）に整える問題を考えます。このとき対称行列の対角化の理論が役に立ちます。実際にやってみましょう。

ホップ **問題　2次形式の標準形**　（別 p.78）

2次形式 $2x_1{}^2+2\sqrt{2}\,x_1x_2+3x_2{}^2$ を標準形にせよ。

$$(x_1,\,x_2)\begin{pmatrix}2 & \sqrt{2}\\ \sqrt{2} & 3\end{pmatrix}\begin{pmatrix}x_1\\ x_2\end{pmatrix}=(x_1,\,x_2)\begin{pmatrix}2x_1+\sqrt{2}\,x_2\\ \sqrt{2}\,x_1+3x_2\end{pmatrix}$$

$$=x_1(2x_1+\sqrt{2}\,x_2)+x_2(\sqrt{2}\,x_1+3x_2)=2x_1{}^2+2\sqrt{2}\,x_1x_2+3x_2{}^2$$

と計算できますから、この2次形式は、$\boldsymbol{x}=\begin{pmatrix}x_1\\ x_2\end{pmatrix}$, $A=\begin{pmatrix}2 & \sqrt{2}\\ \sqrt{2} & 3\end{pmatrix}$とおくと、

$$2x_1{}^2+2\sqrt{2}\,x_1x_2+3x_2{}^2={}^t\boldsymbol{x}A\boldsymbol{x}$$

と表されます。

ここで A は対称行列です。対称行列ですから、直交行列 P を用いて対角化することができます。

第8章 p.249 の問題より、$P=\dfrac{1}{\sqrt{3}}\begin{pmatrix}\sqrt{2} & 1\\ -1 & \sqrt{2}\end{pmatrix}$とすると、$A$ は $P^{-1}AP=\begin{pmatrix}1 & 0\\ 0 & 4\end{pmatrix}$と対角化することができます。これより、$A=P\begin{pmatrix}1 & 0\\ 0 & 4\end{pmatrix}P^{-1}=P\begin{pmatrix}1 & 0\\ 0 & 4\end{pmatrix}{}^tP$ です。

直交行列のとき
${}^tP=P^{-1}$

ここで、y_1、y_2を、$\begin{pmatrix} y_1 \\ y_2 \end{pmatrix} = {}^tP\begin{pmatrix} x_1 \\ x_2 \end{pmatrix}$とおきます。具体的には、

$$\begin{pmatrix} y_1 \\ y_2 \end{pmatrix} = \frac{1}{\sqrt{3}}\begin{pmatrix} \sqrt{2} & -1 \\ 1 & \sqrt{2} \end{pmatrix}\begin{pmatrix} x_1 \\ x_2 \end{pmatrix} = \frac{1}{\sqrt{3}}\begin{pmatrix} \sqrt{2}\,x_1 - x_2 \\ x_1 + \sqrt{2}\,x_2 \end{pmatrix}$$

となりますから、$y_1 = \frac{1}{\sqrt{3}}(\sqrt{2}\,x_1 - x_2),\ y_2 = \frac{1}{\sqrt{3}}(x_1 + \sqrt{2}\,x_2)$と変数変換したこと

になります。$\boldsymbol{y} = \begin{pmatrix} y_1 \\ y_2 \end{pmatrix}$とおくと、$\boldsymbol{y} = {}^tP\boldsymbol{x}$。

左からPを掛けて、$P\boldsymbol{y} = P{}^tP\boldsymbol{x} = E\boldsymbol{x} = \boldsymbol{x}$ですから、

$$\begin{aligned} 2{x_1}^2 + 2\sqrt{2}\,x_1x_2 + 3{x_2}^2 &= {}^t\boldsymbol{x}A\boldsymbol{x} = {}^t(P\boldsymbol{y})A(P\boldsymbol{y}) = {}^t\boldsymbol{y}{}^tPAP\boldsymbol{y} \\ &= {}^t\boldsymbol{y}(P^{-1}AP)\boldsymbol{y} = {}^t\boldsymbol{y}\begin{pmatrix} 1 & 0 \\ 0 & 4 \end{pmatrix}\boldsymbol{y} = (y_1, y_2)\begin{pmatrix} 1 & 0 \\ 0 & 4 \end{pmatrix}\begin{pmatrix} y_1 \\ y_2 \end{pmatrix} = {y_1}^2 + 4{y_2}^2 \end{aligned}$$

と2次形式の標準形になります。

対角化するときの直交行列Pを用いて、$\boldsymbol{y} = {}^tP\boldsymbol{x}$とおくところがポイントです。

2次形式を行列の表現に直す方法を3文字の場合も含めて、まとめておきます。

2 次形式の対称行列表現と標準形

(1)　$ax_1{}^2+2bx_1x_2+cx_2{}^2$ は、$A=\begin{pmatrix} a & b \\ b & c \end{pmatrix}$, $\boldsymbol{x}=\begin{pmatrix} x_1 \\ x_2 \end{pmatrix}$ とおいて、

$$ax_1{}^2+2bx_1x_2+cx_2{}^2=(x_1\ \ x_2)\begin{pmatrix} a & b \\ b & c \end{pmatrix}\begin{pmatrix} x_1 \\ x_2 \end{pmatrix}={}^t\boldsymbol{x}A\boldsymbol{x}$$

A を直交行列 P によって、$P^{-1}AP=\begin{pmatrix} \alpha & \\ & \beta \end{pmatrix}$ と対角化する。

$\begin{pmatrix} y_1 \\ y_2 \end{pmatrix}={}^tP\begin{pmatrix} x_1 \\ x_2 \end{pmatrix}$ とおくと、次が成り立つ。

$$ax_1{}^2+2bx_1x_2+cx_2{}^2=\alpha y_1{}^2+\beta y_2{}^2$$

(2)　$ax_1{}^2+bx_2{}^2+cx_3{}^2+2dx_1x_2+2ex_1x_3+2fx_2x_3$ は、

$A=\begin{pmatrix} a & d & e \\ d & b & f \\ e & f & c \end{pmatrix}$, $\boldsymbol{x}=\begin{pmatrix} x_1 \\ x_2 \\ x_3 \end{pmatrix}$ とおくと、

$$\begin{aligned} & ax_1{}^2+bx_2{}^2+cx_3{}^2+2dx_1x_2+2ex_1x_3+2fx_2x_3 \\ &=(x_1\ \ x_2\ \ x_3)\begin{pmatrix} a & d & e \\ d & b & f \\ e & f & c \end{pmatrix}\begin{pmatrix} x_1 \\ x_2 \\ x_3 \end{pmatrix}={}^t\boldsymbol{x}A\boldsymbol{x} \end{aligned}$$

A を直交行列 P によって、$P^{-1}AP=\begin{pmatrix} \alpha & & \\ & \beta & \\ & & \gamma \end{pmatrix}$ と対角化する。

$\begin{pmatrix} y_1 \\ y_2 \\ y_3 \end{pmatrix}={}^tP\begin{pmatrix} x_1 \\ x_2 \\ x_3 \end{pmatrix}$ とおくと、次が成り立つ。

$$ax_1{}^2+bx_2{}^2+cx_3{}^2+2dx_1x_2+2ex_1x_3+2fx_2x_3=\alpha y_1{}^2+\beta y_2{}^2+\gamma y_3{}^2$$

対称行列を用いるところがうまいところです。対称行列なので直交行列を用いて対角化することができます。対称行列でない行列で表すこともできますが、それでは標準化に結びつきません。

x_1、x_2、x_3 の 3 文字の場合も練習してみましょう。

問題　$x_1{}^2+x_2{}^2+x_3{}^2+4x_1x_2-4x_1x_3-4x_2x_3$ を標準形にせよ。

$\boldsymbol{x}=\begin{pmatrix} x_1 \\ x_2 \\ x_3 \end{pmatrix}, A=\begin{pmatrix} 1 & 2 & -2 \\ 2 & 1 & -2 \\ -2 & -2 & 1 \end{pmatrix}$とおくと、

$$x_1{}^2+x_2{}^2+x_3{}^2+4x_1x_2-4x_1x_3-4x_2x_3={}^t\boldsymbol{x}A\boldsymbol{x}$$

A は対称行列であり、第 8 章 p.251 より、直交行列 $P=\dfrac{1}{\sqrt{6}}\begin{pmatrix} \sqrt{2} & \sqrt{3} & -1 \\ \sqrt{2} & 0 & 2 \\ -\sqrt{2} & \sqrt{3} & 1 \end{pmatrix}$ で、

$P^{-1}AP=\begin{pmatrix} 5 & 0 & 0 \\ 0 & -1 & 0 \\ 0 & 0 & -1 \end{pmatrix}$と対角化されます。これより、$A=P\begin{pmatrix} 5 & 0 & 0 \\ 0 & -1 & 0 \\ 0 & 0 & -1 \end{pmatrix}{}^tP$

$\boldsymbol{y}=\begin{pmatrix} y_1 \\ y_2 \\ y_3 \end{pmatrix}$を $\boldsymbol{y}={}^tP\boldsymbol{x}$ と定めると、左から P を掛けて、$P\boldsymbol{y}=\boldsymbol{x}$

$$\begin{aligned} &x_1{}^2+x_2{}^2+x_3{}^2+4x_1x_2-4x_1x_3-4x_2x_3 \\ &={}^t\boldsymbol{x}A\boldsymbol{x}={}^t(P\boldsymbol{y})A(P\boldsymbol{y})={}^t\boldsymbol{y}{}^tPAP\boldsymbol{y}={}^t\boldsymbol{y}P^{-1}AP\boldsymbol{y} \\ &=(y_1, y_2, y_3)\begin{pmatrix} 5 & 0 & 0 \\ 0 & -1 & 0 \\ 0 & 0 & -1 \end{pmatrix}\begin{pmatrix} y_1 \\ y_2 \\ y_3 \end{pmatrix}=5y_1{}^2-y_2{}^2-y_3{}^2 \end{aligned}$$

と標準形に直すことができます。

ここで 2 次形式の変数がすべての実数を動くとき、2 次形式がとりうる値の符号を考えてみましょう。2 つ前の問題は、適当な変数変換によって、

$$2x_1{}^2+2\sqrt{2}\,x_1x_2+3x_2{}^2=y_1{}^2+4y_2{}^2 \quad \cdots\cdots①$$

となっています。2 次形式の符号を考えるのであれば、2 乗の 1 次結合で表されている右辺で考察すればよいでしょう。

①は、

$(y_1, y_2)=(0, 0)$ のとき、$y_1{}^2+4y_2{}^2=0$

$(y_1, y_2)\neq(0, 0)$ のとき、$y_1{}^2+4y_2{}^2>0^2+4\cdot0^2=0$

となります。つまり、①の 2 次形式は、$(x_1, x_2)=(y_1, y_2)=(0, 0)$ 以外では正の値になります。このように、$(x_1, x_2)=(0, 0)$ 以外でつねに正の値をとる 2 次形式のことを**正値 2 次形式**といいます。

正値2次形式になるのは、$y_1{}^2$ の係数、$y_2{}^2$ の係数がともに正であるからです。つまり、2次形式を表現する対角行列の固有値がすべて正の値であるとき、2次形式は正値になります。

もしも、$y_1{}^2$ の係数、$y_2{}^2$ の係数のうち、片方が正、片方が0である場合、例えば、2次形式の標準形が $2y_1{}^2+0\cdot y_2{}^2$ であるとすると、$(y_1, y_2)=(0, c)$（c は任意）のとき、2次形式は0になり、これ以外のとき（$y_1 \neq 0$ のとき）、2次形式は正になります。このような2次形式を**半正値2次形式**といいます。2次形式を表現する対角行列の固有値に正と0の両方があって、負がないとき、2次形式は半正値になります。

$$x_1{}^2+x_2{}^2+x_3{}^2+4x_1x_2-4x_1x_3-4x_2x_3=5y_1{}^2-y_2{}^2-y_3{}^2 \quad \cdots\cdots ②$$

②の2次形式は、右辺の係数に正と負の両方がありますから、式の値は正も負もとることができます。

実際、$(y_1, y_2, y_3)=(1, 0, 0)$のときは正、$(y_1, y_2, y_3)=(0, 1, 0)$のときは負です。この場合は、2次形式が**不定符号**であるといいます。

y_i の係数は2次形式を表す行列の固有値でしたから、固有値の符号によって、2次形式が正値、半正値、負値、半負値、不定符号のいずれであるか判別できます。

2次形式の符号

2次形式を Q、2次形式を表す対称行列を A とする。

	任意の $\boldsymbol{x}(\neq 0)$ に対して	A の固有値
正値	$Q>0$	すべて正
半正値	$Q \geqq 0$	負はなく0がある
負値	$Q<0$	すべて負
半負値	$Q \leqq 0$	正はなく0がある
不定符号	Q は正も負も取る	正も負もある

練習問題で用語の確認をしましょう。

ホップ

問題　2次形式の符号の判別　（別 p.82）

次の2次形式の符号を判定せよ。

(1)　$-3x_1{}^2-2x_2{}^2-3x_3{}^2-2x_1x_2-4x_1x_3+2x_2x_3$

(2)　$3x_1{}^2+2x_2{}^2+3x_3{}^2+2x_1x_2+4x_1x_3+4x_2x_3$

(3)　$3x_1{}^2+x_2{}^2+3x_3{}^2+2x_1x_2+4x_1x_3+4x_2x_3$

対応する対称行列の固有値の正負を調べましょう。必ずしも固有値を求める必要はありません。符号を判定すればよいのです。対称行列の固有値はすべて実数であることをうまく用いましょう。

(1)　2次形式に対応する行列は、$A=\begin{pmatrix}-3 & -1 & -2\\ -1 & -2 & 1\\ -2 & 1 & -3\end{pmatrix}$

固有多項式は、$|A-tE|=\begin{vmatrix}-3-t & -1 & -2\\ -1 & -2-t & 1\\ -2 & 1 & -3-t\end{vmatrix}$

$$\begin{aligned}&=(-3-t)(-2-t)(-3-t)+(-1)\cdot 1\cdot(-2)+(-2)(-1)\cdot 1\\&\quad-(-3-t)1\cdot 1-(-1)(-1)(-3-t)-(-2)(-2-t)(-2)\\&=-15t-8t^2-t^3=-t(3+t)(5+t)\end{aligned}$$

これより、Aの固有値は0、-3、-5。よって、2次形式は半負値。

(2)　2次形式に対応する行列は、$A=\begin{pmatrix}3 & 1 & 2\\ 1 & 2 & 2\\ 2 & 2 & 3\end{pmatrix}$

固有多項式$f(t)$は、

$$\begin{aligned}f(t)=|A-tE|&=\begin{vmatrix}3-t & 1 & 2\\ 1 & 2-t & 2\\ 2 & 2 & 3-t\end{vmatrix}\\&=(3-t)(2-t)(3-t)+1\cdot 2\cdot 2+2\cdot 1\cdot 2\\&\quad-(3-t)\cdot 2\cdot 2-1\cdot 1\cdot(3-t)-2(2-t)\cdot 2\\&=3-12t+8t^2-t^3\end{aligned}$$

$t\leqq 0$のとき、$f(t)>0$ですから、$f(t)=0$の解はすべて正です。よって、2次形式は正値。

(3)　2次形式に対応する行列は、$A=\begin{pmatrix}3&1&2\\1&1&2\\2&2&3\end{pmatrix}$

固有多項式$f(t)$は、

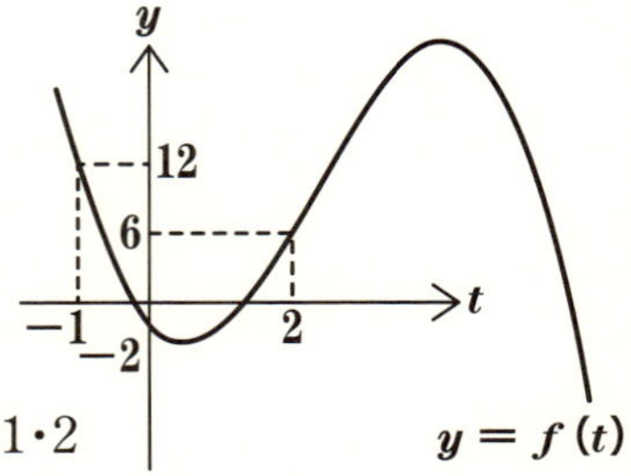

$$f(t)=|A-tE|=\begin{vmatrix}3-t&1&2\\1&1-t&2\\2&2&3-t\end{vmatrix}$$

$$=(3-t)(1-t)(3-t)+1\cdot2\cdot2+2\cdot1\cdot2$$

$$-(3-t)\cdot2\cdot2-1\cdot1\cdot(3-t)-2(1-t)\cdot2=-2-6t+7t^2-t^3$$

ここで、$f(-1)=12>0$、$f(0)=-2<0$、$f(2)=6>0$ となるので、$f(t)=0$ は、正の解を2個、負の解を1個持つ。2次形式は不定符号。

② 2次曲線・2次曲面

2次形式の標準化の応用として、2つのテーマを紹介しましょう。

1つは、2次曲線のグラフを描く問題。もう1つは、関数の最大最小を求める問題です。

まずは、2次曲線のグラフの問題から。

一般に、

$$ax^2+2bxy+cy^2+2dx+2ey+f=0 \quad \cdots\cdots ①$$

で表される曲線を2次曲線と言います。

円 $x^2+y^2=1$ や放物線 $y=x^2$ は、高校の数IIまでで習う2次曲線の例です。

①の式は、a、b、c、d、e、f の値の与え方により、楕円、双曲線、放物線、2直線、1直線、1点を表します。場合によっては、①を満たす実数 x、y が存在しないこともあります。この場合は、①を満たす (x, y) のグラフは座標平面上には描けません。

高校で習わなかった人もいるでしょうから、楕円、双曲線、放物線の標準形について、簡単に紹介しておきましょう。

楕円、双曲線、放物線の標準形とそのグラフ、焦点の座標、図形的定義を表にしてまとめると次のようになります。図形的定義から標準形を導出することは高校数学の軌跡の問題として中程度の難易度をもった面白い問題です。ここでは割愛します。

■ 2 次曲線■

楕円	**双曲線**	**放物線**
標準形 $\dfrac{x^2}{a^2}+\dfrac{y^2}{b^2}=1$ $(a>b>0)$	標準形 $\dfrac{x^2}{a^2}-\dfrac{y^2}{b^2}=1$ $(a>0, b>0)$ 漸近線は、$y=\pm\dfrac{b}{a}x$	標準形 $y^2=4px$ $(p\neq0)$
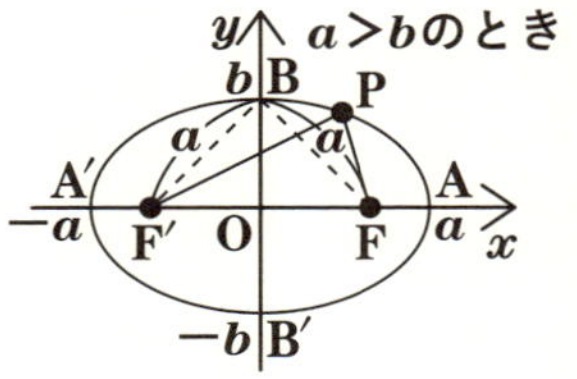	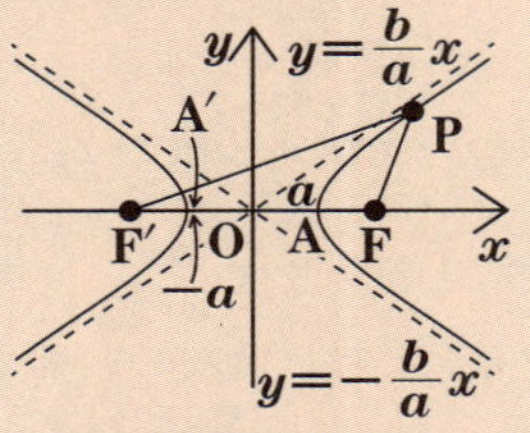	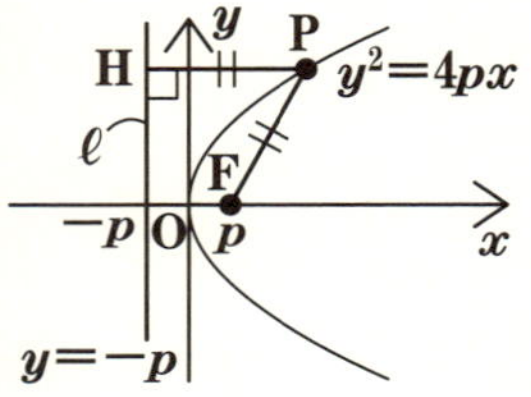
各部の名称 F、F′を焦点、A、A′、B、B′を頂点、FF′の中点を中心、AA′を長軸、BB′を短軸という。	**各部の名称** F、F′を焦点、A、A′を頂点、FF′の中点を中心、直線FF′を主軸という。	**各部の名称** Fを焦点、ℓを準線、Fを通りℓに垂直な直線を軸、放物線と軸の交点を頂点(図のO)という。
焦点の座標 (標準形のとき) $(\pm\sqrt{a^2-b^2}, 0)$	**焦点の座標** (標準形のとき) $(\pm\sqrt{a^2+b^2}, 0)$	**焦点の座標** (標準形のとき) $(p, 0)$ (準線は、$x=-p$)
図形的定義 2定点F、F′からの距離の和が一定である点Pの軌跡 **PF+PF′=2*a*(一定)**	**図形的定義** 2定点F、F′からの距離の差が一定である点Pの軌跡 **|PF−PF′|=2*a*(一定)**	**図形的定義** 定点Fとこの点を通らない定直線ℓからの距離が等しい点Pの軌跡 **PF=PH**

①の式で、a、b、c、d、e、f が具体的な数値で与えられた場合、変数を置き換えていくこと（グラフを移動すること）で式の形を標準形に整え、グラフの概形を求めます。

ポイントは与えられた式の 2 次の部分に着目し、2 次の部分が標準形になるような変数変換で式を書き直すところです。

さっそく、問題を解いてみましょう。

ホップ **問題　2 次曲線**　（別 p.86）

次の式が表す曲線のグラフを xy 平面上に描け。

(1)　$2x^2+2\sqrt{2}\,xy+3y^2-10\sqrt{2}\,x-14y+23=0$

(2)　$8x^2+8xy+2y^2-7\sqrt{5}\,x-6\sqrt{5}\,y+5=0$

(1)　$2x^2+2\sqrt{2}\,xy+3y^2-10\sqrt{2}\,x-14y+23=0$　……①

①の 2 次の部分 $2x^2+2\sqrt{2}\,xy+3y^2$ に着目します。

$A=\begin{pmatrix}2 & \sqrt{2}\\ \sqrt{2} & 3\end{pmatrix}$とおけば、

$$2x^2+2\sqrt{2}\,xy+3y^2=(x,\,y)A\begin{pmatrix}x\\ y\end{pmatrix}$$

と表されます。第 10 章 p.296 の問題と同様に、$P=\dfrac{1}{\sqrt{3}}\begin{pmatrix}\sqrt{2} & 1\\ -1 & \sqrt{2}\end{pmatrix}$とすると、

A は $P^{-1}AP=\begin{pmatrix}1 & 0\\ 0 & 4\end{pmatrix}$と対角化することができますから、$X$、$Y$ を$\begin{pmatrix}X\\ Y\end{pmatrix}={}^tP\begin{pmatrix}x\\ y\end{pmatrix}$とおけば、$P\begin{pmatrix}X\\ Y\end{pmatrix}=\begin{pmatrix}x\\ y\end{pmatrix}$であり

$$2x^2+2\sqrt{2}\,xy+3y^2=(x,\,y)A\begin{pmatrix}x\\ y\end{pmatrix}={}^t\left(P\begin{pmatrix}X\\ Y\end{pmatrix}\right)A\left(P\begin{pmatrix}X\\ Y\end{pmatrix}\right)$$

直交行列のとき ${}^tP=P^{-1}$

$$=(X,\,Y)P^{-1}AP\begin{pmatrix}X\\ Y\end{pmatrix}=(X,\,Y)\begin{pmatrix}1 & 0\\ 0 & 4\end{pmatrix}\begin{pmatrix}X\\ Y\end{pmatrix}=X^2+4Y^2 \quad \cdots\cdots *$$

となります。そこで、①全体を X、Y の式に直してみましょう。

$$\begin{pmatrix} x \\ y \end{pmatrix} = P\begin{pmatrix} X \\ Y \end{pmatrix} = \frac{1}{\sqrt{3}}\begin{pmatrix} \sqrt{2} & 1 \\ -1 & \sqrt{2} \end{pmatrix}\begin{pmatrix} X \\ Y \end{pmatrix} = \frac{1}{\sqrt{3}}\begin{pmatrix} \sqrt{2}X+Y \\ -X+\sqrt{2}Y \end{pmatrix}$$

より、$x=\frac{1}{\sqrt{3}}(\sqrt{2}X+Y),\ y=\frac{1}{\sqrt{3}}(-X+\sqrt{2}Y)$

これを①に代入すると、$2x^2+2\sqrt{2}xy+3y^2$ の部分は＊を用いて、

$$X^2+4Y^2-10\sqrt{2}\left\{\frac{1}{\sqrt{3}}(\sqrt{2}X+Y)\right\}-14\left\{\frac{1}{\sqrt{3}}(-X+\sqrt{2}Y)\right\}+23=0$$

$$\therefore \quad X^2-2\sqrt{3}X+4(Y^2-2\sqrt{6}Y)+23=0$$

$$\therefore \quad (X-\sqrt{3})^2+4(Y-\sqrt{6})^2=4$$

$$\therefore \quad \frac{(X-\sqrt{3})^2}{2^2}+(Y-\sqrt{6})^2=1 \quad \cdots\cdots②$$

これは、$\frac{X^2}{2^2}+Y^2=1$ が表すグラフ［長軸（X 方向）の長さが $2\times2=4$ で、短軸（Y 方向）の長さが $1\times2=2$ の楕円］を、X 方向に $\sqrt{3}$、Y 方向に $\sqrt{6}$ だけ平行移動したグラフです。

P は回転変換を表す行列で、回転角は、

$\cos\alpha=\frac{\sqrt{2}}{\sqrt{3}},\ \sin\alpha=-\frac{1}{\sqrt{3}}$ を満たす α（右図）

です。

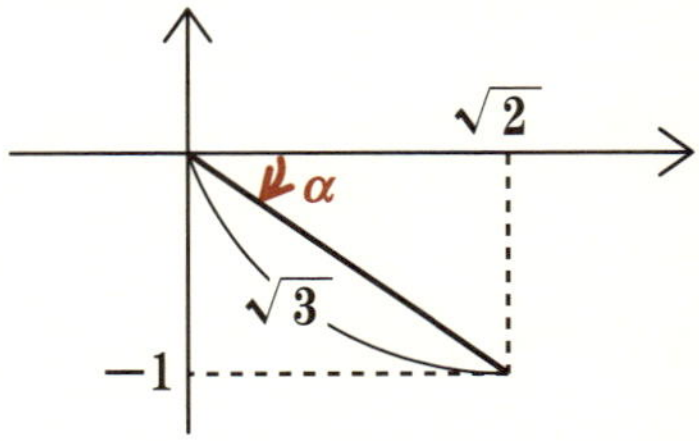

(x, y) は (X, Y) を原点を中心として α 回転した点ですから、①のグラフは②のグラフを原点を中心に α 回転したグラフになります。

②の楕円の中心が $(\sqrt{3}, \sqrt{6})$ なので、$\frac{1}{\sqrt{3}}\begin{pmatrix} \sqrt{2} & 1 \\ -1 & \sqrt{2} \end{pmatrix}\begin{pmatrix} \sqrt{3} \\ \sqrt{6} \end{pmatrix}=\begin{pmatrix} 2\sqrt{2} \\ 1 \end{pmatrix}$ より、①の楕円の中心は $(2\sqrt{2}, 1)$ です。

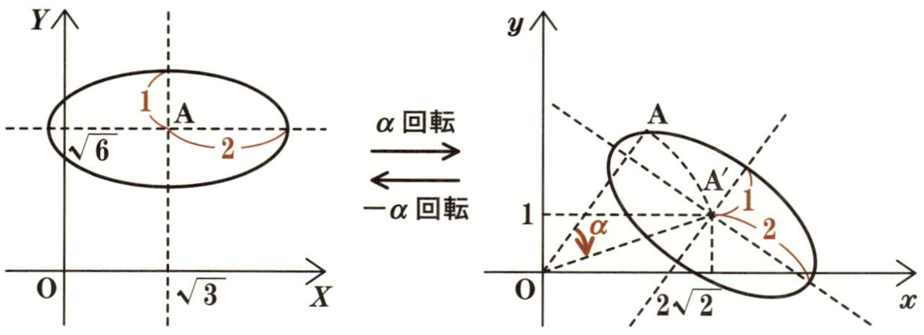

②: $\dfrac{(X-\sqrt{3})^2}{2^2}+(Y-\sqrt{6})^2=1$　　①: $2x^2+2\sqrt{2}\,xy+3y^2-10\sqrt{2}\,x-14y+23=0$

(2)　$8x^2+8xy+2y^2-7\sqrt{5}\,x-6\sqrt{5}\,y+5=0$　……③

2次の部分だけを取り出した $8x^2+8xy+2y^2$ を標準化することを考えます。

$A=\begin{pmatrix}8&4\\4&2\end{pmatrix}$とおくと、$8x^2+8xy+2y^2=(x,y)A\begin{pmatrix}x\\y\end{pmatrix}$となります。

A は直交行列 $P=\dfrac{1}{\sqrt{5}}\begin{pmatrix}2&-1\\1&2\end{pmatrix}$によって、$P^{-1}AP=\begin{pmatrix}10&0\\0&0\end{pmatrix}$と対角化されます。

［ A の固有方程式は、$|A-tE|=t(t-10)$。よって、固有値は、10と0であり、これに属する固有ベクトルはそれぞれ$\begin{pmatrix}2\\1\end{pmatrix}$、$\begin{pmatrix}-1\\2\end{pmatrix}$

　これを正規化して、$\dfrac{1}{\sqrt{5}}\begin{pmatrix}2\\1\end{pmatrix}$、$\dfrac{1}{\sqrt{5}}\begin{pmatrix}-1\\2\end{pmatrix}$。これを並べて$P=\dfrac{1}{\sqrt{5}}\begin{pmatrix}2&-1\\1&2\end{pmatrix}$。

固有ベクトルとして$\begin{pmatrix}2\\1\end{pmatrix}$、$\begin{pmatrix}1\\-2\end{pmatrix}$をとると、$\dfrac{1}{\sqrt{5}}\begin{pmatrix}2\\1\end{pmatrix}$、$\dfrac{1}{\sqrt{5}}\begin{pmatrix}1\\-2\end{pmatrix}$より、$P=\dfrac{1}{\sqrt{5}}\begin{pmatrix}2&1\\1&-2\end{pmatrix}$となるが、これは対称変換を表す行列なので、$\begin{pmatrix}2\\1\end{pmatrix}$、$\begin{pmatrix}-1\\2\end{pmatrix}$の方をとる。］

そこで、X、Yを$\begin{pmatrix}X\\Y\end{pmatrix}={}^tP\begin{pmatrix}x\\y\end{pmatrix}$, $P\begin{pmatrix}X\\Y\end{pmatrix}=\begin{pmatrix}x\\y\end{pmatrix}$とおきます。

$$8x^2+8xy+2y^2=(x,y)A\begin{pmatrix}x\\y\end{pmatrix}={}^t\left(P\begin{pmatrix}X\\Y\end{pmatrix}\right)A\left(P\begin{pmatrix}X\\Y\end{pmatrix}\right)$$

$$=(X,Y)P^{-1}AP\begin{pmatrix}X\\Y\end{pmatrix}=(X,Y)\begin{pmatrix}10&0\\0&0\end{pmatrix}\begin{pmatrix}X\\Y\end{pmatrix}=10X^2\quad\cdots\cdots *$$

そこで、③全体を X、Y の式に直してみましょう。

$$\begin{pmatrix} x \\ y \end{pmatrix} = P\begin{pmatrix} X \\ Y \end{pmatrix} = \frac{1}{\sqrt{5}}\begin{pmatrix} 2 & -1 \\ 1 & 2 \end{pmatrix}\begin{pmatrix} X \\ Y \end{pmatrix} = \frac{1}{\sqrt{5}}\begin{pmatrix} 2X-Y \\ X+2Y \end{pmatrix}$$

より、$x=\dfrac{1}{\sqrt{5}}(2X-Y)$、$y=\dfrac{1}{\sqrt{5}}(X+2Y)$ですから、

これを③の左辺に代入すると、$8x^2+8xy+2y^2$ の部分は＊を用いて

$$10X^2-7\sqrt{5}\cdot\frac{1}{\sqrt{5}}(2X-Y)-6\sqrt{5}\cdot\frac{1}{\sqrt{5}}(X+2Y)+5=0$$

$\therefore\quad 10X^2-20X-5Y+5=0 \qquad \therefore\quad 2X^2-4X+1=Y$

$\therefore\quad 2(X-1)^2-1=Y \quad \cdots\cdots④$

ここで、P は回転変換を表す行列で、回転角は、

$\cos\alpha=\dfrac{2}{\sqrt{5}}, \sin\alpha=\dfrac{1}{\sqrt{5}}$を満たす α(右図)です。

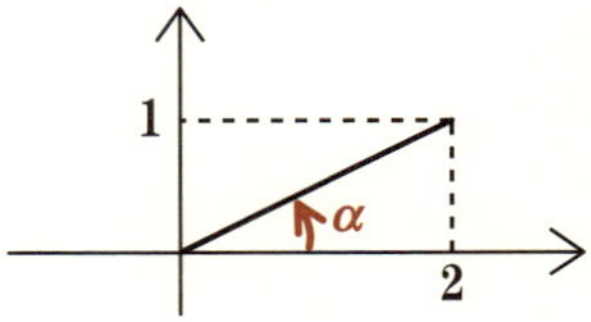

(x, y)は(X, Y)を原点を中心として α 回転した点ですから、③のグラフは④のグラフを原点を中心に α 回転したグラフになります。

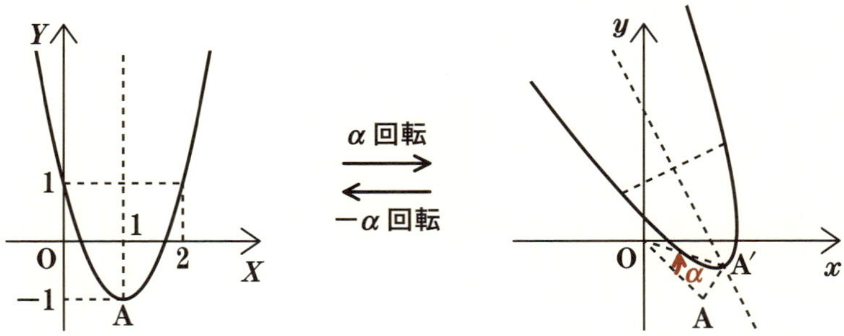

④: $Y=2(X-1)^2-1$　　③: $8x^2+8xy+2y^2-7\sqrt{5}x-6\sqrt{5}y+5=0$

まとめておきましょう。

$$ax^2+2bxy+cy^2+2dx+2ey+f=0 \quad \cdots\cdots⑤$$

が楕円、双曲線、放物線のいずれか表すものとします。

$A=\begin{pmatrix} a & b \\ b & c \end{pmatrix}$とおくとき、これが回転行列 P を用いて、$P^{-1}AP=\begin{pmatrix} a' & \\ & c' \end{pmatrix}$と対角化

されるものとします。X、Yを$\begin{pmatrix}X\\Y\end{pmatrix}={}^tP\begin{pmatrix}x\\y\end{pmatrix}$とおいて変数変換すると、⑤の式は、

$$a'X^2+c'Y^2+2d'X+2e'Y+f'=0 \quad \cdots\cdots ⑥$$

となります。XYの項がなくなっています。この式は楕円、双曲線、放物線のいずれの標準形を平行移動した式です。これは、⑥を平方完成することですぐにわかります。

⑥が楕円、双曲線、放物線のいずれを表しているかは、a'、c'の符号だけを見ればわかります。

楕円→$a'c'>0$　　双曲線→$a'c'<0$　　放物線→$a'c'=0$

(a'とc'が同符号)　(a'とc'が異符号)　(a'とc'のいずれか一方は0)

です。

$$a'c'=\det\begin{pmatrix}a' & \\ & c'\end{pmatrix}=\det(P^{-1}AP)=\det(P^{-1})\det A\det P=\det A=ac-b^2$$

ですから、$a'c'$を$ac-b^2$でおきかえて、次のようにまとまります。

定理　2次曲線の分類(楕円、双曲線、放物線)

$$ax^2+2bxy+cy^2+2dx+2ey+f=0 \quad \cdots\cdots ①$$

この式が、楕円を表すとき、$ac-b^2>0$

双曲線を表すとき、$ac-b^2<0$

放物線を表すとき、$ac-b^2=0$

「$ac-b^2>0$のとき、①が楕円を表す」と、逆向きには言えないところが、スッキリしないところです。

例えば、$2x^2+3y^2+4=0$は、$ac-b^2>0$を満たしますが、$2x^2+3y^2=-4$を満たす実数x、yは存在しないので、グラフが描けません。$ac-b^2>0$のとき、①が楕円を表すためには、d、e、fについての条件が必要です。なお、$2x^2+3y^2=-4$は、「虚楕円を表す」ということもあります。

①が楕円を表すためのa〜fについての必要十分条件を書き下すこともできま

すが、煩雑になるので書きません。

ただ、標準形を目指して式変形をしたとき、最後の式の形について、その式が何を表すかを書いておきます。①の式を回転変換、平行移動で変形していくと、次のうちのどれかにたどり着きます。

2次曲線の分類

$a>0, b>0$ とする

$ax^2+by^2=1$	→	楕円
$ax^2-by^2=1$	→	双曲線
$-ax^2-by^2=1$	→	虚楕円　（座標平面上に描けません）
$ax^2+by^2=0$	→	1点
$ax^2-by^2=0$	→	交わる2直線
$x^2=4ay$	→	放物線
$ax^2=1$	→	平行な2直線
$-ax^2=1$	→	虚平行2直線（座標平面上に描けません）
$ax^2=0$	→	2重1直線

3つの文字に関する2次形式は、曲面や平面などを表します。これも標準形から紹介していきましょう。a, b, c はすべて正であるとします。

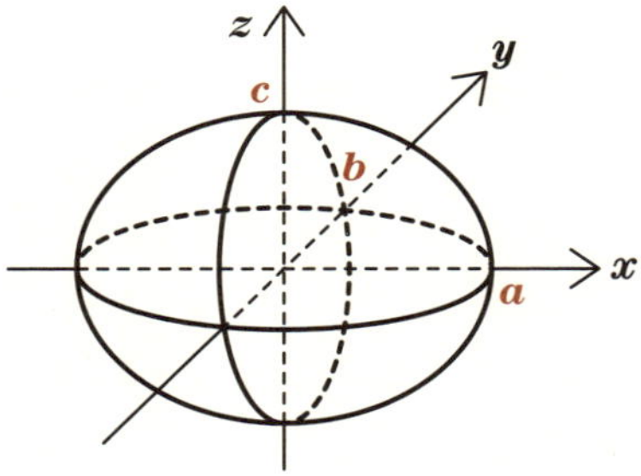

楕円面：$\dfrac{x^2}{a^2}+\dfrac{y^2}{b^2}+\dfrac{z^2}{c^2}=1$

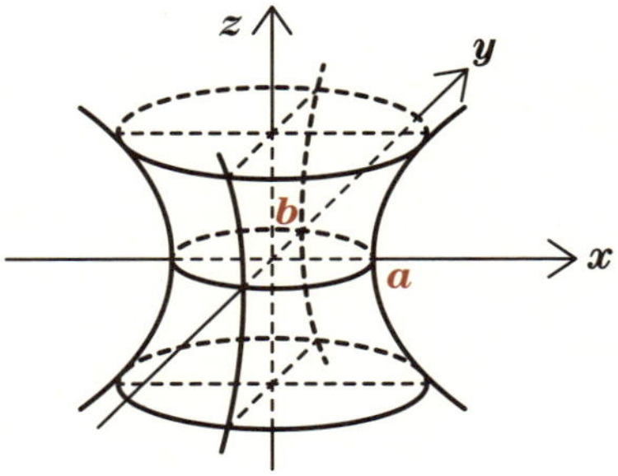

1葉双曲面：$\dfrac{x^2}{a^2}+\dfrac{y^2}{b^2}-\dfrac{z^2}{c^2}=1$

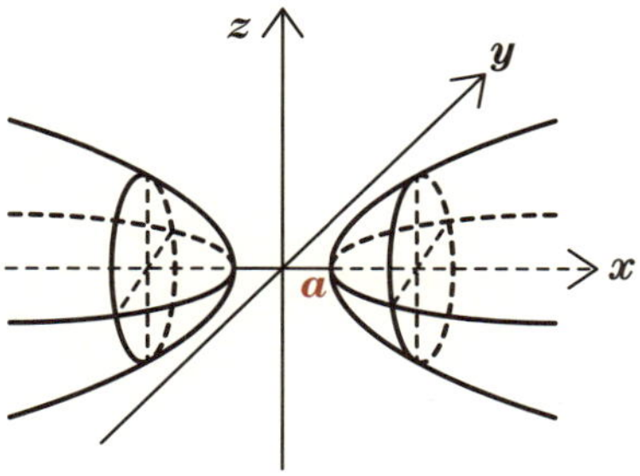

2 葉双曲面：$\dfrac{x^2}{a^2}-\dfrac{y^2}{b^2}-\dfrac{z^2}{c^2}=1$

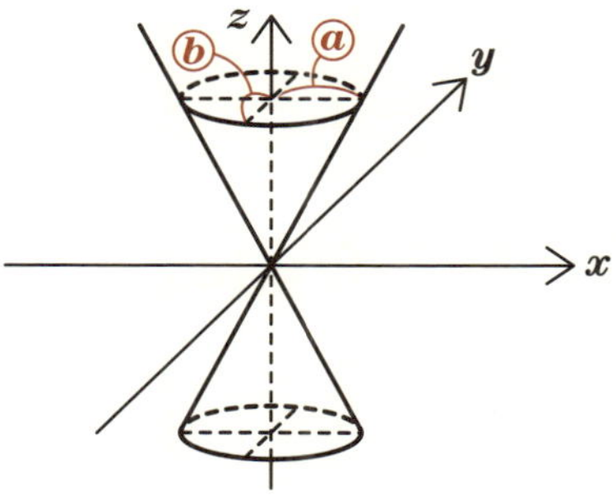

錐面：$\dfrac{x^2}{a^2}+\dfrac{y^2}{b^2}-\dfrac{z^2}{c^2}=0$

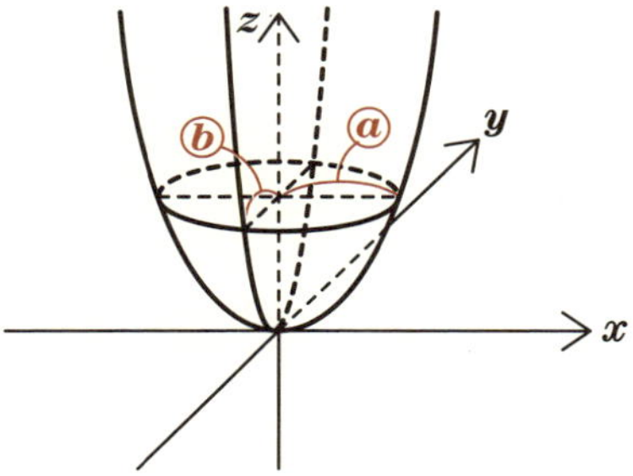

楕円放物面：$z=\dfrac{x^2}{a^2}+\dfrac{y^2}{b^2}$

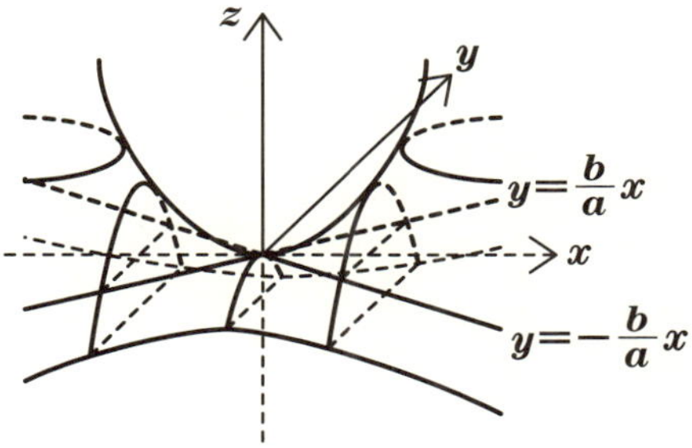

双曲放物面：$z=\dfrac{x^2}{a^2}-\dfrac{y^2}{b^2}$

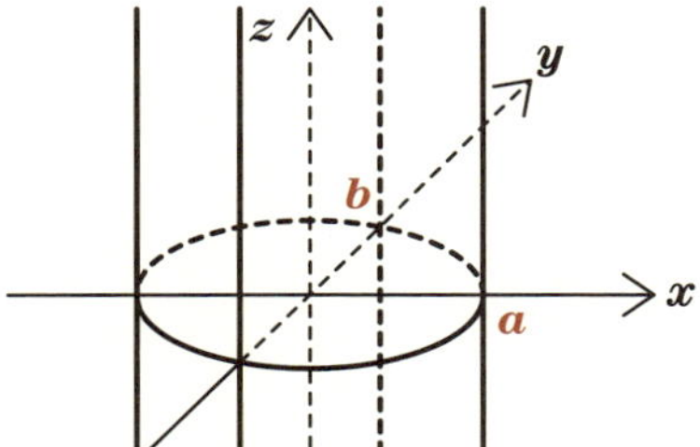

楕円柱面：$\dfrac{x^2}{a^2}+\dfrac{y^2}{b^2}=1$

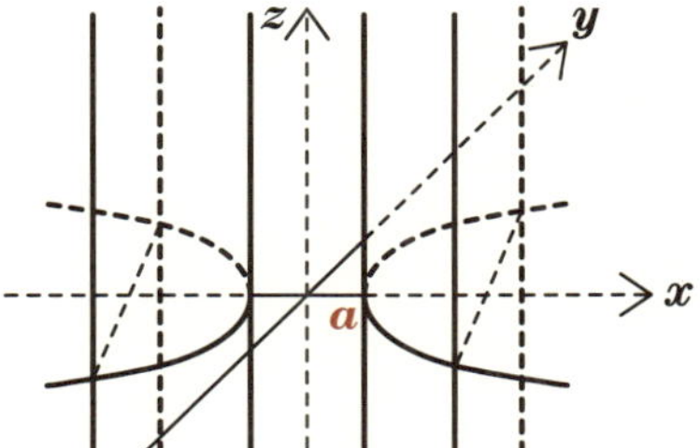

双曲柱面：$\dfrac{x^2}{a^2}-\dfrac{y^2}{b^2}=1$

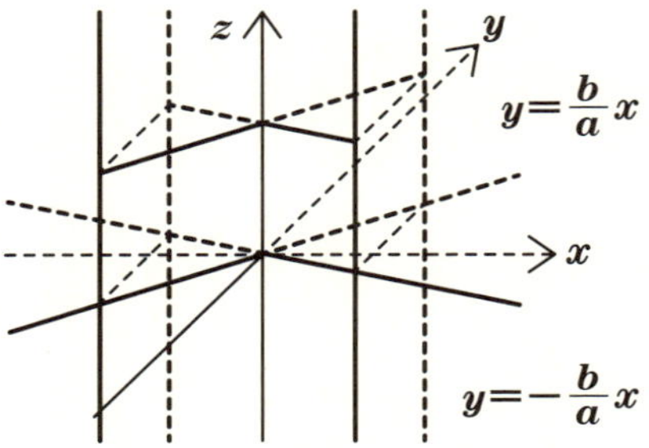

交わる 2 平面：$\frac{x^2}{a^2}-\frac{y^2}{b^2}=0$

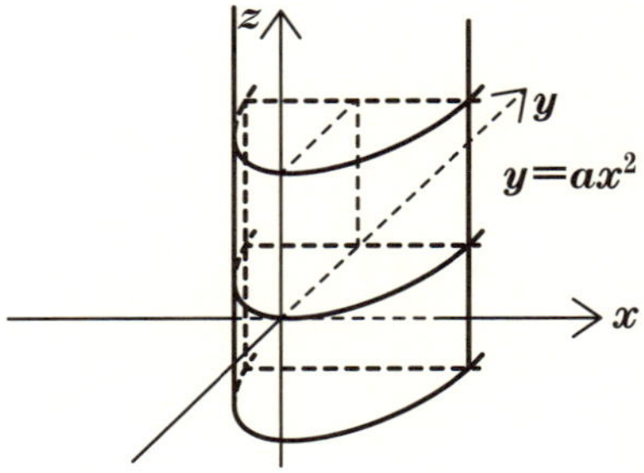

放物柱面：$y=ax^2$

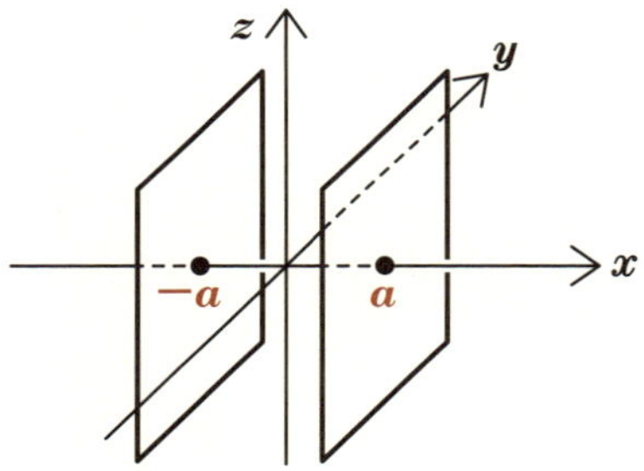

平行な 2 平面：$\frac{x^2}{a^2}=1$

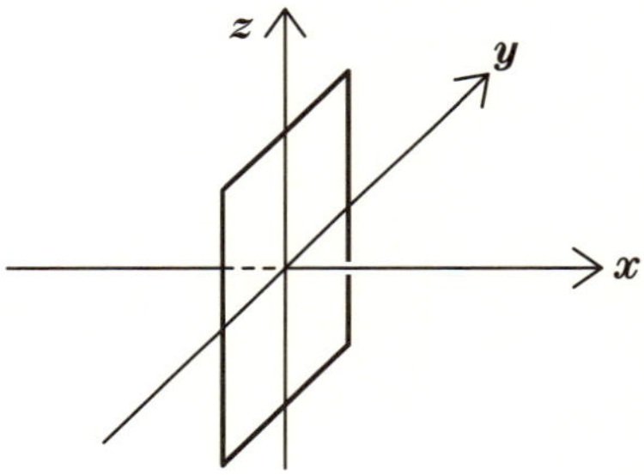

2 重 1 平面：$\frac{x^2}{a^2}=0$

3 文字の 2 次形式を変形して、最終的にたどり着いた形を分類すると次のようになります。

2 次曲面の分類

$a>0, b>0, c>0$

$ax^2+by^2+cz^2=1$	→	楕円面	
$ax^2+by^2-cz^2=1$	→	1 葉双曲面	
$ax^2-by^2-cz^2=1$	→	2 葉双曲面	
$-ax^2-by^2-cz^2=1$	→	虚楕円面	
$ax^2+by^2-cz^2=0$	→	錐面	
$ax^2+by^2+cz^2=0$	→	1 点(虚錐面)	
$z=ax^2+by^2$	→	楕円放物面	
$z=ax^2-by^2$	→	双曲放物面	
$ax^2+by^2=1$	→	楕円柱面	※
$ax^2-by^2=1$	→	双曲柱面	※
$-ax^2-by^2=1$	→	虚楕円柱面	※
$ax^2-by^2=0$	→	交わる 2 平面	※
$ax^2+by^2=0$	→	1 直線(虚交わる 2 平面)	※
$y=ax^2$	→	放物柱面	※
$ax^2=1$	→	平行な 2 平面	☆
$-ax^2=1$	→	虚平行な 2 平面	☆
$ax^2=0$	→	2 重 1 平面	☆

※　z が式に現われていないということは、z の値を任意に取れるということ。曲面を $z=k$ での切断した面が同じ図形になる。つまり、x、y で表される図形を底面とした柱である。

☆　y、z が式に現われていないので、y、z を任意に取ることができる。つまり、式が表している曲面は yz 平面に平行な平面である。

3 2次形式の最大最小

2次形式のもう1つの応用として、最大最小を求める問題を解いてみましょう。

ホップ **問題　2次形式の応用**　（別 p.90）

x、y、z が $x^2+y^2+z^2=1$ を満たしながら動くとき、

$$5x^2+2y^2+5z^2+8xy-2xz-8yz$$

の最大値と最小値を求めよ。

$A=\begin{pmatrix} 5 & 4 & -1 \\ 4 & 2 & -4 \\ -1 & -4 & 5 \end{pmatrix}$, $\boldsymbol{x}=\begin{pmatrix} x \\ y \\ z \end{pmatrix}$ とおくと、

$$5x^2+2y^2+5z^2+8xy-2xz-8yz={}^t\boldsymbol{x}A\boldsymbol{x}$$

ここで、A は $P=\dfrac{1}{\sqrt{6}}\begin{pmatrix} \sqrt{2} & \sqrt{3} & -1 \\ \sqrt{2} & 0 & 2 \\ -\sqrt{2} & \sqrt{3} & 1 \end{pmatrix}$ によって、$P^{-1}AP=\begin{pmatrix} 10 & & \\ & 4 & \\ & & -2 \end{pmatrix}$ と対角化できるので、$\begin{pmatrix} x' \\ y' \\ z' \end{pmatrix}={}^tP\begin{pmatrix} x \\ y \\ z \end{pmatrix}$ と変数変換する。（$\boldsymbol{y}=\begin{pmatrix} x' \\ y' \\ z' \end{pmatrix}$ とおくと $\boldsymbol{y}={}^tP\boldsymbol{x}$, $P\boldsymbol{y}=\boldsymbol{x}$）

直交行列のとき ${}^tP=P^{-1}$

$$\begin{aligned}
&5x^2+2y^2+5z^2+8xy-2xz-8yz \\
&={}^t\boldsymbol{x}A\boldsymbol{x}={}^t(P\boldsymbol{y})A(P\boldsymbol{y})={}^t\boldsymbol{y}(P^{-1}AP)\boldsymbol{y}=(x', y', z')\begin{pmatrix} 10 & & \\ & 4 & \\ & & -2 \end{pmatrix}\begin{pmatrix} x' \\ y' \\ z' \end{pmatrix} \\
&=10x'^2+4y'^2-2z'^2
\end{aligned}$$

また、

$$x^2+y^2+z^2={}^t\boldsymbol{x}\boldsymbol{x}={}^t(P\boldsymbol{y})(P\boldsymbol{y})={}^t\boldsymbol{y}(P^{-1}P)\boldsymbol{y}={}^t\boldsymbol{y}\boldsymbol{y}=x'^2+y'^2+z'^2$$

です。条件式 $x^2+y^2+z^2=1$ は $x'^2+y'^2+z'^2=1$ となります。$x'^2+y'^2+z'^2=1$ を満たす任意の x', y', z' に対して、$P\boldsymbol{y}=\boldsymbol{x}$ で対応する x, y, z が存在しますから

(x', y', z') は $x'^2+y'^2+z'^2=1$ を満たすすべての場合をとりうることができます。

よって、問題は、

「$x'^2+y'^2+z'^2=1$ を満たしながら動くとき、$10x'^2+4y'^2-2z'^2$ の最大値と最小値を求めよ。」

と言い換えられます。x'^2、y'^2、z'^2 が 0 以上であることに注意して、

$$\begin{aligned} -2 &= -2x'^2-2y'^2-2z'^2 \\ &\leqq 10x'^2+4y'^2-2z'^2 \\ &\leqq 10x'^2+10y'^2+10z'^2=10 \end{aligned}$$

これより、$10x'^2+4y'^2-2z'^2$ は -2 以上、10 以下です。

この不等式で、等号を満たすときが存在して、

ア　$x'=0, y'=0, z'=\pm 1$ のとき、最小値 -2

イ　$x'=\pm 1, y'=0, z'=0$ のとき、最大値 10

を取ります。$\boldsymbol{Py}=\boldsymbol{x}$ を用いて、x、y、z に置き換えて、

$$\frac{1}{\sqrt{6}}\begin{pmatrix} \sqrt{2} & \sqrt{3} & -1 \\ \sqrt{2} & 0 & 2 \\ -\sqrt{2} & \sqrt{3} & 1 \end{pmatrix}\begin{pmatrix} 0 \\ 0 \\ \pm 1 \end{pmatrix} = \pm\frac{1}{\sqrt{6}}\begin{pmatrix} -1 \\ 2 \\ 1 \end{pmatrix}$$

$$\frac{1}{\sqrt{6}}\begin{pmatrix} \sqrt{2} & \sqrt{3} & -1 \\ \sqrt{2} & 0 & 2 \\ -\sqrt{2} & \sqrt{3} & 1 \end{pmatrix}\begin{pmatrix} \pm 1 \\ 0 \\ 0 \end{pmatrix} = \pm\frac{1}{\sqrt{3}}\begin{pmatrix} 1 \\ 1 \\ -1 \end{pmatrix}$$

なので、

$x=\mp\frac{1}{\sqrt{6}}, y=\pm\frac{2}{\sqrt{6}}, z=\pm\frac{1}{\sqrt{6}}$(複号同順)のとき、最小値 -2

$x=\pm\frac{1}{\sqrt{3}}, y=\pm\frac{1}{\sqrt{3}}, z=\mp\frac{1}{\sqrt{3}}$(複号同順)のとき、最大値 10

-2、10 は対角化した行列の成分でしたから固有値でした。最大値、最小値は固有値になるんですね。面白い結果だと思います。これは次のようにまとまります。

定理 $|\boldsymbol{x}|=1$ のとき、2次形式 ${}^t\boldsymbol{x}A\boldsymbol{x}$ の最大値・最小値は、A の固有値の最大値・最小値に等しい。

A が対称行列なので固有値は実数であり、それらを重複を含めて、λ_1、λ_2、…、λ_n とします。A が、直交行列 P を用いて、

$P^{-1}AP=\begin{pmatrix}\lambda_1 & & \\ & \ddots & \\ & & \lambda_n\end{pmatrix}$ と対角化されるとき、${}^tP\boldsymbol{x}=\boldsymbol{y}=\begin{pmatrix}y_1\\ \vdots \\ y_n\end{pmatrix}$ とおくと、

$${}^t\boldsymbol{x}A\boldsymbol{x}={}^t(P\boldsymbol{y})A(P\boldsymbol{y})={}^t\boldsymbol{y}P^{-1}AP\boldsymbol{y}={}^t\boldsymbol{y}\begin{pmatrix}\lambda_1 & & \\ & \ddots & \\ & & \lambda_n\end{pmatrix}\boldsymbol{y}=\lambda_1{y_1}^2+\cdots+\lambda_n{y_n}^2$$

ここで、

$${y_1}^2+\cdots+{y_n}^2={}^t\boldsymbol{y}\boldsymbol{y}={}^t({}^tP\boldsymbol{x})({}^tP\boldsymbol{x})={}^t\boldsymbol{x}P{}^tP\boldsymbol{x}={}^t\boldsymbol{x}\boldsymbol{x}=|\boldsymbol{x}|^2=1$$

よって、$\lambda_1\leqq\lambda_2\leqq\cdots\leqq\lambda_n$ という大小関係があるとすると、

$$\lambda_1=\lambda_1({y_1}^2+\cdots+{y_n}^2)\leqq\lambda_1{y_1}^2+\cdots+\lambda_n{y_n}^2\leqq\lambda_n({y_1}^2+\cdots+{y_n}^2)=\lambda_n$$

となるので、${}^t\boldsymbol{x}A\boldsymbol{x}$ の最大値は λ_n、最小値は λ_1 です。

索引

■な行

■は行

■や行

■ら行

■わ行

あとがき

この本は，技術評論社の佐藤丈樹氏より，大学生が単位を取れるような微分積分と線形代数の本を作りましょう，とお声を掛けていただいたことから始まりました.

単位を取ることだけを目的にするのであれば，個々の問題の解き方を覚えれば済むのかもしれませんが，解き方だけを覚えるだけでは将来応用が利かないと思い，線形代数の概念についても解説し，定理にはすべて証明を加えました.

類書では行列を標準形に直すことの数学的な意義を語らないまま，対角化，ジョルダン標準形を見つけるテクニックが語られることも多いのですが，この本では初めに行列の標準化についての数学的な意義を解説しています．これは，佐藤氏の「そもそもなぜ，行列を対角化，ジョルダン標準形に直すのか」という疑問に答えたものです．佐藤氏には他にも，読者の視点からの素朴な疑問を多数いただきました．本書が読者に寄り添ったものになっているとすれば，佐藤氏のアドバイスによるところが多いと言えます．感謝の念に堪えません.

校閲・校正に関しては，小山拓輝氏，佐々木和美氏にお世話になりました．本全体を見通した鋭い視点の校閲，添え字・ダッシュも見落とさない緻密な校正には，本当に助けられました．両氏のチェックなしはこの本はあり得ません．ありがとうございました.

この本をまとめるにあたっては，「大人のための数学教室　和」での授業の経験が生かされています．すてきな教場を作り運営をしてくださる代表の堀口智之氏，スタッフの皆さん，ぼくの拙い講義を聞いてくださった生徒の皆さんに感謝したいと思います，

また，社外執筆を心より応援してくださる東京出版社主黒木美左雄氏の寛大なお沙汰には頭が下がります.

企画に抜擢していただいた技術評論社の佐藤氏，仕事のしやすい環境を作っていただき，原稿から校了までかゆいところに手が届く完璧なサポートをしていただいた技術評論社の成田恭実氏には，重ねて感謝を申し上げます.

これからも，技術評論社，数学教室「和」，株式会社東京出版が，日本の数学教育に大きな貢献を果たされることを衷心よりお祈りいたします.

最後に，あとがきまで読んでくれた学習者のみなさんが線形代数を完璧に習得し諸学問に応用していただくことで，日本の社会と世界の国々にすばらしい未来が訪れますことを祈念いたします.

平成 26 年 10 月
石井俊全拝

カバー　●下野ツヨシ（ツヨシ＊グラフィックス）
本文フォーマット●下野ツヨシ（ツヨシ＊グラフィックス）
本文制作　●株式会社 明昌堂

1冊でマスター　大学の線形代数

2015年1月15日　初版　第1刷発行
2024年8月17日　初版　第7刷発行

著　者　石井 俊全
発行者　片岡 巌
発行所　株式会社技術評論社
東京都新宿区市谷左内町 21-13
電話　03-3513-6150　販売促進部
03-3267-2270　書籍編集部
印刷・製本　株式会社加藤文明社

定価はカバーに表示してあります。

ISBN978-4-7741-7037-4 C3041
Printed in Japan

1冊でマスター

大学の線形代数

別冊

問題演習と解答

［使い方］

同じテーマで、
演習問題と確認問題が組になっています。

演習問題が難しいと思った人は
講義編に戻ってみるとよいでしょう。

独習用として当冊子から解答をはずしたものを
PDFにて配布しています
(http://gihyo.jp/book/2015/978-4-7741-7037-4/)

技術評論社

ステップ

演習 ▶行列の加減・定数倍 （講義編 p.24 参照）

$A=\begin{pmatrix}1 & -2 & 3\\ 3 & 1 & 2\end{pmatrix}$, $B=\begin{pmatrix}2 & 1 & -1\\ -1 & 3 & -2\end{pmatrix}$とおく。

(1)　$-2A+3B$ を求めよ。

(2)　$-3A-B+X=A-3B$ を満たす X を求めよ。

(3)　$2X-Y=A$, $-5X+3Y=B$ を満たす X、Y を求めよ。

(1)　$-2A+3B=-2\begin{pmatrix}1 & -2 & 3\\ 3 & 1 & 2\end{pmatrix}+3\begin{pmatrix}2 & 1 & -1\\ -1 & 3 & -2\end{pmatrix}$

$=\begin{pmatrix}(-2)\cdot1+3\cdot2 & (-2)\cdot(-2)+3\cdot1 & (-2)\cdot3+3\cdot(-1)\\ (-2)\cdot3+3\cdot(-1) & (-2)\cdot1+3\cdot3 & (-2)\cdot2+3\cdot(-2)\end{pmatrix}$

$=\begin{pmatrix}4 & 7 & -9\\ -9 & 7 & -10\end{pmatrix}$

(2)　$-3A-B+X=A-3B$

$\therefore\quad X=4A-2B=4\begin{pmatrix}1 & -2 & 3\\ 3 & 1 & 2\end{pmatrix}-2\begin{pmatrix}2 & 1 & -1\\ -1 & 3 & -2\end{pmatrix}$

$=\begin{pmatrix}4\cdot1-2\cdot2 & 4\cdot(-2)-2\cdot1 & 4\cdot3-2\cdot(-1)\\ 4\cdot3-2\cdot(-1) & 4\cdot1-2\cdot3 & 4\cdot2-2\cdot(-2)\end{pmatrix}=\begin{pmatrix}0 & -10 & 14\\ 14 & -2 & 12\end{pmatrix}$

(3)　$2X-Y=A$ ……①　$-5X+3Y=B$ ……②

［ X、Y の連立１次方程式を解く要領で ］

①×3＋②より、

$3(2X-Y)+(-5X+3Y)=3A+B$

$\therefore\quad X=3A+B=3\begin{pmatrix}1 & -2 & 3\\ 3 & 1 & 2\end{pmatrix}+\begin{pmatrix}2 & 1 & -1\\ -1 & 3 & -2\end{pmatrix}$

$=\begin{pmatrix}3\cdot1+2 & 3\cdot(-2)+1 & 3\cdot3+(-1)\\ 3\cdot3+(-1) & 3\cdot1+3 & 3\cdot2+(-2)\end{pmatrix}=\begin{pmatrix}5 & -5 & 8\\ 8 & 6 & 4\end{pmatrix}$

①×5＋②×2 より、

$5(2X-Y)+2(-5X+3Y)=5A+2B$

$\therefore\quad Y=5A+2B=5\begin{pmatrix}1 & -2 & 3\\ 3 & 1 & 2\end{pmatrix}+2\begin{pmatrix}2 & 1 & -1\\ -1 & 3 & -2\end{pmatrix}$

$=\begin{pmatrix}5\cdot1+2\cdot2 & 5\cdot(-2)+2\cdot1 & 5\cdot3+2\cdot(-1)\\ 5\cdot3+2\cdot(-1) & 5\cdot1+2\cdot3 & 5\cdot2+2\cdot(-2)\end{pmatrix}=\begin{pmatrix}9 & -8 & 13\\ 13 & 11 & 6\end{pmatrix}$

ジャンプ

確認 ▶行列の加減・定数倍

$A=\begin{pmatrix}-1 & 1 & 2\\ 3 & -2 & 1\end{pmatrix}$, $B=\begin{pmatrix}3 & -1 & 1\\ 2 & -3 & 2\end{pmatrix}$とおく。

(1)　$2A-3B$を求めよ。

(2)　$X+2A-B=-A+B$を満たすXを求めよ。

(3)　$3X+7Y=A$, $2X+5Y=B$を満たすX, Yを求めよ。

(1)　$2A-3B=2\begin{pmatrix}-1 & 1 & 2\\ 3 & -2 & 1\end{pmatrix}-3\begin{pmatrix}3 & -1 & 1\\ 2 & -3 & 2\end{pmatrix}$

$=\begin{pmatrix}2\cdot(-1)-3\cdot3 & 2\cdot1-3\cdot(-1) & 2\cdot2-3\cdot1\\ 2\cdot3-3\cdot2 & 2\cdot(-2)-3\cdot(-3) & 2\cdot1-3\cdot2\end{pmatrix}=\begin{pmatrix}-11 & 5 & 1\\ 0 & 5 & -4\end{pmatrix}$

(2)　$X+2A-B=-A+B$

$\therefore\quad X=-3A+2B=-3\begin{pmatrix}-1 & 1 & 2\\ 3 & -2 & 1\end{pmatrix}+2\begin{pmatrix}3 & -1 & 1\\ 2 & -3 & 2\end{pmatrix}$

$=\begin{pmatrix}(-3)\cdot(-1)+2\cdot3 & (-3)\cdot1+2\cdot(-1) & (-3)\cdot2+2\cdot1\\ (-3)\cdot3+2\cdot2 & (-3)\cdot(-2)+2\cdot(-3) & (-3)\cdot1+2\cdot2\end{pmatrix}$

$=\begin{pmatrix}9 & -5 & -4\\ -5 & 0 & 1\end{pmatrix}$

(3)　$3X+7Y=A$　……①　$2X+5Y=B$　……②

［ X, Yの連立1次方程式を解く要領で ］

①×5−②×7 より、 $5(3X+7Y)-7(2X+5Y)=5A-7B$

$\therefore\quad X=5A-7B=5\begin{pmatrix}-1 & 1 & 2\\ 3 & -2 & 1\end{pmatrix}-7\begin{pmatrix}3 & -1 & 1\\ 2 & -3 & 2\end{pmatrix}$

$=\begin{pmatrix}5\cdot(-1)-7\cdot3 & 5\cdot1-7\cdot(-1) & 5\cdot2-7\cdot1\\ 5\cdot3-7\cdot2 & 5\cdot(-2)-7\cdot(-3) & 5\cdot1-7\cdot2\end{pmatrix}=\begin{pmatrix}-26 & 12 & 3\\ 1 & 11 & -9\end{pmatrix}$

①×(−2)+②×3 より、

$-2(3X+7Y)+3(2X+5Y)=-2A+3B$

$\therefore\quad Y=-2A+3B=-2\begin{pmatrix}-1 & 1 & 2\\ 3 & -2 & 1\end{pmatrix}+3\begin{pmatrix}3 & -1 & 1\\ 2 & -3 & 2\end{pmatrix}$

$=\begin{pmatrix}(-2)(-1)+3\cdot3 & (-2)\cdot1+3\cdot(-1) & (-2)\cdot2+3\cdot1\\ (-2)\cdot3+3\cdot2 & (-2)(-2)+3\cdot(-3) & (-2)\cdot1+3\cdot2\end{pmatrix}$

$=\begin{pmatrix}11 & -5 & -1\\ 0 & -5 & 4\end{pmatrix}$

ステップ 演習 ▶行列の積 （講義編 p.27 参照）

$A=\begin{pmatrix}2 & -3\\1 & -1\end{pmatrix}$, $B=\begin{pmatrix}1 & -1 & 2\\2 & -3 & 1\end{pmatrix}$, $C=\begin{pmatrix}2 & -3 & 4\\5 & 1 & -2\\-2 & 1 & 3\end{pmatrix}$のとき、
AB、BC、$(AB)C$、$A(BC)$を計算せよ。

$$AB=\begin{pmatrix}2 & -3\\1 & -1\end{pmatrix}\begin{pmatrix}1 & -1 & 2\\2 & -3 & 1\end{pmatrix}$$

$$=\begin{pmatrix}2\cdot1+(-3)\cdot2 & 2\cdot(-1)+(-3)\cdot(-3) & 2\cdot2+(-3)\cdot1\\1\cdot1+(-1)\cdot2 & 1\cdot(-1)+(-1)\cdot(-3) & 1\cdot2+(-1)\cdot1\end{pmatrix}=\begin{pmatrix}-4 & 7 & 1\\-1 & 2 & 1\end{pmatrix}$$

$$BC=\begin{pmatrix}1 & -1 & 2\\2 & -3 & 1\end{pmatrix}\begin{pmatrix}2 & -3 & 4\\5 & 1 & -2\\-2 & 1 & 3\end{pmatrix}$$

$$=\begin{pmatrix}1\cdot2+(-1)\cdot5+2\cdot(-2) & 1\cdot(-3)+(-1)\cdot1+2\cdot1 & 1\cdot4+(-1)\cdot(-2)+2\cdot3\\2\cdot2+(-3)\cdot5+1\cdot(-2) & 2\cdot(-3)+(-3)\cdot1+1\cdot1 & 2\cdot4+(-3)(-2)+1\cdot3\end{pmatrix}$$

$$=\begin{pmatrix}-7 & -2 & 12\\-13 & -8 & 17\end{pmatrix}$$

$$(AB)C=\begin{pmatrix}-4 & 7 & 1\\-1 & 2 & 1\end{pmatrix}\begin{pmatrix}2 & -3 & 4\\5 & 1 & -2\\-2 & 1 & 3\end{pmatrix}$$

$$=\begin{pmatrix}(-4)\cdot2+7\cdot5+1\cdot(-2) & (-4)\cdot(-3)+7\cdot1+1\cdot1 & (-4)\cdot4+7\cdot(-2)+1\cdot3\\(-1)\cdot2+2\cdot5+1\cdot(-2) & (-1)\cdot(-3)+2\cdot1+1\cdot1 & (-1)\cdot4+2\cdot(-2)+1\cdot3\end{pmatrix}$$

$$=\begin{pmatrix}25 & 20 & -27\\6 & 6 & -5\end{pmatrix}$$

$$A(BC)=\begin{pmatrix}2 & -3\\1 & -1\end{pmatrix}\begin{pmatrix}-7 & -2 & 12\\-13 & -8 & 17\end{pmatrix}$$

$$=\begin{pmatrix}2\cdot(-7)+(-3)(-13) & 2\cdot(-2)+(-3)(-8) & 2\cdot12+(-3)\cdot17\\1\cdot(-7)+(-1)(-13) & 1\cdot(-2)+(-1)(-8) & 1\cdot12+(-1)\cdot17\end{pmatrix}$$

$$=\begin{pmatrix}25 & 20 & -27\\6 & 6 & -5\end{pmatrix}$$

ジャンプ

確認 ▶行列の積

$A=\begin{pmatrix}1 & -2\\ 2 & -3\end{pmatrix}$, $B=\begin{pmatrix}-2 & 1 & 3\\ 1 & -4 & 2\end{pmatrix}$, $C=\begin{pmatrix}3 & -2 & 4\\ -1 & 3 & 2\\ 2 & -3 & 3\end{pmatrix}$のとき、

AB、BC、$(AB)C$、$A(BC)$を計算せよ。

$$AB=\begin{pmatrix}1 & -2\\ 2 & -3\end{pmatrix}\begin{pmatrix}-2 & 1 & 3\\ 1 & -4 & 2\end{pmatrix}$$

$$=\begin{pmatrix}1\cdot(-2)+(-2)\cdot 1 & 1\cdot 1+(-2)(-4) & 1\cdot 3+(-2)\cdot 2\\ 2\cdot(-2)+(-3)\cdot 1 & 2\cdot 1+(-3)(-4) & 2\cdot 3+(-3)\cdot 2\end{pmatrix}$$

$$=\begin{pmatrix}-4 & 9 & -1\\ -7 & 14 & 0\end{pmatrix}$$

$$BC=\begin{pmatrix}-2 & 1 & 3\\ 1 & -4 & 2\end{pmatrix}\begin{pmatrix}3 & -2 & 4\\ -1 & 3 & 2\\ 2 & -3 & 3\end{pmatrix}$$

$$=\begin{pmatrix}(-2)\cdot 3+1\cdot(-1)+3\cdot 2 & (-2)(-2)+1\cdot 3+3\cdot(-3) & (-2)\cdot 4+1\cdot 2+3\cdot 3\\ 1\cdot 3+(-4)(-1)+2\cdot 2 & 1\cdot(-2)+(-4)\cdot 3+2\cdot(-3) & 1\cdot 4+(-4)\cdot 2+2\cdot 3\end{pmatrix}$$

$$=\begin{pmatrix}-1 & -2 & 3\\ 11 & -20 & 2\end{pmatrix}$$

$$(AB)C=\begin{pmatrix}-4 & 9 & -1\\ -7 & 14 & 0\end{pmatrix}\begin{pmatrix}3 & -2 & 4\\ -1 & 3 & 2\\ 2 & -3 & 3\end{pmatrix}$$

$$=\begin{pmatrix}(-4)\cdot 3+9\cdot(-1)+(-1)\cdot 2 & (-4)(-2)+9\cdot 3+(-1)(-3) & (-4)\cdot 4+9\cdot 2+(-1)\cdot 3\\ (-7)\cdot 3+14\cdot(-1)+0\cdot 2 & (-7)(-2)+14\cdot 3+0\cdot(-3) & (-7)\cdot 4+14\cdot 2+0\cdot 3\end{pmatrix}$$

$$=\begin{pmatrix}-23 & 38 & -1\\ -35 & 56 & 0\end{pmatrix}$$

$$A(BC)=\begin{pmatrix}1 & -2\\ 2 & -3\end{pmatrix}\begin{pmatrix}-1 & -2 & 3\\ 11 & -20 & 2\end{pmatrix}$$

$$=\begin{pmatrix}1\cdot(-1)+(-2)\cdot 11 & 1\cdot(-2)+(-2)(-20) & 1\cdot 3+(-2)\cdot 2\\ 2\cdot(-1)+(-3)\cdot 11 & 2\cdot(-2)+(-3)(-20) & 2\cdot 3+(-3)\cdot 2\end{pmatrix}$$

$$=\begin{pmatrix}-23 & 38 & -1\\ -35 & 56 & 0\end{pmatrix}$$

ステップ

演習 ▶行列の n 乗（1）（講義編 p.34 参照）

次の行列の n 乗を求めよ。

（1）　$A=\begin{pmatrix}0&0&0&1\\0&0&1&0\\0&1&0&0\\1&0&0&0\end{pmatrix}$　　（2）　$B=\begin{pmatrix}0&x&0&0\\0&0&x&0\\0&0&0&x\\0&0&0&0\end{pmatrix}$

（1）　$A^2=\begin{pmatrix}0&0&0&1\\0&0&1&0\\0&1&0&0\\1&0&0&0\end{pmatrix}\begin{pmatrix}0&0&0&1\\0&0&1&0\\0&1&0&0\\1&0&0&0\end{pmatrix}=\begin{pmatrix}1&0&0&0\\0&1&0&0\\0&0&1&0\\0&0&0&1\end{pmatrix}=E,\ A^3=A^2A=EA=A,\ \cdots$

$n=2k+1$ のとき、$A^n=A$、$n=2k$ のとき、$A^n=E$

（2）　$B^2=\begin{pmatrix}0&x&0&0\\0&0&x&0\\0&0&0&x\\0&0&0&0\end{pmatrix}\begin{pmatrix}0&x&0&0\\0&0&x&0\\0&0&0&x\\0&0&0&0\end{pmatrix}=\begin{pmatrix}0&0&x^2&0\\0&0&0&x^2\\0&0&0&0\\0&0&0&0\end{pmatrix}$

$B^3=B^2B=\begin{pmatrix}0&0&x^2&0\\0&0&0&x^2\\0&0&0&0\\0&0&0&0\end{pmatrix}\begin{pmatrix}0&x&0&0\\0&0&x&0\\0&0&0&x\\0&0&0&0\end{pmatrix}=\begin{pmatrix}0&0&0&x^3\\0&0&0&0\\0&0&0&0\\0&0&0&0\end{pmatrix}$

$B^4=B^3B=\begin{pmatrix}0&0&0&x^3\\0&0&0&0\\0&0&0&0\\0&0&0&0\end{pmatrix}\begin{pmatrix}0&x&0&0\\0&0&x&0\\0&0&0&x\\0&0&0&0\end{pmatrix}=\boldsymbol{O},$

$n\geqq 4$ のとき、$B^n=\boldsymbol{O}$

$B^5=B^4B=\boldsymbol{O},\ \cdots$

ジャンプ

確認 ▶行列の n 乗（1）

次の行列の n 乗を求めよ。

（1）　$A=\begin{pmatrix}0&1&0&0\\0&0&1&0\\0&0&0&1\\1&0&0&0\end{pmatrix}$　　　（2）　$B=\begin{pmatrix}\cos\theta&\sin\theta\\\sin\theta&-\cos\theta\end{pmatrix}$

（1）　$A^2=\begin{pmatrix}0&1&0&0\\0&0&1&0\\0&0&0&1\\1&0&0&0\end{pmatrix}\begin{pmatrix}0&1&0&0\\0&0&1&0\\0&0&0&1\\1&0&0&0\end{pmatrix}=\begin{pmatrix}0&0&1&0\\0&0&0&1\\1&0&0&0\\0&1&0&0\end{pmatrix}$

$$A^3=A^2A=\begin{pmatrix}0&0&1&0\\0&0&0&1\\1&0&0&0\\0&1&0&0\end{pmatrix}\begin{pmatrix}0&1&0&0\\0&0&1&0\\0&0&0&1\\1&0&0&0\end{pmatrix}=\begin{pmatrix}0&0&0&1\\1&0&0&0\\0&1&0&0\\0&0&1&0\end{pmatrix}$$

$$A^4=A^3A=\begin{pmatrix}0&0&0&1\\1&0&0&0\\0&1&0&0\\0&0&1&0\end{pmatrix}\begin{pmatrix}0&1&0&0\\0&0&1&0\\0&0&0&1\\1&0&0&0\end{pmatrix}=\begin{pmatrix}1&0&0&0\\0&1&0&0\\0&0&1&0\\0&0&0&1\end{pmatrix}=E$$

$A^5=A^4A=EA=A,\ A^6=A^4A^2=EA^2=A^2,\ \cdots$

$n=4k+1$ のとき、$A^n=A$　　　$n=4k+2$ のとき、$A^n=A^2$

$n=4k+3$ のとき、$A^n=A^3$　　　$n=4k$　のとき、$A^n=E$

（2）　$B^2=\begin{pmatrix}\cos\theta&\sin\theta\\\sin\theta&-\cos\theta\end{pmatrix}\begin{pmatrix}\cos\theta&\sin\theta\\\sin\theta&-\cos\theta\end{pmatrix}$

$$=\begin{pmatrix}\cos^2\theta+\sin^2\theta&0\\0&\sin^2\theta+\cos^2\theta\end{pmatrix}=\begin{pmatrix}1&0\\0&1\end{pmatrix}=E$$

$n=2k+1$ のとき、$B^n=B$　$n=2k$ のとき、$B^n=E$

ステップ

演習 ▶行列の n 乗 (2) (講義編 p.34 参照)

次の行列の n 乗を求めよ。

(1) $A=\begin{pmatrix}0&0&0&0\\1&0&0&0\\0&1&0&0\\0&0&1&0\end{pmatrix}$　　(2) $B=\begin{pmatrix}a&0&0&0\\1&a&0&0\\0&1&a&0\\0&0&1&a\end{pmatrix}$

(1) $A^2=\begin{pmatrix}0&0&0&0\\1&0&0&0\\0&1&0&0\\0&0&1&0\end{pmatrix}\begin{pmatrix}0&0&0&0\\1&0&0&0\\0&1&0&0\\0&0&1&0\end{pmatrix}=\begin{pmatrix}0&0&0&0\\0&0&0&0\\1&0&0&0\\0&1&0&0\end{pmatrix}$

$A^3=A^2A=\begin{pmatrix}0&0&0&0\\0&0&0&0\\1&0&0&0\\0&1&0&0\end{pmatrix}\begin{pmatrix}0&0&0&0\\1&0&0&0\\0&1&0&0\\0&0&1&0\end{pmatrix}=\begin{pmatrix}0&0&0&0\\0&0&0&0\\0&0&0&0\\1&0&0&0\end{pmatrix}$

$A^4=A^3A=\begin{pmatrix}0&0&0&0\\0&0&0&0\\0&0&0&0\\1&0&0&0\end{pmatrix}\begin{pmatrix}0&0&0&0\\1&0&0&0\\0&1&0&0\\0&0&1&0\end{pmatrix}=O, A^5=A^4A=OA=O, \cdots$

$n\geqq 4$ のとき、$A^n=\boldsymbol{O}$

(2) $B=\begin{pmatrix}a&0&0&0\\0&a&0&0\\0&0&a&0\\0&0&0&a\end{pmatrix}+\begin{pmatrix}0&0&0&0\\1&0&0&0\\0&1&0&0\\0&0&1&0\end{pmatrix}=aE+A$

ここで、A と E は交換可能なので、二項定理を使うことができ、

$B^2=(aE+A)^2=(aE)^2+2(aE)A+A^2=a^2E+2aA+A^2=\begin{pmatrix}a^2&0&0&0\\2a&a^2&0&0\\1&2a&a^2&0\\0&1&2a&a^2\end{pmatrix}$

$n\geqq 3$ のとき、

$$\begin{aligned}B^n&=(aE+A)^n\\&=(aE)^n+{}_n\mathrm{C}_1(aE)^{n-1}A+{}_n\mathrm{C}_2(aE)^{n-2}A^2+{}_n\mathrm{C}_3(aE)^{n-3}A^3\\&\qquad+{}_n\mathrm{C}_4(aE)^{n-4}A^4+{}_n\mathrm{C}_5(aE)^{n-5}A^5+\cdots\cdots\\&=a^nE+{}_n\mathrm{C}_1a^{n-1}A+{}_n\mathrm{C}_2a^{n-2}A^2+{}_n\mathrm{C}_3a^{n-3}A^3\\&=\begin{pmatrix}a^n&0&0&0\\{}_n\mathrm{C}_1a^{n-1}&a^n&0&0\\{}_n\mathrm{C}_2a^{n-2}&{}_n\mathrm{C}_1a^{n-1}&a^n&0\\{}_n\mathrm{C}_3a^{n-3}&{}_n\mathrm{C}_2a^{n-2}&{}_n\mathrm{C}_1a^{n-1}&a^n\end{pmatrix}\end{aligned}$$

[(1) $n\geqq 4$ のとき、$A^n=O$ を用いて]

ジャンプ 確認 ▶行列の n 乗 (2)

次の行列の n 乗を求めよ。

(1) $A=\begin{pmatrix}\cos\theta & -\sin\theta \\ \sin\theta & \cos\theta\end{pmatrix}$ (2) $B=\begin{pmatrix}\sqrt{3} & -1 \\ 1 & \sqrt{3}\end{pmatrix}$

(1) $A^n=\begin{pmatrix}\cos n\theta & -\sin n\theta \\ \sin n\theta & \cos n\theta\end{pmatrix}$となることを n についての帰納法で示す。

$n=1$ のとき、O.K.

$n=k$ のとき、$A^k=\begin{pmatrix}\cos k\theta & -\sin k\theta \\ \sin k\theta & \cos k\theta\end{pmatrix}$が成り立つと仮定する

$n=k+1$ のとき、

$$A^{k+1}=A^kA=\begin{pmatrix}\cos k\theta & -\sin k\theta \\ \sin k\theta & \cos k\theta\end{pmatrix}\begin{pmatrix}\cos\theta & -\sin\theta \\ \sin\theta & \cos\theta\end{pmatrix}$$

$$=\begin{pmatrix}\cos k\theta\cos\theta-\sin k\theta\sin\theta & -(\cos k\theta\sin\theta+\sin k\theta\cos\theta) \\ \sin k\theta\cos\theta+\cos k\theta\sin\theta & \cos k\theta\cos\theta-\sin k\theta\sin\theta\end{pmatrix}$$

［ 加法定理により ］

$$=\begin{pmatrix}\cos(k+1)\theta & -\sin(k+1)\theta \\ \sin(k+1)\theta & \cos(k+1)\theta\end{pmatrix}$$

［加法定理］
$\cos(\alpha+\beta)=\cos\alpha\cos\beta-\sin\alpha\sin\beta$
$\sin(\alpha+\beta)=\sin\alpha\cos\beta+\cos\alpha\sin\beta$

よって、帰納法により題意は証明された。

(2) $B=\begin{pmatrix}\sqrt{3} & -1 \\ 1 & \sqrt{3}\end{pmatrix}=2\begin{pmatrix}\dfrac{\sqrt{3}}{2} & -\dfrac{1}{2} \\ \dfrac{1}{2} & \dfrac{\sqrt{3}}{2}\end{pmatrix}=2\begin{pmatrix}\cos\dfrac{\pi}{6} & -\sin\dfrac{\pi}{6} \\ \sin\dfrac{\pi}{6} & \cos\dfrac{\pi}{6}\end{pmatrix}$

$$B^n=2^n\begin{pmatrix}\cos\dfrac{\pi}{6} & -\sin\dfrac{\pi}{6} \\ \sin\dfrac{\pi}{6} & \cos\dfrac{\pi}{6}\end{pmatrix}^n=2^n\begin{pmatrix}\cos\dfrac{n\pi}{6} & -\sin\dfrac{n\pi}{6} \\ \sin\dfrac{n\pi}{6} & \cos\dfrac{n\pi}{6}\end{pmatrix}$$

(1)を用いる

ステップ

演習 ▶行列のランク （講義編 p.39 参照）

次の行列のランクを求めよ。

(1) $A=\begin{pmatrix} 3 & 7 & -7 & -2 \\ -1 & 0 & 7 & 3 \\ 1 & 5 & 3 & 2 \end{pmatrix}$　(2) $B=\begin{pmatrix} 2 & 3 & -1 & 1 & 14 \\ -1 & 4 & 3 & -1 & 7 \\ 3 & -2 & 1 & 13 & -1 \\ 4 & 1 & 2 & 15 & 9 \end{pmatrix}$

(1)
$$\begin{pmatrix} 3 & 7 & -7 & -2 \\ -1 & 0 & 7 & 3 \\ 1 & 5 & 3 & 2 \end{pmatrix} \overset{ア}{\rightarrow} \begin{pmatrix} 1 & 5 & 3 & 2 \\ -1 & 0 & 7 & 3 \\ 3 & 7 & -7 & -2 \end{pmatrix} \overset{イ}{\rightarrow} \begin{pmatrix} 1 & 5 & 3 & 2 \\ 0 & 5 & 10 & 5 \\ 0 & -8 & -16 & -8 \end{pmatrix}$$

$$\overset{ウ}{\rightarrow} \begin{pmatrix} 1 & 5 & 3 & 2 \\ 0 & 1 & 2 & 1 \\ 0 & -8 & -16 & -8 \end{pmatrix} \overset{エ}{\rightarrow} \begin{pmatrix} 1 & 5 & 3 & 2 \\ 0 & 1 & 2 & 1 \\ 0 & 0 & 0 & 0 \end{pmatrix}$$ より、$\mathrm{rank}\,A=2$

ア：①↔③　イ：②＋①×1, ③＋①×(−3)
ウ：②÷5　エ：③＋②×8

(2)
$$\begin{pmatrix} 2 & 3 & -1 & 1 & 14 \\ -1 & 4 & 3 & -1 & 7 \\ 3 & -2 & 1 & 13 & -1 \\ 4 & 1 & 2 & 15 & 9 \end{pmatrix} \overset{ア}{\rightarrow} \begin{pmatrix} 1 & -4 & -3 & 1 & -7 \\ 2 & 3 & -1 & 1 & 14 \\ 3 & -2 & 1 & 13 & -1 \\ 4 & 1 & 2 & 15 & 9 \end{pmatrix}$$

$$\overset{イ}{\rightarrow} \begin{pmatrix} 1 & -4 & -3 & 1 & -7 \\ 0 & 11 & 5 & -1 & 28 \\ 0 & 10 & 10 & 10 & 20 \\ 0 & 17 & 14 & 11 & 37 \end{pmatrix} \overset{ウ}{\rightarrow} \begin{pmatrix} 1 & -4 & -3 & 1 & -7 \\ 0 & 1 & 1 & 1 & 2 \\ 0 & 11 & 5 & -1 & 28 \\ 0 & 17 & 14 & 11 & 37 \end{pmatrix}$$

$$\overset{エ}{\rightarrow} \begin{pmatrix} 1 & -4 & -3 & 1 & -7 \\ 0 & 1 & 1 & 1 & 2 \\ 0 & 0 & -6 & -12 & 6 \\ 0 & 0 & -3 & -6 & 3 \end{pmatrix} \overset{オ}{\rightarrow} \begin{pmatrix} 1 & -4 & -3 & 1 & -7 \\ 0 & 1 & 1 & 1 & 2 \\ 0 & 0 & 1 & 2 & -1 \\ 0 & 0 & 0 & 0 & 0 \end{pmatrix}$$ より、$\mathrm{rank}\,B=3$

ア：①↔②, ①×(−1)　イ：②＋①×(−2), ③＋①×(−3), ④×①×(−4)
ウ：②↔③, ②÷10　エ：③＋②×(−11), ④＋②×(−17)
オ：③÷(−6), ④＋③×3

ジャンプ

確認 ▶行列のランク

次の行列のランクを求めよ。

(1) $A=\begin{pmatrix} 1 & 2 & 3 & 4 \\ -4 & 3 & -1 & 17 \\ -3 & 4 & 1 & 18 \end{pmatrix}$　(2) $B=\begin{pmatrix} 1 & 3 & -2 & 4 & 19 \\ 1 & -2 & 2 & -3 & -14 \\ 8 & -2 & 3 & 1 & -7 \\ 2 & 3 & -1 & 2 & 14 \end{pmatrix}$

(1) $\begin{pmatrix} 1 & 2 & 3 & 4 \\ -4 & 3 & -1 & 17 \\ -3 & 4 & 1 & 18 \end{pmatrix} \xrightarrow{ア} \begin{pmatrix} 1 & 2 & 3 & 4 \\ 0 & 11 & 11 & 33 \\ 0 & 10 & 10 & 30 \end{pmatrix} \xrightarrow{イ} \begin{pmatrix} 1 & 2 & 3 & 4 \\ 0 & 1 & 1 & 3 \\ 0 & 10 & 10 & 30 \end{pmatrix}$

$\xrightarrow{ウ} \begin{pmatrix} 1 & 2 & 3 & 4 \\ 0 & 1 & 1 & 3 \\ 0 & 0 & 0 & 0 \end{pmatrix}$ より、$\mathrm{rank}\, A=2$

ア：②+①×4, ③+①×3　イ：②÷11
ウ：③+②×(−10)

(2) $\begin{pmatrix} 1 & 3 & -2 & 4 & 19 \\ 1 & -2 & 2 & -3 & -14 \\ 8 & -2 & 3 & 1 & -7 \\ 2 & 3 & -1 & 2 & 14 \end{pmatrix} \xrightarrow{ア} \begin{pmatrix} 1 & 3 & -2 & 4 & 19 \\ 0 & -5 & 4 & -7 & -33 \\ 0 & -26 & 19 & -31 & -159 \\ 0 & -3 & 3 & -6 & -24 \end{pmatrix}$ (×(−5))

$\xrightarrow{イ} \begin{pmatrix} 1 & 3 & -2 & 4 & 19 \\ 0 & -5 & 4 & -7 & -33 \\ 0 & -1 & -1 & 4 & 6 \\ 0 & -3 & 3 & -6 & -24 \end{pmatrix} \xrightarrow[\times(-1)]{ウ} \begin{pmatrix} 1 & 3 & -2 & 4 & 19 \\ 0 & 1 & 1 & -4 & -6 \\ 0 & -5 & 4 & -7 & -33 \\ 0 & -3 & 3 & -6 & -24 \end{pmatrix}$

$\xrightarrow{エ} \begin{pmatrix} 1 & 3 & -2 & 4 & 19 \\ 0 & 1 & 1 & -4 & -6 \\ 0 & 0 & 9 & -27 & -63 \\ 0 & 0 & 6 & -18 & -42 \end{pmatrix} \xrightarrow[\div 9]{オ} \begin{pmatrix} 1 & 3 & -2 & 4 & 19 \\ 0 & 1 & 1 & -4 & -6 \\ 0 & 0 & 1 & -3 & -7 \\ 0 & 0 & 0 & 0 & 0 \end{pmatrix}$ より、$\mathrm{rank}\, B=3$

ア：②+①×(−1), ③+①×(−8), ④+①×(−2)　イ：③+②×(−5)
ウ：③×(−1), ②↔③　エ：③+②×5, ④+②×3　オ：③÷9, ④+③×(−6)

ステップ 演習 ▶逆行列 （講義編 p.43 参照）

次の行列の逆行列を求めよ。

(1) $A=\begin{pmatrix} 3 & 5 & -1 \\ -2 & -4 & 1 \\ -2 & -3 & 1 \end{pmatrix}$　　(2) $B=\begin{pmatrix} 1 & 0 & 4 & -5 \\ -3 & 1 & -11 & 12 \\ 2 & -1 & 6 & -5 \\ 4 & -2 & 14 & -13 \end{pmatrix}$

(1) $$\begin{pmatrix} 3 & 5 & -1 & 1 & 0 & 0 \\ -2 & -4 & 1 & 0 & 1 & 0 \\ -2 & -3 & 1 & 0 & 0 & 1 \end{pmatrix} \to \begin{pmatrix} 1 & 2 & 0 & 1 & 0 & 1 \\ 0 & -1 & 0 & 0 & 1 & -1 \\ -2 & -3 & 1 & 0 & 0 & 1 \end{pmatrix} \div(-1)$$

$$\to \begin{pmatrix} 1 & 2 & 0 & 1 & 0 & 1 \\ 0 & 1 & 0 & 0 & -1 & 1 \\ -2 & -3 & 1 & 0 & 0 & 1 \end{pmatrix} \to \begin{pmatrix} 1 & 0 & 0 & 1 & 2 & -1 \\ 0 & 1 & 0 & 0 & -1 & 1 \\ -2 & 0 & 1 & 0 & -3 & 4 \end{pmatrix}$$

$$\to \begin{pmatrix} 1 & 0 & 0 & 1 & 2 & -1 \\ 0 & 1 & 0 & 0 & -1 & 1 \\ 0 & 0 & 1 & 2 & 1 & 2 \end{pmatrix}$$ より、$A^{-1}=\begin{pmatrix} 1 & 2 & -1 \\ 0 & -1 & 1 \\ 2 & 1 & 2 \end{pmatrix}$

(2) $$\begin{pmatrix} 1 & 0 & 4 & -5 & 1 & 0 & 0 & 0 \\ -3 & 1 & -11 & 12 & 0 & 1 & 0 & 0 \\ 2 & -1 & 6 & -5 & 0 & 0 & 1 & 0 \\ 4 & -2 & 14 & -13 & 0 & 0 & 0 & 1 \end{pmatrix} \to \begin{pmatrix} 1 & 0 & 4 & -5 & 1 & 0 & 0 & 0 \\ 0 & 1 & 1 & -3 & 3 & 1 & 0 & 0 \\ 0 & -1 & -2 & 5 & -2 & 0 & 1 & 0 \\ 0 & -2 & -2 & 7 & -4 & 0 & 0 & 1 \end{pmatrix}$$

$$\to \begin{pmatrix} 1 & 0 & 4 & -5 & 1 & 0 & 0 & 0 \\ 0 & 1 & 1 & -3 & 3 & 1 & 0 & 0 \\ 0 & 0 & -1 & 2 & 1 & 1 & 1 & 0 \\ 0 & 0 & 0 & 1 & 2 & 2 & 0 & 1 \end{pmatrix} \underset{\div(-1)}{\to} \begin{pmatrix} 1 & 0 & 4 & -5 & 1 & 0 & 0 & 0 \\ 0 & 1 & 1 & -3 & 3 & 1 & 0 & 0 \\ 0 & 0 & 1 & -2 & -1 & -1 & -1 & 0 \\ 0 & 0 & 0 & 1 & 2 & 2 & 0 & 1 \end{pmatrix}$$

$$\to \begin{pmatrix} 1 & 0 & 0 & 3 & 5 & 4 & 4 & 0 \\ 0 & 1 & 0 & -1 & 4 & 2 & 1 & 0 \\ 0 & 0 & 1 & -2 & -1 & -1 & -1 & 0 \\ 0 & 0 & 0 & 1 & 2 & 2 & 0 & 1 \end{pmatrix} \to \begin{pmatrix} 1 & 0 & 0 & 0 & -1 & -2 & 4 & -3 \\ 0 & 1 & 0 & 0 & 6 & 4 & 1 & 1 \\ 0 & 0 & 1 & 0 & 3 & 3 & -1 & 2 \\ 0 & 0 & 0 & 1 & 2 & 2 & 0 & 1 \end{pmatrix}$$

より、$B^{-1}=\begin{pmatrix} -1 & -2 & 4 & -3 \\ 6 & 4 & 1 & 1 \\ 3 & 3 & -1 & 2 \\ 2 & 2 & 0 & 1 \end{pmatrix}$

ジャンプ **確認** ▶逆行列

次の行列の逆行列を求めよ。

(1) $A=\begin{pmatrix}2&1&1\\3&1&1\\5&2&1\end{pmatrix}$　　(2) $B=\begin{pmatrix}1&2&1&2\\2&3&1&3\\3&1&-1&2\\1&6&2&4\end{pmatrix}$

(1)

$$\begin{pmatrix}2&1&1&1&0&0\\3&1&1&0&1&0\\5&2&1&0&0&1\end{pmatrix}\to\begin{pmatrix}-3&-1&0&1&0&-1\\-2&-1&0&0&1&-1\\5&2&1&0&0&1\end{pmatrix}\div(-1)$$

$$\to\begin{pmatrix}-3&-1&0&1&0&-1\\2&1&0&0&-1&1\\5&2&1&0&0&1\end{pmatrix}\to\begin{pmatrix}-1&0&0&1&-1&0\\2&1&0&0&-1&1\\1&0&1&0&2&-1\end{pmatrix}\div(-1)$$

$$\to\begin{pmatrix}1&0&0&-1&1&0\\2&1&0&0&-1&1\\1&0&1&0&2&-1\end{pmatrix}\to\begin{pmatrix}1&0&0&-1&1&0\\0&1&0&2&-3&1\\0&0&1&1&1&-1\end{pmatrix}$$

より、$A^{-1}=\begin{pmatrix}-1&1&0\\2&-3&1\\1&1&-1\end{pmatrix}$

(2)

$$\begin{pmatrix}1&2&1&2&1&0&0&0\\2&3&1&3&0&1&0&0\\3&1&-1&2&0&0&1&0\\1&6&2&4&0&0&0&1\end{pmatrix}\to\begin{pmatrix}1&2&1&2&1&0&0&0\\0&-1&-1&-1&-2&1&0&0\\0&-5&-4&-4&-3&0&1&0\\0&4&1&2&-1&0&0&1\end{pmatrix}\div(-1)$$

$$\to\begin{pmatrix}1&2&1&2&1&0&0&0\\0&1&1&1&2&-1&0&0\\0&-5&-4&-4&-3&0&1&0\\0&4&1&2&-1&0&0&1\end{pmatrix}\to\begin{pmatrix}1&0&-1&0&-3&2&0&0\\0&1&1&1&2&-1&0&0\\0&0&1&1&7&-5&1&0\\0&0&-3&-2&-9&4&0&1\end{pmatrix}$$

$$\to\begin{pmatrix}1&0&0&1&4&-3&1&0\\0&1&0&0&-5&4&-1&0\\0&0&1&1&7&-5&1&0\\0&0&0&1&12&-11&3&1\end{pmatrix}\to\begin{pmatrix}1&0&0&0&-8&8&-2&-1\\0&1&0&0&-5&4&-1&0\\0&0&1&0&-5&6&-2&-1\\0&0&0&1&12&-11&3&1\end{pmatrix}$$

より、$B^{-1}=\begin{pmatrix}-8&8&-2&-1\\-5&4&-1&0\\-5&6&-2&-1\\12&-11&3&1\end{pmatrix}$

ステップ

演習 ▶行列式 (1) (講義編 p.49 参照)

次の行列の行列式を求めよ。

(1) $A=\begin{pmatrix} 5 & 3 & 2 \\ -2 & 3 & -1 \\ 3 & 2 & 4 \end{pmatrix}$ (2) $B=\begin{pmatrix} 2 & 2 & 3 & 2 \\ 2 & 3 & -1 & 3 \\ 3 & 2 & 1 & 2 \\ 1 & 6 & 2 & 4 \end{pmatrix}$

(1) $|A|=\begin{vmatrix} 5 & 3 & 2 \\ -2 & 3 & -1 \\ 3 & 2 & 4 \end{vmatrix}$ ⊕ $\begin{vmatrix} 5 & 3 & 2 \\ -2 & 3 & -1 \\ 3 & 2 & 4 \end{vmatrix}$ ⊖

$=5\cdot3\cdot4+(-2)\cdot2\cdot2+3\cdot3\cdot(-1)-5\cdot2\cdot(-1)-(-2)\cdot3\cdot4-3\cdot3\cdot2$

$=60-8-9+10+24-18=59$

(2) $|B|=\begin{vmatrix} 2 & 2 & 3 & 2 \\ 2 & 3 & -1 & 3 \\ 3 & 2 & 1 & 2 \\ 1 & 6 & 2 & 4 \end{vmatrix}=\begin{vmatrix} -7 & -4 & 0 & -4 \\ 5 & 5 & 0 & 5 \\ 3 & 2 & 1 & 2 \\ -5 & 2 & 0 & 0 \end{vmatrix}$

$=(-1)^{3+3}\begin{vmatrix} -7 & -4 & -4 \\ 5 & 5 & 5 \\ -5 & 2 & 0 \end{vmatrix}=5\begin{vmatrix} -7 & -4 & -4 \\ 1 & 1 & 1 \\ -5 & 2 & 0 \end{vmatrix}=5\begin{vmatrix} -3 & 0 & 0 \\ 1 & 1 & 1 \\ -5 & 2 & 0 \end{vmatrix}$

第 3 列で
余因子展開

$=5\{-(-3)\cdot2\cdot1\}=30$

ジャンプ

確認 ▶行列式 (1)

次の行列の行列式を求めよ。

(1) $A=\begin{pmatrix} 3 & -4 & 3 \\ -1 & 2 & -3 \\ 4 & -3 & 2 \end{pmatrix}$　　(2) $B=\begin{pmatrix} 3 & 2 & -2 & 2 \\ 2 & 3 & -4 & 3 \\ 4 & 3 & -3 & 2 \\ 2 & 5 & 2 & 4 \end{pmatrix}$

(1) $|A|=\begin{vmatrix} 3 & -4 & 3 \\ -1 & 2 & -3 \\ 4 & -3 & 2 \end{vmatrix}$ ⊕　$\begin{vmatrix} 3 & -4 & 3 \\ -1 & 2 & -3 \\ 4 & -3 & 2 \end{vmatrix}$ ⊖

$=3\cdot2\cdot2+(-1)\cdot(-3)\cdot3+4\cdot(-4)\cdot(-3)$

$-3\cdot(-3)\cdot(-3)-(-1)\cdot(-4)\cdot2-4\cdot2\cdot3$

$=12+9+48-27-8-24=10$

(2) $|B|=\begin{vmatrix} 3 & 2 & -2 & 2 \\ 2 & 3 & -4 & 3 \\ 4 & 3 & -3 & 2 \\ 2 & 5 & 2 & 4 \end{vmatrix}=\begin{vmatrix} 1 & -1 & 2 & -1 \\ 2 & 3 & -4 & 3 \\ 0 & -3 & 5 & -4 \\ 0 & 2 & 6 & 1 \end{vmatrix}=\begin{vmatrix} 1 & -1 & 2 & -1 \\ 0 & 5 & -8 & 5 \\ 0 & -3 & 5 & -4 \\ 0 & 2 & 6 & 1 \end{vmatrix}$

$=(-1)^{1+1}\cdot1\cdot\begin{vmatrix} 5 & -8 & 5 \\ -3 & 5 & -4 \\ 2 & 6 & 1 \end{vmatrix}$

第1列で
余因子展開

$=5\cdot5\cdot1+(-3)\cdot6\cdot5+2\cdot(-8)(-4)$

$-5\cdot6\cdot(-4)-(-3)(-8)\cdot1-2\cdot5\cdot5$

$=25-90+64+120-24-50=45$

ステップ

演習 ▶行列式 (2) （講義編 p.49 参照）

次の行列式を因数分解せよ。

(1) $\begin{vmatrix} a & bc & a^2 \\ b & ca & b^2 \\ c & ab & c^2 \end{vmatrix}$　　(2) $\begin{vmatrix} a+b+c & -c & -b \\ -c & a+b+c & -a \\ -b & -a & a+b+c \end{vmatrix}$

(1) $\begin{vmatrix} a & bc & a^2 \\ b & ca & b^2 \\ c & ab & c^2 \end{vmatrix} \underset{①}{=} \begin{vmatrix} a-c & b(c-a) & a^2-c^2 \\ b-c & a(c-b) & b^2-c^2 \\ c & ab & c^2 \end{vmatrix}$

$\underset{②}{=}(a-c)(b-c)\begin{vmatrix} 1 & -b & a+c \\ 1 & -a & b+c \\ c & ab & c^2 \end{vmatrix} \underset{③}{=} (a-c)(b-c)\begin{vmatrix} 1 & -b & a+c \\ 0 & b-a & b-a \\ 0 & ab+bc & -ac \end{vmatrix}$

$\underset{④}{=}(a-c)(b-c)(b-a)\begin{vmatrix} 1 & -b & a+c \\ 0 & 1 & 1 \\ 0 & ab+bc & -ac \end{vmatrix}$

$\underset{⑤}{=}(a-c)(b-c)(a-b)(ab+bc+ca)$

① 1行目から3行目を引く。2行目から3行目を引く。
② 1行目から$(a-c)$を、2行目から$(b-c)$をくくり出す。
③ 2行目から1行目を、3行目から1行目のc倍を引く。
④ 2行目から$(b-a)$をくくり出す。
⑤ ブロックに分けて行列式を計算する。

(2) $\begin{vmatrix} a+b+c & -c & -b \\ -c & a+b+c & -a \\ -b & -a & a+b+c \end{vmatrix} \underset{①}{=} \begin{vmatrix} a+b+c & a+b & a+c \\ -c & a+b & -(a+c) \\ -b & -(a+b) & a+c \end{vmatrix}$

$\underset{②}{=}(a+b)(a+c)\begin{vmatrix} a+b+c & 1 & 1 \\ -c & 1 & -1 \\ -b & -1 & 1 \end{vmatrix} \underset{③}{=} (a+b)(a+c)\begin{vmatrix} a+c & 0 & 2 \\ -(b+c) & 0 & 0 \\ -b & -1 & 1 \end{vmatrix}$

$\underset{④}{=}2(a+b)(a+c)(b+c)$

① 2列目に1列目を足す。3列目に1列目を足す。
② 2列目から$a+b$、3列目から$a+c$をくくり出す。
③ 1行目に3行目を足す。2行目に3行目を足す。
④ 行列式を計算する。

ジャンプ

確認 ▶行列式 (2)

次の行列式を因数分解せよ。

(1) $\begin{vmatrix} a & a^2 & b+c \\ b & b^2 & c+a \\ c & c^2 & a+b \end{vmatrix}$ (2) $\begin{vmatrix} a+b+2c & a & b \\ b & b+c+2a & c \\ c & a & c+a+2b \end{vmatrix}$

(1) $\begin{vmatrix} a & a^2 & b+c \\ b & b^2 & c+a \\ c & c^2 & a+b \end{vmatrix} \underset{①}{=} \begin{vmatrix} a-c & a^2-c^2 & c-a \\ b-c & b^2-c^2 & c-b \\ c & c^2 & a+b \end{vmatrix}$

$\underset{②}{=}(a-c)(b-c)\begin{vmatrix} 1 & a+c & -1 \\ 1 & b+c & -1 \\ c & c^2 & a+b \end{vmatrix} \underset{③}{=}(a-c)(b-c)\begin{vmatrix} 1 & a+c & -1 \\ 0 & b-a & 0 \\ 0 & -ac & a+b+c \end{vmatrix}$

$\underset{④}{=}(a-c)(b-c)(b-a)(a+b+c)$

① 1行目、2行目から3行目を引く。
② 1行目から$(a-c)$を、2行目から$(b-c)$をくくり出す。
③ 2行目から1行目を引く。3行目から1行目のc倍を引く。
④ ブロックに分けて行列式を計算する。

(2) $\begin{vmatrix} a+b+2c & a & b \\ b & b+c+2a & c \\ c & a & c+a+2b \end{vmatrix} \underset{①}{=} \begin{vmatrix} 2a+2b+2c & a & b \\ 2a+2b+2c & b+c+2a & c \\ 2a+2b+2c & a & c+a+2b \end{vmatrix}$

$\underset{②}{=}2(a+b+c)\begin{vmatrix} 1 & a & b \\ 1 & b+c+2a & c \\ 1 & a & c+a+2b \end{vmatrix} \underset{③}{=}2(a+b+c)\begin{vmatrix} 1 & 0 & 0 \\ 1 & a+b+c & c-b \\ 1 & 0 & a+b+c \end{vmatrix}$

$=2(a+b+c)^3$

① 1列目に、2列目と3列目を足す。
② 1列目から$2a+2b+2c$をくくり出す。
③ 2列目から1列目のa倍、3列目から1列目のb倍を引く。
④ 下三角行列の行列式を計算する。

ステップ

演習 ▶行列式 (3)

次の行列式を求めよ。

(1) $\begin{vmatrix} 1 & 1 & 1 & \cdots & 1 \\ 1 & 2 & 2 & \cdots & 2 \\ 1 & 2 & 3 & \cdots & 3 \\ \vdots & \vdots & \vdots & \ddots & \vdots \\ 1 & 2 & 3 & \cdots & n \end{vmatrix}$　　(2) $\begin{vmatrix} 0 & 1 & 1 & \cdots & 1 \\ 1 & 0 & 1 & \cdots & 1 \\ 1 & 1 & 0 & \cdots & 1 \\ \vdots & \vdots & \vdots & \ddots & \vdots \\ 1 & 1 & 1 & \cdots & 0 \end{vmatrix}$ [(n, n)型で対角成分は0、それ以外は1]

(1)
$$\begin{vmatrix} 1 & 1 & 1 & \cdots & 1 \\ 1 & 2 & 2 & \cdots & 2 \\ 1 & 2 & 3 & \cdots & 3 \\ \vdots & \vdots & \vdots & \ddots & \vdots \\ 1 & 2 & 3 & \cdots & n \end{vmatrix} \underset{①}{=} \begin{vmatrix} 1 & 1 & 1 & 1 & \cdots & 1 \\ 0 & 1 & 1 & 1 & \cdots & 1 \\ 0 & 1 & 2 & 2 & \cdots & 2 \\ 0 & 1 & 2 & 3 & \cdots & 3 \\ \vdots & \vdots & \vdots & \vdots & \ddots & \vdots \\ 0 & 1 & 2 & 3 & \cdots & n-1 \end{vmatrix}$$

$$\underset{②}{=} \begin{vmatrix} 1 & 1 & 1 & 1 & \cdots & 1 \\ 0 & 1 & 1 & 1 & \cdots & 1 \\ 0 & 0 & 1 & 1 & \cdots & 1 \\ 0 & 0 & 1 & 2 & \cdots & 2 \\ \vdots & \vdots & \vdots & \vdots & \ddots & \vdots \\ 0 & 0 & 1 & 2 & \cdots & n-2 \end{vmatrix} = \underset{③}{\cdots} = \begin{vmatrix} 1 & 1 & 1 & 1 & \cdots & 1 \\ 0 & 1 & 1 & 1 & \cdots & 1 \\ 0 & 0 & 1 & 1 & \cdots & 1 \\ 0 & 0 & 0 & 1 & \cdots & \vdots \\ \vdots & & & \vdots & \ddots & \vdots \\ 0 & 0 & 0 & 0 & \cdots & 1 \end{vmatrix} \underset{④}{=} 1$$

上三角行列

① 2行目、3行目、…、n行目から、1行目を引く。
② 3行目、4行目、…、n行目から、2行目を引く。
③ 同様のことをくり返す。
④ 上三角行列の行列式を計算する。

(2)
$$\underbrace{\begin{vmatrix} 0 & 1 & 1 & \cdots & 1 \\ 1 & 0 & 1 & \cdots & 1 \\ 1 & 1 & 0 & \cdots & 1 \\ \vdots & \vdots & \vdots & \ddots & \vdots \\ 1 & 1 & 1 & \cdots & 0 \end{vmatrix}}_{n\text{列}} \underset{①}{=} \begin{vmatrix} n-1 & 1 & 1 & \cdots & 1 \\ n-1 & 0 & 1 & \cdots & 1 \\ n-1 & 1 & 0 & \cdots & 1 \\ \vdots & \vdots & \vdots & \ddots & \vdots \\ n-1 & 1 & 1 & \cdots & 0 \end{vmatrix} \underset{②}{=} (n-1) \begin{vmatrix} 1 & 1 & 1 & \cdots & 1 \\ 1 & 0 & 1 & \cdots & 1 \\ 1 & 1 & 0 & \cdots & 1 \\ \vdots & \vdots & \vdots & \ddots & \vdots \\ 1 & 1 & 1 & \cdots & 0 \end{vmatrix}$$

$$\underset{③}{=} (n-1) \begin{vmatrix} 1 & 1 & 1 & \cdots & 1 \\ 0 & -1 & 0 & \cdots & 0 \\ 0 & 0 & -1 & \cdots & 0 \\ \vdots & \vdots & \vdots & \ddots & \vdots \\ 0 & \underbrace{0 \quad\quad 0 \quad \cdots \quad -1}_{n-1\text{列}} \end{vmatrix} \underset{④}{=} (n-1)(-1)^{n-1}$$

① 2列目、3列目、…n列目を1列目に加える。　② 1列目の$n-1$をくくり出す。
③ 2行目、3行目、…、n行目から1行目を引く。　④ 上三角行列の行列式を計算する。

ジャンプ 確認 ▶行列式 (3)

次の行列式を求めよ。

(1) $\begin{vmatrix} 1 & n & n & \cdots & n \\ n & 2 & n & \cdots & n \\ n & n & 3 & \cdots & n \\ \vdots & \vdots & \vdots & \ddots & \vdots \\ n & n & n & \cdots & n \end{vmatrix}$　　(2) $\begin{vmatrix} 0 & 1 & 2 & \cdots\cdots & n \\ 1 & 0 & 2 & \cdots\cdots & n \\ 1 & 2 & 0 & \cdots\cdots & n \\ \vdots & \vdots & \vdots & \ddots & \vdots \\ \vdots & \vdots & \vdots & 0 & n \\ 1 & 2 & 3 & \cdots\ n & 0 \end{vmatrix}$

(1) $$\begin{vmatrix} 1 & n & n & \cdots & n \\ n & 2 & n & \cdots & n \\ n & n & 3 & \cdots & n \\ \vdots & \vdots & \vdots & \ddots & \vdots \\ n & n & n & \cdots & n \end{vmatrix} \underset{\text{①}}{=} \begin{vmatrix} 1-n & 0 & 0 & \cdots & 0 & n \\ 0 & 2-n & 0 & \cdots & 0 & n \\ 0 & 0 & 3-n & \cdots & 0 & n \\ \vdots & \vdots & \vdots & \ddots & -1 & \vdots \\ 0 & 0 & 0 & \cdots & 0 & n \end{vmatrix}$$

$$\underset{\text{②}}{=}(1-n)(2-n)\cdot\cdots\cdot(-1)n$$
$$=(n-1)(n-2)\cdot\cdots\cdot1\cdot(-1)^{n-1}n=n!(-1)^{n-1}$$

① 1列目、2列目、…、$n-1$ 列目から n 列目を引く。
② 上三角行列の行列式を計算する。

(2) $$\begin{vmatrix} 0 & 1 & 2 & \cdots & n \\ 1 & 0 & 2 & \cdots & n \\ 1 & 2 & 0 & \cdots & n \\ \vdots & \vdots & \vdots & \ddots & \vdots \\ 1 & 2 & 3 & \cdots & 0 \end{vmatrix} \underset{\text{①}}{=} \begin{vmatrix} N & 1 & 2 & \cdots & n \\ N & 0 & 2 & \cdots & n \\ N & 2 & 0 & \cdots & n \\ \vdots & \vdots & \vdots & \ddots & \vdots \\ N & 2 & 3 & \cdots & 0 \end{vmatrix} \underset{\text{②}}{=} N\begin{vmatrix} 1 & 1 & 2 & \cdots & n \\ 1 & 0 & 2 & \cdots & n \\ 1 & 2 & 0 & \cdots & n \\ \vdots & \vdots & \vdots & \ddots & \vdots \\ 1 & 2 & 3 & \cdots & 0 \end{vmatrix}$$

$$\underset{\text{③}}{=} N\begin{vmatrix} 1 & 0 & 0 & \cdots & 0 \\ 1 & -1 & 0 & \cdots & 0 \\ 1 & 1 & -2 & \cdots & 0 \\ \vdots & \vdots & \vdots & \ddots & \vdots \\ 1 & 1 & 1 & \cdots & -n \end{vmatrix} \underset{\text{④}}{=} N(-1)(-2)\cdot\cdots\cdot(-n)=\frac{n(n+1)}{2}\cdot n!\cdot(-1)^n$$

① 2列目、3列目、…、$n+1$ 列目を1列目に足す。$1+2+\cdots+n=\dfrac{n(n+1)}{2}=N$ とおく。
② 1列目の N をくくり出す。
③ 2列目から1列目を引く、3列目から1列目の2倍を引く、…
④ 下三角行列の行列式を計算する。

演習 ▶行列式 (4)

(1) A, B が n 次正方行列のとき、次が成り立つことを示せ。

$$\begin{vmatrix} A & B \\ B & A \end{vmatrix} = |A-B|\,|A+B|$$

(2) 次の行列式を因数分解せよ。

$$\begin{vmatrix} a & b & c & d \\ b & a & d & c \\ c & d & a & b \\ d & c & b & a \end{vmatrix}$$

(1)

$$\begin{vmatrix} A & B \\ B & A \end{vmatrix} = \begin{vmatrix} a_{11} & \cdots & a_{1n} & b_{11} & \cdots & b_{1n} \\ \vdots & & \vdots & \vdots & & \vdots \\ a_{n1} & \cdots & a_{nn} & b_{n1} & \cdots & b_{nn} \\ b_{11} & \cdots & b_{1n} & a_{11} & \cdots & a_{1n} \\ \vdots & & \vdots & \vdots & & \vdots \\ b_{n1} & \cdots & b_{nn} & a_{n1} & \cdots & a_{nn} \end{vmatrix}$$

$$\overset{\text{①}}{=} \begin{vmatrix} a_{11} & \cdots & a_{1n} & b_{11} & \cdots & b_{1n} \\ \vdots & & \vdots & \vdots & & \vdots \\ a_{n1} & \cdots & a_{nn} & b_{n1} & \cdots & b_{nn} \\ b_{11}+a_{11} & \cdots & b_{1n}+a_{1n} & a_{11}+b_{11} & \cdots & a_{1n}+b_{1n} \\ \vdots & & \vdots & \vdots & & \vdots \\ b_{n1}+a_{n1} & \cdots & b_{nn}+a_{nn} & a_{n1}+b_{n1} & \cdots & a_{nn}+b_{nn} \end{vmatrix}$$

$$\overset{\text{②}}{=} \begin{vmatrix} a_{11}-b_{11} & \cdots & a_{1n}-b_{1n} & b_{11} & \cdots & b_{1n} \\ \vdots & & \vdots & \vdots & & \vdots \\ a_{n1}-b_{n1} & \cdots & a_{nn}-b_{nn} & b_{n1} & \cdots & b_{nn} \\ 0 & \cdots & 0 & a_{11}+b_{11} & \cdots & a_{1n}+b_{1n} \\ \vdots & & \vdots & \vdots & & \vdots \\ 0 & \cdots & 0 & a_{n1}+b_{n1} & \cdots & a_{nn}+b_{nn} \end{vmatrix}$$

$$\overset{\text{③}}{=} \begin{vmatrix} a_{11}-b_{11} & \cdots & a_{1n}-b_{1n} \\ \vdots & & \vdots \\ a_{n1}-b_{n1} & \cdots & a_{nn}-b_{nn} \end{vmatrix} \begin{vmatrix} a_{11}+b_{11} & \cdots & a_{1n}+b_{1n} \\ \vdots & & \vdots \\ a_{n1}+b_{n1} & \cdots & a_{nn}+b_{nn} \end{vmatrix}$$

$$= |A-B|\,|A+B|$$

① 第 k 行を第 $n+k$ 行に足す。($1 \leqq k \leqq n$)
② 第 $n+k$ 列の (-1) 倍を第 k 列に足す。($1 \leqq k \leqq n$)
③ ブロックで行列式を計算する。

(2) $A=\begin{pmatrix} a & b \\ b & a \end{pmatrix}$, $B=\begin{pmatrix} c & d \\ d & c \end{pmatrix}$として、(1) を用いると、

$$(\text{与式})=\begin{vmatrix} A & B \\ B & A \end{vmatrix}=|A-B|\,|A+B|$$

$$=\{(a-c)^2-(b-d)^2\}\{(a+c)^2-(b+d)^2\}$$

$$=(a-c+b-d)(a-c-b+d)(a+c+b+d)(a+c-b-d)$$

ジャンプ **確認** ▶行列式 (4)

(1)　A, B が n 次正方行列のとき、次が成り立つことを示せ。

$$\begin{vmatrix} A & -B \\ B & A \end{vmatrix} = |A-iB|\,|A+iB| \qquad \text{（ここで、}i\text{ は虚数単位）}$$

(2)　次の行列式を因数分解せよ。

$$\begin{vmatrix} a & -b & -c & -d \\ b & a & -d & c \\ c & d & a & -b \\ d & -c & b & a \end{vmatrix}$$

(1)

$$\begin{vmatrix} A & -B \\ B & A \end{vmatrix} = \left|\begin{array}{c|c} \overset{A}{\begin{matrix} a_{11} & \cdots & a_{1n} \\ \vdots & & \vdots \\ a_{n1} & \cdots & a_{nn} \end{matrix}} & \overset{-B}{\begin{matrix} -b_{11} & \cdots & -b_{1n} \\ \vdots & & \vdots \\ -b_{n1} & \cdots & -b_{nn} \end{matrix}} \\ \hline \underset{B}{\begin{matrix} b_{11} & \cdots & b_{1n} \\ \vdots & & \vdots \\ b_{n1} & \cdots & b_{nn} \end{matrix}} & \underset{A}{\begin{matrix} a_{11} & \cdots & a_{1n} \\ \vdots & & \vdots \\ a_{n1} & \cdots & a_{nn} \end{matrix}} \end{array}\right|$$

$$\overset{\textcircled{1}}{=} \begin{vmatrix} a_{11} & \cdots & a_{1n} & -b_{11} & \cdots & -b_{1n} \\ \vdots & & \vdots & \vdots & & \vdots \\ a_{n1} & \cdots & a_{nn} & -b_{n1} & \cdots & -b_{nn} \\ b_{11}-a_{11}i & \cdots & b_{1n}-a_{1n}i & a_{11}+b_{11}i & \cdots & a_{1n}+b_{1n}i \\ \vdots & & \vdots & \vdots & & \vdots \\ b_{n1}-a_{n1}i & \cdots & b_{nn}-a_{nn}i & a_{n1}+b_{n1}i & \cdots & a_{nn}+b_{nn}i \end{vmatrix}$$

$$\overset{\textcircled{2}}{=} \left|\begin{array}{ccc|ccc} a_{11}-b_{11}i & \cdots & a_{1n}-b_{1n}i & -b_{11} & \cdots & -b_{1n} \\ \vdots & & \vdots & \vdots & & \vdots \\ a_{n1}-b_{n1}i & \cdots & a_{nn}-b_{nn}i & -b_{n1} & \cdots & -b_{nn} \\ \hline 0 & \cdots & 0 & a_{11}+b_{11}i & \cdots & a_{1n}+b_{1n}i \\ \vdots & & \vdots & \vdots & & \vdots \\ 0 & \cdots & 0 & a_{n1}+b_{n1}i & \cdots & a_{nn}+b_{nn}i \end{array}\right|$$

$$\overset{\textcircled{3}}{=} \begin{vmatrix} a_{11}-b_{11}i & \cdots & a_{1n}-b_{1n}i \\ \vdots & & \vdots \\ a_{n1}-b_{n1}i & \cdots & a_{nn}-b_{nn}i \end{vmatrix} \begin{vmatrix} a_{11}+b_{11}i & \cdots & a_{1n}+b_{1n}i \\ \vdots & & \vdots \\ a_{n1}+b_{n1}i & \cdots & a_{nn}+b_{nn}i \end{vmatrix}$$

$$= |A-Bi|\,|A+Bi|$$

① 第 k 行の $(-i)$ 倍を第 $n+k$ 行に加える。$(1\leqq k\leqq n)$

② 第 $n+k$ 列の i 倍を第 k 列に加える。$(1\leqq k\leqq n)$

③ ブロックで行列式を計算する。

(2) $A=\begin{pmatrix} a & -b \\ b & a \end{pmatrix}, B=\begin{pmatrix} c & d \\ d & -c \end{pmatrix}$ として、(1) を用いる

$$(\text{与式})=\begin{vmatrix} A & -B \\ B & A \end{vmatrix}=|A-iB|\,|A+iB|$$

$$=\begin{vmatrix} a-ci & -(b+di) \\ b-di & a+ci \end{vmatrix}\begin{vmatrix} a+ci & -(b-di) \\ b+di & a-ci \end{vmatrix}=(a^2+c^2+b^2+d^2)^2$$

ステップ 演習 ▶行列式 (5)

次の等式を証明せよ。ただし、(1)で成分を書いていないところは0。

(1)
$$\begin{vmatrix} a_n & -1 & & & \\ a_{n-1} & x & -1 & & \\ a_{n-2} & & x & \ddots & \\ \vdots & & & \ddots & -1 \\ a_0 & & & & x \end{vmatrix} = a_nx^n + a_{n-1}x^{n-1} \cdots + a_0$$

(2)
$$\begin{vmatrix} a^2+1 & ab & ac & ad \\ ba & b^2+1 & bc & bd \\ ca & cb & c^2+1 & cd \\ da & db & dc & d^2+1 \end{vmatrix} = a^2+b^2+c^2+d^2+1$$

(1) $f(x) = a_nx^n + a_{n-1}x^{n-1} + \cdots + a_0$ とおくと、

$n+1$ 列

$$\begin{vmatrix} a_n & -1 & 0 & & \\ a_{n-1} & x & -1 & & \\ a_{n-2} & & x & \ddots & \\ \vdots & & & \ddots & -1 \\ a_0 & & & & x \end{vmatrix} \overset{①}{=} \begin{vmatrix} a_n & -1 & & & \\ a_{n-1} & x & -1 & & \\ a_{n-2} & & x & \ddots & \\ \vdots & & & x & -1 \\ f(x) & 0 & 0 \cdots & 0 & 0 \end{vmatrix}$$

$$\overset{②}{=} (-1)^{(n+2)} f(x) \begin{vmatrix} -1 & & & \\ x & -1 & & \\ & x & \ddots & \\ & & x & -1 \end{vmatrix}$$

$f(x)$ は $(n+1,\ 1)$ 成分なので、$n+1+1=n+2$

n 行

$$\overset{③}{=} (-1)^{n+2} f(x)(-1)^n = f(x) = a_nx^n + a_{n-1}x^{n-1} + \cdots + a_0$$

① 第1行の x^n 倍を第 $n+1$ 行に足す。第2行の x^{n-1} 倍を第 $n+1$ 行に足す。
第3行の x^{n-2} 倍を第 $n+1$ 行に足す。　…第 n 行の x 倍を第 $n+1$ 行に足す。

② 第 $n+1$ 行で行列式を展開する。

③ 下三角行列の行列式を計算する。

(2) $\begin{vmatrix} a^2+1 & ab & ac & ad \\ ba & b^2+1 & bc & bd \\ ca & cb & c^2+1 & cd \\ da & db & dc & d^2+1 \end{vmatrix} \overset{①}{=} abcd \begin{vmatrix} a+\dfrac{1}{a} & b & c & d \\ a & b+\dfrac{1}{b} & c & d \\ a & b & c+\dfrac{1}{c} & d \\ a & b & c & d+\dfrac{1}{d} \end{vmatrix}$

$\overset{②}{=} \begin{vmatrix} a^2+1 & b^2 & c^2 & d^2 \\ a^2 & b^2+1 & c^2 & d^2 \\ a^2 & b^2 & c^2+1 & d^2 \\ a^2 & b^2 & c^2 & d^2+1 \end{vmatrix} \overset{③}{=} \begin{vmatrix} a^2+b^2+c^2+d^2+1 & b^2 & c^2 & d^2 \\ a^2+b^2+c^2+d^2+1 & b^2+1 & c^2 & d^2 \\ a^2+b^2+c^2+d^2+1 & b^2 & c^2+1 & d^2 \\ a^2+b^2+c^2+d^2+1 & b^2 & c^2 & d^2+1 \end{vmatrix}$

$\overset{④}{=} (a^2+b^2+c^2+d^2+1) \begin{vmatrix} 1 & b^2 & c^2 & d^2 \\ 1 & b^2+1 & c^2 & d^2 \\ 1 & b^2 & c^2+1 & d^2 \\ 1 & b^2 & c^2 & d^2+1 \end{vmatrix}$

$\overset{⑤}{=} (a^2+b^2+c^2+d^2+1) \begin{vmatrix} 1 & & & \\ 1 & 1 & & \\ 1 & & 1 & \\ 1 & & & 1 \end{vmatrix} \overset{⑥}{=} a^2+b^2+c^2+d^2+1$

① 第 1 行から a、第 2 行から b、第 3 行から c、第 4 行から d を括り出す。

② 第 1 列を a 倍、第 2 列を b 倍、第 3 列を c 倍、第 4 列を d 倍する。

③ 第 2 列を第 1 列に足し、第 3 列を第 1 列に足し、第 4 列を第 1 列に足す。

④ 第 1 列から $a^2+b^2+c^2+d^2+1$ を括り出す。

⑤ 第 1 列の $-b^2$ 倍を第 2 列に足し、第 1 列の $-c^2$ 倍を第 3 列に足し、第 1 列の $-d^2$ 倍を第 4 列に足す。

⑥ 下三角行列の行列式を計算する。

ジャンプ

確認 ▶行列式（5）

次の等式を証明せよ。ただし、(1)で成分を書いていないところは0。

(1) $\begin{vmatrix} x^2+1 & x & & & \\ x & x^2+1 & x & & \\ & x & x^2+1 & \ddots & \\ & & \ddots & \ddots & x \\ & & & x & x^2+1 \end{vmatrix}$ (n, n)型行列 $=1+x^2+x^4+\cdots+x^{2n}$

(2) $\begin{vmatrix} 0 & a & b & c \\ -a & 0 & d & e \\ -b & -d & 0 & f \\ -c & -e & -f & 0 \end{vmatrix}=(af-be+cd)^2$

(1)　求める行列式を$f_n(x)$とおいて、漸化式を立てる。

$f_1(x)=x^2+1$、

$$f_2(x)=\begin{vmatrix} x^2+1 & x \\ x & x^2+1 \end{vmatrix}=(x^2+1)^2-x^2=x^4+x^2+1$$

$n\geqq3$ のとき、第1列で行列式を展開すると、

$$f_n(x)=(x^2+1)\underbrace{\begin{vmatrix} x^2+1 & x & & \\ x & x^2+1 & x & \\ & \ddots & \ddots & x \\ & & x & x^2+1 \end{vmatrix}}_{n-1\text{列}}-x\underbrace{\begin{vmatrix} x & & & \\ x & x^2+1 & x & \\ & x & \ddots & x \\ & & x & x^2+1 \end{vmatrix}}_{n-1\text{列}}$$

$$\overset{①}{=}(x^2+1)f_{n-1}(x)-x^2\underbrace{\begin{vmatrix} x^2+1 & x & & \\ x & \ddots & \ddots & \\ & \ddots & \ddots & x \\ & & x & x^2+1 \end{vmatrix}}_{n-2\text{列}}=(x^2+1)f_{n-1}(x)-x^2f_{n-2}(x)$$

$n\geqq3$

① 右の行列式を第1行で展開する。

よって、

$$f_n(x)-f_{n-1}(x)=x^2(f_{n-1}(x)-f_{n-2}(x))$$

これを繰り返し用いて、

$$f_n(x)-f_{n-1}(x)=x^2(f_{n-1}(x)-f_{n-2}(x))=x^2(x^2(f_{n-2}(x)-f_{n-3}(x))$$
$$=\cdots=x^{2(n-2)}(f_2(x)-f_1(x))=x^{2(n-2)}(\underbrace{x^4+x^2+1}_{f_2(x)}-\underbrace{(x^2+1)}_{f_1(x)})=x^{2n}$$

つまり、$f_n(x)-f_{n-1}(x)=x^{2n}$ より、

$$f_n(x)=f_1(x)+\sum_{k=2}^{n}(f_k(x)-f_{k-1}(x))=x^2+1+\sum_{k=2}^{n}x^{2k}$$
$$=x^{2n}+x^{2(n-1)}+\cdots+x^2+1 \quad (n \geqq 1)$$

(2)
$$\begin{vmatrix} 0 & a & b & c \\ -a & 0 & d & e \\ -b & -d & 0 & f \\ -c & -e & -f & 0 \end{vmatrix} \overset{①}{=} \begin{vmatrix} 0 & a & b & c \\ -a & 0 & d & e \\ 0 & 0 & 0 & \dfrac{af-be+cd}{a} \\ 0 & 0 & \dfrac{-(af-be+cd)}{a} & 0 \end{vmatrix}$$

$$=a^2\cdot\frac{(af-be+cd)^2}{a^2}=(af-be+cd)^2$$

① 第1行の$\dfrac{d}{a}$倍を、第2行の $-\dfrac{b}{a}$倍を第3行に足す。

第1行の$\dfrac{e}{a}$倍を、第2行の $-\dfrac{c}{a}$倍を第4行に足す。

② ブロックに分けて行列式を計算する。

ステップ

演習 ▶連立方程式 (1) (講義編 p.84 参照)

次の連立方程式を解け。

$$\begin{cases} x+9y-2z+7w=-6 \\ 2x+14y-7z+9w=-12 \\ -2x-7y+4z-5w=5 \\ 3x+20y-10z+13w=-17 \end{cases}$$

$$\begin{pmatrix} 1 & 9 & -2 & 7 & -6 \\ 2 & 14 & -7 & 9 & -12 \\ -2 & -7 & 4 & -5 & 5 \\ 3 & 20 & -10 & 13 & -17 \end{pmatrix} \to \begin{pmatrix} 1 & 9 & -2 & 7 & -6 \\ 0 & -4 & -3 & -5 & 0 \\ 0 & 11 & 0 & 9 & -7 \\ 0 & -7 & -4 & -8 & 1 \end{pmatrix}$$

$\times(-2)$

$$\xrightarrow{ア} \begin{pmatrix} 1 & 9 & -2 & 7 & -6 \\ 0 & -4 & -3 & -5 & 0 \\ 0 & 11 & 0 & 9 & -7 \\ 0 & 1 & 2 & 2 & 1 \end{pmatrix} \to \begin{pmatrix} 1 & 9 & -2 & 7 & -6 \\ 0 & 1 & 2 & 2 & 1 \\ 0 & 11 & 0 & 9 & -7 \\ 0 & -4 & -3 & -5 & 0 \end{pmatrix}$$

$$\to \begin{pmatrix} 1 & 0 & -20 & -11 & -15 \\ 0 & 1 & 2 & 2 & 1 \\ 0 & 0 & -22 & -13 & -18 \\ 0 & 0 & 5 & 3 & 4 \end{pmatrix} \xrightarrow{イ} \begin{pmatrix} 1 & 0 & 0 & 1 & 1 \\ 0 & 1 & 2 & 2 & 1 \\ 0 & 0 & -2 & -1 & -2 \\ 0 & 0 & 5 & 3 & 4 \end{pmatrix}$$

$\times 4$ $\quad \times 2$

$$\xrightarrow{ウ} \begin{pmatrix} 1 & 0 & 0 & 1 & 1 \\ 0 & 1 & 2 & 2 & 1 \\ 0 & 0 & -2 & -1 & -2 \\ 0 & 0 & 1 & 1 & 0 \end{pmatrix} \to \begin{pmatrix} 1 & 0 & 0 & 1 & 1 \\ 0 & 1 & 2 & 2 & 1 \\ 0 & 0 & 1 & 1 & 0 \\ 0 & 0 & -2 & -1 & -2 \end{pmatrix}$$

$$\to \begin{pmatrix} 1 & 0 & 0 & 1 & 1 \\ 0 & 1 & 0 & 0 & 1 \\ 0 & 0 & 1 & 1 & 0 \\ 0 & 0 & 0 & 1 & -2 \end{pmatrix} \to \begin{pmatrix} 1 & 0 & 0 & 0 & 3 \\ 0 & 1 & 0 & 0 & 1 \\ 0 & 0 & 1 & 0 & 2 \\ 0 & 0 & 0 & 1 & -2 \end{pmatrix}$$

$x=3, y=1, z=2, w=-2$

ア ④+②×(−2)
イ ③+④×4
ウ ④+③×2

ジャンプ **確認** ▶連立方程式（1）

次の連立方程式を解け。

$$\begin{cases} x+4y-3z+5w=10 \\ -3x+3y-5z+7w=10 \\ 4x-3y+7z+5w=6 \\ 3x+2y-4z-3w=-13 \end{cases}$$

$$\begin{pmatrix} 1 & 4 & -3 & 5 & 10 \\ -3 & 3 & -5 & 7 & 10 \\ 4 & -3 & 7 & 5 & 6 \\ 3 & 2 & -4 & -3 & -13 \end{pmatrix} \to \begin{pmatrix} 1 & 4 & -3 & 5 & 10 \\ 0 & 15 & -14 & 22 & 40 \\ 0 & -19 & 19 & -15 & -34 \\ 0 & -10 & 5 & -18 & -43 \end{pmatrix}$$

×1　×(−2)

$$\to \begin{pmatrix} 1 & 4 & -3 & 5 & 10 \\ 0 & 5 & -9 & 4 & -3 \\ 0 & 1 & 9 & 21 & 52 \\ 0 & -10 & 5 & -18 & -43 \end{pmatrix} \to \begin{pmatrix} 1 & 4 & -3 & 5 & 10 \\ 0 & 1 & 9 & 21 & 52 \\ 0 & 5 & -9 & 4 & -3 \\ 0 & -10 & 5 & -18 & -43 \end{pmatrix}$$

$$\to \begin{pmatrix} 1 & 0 & -39 & -79 & -198 \\ 0 & 1 & 9 & 21 & 52 \\ 0 & 0 & -54 & -101 & -263 \\ 0 & 0 & 95 & 192 & 477 \end{pmatrix} \to \begin{pmatrix} 1 & 0 & -39 & -79 & -198 \\ 0 & 1 & 9 & 21 & 52 \\ 0 & 0 & -54 & -101 & -263 \\ 0 & 0 & -13 & -10 & -49 \end{pmatrix}$$

×2　×(−4)

$$\to \begin{pmatrix} 1 & 0 & -39 & -79 & -198 \\ 0 & 1 & 9 & 21 & 52 \\ 0 & 0 & -2 & -61 & -67 \\ 0 & 0 & -13 & -10 & -49 \end{pmatrix} \to \begin{pmatrix} 1 & 0 & -39 & -79 & -198 \\ 0 & 1 & 9 & 21 & 52 \\ 0 & 0 & -2 & -61 & -67 \\ 0 & 0 & 1 & 417 & 420 \end{pmatrix}$$

×(−7)

$$\to \begin{pmatrix} 1 & 0 & -39 & -79 & -198 \\ 0 & 1 & 9 & 21 & 52 \\ 0 & 0 & 1 & 417 & 420 \\ 0 & 0 & -2 & -61 & -67 \end{pmatrix} \to \begin{pmatrix} 1 & 0 & -39 & -79 & -198 \\ 0 & 1 & 9 & 21 & 52 \\ 0 & 0 & 1 & 417 & 420 \\ 0 & 0 & 0 & 773 & 773 \end{pmatrix} \div 773$$

$$\to \begin{pmatrix} 1 & 0 & -39 & -79 & -198 \\ 0 & 1 & 9 & 21 & 52 \\ 0 & 0 & 1 & 417 & 420 \\ 0 & 0 & 0 & 1 & 1 \end{pmatrix} \to \begin{pmatrix} 1 & 0 & -39 & 0 & -119 \\ 0 & 1 & 9 & 0 & 31 \\ 0 & 0 & 1 & 0 & 3 \\ 0 & 0 & 0 & 1 & 1 \end{pmatrix}$$

$$\to \begin{pmatrix} 1 & 0 & 0 & 0 & -2 \\ 0 & 1 & 0 & 0 & 4 \\ 0 & 0 & 1 & 0 & 3 \\ 0 & 0 & 0 & 1 & 1 \end{pmatrix}$$

$x=-2,\ y=4,\ z=3,\ w=1$

ステップ

演習 ▶連立方程式（2）　（講義編 p.87 参照）

次の連立方程式を解け。

$$\begin{cases} 2x+\ \ y+\ 8z+\quad w=1 \\ x+4y+11z+18w=-3 \\ -x+3y+\ 3z+17w=-4 \\ 3x+2y+13z+\ 4w=1 \end{cases}$$

$$\begin{pmatrix} 2 & 1 & 8 & 1 & 1 \\ 1 & 4 & 11 & 18 & -3 \\ -1 & 3 & 3 & 17 & -4 \\ 3 & 2 & 13 & 4 & 1 \end{pmatrix} \to \begin{pmatrix} 1 & 4 & 11 & 18 & -3 \\ 2 & 1 & 8 & 1 & 1 \\ -1 & 3 & 3 & 17 & -4 \\ 3 & 2 & 13 & 4 & 1 \end{pmatrix}$$

$$\to \begin{pmatrix} 1 & 4 & 11 & 18 & -3 \\ 0 & -7 & -14 & -35 & 7 \\ 0 & 7 & 14 & 35 & -7 \\ 0 & -10 & -20 & -50 & 10 \end{pmatrix} \overset{\div(-7)}{\to} \begin{pmatrix} 1 & 4 & 11 & 18 & -3 \\ 0 & 1 & 2 & 5 & -1 \\ 0 & 7 & 14 & 35 & -7 \\ 0 & -10 & -20 & -50 & 10 \end{pmatrix}$$

$$\to \begin{pmatrix} 1 & 0 & 3 & -2 & 1 \\ 0 & 1 & 2 & 5 & -1 \\ 0 & 0 & 0 & 0 & 0 \\ 0 & 0 & 0 & 0 & 0 \end{pmatrix}$$

$\begin{cases} x\qquad +3z-2w=1 \\ \qquad y+2z+5w=-1 \end{cases}$ より、

$x=1-3s+2t,\ y=-1-2s-5t,\ z=s,\ w=t$　（s、t は任意の実数）

ベクトルを用いて表すと、

$$\begin{pmatrix} x \\ y \\ z \\ w \end{pmatrix} = s\begin{pmatrix} -3 \\ -2 \\ 1 \\ 0 \end{pmatrix} + t\begin{pmatrix} 2 \\ -5 \\ 0 \\ 1 \end{pmatrix} + \begin{pmatrix} 1 \\ -1 \\ 0 \\ 0 \end{pmatrix}$$　（s、t は任意の実数）

ジャンプ 確認 ▶連立方程式（2）

次の連立方程式を解け。

$$\begin{cases} x+y+z+4w=1 \\ 2x+y+3z+5w=5 \\ 3x-y+7z=15 \\ -2x+3y-7z+7w=-17 \end{cases}$$

$$\begin{pmatrix} 1 & 1 & 1 & 4 & 1 \\ 2 & 1 & 3 & 5 & 5 \\ 3 & -1 & 7 & 0 & 15 \\ -2 & 3 & -7 & 7 & -17 \end{pmatrix} \to \begin{pmatrix} 1 & 1 & 1 & 4 & 1 \\ 0 & -1 & 1 & -3 & 3 \\ 0 & -4 & 4 & -12 & 12 \\ 0 & 5 & -5 & 15 & -15 \end{pmatrix} \div(-1)$$

$$\to \begin{pmatrix} 1 & 1 & 1 & 4 & 1 \\ 0 & 1 & -1 & 3 & -3 \\ 0 & -4 & 4 & -12 & 12 \\ 0 & 5 & -5 & 15 & -15 \end{pmatrix} \to \begin{pmatrix} 1 & 0 & 2 & 1 & 4 \\ 0 & 1 & -1 & 3 & -3 \\ 0 & 0 & 0 & 0 & 0 \\ 0 & 0 & 0 & 0 & 0 \end{pmatrix}$$

$\begin{cases} x+2z+w=4 \\ y-z+3w=-3 \end{cases}$ より、

$x=4-2s-t,\ y=-3+s-3t,\ z=s,\ w=t$ （s、t は任意の実数）

ベクトルを用いて表すと、

$$\begin{pmatrix} x \\ y \\ z \\ w \end{pmatrix} = s\begin{pmatrix} -2 \\ 1 \\ 1 \\ 0 \end{pmatrix} + t\begin{pmatrix} -1 \\ -3 \\ 0 \\ 1 \end{pmatrix} + \begin{pmatrix} 4 \\ -3 \\ 0 \\ 0 \end{pmatrix}$$ （s、tは任意の実数）

ステップ

演習 ▶連立方程式 (3)

次の連立方程式を解け。

$$\begin{cases} -2x-\ y+3z+\ 6w=-2 \\ x+3y-2z-\ 7w=8 \\ -3x+2y-2z-14w=1 \\ 4x-2y+3z+19w=1 \end{cases}$$

$$\begin{pmatrix} -2 & -1 & 3 & 6 & -2 \\ 1 & 3 & -2 & -7 & 8 \\ -3 & 2 & -2 & -14 & 1 \\ 4 & -2 & 3 & 19 & 1 \end{pmatrix} \to \begin{pmatrix} 1 & 3 & -2 & -7 & 8 \\ -2 & -1 & 3 & 6 & -2 \\ -3 & 2 & -2 & -14 & 1 \\ 4 & -2 & 3 & 19 & 1 \end{pmatrix}$$

$$\to \begin{pmatrix} 1 & 3 & -2 & -7 & 8 \\ 0 & 5 & -1 & -8 & 14 \\ 0 & 11 & -8 & -35 & 25 \\ 0 & -14 & 11 & 47 & -31 \end{pmatrix} \overset{ア}{\to} \begin{pmatrix} 1 & 3 & -2 & -7 & 8 \\ 0 & 5 & -1 & -8 & 14 \\ 0 & 1 & -6 & -19 & -3 \\ 0 & 1 & 8 & 23 & 11 \end{pmatrix}$$

$$\to \begin{pmatrix} 1 & 3 & -2 & -7 & 8 \\ 0 & 1 & -6 & -19 & -3 \\ 0 & 5 & -1 & -8 & 14 \\ 0 & 1 & 8 & 23 & 11 \end{pmatrix} \to \begin{pmatrix} 1 & 3 & -2 & -7 & 8 \\ 0 & 1 & -6 & -19 & -3 \\ 0 & 0 & 29 & 87 & 29 \\ 0 & 0 & 14 & 42 & 14 \end{pmatrix} \begin{matrix} \\ \\ \div 29 \\ \div 14 \end{matrix}$$

$$\overset{イ}{\to} \begin{pmatrix} 1 & 3 & -2 & -7 & 8 \\ 0 & 1 & -6 & -19 & -3 \\ 0 & 0 & 1 & 3 & 1 \\ 0 & 0 & 1 & 3 & 1 \end{pmatrix} \to \begin{pmatrix} 1 & 3 & 0 & -1 & 10 \\ 0 & 1 & 0 & -1 & 3 \\ 0 & 0 & 1 & 3 & 1 \\ 0 & 0 & 0 & 0 & 0 \end{pmatrix}$$

$$\to \begin{pmatrix} 1 & 0 & 0 & 2 & 1 \\ 0 & 1 & 0 & -1 & 3 \\ 0 & 0 & 1 & 3 & 1 \\ 0 & 0 & 0 & 0 & 0 \end{pmatrix}$$

ア ③+②×(−2), ④+②×3
イ ③÷29, ④÷14

$$\begin{cases} x \qquad\quad +2w=1 \\ \quad y \quad -\ w=3 \\ \qquad z+3w=1 \end{cases}$$ より、

$x=1-2t, y=3+t, z=1-3t\quad w=t$ （t は任意）

ジャンプ

確認 ▶連立方程式 (3)

次の連立方程式を解け。

$$\begin{cases} 2x+y+4z+9w=15 \\ x-2y+3z-w=13 \\ 3x+4y-z+7w=-1 \\ -x+3y+2z+14w=1 \end{cases}$$

$$\begin{pmatrix} 2 & 1 & 4 & 9 & 15 \\ 1 & -2 & 3 & -1 & 13 \\ 3 & 4 & -1 & 7 & -1 \\ -1 & 3 & 2 & 14 & 1 \end{pmatrix} \to \begin{pmatrix} 1 & -2 & 3 & -1 & 13 \\ 2 & 1 & 4 & 9 & 15 \\ 3 & 4 & -1 & 7 & -1 \\ -1 & 3 & 2 & 14 & 1 \end{pmatrix}$$

$$\to \begin{pmatrix} 1 & -2 & 3 & -1 & 13 \\ 0 & 5 & -2 & 11 & -11 \\ 0 & 10 & -10 & 10 & -40 \\ 0 & 1 & 5 & 13 & 14 \end{pmatrix} \underset{\div 10}{\to} \begin{pmatrix} 1 & -2 & 3 & -1 & 13 \\ 0 & 1 & -1 & 1 & -4 \\ 0 & 5 & -2 & 11 & -11 \\ 0 & 1 & 5 & 13 & 14 \end{pmatrix}$$

$$\to \begin{pmatrix} 1 & 0 & 1 & 1 & 5 \\ 0 & 1 & -1 & 1 & -4 \\ 0 & 0 & 3 & 6 & 9 \\ 0 & 0 & 6 & 12 & 18 \end{pmatrix} \underset{\substack{\div 3 \\ \div 6}}{\to} \begin{pmatrix} 1 & 0 & 1 & 1 & 5 \\ 0 & 1 & -1 & 1 & -4 \\ 0 & 0 & 1 & 2 & 3 \\ 0 & 0 & 1 & 2 & 3 \end{pmatrix}$$

$$\to \begin{pmatrix} 1 & 0 & 0 & -1 & 2 \\ 0 & 1 & 0 & 3 & -1 \\ 0 & 0 & 1 & 2 & 3 \\ 0 & 0 & 0 & 0 & 0 \end{pmatrix}$$

$$\begin{cases} x-w=2 \\ y+3w=-1 \\ z+2w=3 \end{cases}$$ より、

$x=2+t, y=-1-3t, z=3-2t, w=t$ （t は任意）

ステップ 演習 ▶基底の取替え （講義編 p.121 参照）

$\boldsymbol{a}_1=\begin{pmatrix}5\\-4\\-3\end{pmatrix}$, $\boldsymbol{a}_2=\begin{pmatrix}3\\-2\\-2\end{pmatrix}$, $\boldsymbol{a}_3=\begin{pmatrix}-1\\1\\1\end{pmatrix}$, $\boldsymbol{b}_1=\begin{pmatrix}1\\3\\2\end{pmatrix}$, $\boldsymbol{b}_2=\begin{pmatrix}1\\-2\\1\end{pmatrix}$, $\boldsymbol{b}_3=\begin{pmatrix}1\\-3\\3\end{pmatrix}$とする。

$\boldsymbol{R}^3$ の基底 $\boldsymbol{a}_1$、$\boldsymbol{a}_2$、$\boldsymbol{a}_3$ を基底 $\boldsymbol{b}_1$, $\boldsymbol{b}_2$, $\boldsymbol{b}_3$ に取り替える行列 P を求めよ。

また、$-\boldsymbol{a}_1+5\boldsymbol{a}_2+8\boldsymbol{a}_3=x\boldsymbol{b}_1+y\boldsymbol{b}_2+z\boldsymbol{b}_3$ を満たす x、y、z を求めよ。

$(\boldsymbol{b}_1, \boldsymbol{b}_2, \boldsymbol{b}_3)=(\boldsymbol{a}_1, \boldsymbol{a}_2, \boldsymbol{a}_3)P$ を満たす P を求める。

$A=(\boldsymbol{a}_1, \boldsymbol{a}_2, \boldsymbol{a}_3)$, $B=(\boldsymbol{b}_1, \boldsymbol{b}_2, \boldsymbol{b}_3)$ とおくと、$B=AP \quad \therefore \quad P=A^{-1}B$

$(A\ B)$として、行基本変形で A の部分を E にすると$(E\ A^{-1}B)$

$$\begin{pmatrix}5&3&-1&1&1&1\\-4&-2&1&3&-2&-3\\-3&-2&1&2&1&3\end{pmatrix}\to\begin{pmatrix}2&1&0&3&2&4\\-1&0&0&1&-3&-6\\-3&-2&1&2&1&3\end{pmatrix}\times(-1)$$

$$\to\begin{pmatrix}1&0&0&-1&3&6\\2&1&0&3&2&4\\-3&-2&1&2&1&3\end{pmatrix}\to\begin{pmatrix}1&0&0&-1&3&6\\0&1&0&5&-4&-8\\0&-2&1&-1&10&21\end{pmatrix}$$

$$\to\begin{pmatrix}1&0&0&-1&3&6\\0&1&0&5&-4&-8\\0&0&1&9&2&5\end{pmatrix}\qquad \text{よって、}P=\begin{pmatrix}-1&3&6\\5&-4&-8\\9&2&5\end{pmatrix}$$

$$(\boldsymbol{b}_1, \boldsymbol{b}_2, \boldsymbol{b}_3)\begin{pmatrix}x\\y\\z\end{pmatrix}=(\boldsymbol{a}_1, \boldsymbol{a}_2, \boldsymbol{a}_3)\begin{pmatrix}-1\\5\\8\end{pmatrix}\text{より、}B\begin{pmatrix}x\\y\\z\end{pmatrix}=A\begin{pmatrix}-1\\5\\8\end{pmatrix}$$

$$\therefore\quad A^{-1}B\begin{pmatrix}x\\y\\z\end{pmatrix}=\begin{pmatrix}-1\\5\\8\end{pmatrix}\quad P\begin{pmatrix}x\\y\\z\end{pmatrix}=\begin{pmatrix}-1\\5\\8\end{pmatrix}$$ を満たす x、y、z を求める。

$$\begin{pmatrix}-1&3&6&-1\\5&-4&-8&5\\9&2&5&8\end{pmatrix}\times(-1)\to\begin{pmatrix}1&-3&-6&1\\5&-4&-8&5\\9&2&5&8\end{pmatrix}\to\begin{pmatrix}1&-3&-6&1\\0&11&22&0\\0&29&59&-1\end{pmatrix}\div 11$$

$$\to\begin{pmatrix}1&-3&-6&1\\0&1&2&0\\0&29&59&-1\end{pmatrix}\to\begin{pmatrix}1&0&0&1\\0&1&2&0\\0&0&1&-1\end{pmatrix}\to\begin{pmatrix}1&0&0&1\\0&1&0&2\\0&0&1&-1\end{pmatrix}$$

$x=1, y=2, z=-1$

ジャンプ

確認 ▶基底の取替え

$\boldsymbol{a}_1=\begin{pmatrix}3\\1\\1\end{pmatrix}$, $\boldsymbol{a}_2=\begin{pmatrix}3\\2\\3\end{pmatrix}$, $\boldsymbol{a}_3=\begin{pmatrix}2\\1\\1\end{pmatrix}$, $\boldsymbol{b}_1=\begin{pmatrix}2\\1\\-2\end{pmatrix}$, $\boldsymbol{b}_2=\begin{pmatrix}1\\-2\\1\end{pmatrix}$, $\boldsymbol{b}_3=\begin{pmatrix}2\\-1\\4\end{pmatrix}$とする。

$\boldsymbol{R}^3$ の基底 $\boldsymbol{a}_1, \boldsymbol{a}_2, \boldsymbol{a}_3$ を基底 $\boldsymbol{b}_1, \boldsymbol{b}_2, \boldsymbol{b}_3$ に取り替える行列を P を求めよ。

また、$5\boldsymbol{a}_1-4\boldsymbol{a}_2+4\boldsymbol{a}_3=x\boldsymbol{b}_1+y\boldsymbol{b}_2+z\boldsymbol{b}_3$ を満たす x, y, z を求めよ。

$(\boldsymbol{b}_1, \boldsymbol{b}_2, \boldsymbol{b}_3)=(\boldsymbol{a}_1, \boldsymbol{a}_2, \boldsymbol{a}_3)P$ を満たす P を求める。

$A=(\boldsymbol{a}_1, \boldsymbol{a}_2, \boldsymbol{a}_3)$, $B=(\boldsymbol{b}_1, \boldsymbol{b}_2, \boldsymbol{b}_3)$ とおくと、$B=AP$ $\quad\therefore\quad P=A^{-1}B$

$(A\ B)$ として行基本変形で A の部分を E にすると $(E\ A^{-1}B)$

$$\begin{pmatrix}3&3&2&2&1&2\\1&2&1&1&-2&-1\\1&3&1&-2&1&4\end{pmatrix}\to\begin{pmatrix}1&-3&0&6&-1&-6\\0&-1&0&3&-3&-5\\1&3&1&-2&1&4\end{pmatrix}\times(-1)$$

$$\to\begin{pmatrix}1&-3&0&6&-1&-6\\0&1&0&-3&3&5\\1&3&1&-2&1&4\end{pmatrix}\to\begin{pmatrix}1&0&0&-3&8&9\\0&1&0&-3&3&5\\1&0&1&7&-8&-11\end{pmatrix}$$

$$\to\begin{pmatrix}1&0&0&-3&8&9\\0&1&0&-3&3&5\\0&0&1&10&-16&-20\end{pmatrix}$$ よって、$P=\begin{pmatrix}-3&8&9\\-3&3&5\\10&-16&-20\end{pmatrix}$

$(\boldsymbol{b}_1, \boldsymbol{b}_2, \boldsymbol{b}_3)\begin{pmatrix}x\\y\\z\end{pmatrix}=(\boldsymbol{a}_1, \boldsymbol{a}_2, \boldsymbol{a}_3)\begin{pmatrix}5\\-4\\4\end{pmatrix}$より、$B\begin{pmatrix}x\\y\\z\end{pmatrix}=A\begin{pmatrix}5\\-4\\4\end{pmatrix}$

$\therefore\quad A^{-1}B\begin{pmatrix}x\\y\\z\end{pmatrix}=\begin{pmatrix}5\\-4\\4\end{pmatrix}$ $\quad P\begin{pmatrix}x\\y\\z\end{pmatrix}=\begin{pmatrix}5\\-4\\4\end{pmatrix}$を満たす x、y、z を求める。

$$\times3\begin{pmatrix}-3&8&9&5\\-3&3&5&-4\\10&-16&-20&4\end{pmatrix}\to\begin{pmatrix}-3&8&9&5\\0&-5&-4&-9\\1&8&7&19\end{pmatrix}\to\begin{pmatrix}0&32&30&62\\0&-5&-4&-9\\1&8&7&19\end{pmatrix}\ (\times6)$$

$$\to\begin{pmatrix}0&2&6&8\\0&-5&-4&-9\\1&8&7&19\end{pmatrix}\div2\to\begin{pmatrix}0&1&3&4\\0&-5&-4&-9\\1&8&7&19\end{pmatrix}\to\begin{pmatrix}0&1&3&4\\0&0&11&11\\1&0&-17&-13\end{pmatrix}\div11$$

$$\to\begin{pmatrix}0&1&3&4\\0&0&1&1\\1&0&-17&-13\end{pmatrix}\to\begin{pmatrix}0&1&0&1\\0&0&1&1\\1&0&0&4\end{pmatrix}\to\begin{pmatrix}1&0&0&4\\0&1&0&1\\0&0&1&1\end{pmatrix}$$ $x=4, y=1, z=1$

ステップ **演習** ▶交空間と和空間（1）（講義編 p.137 参照）

$$\boldsymbol{a}_1=\begin{pmatrix}1\\-3\\1\\2\\1\end{pmatrix},\ \boldsymbol{a}_2=\begin{pmatrix}2\\1\\-2\\3\\1\end{pmatrix},\ \boldsymbol{a}_3=\begin{pmatrix}5\\-4\\9\\2\\5\end{pmatrix},\ \boldsymbol{b}_1=\begin{pmatrix}1\\-1\\4\\3\\2\end{pmatrix},\ \boldsymbol{b}_2=\begin{pmatrix}3\\-2\\1\\-4\\1\end{pmatrix},\ \boldsymbol{b}_3=\begin{pmatrix}4\\-5\\0\\7\\3\end{pmatrix},$$

$W_a=\langle \boldsymbol{a}_1, \boldsymbol{a}_2, \boldsymbol{a}_3\rangle$, $W_b=\langle \boldsymbol{b}_1, \boldsymbol{b}_2, \boldsymbol{b}_3\rangle$ とおくとき、

W_a+W_b, $W_a\cap W_b$ の次元と基底を求めよ。

$(\boldsymbol{a}_1, \boldsymbol{a}_2, \boldsymbol{a}_3, \boldsymbol{b}_1, \boldsymbol{b}_2, \boldsymbol{b}_3)$ に行基本変形を施す。

$$\begin{pmatrix}1&2&5&1&3&4\\-3&1&-4&-1&-2&-5\\1&-2&9&4&1&0\\2&3&2&3&-4&7\\1&1&5&2&1&3\end{pmatrix}\to\begin{pmatrix}1&2&5&1&3&4\\0&7&11&2&7&7\\0&-4&4&3&-2&-4\\0&-1&-8&1&-10&-1\\0&-1&0&1&-2&-1\end{pmatrix}$$

$$\to\begin{pmatrix}1&0&5&3&-1&2\\0&0&11&9&-7&0\\0&0&4&-1&6&0\\0&0&-8&0&-8&0\\0&-1&0&1&-2&-1\end{pmatrix}\begin{matrix}\\ \\ \\ \div(-8)\\ \div(-1)\end{matrix}\to\begin{pmatrix}1&0&5&3&-1&2\\0&0&11&9&-7&0\\0&0&4&-1&6&0\\0&0&1&0&1&0\\0&1&0&-1&2&1\end{pmatrix}\to$$

$$\begin{pmatrix}1&0&0&3&-6&2\\0&0&0&9&-18&0\\0&0&0&-1&2&0\\0&0&1&0&1&0\\0&1&0&-1&2&1\end{pmatrix}\begin{matrix}\\ \\ \div(-1)\\ \\ \\ \end{matrix}\to\begin{pmatrix}1&0&0&0&0&2\\0&0&0&0&0&0\\0&0&0&1&-2&0\\0&0&1&0&1&0\\0&1&0&0&0&1\end{pmatrix}\to\begin{pmatrix}1&0&0&0&0&2\\0&1&0&0&0&1\\0&0&1&0&1&0\\0&0&0&1&-2&0\\0&0&0&0&0&0\end{pmatrix}$$

これより、$\dim(W_a+W_b)=4$ で、W_a+W_b の基底は、$\boldsymbol{a}_1, \boldsymbol{a}_2, \boldsymbol{a}_3, \boldsymbol{b}_1$

上の計算の左 3 列を見て、$\dim W_a=3$、右 3 列を見て、$\dim W_b=3$

次元公式より、

$$\dim(W_a\cap W_b)=\dim W_a+\dim W_b-\dim(W_a+W_b)=3+3-4=2$$

上の計算から、$2\boldsymbol{a}_1+\boldsymbol{a}_2=\boldsymbol{b}_3$, $\boldsymbol{a}_3-2\boldsymbol{b}_1=\boldsymbol{b}_2$ $\quad\therefore\quad$ $\boldsymbol{a}_3=2\boldsymbol{b}_1+\boldsymbol{b}_2$

$2\boldsymbol{a}_1+\boldsymbol{a}_2=\boldsymbol{b}_3$, $\boldsymbol{a}_3=2\boldsymbol{b}_1+\boldsymbol{b}_2$ はともに $W_a\cap W_b$ に含まれる。

$\boldsymbol{a}_1$、$\boldsymbol{a}_2$、$\boldsymbol{a}_3$ が線形独立なので、$2\boldsymbol{a}_1+\boldsymbol{a}_2$ と $\boldsymbol{a}_3$ は線形独立であり、

$W_a\cap W_b$ の基底は $\underset{(\boldsymbol{b}_3)}{\underset{\parallel}{2\boldsymbol{a}_1+\boldsymbol{a}_2}}, \underset{(2\boldsymbol{b}_1+\boldsymbol{b}_2)}{\underset{\parallel}{\boldsymbol{a}_3}}$

ジャンプ **確認** ▶交空間と和空間 (1)

$$\boldsymbol{a}_1=\begin{pmatrix}1\\-2\\2\\3\\2\end{pmatrix},\ \boldsymbol{a}_2=\begin{pmatrix}-2\\4\\3\\1\\1\end{pmatrix},\ \boldsymbol{a}_3=\begin{pmatrix}0\\1\\-9\\7\\3\end{pmatrix},\ \boldsymbol{b}_1=\begin{pmatrix}1\\2\\-4\\3\\2\end{pmatrix},\ \boldsymbol{b}_2=\begin{pmatrix}2\\3\\1\\-1\\1\end{pmatrix},\ \boldsymbol{b}_3=\begin{pmatrix}1\\-2\\9\\10\\7\end{pmatrix},$$

$W_a=\langle\boldsymbol{a}_1, \boldsymbol{a}_2, \boldsymbol{a}_3\rangle$, $W_b=\langle\boldsymbol{b}_1, \boldsymbol{b}_2, \boldsymbol{b}_3\rangle$とおくとき、

W_a+W_b, $W_a\cap W_b$ の次元と基底を求めよ。

$(\boldsymbol{a}_1, \boldsymbol{a}_2, \boldsymbol{a}_3, \boldsymbol{b}_1, \boldsymbol{b}_2, \boldsymbol{b}_3)$に行基本変形を施す。

$$\begin{pmatrix}1&-2&0&1&2&1\\-2&4&1&2&3&-2\\2&3&-9&-4&1&9\\3&1&7&3&-1&10\\2&1&3&2&1&7\end{pmatrix}\rightarrow\begin{pmatrix}1&-2&0&1&2&1\\0&0&1&4&7&0\\0&7&-9&-6&-3&7\\0&7&7&0&-7&7\\0&5&3&0&-3&5\end{pmatrix}\begin{matrix}\\\\\\\div 7\\\\\end{matrix}$$

$$\rightarrow\begin{pmatrix}1&0&2&1&0&3\\0&0&1&4&7&0\\0&0&-16&-6&4&0\\0&1&1&0&-1&1\\0&0&-2&0&2&0\end{pmatrix}\begin{matrix}\\\\\\\\\div(-2)\end{matrix}\rightarrow\begin{pmatrix}1&0&0&1&2&3\\0&0&0&4&8&0\\0&0&0&-6&-12&0\\0&1&0&0&0&1\\0&0&1&0&-1&0\end{pmatrix}\begin{matrix}\\\div 4\\\\\\\\\end{matrix}$$

$$\rightarrow\begin{pmatrix}1&0&0&0&0&3\\0&0&0&1&2&0\\0&0&0&0&0&0\\0&1&0&0&0&1\\0&0&1&0&-1&0\end{pmatrix}\rightarrow\begin{pmatrix}1&0&0&0&0&3\\0&1&0&0&0&1\\0&0&1&0&-1&0\\0&0&0&1&2&0\\0&0&0&0&0&0\end{pmatrix}$$

これより、$\dim(W_a+W_b)=4$ で、W_a+W_b の基底は $\boldsymbol{a}_1, \boldsymbol{a}_2, \boldsymbol{a}_3, \boldsymbol{b}_1$,

上の計算の左 3 列を見て、$\dim W_a=3$、右 3 列を見て、$\dim W_b=3$

次元公式より、

$$\dim(W_a\cap W_b)=\dim W_a+\dim W_b-\dim(W_a+W_b)=3+3-4=2$$

上の計算から、$3\boldsymbol{a}_1+\boldsymbol{a}_2=\boldsymbol{b}_3$, $-\boldsymbol{a}_3+2\boldsymbol{b}_1=\boldsymbol{b}_2$ $\quad\therefore\quad$ $\boldsymbol{a}_3=2\boldsymbol{b}_1-\boldsymbol{b}_2$

$3\boldsymbol{a}_1+\boldsymbol{a}_2=\boldsymbol{b}_3$, $\boldsymbol{a}_3=2\boldsymbol{b}_1-\boldsymbol{b}_2$ はともに $W_a\cap W_b$ に含まれる。

$\boldsymbol{a}_1, \boldsymbol{a}_2, \boldsymbol{a}_3$ が線形独立なので、$3\boldsymbol{a}_1+\boldsymbol{a}_2, \boldsymbol{a}_3$ は線形独立であり、

$W_a\cap W_b$ の基底は $\underset{(\boldsymbol{b}_3)}{\underset{\parallel}{3\boldsymbol{a}_1+\boldsymbol{a}_2}},\ \underset{(2\boldsymbol{b}_1-\boldsymbol{b}_2)}{\underset{\parallel}{\boldsymbol{a}_3}}$

ステップ

演習 ▶交空間と和空間(2)

$$W_a=\left\{\begin{pmatrix}x\\y\\z\\w\end{pmatrix}\middle|\begin{array}{l}x\quad\ \ +2z+3w=0,\\x-2y+7z-9w=0\end{array}\right\},\ W_b=\left\{\begin{pmatrix}x\\y\\z\\w\end{pmatrix}\middle|\begin{array}{l}x-y+6z-6w=0,\\2x\quad\ +9z-4w=0\end{array}\right\}$$

W_a+W_b, $W_a\cap W_b$ の次元と基底を求めよ。

まず、W_a, W_b の基底を求める。

W_a の条件式を解くと、

$$\begin{pmatrix}1&0&2&3\\1&-2&7&-9\end{pmatrix}\to\begin{pmatrix}1&0&2&3\\0&-2&5&-12\end{pmatrix}\text{より、}\begin{pmatrix}x\\y\\z\\w\end{pmatrix}=\begin{pmatrix}-2s-3t\\\frac{5}{2}s-6t\\s\\t\end{pmatrix}\quad(s\text{、}t\text{ は任意})$$

W_a の基底として、$\boldsymbol{a}_1=\begin{pmatrix}-4\\5\\2\\0\end{pmatrix}$, $\boldsymbol{a}_2=\begin{pmatrix}-3\\-6\\0\\1\end{pmatrix}$をとる。

W_b の条件式を解くと、

$$\begin{pmatrix}1&-1&6&-6\\2&0&9&-4\end{pmatrix}\to\begin{pmatrix}1&-1&6&-6\\0&2&-3&8\end{pmatrix}\to\begin{pmatrix}1&0&\frac{9}{2}&-2\\0&2&-3&8\end{pmatrix}\text{より、}$$

$\begin{pmatrix}x\\y\\z\\w\end{pmatrix}=\begin{pmatrix}-\frac{9}{2}s+2t\\\frac{3}{2}s-4t\\s\\t\end{pmatrix}$($s$、$t$ は任意)、W_b の基底として、$\boldsymbol{a}_3=\begin{pmatrix}-9\\3\\2\\0\end{pmatrix}$, $\boldsymbol{a}_4=\begin{pmatrix}2\\-4\\0\\1\end{pmatrix}$をとる。

$W_a=\{c_1\boldsymbol{a}_1+c_2\boldsymbol{a}_2\,|\,c_1, c_2\in\boldsymbol{R}\}$, $W_b=\{c_3\boldsymbol{a}_3+c_4\boldsymbol{a}_4\,|\,c_3, c_4\in\boldsymbol{R}\}$ より、

$W_a+W_b=\{c_1\boldsymbol{a}_1+c_2\boldsymbol{a}_2+c_3\boldsymbol{a}_3+c_4\boldsymbol{a}_4\,|\,c_1, c_2, c_3, c_4\in\boldsymbol{R}\}$

W_a+W_b は $\boldsymbol{a}_1$、$\boldsymbol{a}_2$、$\boldsymbol{a}_3$、$\boldsymbol{a}_4$ で張られる空間である。W_a+W_b の次元を調べるために、$\boldsymbol{a}_1$、$\boldsymbol{a}_2$、$\boldsymbol{a}_3$、$\boldsymbol{a}_4$ を並べた行列のランクを調べる。

$$\begin{pmatrix}-4&-3&-9&2\\5&-6&3&-4\\2&0&2&0\\0&1&0&1\end{pmatrix}\underset{\div 2}{\to}\begin{pmatrix}0&-3&-5&2\\0&-6&-2&-4\\1&0&1&0\\0&1&0&1\end{pmatrix}\to\begin{pmatrix}0&0&-5&5\\0&0&-2&2\\1&0&1&0\\0&1&0&1\end{pmatrix}\div(-5)$$

$$\to\begin{pmatrix}0&0&1&-1\\0&0&0&0\\1&0&1&0\\0&1&0&1\end{pmatrix}\to\begin{pmatrix}0&0&1&-1\\0&0&0&0\\1&0&0&1\\0&1&0&1\end{pmatrix}\to\begin{pmatrix}1&0&0&1\\0&1&0&1\\0&0&1&-1\\0&0&0&0\end{pmatrix}$$

$\dim(W_a+W_b)=3$, W_a+W_b の基底は$\begin{pmatrix}-4\\5\\2\\0\end{pmatrix}, \begin{pmatrix}-3\\-6\\0\\1\end{pmatrix}, \begin{pmatrix}-9\\3\\2\\0\end{pmatrix}$

行基本変換の結果から、$\boldsymbol{a}_1+\boldsymbol{a}_2-\boldsymbol{a}_3=\boldsymbol{a}_4$ がわかる。

式変形して、$\boldsymbol{a}_1+\boldsymbol{a}_2=\boldsymbol{a}_3+\boldsymbol{a}_4$ となるが、左辺は W_a の元、

右辺は W_b の元なので、$\boldsymbol{a}_1+\boldsymbol{a}_2=\boldsymbol{a}_3+\boldsymbol{a}_4 \in W_a \cap W_b$

次元公式より、

$$\dim(W_a \cap W_b)=\dim W_a+\dim W_b-\dim(W_a+W_b)=2+2-3=1$$

なので、$\boldsymbol{a}_1+\boldsymbol{a}_2(=\boldsymbol{a}_3+\boldsymbol{a}_4)=\begin{pmatrix}-7\\-1\\2\\1\end{pmatrix}$が、$W_a \cap W_b$ の基底である。

〔補足：$W_a \cap W_b$ を直接求めると〕

$$W_a \cap W_b=\left\{\begin{pmatrix}x\\y\\z\\w\end{pmatrix} \middle| \begin{array}{l} x \quad\quad +2z+3w=0 \\ x-2y+7z-9w=0 \\ x\ -y+6z-6w=0 \\ 2x \quad\quad +9z-4w=0 \end{array}\right\}$$

条件式を解くと、

$$\begin{pmatrix}1&0&2&3\\1&-2&7&-9\\1&-1&6&-6\\2&0&9&-4\end{pmatrix} \to \begin{pmatrix}1&0&2&3\\0&-2&5&-12\\0&-1&4&-9\\0&0&5&-10\end{pmatrix} \div(-1) \to \begin{pmatrix}1&0&2&3\\0&0&-3&6\\0&1&-4&9\\0&0&5&-10\end{pmatrix} \div(-3)$$

$$\to \begin{pmatrix}1&0&0&7\\0&0&1&-2\\0&1&0&1\\0&0&0&0\end{pmatrix} \text{より} \quad \begin{pmatrix}x\\y\\z\\w\end{pmatrix}=\begin{pmatrix}-7s\\-s\\2s\\s\end{pmatrix} \quad (s\text{ は任意})$$

$\dim(W_a \cap W_b)=1$, $W_a \cap W_b$ の基底は$\begin{pmatrix}-7\\-1\\2\\1\end{pmatrix}$

ジャンプ

確認 ▶交空間と和空間（2）

$$W_a=\left\{\begin{pmatrix}x\\y\\z\\w\end{pmatrix}\middle|\begin{matrix}x\quad\quad -2z-5w=0,\\2x-6y+9z+5w=0\end{matrix}\right\},\ W_b=\left\{\begin{pmatrix}x\\y\\z\\w\end{pmatrix}\middle|\begin{matrix}x-5y\ +7z+2w=0,\\3x-7y+10z+5w=0\end{matrix}\right\}$$

W_a+W_b, $W_a\cap W_b$ の次元と基底を求めよ。

W_a, W_b の基底を求める。

W_a の条件式を解くと、

$$\begin{pmatrix}1&0&-2&-5\\2&-6&9&5\end{pmatrix}\to\begin{pmatrix}1&0&-2&-5\\0&-6&13&15\end{pmatrix}$$ より、$$\begin{pmatrix}x\\y\\z\\w\end{pmatrix}=\begin{pmatrix}2s+5t\\\frac{13}{6}s+\frac{15}{6}t\\s\\t\end{pmatrix}$$ （s、t は任意）

（$\frac{15}{6}$ → $\frac{5}{2}$）

W_a の基底として、$\boldsymbol{a}_1=\begin{pmatrix}12\\13\\6\\0\end{pmatrix}$, $\boldsymbol{a}_2=\begin{pmatrix}10\\5\\0\\2\end{pmatrix}$ をとる。

W_b の条件式を解くと、

$$\begin{pmatrix}1&-5&7&2\\3&-7&10&5\end{pmatrix}\to\begin{pmatrix}1&-5&7&2\\0&8&-11&-1\end{pmatrix}\overset{\div(-1)}{\to}\begin{pmatrix}1&11&-15&0\\0&-8&11&1\end{pmatrix}$$ より、

$\begin{pmatrix}x\\y\\z\\w\end{pmatrix}=\begin{pmatrix}-11s+15t\\s\\t\\8s-11t\end{pmatrix}$（$s$、$t$ は任意）、W_b の基底として、$\boldsymbol{a}_3=\begin{pmatrix}-11\\1\\0\\8\end{pmatrix}$, $\boldsymbol{a}_4=\begin{pmatrix}15\\0\\1\\-11\end{pmatrix}$ をとる。

W_a+W_b は、$\boldsymbol{a}_1$、$\boldsymbol{a}_2$、$\boldsymbol{a}_3$、$\boldsymbol{a}_4$ で張られる空間である。W_a+W_b の次元を調べるために、$\boldsymbol{a}_1$、$\boldsymbol{a}_2$、$\boldsymbol{a}_3$、$\boldsymbol{a}_4$ を並べた行列のランクを調べる。成分に 1 がある $\boldsymbol{a}_3$、$\boldsymbol{a}_4$ から先に並べて、

$$\begin{pmatrix}-11&15&12&10\\1&0&13&5\\0&1&6&0\\8&-11&0&2\end{pmatrix}\to\begin{pmatrix}0&15&155&65\\1&0&13&5\\0&1&6&0\\0&-11&-104&-38\end{pmatrix}\to\begin{pmatrix}0&0&65&65\\1&0&13&5\\0&1&6&0\\0&0&-38&-38\end{pmatrix}\div 65$$

$$\to\begin{pmatrix}0&0&1&1\\1&0&0&-8\\0&1&0&-6\\0&0&0&0\end{pmatrix}\to\begin{pmatrix}1&0&0&-8\\0&1&0&-6\\0&0&1&1\\0&0&0&0\end{pmatrix}$$

$\dim(W_a+W_b)=3$, W_a+W_b の基底は $\begin{pmatrix}-11\\1\\0\\8\end{pmatrix}$, $\begin{pmatrix}15\\0\\1\\-11\end{pmatrix}$, $\begin{pmatrix}12\\13\\6\\0\end{pmatrix}$

行基本変形の結果から、$-8\boldsymbol{a}_3-6\boldsymbol{a}_4+\boldsymbol{a}_1=\boldsymbol{a}_2$ がわかる。

式変形して、$\boldsymbol{a}_1-\boldsymbol{a}_2=8\boldsymbol{a}_3+6\boldsymbol{a}_4$ となるが、左辺は W_a の元、右辺は W_b の元なので、

$\boldsymbol{a}_1-\boldsymbol{a}_2=8\boldsymbol{a}_3+6\boldsymbol{a}_4\in W_a+W_b$

次元公式より、

$$\dim(W_a\cap W_b)=\dim W_a+\dim W_b-\dim(W_a+W_b)=2+2-3=1$$

なので、$\boldsymbol{a}_1-\boldsymbol{a}_2(=8\boldsymbol{a}_3+6\boldsymbol{a}_4)=\begin{pmatrix}2\\8\\6\\-2\end{pmatrix}=2\begin{pmatrix}1\\4\\3\\-1\end{pmatrix}$ より、

$W_a\cap W_b$ の基底は $\begin{pmatrix}1\\4\\3\\-1\end{pmatrix}$ である。

〔補足：$W_a\cap W_b$ を直接求めると〕

$$W_a\cap W_b=\left\{\begin{pmatrix}x\\y\\z\\w\end{pmatrix}\middle|\begin{array}{r}x\qquad\;\;-2z-5w=0\\2x-6y\;+9z+5w=0\\x-5y\;+7z+2w=0\\3x-7y+10z+5w=0\end{array}\right\}$$

条件式を解くと、

$$\begin{pmatrix}1&0&-2&-5\\2&-6&9&5\\1&-5&7&2\\3&-7&10&5\end{pmatrix}\to\begin{pmatrix}1&0&-2&-5\\0&-6&13&15\\0&-5&9&7\\0&-7&16&20\end{pmatrix}\underset{\div(-1)}{\to}\begin{pmatrix}1&0&-2&-5\\0&1&-3&-5\\0&2&-7&-13\\0&-7&16&20\end{pmatrix}$$

×(−1)　×(−1)

$$\to\begin{pmatrix}1&0&-2&-5\\0&1&-3&-5\\0&0&-1&-3\\0&0&-5&-15\end{pmatrix}\underset{\div(-1)}{\to}\begin{pmatrix}1&0&0&1\\0&1&0&4\\0&0&1&3\\0&0&0&0\end{pmatrix}\text{より}\quad\begin{pmatrix}x\\y\\z\\w\end{pmatrix}=\begin{pmatrix}-s\\-4s\\-3s\\s\end{pmatrix}\quad(s\text{ は任意})$$

$\dim(W_a\cap W_b)=1$, $W_a\cap W_b$ の基底は $\begin{pmatrix}-1\\-4\\-3\\1\end{pmatrix}$

演習 ▶シュミットの直交化法 (講義編 p.158 参照)

$\boldsymbol{a}_1=\begin{pmatrix}1\\1\\1\\1\end{pmatrix}, \boldsymbol{a}_2=\begin{pmatrix}0\\1\\1\\1\end{pmatrix}, \boldsymbol{a}_2=\begin{pmatrix}0\\0\\1\\1\end{pmatrix}, \boldsymbol{a}_4=\begin{pmatrix}0\\0\\1\\0\end{pmatrix}$から、シュミットの直交化法によって、$\boldsymbol{R}^4$ の正規直交基底を作れ。

$$\boldsymbol{b}_1=\boldsymbol{a}_1=\begin{pmatrix}1\\1\\1\\1\end{pmatrix}, \boldsymbol{e}_1=\frac{\boldsymbol{b}_1}{|\boldsymbol{b}_1|}=\frac{1}{\sqrt{1^2+1^2+1^2+1^2}}\begin{pmatrix}1\\1\\1\\1\end{pmatrix}=\frac{1}{2}\begin{pmatrix}1\\1\\1\\1\end{pmatrix}$$

$$\boldsymbol{b}_2=\boldsymbol{a}_2-(\boldsymbol{a}_2\cdot\boldsymbol{e}_1)\boldsymbol{e}_1=\begin{pmatrix}0\\1\\1\\1\end{pmatrix}-\left\{\begin{pmatrix}0\\1\\1\\1\end{pmatrix}\cdot\frac{1}{2}\begin{pmatrix}1\\1\\1\\1\end{pmatrix}\right\}\frac{1}{2}\begin{pmatrix}1\\1\\1\\1\end{pmatrix}=\frac{1}{4}\begin{pmatrix}-3\\1\\1\\1\end{pmatrix}$$

$$\boldsymbol{e}_2=\frac{\boldsymbol{b}_2}{|\boldsymbol{b}_2|}=\frac{4\boldsymbol{b}_2}{|4\boldsymbol{b}_2|}=\frac{1}{\sqrt{(-3)^2+1^2+1^2+1^2}}\begin{pmatrix}-3\\1\\1\\1\end{pmatrix}=\frac{1}{2\sqrt{3}}\begin{pmatrix}-3\\1\\1\\1\end{pmatrix}$$

$$\boldsymbol{b}_3=\boldsymbol{a}_3-(\boldsymbol{a}_3\cdot\boldsymbol{e}_1)\boldsymbol{e}_1-(\boldsymbol{a}_3\cdot\boldsymbol{e}_2)\boldsymbol{e}_2$$

$$=\begin{pmatrix}0\\0\\1\\1\end{pmatrix}-\left\{\begin{pmatrix}0\\0\\1\\1\end{pmatrix}\cdot\frac{1}{2}\begin{pmatrix}1\\1\\1\\1\end{pmatrix}\right\}\frac{1}{2}\begin{pmatrix}1\\1\\1\\1\end{pmatrix}-\left\{\begin{pmatrix}0\\0\\1\\1\end{pmatrix}\cdot\frac{1}{2\sqrt{3}}\begin{pmatrix}-3\\1\\1\\1\end{pmatrix}\right\}\frac{1}{2\sqrt{3}}\begin{pmatrix}-3\\1\\1\\1\end{pmatrix}$$

$$=\begin{pmatrix}0\\0\\1\\1\end{pmatrix}-\frac{1}{2}\begin{pmatrix}1\\1\\1\\1\end{pmatrix}-\frac{1}{6}\begin{pmatrix}-3\\1\\1\\1\end{pmatrix}=\frac{1}{3}\begin{pmatrix}0\\-2\\1\\1\end{pmatrix}$$

$$\boldsymbol{e}_3=\frac{\boldsymbol{b}_3}{|\boldsymbol{b}_3|}=\frac{3\boldsymbol{b}_3}{|3\boldsymbol{b}_3|}=\frac{1}{\sqrt{(-2)^2+1^2+1^2}}\begin{pmatrix}0\\-2\\1\\1\end{pmatrix}=\frac{1}{\sqrt{6}}\begin{pmatrix}0\\-2\\1\\1\end{pmatrix}$$

$$\boldsymbol{b}_4=\boldsymbol{a}_4-(\boldsymbol{a}_4\cdot\boldsymbol{e}_1)\boldsymbol{e}_1-(\boldsymbol{a}_4\cdot\boldsymbol{e}_2)\boldsymbol{e}_2-(\boldsymbol{a}_4\cdot\boldsymbol{e}_3)\boldsymbol{e}_3$$

$$=\begin{pmatrix}0\\0\\1\\0\end{pmatrix}-\left\{\begin{pmatrix}0\\0\\1\\0\end{pmatrix}\cdot\frac{1}{2}\begin{pmatrix}1\\1\\1\\1\end{pmatrix}\right\}\frac{1}{2}\begin{pmatrix}1\\1\\1\\1\end{pmatrix}-\left\{\begin{pmatrix}0\\0\\1\\0\end{pmatrix}\cdot\frac{1}{2\sqrt{3}}\begin{pmatrix}-3\\1\\1\\1\end{pmatrix}\right\}\frac{1}{2\sqrt{3}}\begin{pmatrix}-3\\1\\1\\1\end{pmatrix}$$

$$-\left\{\begin{pmatrix}0\\0\\1\\0\end{pmatrix}\cdot\frac{1}{\sqrt{6}}\begin{pmatrix}0\\-2\\1\\1\end{pmatrix}\right\}\cdot\frac{1}{\sqrt{6}}\begin{pmatrix}0\\-2\\1\\1\end{pmatrix}$$

$$=\begin{pmatrix}0\\0\\1\\0\end{pmatrix}-\frac{1}{4}\begin{pmatrix}1\\1\\1\\1\end{pmatrix}-\frac{1}{12}\begin{pmatrix}-3\\1\\1\\1\end{pmatrix}-\frac{1}{6}\begin{pmatrix}0\\-2\\1\\1\end{pmatrix}=\frac{1}{2}\begin{pmatrix}0\\0\\1\\-1\end{pmatrix}$$

$$\boldsymbol{e}_4=\frac{\boldsymbol{b}_4}{|\boldsymbol{b}_4|}=\frac{2\boldsymbol{b}_4}{|2\boldsymbol{b}_4|}=\frac{1}{\sqrt{1^2+(-1)^2}}\begin{pmatrix}0\\0\\1\\-1\end{pmatrix}=\frac{1}{\sqrt{2}}\begin{pmatrix}0\\0\\1\\-1\end{pmatrix}$$

$\boldsymbol{e}_1=\frac{1}{2}\begin{pmatrix}1\\1\\1\\1\end{pmatrix}, \boldsymbol{e}_2=\frac{1}{2\sqrt{3}}\begin{pmatrix}-3\\1\\1\\1\end{pmatrix}, \boldsymbol{e}_3=\frac{1}{\sqrt{6}}\begin{pmatrix}0\\-2\\1\\1\end{pmatrix}, \boldsymbol{e}_4=\frac{1}{\sqrt{2}}\begin{pmatrix}0\\0\\1\\-1\end{pmatrix}$ は $\boldsymbol{R}^4$ の正規直交基底である。

〔補足〕

ベクトルを逆順にして、$\boldsymbol{a}_4, \boldsymbol{a}_3, \boldsymbol{a}_2, \boldsymbol{a}_1$ としてから、シュミットの直交化法のアルゴリズムを施すと、$\boldsymbol{e}_1=\begin{pmatrix}0\\0\\1\\0\end{pmatrix}, \boldsymbol{e}_2=\begin{pmatrix}0\\0\\0\\1\end{pmatrix}, \boldsymbol{e}_3=\begin{pmatrix}0\\1\\0\\0\end{pmatrix}, \boldsymbol{e}_4=\begin{pmatrix}1\\0\\0\\0\end{pmatrix}$ となります。もちろんこれでもかまいません。

ジャンプ

確認 ▶シュミットの直交化法

$\boldsymbol{a}_1=\begin{pmatrix}1\\1\\0\\0\end{pmatrix}, \boldsymbol{a}_2=\begin{pmatrix}1\\0\\1\\0\end{pmatrix}, \boldsymbol{a}_3=\begin{pmatrix}0\\0\\1\\1\end{pmatrix}, \boldsymbol{a}_4=\begin{pmatrix}0\\1\\2\\0\end{pmatrix}$から、シュミットの直交化法によって、

$\boldsymbol{R}^4$の正規直交基底を作れ。

$$\boldsymbol{b}_1=\boldsymbol{a}_1=\begin{pmatrix}1\\1\\0\\0\end{pmatrix}, \boldsymbol{e}_1=\frac{\boldsymbol{b}_1}{|\boldsymbol{b}_1|}=\frac{1}{\sqrt{1^2+1^2}}\begin{pmatrix}1\\1\\0\\0\end{pmatrix}=\frac{1}{\sqrt{2}}\begin{pmatrix}1\\1\\0\\0\end{pmatrix}$$

$$\boldsymbol{b}_2=\boldsymbol{a}_2-(\boldsymbol{a}_2\cdot\boldsymbol{e}_1)\boldsymbol{e}_1=\begin{pmatrix}1\\0\\1\\0\end{pmatrix}-\left\{\begin{pmatrix}1\\0\\1\\0\end{pmatrix}\cdot\frac{1}{\sqrt{2}}\begin{pmatrix}1\\1\\0\\0\end{pmatrix}\right\}\frac{1}{\sqrt{2}}\begin{pmatrix}1\\1\\0\\0\end{pmatrix}=\frac{1}{2}\begin{pmatrix}1\\-1\\2\\0\end{pmatrix}$$

$$\boldsymbol{e}_2=\frac{\boldsymbol{b}_2}{|\boldsymbol{b}_2|}=\frac{2\boldsymbol{b}_2}{|2\boldsymbol{b}_2|}=\frac{1}{\sqrt{1^2+(-1)^2+2^2}}\begin{pmatrix}1\\-1\\2\\0\end{pmatrix}=\frac{1}{\sqrt{6}}\begin{pmatrix}1\\-1\\2\\0\end{pmatrix}$$

$$\boldsymbol{b}_3=\boldsymbol{a}_3-(\boldsymbol{a}_3\cdot\boldsymbol{e}_1)\boldsymbol{e}_1-(\boldsymbol{a}_3\cdot\boldsymbol{e}_2)\boldsymbol{e}_2$$

$$=\begin{pmatrix}0\\0\\1\\1\end{pmatrix}-\left\{\begin{pmatrix}0\\0\\1\\1\end{pmatrix}\cdot\frac{1}{\sqrt{2}}\begin{pmatrix}1\\1\\0\\0\end{pmatrix}\right\}\frac{1}{\sqrt{2}}\begin{pmatrix}1\\1\\0\\0\end{pmatrix}-\left\{\begin{pmatrix}0\\0\\1\\1\end{pmatrix}\cdot\frac{1}{\sqrt{6}}\begin{pmatrix}1\\-1\\2\\0\end{pmatrix}\right\}\frac{1}{\sqrt{6}}\begin{pmatrix}1\\-1\\2\\0\end{pmatrix}$$

$$=\begin{pmatrix}0\\0\\1\\1\end{pmatrix}-0\cdot\frac{1}{\sqrt{2}}\begin{pmatrix}1\\1\\0\\0\end{pmatrix}-\frac{1}{3}\begin{pmatrix}1\\-1\\2\\0\end{pmatrix}=\frac{1}{3}\begin{pmatrix}-1\\1\\1\\3\end{pmatrix}$$

$$\boldsymbol{e}_3=\frac{\boldsymbol{b}_3}{|\boldsymbol{b}_3|}=\frac{3\boldsymbol{b}_3}{|3\boldsymbol{b}_3|}=\frac{1}{\sqrt{(-1)^2+1^2+1^2+3^2}}\begin{pmatrix}-1\\1\\1\\3\end{pmatrix}=\frac{1}{2\sqrt{3}}\begin{pmatrix}-1\\1\\1\\3\end{pmatrix}$$

$$\boldsymbol{b}_4=\boldsymbol{a}_4-(\boldsymbol{a}_4\cdot\boldsymbol{e}_1)\boldsymbol{e}_1-(\boldsymbol{a}_4\cdot\boldsymbol{e}_2)\boldsymbol{e}_2-(\boldsymbol{a}_4\cdot\boldsymbol{e}_3)\boldsymbol{e}_3$$

$$=\begin{pmatrix}0\\1\\2\\0\end{pmatrix}-\left\{\begin{pmatrix}0\\1\\2\\0\end{pmatrix}\cdot\frac{1}{\sqrt{2}}\begin{pmatrix}1\\1\\0\\0\end{pmatrix}\right\}\frac{1}{\sqrt{2}}\begin{pmatrix}1\\1\\0\\0\end{pmatrix}-\left\{\begin{pmatrix}0\\1\\2\\0\end{pmatrix}\cdot\frac{1}{\sqrt{6}}\begin{pmatrix}1\\-1\\2\\0\end{pmatrix}\right\}\frac{1}{\sqrt{6}}\begin{pmatrix}1\\-1\\2\\0\end{pmatrix}$$

$$-\left\{\begin{pmatrix}0\\1\\2\\0\end{pmatrix}\cdot\frac{1}{2\sqrt{3}}\begin{pmatrix}-1\\1\\1\\3\end{pmatrix}\right\}\frac{1}{2\sqrt{3}}\begin{pmatrix}-1\\1\\1\\3\end{pmatrix}$$

$$=\begin{pmatrix}0\\1\\2\\0\end{pmatrix}-\frac{1}{2}\begin{pmatrix}1\\1\\0\\0\end{pmatrix}-\frac{1}{2}\begin{pmatrix}1\\-1\\2\\0\end{pmatrix}-\frac{1}{4}\begin{pmatrix}-1\\1\\1\\3\end{pmatrix}=\frac{1}{4}\begin{pmatrix}-3\\3\\3\\-3\end{pmatrix}/\!/\begin{pmatrix}-1\\1\\1\\-1\end{pmatrix}=\boldsymbol{c}$$

$$\boldsymbol{e}_4=\frac{\boldsymbol{b}_4}{|\boldsymbol{b}_4|}=\frac{\boldsymbol{c}}{|\boldsymbol{c}|}=\frac{1}{\sqrt{(-1)^2+1^2+1^2+(-1)^2}}\begin{pmatrix}-1\\1\\1\\-1\end{pmatrix}=\frac{1}{2}\begin{pmatrix}-1\\1\\1\\-1\end{pmatrix}$$

$\boldsymbol{e}_1=\frac{1}{\sqrt{2}}\begin{pmatrix}1\\1\\0\\0\end{pmatrix}, \boldsymbol{e}_2=\frac{1}{\sqrt{6}}\begin{pmatrix}1\\-1\\2\\0\end{pmatrix}, \boldsymbol{e}_3=\frac{1}{2\sqrt{3}}\begin{pmatrix}-1\\1\\1\\3\end{pmatrix}, \boldsymbol{e}_4=\frac{1}{2}\begin{pmatrix}-1\\1\\1\\-1\end{pmatrix}$ は $\boldsymbol{R}^4$ の正規直交基底である。

ステップ 演習 ▶直交補空間 (講義編 p.163 参照)

$$\boldsymbol{a}_1=\begin{pmatrix}1\\2\\-2\\6\\-5\end{pmatrix},\ \boldsymbol{a}_2=\begin{pmatrix}-3\\-5\\2\\-13\\5\end{pmatrix},\ \boldsymbol{a}_3=\begin{pmatrix}2\\-3\\1\\0\\-9\end{pmatrix},\ \boldsymbol{a}_4=\begin{pmatrix}-2\\3\\-3\\2\\3\end{pmatrix},\ W=\langle \boldsymbol{a}_1, \boldsymbol{a}_2, \boldsymbol{a}_3, \boldsymbol{a}_4\rangle$$

のとき、$\boldsymbol{R}^5$ における W の直交補空間 $W^{\perp}$ の次元と基底を求めよ。

W の元は、$s\boldsymbol{a}_1+t\boldsymbol{a}_2+u\boldsymbol{a}_3+v\boldsymbol{a}_4\,(s, t, u, v\in\boldsymbol{R})$ と表される。

$\boldsymbol{p}$ を $W^{\perp}$ の元であるとすると、

任意の s、t、u、v について、$(s\boldsymbol{a}_1+t\boldsymbol{a}_2+u\boldsymbol{a}_3+v\boldsymbol{a}_4)\cdot\boldsymbol{p}=0$

$\Leftrightarrow$ 任意の s、t、u、v について、$s(\boldsymbol{a}_1\cdot\boldsymbol{p})+t(\boldsymbol{a}_2\cdot\boldsymbol{p})+u(\boldsymbol{a}_3\cdot\boldsymbol{p})+v(\boldsymbol{a}_4\cdot\boldsymbol{p})=0$

$\Leftrightarrow$ $\boldsymbol{a}_1\cdot\boldsymbol{p}=0,\ \boldsymbol{a}_2\cdot\boldsymbol{p}=0,\ \boldsymbol{a}_3\cdot\boldsymbol{p}=0,\ \boldsymbol{a}_4\cdot\boldsymbol{p}=0$

これは、$\boldsymbol{p}=\begin{pmatrix}x_1\\x_2\\x_3\\x_4\\x_5\end{pmatrix}$ とおくと、$\begin{pmatrix}1&2&-2&6&-5\\-3&-5&2&-13&5\\2&-3&1&0&-9\\-2&3&-3&2&3\end{pmatrix}\begin{pmatrix}x_1\\x_2\\x_3\\x_4\\x_5\end{pmatrix}=\begin{pmatrix}0\\0\\0\\0\end{pmatrix}$ とまとまる。

これを解いて、

$$\begin{pmatrix}1&2&-2&6&-5\\-3&-5&2&-13&5\\2&-3&1&0&-9\\-2&3&-3&2&3\end{pmatrix}\to\begin{pmatrix}1&2&-2&6&-5\\0&1&-4&5&-10\\0&-7&5&-12&1\\0&7&-7&14&-7\end{pmatrix}\div 7$$

$$\to\begin{pmatrix}1&0&0&2&-3\\0&0&-3&3&-9\\0&0&-2&2&-6\\0&1&-1&2&-1\end{pmatrix}\div(-3)\to\begin{pmatrix}1&0&0&2&-3\\0&0&1&-1&3\\0&0&0&0&0\\0&1&0&1&2\end{pmatrix}$$ より、

$$\begin{pmatrix}x_1\\x_2\\x_3\\x_4\\x_5\end{pmatrix}=\begin{pmatrix}-2s+3t\\-\ s-2t\\s-3t\\s\\t\end{pmatrix}=s\begin{pmatrix}-2\\-1\\1\\1\\0\end{pmatrix}+t\begin{pmatrix}3\\-2\\-3\\0\\1\end{pmatrix}\quad(s, t\text{ は任意})$$

$\dim W^{\perp}=2$ で $W^{\perp}$ の基底は $\begin{pmatrix}-2\\-1\\1\\1\\0\end{pmatrix},\begin{pmatrix}3\\-2\\-3\\0\\1\end{pmatrix}$

ジャンプ

確認 ▶直交補空間

$$\boldsymbol{a}_1=\begin{pmatrix}1\\2\\-2\\3\\0\end{pmatrix},\ \boldsymbol{a}_2=\begin{pmatrix}2\\3\\2\\15\\4\end{pmatrix},\ \boldsymbol{a}_3=\begin{pmatrix}4\\-3\\2\\-1\\-12\end{pmatrix},\ \boldsymbol{a}_4=\begin{pmatrix}-2\\3\\-1\\5\\9\end{pmatrix},\ W=\langle\boldsymbol{a}_1,\boldsymbol{a}_2,\boldsymbol{a}_3,\boldsymbol{a}_4\rangle$$

のとき、$\boldsymbol{R}^5$ における W の直交補空間 $W^\perp$ の次元と基底を求めよ。

W の元は、$s\boldsymbol{a}_1+t\boldsymbol{a}_2+u\boldsymbol{a}_3+v\boldsymbol{a}_4(s, t, u, v\in\boldsymbol{R})$ と表される。

$\boldsymbol{p}$ を $W^\perp$ の元であるとすると、

　任意の s, t, u, v について、$(s\boldsymbol{a}_1+t\boldsymbol{a}_2+u\boldsymbol{a}_3+v\boldsymbol{a}_4)\cdot\boldsymbol{p}=0$

$\Leftrightarrow$ 任意の s, t, u, v について、$s(\boldsymbol{a}_1\cdot\boldsymbol{p})+t(\boldsymbol{a}_2\cdot\boldsymbol{p})+u(\boldsymbol{a}_3\cdot\boldsymbol{p})+v(\boldsymbol{a}_4\cdot\boldsymbol{p})=0$

$\Leftrightarrow$ $\boldsymbol{a}_1\cdot\boldsymbol{p}=0, \boldsymbol{a}_2\cdot\boldsymbol{p}=0, \boldsymbol{a}_3\cdot\boldsymbol{p}=0, \boldsymbol{a}_4\cdot\boldsymbol{p}=0$

これは、$\boldsymbol{p}=\begin{pmatrix}x_1\\x_2\\x_3\\x_4\\x_5\end{pmatrix}$ とおくと、$\begin{pmatrix}1&2&-2&3&0\\2&3&2&15&4\\4&-3&2&-1&-12\\-2&3&-1&5&9\end{pmatrix}\begin{pmatrix}x_1\\x_2\\x_3\\x_4\\x_5\end{pmatrix}=\begin{pmatrix}0\\0\\0\\0\end{pmatrix}$ とまとまる。

これを解くと、

$$\begin{pmatrix}1&2&-2&3&0\\2&3&2&15&4\\4&-3&2&-1&-12\\-2&3&-1&5&9\end{pmatrix}\to\begin{pmatrix}1&2&-2&3&0\\0&-1&6&9&4\\0&-11&10&-13&-12\\0&7&-5&11&9\end{pmatrix}\div(-1)$$

$$\to\begin{pmatrix}1&0&10&21&8\\0&1&-6&-9&-4\\0&0&-56&-112&-56\\0&0&37&74&37\end{pmatrix}\div(-56)\to\begin{pmatrix}1&0&0&1&-2\\0&1&0&3&2\\0&0&1&2&1\\0&0&0&0&0\end{pmatrix}$$ より

$$\begin{pmatrix}x_1\\x_2\\x_3\\x_4\\x_5\end{pmatrix}=\begin{pmatrix}-s+2t\\-3s-2t\\-2s-t\\s\\t\end{pmatrix}=s\begin{pmatrix}-1\\-3\\-2\\1\\0\end{pmatrix}+t\begin{pmatrix}2\\-2\\-1\\0\\1\end{pmatrix}\quad(s, t\text{ は任意})$$

$\dim W^\perp=2$ で $W^\perp$ の基底は $\begin{pmatrix}-1\\-3\\-2\\1\\0\end{pmatrix}, \begin{pmatrix}2\\-2\\-1\\0\\1\end{pmatrix}$

ステップ 演習 ▶線形変換の決定

> $\boldsymbol{R}^3$ から $\boldsymbol{R}^3$ への線形変換 f が
>
> $$f:\begin{pmatrix}7\\-7\\-3\end{pmatrix}\mapsto\begin{pmatrix}4\\-5\\-3\end{pmatrix},\ f:\begin{pmatrix}-7\\8\\3\end{pmatrix}\mapsto\begin{pmatrix}1\\3\\2\end{pmatrix},\ f:\begin{pmatrix}2\\-3\\-1\end{pmatrix}\mapsto\begin{pmatrix}-2\\1\\1\end{pmatrix}$$
>
> と移すとき、標準基底における f の表現行列 A を求めよ。

$$A\begin{pmatrix}7\\-7\\-3\end{pmatrix}=\begin{pmatrix}4\\-5\\-3\end{pmatrix},\ A\begin{pmatrix}-7\\8\\3\end{pmatrix}=\begin{pmatrix}1\\3\\2\end{pmatrix},\ A\begin{pmatrix}2\\-3\\-1\end{pmatrix}=\begin{pmatrix}-2\\1\\1\end{pmatrix}$$ より、

$$A\begin{pmatrix}7&-7&2\\-7&8&-3\\-3&3&-1\end{pmatrix}=\begin{pmatrix}4&1&-2\\-5&3&1\\-3&2&1\end{pmatrix},\ B=\begin{pmatrix}7&-7&2\\-7&8&-3\\-3&3&-1\end{pmatrix},\ C=\begin{pmatrix}4&1&-2\\-5&3&1\\-3&2&1\end{pmatrix}$$

とおくと、$AB=C$。これから、$A=CB^{-1}$ を求めればよい。

$\begin{pmatrix}B\\C\end{pmatrix}$ に列基本変形を施して、$\begin{pmatrix}E\\ ※\end{pmatrix}$ の形にする。列基本変形は右から行列をかけることなので(第2章 p.38)、上を B から $E(=BB^{-1})$ に変形すれば、下は C から $CB^{-1}=A$ に変形される。

$$\begin{pmatrix}7&-7&2\\-7&8&-3\\-3&3&-1\\4&1&-2\\-5&3&1\\-3&2&1\end{pmatrix}\to\begin{pmatrix}1&-1&-2\\2&-1&3\\0&0&1\\10&-5&2\\-8&6&-1\\-6&5&-1\end{pmatrix}\to\begin{pmatrix}-1&1&-5\\0&1&0\\0&0&1\\0&5&-13\\4&-6&17\\4&-5&14\end{pmatrix}\to\begin{pmatrix}1&0&0\\0&1&0\\0&0&1\\0&5&-13\\-4&-2&-3\\-4&-1&-6\end{pmatrix}$$

(各段階の注記: ×(−1))

これより、$A=\begin{pmatrix}0&5&-13\\-4&-2&-3\\-4&-1&-6\end{pmatrix}$

ジャンプ

確認 ▶線形変換の決定

$\boldsymbol{R}^3$ から $\boldsymbol{R}^3$ への線形変換 f が、

$$f: \begin{pmatrix} 0 \\ 1 \\ 3 \end{pmatrix} \mapsto \begin{pmatrix} 9 \\ -3 \\ 4 \end{pmatrix}, f: \begin{pmatrix} 8 \\ 3 \\ -2 \end{pmatrix} \mapsto \begin{pmatrix} -1 \\ -3 \\ -3 \end{pmatrix}, f: \begin{pmatrix} -3 \\ -1 \\ 1 \end{pmatrix} \mapsto \begin{pmatrix} 1 \\ 1 \\ 2 \end{pmatrix}$$

と移すとき、標準基底における f の表現行列 A を求めよ。

$$A\begin{pmatrix} 0 \\ 1 \\ 3 \end{pmatrix} = \begin{pmatrix} 9 \\ -3 \\ 4 \end{pmatrix}, A\begin{pmatrix} 8 \\ 3 \\ -2 \end{pmatrix} = \begin{pmatrix} -1 \\ -3 \\ -3 \end{pmatrix}, A\begin{pmatrix} -3 \\ -1 \\ 1 \end{pmatrix} = \begin{pmatrix} 1 \\ 1 \\ 2 \end{pmatrix}$$ より、

$A\begin{pmatrix} 0 & 8 & -3 \\ 1 & 3 & -1 \\ 3 & -2 & 1 \end{pmatrix} = \begin{pmatrix} 9 & -1 & 1 \\ -3 & -3 & 1 \\ 4 & -3 & 2 \end{pmatrix}$。$B = \begin{pmatrix} 0 & 8 & -3 \\ 1 & 3 & -1 \\ 3 & -2 & 1 \end{pmatrix}$、$C = \begin{pmatrix} 9 & -1 & 1 \\ -3 & -3 & 1 \\ 4 & -3 & 2 \end{pmatrix}$ とおくと、$AB = C, A = CB^{-1}$ を求めればよい。

$\begin{pmatrix} B \\ C \end{pmatrix}$ に列基本変形を施して、$\begin{pmatrix} E \\ ※ \end{pmatrix}$ の形にする。列基本変形は右から行列をかけることなので(第2章 p.38)、上を B から $E(=BB^{-1})$ に変形すれば、下は C から $CB^{-1} = A$ に変形される。

$$\begin{pmatrix} 0 & 8 & -3 \\ 1 & 3 & -1 \\ 3 & -2 & 1 \\ 9 & -1 & 1 \\ -3 & -3 & 1 \\ 4 & -3 & 2 \end{pmatrix} \to \begin{pmatrix} 9 & 2 & -3 \\ 4 & 1 & -1 \\ 0 & 0 & 1 \\ 6 & 1 & 1 \\ -6 & -1 & 1 \\ -2 & 1 & 2 \end{pmatrix} \to \begin{pmatrix} 1 & 2 & -1 \\ 0 & 1 & 0 \\ 0 & 0 & 1 \\ 2 & 1 & 2 \\ -2 & -1 & 0 \\ -6 & 1 & 3 \end{pmatrix} \to \begin{pmatrix} 1 & 0 & 0 \\ 0 & 1 & 0 \\ 0 & 0 & 1 \\ 2 & -3 & 4 \\ -2 & 3 & -2 \\ -6 & 13 & -3 \end{pmatrix}$$

よって、$A = \begin{pmatrix} 2 & -3 & 4 \\ -2 & 3 & -2 \\ -6 & 13 & -3 \end{pmatrix}$

ステップ 演習 ▶表現行列 （講義編 p.172 参照）

$\boldsymbol{R}^2$ から $\boldsymbol{R}^3$ への線形写像 f が、$f:\begin{pmatrix}x\\y\end{pmatrix}\mapsto\begin{pmatrix}x-y\\-x+3y\\2x-y\end{pmatrix}$ で与えられている。

それぞれの基底に関する表現行列 A を求めよ。

(1) $\boldsymbol{R}^2:\boldsymbol{e}_1=\begin{pmatrix}1\\0\end{pmatrix},\ \boldsymbol{e}_2=\begin{pmatrix}0\\1\end{pmatrix},\ \boldsymbol{R}^3:\boldsymbol{d}_1=\begin{pmatrix}1\\0\\0\end{pmatrix},\ \boldsymbol{d}_2=\begin{pmatrix}0\\1\\0\end{pmatrix},\ \boldsymbol{d}_3=\begin{pmatrix}0\\0\\1\end{pmatrix}$

(2) $\boldsymbol{R}^2:\boldsymbol{a}_1=\begin{pmatrix}2\\1\end{pmatrix},\ \boldsymbol{a}_2=\begin{pmatrix}-1\\1\end{pmatrix},\ \boldsymbol{R}^3:\boldsymbol{b}_1=\begin{pmatrix}1\\-2\\4\end{pmatrix},\ \boldsymbol{b}_2=\begin{pmatrix}2\\-3\\3\end{pmatrix},\ \boldsymbol{b}_3=\begin{pmatrix}3\\-4\\3\end{pmatrix}$

(1) $A=\begin{pmatrix}1&-1\\-1&3\\2&-1\end{pmatrix}$ ［$\boldsymbol{R}^2$、$\boldsymbol{R}^3$ ともに標準基底をとっているので、表現行列は係数を並べたものになる］

(2) $(f(\boldsymbol{a}_1),f(\boldsymbol{a}_2))=(\boldsymbol{b}_1,\boldsymbol{b}_2,\boldsymbol{b}_3)A$ となる A を求める。

$f(\boldsymbol{a}_1)=f\left(\begin{pmatrix}2\\1\end{pmatrix}\right)=\begin{pmatrix}1\\1\\3\end{pmatrix},\ f(\boldsymbol{a}_2)=f\left(\begin{pmatrix}-1\\1\end{pmatrix}\right)=\begin{pmatrix}-2\\4\\-3\end{pmatrix}$ より、

$\begin{pmatrix}1&-2\\1&4\\3&-3\end{pmatrix}=\begin{pmatrix}1&2&3\\-2&-3&-4\\4&3&3\end{pmatrix}A\quad B=\begin{pmatrix}1&-2\\1&4\\3&-3\end{pmatrix},\ C=\begin{pmatrix}1&2&3\\-2&-3&-4\\4&3&3\end{pmatrix}$

とおくと、$B=CA$。よって、$A=C^{-1}B$ を求めればよい。

そこで、(C,B) に行基本変形を施して、C を $E(=C^{-1}C)$ にする。行基本変形は左から行列を掛けることなので(第２章 p.36)、このとき、$(C^{-1}C,C^{-1}B)=(E,A)$ となる。

$$\begin{pmatrix}1&2&3&1&-2\\-2&-3&-4&1&4\\4&3&3&3&-3\end{pmatrix}\to\begin{pmatrix}1&2&3&1&-2\\0&1&2&3&0\\0&-5&-9&-1&5\end{pmatrix}$$

$$\to\begin{pmatrix}1&0&-1&-5&-2\\0&1&2&3&0\\0&0&1&14&5\end{pmatrix}\to\begin{pmatrix}1&0&0&9&3\\0&1&0&-25&-10\\0&0&1&14&5\end{pmatrix}$$

（右側の2列が A）

これより、$A=\begin{pmatrix}9&3\\-25&-10\\14&5\end{pmatrix}$

ジャンプ

確認 ▶表現行列

$\boldsymbol{R}^2$ から $\boldsymbol{R}^3$ への線形写像 f が、$f:\begin{pmatrix}x\\y\end{pmatrix}\mapsto\begin{pmatrix}2x+y\\x-3y\\-x+2y\end{pmatrix}$ で与えられている。

それぞれの基底に関する表現行列 A を求めよ。

(1)　$\boldsymbol{R}^2:\boldsymbol{e}_1=\begin{pmatrix}1\\0\end{pmatrix},\boldsymbol{e}_2=\begin{pmatrix}0\\1\end{pmatrix},\boldsymbol{R}^3:\boldsymbol{d}_1=\begin{pmatrix}1\\0\\0\end{pmatrix},\boldsymbol{d}_2=\begin{pmatrix}0\\1\\0\end{pmatrix},\boldsymbol{d}_3=\begin{pmatrix}0\\0\\1\end{pmatrix}$

(2)　$\boldsymbol{R}^2:\boldsymbol{a}_1=\begin{pmatrix}2\\1\end{pmatrix},\boldsymbol{a}_2=\begin{pmatrix}1\\2\end{pmatrix},\boldsymbol{R}^3:\boldsymbol{b}_1=\begin{pmatrix}1\\-3\\-2\end{pmatrix},\boldsymbol{b}_2=\begin{pmatrix}1\\-4\\-2\end{pmatrix},\boldsymbol{b}_3=\begin{pmatrix}-1\\5\\3\end{pmatrix}$

(1)　$A=\begin{pmatrix}2&1\\1&-3\\-1&2\end{pmatrix}$　[$\boldsymbol{R}^2$、$\boldsymbol{R}^3$ ともに標準基底をとっているので、表現行列は係数を並べたものになる]

(2)　$(f(\boldsymbol{a}_1),f(\boldsymbol{a}_2))=(\boldsymbol{b}_1,\boldsymbol{b}_2,\boldsymbol{b}_3)A$ となる A を求める。

$$f(\boldsymbol{a}_1)=f\left(\begin{pmatrix}2\\1\end{pmatrix}\right)=\begin{pmatrix}5\\-1\\0\end{pmatrix},f(\boldsymbol{a}_2)=f\left(\begin{pmatrix}1\\2\end{pmatrix}\right)=\begin{pmatrix}4\\-5\\3\end{pmatrix}$$ より、

$$\begin{pmatrix}5&4\\-1&-5\\0&3\end{pmatrix}=\begin{pmatrix}1&1&-1\\-3&-4&5\\-2&-2&3\end{pmatrix}A\quad B=\begin{pmatrix}5&4\\-1&-5\\0&3\end{pmatrix},C=\begin{pmatrix}1&1&-1\\-3&-4&5\\-2&-2&3\end{pmatrix}$$

とおくと、$B=CA$。よって、$A=C^{-1}B$ を求めればよい。

そこで、(C,B) に行基本変形を施して、C を $E(=C^{-1}C)$ にする。行基本変形は左から行列を掛けることなので(第2章 p.36)、このとき、$(C^{-1}C,C^{-1}B)=(E,A)$ となる。

$$\begin{pmatrix}1&1&-1&5&4\\-3&-4&5&-1&-5\\-2&-2&3&0&3\end{pmatrix}\to\begin{pmatrix}1&1&-1&5&4\\0&-1&2&14&7\\0&0&1&10&11\end{pmatrix}\begin{matrix}\\ \times(-1)\\ \\ \end{matrix}$$

$$\to\begin{pmatrix}1&0&1&19&11\\0&1&-2&-14&-7\\0&0&1&10&11\end{pmatrix}\to\left(\begin{array}{ccc|cc}1&0&0&9&0\\0&1&0&6&15\\0&0&1&10&11\end{array}\right)\overset{A}{}$$

これより、$A=\begin{pmatrix}9&0\\6&15\\10&11\end{pmatrix}$

演習 ▶基底の取替えと表現行列 （講義編 p.181 参照）

$\boldsymbol{R}^3$ から $\boldsymbol{R}^2$ への線形写像 f は、$\boldsymbol{R}^3$ の基底を $\boldsymbol{a}_1=\begin{pmatrix}1\\-2\\4\end{pmatrix}, \boldsymbol{a}_2=\begin{pmatrix}3\\-4\\3\end{pmatrix}, \boldsymbol{a}_3=\begin{pmatrix}2\\-3\\3\end{pmatrix}$

$\boldsymbol{R}^2$ の基底を $\boldsymbol{b}_1=\begin{pmatrix}2\\1\end{pmatrix}, \boldsymbol{b}_2=\begin{pmatrix}1\\-1\end{pmatrix}$ にしたとき、表現行列 $A=\begin{pmatrix}1&2&-1\\-2&1&3\end{pmatrix}$ で表される。$\boldsymbol{R}^3$ の基底を $\boldsymbol{a}'_1=\begin{pmatrix}1\\-2\\-1\end{pmatrix}, \boldsymbol{a}'_2=\begin{pmatrix}-2\\1\\1\end{pmatrix}, \boldsymbol{a}'_3=\begin{pmatrix}2\\-1\\-2\end{pmatrix}$、$\boldsymbol{R}^2$ の基底を $\boldsymbol{b}'_1=\begin{pmatrix}1\\3\end{pmatrix}$、$\boldsymbol{b}'_2=\begin{pmatrix}1\\4\end{pmatrix}$ に替えたときの f の表現行列を求めよ。

$$(f(\boldsymbol{a}_1), f(\boldsymbol{a}_2), f(\boldsymbol{a}_3))=(\boldsymbol{b}_1, \boldsymbol{b}_2)A$$

$\boldsymbol{R}^3$、$\boldsymbol{R}^2$ の基底の取替え行列をそれぞれ P、Q とすると、

$$(\boldsymbol{a}'_1, \boldsymbol{a}'_2, \boldsymbol{a}'_3)=(\boldsymbol{a}_1, \boldsymbol{a}_2, \boldsymbol{a}_3)P \qquad (\boldsymbol{b}'_1, \boldsymbol{b}'_2)=(\boldsymbol{b}_1, \boldsymbol{b}_2)Q$$

これより、

$$P=(\boldsymbol{a}_1, \boldsymbol{a}_2, \boldsymbol{a}_3)^{-1}(\boldsymbol{a}'_1, \boldsymbol{a}'_2, \boldsymbol{a}'_3) \qquad Q^{-1}=(\boldsymbol{b}'_1, \boldsymbol{b}'_2)^{-1}(\boldsymbol{b}_1, \boldsymbol{b}_2)$$

取り替え後の f の表現行列は、

$$\begin{aligned}(f(\boldsymbol{a}'_1), f(\boldsymbol{a}'_2), f(\boldsymbol{a}'_3))&=(f(\boldsymbol{a}_1), f(\boldsymbol{a}_2), f(\boldsymbol{a}_3))P\\&=(\boldsymbol{b}_1, \boldsymbol{b}_2)AP=(\boldsymbol{b}'_1, \boldsymbol{b}'_2)Q^{-1}AP\end{aligned}$$

より、$Q^{-1}AP$ となる。

$$Q^{-1}AP=(\boldsymbol{b}'_1, \boldsymbol{b}'_2)^{-1}(\boldsymbol{b}_1, \boldsymbol{b}_2)A(\boldsymbol{a}_1, \boldsymbol{a}_2, \boldsymbol{a}_3)^{-1}(\boldsymbol{a}'_1, \boldsymbol{a}'_2, \boldsymbol{a}'_3)$$

$$=\begin{pmatrix}1&1\\3&4\end{pmatrix}^{-1}\begin{pmatrix}2&1\\1&-1\end{pmatrix}\begin{pmatrix}1&2&-1\\-2&1&3\end{pmatrix}\underbrace{\begin{pmatrix}1&3&2\\-2&-4&-3\\4&3&3\end{pmatrix}}_{B}{}^{-1}\underbrace{\begin{pmatrix}1&-2&2\\-2&1&-1\\-1&1&-2\end{pmatrix}}_{C}$$

$$=\begin{pmatrix}4&-1\\-3&1\end{pmatrix}\begin{pmatrix}0&5&1\\3&1&-4\end{pmatrix}\underbrace{\begin{pmatrix}-4&-2&1\\-5&-6&5\\10&9&-7\end{pmatrix}}_{B^{-1}C}$$

←前問のように (B, C) を行基本変形して、左側を単位行列にして計算する

$$=\begin{pmatrix}-3&19&8\\3&-14&-7\end{pmatrix}\begin{pmatrix}-4&-2&1\\-5&-6&5\\10&9&-7\end{pmatrix}=\begin{pmatrix}-3&-36&36\\-12&15&-18\end{pmatrix}$$

$\begin{pmatrix}a&b\\c&d\end{pmatrix}$ の逆行列は $\dfrac{1}{ad-bc}\begin{pmatrix}d&-b\\-c&a\end{pmatrix}$

ジャンプ

確認 ▶基底の取替えと表現行列

$\boldsymbol{R}^3$ から $\boldsymbol{R}^2$ への線形写像 f は、$\boldsymbol{R}^3$ の基底を $\boldsymbol{a}_1=\begin{pmatrix}-2\\6\\3\end{pmatrix}$, $\boldsymbol{a}_2=\begin{pmatrix}4\\-3\\-2\end{pmatrix}$, $\boldsymbol{a}_3=\begin{pmatrix}-1\\2\\1\end{pmatrix}$,

$\boldsymbol{R}^2$ の基底を $\boldsymbol{b}_1=\begin{pmatrix}1\\-2\end{pmatrix}$, $\boldsymbol{b}_2=\begin{pmatrix}3\\-1\end{pmatrix}$にしたとき、表現行列 $A=\begin{pmatrix}2&1&-1\\-1&-2&2\end{pmatrix}$

で表される。$\boldsymbol{R}^3$ の基底を $\boldsymbol{a}'_1=\begin{pmatrix}6\\1\\-1\end{pmatrix}$, $\boldsymbol{a}'_2=\begin{pmatrix}2\\1\\0\end{pmatrix}$, $\boldsymbol{a}'_3=\begin{pmatrix}-2\\2\\1\end{pmatrix}$, $\boldsymbol{R}^2$ の基底を

$\boldsymbol{b}'_1=\begin{pmatrix}2\\1\end{pmatrix}$、$\boldsymbol{b}'_2=\begin{pmatrix}3\\2\end{pmatrix}$に替えたときの f の表現行列を求めよ。

$$(f(\boldsymbol{a}_1),f(\boldsymbol{a}_2),f(\boldsymbol{a}_3))=(\boldsymbol{b}_1,\boldsymbol{b}_2)A$$

$\boldsymbol{R}^3$、$\boldsymbol{R}^2$ の基底の取替え行列をそれぞれ P,Q とすると、

$$(\boldsymbol{a}'_1,\boldsymbol{a}'_2,\boldsymbol{a}'_3)=(\boldsymbol{a}_1,\boldsymbol{a}_2,\boldsymbol{a}_3)P \qquad (\boldsymbol{b}'_1,\boldsymbol{b}'_2)=(\boldsymbol{b}_1,\boldsymbol{b}_2)Q$$

これより、

$$P=(\boldsymbol{a}_1,\boldsymbol{a}_2,\boldsymbol{a}_3)^{-1}(\boldsymbol{a}'_1,\boldsymbol{a}'_2,\boldsymbol{a}'_3) \qquad Q^{-1}=(\boldsymbol{b}'_1,\boldsymbol{b}'_2)^{-1}(\boldsymbol{b}_1,\boldsymbol{b}_2)$$

取り替え後の f の表現行列は、

$$\begin{aligned}(f(\boldsymbol{a}'_1),f(\boldsymbol{a}'_2),f(\boldsymbol{a}'_3))&=(f(\boldsymbol{a}_1),f(\boldsymbol{a}_2),f(\boldsymbol{a}_3))P=(\boldsymbol{b}_1,\boldsymbol{b}_2)AP\\&=(\boldsymbol{b}'_1,\boldsymbol{b}'_2)Q^{-1}AP\end{aligned}$$

より、$Q^{-1}AP$ となる。

$$Q^{-1}AP=(\boldsymbol{b}'_1,\boldsymbol{b}'_2)^{-1}(\boldsymbol{b}_1,\boldsymbol{b}_2)A(\boldsymbol{a}_1,\boldsymbol{a}_2,\boldsymbol{a}_3)^{-1}(\boldsymbol{a}'_1,\boldsymbol{a}'_2,\boldsymbol{a}'_3)$$

$$=\begin{pmatrix}2&3\\1&2\end{pmatrix}^{-1}\begin{pmatrix}1&3\\-2&-1\end{pmatrix}\begin{pmatrix}2&1&-1\\-1&-2&2\end{pmatrix}\underbrace{\begin{pmatrix}-2&4&-1\\6&-3&2\\3&-2&1\end{pmatrix}}_{B}{}^{-1}\underbrace{\begin{pmatrix}6&2&-2\\1&1&2\\-1&0&1\end{pmatrix}}_{C}$$

$$=\begin{pmatrix}2&-3\\-1&2\end{pmatrix}\begin{pmatrix}-1&-5&5\\-3&0&0\end{pmatrix}\underbrace{\begin{pmatrix}-1&0&-1\\3&1&0\\8&2&4\end{pmatrix}}_{B^{-1}C}$$

←前問のように (B,C) を行基本変形して、左側を単位行列にして計算する

$$=\begin{pmatrix}7&-10&10\\-5&5&-5\end{pmatrix}\begin{pmatrix}-1&0&-1\\3&1&0\\8&2&4\end{pmatrix}=\begin{pmatrix}43&10&33\\-20&-5&-15\end{pmatrix}$$

$\begin{pmatrix}a&b\\c&d\end{pmatrix}$の逆行列は $\dfrac{1}{ad-bc}\begin{pmatrix}d&-b\\-c&a\end{pmatrix}$

ステップ 演習 ▶核と像 （講義編 p.185 参照）

$\boldsymbol{R}^4$ から $\boldsymbol{R}^4$ への線形変換 f の標準基底での表現行列が

$A=\begin{pmatrix} 1 & 0 & 2 & 5 \\ -2 & 9 & 5 & -1 \\ 3 & -8 & -2 & 7 \\ 1 & -5 & -3 & 0 \end{pmatrix}$ のとき、$\mathrm{Ker}f$ と $\mathrm{Im}f$ の次元と基底を求めよ。

$A\begin{pmatrix} x \\ y \\ z \\ w \end{pmatrix}=\begin{pmatrix} 0 \\ 0 \\ 0 \\ 0 \end{pmatrix}$ を解く。

$$\begin{pmatrix} 1 & 0 & 2 & 5 \\ -2 & 9 & 5 & -1 \\ 3 & -8 & -2 & 7 \\ 1 & -5 & -3 & 0 \end{pmatrix} \to \begin{pmatrix} 1 & 0 & 2 & 5 \\ 0 & 9 & 9 & 9 \\ 0 & -8 & -8 & -8 \\ 0 & -5 & -5 & -5 \end{pmatrix} \overset{\div 9}{\to} \begin{pmatrix} 1 & 0 & 2 & 5 \\ 0 & 1 & 1 & 1 \\ 0 & 0 & 0 & 0 \\ 0 & 0 & 0 & 0 \end{pmatrix}$$

より、$\begin{cases} x \quad\ +2z+5w=0 \\ \quad y+\ z+\ w=0 \end{cases}$

$$\begin{pmatrix} x \\ y \\ z \\ w \end{pmatrix}=\begin{pmatrix} -2s-5t \\ -s-\ t \\ s \\ t \end{pmatrix}=s\begin{pmatrix} -2 \\ -1 \\ 1 \\ 0 \end{pmatrix}+t\begin{pmatrix} -5 \\ -1 \\ 0 \\ 1 \end{pmatrix} \quad (s、t \text{ は任意})$$

$\dim(\mathrm{Ker}f)=2$、基底は、$\begin{pmatrix} -2 \\ -1 \\ 1 \\ 0 \end{pmatrix}, \begin{pmatrix} -5 \\ -1 \\ 0 \\ 1 \end{pmatrix}$

$\boldsymbol{a}_1=\begin{pmatrix} 1 \\ -2 \\ 3 \\ 1 \end{pmatrix}, \boldsymbol{a}_2=\begin{pmatrix} 0 \\ 9 \\ -8 \\ -5 \end{pmatrix}, \boldsymbol{a}_3=\begin{pmatrix} 2 \\ 5 \\ -2 \\ -3 \end{pmatrix}, \boldsymbol{a}_4=\begin{pmatrix} 5 \\ -1 \\ 7 \\ 0 \end{pmatrix}$ とおくと $\mathrm{Im}f$ は $\boldsymbol{a}_1$、$\boldsymbol{a}_2$、$\boldsymbol{a}_3$、$\boldsymbol{a}_4$ で張られる空間である。

上の計算より、$A=(\boldsymbol{a}_1, \boldsymbol{a}_2, \boldsymbol{a}_3, \boldsymbol{a}_4)$ のランクは 2 であり、$\dim(\mathrm{Im}f)=2$、基底は、

$\boldsymbol{a}_1=\begin{pmatrix} 1 \\ -2 \\ 3 \\ 1 \end{pmatrix}, \boldsymbol{a}_2=\begin{pmatrix} 0 \\ 9 \\ -8 \\ -5 \end{pmatrix}$

ジャンプ

確認 ▶核と像

$\boldsymbol{R}^4$ から $\boldsymbol{R}^4$ への線形交換 f の標準基底での表現行列が

$A=\begin{pmatrix} 1 & 2 & -3 & 3 \\ 3 & -2 & 2 & 4 \\ -2 & 1 & 4 & 2 \\ 1 & -3 & -1 & -5 \end{pmatrix}$ のとき、$\mathrm{Ker}f$ と $\mathrm{Im}f$ の次元と基底を求めよ。

$A\begin{pmatrix} x \\ y \\ z \\ w \end{pmatrix}=\begin{pmatrix} 0 \\ 0 \\ 0 \\ 0 \end{pmatrix}$ を解く。

$$\begin{pmatrix} 1 & 2 & -3 & 3 \\ 3 & -2 & 2 & 4 \\ -2 & 1 & 4 & 2 \\ 1 & -3 & -1 & -5 \end{pmatrix} \to \begin{pmatrix} 1 & 2 & -3 & 3 \\ 0 & -8 & 11 & -5 \\ 0 & 5 & -2 & 8 \\ 0 & -5 & 2 & -8 \end{pmatrix} \to \begin{pmatrix} 1 & 2 & -3 & 3 \\ 0 & 2 & 7 & 11 \\ 0 & 5 & -2 & 8 \\ 0 & 0 & 0 & 0 \end{pmatrix}$$

$$\to \begin{pmatrix} 1 & 2 & -3 & 3 \\ 0 & 2 & 7 & 11 \\ 0 & 1 & -16 & -14 \\ 0 & 0 & 0 & 0 \end{pmatrix} \to \begin{pmatrix} 1 & 2 & -3 & 3 \\ 0 & 1 & -16 & -14 \\ 0 & 2 & 7 & 11 \\ 0 & 0 & 0 & 0 \end{pmatrix} \to \begin{pmatrix} 1 & 0 & 29 & 31 \\ 0 & 1 & -16 & -14 \\ 0 & 0 & 39 & 39 \\ 0 & 0 & 0 & 0 \end{pmatrix} \div 39$$

$$\to \begin{pmatrix} 1 & 0 & 29 & 31 \\ 0 & 1 & -16 & -14 \\ 0 & 0 & 1 & 1 \\ 0 & 0 & 0 & 0 \end{pmatrix} \to \begin{pmatrix} 1 & 0 & 0 & 2 \\ 0 & 1 & 0 & 2 \\ 0 & 0 & 1 & 1 \\ 0 & 0 & 0 & 0 \end{pmatrix}$$ より、$\begin{cases} x + 2w = 0 \\ y + 2w = 0 \\ z + w = 0 \end{cases}$

$\begin{pmatrix} x \\ y \\ z \\ w \end{pmatrix}=\begin{pmatrix} -2t \\ -2t \\ -t \\ t \end{pmatrix}=t\begin{pmatrix} -2 \\ -2 \\ -1 \\ 1 \end{pmatrix}$ （t は任意） $\dim(\mathrm{Ker}f)=1$、基底は $\begin{pmatrix} -2 \\ -2 \\ -1 \\ 1 \end{pmatrix}$

$\boldsymbol{a}_1=\begin{pmatrix} 1 \\ 3 \\ -2 \\ 1 \end{pmatrix}, \boldsymbol{a}_2=\begin{pmatrix} 2 \\ -2 \\ 1 \\ -3 \end{pmatrix}, \boldsymbol{a}_3=\begin{pmatrix} -3 \\ 2 \\ 4 \\ -1 \end{pmatrix}, \boldsymbol{a}_4=\begin{pmatrix} 3 \\ 4 \\ 2 \\ -5 \end{pmatrix}$ とおくと $\mathrm{Im}f$ は $\boldsymbol{a}_1$、$\boldsymbol{a}_2$、$\boldsymbol{a}_3$、$\boldsymbol{a}_4$ で張られる空間である。

上の計算より、$A=(\boldsymbol{a}_1, \boldsymbol{a}_2, \boldsymbol{a}_3, \boldsymbol{a}_4)$ のランクは 3 であり、$\dim(\mathrm{Im}f)=3$、基底は

$\boldsymbol{a}_1=\begin{pmatrix} 1 \\ 3 \\ -2 \\ 1 \end{pmatrix}, \boldsymbol{a}_2=\begin{pmatrix} 2 \\ -2 \\ 1 \\ -3 \end{pmatrix}, \boldsymbol{a}_3=\begin{pmatrix} -3 \\ 2 \\ 4 \\ -1 \end{pmatrix}$

ステップ

演習 ▶単射・全射 （講義編 p.198 参照）

線形写像fの表現行列が、次のそれぞれの場合、fが単射であるか、全射であるかを判定せよ。

(1) $A=\begin{pmatrix} 3 & 1 & -2 & 3 \\ 4 & -2 & 1 & 2 \\ 2 & 4 & 3 & -2 \end{pmatrix}$　(2) $B=\begin{pmatrix} 2 & -1 & 3 \\ 3 & 2 & -4 \\ 7 & 0 & 2 \end{pmatrix}$

(3) $C=\begin{pmatrix} 3 & 2 & -4 \\ 1 & 4 & 3 \\ 2 & -1 & -2 \\ 5 & 1 & 6 \end{pmatrix}$　(4) $D=\begin{pmatrix} 2 & 1 & -3 \\ 3 & -4 & 1 \\ 4 & 2 & 3 \end{pmatrix}$

A、B、C、Dの行列のランクは、それぞれ、3、2、3、3

$f: V \to V'$として、それぞれの場合のV、V'、$\mathrm{Im} f$の次元をまとめると

	V	V'	$\mathrm{Im} f$	単射	全射
A	4	3	3	×	○
B	3	3	2	×	×
C	3	4	3	○	×
D	3	3	3	○	○

$\dim V = \dim(\mathrm{Im} f) \Leftrightarrow$ 単射

$\dim V' = \dim(\mathrm{Im} f) \Leftrightarrow$ 全射

〔ランクの計算〕

$A=\begin{pmatrix} 3 & 1 & -2 & 3 \\ 4 & -2 & 1 & 2 \\ 2 & 4 & 3 & -2 \end{pmatrix}$ ［点線枠］の行列式が -80 なので、$\begin{pmatrix} 3 \\ 4 \\ 2 \end{pmatrix}$, $\begin{pmatrix} 1 \\ -2 \\ 4 \end{pmatrix}$, $\begin{pmatrix} -2 \\ 1 \\ 3 \end{pmatrix}$は、

線形独立。よって、$\mathrm{rank}\, A=3$

$B=\begin{pmatrix} 2 & -1 & 3 \\ 3 & 2 & -4 \\ 7 & 0 & 2 \end{pmatrix} \to \begin{pmatrix} 2 & -1 & 3 \\ 7 & 0 & 2 \\ 7 & 0 & 2 \end{pmatrix} \to \begin{pmatrix} 0 & -1 & 0 \\ 7 & 0 & 2 \\ 0 & 0 & 0 \end{pmatrix}$より、$\mathrm{rank}\, B=2$

$C=\begin{pmatrix} 3 & 2 & -4 \\ 1 & 4 & 3 \\ 2 & -1 & -2 \\ 5 & 1 & 6 \end{pmatrix}$ ［点線枠］の行列式が 37 なので$\begin{pmatrix} 3 \\ 1 \\ 2 \\ 5 \end{pmatrix}$, $\begin{pmatrix} 2 \\ 4 \\ -1 \\ 1 \end{pmatrix}$, $\begin{pmatrix} -4 \\ 3 \\ -2 \\ 6 \end{pmatrix}$は線形独立。

$\mathrm{rank}\, C=3$

$\det D=-99 \neq 0$ より、$\mathrm{rank}\, D=3$

ジャンプ

確認 ▶単射・全射

線形写像 f の表現行列が、次のそれぞれの場合、f が単射であるか、全射であるかを判定せよ。

(1) $A=\begin{pmatrix} 5 & 1 & 3 \\ -2 & 3 & -2 \\ 8 & 5 & 4 \end{pmatrix}$　　(2) $B=\begin{pmatrix} 4 & 1 & -2 \\ 3 & 2 & -3 \\ -1 & 3 & 1 \\ 2 & -1 & 3 \end{pmatrix}$

(3) $C=\begin{pmatrix} 2 & 4 & -3 & 5 \\ -3 & 2 & 1 & -4 \\ 1 & -3 & 2 & 3 \end{pmatrix}$　　(4) $D=\begin{pmatrix} 3 & -2 & 4 \\ 2 & 3 & -2 \\ 4 & -1 & 2 \end{pmatrix}$

A、B、C、D の行列のランクはそれぞれ 2、3、3、3

$f: V \to V'$ として、それぞれの場合の V、V'、$\mathrm{Im}\,f$ の次元をまとめると、

	V	V'	$\mathrm{Im}\,f$	単射	全射
A	3	3	2	×	×
B	3	4	3	○	×
C	4	3	3	×	○
D	3	3	3	○	○

$\dim V=\dim(\mathrm{Im}\,f) \Leftrightarrow$ 単射

$\dim V'=\dim(\mathrm{Im}\,f) \Leftrightarrow$ 全射

〔ランクの計算〕

$A=\begin{pmatrix} 5 & 1 & 3 \\ -2 & 3 & -2 \\ 8 & 5 & 4 \end{pmatrix} \to \begin{pmatrix} 5 & 1 & 3 \\ -17 & 0 & -11 \\ -17 & 0 & -11 \end{pmatrix} \to \begin{pmatrix} 0 & 1 & 0 \\ 17 & 0 & 11 \\ 0 & 0 & 0 \end{pmatrix}$ より、$\mathrm{rank}\,A=2$

$B=\begin{pmatrix} 4 & 1 & -2 \\ 3 & 2 & -3 \\ -1 & 3 & 1 \\ 2 & -1 & 3 \end{pmatrix}$　[点線枠]の行列式が 22 なので $\begin{pmatrix} 4 \\ 3 \\ -1 \\ 2 \end{pmatrix}, \begin{pmatrix} 1 \\ 2 \\ 3 \\ -1 \end{pmatrix}, \begin{pmatrix} -2 \\ -3 \\ 1 \\ 3 \end{pmatrix}$ は、

線形独立。$\mathrm{rank}\,B=3$

$C=\begin{pmatrix} 2 & 4 & -3 & 5 \\ -3 & 2 & 1 & -4 \\ 1 & -3 & 2 & 3 \end{pmatrix}$　[点線枠]の行列式が 21 なので $\begin{pmatrix} 2 \\ -3 \\ 1 \end{pmatrix}, \begin{pmatrix} 4 \\ 2 \\ -3 \end{pmatrix}, \begin{pmatrix} -3 \\ 1 \\ 2 \end{pmatrix}$ は

線形独立。$\mathrm{rank}\,C=3$

$\det D=-20 \neq 0$ より、$\mathrm{rank}\,D=3$

ステップ

演習 ▶行列の対角化 (講義編 p.205, p.209 参照)

$A=\begin{pmatrix} 2 & 1 & -2 \\ -2 & -1 & 4 \\ -1 & -1 & 3 \end{pmatrix}$を正則行列 P で対角化せよ。

固有多項式を求めて、

$$f(t)=|A-tE|=\begin{vmatrix} 2-t & 1 & -2 \\ -2 & -1-t & 4 \\ -1 & -1 & 3-t \end{vmatrix}$$

-----は打ち消しあう

$$=(2-t)(-1-t)(3-t)-4-4+4(2-t)+2(3-t)-2(-1-t)$$

$$=(2-t)\{(-1-t)(3-t)+4\}=(2-t)(1-2t+t^2)=(2-t)(1-t)^2$$

固有方程式 $f(t)=0$ より、固有値は、$t=1$(重解)、2

固有値 2 に属する固有ベクトルを $\boldsymbol{p}$ とすると、

$$A\boldsymbol{p}=2\boldsymbol{p} \quad \therefore \quad (A-2E)\boldsymbol{p}=\boldsymbol{0} \quad \therefore \quad \begin{pmatrix} 0 & 1 & -2 \\ -2 & -3 & 4 \\ -1 & -1 & 1 \end{pmatrix}\begin{pmatrix} x \\ y \\ z \end{pmatrix}=\begin{pmatrix} 0 \\ 0 \\ 0 \end{pmatrix}$$

$\begin{pmatrix} 0 & 1 & -2 \\ -2 & -3 & 4 \\ -1 & -1 & 1 \end{pmatrix}\to\begin{pmatrix} 0 & 1 & -2 \\ 0 & -1 & 2 \\ -1 & -1 & 1 \end{pmatrix}$より、$\boldsymbol{p}/\!/\begin{pmatrix} -1 \\ 2 \\ 1 \end{pmatrix}$。そこで、$\boldsymbol{p}_1=\begin{pmatrix} -1 \\ 2 \\ 1 \end{pmatrix}$とおく。

固有値 1 に属する固有ベクトルを $\boldsymbol{p}$ とすると、

$$A\boldsymbol{p}=\boldsymbol{p} \quad \therefore \quad (A-E)\boldsymbol{p}=\boldsymbol{0} \quad \therefore \quad \begin{pmatrix} 1 & 1 & -2 \\ -2 & -2 & 4 \\ -1 & -1 & 2 \end{pmatrix}\begin{pmatrix} x \\ y \\ z \end{pmatrix}=\begin{pmatrix} 0 \\ 0 \\ 0 \end{pmatrix}$$

$x+y-2z=0$ より、$\boldsymbol{p}=\begin{pmatrix} x \\ y \\ z \end{pmatrix}=\begin{pmatrix} -s+2t \\ s \\ t \end{pmatrix}=s\begin{pmatrix} -1 \\ 1 \\ 0 \end{pmatrix}+t\begin{pmatrix} 2 \\ 0 \\ 1 \end{pmatrix}$

(s, t は任意)

そこで、$\boldsymbol{p}_2=\begin{pmatrix} -1 \\ 1 \\ 0 \end{pmatrix}, \boldsymbol{p}_3=\begin{pmatrix} 2 \\ 0 \\ 1 \end{pmatrix}$とおく。$P=(\boldsymbol{p}_1, \boldsymbol{p}_2, \boldsymbol{p}_3)=\begin{pmatrix} -1 & -1 & 2 \\ 2 & 1 & 0 \\ 1 & 0 & 1 \end{pmatrix}$は正則であり、

$$A(\boldsymbol{p}_1, \boldsymbol{p}_2, \boldsymbol{p}_3)=(2\boldsymbol{p}_1, \boldsymbol{p}_2, \boldsymbol{p}_3)=(\boldsymbol{p}_1, \boldsymbol{p}_2, \boldsymbol{p}_3)\begin{pmatrix} 2 & 0 & 0 \\ 0 & 1 & 0 \\ 0 & 0 & 1 \end{pmatrix}$$

$$\therefore \quad AP=P\begin{pmatrix} 2 & 0 & 0 \\ 0 & 1 & 0 \\ 0 & 0 & 1 \end{pmatrix} \qquad \therefore \quad P^{-1}AP=\begin{pmatrix} 2 & 0 & 0 \\ 0 & 1 & 0 \\ 0 & 0 & 1 \end{pmatrix}$$

ジャンプ 確認 ▶行列の対角化

$A=\begin{pmatrix}1 & 4 & -4\\ -1 & -3 & 2\\ -1 & -2 & 1\end{pmatrix}$を正則行列$P$で対角化せよ。

固有多項式を求めて、

$$f(t)=|A-tE|=\begin{vmatrix}1-t & 4 & -4\\ -1 & -3-t & 2\\ -1 & -2 & 1-t\end{vmatrix}$$

----は打ち消しあう

$$=(1-t)(-3-t)(1-t)\underline{-8-8}+4(1-t)+\underline{4(1-t)-4(-3-t)}$$

$$=(1-t)\{(-3-t)(1-t)+4\}=(1-t)(1+2t+t^2)=(1-t)(1+t)^2$$

固有方程式$f(t)=0$より、固有値は、$t=-1$(重解)、1

固有値1に属する固有ベクトルを$\boldsymbol{p}$とすると、

$$A\boldsymbol{p}=\boldsymbol{p}\quad\therefore\quad(A-E)\boldsymbol{p}=\boldsymbol{0}\quad\therefore\quad\begin{pmatrix}0 & 4 & -4\\ -1 & -4 & 2\\ -1 & -2 & 0\end{pmatrix}\begin{pmatrix}x\\ y\\ z\end{pmatrix}=\begin{pmatrix}0\\ 0\\ 0\end{pmatrix}$$

$\begin{pmatrix}0 & 4 & -4\\ -1 & -4 & 2\\ -1 & -2 & 0\end{pmatrix}\to\begin{pmatrix}0 & 4 & -4\\ 0 & -2 & 2\\ -1 & -2 & 0\end{pmatrix}$より、$\boldsymbol{p}/\!/\begin{pmatrix}2\\ -1\\ -1\end{pmatrix}$。そこで$\boldsymbol{p}_1=\begin{pmatrix}2\\ -1\\ -1\end{pmatrix}$とおく。

固有値-1に属する固有ベクトルを$\boldsymbol{p}$とすると、

$$A\boldsymbol{p}=-\boldsymbol{p}\quad\therefore\quad(A+E)\boldsymbol{p}=\boldsymbol{0}\quad\therefore\quad\begin{pmatrix}2 & 4 & -4\\ -1 & -2 & 2\\ -1 & -2 & 2\end{pmatrix}\begin{pmatrix}x\\ y\\ z\end{pmatrix}=\begin{pmatrix}0\\ 0\\ 0\end{pmatrix}$$

$-x-2y+2z=0$より、$\boldsymbol{p}=\begin{pmatrix}x\\ y\\ z\end{pmatrix}=\begin{pmatrix}-2s+2t\\ s\\ t\end{pmatrix}=s\begin{pmatrix}-2\\ 1\\ 0\end{pmatrix}+t\begin{pmatrix}2\\ 0\\ 1\end{pmatrix}$

(s, tは任意)

そこで、$\boldsymbol{p}_2=\begin{pmatrix}-2\\ 1\\ 0\end{pmatrix}, \boldsymbol{p}_3=\begin{pmatrix}2\\ 0\\ 1\end{pmatrix}$とおく。$P=(\boldsymbol{p}_1, \boldsymbol{p}_2, \boldsymbol{p}_3)=\begin{pmatrix}2 & -2 & 2\\ -1 & 1 & 0\\ -1 & 0 & 1\end{pmatrix}$は正則であり、

$$A(\boldsymbol{p}_1, \boldsymbol{p}_2, \boldsymbol{p}_3)=(\boldsymbol{p}_1, -\boldsymbol{p}_2, -\boldsymbol{p}_3)=(\boldsymbol{p}_1, \boldsymbol{p}_2, \boldsymbol{p}_3)\begin{pmatrix}1 & 0 & 0\\ 0 & -1 & 0\\ 0 & 0 & -1\end{pmatrix}$$

$$\therefore\quad AP=P\begin{pmatrix}1 & 0 & 0\\ 0 & -1 & 0\\ 0 & 0 & -1\end{pmatrix}\quad\therefore P^{-1}AP=\begin{pmatrix}1 & 0 & 0\\ 0 & -1 & 0\\ 0 & 0 & -1\end{pmatrix}$$

ステップ

演習 ▶ジョルダン標準形 (1) (講義編 p.221 参照)

$A=\begin{pmatrix}1 & 2 & -1\\ 0 & 2 & 0\\ 1 & -2 & 3\end{pmatrix}$ を正則行列 P でジョルダン標準形にせよ。

固有多項式を求めて、

$$f(t)=|A-tE|=\begin{vmatrix}1-t & 2 & -1\\ 0 & 2-t & 0\\ 1 & -2 & 3-t\end{vmatrix}$$

$$=(1-t)(2-t)(3-t)-(-1)(2-t)=(2-t)\{(1-t)(3-t)+1\}=(2-t)^3$$

ですから、固有方程式 $f(t)=0$ より、固有値は、$t=2$(3 重解)

固有値 2 に属する固有ベクトルを $\boldsymbol{p}=\begin{pmatrix}x\\ y\\ z\end{pmatrix}$ とおくと、

$$A\boldsymbol{p}=2\boldsymbol{p} \qquad \therefore \quad (A-2E)\boldsymbol{p}=\boldsymbol{0} \qquad \therefore \quad \begin{pmatrix}-1 & 2 & -1\\ 0 & 0 & 0\\ 1 & -2 & 1\end{pmatrix}\begin{pmatrix}x\\ y\\ z\end{pmatrix}=\begin{pmatrix}0\\ 0\\ 0\end{pmatrix}$$

より、$x-2y+z=0$。この方程式の解は、$y=s$、$z=t$ とおいて

$$\boldsymbol{p}=\begin{pmatrix}x\\ y\\ z\end{pmatrix}=s\begin{pmatrix}2\\ 1\\ 0\end{pmatrix}+t\begin{pmatrix}-1\\ 0\\ 1\end{pmatrix} \quad (s、t \text{ は任意})$$

固有値 2 に属する固有空間は $\begin{pmatrix}2\\ 1\\ 0\end{pmatrix}, \begin{pmatrix}-1\\ 0\\ 1\end{pmatrix}$ で張られる空間である。

ここで、$\boldsymbol{p}_1=\begin{pmatrix}2\\ 1\\ 0\end{pmatrix}$、$\boldsymbol{p}_2=\begin{pmatrix}-1\\ 0\\ 1\end{pmatrix}$ とおく。$(A-2E)\boldsymbol{q}=\boldsymbol{p}_1$ を満たす $\boldsymbol{q}$ は存在しない。

$(A-2E)\boldsymbol{q}=\boldsymbol{p}_2$ を満たす $\boldsymbol{q}$ として、$\boldsymbol{q}=\begin{pmatrix}0\\ -1\\ -1\end{pmatrix}$ があり、$\boldsymbol{p}_3=\begin{pmatrix}0\\ -1\\ -1\end{pmatrix}$

$P=(\boldsymbol{p}_1, \boldsymbol{p}_2, \boldsymbol{p}_3)=\begin{pmatrix}2 & -1 & 0\\ 1 & 0 & -1\\ 0 & 1 & -1\end{pmatrix}$ とおくと、

$$A\boldsymbol{p}_1=2\boldsymbol{p}_1,\ A\boldsymbol{p}_2=2\boldsymbol{p}_2,\ A\boldsymbol{p}_3=\boldsymbol{p}_2+2\boldsymbol{p}_3$$

ジョルダン・ダイヤグラム

$\boldsymbol{p}_3$	
$\boldsymbol{p}_2$	$\boldsymbol{p}_1$

$$AP=A(\boldsymbol{p}_1, \boldsymbol{p}_2, \boldsymbol{p}_3)=(2\boldsymbol{p}_1, 2\boldsymbol{p}_2, \boldsymbol{p}_2+2\boldsymbol{p}_3)=(\boldsymbol{p}_1, \boldsymbol{p}_2, \boldsymbol{p}_3)\begin{pmatrix}2 & 0 & 0\\ 0 & 2 & 1\\ 0 & 0 & 2\end{pmatrix}=P\begin{pmatrix}2 & 0 & 0\\ 0 & 2 & 1\\ 0 & 0 & 2\end{pmatrix}$$

より、$P^{-1}AP=\begin{pmatrix}2 & 0 & 0\\ 0 & 2 & 1\\ 0 & 0 & 2\end{pmatrix}$

ジャンプ

確認 ▶ジョルダン標準形（1）

$A=\begin{pmatrix}2&0&1\\2&3&-2\\-1&0&4\end{pmatrix}$を正則行列 P でジョルダン標準形にせよ。

固有多項式を求めて、

$$f(t)=|A-tE|=\begin{vmatrix}2-t&0&1\\2&3-t&-2\\-1&0&4-t\end{vmatrix}$$

$$=(2-t)(3-t)(4-t)-(-1)(3-t)=(3-t)\{(2-t)(4-t)+1\}=(3-t)^3$$

ですから、固有方程式 $f(t)=0$ より、固有値は、$t=3$（3 重解）

固有値 3 に属する固有ベクトルを $\boldsymbol{p}=\begin{pmatrix}x\\y\\z\end{pmatrix}$とおくと、

$$A\boldsymbol{p}=3\boldsymbol{p}\qquad\therefore\quad(A-3E)\boldsymbol{p}=\boldsymbol{0}\qquad\therefore\quad\begin{pmatrix}-1&0&1\\2&0&-2\\-1&0&1\end{pmatrix}\begin{pmatrix}x\\y\\z\end{pmatrix}=\begin{pmatrix}0\\0\\0\end{pmatrix}$$

より、$x-z=0$、y は任意。$y=s$、$z=t$ とおいて

$$\boldsymbol{p}=\begin{pmatrix}x\\y\\z\end{pmatrix}=s\begin{pmatrix}0\\1\\0\end{pmatrix}+t\begin{pmatrix}1\\0\\1\end{pmatrix}\quad(s、t\text{ は任意})\cdots①\quad ここで\ \boldsymbol{p}_1=\begin{pmatrix}0\\1\\0\end{pmatrix},\boldsymbol{p}_2=\begin{pmatrix}1\\0\\1\end{pmatrix}$$

とおくと、$(A-3E)\boldsymbol{q}=\boldsymbol{p}_1$ *or* $(A-3E)\boldsymbol{q}=\boldsymbol{p}_2$ を満たす $\boldsymbol{q}$ が存在しないので $\boldsymbol{p}_2$ の方は、$\boldsymbol{p}_2=-2\begin{pmatrix}0\\1\\0\end{pmatrix}+\begin{pmatrix}1\\0\\1\end{pmatrix}=\begin{pmatrix}1\\-2\\1\end{pmatrix}$とする。$(A-3E)\boldsymbol{q}=\boldsymbol{p}_2$ を満たす $\boldsymbol{q}$ として、$\boldsymbol{q}=\begin{pmatrix}1\\0\\2\end{pmatrix}$

があるので、$\boldsymbol{p}_3=\begin{pmatrix}1\\0\\2\end{pmatrix}$とする。すると、$P=(\boldsymbol{p}_1,\boldsymbol{p}_2,\boldsymbol{p}_3)=\begin{pmatrix}0&1&1\\1&-2&0\\0&1&2\end{pmatrix}$は正則であり、

$$AP=A(\boldsymbol{p}_1,\boldsymbol{p}_2,\boldsymbol{p}_3)=(3\boldsymbol{p}_1,3\boldsymbol{p}_2,\boldsymbol{p}_2+3\boldsymbol{p}_3)=(\boldsymbol{p}_1,\boldsymbol{p}_2,\boldsymbol{p}_3)\begin{pmatrix}3&0&0\\0&3&1\\0&0&3\end{pmatrix}=P\begin{pmatrix}3&0&0\\0&3&1\\0&0&3\end{pmatrix}$$

より、$P^{-1}AP=\begin{pmatrix}3&0&0\\0&3&1\\0&0&3\end{pmatrix}$

ジョルダン・ダイヤグラム

$\boldsymbol{p}_3$	
$\boldsymbol{p}_2$	$\boldsymbol{p}_1$

〔補足〕

固有値 3 の固有空間（①）に含まれるベクトルをとり、$\boldsymbol{p}_3=\begin{pmatrix}1\\0\\2\end{pmatrix}$としてもよい。

このとき、$\boldsymbol{p}_2=(A-3E)\boldsymbol{p}_3=\begin{pmatrix}1\\-2\\1\end{pmatrix}$となる。

ステップ 演習 ▶ジョルダン標準形（2）（講義編 p.226 参照）

$A=\begin{pmatrix} 3 & 2 & -5 & 2 \\ 5 & 6 & -12 & 5 \\ 0 & 0 & 1 & 0 \\ -7 & -7 & 17 & -6 \end{pmatrix}$を正則行列 P でジョルダン標準形にせよ。

固有多項式を求めると、

$$f(t)=|A-tE|=\begin{vmatrix} 3-t & 2 & -5 & 2 \\ 5 & 6-t & -12 & 5 \\ 0 & 0 & 1-t & 0 \\ -7 & -7 & 17 & -6-t \end{vmatrix}$$

3行目で余因子展開

$$=(-1)^{3+3}(1-t)\begin{vmatrix} 3-t & 2 & 2 \\ 5 & 6-t & 5 \\ -7 & -7 & -6-t \end{vmatrix}$$

$$=(1-t)\{(3-t)(6-t)(-6-t)+5(-7)2+(-7)\cdot 2\cdot 5 -(3-t)(-7)\cdot 5-5\cdot 2\cdot(-6-t)-(-7)(6-t)\cdot 2\}$$

$$=(1-t)(1-3t+3t^2-t^3)=(1-t)^4$$

固有方程式 $f(t)=0$ より、固有値は $t=1$（4 重解）

固有値 1 に属する固有ベクトルを $\boldsymbol{p}$ とすると、$A\boldsymbol{p}=\boldsymbol{p}$

$$\therefore\quad (A-E)\boldsymbol{p}=\boldsymbol{0}\quad\therefore\quad \begin{pmatrix} 2 & 2 & -5 & 2 \\ 5 & 5 & -12 & 5 \\ 0 & 0 & 0 & 0 \\ -7 & -7 & 17 & -7 \end{pmatrix}\begin{pmatrix} x \\ y \\ z \\ w \end{pmatrix}=\begin{pmatrix} 0 \\ 0 \\ 0 \\ 0 \end{pmatrix}$$

$$\begin{pmatrix} 2 & 2 & -5 & 2 \\ 5 & 5 & -12 & 5 \\ 0 & 0 & 0 & 0 \\ -7 & -7 & 17 & -7 \end{pmatrix}\to\begin{pmatrix} 2 & 2 & -5 & 2 \\ 0 & 0 & \frac{1}{2} & 0 \\ 0 & 0 & 0 & 0 \\ 0 & 0 & -\frac{1}{2} & 0 \end{pmatrix}\begin{matrix} \div 2 \\ \times 2 \\ \\ \\ \end{matrix}\to\begin{pmatrix} 1 & 1 & 0 & 1 \\ 0 & 0 & 1 & 0 \\ 0 & 0 & 0 & 0 \\ 0 & 0 & 0 & 0 \end{pmatrix}$$ より，

$$\begin{pmatrix} x \\ y \\ z \\ w \end{pmatrix}=s\begin{pmatrix} -1 \\ 1 \\ 0 \\ 0 \end{pmatrix}+t\begin{pmatrix} -1 \\ 0 \\ 0 \\ 1 \end{pmatrix}\quad (s,\ t\text{ は任意})$$

固有空間の基底を $\boldsymbol{p}_1=\begin{pmatrix} -1 \\ 1 \\ 0 \\ 0 \end{pmatrix}, \boldsymbol{p}_3=\begin{pmatrix} -1 \\ 0 \\ 0 \\ 1 \end{pmatrix}$と取ることができる。

$(A-E)\boldsymbol{p}=\boldsymbol{p}_1$ を満たす $\boldsymbol{p}$ を求める。 $\begin{pmatrix} 2 & 2 & -5 & 2 \\ 5 & 5 & -12 & 5 \\ 0 & 0 & 0 & 0 \\ -7 & -7 & 17 & -7 \end{pmatrix}\begin{pmatrix} x \\ y \\ z \\ w \end{pmatrix}=\begin{pmatrix} -1 \\ 1 \\ 0 \\ 0 \end{pmatrix}$

$$\times 1\begin{pmatrix} 2 & 2 & -5 & 2 & -1 \\ 5 & 5 & -12 & 5 & 1 \\ 0 & 0 & 0 & 0 & 0 \\ -7 & -7 & 17 & -7 & 0 \end{pmatrix}\times 1 \rightarrow \begin{pmatrix} 2 & 2 & -5 & 2 & -1 \\ 5 & 5 & -12 & 5 & 1 \\ 0 & 0 & 0 & 0 & 0 \\ 0 & 0 & 0 & 0 & 0 \end{pmatrix} \rightarrow \begin{pmatrix} 2 & 2 & -5 & 2 & -1 \\ 0 & 0 & \frac{1}{2} & 0 & \frac{7}{2} \\ 0 & 0 & 0 & 0 & 0 \\ 0 & 0 & 0 & 0 & 0 \end{pmatrix}\times 2$$

$$\begin{pmatrix} 2 & 2 & 0 & 2 & 34 \\ 0 & 0 & 1 & 0 & 7 \\ 0 & 0 & 0 & 0 & 0 \\ 0 & 0 & 0 & 0 & 0 \end{pmatrix}\overset{\div 2}{\rightarrow}\begin{pmatrix} 1 & 1 & 0 & 1 & 17 \\ 0 & 0 & 1 & 0 & 7 \\ 0 & 0 & 0 & 0 & 0 \\ 0 & 0 & 0 & 0 & 0 \end{pmatrix}$$

より、$\begin{pmatrix} x \\ y \\ z \\ w \end{pmatrix}=\begin{pmatrix} -s-t+17 \\ s \\ 7 \\ t \end{pmatrix}$ （s、t は任意）

$s=0, t=0$ として、$\boldsymbol{p}_2=\begin{pmatrix} 17 \\ 0 \\ 7 \\ 0 \end{pmatrix}$ とおく

$(A-E)\boldsymbol{p}=\boldsymbol{p}_3$ を満たす $\boldsymbol{p}$ を求める。 $\begin{pmatrix} 2 & 2 & -5 & 2 \\ 5 & 5 & -12 & 5 \\ 0 & 0 & 0 & 0 \\ -7 & -7 & 17 & -7 \end{pmatrix}\begin{pmatrix} x \\ y \\ z \\ w \end{pmatrix}=\begin{pmatrix} -1 \\ 0 \\ 0 \\ 1 \end{pmatrix}$

$$\times 1\begin{pmatrix} 2 & 2 & -5 & 2 & -1 \\ 5 & 5 & -12 & 5 & 0 \\ 0 & 0 & 0 & 0 & 0 \\ -7 & -7 & 17 & -7 & 1 \end{pmatrix}\times 1 \rightarrow \begin{pmatrix} 2 & 2 & -5 & 2 & -1 \\ 5 & 5 & -12 & 5 & 0 \\ 0 & 0 & 0 & 0 & 0 \\ 0 & 0 & 0 & 0 & 0 \end{pmatrix} \rightarrow \begin{pmatrix} 2 & 2 & -5 & 2 & -1 \\ 0 & 0 & \frac{1}{2} & 0 & \frac{5}{2} \\ 0 & 0 & 0 & 0 & 0 \\ 0 & 0 & 0 & 0 & 0 \end{pmatrix}\times 2$$

$$\begin{pmatrix} 2 & 2 & 0 & 2 & 24 \\ 0 & 0 & 1 & 0 & 5 \\ 0 & 0 & 0 & 0 & 0 \\ 0 & 0 & 0 & 0 & 0 \end{pmatrix}\overset{\div 2}{\rightarrow}\begin{pmatrix} 1 & 1 & 0 & 1 & 12 \\ 0 & 0 & 1 & 0 & 5 \\ 0 & 0 & 0 & 0 & 0 \\ 0 & 0 & 0 & 0 & 0 \end{pmatrix}$$

より、$\begin{pmatrix} x \\ y \\ z \\ w \end{pmatrix}=\begin{pmatrix} -s-t+12 \\ s \\ 5 \\ t \end{pmatrix}$ （s, t は任意）

$s=0, t=0$ として、$\boldsymbol{p}_4=\begin{pmatrix} 12 \\ 0 \\ 5 \\ 0 \end{pmatrix}$ とおく。

ジョルダン・ダイヤグラム

$\boldsymbol{p}_2$	$\boldsymbol{p}_4$
$\boldsymbol{p}_1$	$\boldsymbol{p}_3$

$A\boldsymbol{p}_1=\boldsymbol{p}_1, A\boldsymbol{p}_2=\boldsymbol{p}_1+\boldsymbol{p}_2, A\boldsymbol{p}_3=\boldsymbol{p}_3, A\boldsymbol{p}_4=\boldsymbol{p}_3+\boldsymbol{p}_4$ より，

$$A(\boldsymbol{p}_1, \boldsymbol{p}_2, \boldsymbol{p}_3, \boldsymbol{p}_4)=(\boldsymbol{p}_1, \boldsymbol{p}_2, \boldsymbol{p}_3, \boldsymbol{p}_4)\begin{pmatrix} 1 & 1 & 0 & 0 \\ 0 & 1 & 0 & 0 \\ 0 & 0 & 1 & 1 \\ 0 & 0 & 0 & 1 \end{pmatrix}$$

$P=(\boldsymbol{p}_1, \boldsymbol{p}_2, \boldsymbol{p}_3, \boldsymbol{p}_4)=\begin{pmatrix} -1 & 17 & -1 & 12 \\ 1 & 0 & 0 & 0 \\ 0 & 7 & 0 & 5 \\ 0 & 0 & 1 & 0 \end{pmatrix}$ とおいて、$\therefore \quad P^{-1}AP=\begin{pmatrix} 1 & 1 & 0 & 0 \\ 0 & 1 & 0 & 0 \\ 0 & 0 & 1 & 1 \\ 0 & 0 & 0 & 1 \end{pmatrix}$

ジャンプ 確認 ▶ジョルダン標準形 (2)

$A=\begin{pmatrix} 10 & 3 & -6 & 4 \\ 4 & 3 & -3 & 2 \\ 5 & 1 & -2 & 2 \\ -17 & -7 & 12 & -7 \end{pmatrix}$ を正則行列 P でジョルダン標準形にせよ。

固有多項式を求めると、

$$f(t)=|A-tE|=\begin{vmatrix} 10-t & 3 & -6 & 4 \\ 4 & 3-t & -3 & 2 \\ 5 & 1 & -2-t & 2 \\ -17 & -7 & 12 & -7-t \end{vmatrix}$$

$$=\begin{vmatrix} -5-t & 0 & 3t & -2 \\ -11+5t & 0 & 3+t-t^2 & -4+2t \\ 5 & 1 & -2-t & 2 \\ 18 & 0 & -2-7t & 7-t \end{vmatrix} = (-1)^{3+2}\begin{vmatrix} -5-t & 3t & -2 \\ -11+5t & 3+t-t^2 & -4+2t \\ 18 & -2-7t & 7-t \end{vmatrix}$$

2列目で余因子展開

$$=(-1)^{3+2}\{(-5-t)(3+t-t^2)(7-t)+(-11+5t)(-2-7t)(-2)$$
$$+18\cdot 3t(-4+2t)-(-5-t)(-2-7t)(-4+2t)$$
$$-(-11+5t)\cdot 3t\cdot(7-t)-18\cdot(3+t-t^2)(-2)\}$$

$$=1-4t+6t^2-4t^3+t^4=(1-t)^4$$

固有方程式 $f(t)=0$ より、固有値は $t=1$(4 重解)

固有値 1 に属する固有ベクトルを $\boldsymbol{p}$ とすると、$A\boldsymbol{p}=\boldsymbol{p}$

$$\therefore\quad (A-E)\boldsymbol{p}=\boldsymbol{0}\quad\therefore\quad \begin{pmatrix} 9 & 3 & -6 & 4 \\ 4 & 2 & -3 & 2 \\ 5 & 1 & -3 & 2 \\ -17 & -7 & 12 & -8 \end{pmatrix}\begin{pmatrix} x \\ y \\ z \\ w \end{pmatrix}=\begin{pmatrix} 0 \\ 0 \\ 0 \\ 0 \end{pmatrix}$$

$$\begin{matrix}\times(-2)\\ \times(-1)\\ \\ \end{matrix}\begin{pmatrix} 9 & 3 & -6 & 4 \\ 4 & 2 & -3 & 2 \\ 5 & 1 & -3 & 2 \\ -17 & -7 & 12 & -8 \end{pmatrix}\ (\times 4) \rightarrow \begin{pmatrix} 1 & -1 & 0 & 0 \\ 4 & 2 & -3 & 2 \\ 1 & -1 & 0 & 0 \\ -1 & 1 & 0 & 0 \end{pmatrix} \rightarrow \begin{pmatrix} 1 & -1 & 0 & 0 \\ 0 & 6 & -3 & 2 \\ 0 & 0 & 0 & 0 \\ 0 & 0 & 0 & 0 \end{pmatrix}\div 6$$

$$\rightarrow \begin{pmatrix} 1 & 0 & -\frac{1}{2} & \frac{1}{2} \\ 0 & 1 & -\frac{1}{2} & \frac{1}{3} \\ 0 & 0 & 0 & 0 \\ 0 & 0 & 0 & 0 \end{pmatrix} \text{より、} \begin{pmatrix} x \\ y \\ z \\ w \end{pmatrix}=\frac{s}{2}\begin{pmatrix} 1 \\ 1 \\ 2 \\ 0 \end{pmatrix}+\frac{t}{3}\begin{pmatrix} -1 \\ -1 \\ 0 \\ 3 \end{pmatrix}\quad (s,\ t \text{ は任意})$$

固有空間の基底を、$\boldsymbol{p}_1=\begin{pmatrix} 1 \\ 1 \\ 2 \\ 0 \end{pmatrix}, \boldsymbol{p}_2=\begin{pmatrix} -1 \\ -1 \\ 0 \\ 3 \end{pmatrix}$ と取ることができる。

次に、$(A-E)\boldsymbol{p}=\boldsymbol{p}_1$ ……② を満たす $\boldsymbol{p}$ を探す。

×(−2)、×(−1)、×4

$$\begin{pmatrix} 9 & 3 & -6 & 4 & 1 \\ 4 & 2 & -3 & 2 & 1 \\ 5 & 1 & -3 & 2 & 2 \\ -17 & -7 & 12 & -8 & 0 \end{pmatrix} \to \begin{pmatrix} 1 & -1 & 0 & 0 & -1 \\ 4 & 2 & -3 & 2 & 1 \\ 1 & -1 & 0 & 0 & 1 \\ -1 & 1 & 0 & 0 & 4 \end{pmatrix}$$

となり、第1行、第3行、

第4行が矛盾するので、②を満たす $\boldsymbol{p}$ は存在しない。

63ページのように掃き出し法を用いてイ、アの順に求めてもよい。

よって、ジョルダン・ダイヤグラムは

ア	
イ	
$\boldsymbol{p}_2$	$\boldsymbol{p}_1$

となる。

そこでアから探す方針を取る。

①の解空間に含まれないベクトルとして、$\boldsymbol{p}_4=\begin{pmatrix} 0 \\ 0 \\ 0 \\ 1 \end{pmatrix}$をとると、

$$(A-E)\boldsymbol{p}_4=\begin{pmatrix} 9 & 3 & -6 & 4 \\ 4 & 2 & -3 & 2 \\ 5 & 1 & -3 & 2 \\ -17 & -7 & 12 & -8 \end{pmatrix}\begin{pmatrix} 0 \\ 0 \\ 0 \\ 1 \end{pmatrix}=\begin{pmatrix} 4 \\ 2 \\ 2 \\ -8 \end{pmatrix}$$

、これを $\boldsymbol{p}_3$ とおき、

うまい具合に固有値1の固有空間の中に入っていない。$\boldsymbol{p}_4$、$\boldsymbol{p}_3$ をア、イとして採用してよい。

$$(A-E)\boldsymbol{p}_3=\begin{pmatrix} 9 & 3 & -6 & 4 \\ 4 & 2 & -3 & 2 \\ 5 & 1 & -3 & 2 \\ -17 & -7 & 12 & -8 \end{pmatrix}\begin{pmatrix} 4 \\ 2 \\ 2 \\ -8 \end{pmatrix}=\begin{pmatrix} -2 \\ -2 \\ 0 \\ 6 \end{pmatrix} /\!/ \begin{pmatrix} -1 \\ -1 \\ 0 \\ 3 \end{pmatrix}$$

となるので、

あらためて、$\boldsymbol{p}_2=\begin{pmatrix} -2 \\ -2 \\ 0 \\ 6 \end{pmatrix}$とおけば、

たまたま $\boldsymbol{p}_2$ と平行になったが、そうでない場合でも、固有空間の元になっていることは保証されているので、これと $\boldsymbol{p}_1$、$\boldsymbol{p}_2$ のどちらかで固有空間の基底を作ることができる。

$A\boldsymbol{p}_1=\boldsymbol{p}_1, A\boldsymbol{p}_2=\boldsymbol{p}_2, A\boldsymbol{p}_3=\boldsymbol{p}_2+\boldsymbol{p}_3, A\boldsymbol{p}_4=\boldsymbol{p}_3+\boldsymbol{p}_4$ より、

$$A(\boldsymbol{p}_1, \boldsymbol{p}_2, \boldsymbol{p}_3, \boldsymbol{p}_4)=(\boldsymbol{p}_1, \boldsymbol{p}_2, \boldsymbol{p}_3, \boldsymbol{p}_4)\begin{pmatrix} 1 & 0 & 0 & 0 \\ 0 & 1 & 1 & 0 \\ 0 & 0 & 1 & 1 \\ 0 & 0 & 0 & 1 \end{pmatrix}$$

$$P=(\boldsymbol{p}_1, \boldsymbol{p}_2, \boldsymbol{p}_3, \boldsymbol{p}_4)=\begin{pmatrix} 1 & -2 & 4 & 0 \\ 1 & -2 & 2 & 0 \\ 2 & 0 & 2 & 0 \\ 0 & 6 & -8 & 1 \end{pmatrix}$$

とおいて、

$$P^{-1}AP=\begin{pmatrix} 1 & 0 & 0 & 0 \\ 0 & 1 & 1 & 0 \\ 0 & 0 & 1 & 1 \\ 0 & 0 & 0 & 1 \end{pmatrix}$$

ステップ 演習 ▶一般の行列の n 乗

$A=\begin{pmatrix}1 & 2 & -1\\ 0 & 2 & 0\\ 1 & -2 & 3\end{pmatrix}$のとき、$A^n$ を求めよ。

A は、$P=\begin{pmatrix}2 & -1 & 0\\ 1 & 0 & -1\\ 0 & 1 & -1\end{pmatrix}$によって、$P^{-1}AP=\begin{pmatrix}2 & 0 & 0\\ 0 & 2 & 1\\ 0 & 0 & 2\end{pmatrix}$とジョルダン標準形になる（別冊p.60 参照）。これを n 乗すると、左辺は、

$$(P^{-1}AP)^n=\underbrace{(P^{-1}AP)(P^{-1}AP)\cdots(P^{-1}AP)}_{n\text{コ}}$$

$$=P^{-1}A\underbrace{PP^{-1}}_{E}A\underbrace{PP^{-1}}_{E}\cdots\underbrace{PP^{-1}}_{E}AP=P^{-1}A^nP$$

右辺は、$\begin{pmatrix}2 & 0 & 0\\ 0 & 2 & 1\\ 0 & 0 & 2\end{pmatrix}$とブロックに分けて計算する。（右下の 2×2 ブロックが B）

$B=\begin{pmatrix}2 & 1\\ 0 & 2\end{pmatrix}$、$C=\begin{pmatrix}0 & 1\\ 0 & 0\end{pmatrix}$とすると、$B=2E+C$、$C^k=O\,(k\geqq2)$なので、

$$B^n=(2E+C)^n\underset{\text{二項定理}}{=}(2E)^n+n(2E)^{n-1}C=2^nE+n\cdot2^{n-1}C=\begin{pmatrix}2^n & n\cdot2^{n-1}\\ 0 & 2^n\end{pmatrix}$$

となる。

よって、$P^{-1}A^nP=\begin{pmatrix}2^n & 0 & 0\\ 0 & 2^n & n\cdot2^{n-1}\\ 0 & 0 & 2^n\end{pmatrix}$ これに左から P、右から P^{-1} を掛けて、

$$A^n=P\begin{pmatrix}2^n & 0 & 0\\ 0 & 2^n & n\cdot2^{n-1}\\ 0 & 0 & 2^n\end{pmatrix}P^{-1}$$

$$=\begin{pmatrix}2 & -1 & 0\\ 1 & 0 & -1\\ 0 & 1 & -1\end{pmatrix}\begin{pmatrix}2^n & 0 & 0\\ 0 & 2^n & n\cdot2^{n-1}\\ 0 & 0 & 2^n\end{pmatrix}\begin{pmatrix}2 & -1 & 0\\ 1 & 0 & -1\\ 0 & 1 & -1\end{pmatrix}^{-1}$$

$$=\begin{pmatrix}2\cdot2^n & -2^n & -n\cdot2^{n-1}\\ 2^n & 0 & -2^n\\ 0 & 2^n & -2^n+n\cdot2^{n-1}\end{pmatrix}\begin{pmatrix}1 & -1 & 1\\ 1 & -2 & 2\\ 1 & -2 & 1\end{pmatrix}$$

$$=\begin{pmatrix}2^n-n\cdot2^{n-1} & 2n\cdot2^{n-1} & -n\cdot2^{n-1}\\ 0 & 2^n & 0\\ n\cdot2^{n-1} & -2n\cdot2^{n-1} & 2^n+n\cdot2^{n-1}\end{pmatrix}$$

ジャンプ

確認 ▶一般の行列の n 乗

$A=\begin{pmatrix} 2 & 0 & 1 \\ 2 & 3 & -2 \\ -1 & 0 & 4 \end{pmatrix}$のとき、$A^n$ を求めよ。

A は、$P=\begin{pmatrix} 0 & 1 & 1 \\ 1 & -2 & 0 \\ 0 & 1 & 2 \end{pmatrix}$によって、$P^{-1}AP=\begin{pmatrix} 3 & 0 & 0 \\ 0 & 3 & 1 \\ 0 & 0 & 3 \end{pmatrix}$とジョルダン標準形

になる(別冊p.61 参照)、これを n 乗すると、左辺は

$$(P^{-1}AP)^n=\underbrace{(P^{-1}AP)(P^{-1}AP)\cdots(P^{-1}AP)}_{n\text{コ}}$$

$$=P^{-1}A\underbrace{PP^{-1}}_{E}A\underbrace{PP^{-1}}_{E}\cdots\underbrace{PP^{-1}}_{E}AP=P^{-1}A^nP$$

右辺は、$\left(\begin{array}{c|cc} 3 & 0 & 0 \\ \hline 0 & 3 & 1 \\ 0 & 0 & 3 \end{array}\right)_B$とブロックに分けて計算する。

$B=\begin{pmatrix} 3 & 1 \\ 0 & 3 \end{pmatrix}$、$C=\begin{pmatrix} 0 & 1 \\ 0 & 0 \end{pmatrix}$とすると、$B=3E+C$、$C^k=O(k\geqq 2)$

$$B^n=(3E+C)^n\underset{\text{二項定理}}{=}(3E)^n+n(3E)^{n-1}C=3^nE+n\cdot 3^{n-1}C=\begin{pmatrix} 3^n & n\cdot 3^{n-1} \\ 0 & 3^n \end{pmatrix}$$

よって、$P^{-1}A^nP=\begin{pmatrix} 3^n & 0 & 0 \\ 0 & 3^n & n\cdot 3^{n-1} \\ 0 & 0 & 3^n \end{pmatrix}$ これに左から P、右から P^{-1} を掛けて、

$$A^n=P\begin{pmatrix} 3^n & 0 & 0 \\ 0 & 3^n & n\cdot 3^{n-1} \\ 0 & 0 & 3^n \end{pmatrix}P^{-1}$$

$$=\begin{pmatrix} 0 & 1 & 1 \\ 1 & -2 & 0 \\ 0 & 1 & 2 \end{pmatrix}\begin{pmatrix} 3^n & 0 & 0 \\ 0 & 3^n & n\cdot 3^{n-1} \\ 0 & 0 & 3^n \end{pmatrix}\begin{pmatrix} 0 & 1 & 1 \\ 1 & -2 & 0 \\ 0 & 1 & 2 \end{pmatrix}^{-1}$$

$$=\begin{pmatrix} 0 & 3^n & 3^n+n\cdot 3^{n-1} \\ 3^n & -2\cdot 3^n & -2n\cdot 3^{n-1} \\ 0 & 3^n & 2\cdot 3^n+n\cdot 3^{n-1} \end{pmatrix}\begin{pmatrix} 4 & 1 & -2 \\ 2 & 0 & -1 \\ -1 & 0 & 1 \end{pmatrix}$$

$$=\begin{pmatrix} 3^n-n\cdot 3^{n-1} & 0 & n\cdot 3^{n-1} \\ 2n\cdot 3^{n-1} & 3^n & -2n\cdot 3^{n-1} \\ -n\cdot 3^{n-1} & 0 & 3^n+n\cdot 3^{n-1} \end{pmatrix}$$

ステップ 演習 ▶対称行列の対角化 （講義編 p.249 参照）

$A=\begin{pmatrix}0 & 1 & 1\\ 1 & -1 & 0\\ 1 & 0 & -1\end{pmatrix}$を直交行列 P で対角化せよ。

固有多項式を求めて、

$$f(t)=|A-tE|=\begin{vmatrix}-t & 1 & 1\\ 1 & -1-t & 0\\ 1 & 0 & -1-t\end{vmatrix}$$

$$=-t(-1-t)^2+(1+t)+(1+t)=(1+t)(2-t-t^2)=(1+t)(2+t)(1-t)$$

固有方程式 $f(t)=0$ より、固有値は、$t=-2,\ -1,\ 1$

固有値 -2 に属する固有ベクトルを $\boldsymbol{p}$ とすると、

$$A\boldsymbol{p}=-2\boldsymbol{p} \quad \therefore \quad (A+2E)\boldsymbol{p}=\boldsymbol{0} \quad \therefore \quad \begin{pmatrix}2 & 1 & 1\\ 1 & 1 & 0\\ 1 & 0 & 1\end{pmatrix}\begin{pmatrix}x\\ y\\ z\end{pmatrix}=\begin{pmatrix}0\\ 0\\ 0\end{pmatrix}$$

$\begin{pmatrix}2 & 1 & 1\\ 1 & 1 & 0\\ 1 & 0 & 1\end{pmatrix}\to\begin{pmatrix}1 & 0 & 1\\ 1 & 1 & 0\\ 1 & 0 & 1\end{pmatrix}$より、$\boldsymbol{p}/\!/\begin{pmatrix}1\\ -1\\ -1\end{pmatrix}$。正規化して、$\boldsymbol{p}_1=\dfrac{1}{\sqrt{3}}\begin{pmatrix}1\\ -1\\ -1\end{pmatrix}$とおく。

固有値 -1 に属する固有ベクトルを $\boldsymbol{p}$ とすると、

$$A\boldsymbol{p}=-\boldsymbol{p} \quad \therefore \quad (A+E)\boldsymbol{p}=\boldsymbol{0} \quad \therefore \quad \begin{pmatrix}1 & 1 & 1\\ 1 & 0 & 0\\ 1 & 0 & 0\end{pmatrix}\begin{pmatrix}x\\ y\\ z\end{pmatrix}=\begin{pmatrix}0\\ 0\\ 0\end{pmatrix}$$

より、$\boldsymbol{p}/\!/\begin{pmatrix}0\\ 1\\ -1\end{pmatrix}$。正規化して、$\boldsymbol{p}_2=\dfrac{1}{\sqrt{2}}\begin{pmatrix}0\\ 1\\ -1\end{pmatrix}$とおく。

固有値 1 に属する固有ベクトルを $\boldsymbol{p}$ とすると、

$$A\boldsymbol{p}=\boldsymbol{p} \quad \therefore \quad (A-E)\boldsymbol{p}=\boldsymbol{0} \quad \therefore \quad \begin{pmatrix}-1 & 1 & 1\\ 1 & -2 & 0\\ 1 & 0 & -2\end{pmatrix}\begin{pmatrix}x\\ y\\ z\end{pmatrix}=\begin{pmatrix}0\\ 0\\ 0\end{pmatrix}$$

$\begin{pmatrix}-1 & 1 & 1\\ 1 & -2 & 0\\ 1 & 0 & -2\end{pmatrix}\to\begin{pmatrix}0 & -1 & 1\\ 1 & -2 & 0\\ 0 & 2 & -2\end{pmatrix}$より、$\boldsymbol{p}/\!/\begin{pmatrix}2\\ 1\\ 1\end{pmatrix}$。正規化して、$\boldsymbol{p}_3=\dfrac{1}{\sqrt{6}}\begin{pmatrix}2\\ 1\\ 1\end{pmatrix}$とおく。

$$P=(\boldsymbol{p}_1, \boldsymbol{p}_2, \boldsymbol{p}_3)=\frac{1}{\sqrt{6}}\begin{pmatrix}\sqrt{2} & 0 & 2\\ -\sqrt{2} & \sqrt{3} & 1\\ -\sqrt{2} & -\sqrt{3} & 1\end{pmatrix}$$とおくと、

$A(\boldsymbol{p}_1, \boldsymbol{p}_2, \boldsymbol{p}_3)=(\boldsymbol{p}_1, \boldsymbol{p}_2, \boldsymbol{p}_3)\begin{pmatrix}-2 & 0 & 0\\ 0 & -1 & 0\\ 0 & 0 & 1\end{pmatrix}$より、$P^{-1}AP=\begin{pmatrix}-2 & 0 & 0\\ 0 & -1 & 0\\ 0 & 0 & 1\end{pmatrix}$

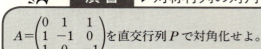

ジャンプ 確認 ▶対称行列の対角化

$A=\begin{pmatrix}0&1&1\\1&2&-1\\1&-1&2\end{pmatrix}$を直交行列 P で対角化せよ。

固有多項式を求めて、

$$f(t)=|A-tE|=\begin{vmatrix}-t&1&1\\1&2-t&-1\\1&-1&2-t\end{vmatrix}=-t(2-t)^2-1-1+t-(2-t)-(2-t)$$

$$=-6-t+4t^2-t^3=(-1-t)(2-t)(3-t)$$

固有方程式 $f(t)=0$ より、固有値は、$t=-1,2,3$

固有値 -1 に属する固有ベクトルを $\boldsymbol{p}$ とすると、

$$A\boldsymbol{p}=-\boldsymbol{p} \quad \therefore \quad (A+E)\boldsymbol{p}=\boldsymbol{0} \quad \therefore \quad \begin{pmatrix}1&1&1\\1&3&-1\\1&-1&3\end{pmatrix}\begin{pmatrix}x\\y\\z\end{pmatrix}=\begin{pmatrix}0\\0\\0\end{pmatrix}$$

$\begin{pmatrix}1&1&1\\1&3&-1\\1&-1&3\end{pmatrix}\to\begin{pmatrix}1&1&1\\0&2&-2\\0&-2&2\end{pmatrix}$より、$\boldsymbol{p}/\!/\begin{pmatrix}-2\\1\\1\end{pmatrix}$。正規化して、$\boldsymbol{p}_1=\frac{1}{\sqrt{6}}\begin{pmatrix}-2\\1\\1\end{pmatrix}$とおく。

固有値 2 に属する固有ベクトルを $\boldsymbol{p}$ とすると、

$$A\boldsymbol{p}=2\boldsymbol{p} \quad \therefore \quad (A-2E)\boldsymbol{p}=\boldsymbol{0} \quad \therefore \quad \begin{pmatrix}-2&1&1\\1&0&-1\\1&-1&0\end{pmatrix}\begin{pmatrix}x\\y\\z\end{pmatrix}=\begin{pmatrix}0\\0\\0\end{pmatrix}$$

$\begin{pmatrix}-2&1&1\\1&0&-1\\1&-1&0\end{pmatrix}\to\begin{pmatrix}-2&1&1\\-1&1&0\\1&-1&0\end{pmatrix}$より、$\boldsymbol{p}/\!/\begin{pmatrix}1\\1\\1\end{pmatrix}$。正規化して、$\boldsymbol{p}_2=\frac{1}{\sqrt{3}}\begin{pmatrix}1\\1\\1\end{pmatrix}$とおく。

固有値 3 に属する固有ベクトルを $\boldsymbol{p}$ とすると、

$$A\boldsymbol{p}=3\boldsymbol{p} \quad \therefore \quad (A-3E)\boldsymbol{p}=\boldsymbol{0} \quad \therefore \quad \begin{pmatrix}-3&1&1\\1&-1&-1\\1&-1&-1\end{pmatrix}\begin{pmatrix}x\\y\\z\end{pmatrix}=\begin{pmatrix}0\\0\\0\end{pmatrix}$$

$\begin{pmatrix}-3&1&1\\1&-1&-1\\1&-1&-1\end{pmatrix}\to\begin{pmatrix}-3&1&1\\-2&0&0\\-2&0&0\end{pmatrix}$より、$\boldsymbol{p}/\!/\begin{pmatrix}0\\1\\-1\end{pmatrix}$。正規化して、$\boldsymbol{p}_3=\frac{1}{\sqrt{2}}\begin{pmatrix}0\\1\\-1\end{pmatrix}$

$P=(\boldsymbol{p}_1,\boldsymbol{p}_2,\boldsymbol{p}_3)=\frac{1}{\sqrt{6}}\begin{pmatrix}-2&\sqrt{2}&0\\1&\sqrt{2}&\sqrt{3}\\1&\sqrt{2}&-\sqrt{3}\end{pmatrix}$とおくと、

$A(\boldsymbol{p}_1,\boldsymbol{p}_2,\boldsymbol{p}_3)=(\boldsymbol{p}_1,\boldsymbol{p}_2,\boldsymbol{p}_3)\begin{pmatrix}-1&0&0\\0&2&0\\0&0&3\end{pmatrix}$より、$P^{-1}AP=\begin{pmatrix}-1&0&0\\0&2&0\\0&0&3\end{pmatrix}$

ステップ 演習 ▶正規行列の対角化 （講義編 p.255 参照）

$A=\begin{pmatrix} 1 & -i & 1+i \\ i & 2 & -i \\ 1-i & i & 1 \end{pmatrix}$をユニタリ行列 U で対角化せよ。

固有多項式は、

$$f(t)=|A-tE|=\begin{vmatrix} 1-t & -i & 1+i \\ i & 2-t & -i \\ 1-i & i & 1-t \end{vmatrix}$$

$A=A^*$が成り立つので、A はエルミート行列です。固有値は実数になります。

$$=(1-t)^2(2-t)+i^2(1+i)+(-i)^2(1-i)$$
$$-(1-t)i(-i)-i(-i)(1-t)-(1-i)(1+i)(2-t)$$
$$=(1-t)^2(2-t)-4(2-t)=(-3-2t+t^2)(2-t)$$
$$=(-1-t)(2-t)(3-t)$$

固有多項式 $f(t)=0$ より、固有値は $t=-1, 2, 3$

固有値 -1 に属する固有ベクトルを $\boldsymbol{p}$ とすると、

$$A\boldsymbol{p}=-\boldsymbol{p} \quad \therefore \quad (A+E)\boldsymbol{p}=0 \quad \therefore \quad \begin{pmatrix} 2 & -i & 1+i \\ i & 3 & -i \\ 1-i & i & 2 \end{pmatrix}\begin{pmatrix} x \\ y \\ z \end{pmatrix}=\begin{pmatrix} 0 \\ 0 \\ 0 \end{pmatrix}$$

$$\begin{pmatrix} 2 & -i & 1+i \\ i & 3 & -i \\ 1-i & i & 2 \end{pmatrix}\to\begin{pmatrix} 3-i & 0 & 3+i \\ 3+4i & 0 & 5i \\ 1-i & i & 2 \end{pmatrix}\xrightarrow{\times\frac{-(3-i)i}{2}}\begin{pmatrix} 3-i & 0 & 3+i \\ 0 & 0 & 0 \\ 1-i & i & 2 \end{pmatrix}$$より、

$$\begin{cases} (3-i)x \qquad +(3+i)z=0 & \cdots\cdots ① \\ (1-i)x+iy+ \qquad 2z=0 & \cdots\cdots ② \end{cases}$$

①より、$x=3+i, z=-3+i$ とおくと

②より、$(1-i)(3+i)+iy+2(-3+i)=0 \quad \therefore \quad iy-2=0 \quad \therefore \quad y=-2i$

よって、$\boldsymbol{p} /\!/ \begin{pmatrix} 3+i \\ -2i \\ -3+i \end{pmatrix}$ これを正規化して、

$$\boldsymbol{p}_1=\frac{1}{\sqrt{(3+i)\overline{(3+i)}+(-2i)\overline{(-2i)}+(-3+i)\overline{(-3+i)}}}\begin{pmatrix} 3+i \\ -2i \\ -3+i \end{pmatrix}$$

$$=\frac{1}{\sqrt{24}}\begin{pmatrix} 3+i \\ -2i \\ -3+i \end{pmatrix}=\frac{1}{2\sqrt{6}}\begin{pmatrix} 3+i \\ -2i \\ -3+i \end{pmatrix}$$

$\begin{pmatrix} \alpha \\ \beta \\ \gamma \end{pmatrix}$の大きさは、$\sqrt{\alpha\overline{\alpha}+\beta\overline{\beta}+\gamma\overline{\gamma}}$

固有値 2 に属する固有ベクトルを $\boldsymbol{p}$ とすると、

$$\boldsymbol{Ap}=2\boldsymbol{p} \quad \therefore \quad (A-2E)\boldsymbol{p}=0 \quad \therefore \quad \begin{pmatrix} -1 & -i & 1+i \\ i & 0 & -i \\ 1-i & i & -1 \end{pmatrix}\begin{pmatrix} x \\ y \\ z \end{pmatrix}=\begin{pmatrix} 0 \\ 0 \\ 0 \end{pmatrix}$$

$$\begin{matrix} \times(-i) \\ \\ \times i \end{matrix}\begin{pmatrix} -1 & -i & 1+i \\ i & 0 & -i \\ 1-i & i & -1 \end{pmatrix}\div i \rightarrow \begin{pmatrix} 0 & -i & i \\ 1 & 0 & -1 \\ -i & i & 0 \end{pmatrix}\begin{matrix} \div i \\ \rightarrow \\ \div i \end{matrix}\begin{pmatrix} 0 & -1 & 1 \\ 1 & 0 & -1 \\ -1 & 1 & 0 \end{pmatrix}$$

よって、$\boldsymbol{p}/\!/\begin{pmatrix} 1 \\ 1 \\ 1 \end{pmatrix}$ これを正規化して、$\boldsymbol{p}_2=\dfrac{1}{\sqrt{3}}\begin{pmatrix} 1 \\ 1 \\ 1 \end{pmatrix}$

固有値 3 に属する固有ベクトルを $\boldsymbol{p}$ とすると、

$$\boldsymbol{Ap}=3\boldsymbol{p} \quad \therefore \quad (A-3E)\boldsymbol{p}=0 \quad \therefore \quad \begin{pmatrix} -2 & -i & 1+i \\ i & -1 & -i \\ 1-i & i & -2 \end{pmatrix}\begin{pmatrix} x \\ y \\ z \end{pmatrix}=\begin{pmatrix} 0 \\ 0 \\ 0 \end{pmatrix}$$

$$\begin{pmatrix} -2 & -i & 1+i \\ i & -1 & -i \\ 1-i & i & -2 \end{pmatrix}\rightarrow\begin{pmatrix} -1 & 0 & i \\ i & -1 & -i \\ -i & 0 & -1 \end{pmatrix}\rightarrow\begin{pmatrix} -1 & 0 & i \\ i & -1 & -i \\ 0 & 0 & 0 \end{pmatrix}$$ より

$$\begin{cases} -x \qquad +iz=0 & \cdots\cdots③ \\ ix-y-iz=0 & \cdots\cdots④ \end{cases}$$

$\boldsymbol{p}_1$、$\boldsymbol{p}_2$、$\boldsymbol{p}_3$ は異なる固有値に属する固有ベクトルだから、すでに直交している。正規化さえすれば、ユニタリ行列を作ることができる。

③より、$x=i, z=1$ とおく。

④より、$i\cdot i-y-i\cdot 1=0$ より、$y=-1-i$

$\boldsymbol{p}/\!/\begin{pmatrix} i \\ -1-i \\ 1 \end{pmatrix}$ これを正規化して、

$$\boldsymbol{p}_3=\frac{1}{\sqrt{i\cdot\bar{i}+(-1-i)\overline{(-1-i)}+1\cdot 1}}\begin{pmatrix} i \\ -1-i \\ 1 \end{pmatrix}=\frac{1}{2}\begin{pmatrix} i \\ -1-i \\ 1 \end{pmatrix}$$

$A(\boldsymbol{p}_1, \boldsymbol{p}_2, \boldsymbol{p}_3)=(\boldsymbol{p}_1, \boldsymbol{p}_2, \boldsymbol{p}_3)\begin{pmatrix} -1 & 0 & 0 \\ 0 & 2 & 0 \\ 0 & 0 & 3 \end{pmatrix}$ で、$U=(\boldsymbol{p}_1, \boldsymbol{p}_2, \boldsymbol{p}_3)$ と

おくと、$U^{-1}AU=\begin{pmatrix} -1 & 0 & 0 \\ 0 & 2 & 0 \\ 0 & 0 & 3 \end{pmatrix}$

確認 ▶正規行列の対角化

$A=\begin{pmatrix} 3 & \sqrt{2}i & 1 \\ -\sqrt{2}i & 4 & -\sqrt{2}i \\ 1 & \sqrt{2}i & 3 \end{pmatrix}$ をユニタリ行列 U で対角化せよ。

固有多項式は、

$$f(t)=|A-tE|=\begin{vmatrix} 3-t & \sqrt{2}i & 1 \\ -\sqrt{2}i & 4-t & -\sqrt{2}i \\ 1 & \sqrt{2}i & 3-t \end{vmatrix}$$

$$=(3-t)(4-t)(3-t)+(-\sqrt{2}i)(\sqrt{2}i)\cdot 1+1\cdot(\sqrt{2}i)\cdot(-\sqrt{2}i)$$
$$-(3-t)(\sqrt{2}i)(-\sqrt{2}i)-(-\sqrt{2}i)(\sqrt{2}i)(3-t)-1\cdot(4-t)\cdot 1$$
$$=24-28t+10t^2-t^3=(2-t)^2(6-t)$$

固有方程式 $f(t)=0$ より、固有値は $t=2$(重解)、6

固有値 2 に属する固有ベクトルを $\boldsymbol{p}$ とすると、

$$A\boldsymbol{p}=2\boldsymbol{p} \quad \therefore \quad (A-2E)\boldsymbol{p}=0 \quad \therefore \quad \begin{pmatrix} 1 & \sqrt{2}i & 1 \\ -\sqrt{2}i & 2 & -\sqrt{2}i \\ 1 & \sqrt{2}i & 1 \end{pmatrix}\begin{pmatrix} x \\ y \\ z \end{pmatrix}=\begin{pmatrix} 0 \\ 0 \\ 0 \end{pmatrix}$$ より、

$$\begin{pmatrix} 1 & \sqrt{2}i & 1 \\ -\sqrt{2}i & 2 & -\sqrt{2}i \\ 1 & \sqrt{2}i & 1 \end{pmatrix}\to\begin{pmatrix} 1 & \sqrt{2}i & 1 \\ 0 & 0 & 0 \\ 0 & 0 & 0 \end{pmatrix}$$ であり、$x+\sqrt{2}iy+z=0$

$$\boldsymbol{p}=\begin{pmatrix} -\sqrt{2}is-t \\ s \\ t \end{pmatrix}=s\begin{pmatrix} -\sqrt{2}i \\ 1 \\ 0 \end{pmatrix}+t\begin{pmatrix} -1 \\ 0 \\ 1 \end{pmatrix}$$ (s, t は任意)

固有値 6 に属する固有ベクトルを $\boldsymbol{p}$ とすると、

$$A\boldsymbol{p}=6\boldsymbol{p} \quad \therefore \quad (A-6E)\boldsymbol{p}=0 \quad \therefore \quad \begin{pmatrix} -3 & \sqrt{2}i & 1 \\ -\sqrt{2}i & -2 & -\sqrt{2}i \\ 1 & \sqrt{2}i & -3 \end{pmatrix}\begin{pmatrix} x \\ y \\ z \end{pmatrix}=\begin{pmatrix} 0 \\ 0 \\ 0 \end{pmatrix}$$

$$\begin{pmatrix} -3 & \sqrt{2}i & 1 \\ -\sqrt{2}i & -2 & -\sqrt{2}i \\ 1 & \sqrt{2}i & -3 \end{pmatrix}\to\begin{pmatrix} 0 & 4\sqrt{2}i & -8 \\ 0 & -4 & -4\sqrt{2}i \\ 1 & \sqrt{2}i & -3 \end{pmatrix}\xrightarrow{\div(-4)}\begin{pmatrix} 0 & 4\sqrt{2}i & -8 \\ 0 & 1 & \sqrt{2}i \\ 1 & \sqrt{2}i & -3 \end{pmatrix}$$

$$\to\begin{pmatrix} 0 & 0 & 0 \\ 0 & 1 & \sqrt{2}i \\ 1 & 0 & -1 \end{pmatrix}$$ より、$\begin{pmatrix} x \\ y \\ z \end{pmatrix} /\!/ \begin{pmatrix} 1 \\ -\sqrt{2}i \\ 1 \end{pmatrix}$

ここで、$\boldsymbol{a}_1=\begin{pmatrix}1\\-\sqrt{2}i\\1\end{pmatrix}$, $\boldsymbol{a}_2=\begin{pmatrix}-1\\0\\1\end{pmatrix}$, $\boldsymbol{a}_3=\begin{pmatrix}-\sqrt{2}i\\1\\0\end{pmatrix}$とおくと、

$$\boldsymbol{p}_1=\frac{\boldsymbol{a}_1}{|\boldsymbol{a}_1|}=\frac{1}{\sqrt{1^2+(-\sqrt{2}i)\cdot\overline{(-\sqrt{2}i)}+1^2}}\begin{pmatrix}1\\-\sqrt{2}i\\1\end{pmatrix}=\frac{1}{2}\begin{pmatrix}1\\-\sqrt{2}i\\1\end{pmatrix}$$

$\boldsymbol{a}_1$、$\boldsymbol{p}_1\in\boldsymbol{V}(6)$、$\boldsymbol{a}_2$、$\boldsymbol{a}_3\in\boldsymbol{V}(2)$なので、$\boldsymbol{p}_1\perp\boldsymbol{a}_2$、$\boldsymbol{p}_1\perp\boldsymbol{a}_3$ は保証されている。そこで、$\boldsymbol{a}_2$、$\boldsymbol{a}_3$ にシュミットの直交化法を施す。

$$\boldsymbol{p}_2=\frac{\boldsymbol{a}_2}{|\boldsymbol{a}_2|}=\frac{1}{\sqrt{(-1)^2+1^2}}\begin{pmatrix}-1\\0\\1\end{pmatrix}=\frac{1}{\sqrt{2}}\begin{pmatrix}-1\\0\\1\end{pmatrix}$$

$\boldsymbol{b}_3=\boldsymbol{a}_3-(\boldsymbol{a}_3|\boldsymbol{p}_2)\boldsymbol{p}_2$ ……① 　　(|) はエルミート積

ここで、

$$(\boldsymbol{a}_3|\boldsymbol{p}_2)=\left(\begin{pmatrix}-\sqrt{2}i\\1\\0\end{pmatrix},\frac{1}{\sqrt{2}}\begin{pmatrix}-1\\0\\1\end{pmatrix}\right)=(-\sqrt{2}i)\cdot\frac{(-1)}{\sqrt{2}}+1\cdot\frac{0}{\sqrt{2}}+0\cdot\frac{1}{\sqrt{2}}=i$$

よって、

$$①=\begin{pmatrix}-\sqrt{2}i\\1\\0\end{pmatrix}-i\cdot\frac{1}{\sqrt{2}}\begin{pmatrix}-1\\0\\1\end{pmatrix}=\frac{1}{\sqrt{2}}\begin{pmatrix}-i\\\sqrt{2}\\-i\end{pmatrix}/\!/\begin{pmatrix}-i\\\sqrt{2}\\-i\end{pmatrix}$$

$\boldsymbol{b}_3$ を正規化して、

$$\boldsymbol{p}_3=\frac{1}{\sqrt{(-i)\overline{(-i)}+\sqrt{2}\cdot\sqrt{2}+(-i)\overline{(-i)}}}\begin{pmatrix}-i\\\sqrt{2}\\-i\end{pmatrix}=\frac{1}{2}\begin{pmatrix}-i\\\sqrt{2}\\-i\end{pmatrix}$$

$A(\boldsymbol{p}_1,\boldsymbol{p}_2,\boldsymbol{p}_3)=(\boldsymbol{p}_1,\boldsymbol{p}_2,\boldsymbol{p}_3)\begin{pmatrix}6&0&0\\0&2&0\\0&0&2\end{pmatrix}$で、$U=(\boldsymbol{p}_1,\boldsymbol{p}_2,\boldsymbol{p}_3)$とおくと、

$$U^{-1}AU=\begin{pmatrix}6&0&0\\0&2&0\\0&0&2\end{pmatrix}$$

ステップ 演習 ▶スミス標準形と単因子 (講義編 p.285 参照)

次の行列 A について、$A-tE$ のスミス標準形を求め、単因子、最小多項式、ジョルダン標準形を答えよ。

(1) $A=\begin{pmatrix}1&2&-1\\0&2&0\\1&-2&3\end{pmatrix}$　　(2) $A=\begin{pmatrix}3&2&-5&2\\5&6&-12&5\\0&0&1&0\\-7&-7&17&-6\end{pmatrix}$

(1) $A-tE$ を基本変形して、

$$\begin{pmatrix}1-t&2&-1\\0&2-t&0\\1&-2&3-t\end{pmatrix}\xrightarrow{\text{ア}}\begin{pmatrix}1&-2&3-t\\0&2-t&0\\1-t&2&-1\end{pmatrix}\xrightarrow{\text{イ}}\begin{pmatrix}1&-2&3-t\\0&2-t&0\\0&-2t+4&-(t-2)^2\end{pmatrix}$$

$$\xrightarrow{\text{ウ}}\begin{pmatrix}1&0&0\\0&2-t&0\\0&0&-(t-2)^2\end{pmatrix}\begin{matrix}\\ \times(-1)\\ \times(-1)\end{matrix}\xrightarrow{\text{エ}}\begin{pmatrix}1&0&0\\0&t-2&0\\0&0&(t-2)^2\end{pmatrix}$$

ア：1 行目と 3 行目の入れ替え

イ：(3 行目)+(1 行目)×$(t-1)$、(3, 3)成分は、$-1+(3-t)(t-1)=-t^2+4t-4=-(t-2)^2$

ウ：(2 列目)+(1 列目)×2、(3 列目)+(1 列目)×$(t-3)$、(3 行目)+(2 行目)×(-2)

エ：(2 行目)×(-1)、(3 行目)×(-1)

単因子は、1、$t-2$、$(t-2)^2$、最小多項式は$(t-2)^2$、ジョルダン標準形は$\begin{pmatrix}2&0&0\\0&2&1\\0&0&2\end{pmatrix}$

(2) $A-tE$ の基本変形をして、

$$\begin{pmatrix}3-t&2&-5&2\\5&6-t&-12&5\\0&0&1-t&0\\-7&-7&17&-6-t\end{pmatrix}\to\begin{pmatrix}2&3-t&-5&2\\6-t&5&-12&5\\0&0&1-t&0\\-7&-7&17&-6-t\end{pmatrix}\begin{matrix}\\ \times 2\\ \\ \times 2\end{matrix}$$

$$\to\begin{pmatrix}2&3-t&-5&2\\2(6-t)&10&-24&10\\0&0&1-t&0\\-14&-14&34&-12-2t\end{pmatrix}$$

$$\xrightarrow{\text{ア}}\begin{pmatrix}2&3-t&-5&2\\0&-(t-8)(t-1)&-5t+6&2(t-1)\\0&0&-(t-1)&0\\0&-7(t-1)&-1&-2(t-1)\end{pmatrix}$$

$$\to \begin{pmatrix} 1 & 0 & 0 & 0 \\ 0 & -7(t-1) & -1 & -2(t-1) \\ 0 & 0 & -(t-1) & 0 \\ 0 & -(t-8)(t-1) & -5t+6 & 2(t-1) \end{pmatrix} \quad \times(-1)$$

$$\xrightarrow{\text{イ}} \begin{pmatrix} 1 & 0 & 0 & 0 \\ 0 & 1 & -7(t-1) & -2(t-1) \\ 0 & t-1 & 0 & 0 \\ 0 & 5t-6 & -(t-8)(t-1) & 2(t-1) \end{pmatrix}$$

$$\xrightarrow{\text{ウ}} \begin{pmatrix} 1 & 0 & 0 & 0 \\ 0 & 1 & -7(t-1) & -2(t-1) \\ 0 & 0 & 7(t-1)^2 & 2(t-1)^2 \\ 0 & 0 & 34(t-1)^2 & 10(t-1)^2 \end{pmatrix} \xrightarrow{\text{エ}} \begin{pmatrix} 1 & 0 & 0 & 0 \\ 0 & 1 & 0 & 0 \\ 0 & 0 & 7(t-1)^2 & 2(t-1)^2 \\ 0 & 0 & 0 & \dfrac{2}{7}(t-1)^2 \end{pmatrix} \begin{matrix} \\ \\ \times\dfrac{1}{7} \\ \times\dfrac{7}{2} \end{matrix}$$

$$\to \begin{pmatrix} 1 & 0 & 0 & 0 \\ 0 & 1 & 0 & 0 \\ 0 & 0 & (t-1)^2 & 0 \\ 0 & 0 & 0 & (t-1)^2 \end{pmatrix}$$

ア：(2 行目)＋(1 行目)×$(t-6)$, (4 行目)＋(1 行目)×7

　(2, 2)成分は、$10+(3-t)(t-6)=-t^2+9t-8=-(t-8)(t-1)$

イ：(3 列目)×(-1), (2 列目)↔(3 列目)

ウ：(3 行目)＋(2 行目)×$\{-(t-1)\}$, (4 行目)＋(2 行目)×$(-5t+6)$

　(4, 3)成分は、

　$-(t-8)(t-1)+\{-7(t-1)\}\times(-5t+6)=\{-t+8+7(5t-6)\}(t-1)$

　$=(34t-34)(t-1)=34(t-1)^2$

エ：(3 列目)＋(2 列目)×$7(t-1)$, (4 列目)＋(2 列目)×$2(t-1)$

　(4 行目)＋(3 行目)×$\left(-\dfrac{34}{7}\right)$

単因子は、1、1、$(t-1)^2$、$(t-1)^2$、最小多項式は$(t-1)^2$

ジョルダン標準形は$\begin{pmatrix} 1 & 1 & 0 & 0 \\ 0 & 1 & 0 & 0 \\ 0 & 0 & 1 & 1 \\ 0 & 0 & 0 & 1 \end{pmatrix}$

ジャンプ

確認 ▶スミス標準形と単因子

次の行列 A について、$A-tE$ のスミス標準形を求め、単因子、最小多項式、ジョルダン標準形を答えよ。

(1) $A=\begin{pmatrix} 2 & 0 & 1 \\ 2 & 3 & -2 \\ -1 & 0 & 4 \end{pmatrix}$　　(2) $A=\begin{pmatrix} 10 & 3 & -6 & 4 \\ 4 & 3 & -3 & 2 \\ 5 & 1 & -2 & 2 \\ -17 & -7 & 12 & -7 \end{pmatrix}$

(1)　$A-tE$ を基本変形して、

$$\begin{pmatrix} 2-t & 0 & 1 \\ 2 & 3-t & -2 \\ -1 & 0 & 4-t \end{pmatrix} \xrightarrow{ア} \begin{pmatrix} 1 & 0 & 2-t \\ -2 & 3-t & 2 \\ 4-t & 0 & -1 \end{pmatrix} \xrightarrow{イ} \begin{pmatrix} 1 & 0 & 2-t \\ 0 & 3-t & -2(t-3) \\ 0 & 0 & -(t-3)^2 \end{pmatrix}$$

$$\xrightarrow{ウ} \begin{pmatrix} 1 & 0 & 0 \\ 0 & 3-t & 0 \\ 0 & 0 & -(t-3)^2 \end{pmatrix} \begin{matrix} \\ \times(-1) \\ \times(-1) \end{matrix} \xrightarrow{エ} \begin{pmatrix} 1 & 0 & 0 \\ 0 & t-3 & 0 \\ 0 & 0 & (t-3)^2 \end{pmatrix}$$

ア：1 列目と 3 列目の入れ替え

イ：(2 行目)＋(1 行目)×2、(3 行目)＋(1 行目)×$(t-4)$

　(3, 3)成分は、$-1+(2-t)(t-4)=-t^2+6t-9=-(t-3)^2$

ウ：(3 列目)＋(1 列目)×$(t-2)$、(3 列目)＋(2 列目)×(-2)

エ：(2 行目)×(-1)、(3 行目)×(-1)

単因子は、1、$(t-3)$、$(t-3)^2$、最小多項式は$(t-3)^2$、ジョルダン標準形は$\begin{pmatrix} 3 & 0 & 0 \\ 0 & 3 & 1 \\ 0 & 0 & 3 \end{pmatrix}$

(2)　$A-tE$ の基本変形をして、

$$\begin{pmatrix} 10-t & 3 & -6 & 4 \\ 4 & 3-t & -3 & 2 \\ 5 & 1 & -2-t & 2 \\ -17 & -7 & 12 & -7-t \end{pmatrix} \to \begin{pmatrix} 5 & 1 & -2-t & 2 \\ 4 & 3-t & -3 & 2 \\ 10-t & 3 & -6 & 4 \\ -17 & -7 & 12 & -7-t \end{pmatrix}$$

$$\to \begin{pmatrix} 1 & 5 & -2-t & 2 \\ 3-t & 4 & -3 & 2 \\ 3 & 10-t & -6 & 4 \\ -7 & -17 & 12 & -7-t \end{pmatrix} \xrightarrow{ア} \begin{pmatrix} 1 & 5 & -2-t & 2 \\ 0 & 5t-11 & -t^2+t+3 & 2t-4 \\ 0 & -t-5 & 3t & -2 \\ 0 & 18 & -7t-2 & -t+7 \end{pmatrix}$$

$$\xrightarrow{イ} \begin{pmatrix} 1 & 0 & 0 & 0 \\ 0 & 2t-4 & -t^2+t+3 & 5t-11 \\ 0 & -2 & 3t & -t-5 \\ 0 & -t+7 & -7t-2 & 18 \end{pmatrix} \begin{matrix} \\ \\ \\ \times 2 \end{matrix} \to \begin{pmatrix} 1 & 0 & 0 & 0 \\ 0 & -2 & 3t & -t-5 \\ 0 & 2t-4 & -t^2+t+3 & 5t-11 \\ 0 & -2t+14 & -14t-4 & 36 \end{pmatrix}$$

$$\overset{ウ}{\rightarrow}\begin{pmatrix}1 & 0 & 0 & 0\\ 0 & -2 & 3t & -t-5\\ 0 & 0 & (2t-3)(t-1) & -(t-1)^2\\ 0 & 0 & -(3t-4)(t-1) & (t-1)^2\end{pmatrix}$$

$\times\left(-\frac{1}{2}\right)$、$\times 3$、$\times 2$

$$\overset{エ}{\rightarrow}\begin{pmatrix}1 & 0 & 0 & 0\\ 0 & 1 & 0 & 0\\ 0 & 0 & (6t-9)(t-1) & -3(t-1)^2\\ 0 & 0 & (-6t+8)(t-1) & 2(t-1)^2\end{pmatrix}$$

$\times 1$

$$\rightarrow\begin{pmatrix}1 & 0 & 0 & 0\\ 0 & 1 & 0 & 0\\ 0 & 0 & -(t-1) & -(t-1)^2\\ 0 & 0 & (-6t+8)(t-1) & 2(t-1)^2\end{pmatrix}\rightarrow\begin{pmatrix}1 & 0 & 0 & 0\\ 0 & 1 & 0 & 0\\ 0 & 0 & -(t-1) & -(t-1)^2\\ 0 & 0 & 0 & 6(t-1)^3\end{pmatrix}$$

$\times(-1)$、$\times\frac{1}{6}$

$$\rightarrow\begin{pmatrix}1 & 0 & 0 & 0\\ 0 & 1 & 0 & 0\\ 0 & 0 & t-1 & 0\\ 0 & 0 & 0 & (t-1)^3\end{pmatrix}$$

ア：(2 行目)＋(1 行目)×$(t-3)$, (3 行目)＋(1 行目)×(-3), (4 行目)＋(1 行目)×7

(2, 3)成分は、$-3+(-2-t)(t-3)=-t^2+t+3$

イ：1 列目で 5, $-2-t$, 2 を消したあと、2 列目と 4 列目を入れ替え

ウ：(3 行目)＋(2 行目)×$(t-2)$, (4 行目)＋(2 行目)×$(-t+7)$

(3, 3)成分は、$-t^2+t+3+3t\times(t-2)=2t^2-5t+3=(2t-3)(t-1)$

(4, 3)成分は、$-14t-4+3t\times(-t+7)=-3t^2+7t-4=-(3t-4)(t-1)$

エ：2 行目で、$-3t$, $-t-5$ を消したあと、(2 行目)÷(-2), (3 行目)×3, (2 行目)×2

単因子は、1、1、$t-1$、$(t-1)^3$、最小多項式は$(t-1)^3$

ジョルダン標準形は$\begin{pmatrix}1 & 0 & 0 & 0\\ 0 & 1 & 1 & 0\\ 0 & 0 & 1 & 1\\ 0 & 0 & 0 & 1\end{pmatrix}$

ステップ

演習 ▶2次形式の標準形 (講義編 p.296 参照)

2次形式 $x^2+2y^2+3z^2-4xy-4yz$ を直交変換によって、標準形に直せ。

$\boldsymbol{x}=\begin{pmatrix}x\\y\\z\end{pmatrix}$, $A=\begin{pmatrix}1&-2&0\\-2&2&-2\\0&-2&3\end{pmatrix}$とおくと、

$$x^2+2y^2+3z^2-4xy-4yz={}^t\boldsymbol{x}A\boldsymbol{x}$$

と表される。

A を直交行列 P により対角化する。

A の固有多項式は、

$$f(t)=|A-tE|=\begin{vmatrix}1-t&-2&0\\-2&2-t&-2\\0&-2&3-t\end{vmatrix}$$

$$=(1-t)(2-t)(3-t)-4(1-t)-4(3-t)$$

$$=(2-t)\{(1-t)(3-t)-8\}=(2-t)(-5-4t+t^2)=(2-t)(5-t)(-1-t)$$

固有方程式 $f(t)=0$ より、固有値は $t=-1, 2, 5$

固有値 -1 に属する固有ベクトルを $\boldsymbol{p}$ とすると、

$$A\boldsymbol{p}=-\boldsymbol{p} \quad \therefore \quad (A+E)\boldsymbol{p}=0 \quad \therefore \quad \begin{pmatrix}2&-2&0\\-2&3&-2\\0&-2&4\end{pmatrix}\begin{pmatrix}x\\y\\z\end{pmatrix}=\begin{pmatrix}0\\0\\0\end{pmatrix}$$

$\begin{pmatrix}2&-2&0\\-2&3&-2\\0&-2&4\end{pmatrix}$ ÷2, ÷(−2) $\to\begin{pmatrix}1&-1&0\\0&1&-2\\0&1&-2\end{pmatrix}$より、$\boldsymbol{p}/\!/\begin{pmatrix}2\\2\\1\end{pmatrix}$。正規化して、$\boldsymbol{p}_1=\dfrac{1}{3}\begin{pmatrix}2\\2\\1\end{pmatrix}$とおく。

固有値2に属する固有ベクトルを $\boldsymbol{p}$ とすると、

$$A\boldsymbol{p}=2\boldsymbol{p} \quad \therefore \quad (A-2E)\boldsymbol{p}=0 \quad \therefore \quad \begin{pmatrix}-1&-2&0\\-2&0&-2\\0&-2&1\end{pmatrix}\begin{pmatrix}x\\y\\z\end{pmatrix}=\begin{pmatrix}0\\0\\0\end{pmatrix}$$

より、$\boldsymbol{p}/\!/\begin{pmatrix}2\\-1\\-2\end{pmatrix}$。正規化して、$\boldsymbol{p}_2=\dfrac{1}{3}\begin{pmatrix}2\\-1\\-2\end{pmatrix}$とおく。

固有値5に属する固有ベクトルを $\boldsymbol{p}$ とすると、

$$A\boldsymbol{p}=5\boldsymbol{p} \quad \therefore \quad (A-5E)\boldsymbol{p}=0 \quad \therefore \quad \begin{pmatrix} -4 & -2 & 0 \\ -2 & -3 & -2 \\ 0 & -2 & -2 \end{pmatrix}\begin{pmatrix} x \\ y \\ z \end{pmatrix}=\begin{pmatrix} 0 \\ 0 \\ 0 \end{pmatrix}$$

$\begin{pmatrix} -4 & -2 & 0 \\ -2 & -3 & -2 \\ 0 & -2 & -2 \end{pmatrix} \xrightarrow{\div 2,\ \div(-2)} \begin{pmatrix} -2 & -1 & 0 \\ -2 & -1 & 0 \\ 0 & 1 & 1 \end{pmatrix}$ より、$\boldsymbol{p}/\!/\begin{pmatrix} 1 \\ -2 \\ 2 \end{pmatrix}$。正規化して、$\boldsymbol{p}_3=\dfrac{1}{3}\begin{pmatrix} 1 \\ -2 \\ 2 \end{pmatrix}$ とおく。

$P=(\boldsymbol{p}_1, \boldsymbol{p}_2, \boldsymbol{p}_3)=\dfrac{1}{3}\begin{pmatrix} 2 & 2 & 1 \\ 2 & -1 & -2 \\ 1 & -2 & 2 \end{pmatrix}$ とおくと、

$A(\boldsymbol{p}_1, \boldsymbol{p}_2, \boldsymbol{p}_3)=(\boldsymbol{p}_1, \boldsymbol{p}_2, \boldsymbol{p}_3)\begin{pmatrix} -1 & 0 & 0 \\ 0 & 2 & 0 \\ 0 & 0 & 5 \end{pmatrix}$ より、$P^{-1}AP=\begin{pmatrix} -1 & 0 & 0 \\ 0 & 2 & 0 \\ 0 & 0 & 5 \end{pmatrix}$

ここで $\boldsymbol{y}=\begin{pmatrix} x' \\ y' \\ z' \end{pmatrix}$, $\boldsymbol{y}={}^tP\boldsymbol{x}=\dfrac{1}{3}\begin{pmatrix} 2 & 2 & 1 \\ 2 & -1 & -2 \\ 1 & -2 & 2 \end{pmatrix}\begin{pmatrix} x \\ y \\ z \end{pmatrix}$ とおくと、

[$x'=\dfrac{1}{3}(2x+2y+z)$, $y'=\dfrac{1}{3}(2x-y-2z)$, $z'=\dfrac{1}{3}(x-2y+2z)$]

$$x^2+2y^2+3z^2-4xy-4yz$$

$P\boldsymbol{y}=P{}^tP\boldsymbol{x}=\boldsymbol{x}$
${}^t\boldsymbol{x}={}^t(P\boldsymbol{y})={}^t\boldsymbol{y}{}^tP$

$$={}^t\boldsymbol{x}A\boldsymbol{x}=({}^t\boldsymbol{y}{}^tP)A(P\boldsymbol{y})={}^t\boldsymbol{y}P^{-1}AP\boldsymbol{y}$$

$$=(x' \ \ y' \ \ z')\begin{pmatrix} -1 & 0 & 0 \\ 0 & 2 & 0 \\ 0 & 0 & 5 \end{pmatrix}\begin{pmatrix} x' \\ y' \\ z' \end{pmatrix}$$

$$=-x'^2+2y'^2+5z'^2$$

ジャンプ 確認 ▶2 次形式の標準形

2 次形式 $x^2-3y^2+z^2-2xy-6xz-2yz$ を直交変換によって、標準形に直せ。

$\boldsymbol{x}=\begin{pmatrix}x\\y\\z\end{pmatrix}$, $A=\begin{pmatrix}1&-1&-3\\-1&-3&-1\\-3&-1&1\end{pmatrix}$ とおくと、

$$x^2-3y^2+z^2-2xy-6xz-2yz={}^t\boldsymbol{x}A\boldsymbol{x}$$

と表される。

A を直交行列 P により対角化する。

A の固有多項式は、

$$f(t)=|A-tE|=\begin{vmatrix}1-t&-1&-3\\-1&-3-t&-1\\-3&-1&1-t\end{vmatrix}$$

$$=(1-t)^2(-3-t)-3-3-(1-t)-(1-t)-9(-3-t)$$
$$=16+16t-t^2-t^3=(-4-t)(-1-t)(4-t)$$

固有方程式 $f(t)=0$ より、固有値は、$t=-4, -1, 4$

固有値 -4 に属する固有ベクトルを $\boldsymbol{p}$ とすると、

$$A\boldsymbol{p}=-4\boldsymbol{p} \quad \therefore \quad (A+4E)\boldsymbol{p}=0 \quad \therefore \quad \begin{pmatrix}5&-1&-3\\-1&1&-1\\-3&-1&5\end{pmatrix}\begin{pmatrix}x\\y\\z\end{pmatrix}=\begin{pmatrix}0\\0\\0\end{pmatrix}$$

$\begin{pmatrix}5&-1&-3\\-1&1&-1\\-3&-1&5\end{pmatrix}\to\begin{pmatrix}0&4&-8\\-1&1&-1\\0&-4&8\end{pmatrix}$ より、$\boldsymbol{p}/\!/\begin{pmatrix}1\\2\\1\end{pmatrix}$。正規化して、$\boldsymbol{p}_1=\dfrac{1}{\sqrt{6}}\begin{pmatrix}1\\2\\1\end{pmatrix}$

とおく。

固有値 -1 に属する固有ベクトルを $\boldsymbol{p}$ とすると、

$$A\boldsymbol{p}=-\boldsymbol{p} \quad \therefore \quad (A+E)\boldsymbol{p}=0 \quad \therefore \quad \begin{pmatrix}2&-1&-3\\-1&-2&-1\\-3&-1&2\end{pmatrix}\begin{pmatrix}x\\y\\z\end{pmatrix}=\begin{pmatrix}0\\0\\0\end{pmatrix}$$

$\begin{pmatrix}2&-1&-3\\-1&-2&-1\\-3&-1&2\end{pmatrix}\to\begin{pmatrix}0&-5&-5\\-1&-2&-1\\0&5&5\end{pmatrix}$ より、$\boldsymbol{p}/\!/\begin{pmatrix}1\\-1\\1\end{pmatrix}$。正規化して、$\boldsymbol{p}_2=\dfrac{1}{\sqrt{3}}\begin{pmatrix}1\\-1\\1\end{pmatrix}$

とおく。

固有値 4 に属する固有ベクトルを $\boldsymbol{p}$ とすると、

$$A\boldsymbol{p}=4\boldsymbol{p} \quad \therefore \quad (A-4E)\boldsymbol{p}=0 \quad \therefore \quad \begin{pmatrix}-3 & -1 & -3\\ -1 & -7 & -1\\ -3 & -1 & -3\end{pmatrix}\begin{pmatrix}x\\ y\\ z\end{pmatrix}=\begin{pmatrix}0\\ 0\\ 0\end{pmatrix}$$

$\begin{pmatrix}-3 & -1 & -3\\ -1 & -7 & -1\\ -3 & -1 & -3\end{pmatrix}\to\begin{pmatrix}-3 & -1 & -3\\ 20 & 0 & 20\\ 0 & 0 & 0\end{pmatrix}$より、$\boldsymbol{p}\,/\!/\begin{pmatrix}1\\ 0\\ -1\end{pmatrix}$。正規化して、$\boldsymbol{p}_3=\dfrac{1}{\sqrt{2}}\begin{pmatrix}1\\ 0\\ -1\end{pmatrix}$とおく。

$P=(\boldsymbol{p}_1, \boldsymbol{p}_2, \boldsymbol{p}_3)=\begin{pmatrix}\frac{1}{\sqrt{6}} & \frac{1}{\sqrt{3}} & \frac{1}{\sqrt{2}}\\ \frac{2}{\sqrt{6}} & -\frac{1}{\sqrt{3}} & 0\\ \frac{1}{\sqrt{6}} & \frac{1}{\sqrt{3}} & -\frac{1}{\sqrt{2}}\end{pmatrix}$とおくと、

$A(\boldsymbol{p}_1, \boldsymbol{p}_2, \boldsymbol{p}_3)=(\boldsymbol{p}_1, \boldsymbol{p}_2, \boldsymbol{p}_3)\begin{pmatrix}-4 & 0 & 0\\ 0 & -1 & 0\\ 0 & 0 & 4\end{pmatrix}$より、$P^{-1}AP=\begin{pmatrix}-4 & 0 & 0\\ 0 & -1 & 0\\ 0 & 0 & 4\end{pmatrix}$

ここで、$\boldsymbol{y}=\begin{pmatrix}x'\\ y'\\ z'\end{pmatrix}$, $\boldsymbol{y}={}^tP\boldsymbol{x}=\begin{pmatrix}\frac{1}{\sqrt{6}} & \frac{2}{\sqrt{6}} & \frac{1}{\sqrt{6}}\\ \frac{1}{\sqrt{3}} & -\frac{1}{\sqrt{3}} & \frac{1}{\sqrt{3}}\\ \frac{1}{\sqrt{2}} & 0 & -\frac{1}{\sqrt{2}}\end{pmatrix}\begin{pmatrix}x\\ y\\ z\end{pmatrix}$とおくと、

$\left[\; x'=\dfrac{1}{\sqrt{6}}(x+2y+z),\ y'=\dfrac{1}{\sqrt{3}}(x-y+z),\ z'=\dfrac{1}{\sqrt{2}}(x-z) \;\right]$

$$x^2-3y^2+z^2-2xy-6xz-2yz$$
$$={}^t\boldsymbol{x}A\boldsymbol{x}=({}^t\boldsymbol{y}\,{}^tP)A(P\boldsymbol{y})={}^t\boldsymbol{y}P^{-1}AP\boldsymbol{y}$$

$P\boldsymbol{y}=P\,{}^tP\boldsymbol{x}=\boldsymbol{x}$
${}^t\boldsymbol{x}={}^t(P\boldsymbol{y})={}^t\boldsymbol{y}\,{}^tP$

$$=(x'\ y'\ z')\begin{pmatrix}-4 & 0 & 0\\ 0 & -1 & 0\\ 0 & 0 & 4\end{pmatrix}\begin{pmatrix}x'\\ y'\\ z'\end{pmatrix}$$

$$=-4x'^2-y'^2+4z'^2$$

ステップ 演習 ▶2次形式の符号の判別 （講義編 p.301 参照）

次の2次形式の符号を判別せよ。

(1)　$3x_1^{\,2}+3x_2^{\,2}+4x_3^{\,2}+2x_1x_2-4x_1x_3-6x_2x_3$

(2)　$-x_1^{\,2}-5x_2^{\,2}-4x_2^{\,2}+2x_1x_2-4x_1x_3+4x_2x_3$

(3)　$2x_1^{\,2}+3x_2^{\,2}+2x_3^{\,2}+9x_4^{\,2}$
$+2x_1x_2-2x_1x_3-4x_1x_4-4x_2x_3+6x_2x_4-4x_3x_4$

(1)　2次形式に対応する対称行列は、$A=\begin{pmatrix} 3 & 1 & -2 \\ 1 & 3 & -3 \\ -2 & -3 & 4 \end{pmatrix}$

固有多項式 $f(t)$ は、

$$f(t)=|A-tE|=\begin{vmatrix} 3-t & 1 & -2 \\ 1 & 3-t & -3 \\ -2 & -3 & 4-t \end{vmatrix}$$

$$=(3-t)(3-t)(4-t)+1\cdot(-3)(-2)+(-2)\cdot1\cdot(-3)$$
$$-(3-t)(-3)(-3)-1\cdot1\cdot(4-t)-(-2)(3-t)(-2)$$
$$=5-19t+10t^2-t^3$$

$t\leqq0$ のとき、$-t\geqq0$、$t^2\geqq0$、$-t^3\geqq0$ であり、$f(t)>0$ なので、$f(t)=0$ の解はすべて正である。

2次形式は正値である。

(2)　2次形式に対応する対称行列は、$A=\begin{pmatrix} -1 & 1 & -2 \\ 1 & -5 & 2 \\ -2 & 2 & -4 \end{pmatrix}$

固有多項式 $f(t)$ は、

$$f(t)=|A-tE|=\begin{vmatrix} -1-t & 1 & -2 \\ 1 & -5-t & 2 \\ -2 & 2 & -4-t \end{vmatrix}$$

$$=(-1-t)(-5-t)(-4-t)+1\cdot2\cdot(-2)+(-2)\cdot1\cdot2-(-1-t)\cdot2\cdot2$$
$$-1\cdot1\cdot(-4-t)-(-2)(-5-t)(-2)$$
$$=-20t-10t^2-t^3=-t(-5+\sqrt{5}-t)(-5-\sqrt{5}-t)$$

固有値は、0、$-5\pm\sqrt{5}$ なので、2次形式は半負値である。

(3)　2次形式に対応する対称行列は、$A=\begin{pmatrix} 2 & 1 & -1 & -2 \\ 1 & 3 & -2 & 3 \\ -1 & -2 & 2 & -2 \\ -2 & 3 & -2 & 9 \end{pmatrix}$

固有多項式$f(t)$は、

$$f(t)=|A-tE|=\begin{vmatrix} 2-t & 1 & -1 & -2 \\ 1 & 3-t & -2 & 3 \\ -1 & -2 & 2-t & -2 \\ -2 & 3 & -2 & 9-t \end{vmatrix}=\begin{vmatrix} 0 & -5+5t-t^2 & -2t+3 & 3t-8 \\ 1 & 3-t & -2 & 3 \\ 0 & 1-t & -t & 1 \\ 0 & 9-2t & -6 & 15-t \end{vmatrix}$$

1列目で余因子展開

$$=(-1)^{2+1}\cdot 1\cdot\begin{vmatrix} -5+5t-t^2 & -2t+3 & 3t-8 \\ 1-t & -t & 1 \\ 9-2t & -6 & 15-t \end{vmatrix}$$

$$=-\{(-5+5t-t^2)(-t)(15-t)+(1-t)(-6)(3t-8)+(9-2t)(-2t+3)\cdot 1-(-5+5t-t^2)(-6)\cdot 1-(1-t)(-2t+3)(15-t)-(9-2t)(-t)(3t-8)\}$$

$$=-21t+56t^2-16t^3+t^4=t(-21+56t-16t^2+t^3)$$

$f(0)=0$であり、$t<0$のとき、$-21+56t-16t^2+t^3<0$なので、

$f(t)=0$の解は、0と正である。よって、2次形式は半正値。

ジャンプ　確認 ▶2 次形式の符号の判別

次の 2 次形式の符号を判別せよ。

(1)　$-2x_1^2-5x_2^2-3x_3^2+2x_1x_2-4x_1x_3+6x_2x_3$

(2)　$6x_1^2+x_2^2+2x_3^2+4x_1x_2+4x_1x_3$

(3)　$-4x_1^2-3x_2^2-x_3^2-6x_4^2$
$\qquad -6x_1x_2+2x_1x_3+8x_1x_4+2x_2x_3+4x_2x_4$

(1)　2 次形式に対応する対称行列は、$A=\begin{pmatrix}-2 & 1 & -2\\ 1 & -5 & 3\\ -2 & 3 & -3\end{pmatrix}$

固有多項式 $f(t)$ は、

$$f(t)=|A-tE|=\begin{vmatrix}-2-t & 1 & -2\\ 1 & -5-t & 3\\ -2 & 3 & -3-t\end{vmatrix}$$

$$=(-2-t)(-5-t)(-3-t)+1\cdot3\cdot(-2)+(-2)\cdot1\cdot3$$
$$-(-2-t)\cdot3\cdot3-1\cdot1(-3-t)-(-2)(-5-t)(-2)$$
$$=-1-17t-10t^2-t^3$$

$t\geqq0$ のとき、$f(t)<0$ なので、$f(t)=0$ の解はすべて負である。

2 次形式は負値である。

(2)　2 次形式に対応する対称行列は、$A=\begin{pmatrix}6 & 2 & 2\\ 2 & 1 & 0\\ 2 & 0 & 2\end{pmatrix}$

固有多項式 $f(t)$ は、

$$f(t)=|A-tE|=\begin{vmatrix}6-t & 2 & 2\\ 2 & 1-t & 0\\ 2 & 0 & 2-t\end{vmatrix}$$

$$=(6-t)(1-t)(2-t)-2\cdot2\cdot(2-t)-2\cdot2(1-t)$$
$$=-12t+9t^2-t^3=-t(12-9t+t^2)$$
$$=-t\left(\frac{9+\sqrt{33}}{2}-t\right)\left(\frac{9-\sqrt{33}}{2}-t\right)$$

固有値は、0、$\dfrac{9\pm\sqrt{33}}{2}$ なので、半正値である。

(3)　2次形式に対応する対称行列は、$A=\begin{pmatrix} -4 & -3 & 1 & 4 \\ -3 & -3 & 1 & 2 \\ 1 & 1 & -1 & 0 \\ 4 & 2 & 0 & -6 \end{pmatrix}$

固有多項式 $f(t)$ は、

$$f(t)=|A-tE|=\begin{vmatrix} -4-t & -3 & 1 & 4 \\ -3 & -3-t & 1 & 2 \\ 1 & 1 & -1-t & 0 \\ 4 & 2 & 0 & -6-t \end{vmatrix}$$

$$=\begin{vmatrix} 0 & 1+t & -3-5t-t^2 & 4 \\ 0 & -t & -2-3t & 2 \\ 1 & 1 & -1-t & 0 \\ 0 & -2 & 4+4t & -6-t \end{vmatrix}$$

1列目で余因子展開

$$=(-1)^{3+1}\cdot 1\cdot\begin{vmatrix} 1+t & -3-5t-t^2 & 4 \\ -t & -2-3t & 2 \\ -2 & 4+4t & -6-t \end{vmatrix}=(1+t)(-2-3t)(-6-t)$$

$$+(-t)(4+4t)\cdot 4+(-2)(-3-5t-t^2)\cdot 2-(1+t)(4+4t)\cdot 2$$

$$-(-t)(-3-5t-t^2)(-6-t)-(-2)(-2-3t)\cdot 4$$

$$=t(14+36t+14t^2+t^3)$$

$f(0)=0$ であり、$t>0$ のとき、$f(t)>0$ なので、$f(t)=0$ の解は 0 と負である。

よって、2次形式は半負値。

ステップ

演習 ▶2次曲線 （講義編 p.305 参照）

次の2次式が表す曲線を xy 平面上に描け。

$$3x^2+4xy+3y^2-2x-8y+2=0$$

$A=\begin{pmatrix}3&2\\2&3\end{pmatrix}$, $\boldsymbol{x}=\begin{pmatrix}x\\y\end{pmatrix}$とおくと、$3x^2+4xy+3y^2={}^t\boldsymbol{x}A\boldsymbol{x}$

2次の項だけを考えて、回転により、xy の項を消すのが目標。

A を直交行列 P で対角化する。

A の固有多項式は、

$$f(t)=|A-tE|=\begin{vmatrix}3-t&2\\2&3-t\end{vmatrix}=t^2-6t+5=(t-5)(t-1)$$

固有方程式 $f(t)=0$ より、固有値は $t=1, 5$

固有値5に属する固有ベクトルを $\boldsymbol{p}$ とすると、

$$A\boldsymbol{p}=5\boldsymbol{p}\quad\therefore\quad(A-5E)\boldsymbol{p}=0\quad\therefore\quad\begin{pmatrix}-2&2\\2&-2\end{pmatrix}\begin{pmatrix}x\\y\end{pmatrix}=\begin{pmatrix}0\\0\end{pmatrix}\quad\therefore\quad\begin{pmatrix}x\\y\end{pmatrix}/\!/\begin{pmatrix}1\\1\end{pmatrix}$$

正規化して、$\boldsymbol{p}_1=\frac{1}{\sqrt{2}}\begin{pmatrix}1\\1\end{pmatrix}$

固有値1に属する固有ベクトルを $\boldsymbol{p}$ とすると、

$$A\boldsymbol{p}=\boldsymbol{p}\quad\therefore\quad(A-E)\boldsymbol{p}=0\quad\therefore\quad\begin{pmatrix}2&2\\2&2\end{pmatrix}\begin{pmatrix}x\\y\end{pmatrix}=\begin{pmatrix}0\\0\end{pmatrix}\quad\therefore\quad\begin{pmatrix}x\\y\end{pmatrix}/\!/\begin{pmatrix}-1\\1\end{pmatrix}$$

正規化して、$\boldsymbol{p}_2=\frac{1}{\sqrt{2}}\begin{pmatrix}-1\\1\end{pmatrix}$

P の対角成分が同じになるように $\boldsymbol{p}_1$、$\boldsymbol{p}_2$ をとると、P は回転行列になる

$P=(\boldsymbol{p}_1\ \ \boldsymbol{p}_2)=\frac{1}{\sqrt{2}}\begin{pmatrix}1&-1\\1&1\end{pmatrix}$とおくと、$P^{-1}AP=\begin{pmatrix}5&0\\0&1\end{pmatrix}$

$\boldsymbol{y}=\begin{pmatrix}X\\Y\end{pmatrix}$, $\boldsymbol{x}=P\boldsymbol{y}$ とおくと、$x=\frac{X-Y}{\sqrt{2}}$, $y=\frac{X+Y}{\sqrt{2}}$ ……①

与式に①を代入して、

$$3\left(\frac{X-Y}{\sqrt{2}}\right)^2+4\left(\frac{X-Y}{\sqrt{2}}\right)\left(\frac{X+Y}{\sqrt{2}}\right)+3\left(\frac{X+Y}{\sqrt{2}}\right)^2$$

$$-2\left(\frac{X-Y}{\sqrt{2}}\right)-8\left(\frac{X+Y}{\sqrt{2}}\right)+2=0$$

$\therefore\quad 5X^2+Y^2-5\sqrt{2}X-3\sqrt{2}Y+2=0$

$$\therefore\quad 5\left(X-\frac{\sqrt{2}}{2}\right)^2+\left(Y-\frac{3}{2}\sqrt{2}\right)^2=5$$

$$\therefore\quad \left(X-\frac{\sqrt{2}}{2}\right)^2+\frac{\left(Y-\frac{3}{2}\sqrt{2}\right)^2}{5}=1$$

これは、$\left(\frac{\sqrt{2}}{2}, \frac{3}{2}\sqrt{2}\right)$を中心に持ち、$X$ 方向の軸の長さが 1×2、Y 方向の軸の長さが$\sqrt{5}\times2$ のだ円。……②

$\alpha=45^\circ$ のとき、$\begin{pmatrix}\cos\alpha & -\sin\alpha\\ \sin\alpha & \cos\alpha\end{pmatrix}=\frac{1}{\sqrt{2}}\begin{pmatrix}1 & -1\\ 1 & 1\end{pmatrix}=P$ であり、求める曲線は、

②を回転移動(原点を中心に 45°)したものである。

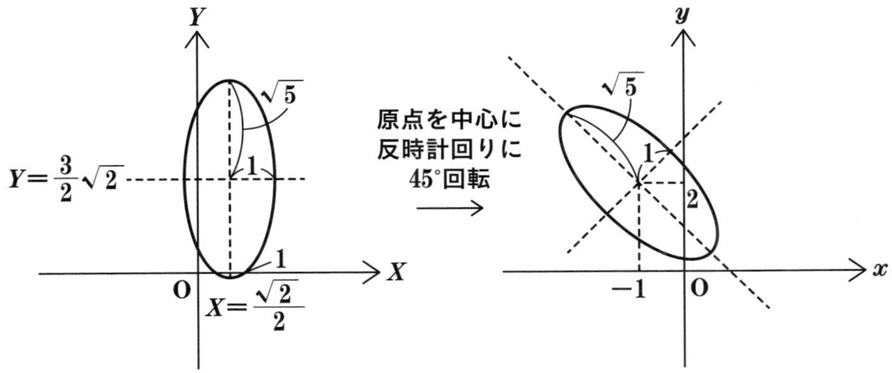

$$\left(X-\frac{\sqrt{2}}{2}\right)^2+\frac{\left(Y-\frac{3}{2}\sqrt{2}\right)^2}{\left(\sqrt{5}\right)^2}=1$$

$$3x^2+4xy+3y^2-2x-8y+2=0$$

ジャンプ 確認 ▶2次曲線

次の2次式が表す曲線を xy 平面上に描け。

$$5x^2+8xy-y^2-6x+12y-36=0$$

$A=\begin{pmatrix}5 & 4\\4 & -1\end{pmatrix}$, $\boldsymbol{x}=\begin{pmatrix}x\\y\end{pmatrix}$ とおくと、$5x^2+8xy-y^2={}^t\boldsymbol{x}A\boldsymbol{x}$

2次の項だけを考えて、回転により、xy の項を消すのが目標。

A を直交行列 P で対角化する。

固有多項式は、

$$f(t)=|A-tE|=\begin{vmatrix}5-t & 4\\4 & -1-t\end{vmatrix}=t^2-4t-21=(t-7)(t+3)$$

固有方程式 $f(t)=0$ より、固有値は $t=-3, 7$

固有値7に属する固有ベクトルを $\boldsymbol{p}$ とすると、

$$A\boldsymbol{p}=7\boldsymbol{p} \quad \therefore \quad (A-7E)\boldsymbol{p}=0 \quad \therefore \quad \begin{pmatrix}-2 & 4\\4 & -8\end{pmatrix}\begin{pmatrix}x\\y\end{pmatrix}=\begin{pmatrix}0\\0\end{pmatrix} \quad \therefore \quad \begin{pmatrix}x\\y\end{pmatrix}/\!/\begin{pmatrix}2\\1\end{pmatrix}$$

正規化して、$\boldsymbol{p}_1=\dfrac{1}{\sqrt{5}}\begin{pmatrix}2\\1\end{pmatrix}$

固有値 -3 に属する固有ベクトルを $\boldsymbol{p}$ とすると、

$$A\boldsymbol{p}=-3\boldsymbol{p} \quad \therefore \quad (A+3E)\boldsymbol{p}=0 \quad \therefore \quad \begin{pmatrix}8 & 4\\4 & 2\end{pmatrix}\begin{pmatrix}x\\y\end{pmatrix}=\begin{pmatrix}0\\0\end{pmatrix} \quad \therefore \quad \begin{pmatrix}x\\y\end{pmatrix}/\!/\begin{pmatrix}-1\\2\end{pmatrix}$$

正規化して、$\boldsymbol{p}_2=\dfrac{1}{\sqrt{5}}\begin{pmatrix}-1\\2\end{pmatrix}$

P の対角成分が同じになるように $\boldsymbol{p}_1$、$\boldsymbol{p}_2$ をとると、P は回転行列になる

$P=(\boldsymbol{p}_1\ \boldsymbol{p}_2)=\dfrac{1}{\sqrt{5}}\begin{pmatrix}2 & -1\\1 & 2\end{pmatrix}$ とおくと、$P^{-1}AP=\begin{pmatrix}7 & 0\\0 & -3\end{pmatrix}$

$\boldsymbol{y}=\begin{pmatrix}X\\Y\end{pmatrix}$, $\boldsymbol{x}=P\boldsymbol{y}$ とおくと、$x=\dfrac{2X-Y}{\sqrt{5}}$, $y=\dfrac{X+2Y}{\sqrt{5}}$ ……①

与式に①を代入して、

$$5\left(\frac{2X-Y}{\sqrt{5}}\right)^2+8\left(\frac{2X-Y}{\sqrt{5}}\right)\left(\frac{X+2Y}{\sqrt{5}}\right)-\left(\frac{X+2Y}{\sqrt{5}}\right)^2-6\left(\frac{2X-Y}{\sqrt{5}}\right)+12\left(\frac{X+2Y}{\sqrt{5}}\right)-36=0$$

$$\therefore \quad 7X^2-3Y^2+6\sqrt{5}\,Y-36=0$$

$\therefore \quad 7X^2-3(Y-\sqrt{5})^2=21 \quad \therefore \quad \dfrac{X^2}{3}-\dfrac{(Y-\sqrt{5})^2}{7}=1$

これは、$(0, \sqrt{5})$を中心に持ち、$\dfrac{X}{\sqrt{3}}=\pm\dfrac{Y-\sqrt{5}}{\sqrt{7}}$が漸近線となる双曲線。　……②

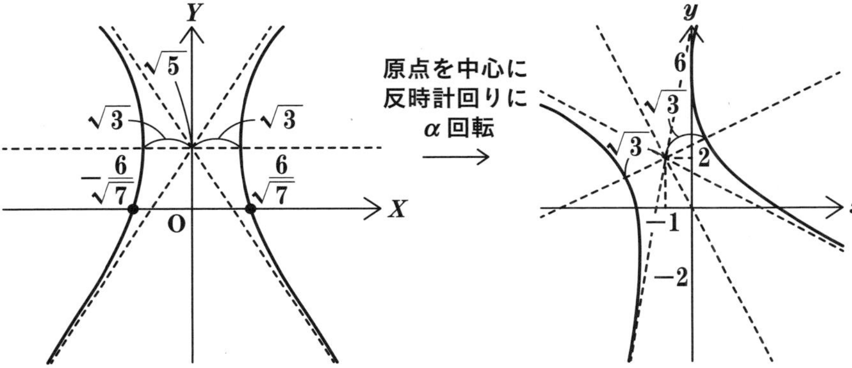

$\cos\alpha=\dfrac{2}{\sqrt{5}}$、$\sin\alpha=\dfrac{1}{\sqrt{5}}$とすると、$P=\dfrac{1}{\sqrt{5}}\begin{pmatrix}2 & -1\\ 1 & 2\end{pmatrix}$は回転移動(原点を中心に$\alpha$回転)を表す行列であり、求める曲線は、②を回転移動(原点を中心にα回転)したものである。

ステップ

演習 ▶2次形式の応用 （講義編 p.314 参照）

(1)　$2x^2+2y^2-z^2+2xy+4xz-4yz-3=0$ を直交変換で標準形に直し、式が表す図形は何か答えよ。

(2)　実数 x、y、z が $x^2+y^2+z^2=1$ を満たしながら動くとき、$2x^2+2y^2-z^2+2xy+4xz-4yz$ の最小値・最大値を求めよ。

$\boldsymbol{x}=\begin{pmatrix}x\\y\\z\end{pmatrix}$, $A=\begin{pmatrix}2&1&2\\1&2&-2\\2&-2&-1\end{pmatrix}$ とおくと、$2x^2+2y^2-z^2+2xy+4xz-4yz={}^t\boldsymbol{x}A\boldsymbol{x}$ と表せる。A を直交行列 P で対角化することにより、2次形式の標準形を求める。

固有多項式は、

$$f(t)=|A-tE|=\begin{vmatrix}2-t&1&2\\1&2-t&-2\\2&-2&-1-t\end{vmatrix}$$

$$=(2-t)^2(-1-t)+1\cdot(-2)\cdot2+2\cdot1\cdot(-2)$$
$$-(2-t)\cdot(-2)\cdot(-2)-1\cdot1\cdot(-1-t)-2\cdot(2-t)\cdot2$$
$$=-27+9t+3t^2-t^3=-(3+t)(3-t)^2$$

固有方程式 $f(t)=0$ より、固有値は $t=-3, 3$（重解）

固有値 -3 に属する固有ベクトルを $\boldsymbol{p}$ とすると、

$$(A+3E)\boldsymbol{p}=0 \qquad \therefore \begin{pmatrix}5&1&2\\1&5&-2\\2&-2&2\end{pmatrix}\begin{pmatrix}x\\y\\z\end{pmatrix}=\begin{pmatrix}0\\0\\0\end{pmatrix}$$

$$\begin{pmatrix}5&1&2\\1&5&-2\\2&-2&2\end{pmatrix}\to\begin{pmatrix}0&-24&12\\1&5&-2\\0&-12&6\end{pmatrix}\to\begin{pmatrix}0&-2&1\\1&1&0\\0&0&0\end{pmatrix}$$ より、$\boldsymbol{p}/\!/\begin{pmatrix}1\\-1\\-2\end{pmatrix}$

固有値 3 に属する固有ベクトルを $\boldsymbol{p}$ とすると、

$$(A-3E)\boldsymbol{p}=0 \qquad \therefore \begin{pmatrix}-1&1&2\\1&-1&-2\\2&-2&-4\end{pmatrix}\begin{pmatrix}x\\y\\z\end{pmatrix}=\begin{pmatrix}0\\0\\0\end{pmatrix}$$ より、

$$\boldsymbol{p}=\begin{pmatrix}s+2t\\s\\t\end{pmatrix}=s\begin{pmatrix}1\\1\\0\end{pmatrix}+t\begin{pmatrix}2\\0\\1\end{pmatrix}$$ （s、t は任意）

$\boldsymbol{a}_1=\begin{pmatrix}1\\-1\\-2\end{pmatrix}$, $\boldsymbol{a}_2=\begin{pmatrix}1\\1\\0\end{pmatrix}$, $\boldsymbol{a}_3=\begin{pmatrix}2\\0\\1\end{pmatrix}$ から正規直交基底を作る。

$$\boldsymbol{p}_1=\frac{\boldsymbol{a}_1}{|\boldsymbol{a}_1|}=\frac{1}{\sqrt{1^2+(-1)^2+2^2}}\begin{pmatrix}1\\-1\\-2\end{pmatrix}=\frac{1}{\sqrt{6}}\begin{pmatrix}1\\-1\\-2\end{pmatrix}$$

$\boldsymbol{a}_1$ と $\boldsymbol{a}_2$、$\boldsymbol{a}_1$ と $\boldsymbol{a}_3$ は、異なる固有値を持つ固有ベクトルどうしなので、$\boldsymbol{a}_1\perp\boldsymbol{a}_2$、$\boldsymbol{a}_1\perp\boldsymbol{a}_3$。$\boldsymbol{a}_1$ を正規化して、$\boldsymbol{a}_2$ と $\boldsymbol{a}_3$ にシュミットの直交化法を施せばよい。

$$\boldsymbol{p}_2=\frac{\boldsymbol{a}_2}{|\boldsymbol{a}_2|}=\frac{1}{\sqrt{1^2+1^2}}\begin{pmatrix}1\\1\\0\end{pmatrix}=\frac{1}{\sqrt{2}}\begin{pmatrix}1\\1\\0\end{pmatrix}$$

$$\boldsymbol{b}_3=\boldsymbol{a}_3-(\boldsymbol{a}_3\cdot\boldsymbol{p}_2)\boldsymbol{p}_2$$

$$=\begin{pmatrix}2\\0\\1\end{pmatrix}-\left\{\begin{pmatrix}2\\0\\1\end{pmatrix}\cdot\frac{1}{\sqrt{2}}\begin{pmatrix}1\\1\\0\end{pmatrix}\right\}\frac{1}{\sqrt{2}}\begin{pmatrix}1\\1\\0\end{pmatrix}=\begin{pmatrix}2\\0\\1\end{pmatrix}-\begin{pmatrix}1\\1\\0\end{pmatrix}=\begin{pmatrix}1\\-1\\1\end{pmatrix}$$

これを正規化して、$\boldsymbol{p}_3=\dfrac{\boldsymbol{b}_3}{|\boldsymbol{b}_3|}=\dfrac{1}{\sqrt{1^2+(-1)^2+1^2}}\begin{pmatrix}1\\-1\\1\end{pmatrix}=\dfrac{1}{\sqrt{3}}\begin{pmatrix}1\\-1\\1\end{pmatrix}$

$P=(\boldsymbol{p}_1,\boldsymbol{p}_2,\boldsymbol{p}_3)$ とおくと、$P^{-1}AP=\begin{pmatrix}-3&0&0\\0&3&0\\0&0&3\end{pmatrix}$

(1)　$\boldsymbol{y}=\begin{pmatrix}X\\Y\\Z\end{pmatrix}$, $\boldsymbol{x}=P\boldsymbol{y}$ とおくと、${}^t\boldsymbol{x}={}^t\boldsymbol{y}{}^tP={}^t\boldsymbol{y}P^{-1}$

$$2x^2+2y^2-z^2+2xy+4xz-4yz={}^t\boldsymbol{x}A\boldsymbol{x}=({}^t\boldsymbol{y}P^{-1})A(P\boldsymbol{y})$$

$={}^t\boldsymbol{y}(P^{-1}AP)\boldsymbol{y}={}^t\boldsymbol{y}\begin{pmatrix}-3&0&0\\0&3&0\\0&0&3\end{pmatrix}\boldsymbol{y}=-3X^2+3Y^2+3Z^2$ より、与式は

$$-3X^2+3Y^2+3Z^2-3=0 \quad \therefore \quad -X^2+Y^2+Z^2=1$$

これは、一葉双曲面を表す。

(2)　$x^2+y^2+z^2=1 \Leftrightarrow |\boldsymbol{x}|=1 \Leftrightarrow {}^t\boldsymbol{x}\boldsymbol{x}=1 \Leftrightarrow {}^t\boldsymbol{y}P^{-1}P\boldsymbol{y}=1$

$\Leftrightarrow {}^t\boldsymbol{y}\boldsymbol{y}=1 \Leftrightarrow |\boldsymbol{y}|=1 \Leftrightarrow X^2+Y^2+Z^2=1$

問題は、

「実数 X、Y、Z が $X^2+Y^2+Z^2=1$ を満たしながら動くとき

　$-3X^2+3Y^2+3Z^2$ の最大値・最小値を求めよ」

と言い換えられる。

$$-3=-3(X^2+Y^2+Z^2)\underset{①}{\leqq}-3X^2+3Y^2+3Z^2\underset{②}{\leqq}3(X^2+Y^2+Z^2)\leqq 3$$

①で等号が成り立つのは、$Y^2=0$、$Z^2=0$ のときなので、$-3X^2+3Y^2+3Z^2$ は、$X=\pm1$、$Y=0$、$Z=0$ のとき、最小値 -3 をとる。

②で等号が成り立つのは、$X^2=0$ のときなので、$-3X^2+3Y^2+3Z^2$ は、$X=0$、$Y^2+Z^2=1$ のとき、最大値 3 をとる。

ジャンプ

確認 ▶2 次形式の応用

(1)　$2x^2-y^2-z^2+4xy-4xz+8yz+6=0$ を直交変換で標準形に直し、式が表す図形は何か答えよ。

(2)　実数 x, y, z が $x^2+y^2+z^2=1$ を満たしながら動くとき、$2x^2-y^2-z^2+4xy-4xz+8yz$ の最小値・最大値を求めよ。

$\boldsymbol{x}=\begin{pmatrix}x\\y\\z\end{pmatrix}, A=\begin{pmatrix}2&2&-2\\2&-1&4\\-2&4&-1\end{pmatrix}$ とおくと、$2x^2-y^2-z^2+4xy-4xz+8yz={}^t\boldsymbol{x}A\boldsymbol{x}$ と表せる。A を直交行列 P で対角化することにより、2 次形式の標準形を求める。

固有多項式は、

$$f(t)=|A-tE|=\begin{vmatrix}2-t&2&-2\\2&-1-t&4\\-2&4&-1-t\end{vmatrix}$$

$$=(2-t)(-1-t)^2+2\cdot4\cdot(-2)+(-2)\cdot2\cdot4$$
$$-(2-t)\cdot4^2-2^2(-1-t)-(-2)(-1-t)(-2)$$
$$=-54+27t-t^3=(-6-t)(3-t)^2$$

固有方程式 $f(t)=0$ より、固有値は $t=-6, 3$(重解)

固有値 -6 に属する固有ベクトルを $\boldsymbol{p}$ とすると、

$$(A+6E)\boldsymbol{p}=0 \qquad \therefore \begin{pmatrix}8&2&-2\\2&5&4\\-2&4&5\end{pmatrix}\begin{pmatrix}x\\y\\z\end{pmatrix}=\begin{pmatrix}0\\0\\0\end{pmatrix}$$

$$\begin{pmatrix}8&2&-2\\2&5&4\\-2&4&5\end{pmatrix}\to\begin{pmatrix}0&-18&-18\\2&5&4\\0&9&9\end{pmatrix}\xrightarrow{\div 9}\begin{pmatrix}0&0&0\\2&0&-1\\0&1&1\end{pmatrix}$$ より、$\boldsymbol{p}\parallel\begin{pmatrix}1\\-2\\2\end{pmatrix}$

固有値 3 に属する固有ベクトルを $\boldsymbol{p}$ とすると、

$$(A-3E)\boldsymbol{p}=0 \qquad \therefore \begin{pmatrix}-1&2&-2\\2&-4&4\\-2&4&-4\end{pmatrix}\begin{pmatrix}x\\y\\z\end{pmatrix}=\begin{pmatrix}0\\0\\0\end{pmatrix}$$ より、

$$\boldsymbol{p}=\begin{pmatrix}x\\y\\z\end{pmatrix}=\begin{pmatrix}2s-2t\\s\\t\end{pmatrix}=s\begin{pmatrix}2\\1\\0\end{pmatrix}+t\begin{pmatrix}-2\\0\\1\end{pmatrix} \quad (s, t \text{ は任意})$$

$\boldsymbol{a}_1=\begin{pmatrix}1\\-2\\2\end{pmatrix}, \boldsymbol{a}_2=\begin{pmatrix}2\\1\\0\end{pmatrix}, \boldsymbol{a}_3=\begin{pmatrix}-2\\0\\1\end{pmatrix}$ から、正規直交基底を作る。

$$\boldsymbol{p}_1=\frac{\boldsymbol{a}_1}{|\boldsymbol{a}_1|}=\frac{1}{\sqrt{1^2+(-2)^2+2^2}}\begin{pmatrix}1\\-2\\2\end{pmatrix}=\frac{1}{3}\begin{pmatrix}1\\-2\\2\end{pmatrix}$$

$\boldsymbol{a}_1$と$\boldsymbol{a}_2$、$\boldsymbol{a}_1$と$\boldsymbol{a}_3$は、異なる固有値を持つ固有ベクトルどうしなので、$\boldsymbol{a}_1\perp\boldsymbol{a}_2$、$\boldsymbol{a}_1\perp\boldsymbol{a}_3$。$\boldsymbol{a}_1$を正規化して、$\boldsymbol{a}_2$と$\boldsymbol{a}_3$にシュミットの直交化法を施せばよい。

$$\boldsymbol{p}_2=\frac{\boldsymbol{a}_2}{|\boldsymbol{a}_2|}=\frac{1}{\sqrt{2^2+1^2}}\begin{pmatrix}2\\1\\0\end{pmatrix}=\frac{1}{\sqrt{5}}\begin{pmatrix}2\\1\\0\end{pmatrix}$$

$$\boldsymbol{b}_3=\boldsymbol{a}_3-(\boldsymbol{a}_3\cdot\boldsymbol{p}_2)\boldsymbol{p}_2$$

$$=\begin{pmatrix}-2\\0\\1\end{pmatrix}-\left\{\begin{pmatrix}-2\\0\\1\end{pmatrix}\cdot\frac{1}{\sqrt{5}}\begin{pmatrix}2\\1\\0\end{pmatrix}\right\}\frac{1}{\sqrt{5}}\begin{pmatrix}2\\1\\0\end{pmatrix}=\begin{pmatrix}-2\\0\\1\end{pmatrix}+\frac{4}{5}\begin{pmatrix}2\\1\\0\end{pmatrix}=\begin{pmatrix}-\frac{2}{5}\\\frac{4}{5}\\1\end{pmatrix}/\!/\begin{pmatrix}-2\\4\\5\end{pmatrix}$$

これを正規化して、$\boldsymbol{p}_3=\dfrac{1}{\sqrt{(-2)^2+4^2+5^2}}\begin{pmatrix}-2\\4\\5\end{pmatrix}=\dfrac{1}{3\sqrt{5}}\begin{pmatrix}-2\\4\\5\end{pmatrix}$

$P=(\boldsymbol{p}_1,\boldsymbol{p}_2,\boldsymbol{p}_3)$とおくと、$P^{-1}AP=\begin{pmatrix}-6&0&0\\0&3&0\\0&0&3\end{pmatrix}$

(1)　$\boldsymbol{y}=\begin{pmatrix}X\\Y\\Z\end{pmatrix}$, $x=P\boldsymbol{y}$とおくと、${}^t\boldsymbol{x}={}^t\boldsymbol{y}{}^tP={}^t\boldsymbol{y}P^{-1}$

$$2x^2-y^2-z^2+4xy-4xz+8yz={}^t\boldsymbol{x}A\boldsymbol{x}=({}^t\boldsymbol{y}P^{-1})A(Py)$$

$={}^t\boldsymbol{y}(P^{-1}AP)\boldsymbol{y}={}^t\boldsymbol{y}\begin{pmatrix}-6&0&0\\0&3&0\\0&0&3\end{pmatrix}\boldsymbol{y}=-6X^2+3Y^2+3Z^2$より、与式は、

$$-6X^2+3Y^2+3Z^2+6=0\quad\therefore\quad X^2-\frac{Y^2}{2}-\frac{Z^2}{2}=1$$

これは二葉双曲面を表す。

(2)　$x^2+y^2+z^2=1\Leftrightarrow|\boldsymbol{x}|=1\Leftrightarrow{}^t\boldsymbol{x}\boldsymbol{x}=1\Leftrightarrow{}^t\boldsymbol{y}P^{-1}P\boldsymbol{y}=1$

$\Leftrightarrow{}^t\boldsymbol{y}\boldsymbol{y}=1\Leftrightarrow|\boldsymbol{y}|=1\Leftrightarrow X^2+Y^2+Z^2=1$

問題は、「実数X, Y, Zが、$X^2+Y^2+Z^2=1$を満たしながら動くとき、

　$-6X^2+3Y^2+3Z^2$の最大値・最小値を求めよ」と言い換えられる。

$$-6=-6(X^2+Y^2+Z^2)\underset{①}{\leqq}-6X^2+3Y^2+3Z^2=3(X^2+Y^2+Z^2)\underset{②}{\leqq}3$$

①で等号が成り立つのは、$Y^2=0$、$Z^2=0$のときなので、$-6X^2+3Y^2+3Z^2$は、$X=\pm1$、$Y=0$、$Z=0$のとき、最小値-6をとる。

②で等号が成り立つのは、$X^2=0$のときなので、$-6X^2+3Y^2+3Z^2$は、$X=0$、$Y^2+Z^2=1$のとき、最大値3をとる。